Kreiselräder als Pumpen und Turbinen

Von

Wilhelm Spannhake

Professor an der Technischen Hochschule
Karlsruhe

Erster Band
Grundlagen und Grundzüge

Mit 182 Textabbildungen

Berlin
Verlag von Julius Springer
1931

ISBN-13:978-3-642-90420-2   e-ISBN-13:978-3-642-92277-0
DOI: 10.1007/978-3-642-92277-0

Vorwort.

Das Werk, dessen erster Band hiermit veröffentlicht wird, soll ein Lehrbuch, kein Handbuch sein. Es soll zunächst durch Darstellung des Grundsätzlichen den Leser in den Stand setzen, die Wirkungsweise vorhandener Maschinen und ihre Betriebseigenschaften zu verstehen, darüber hinaus aber soll es ihn auch anweisen, solche Maschinen zu entwerfen. Es verzichtet bewußt darauf, alle speziell an Turbomaschinen gewonnenen Erkenntnisse und Erfahrungen gewissenhaft anzuführen. Vielmehr sucht es dem Leser den Weg zu zeigen, aus allgemeinerem Wissen heraus die Besonderheiten der Maschinen theoretisch zu erklären, von Erfahrungstatsachen aus bereits erforschten größeren Gebieten für die Aufgaben des Sondergebietes Nutzen zu ziehen und schließlich die Spezialerfahrungen systematisch zu ordnen und auf allgemeinere zurückzuführen.

Hierzu liefert der erste Band zunächst die allgemeinen hydrodynamischen und strömungstechnischen Grundlagen und entwickelt dann eine Grundzugstheorie der behandelten Maschinen. Daß nur Maschinen für unzusammendrückbare Flüssigkeiten in die Darstellung aufgenommen wurden, entspricht einem allgemeinen Gebrauche und rechtfertigt sich dadurch, daß die Maschinen für kompressible Flüssigkeiten theoretisch und konstruktiv wesentlich anders behandelt werden müssen.

Der Abschnitt A, „Das Wichtigste aus der Hydromechanik‚ gibt eine kurze Darstellung der heutigen Strömungslehre. Hier habe ich mich bemüht, einige Begriffe, die dem Ingenieur meiner Erfahrung nach im allgemeinen nicht so recht lebendig zu werden pflegen, anschaulich herauszuarbeiten und erst nach gehöriger physikalischer Beleuchtung mathematisch zu formulieren. So habe ich besonderen Wert darauf gelegt, das Geschwindigkeitsfeld für den allgemeinsten Fall der nichtstationären Bewegung ausführlich zu besprechen und an einigen speziellen Beispielen, die verhältnismäßig schnell zu übersehen sind und deren wesentlichste Eigenschaften auch in den Turbomaschinen wiederkehren, zu erläutern. Im Zusammenhang damit steht die verhältnismäßig breite Behandlung der Beschleunigung der Flüssigkeitsteilchen.

Der Abschnitt A behandelt ferner kurz den Zusammenhang der Turbinen- mit der Tragflügeltheorie und daran anschließend ausführlich die Parallel- und Kreisgitter. An dieser Stelle habe ich den Begriff der „Zirkulation‘‘, der in der modernen Strömungslehre so fruchtbar geworden ist, eingeführt. Die Begriffe „Potential-‘‘ und „Wirbelströmung‘‘ werde ich dagegen erst im zweiten Bande bringen.

In dem Kapitel über die zähe Flüssigkeit konnte nur das Allerwesentlichste behandelt werden. Dieses Kapitel wird im zweiten Bande einer besonderen Ergänzung bedürfen. Dort wird namentlich gezeigt werden müssen, wie eine ursprüngliche Potentialströmung durch Sekundärströmungen, die durch Wandeinfluß und Turbulenz entstehen, verändert werden kann.

Den Hauptgegenstand des Abschnittes B, „Die vollbeaufschlagten Kreiselräder in geschlossener Strömung", bildet eine eindimensionale Theorie (Theorie der Mittelwerte, „Stromfadentheorie"). Diese müßte heute wieder erfunden werden, wenn sie in den Hauptzügen nicht schon von Euler vor bald 200 Jahren (1750—1754) geschaffen worden wäre[1].

Sie ist eines der schönsten Beispiele dafür, wie der Ingenieur einen an sich komplizierten Vorgang systematisch vereinfacht darstellen und doch für viele Fälle genügend genau auch rechnerisch beherrschen kann. Die Art und Weise, wie ich den Leser auf diese eindimensionale Theorie hinführe, dürfte neueren Ansprüchen genügen, indem sie deutlich macht, wie stark zum Zwecke der Rechnung die Vorstellung vereinfacht wird und wie weit die Tragweite der Vereinfachung geht. In der Absicht, hierüber schon im ersten Bande keinen Zweifel zu lassen, habe ich in Kapitel IX die Grundzugstheorie durch einige weitergehende Näherungsrechnungen ergänzt und dadurch Strömungserscheinungen, auf welche die Grundzugstheorie ihrer Natur nach gar nicht hinweisen kann, erklärt und bis zu einem gewissen Grade auch zahlenmäßig erfaßt. Daß man aber schon mit der eindimensionalen Darstellung zu einer brauchbaren Formenlehre der Turbinen und Pumpen gelangen kann, glaube ich in Abschnitt 41 überzeugend dargetan zu haben. Als Hilfsmittel zur Aufstellung dieser Formenlehre wurden die Ähnlichkeitsgesetze weitgehend herangezogen. Besonderen Wert habe ich auch darauf gelegt, die Energiebilanz der Kreiselradmaschinen aufzustellen, die ursprünglich in ihr auftretenden mechanischen Größen durch Wassermenge und Drehzahl zu ersetzen und so die Energiebilanz in eine Betriebsgleichung umzuformen. Mit dieser kann man das betriebliche Verhalten der Maschinen in weitgehender Übereinstimmung mit der Erfahrung vorausberechnen, ohne die Vorstellungen der Stromfadentheorie im wesentlichen aufgeben zu müssen.

Überall habe ich Pumpen und Turbinen einheitlich und unmittelbar nebeneinander behandelt, nicht nur im Interesse des Studierenden, sondern auch im Sinne gegenseitiger Anregung unter den in den verschiedenen Industriezweigen tätigen Ingenieuren.

Im Abschnitt C, „Vollbeaufschlagte Kreiselräder im offenen Strom", bringe ich eine Strahltheorie, in der auch die rotierenden Komponenten im Strahl berücksichtigt sind. Nur auf diese Weise kann man innerhalb einer Strahltheorie etwas über die Schaufelwinkel und über die Abhängigkeit der wahren Leistungs- und Wirkungsgrade von den Betriebsgrößen aussagen. Durch einen einfachen Ansatz für die

---

[1] Vgl. Ostwalds Klassiker der exakten Wissenschaften Nr. 182.

Reibung zwischen Flüssigkeit und Radschaufeln gelangt man zu Leistungs- und Wirkungsgradkurven, die mit beobachteten noch besser übereinstimmen. Die ganze Darstellung scheint mir den Zusammenhang mit der allgemeinen Kreiselradtheorie folgerichtig zu wahren und andererseits durch Vergleich mit der Erfahrung, durch Einzelmessungen im Strahl und eventuelle Verbesserung der Annahmen noch recht ausbaufähig zu sein.

Der Abschnitt D, „Die moderne Freistrahlturbine", unterscheidet sich nicht sehr von den entsprechenden Abschnitten anderer Lehrbücher.

Von der „höheren" Mathematik habe ich so viel verwendet, als man von einem Studierenden einer Technischen Hochschule im 4. und 5. Semester im Durchschnitt verlangen muß. Daß mir aber ebenso hoch wie das Mathematisch-Formale das Physikalisch-Anschauliche steht, habe ich mich bemüht in meiner Darstellung zum Ausdruck zu bringen.

Als Ergänzung des ersten Bandes soll eine kleine Beispielsammlung mit dem Titel „Anwendungen der Grundzugstheorie" folgen, die zeigen wird, wieviel diese Theorie leistet. Der zweite Band soll eine exakte Hydrodynamik der Kreiselradmaschinen und ihre strömungstechnische Formgebung bringen und sich dabei in erster Linie mit dem allgemeinen Schaufelungsproblem, dann aber auch mit Bemessung und Gestaltung von Spiralgehäusen, Leitapparaten, Saugrohren usw. befassen. Dazu muß er, wie oben bereits angedeutet, die hydrodynamischen Grundlagen des ersten Bandes sowohl nach der Seite der idealen als auch der zähen Flüssigkeit hin erweitern.

Die mechanisch-konstruktive Seite der Kreiselradmaschinen soll einem dritten Band vorbehalten bleiben.

Schließlich bleibt mir noch übrig, meinen Assistenten Dipl.-Ing. Hahn, Obenaus, Krisam, Weinel, Marguerre für ihre Hilfe zu danken. Herrn Hahn insbesondere für viele von ihm angefertigte Zeichnungen, Herrn Marguerre vorzugsweise für seine wertvolle Mithilfe bei der Abfassung der Strahltheorie der Propeller und Windturbinen.

Ganz besonderen Dank aber schulde ich der Verlagsbuchhandlung Julius Springer für die ausgezeichnete Ausstattung des Buches.

Karlsruhe, im Januar 1931.

W. Spannhake.

Inhaltsverzeichnis.

C. Vollbeaufschlagte Kreiselräder im offenen Strom.

D. Die moderne Freistrahlturbine.

A. Das Wichtigste aus der Hydromechanik.

I. Die Eigenschaften der idealen, volumbeständigen Flüssigkeit. Grundbegriffe und Formulierungen.

1. Unzusammendrückbarkeit und Reibungslosigkeit. Der Begriff des Flüssigkeitsdruckes.

Als Hauptvertreter unter den volumbeständigen Flüssigkeiten kennen wir das Wasser; unter dessen Eigenschaften treten erfahrungsgemäß die drei nachstehend beschriebenen am stärksten hervor:

1. Versucht man eine gegebene Menge Wasser in einem zylindrischen Gefäß durch einen dicht passenden Kolben (Abb. 1) zusammenzudrücken, so stößt man auf einen außerordentlich hohen Widerstand.

2. Versucht man andererseits einen Teil einer gegebenen Flüssigkeitsmenge gegenüber dem andern zu verschieben — z. B. in Abb. 2 die oberhalb der Ebene a—b gelegenen Flüssigkeitsteile parallel zu a—b mit überall gleicher und gleichbleibender Geschwindigkeit —, so tritt demgegenüber ein sehr geringer Widerstand auf.

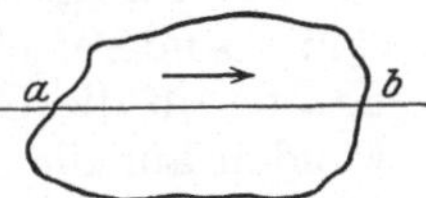

3. Einer vollständigen Trennung einer gegebenen Menge Wasser in mehrere Teile wird ebenfalls nur ganz geringer Widerstand entgegengesetzt.

Es ist nur natürlich, wenn man für die theoretische Behandlung diese Eigenschaften als restlos vollkommen vorhanden ansieht und die ideale, volumbeständige Flüssigkeit durch folgende Eigenschaften charakterisiert:

1. Sie ist unzusammendrückbar.

2. In den Trennungsflächen aneinander vorbeigleitender Flüssigkeitsteile werden keine Kräfte tangential zu diesen Flächen übertragen.

3. Die einzelnen Teile einer gewissen Flüssigkeitsmenge kann man ohne Kräfteaufwand voneinander trennen.

Satz 1 und 3 kann man zusammenfassen in die Aussage:

Eine ideale Flüssigkeit überträgt nur Druckkräfte, keine Zugkräfte.

Satz 2 lautet mit anderen Worten:

Eine ideale Flüssigkeit überträgt keine Schubspannungen, oder auch: Sie ist reibungsfrei.

Von Erscheinungen der Kohäsion und Adhäsion wird also gar nicht gesprochen.

Die Vereinfachungen, die durch diese Festsetzungen in der theoretischen Behandlung erzielt werden, sowie die in vielen Fällen aus-

gezeichnete Übereinstimmung dieser Theorie mit der Erfahrung rechtfertigen fürs erste die Aufstellung des gegebenen Idealbildes. Sehr
häufig können auch die Flüssigkeiten, die nicht in dem Maße wie Wasser
oder andere tropfbare Flüssigkeiten volumbeständig sind, noch als
unzusammendrückbar betrachtet werden, wenn nur die vorkommenden
Druckänderungen klein genug sind. Dies ist im allgemeinen der Fall,
solange die auftretenden Geschwindigkeiten unterhalb der Schallgeschwindigkeit in dem betreffenden Medium bleiben.

Die Eigenschaft der Unzusammendrückbarkeit äußert sich in der
Unveränderlichkeit der spezifischen Masse; in einem Kubikmeter sind
immer soundso viel Kilogramm Flüssigkeit enthalten, gleichgültig unter
welchem Druck die Flüssigkeit steht. Die Anzahl dieser Kilogramme
bezeichnen wir mit γ/g. Für die mathematische Formulierung des Begriffes „Flüssigkeitsdruck" ziehen wir eine Vorstellung heran, die in
der Mechanik allgemein gebräuchlich ist. Wenn man innerhalb eines
beliebigen Körpers von gewisser Ausdehnung
einen Teil abgrenzt, so werden auf diesen von
dem übrigbleibenden Kräfte übertragen. Man
hat diese Kräfte als „innere" zu bezeichnen, sie
werden in der Trennungsfläche der beiden Teilkörper übertragen, sind also Oberflächenkräfte.
Da in der idealen Flüssigkeit nur Druckspannungen vorkommen, so geht die Richtung dieser
Kräfte für den abgegrenzten Teilkörper von

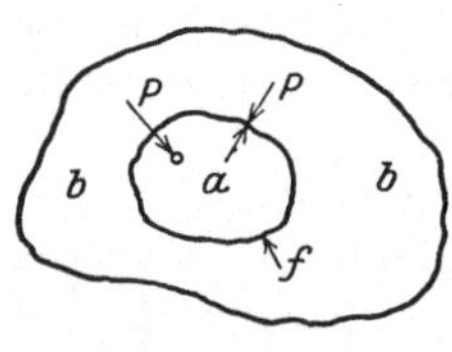

Abb. 3. Oberflächenkräfte
am Teilkörper

außen nach innen. In Abb. 3 ist im Innern einer Flüssigkeitsmenge
der Teilkörper a durch die geschlossene Fläche f abgegrenzt; auf ihn
wirken Kräfte P von außen nach innen; diese Kräfte stehen, da nach
Satz 2 in der Fläche f keine tangentialen Kräfte übertragen werden,
senkrecht auf f. Betrachtet man umgekehrt den äußeren Teilkörper b,
so werden auf ihn die gleichen Kräfte P, jetzt aber in umgekehrter Richtung, also vom Standpunkt des Körpers b aus, auch wieder von außen
nach innen übertragen.

Wird eine gewisse Flüssigkeitsmenge zum Teil von festen Wänden
begrenzt, so hört die Gültigkeit dieser Betrachtung keineswegs auf;
die festen Wände „halten die Flüssigkeit zusammen", indem sie Drücke
auf die Flüssigkeit ausüben, die für diese von außen nach innen gerichtet
sind. Andererseits drückt die Flüssigkeit auf die Gefäßwände. Die
Kräfte auf die Gefäßwände sind die „Reaktionen" der von den Gefäßwänden auf die Flüssigkeit ausgeübten Kräfte.

Die Vorstellung, daß die Kraftwirkung zwischen einzelnen Teilen
der Flüssigkeit in den Oberflächen der Teile übertragen wird, führt
dazu, den Begriff des **Flüssigkeitsdruckes** als den eines „**spezifischen Flächendruckes**" einzuführen, genau so, wie man die in
den gedachten Trennungsflächen innerhalb beliebiger Körper übertragenen Kräfte auf die Flächeneinheit bezieht und sie dann als „**Spannungen**" bezeichnet.

Wenn man an irgendeiner Stelle der Flüssigkeit eine kleine, letzten
Endes ebene Fläche in irgendeiner Richtung gelegt denkt und die

gesamte Kraftwirkung, die dort zwischen den in der Fläche aneinander-
grenzenden Flüssigkeitsteilen übertragen wird, durch den Inhalt der
kleinen Fläche dividiert, so erhält man einen bestimmten Grenzwert,
eben den „Flüssigkeitsdruck“, wenn man die Fläche kleiner und
kleiner werden läßt.

Es fragt sich nun: Ist dieser Grenzwert für verschiedene, an ein
und derselben Stelle in verschiedener Richtung angeordnete Flächenelemente verschieden groß oder nicht? Hierüber kann man Aufschluß
durch folgende Betrachtung gewinnen. In Abb. 4 sei das Tetraeder
$ABCD$ ein im Innern einer Flüssigkeit abgegrenztes Volumen. Die
Kante CD von der Länge h sei nach der Richtung der Schwere orientiert und die Grundfläche ABC mit dem
Flächeninhalt f horizontal. Der Winkel der
Normalen auf die Fläche ABD, die den
Flächeninhalt f_1 haben möge, gegen die Vertikale sei α. Auf das Teilchen wirken nun in
der Richtung der Schwere folgende Kräfte:
das Gewicht und die Vertikalkomponente der
gesamten in der Fläche f_1 übertragenen Kraft.
In entgegengesetzter Richtung wirkt die ganze
in der Fläche f übertragene Kraft. Die in
den beiden übrigen Begrenzungsflächen übertragenen Kräfte haben keine Komponente in
der gewählten Richtung. Wir wollen nun das

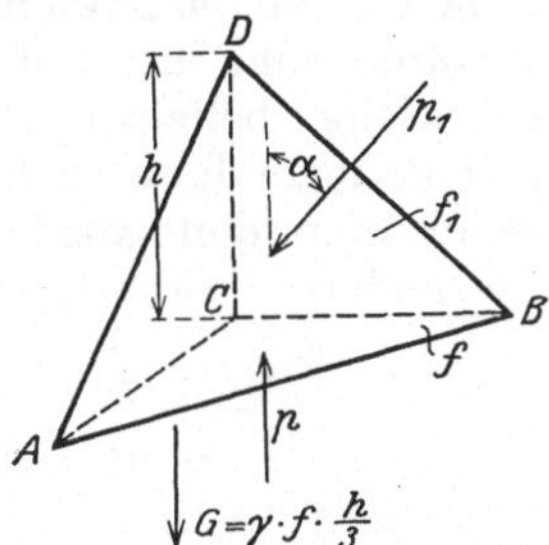

Abb. 4. Flüssigkeitsdruck in
verschiedenen Richtungen.

Teilchen schon so klein genommen denken, daß wir die Flüssigkeitsdrücke in seinen Begrenzungsflächen bereits als gleichmäßig verteilt
ansetzen dürfen.

Die Summe aller Kräftekomponenten in der Schwererichtung ist nun:

$$\gamma\cdot f\cdot\frac{h}{3}+p_1\cdot f_1\cdot\cos\alpha-p\cdot f.$$

Wenn das Teilchen nicht zufällig in einer ruhenden Flüssigkeit ein-
gelagert ist, so ruft diese Summe aller in der Schwererichtung auf das
Teilchen wirkenden Kräfte eine Beschleunigung in dieser Richtung,
die wir als z-Richtung bezeichnen wollen, hervor. Nach der Newton-
schen Grundgleichung gilt also:

$$\frac{\gamma}{g}\cdot f\cdot\frac{h}{3}\cdot\frac{dc_z}{dt}-\gamma\cdot f\cdot\frac{h}{3}-p_1\cdot f_1\cdot\cos\alpha+p\cdot f=0, \qquad (1)$$

worin $\dfrac{\gamma}{g}\cdot f\cdot\dfrac{h}{3}$ die Masse des Tetraeders, $\dfrac{dc_z}{dt}$ seine Beschleunigung
in der z-Richtung ist. Lassen wir nunmehr das Tetraeder nach der
Ecke C zusammenschrumpfen, so verschwinden zuerst die beiden ersten
Glieder, da sie dem Volumen proportional, also von 3. Ordnung klein
sind, während die beiden letzten den Flächen proportional, also nur
von der 2. Ordnung klein sind, wenn die Kantenlängen des Tetraeders
von 1. Ordnung klein geworden sind. Zuletzt bleibt also die Gleichung:
$p_1\cdot f_1\cdot\cos\alpha-p\cdot f=0$. Nun ist aber: $f_1\cdot\cos\alpha=f$, es ergibt sich also

$$p_1=p. \qquad (2)$$

Über den Winkel α ist keine spezielle Annahme gemacht, ebenso kann das Tetraeder um die senkrechte Kante CD herum in jeder Richtung orientiert sein und schließlich seine Ecke C irgendwo in der Flüssigkeit liegen. Wir erhalten daher den Satz:

In einem beliebigen Punkte der idealen Flüssigkeit hat der Flüssigkeitsdruck nach jeder Richtung hin denselben Wert.

Die Ableitung ist auch unabhängig von der besonderen Art des Bewegungszustandes, sie gilt also sowohl im Falle der Ruhe als auch im Falle der Bewegung mit irgendwelcher Geschwindigkeit. Dasselbe Resultat erhält man auch, wenn man sich vollständig auf die Betrachtung der an dem kleinen Tetraeder wirksamen Oberflächenkräfte beschränkt und ihre auf die Volumeneinheit bezogene Resultierende für irgendeine beliebige Richtung ausrechnet. Die Richtung der Kante CD sei jetzt diese Richtung. Man erhält die erwähnte Resultierende R, wenn man den Ausdruck: $p_1 f_1 \cos\alpha - p \cdot f$ durch das Volumen des Tetraeders dividiert. Es ergibt sich:

$$R = 3 \cdot \frac{p_1 \cdot \dfrac{f_1}{f} \cdot \cos\alpha - p}{h} = 3 \cdot \frac{p_1 - p}{h}.$$

Wenn nun h und damit das Volumen kleiner und kleiner wird, so würde dieser Ausdruck unendlich groß werden, wenn nicht gleichzeitig auch der Zähler sich dem Wert Null näherte. Da man aber nirgends in der Natur unendlich große, auf die Volumeneinheit bezogene Kräfte kennt, so folgt also genau wie oben, daß für den Grenzfall, wo das Tetraeder ganz in seiner Ecke C zusammenschrumpft, $p_1 = p$ sein muß. Dieser Beweis ist von vornherein vom Bewegungszustand des Teilchens unabhängig, da die ganze Betrachtung im Falle einer Bewegung, wo die Drücke dauernd wechseln können, in jedem Augenblick an jeder Stelle der Flüssigkeit neu angestellt werden kann. Beide Ableitungen machen nur von zwei aus den Erfahrungstatsachen herausgeschälten Vorstellungen über Flüssigkeitseigenschaften Gebrauch, nämlich, daß die auf einen abgegrenzten Flüssigkeitsteil wirkenden Oberflächenkräfte senkrecht auf den Begrenzungsflächen stehen und von außen nach dem Innern des abgegrenzten Teiles gerichtet sind. Statt Flüssigkeitsdruck wird im folgenden auch häufig „Druck" gesagt werden. Gemeint ist immer ein spezifischer Flächendruck. Die Größe p erscheint also von der Dimension [kg/cm²] oder [kg/m²]. In einem von Flüssigkeit erfüllten Raum ist nun zwar der Druck an jeder Stelle für jede durch den Ortspunkt gedachte Richtung der gleiche, von Ort zu Ort jedoch verschieden. Er ist also eine Ortsfunktion. Mißt man den Raum in irgendeinem Koordinatensystem, z. B. in einem rechtwinkligen System xyz aus, so ist der Druck eine Funktion dieser Koordinaten. Eine anschauliche Vorstellung von seiner Verteilung erhält man, wenn man sich durch den Raum Flächen gleichen Druckes gelegt denkt, deren Abstand so gewählt ist, daß zwischen je zwei aufeinanderfolgenden gleicher Druckunterschied herrscht. Diese Flächen sind dann als Niveauflächen des Druckes

zu bezeichnen. Man kommt auf diese Weise zum Begriff des Druckgefälles. Wenn man zwischen zwei Niveauflächen irgendeine Linie
mit den Endpunkten A und B zieht (s. Abb. 5), so wird zwischen diesen
beiden Punkten, gleichgültig, wie sie zueinander liegen, der gleiche
Druckunterschied herrschen. Druckgefälle ist aber
ein auf die Längeneinheit des Weges bezogener
Druckunterschied. Dieser Weg ist aber am kürze-
sten, wenn die beiden Punkte A und B auf einer
Orthogonaltrajektorie der Niveauflächen liegen. Das
Druckgefälle ist also normal zu den Niveauflächen
am größten. Diesen Maximalwert bezeichnet man
schlechthin als das Druckgefälle. Dieses hat
daher in jedem Punkte nicht nur einen bestimmten

Abb. 5. Niveauflächen
des Druckes.

Wert, sondern auch eine bestimmte Richtung, nämlich normal zu der
durch den betreffenden Punkt laufenden Niveaufläche. Das Druckgefälle ist also ein Vektor, den man nun wieder an jedem Punkt
in Komponenten, z. B. nach den drei Achsen eines rechtwinkligen
Koordinatensystems zerlegen kann. Druck und Druckgefälle werden
zunächst als stetige Funktionen der Koordinaten angesehen. Um das
Gefälle auszurechnen, muß man sich durch einen Punkt die Niveaufläche gelegt denken (Abb. 6) und dann auf der Normalen um ein
kleines Wegelement zur benachbarten weiter schreiten. Stellt man
dann einen Druckunterschied dp fest, so ist der auf die Längeneinheit bezogene Druckunterschied $= \partial p/\partial n$.
Erhält man bei positiv gezählter Fortschreit-
richtung der Normalen einen Druckanstieg
(also eine positive Änderung dp) so liegt ein
negatives Druckgefälle vor. Man hat also
zu definieren:

$$\text{„Druckgefälle“} = -\frac{\partial p}{\partial n}. \qquad (3)$$

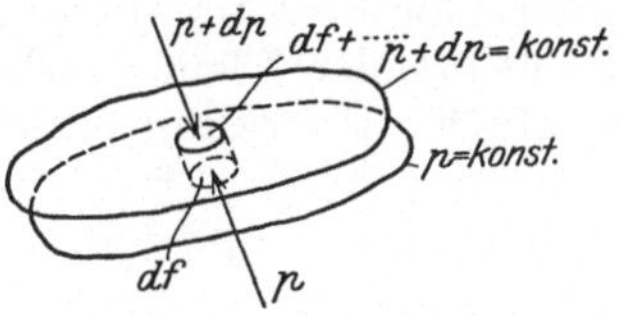

Abb. 6. Druckgefälle.

Den positiven Differentialquotienten $\partial p/\partial n$ faßt man mit der Richtung der Normalen zum Vektorbegriff des „Gradienten des Druckes“
zusammen und schreibt ihn $\operatorname{grad} p$. Das Druckgefälle schlechtweg
(vgl. oben!) ist also dem negativen Gradienten des Druckes gleich.
In irgendeiner anderen von dem gewählten Punkte ausgehenden Fort-
schreitrichtung s ist das Druckgefälle kleiner und durch den Wert
$-\partial p/\partial s$ gegeben. Nach den drei Achsen eines rechtwinkligen Koordinatensystems herrschen also beziehungsweise die Gefälle

$$-\frac{\partial p}{\partial x}, \qquad -\frac{\partial p}{\partial y}, \qquad -\frac{\partial p}{\partial z}.$$

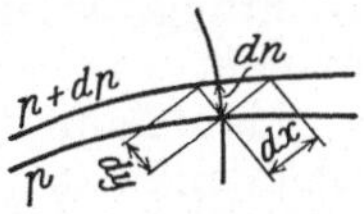

Abb. 7. Komponenten
des Druckgefälles.

Die Strecken dx, dy, dz sind die Abschnitte auf den Koordinatenachsen, die von der durch den Ausgangspunkt gehenden Niveaufläche
und der unendlich benachbarten abgegrenzt werden. Abb. 7 macht
dies durch eine Darstellung deutlich, wobei die x- und y-Richtung in
einer Normalfläche zu zwei benachbarten Niveauflächen liegen.

2. Gesamte Kraftwirkung an einem Flüssigkeitsteilchen.

a) Die Wirkung der Oberflächenkräfte.

Ein im Innern der Flüssigkeit abgegrenztes Teilchen erleidet, nach den Auseinandersetzungen unter 1, von seiner Umgebung Kraftwirkungen, die nach seinem Innern gerichtet sind und in seiner Oberfläche übertragen werden. Alle diese Wirkungen setzen sich zu einer resultierenden zusammen. Wegen der stetigen, von Punkt zu Punkt fortschreitenden Veränderlichkeit des Flüssigkeitsdruckes müssen wir das Teilchen sehr klein, im Grenzfalle unendlich klein abgrenzen, um diese resultierende Wirkung ausrechnen zu können. Sie ist dann auch von Teilchen zu Teilchen nach Größe und Richtung stetig veränderlich. Die mathematische Formulierung hat daher folgendermaßen vor sich zu gehen. Man denke sich zunächst ein Flüssigkeitsteilchen von endlichen Dimensionen mit dem Volumen V und der Oberfläche O. Auf den einzelnen Elementen do dieser Oberfläche herrschen die Flüssigkeitsdrücke p und ergeben auf jedem Element eine Kraft $-p \cdot d\bar{o}$ von bestimmter Größe und Richtung, wobei die Richtung diejenige der Normalen auf do mit dem Richtungssinn in das Innere des Teilchens hinein ist. (Deswegen $-p \cdot d\bar{o}$, weil dem Flächenelement $d\bar{o}$ die Richtung der Normalen nach außen zugeordnet wird.) Bildet man nun die Resultierende aus all diesen Elementarkräften nach Größe und Richtung, so kann man dies durch das Integral $-\oint^{0} p d\bar{o}$ ausdrücken, wobei der Pfeil im Integralzeichen anzeigt, daß bei der Integration die Richtung der Elementarbeiträge berücksichtigt werden muß. Die gesamte Kraftwirkung bezieht man nun auf die Volumeneinheit. Damit ergibt sich $-\dfrac{1}{V}\oint^{0} p d\bar{o}$ als resultierende Wirkung der Flüssigkeitsdrücke auf die Volumeneinheit bezogen. Läßt man nun das Teilchen kleiner und kleiner werden, so muß wegen der obenerwähnten Stetigkeit der Druckverteilung dieser Wert einem Grenzwert zustreben, den man als

$$\lim_{V \to 0}\left[-\frac{1}{V}\oint^{0} p \cdot d\bar{o}\right] .$$

zu schreiben hat. Dieser Grenzwert hat eine bestimmte Größe und Richtung, ist also ein Vektor; er ist nach allem bisher Gesagten stetig in dem von der Flüssigkeit erfüllten Raum verteilt.

Man kann Größe und Richtung dieses Vektors sofort bestimmen, wenn man das ins unendlich Kleine zusammengezogene Teilchen geschickt auswählt. Dazu betrachte man in Abb. 6 die unendlich kleine, zwischen zwei unendlich benachbarten Niveauflächen des Druckes gelegene, in der Grenze als zylindrisch anzusehende Röhre mit Mantellinien parallel zu der zwischen den Niveauflächen gezogenen Normalen. Dieser kleine Zylinder erfährt durch die Drücke auf der Mantelfläche keine resultierende Kraftwirkung, denn es besteht keine Tendenz zur Verschiebung des Zylinders parallel zu den Niveauflächen. Die einzige resultierende Wirkung rührt von dem kleinen Unterschied der Drücke in den Stirnflächen df des Zylinders, die in die beiden Niveauflächen fallen, her.

Herrscht in der ersten Niveaufläche der Druck p, so hat der in der zweiten den Wert $p + \frac{\partial p}{\partial n} \cdot dn$. In der Richtung des Druckanstieges ergibt sich also die gesamte Kraft (bis auf Größen, die davon herrühren, daß die Röhre nicht genau ein Zylinder ist, die aber von 2. Ordnung klein sind):

$$\left[p - \left(p + \frac{\partial p}{\partial n} \cdot dn \right) \right] df = - \frac{\partial p}{\partial n} \cdot dn \cdot df .$$

Das Volumen des Teilchens ist aber bis auf Größen höherer Ordnung gerade $= df \cdot dn$. Die auf die Volumeneinheit bezogene Kraft wird also:

$$- \frac{\partial p}{\partial n} .$$

Wir erhalten also den Satz: „Die von den Flüssigkeitsdrücken herrührende, auf die Volumeneinheit bezogene resultierende Kraftwirkung ist an jeder Stelle nach Größe und Richtung gleich dem Druckgefälle an dieser Stelle.‟

Diesen Satz können wir auch sofort für die Komponente der resultierenden Kraftwirkung nach irgendeiner Richtung entsprechend formulieren und erhalten: Die Komponente der von den Flüssigkeitsdrücken herrührenden Kraftwirkung bezogen auf die Volumeneinheit nach irgendeiner Richtung ist gleich der Komponente des Druckgefälles nach dieser Richtung, oder kürzer: gleich dem Druckgefälle nach dieser Richtung.

Will man den Komponentensatz direkt beweisen, so grenzt man das auf das unendlich Kleine zusammengezogene Teilchen wiederum besonders geeignet ab; dies geschieht, indem man in der Richtung s um ein kleines Stückchen ds einen kleinen Zylinder mit den Mantellinien parallel ds und der Stirnfläche df senkrecht zu ds legt. Die Drücke auf der Mantelfläche liefern keinen Beitrag in der Richtung von ds, dagegen die Stirnflächen eine solche von der Größe $- \frac{\partial p}{\partial s} \cdot ds \cdot df$. Dividiert man durch das Volumen $ds \cdot df$, so erhält man $- \frac{dp}{ds}$, womit der obige Satz wieder bewiesen ist.

b) Die Wirkung von Volumkräften (Gewichtswirkung).

Außer der von den Flächenkräften herrührenden Resultierenden können noch beliebige andere existieren, die von irgendwelchen von außerhalb (aus der Ferne) wirkenden Kräfte herrühren und die der Masse des Teilchens, bei unzusammendrückbarer Flüssigkeit also auch seinem Volumen proportional sind. Z. B. irgendwelche äußere Anziehungskräfte. Praktisch kommt hier nur die Schwerkraft, also das Gewicht des Teilchens in Frage. Diese wirkt immer in der Vertikalen, hat also in irgendeiner Richtung eine Komponente von bestimmter Größe.

Betrachten wir in Abb. 8 wieder einen um das Längenelement ds herumgelegten kleinen Zylinder, so liegt dieser im allgemeinen gegen die Richtung der Vertikalen geneigt; wir rechnen die vertikale Richtung positiv nach oben und bezeichnen den Winkel zwischen dieser positiven h-Richtung und der positiven s-Richtung mit α. Damit erhält man für die positive s-Richtung eine Komponente der Gewichtswirkung im Betrage von $-df \cdot ds \cdot \gamma \cdot \cos\alpha$. Solange hier α zwischen 0° und 90° bzw. zwischen 270° und 360° liegt, ist der Höhenunterschied dh zwischen Anfang und Ende von ds ein positiver; statt $\cos\alpha$ kann also $\partial h/\partial s$ geschrieben werden. Somit ergibt sich für die Komponente der Gewichtswirkung:

$$-\gamma \cdot df \cdot ds \cdot \frac{\partial h}{\partial s}$$ oder, wiederum auf die Volumeneinheit bezogen:

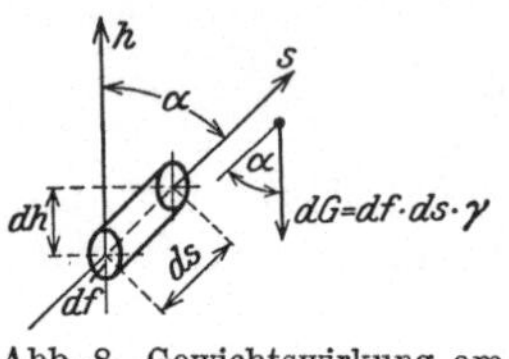

Abb. 8. Gewichtswirkung am Flüssigkeitsteilchen.

$$-\gamma \frac{\partial h}{\partial s}.$$

c) Vereinigte Druck- und Gewichtswirkung.

Die Summe der Komponenten der beiden Kraftwirkungen können wir als einen einzigen negativ genommenen Differentialquotienten schreiben und erhalten den Satz:

Nach irgendeiner Richtung ist die Komponente der aus Druck- und Schwerewirkung zusammengesetzten Kraftwirkung gleich dem Gefälle der Summe $p + \gamma \cdot h$ nach dieser Richtung, also gleich:

$$-\frac{\partial}{\partial s}(p + \gamma h).$$

Die gesamte Kraftwirkung hat die Richtung der Resultierenden aus Druck- und Schwerewirkung. Das Druckfeld hat einen von Punkt zu Punkt nach Größe und Richtung wechselnden Gradienten ($\operatorname{grad} p$), das Schwerefeld einen von konstanter Größe und Richtung ($\operatorname{grad} \gamma \cdot h$), seine Richtung geht vertikal nach unten, seine Größe ist γ. Man kann zusammenfassend schreiben: Die gesamte Kraftwirkung am Flüssigkeitsteilchen ist, auf die Volumeneinheit bezogen, nach Größe und Richtung $= -\operatorname{grad}(p + \gamma h)$.

3. Ruhende Flüssigkeiten.

a) Das hydrostatische Druckverteilungsgesetz.

In ruhenden Flüssigkeiten muß auf jedes Teilchen die Resultierende aller Kraftwirkungen Null sein, weil sonst kein Gleichgewicht besteht. In ruhenden Flüssigkeiten besteht also nirgends ein Gefälle des Ausdrucks $p + \gamma \cdot h$, mit anderen Worten:

„Für ruhende Flüssigkeiten ist im ganzen von der Flüssigkeit erfüllten Raum die Summe $p + \gamma h$ konstant." Dieser Satz umschließt die ganze Hydrostatik. Es verdient hervorgehoben zu werden, daß im Gebiet der Hydrostatik das Bild der idealen

Flüssigkeit besser auf wirkliche Flüssigkeiten paßt als in der Lehre von der Flüssigkeitsbewegung, weil im Falle der Ruhe in der Flüssigkeit tatsächlich keine Reibungen auftreten.

b) Auftrieb und Bodendruck.

Aus dem hydrostatischen Verteilungsgesetz folgt sofort der Satz vom Auftrieb. Dieser ist nichts anderes als die Ersatzkraft für die Summe der Elementarwirkungen der Flüssigkeitsdrücke an den eingetauchten Oberflächenelementen eines Körpers. Mit Beziehung auf Abb. 9 ist z. B. die senkrechte Komponente der Elementarkraft der Flüssigkeitsdrücke an dem gezeichneten kleinen, den Körper durchsetzenden Zylinder, der mit den beiden Elementen df_1 und df_2 aus seiner Oberfläche heraustritt und senkrecht zu seiner Achse den Querschnitt df besitzt:

$$dA = df_1 \cdot p_1 \cdot \cos\alpha_1 - df_2 p_2 \cos\alpha_2$$
$$= df(p_1 - p_2),$$

da $df_1 \cos\alpha_1 = df_2 \cos\alpha_2 = df$ ist. Es ist aber nach dem Verteilungsgesetz $p_1 - p_2 = \gamma h$ mit γ als spezifisches Gewicht der Flüssigkeit. Man erhält also für das Integral aller Elementarwirkungen:

$$A = \gamma \int_0^0 df \cdot h = \gamma \cdot V,$$

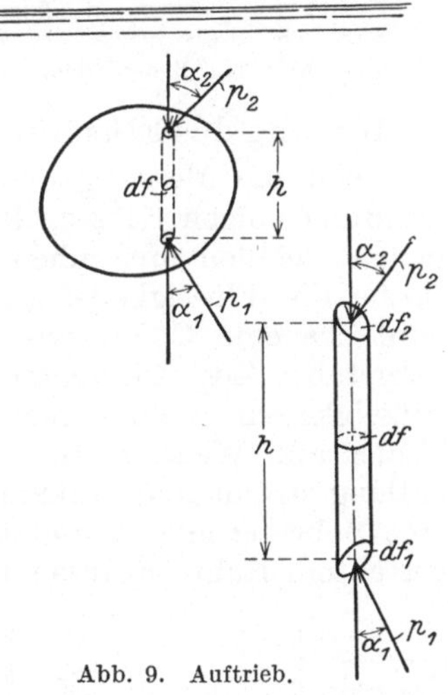

Abb. 9. Auftrieb.

wenn V das Volumen des eingetauchten Körpers ist. Der Körper erfährt also einen Auftrieb, der dem Gewicht des verdrängten Flüssigkeitsvolumens gleich ist. Wendet man den Satz auf ein abgegrenztes Flüssigkeitsvolumen an, so besagt er nichts anderes, als daß die Flüssigkeitsdrücke in der ruhenden Flüssigkeit dem Gewicht der Teile das Gleichgewicht halten; mit anderen Worten: In einer Flüssigkeit ist der Auftrieb eines bestimmten Flüssigkeitsvolumens gleich dem Gewicht dieses Volumens.

Ferner rechnet man mit Hilfe des Verteilungsgesetzes die Kräfte auf Boden- und Seitenflächen in Gefäßen aus, die von Flüssigkeit mit oder ohne freie Oberfläche erfüllt sind. Die Flächen gleichen Druckes sind nach diesem Satz horizontale Ebenen, da ja in ihnen schon h und damit auch p allein konstant ist. Freie Oberflächen in ruhenden Gefäßen sind demnach auch horizontale Ebenen, wenn die Flüssigkeit in ihnen ebenfalls ruht. Das sog. hydrostatische Paradoxon erscheint nach Kenntnis dieses Satzes durchaus nicht als ein solches, denn bei der Ableitung des Satzes ist nichts über die besondere Gestalt des von der Flüssigkeit erfüllten Raumes vorausgesetzt. Auch hört seine Gültigkeit an der Grenze der Flüssigkeit, also z. B. da, wo sie sich mit festen Körpern (Gefäßwänden oder Gefäßböden) berührt, nicht auf, da die Kraftwirkung zwischen diesen festen Flächen und den Flüssigkeitsteilchen, wie bereits S. 2 bemerkt, ebenso vorstellbar und begrifflich zu formulieren ist, wie die Kraftwirkung zwischen verschiedenen Teilen der Gesamtflüssigkeit, die durch eine beliebig gelegte Fläche getrennt sind. Der gesamte Bodendruck ist demnach für die Gefäße a, b, c der Abb. 10 der gleiche, da in allen diesen Fällen der Flüssigkeitsdruck p

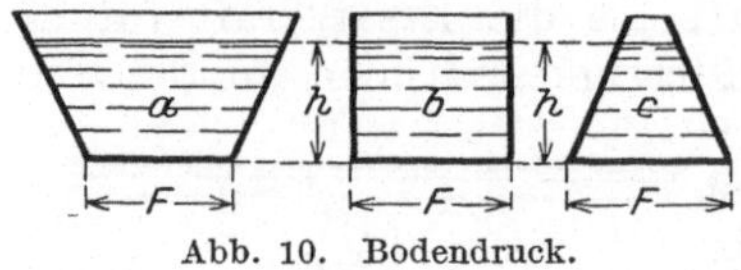
Abb. 10.   Bodendruck.

am Boden der gleiche ist, und zwar um den Betrag γh höher als der auf der freien Oberfläche der Flüssigkeit lastende atmosphärische Druck, die Bodenfläche F aber auch die gleiche ist.

c) Messung des Flüssigkeitsdruckes durch Flüssigkeitssäulen.

Auch die Messung des Flüssigkeitsdruckes beruht auf einer Anwendung obigen Satzes, der erklärt, warum in untereinander verbundenen Gefäßen mit ruhender Flüssigkeit und beiderseits freier Oberfläche die Flüssigkeitsspiegel gleich hoch stehen. Für eine Messung wird das eine Gefäß zweckmäßig als Rohr mit kleinem Querschnitt ausgeführt (sog. Piezometerrohr, s. Abb. 11). Aber auch auf bewegte Flüssigkeiten wendet man diese Meßmethode ohne grundsätzlichen Fehler an. Wenn z. B. an der Wand $A-B$ (s. Abb. 12) Flüssigkeit entlang strömt und senkrecht zu dieser Wand an einer Stelle derselben eine Bohrung mit angesetztem, nach oben abgebogenem und senkrecht gestelltem Rohr angebracht wird, so wird zunächst Flüssigkeit aus der

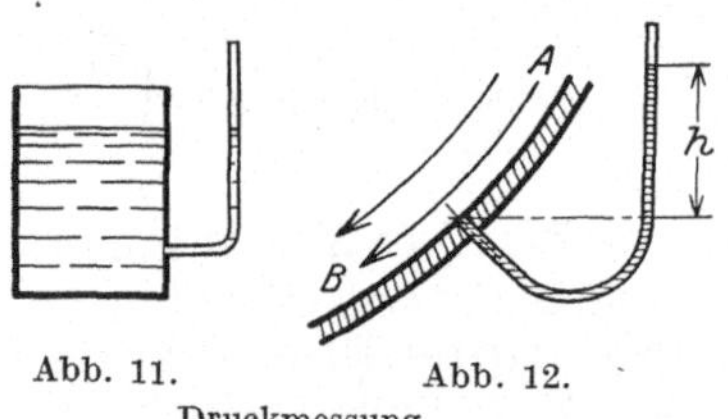
Abb. 11.   Abb. 12.
Druckmessung.

Strömung entnommen und in das Rohr hineingedrückt, sofern an der Bohrungsstelle ein Überdruck über die Atmosphäre herrscht. Dies dauert so lange, bis die Höhe der Flüssigkeitssäule im Rohr der Beziehung $p = \gamma h$ genügt; dabei ist h von der Bohrungsstelle nach oben und p als Überdruck über den Atmosphärendruck zu rechnen.

Von nun an bleibt die Flüssigkeit in Ruhe und die Strömung gleitet längs $A-B$ über den Fußquerschnitt der Flüssigkeitssäule an der Bohrungsstelle hinweg. Wenn die Bohrung klein genug ist und ihre Achse genau senkrecht zur Strömung steht, wenn ferner dafür gesorgt ist, daß die Ränder der Bohrung nirgends in die Flüssigkeitsströmung vorspringen, so bleibt die Druckanzeige auch bei strömender Flüssigkeit richtig. Man kann daher als Maß des Druckes, an Stelle von kg/m² auch die Höhe h einer Flüssigkeitssäule angeben, dabei muß man natürlich hinzufügen, was für eine Flüssigkeit als Meßflüssigkeit benutzt wird. Sehr häufig ist es die gleiche Flüssigkeit wie diejenige, deren Druck man feststellen will; ebensogut aber kann es eine andere sein. So mißt man den Druck der atmosphärischen Luft in Millimeter Quecksilbersäule oder in Meter Wassersäule. Die Höhen der beiden Säulen verhalten sich bei gleichem zu messenden Druck umgekehrt wie die spezifischen Gewichte dieser beiden Flüssigkeiten. Um die Beziehung der ver-

schiedenen Maßzahlen für den Flüssigkeitsdruck festzustellen, brauchen
wir uns, da der gesamte Bodendruck in einem Gefäße nicht von dessen
Form, sondern nur von der Höhe des freien Flüssigkeitsspiegels über
dem Boden abhängig ist, nur ein zylindrisches Gefäß mit 1 m² Bodenfläche vorzustellen. Dann muß, damit die gesamte Bodenbelastung
10000 kg, der spezifische Druck p also gerade 10000 kg/m² ist, über
dem Boden eine Wassersäule von dem Gesamtgewichte = 10000 kg
stehen. Da bei 4° das spezifische Gewicht des Wassers $\gamma_{\,l} = 1000$ kg/m³
ist, so müssen 10 m Wassersäule über den Boden stehen. Somit erhält
man

$$10000 \text{ kg/m}^2 = 1 \text{ kg/cm}^2 = \begin{cases} 10 \text{ m Wassersäule} \\ 735 \text{ mm Quecksilbersäule} \end{cases} \left(735 = \frac{10000}{13{,}6}\right).$$

Diese Größe wird auch die metrische Atmosphäre genannt, während
der physikalische Atmosphärendruck bei 0° und bei mittlerem Feuch-
tigkeitsgehalt der Luft an der Meeresober-
fläche = 10,33 m Wassersäule bzw. 760 mm
Quecksilbersäule ist.

Im Innern einer bewegten Flüssigkeit ist
die Messung des Flüssigkeitsdruckes erheblich schwieriger. Abgesehen davon, daß das
Einbringen irgendeines und sei es noch so
kleinen Instrumentes die zu beobachtende
Strömung etwas verändert, bleibt die Haupt-

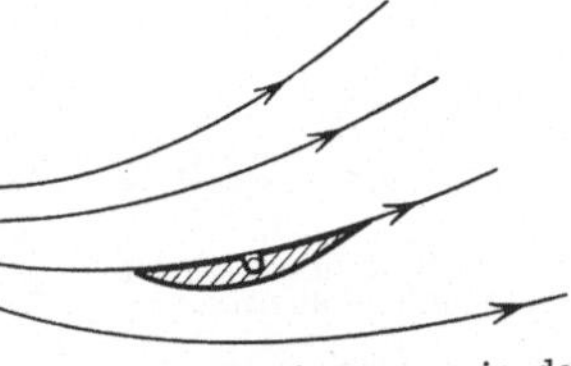

Abb. 13. Druckmessung in der
Strömung.

aufgabe, eine kleine Fläche parallel zu der an der Beobachtungsstelle
herrschenden Geschwindigkeit zu stellen und senkrecht zu dieser Fläche
eine kleine Bohrung zu führen, die mit dem Meßröhrchen kommuniziert. Abb. 13 veranschaulicht eine Annäherung an den Idealfall einer
solchen Messung und macht gleichzeitig die bestehenden Schwierigkeiten deutlich.

II. Die charakteristischen Bewegungsformen strömender Flüssigkeit und ihre Beschreibung.

4. Stationäre und nichtstationäre Bewegungen.

a) Stationäre Bewegung. Stromlinien und Stromröhren.

In Abb. 14 ist ein Hochbehälter gezeichnet, in dem durch Zufluß
an immer der gleichen Stelle der Wasserspiegel dauernd auf gleicher
Höhe gehalten wird. Ein Rohr führt von dem Behälter hinunter nach
irgendeiner Entnahmestelle, die durch eine Düse von gegebenem Quer-
schnitt f (kleiner als der Rohrquerschnitt F) gebildet wird. Bei geöff-
netem und dann festgehaltenem Düsenquerschnitt strömt durch das
Rohr in jeder Sekunde die gleiche Wassermenge Q. An irgendeiner
Stelle der Rohrleitung beobachtet man dann dauernd nach Größe und
Richtung gleiche Geschwindigkeit. Von Stelle zu Stelle kann diese
Geschwindigkeit veränderlich sein; insbesondere ist die mittlere Ge-

schwindigkeit in einem Querschnitt des Rohres von Querschnitt zu Querschnitt verschieden, wenn diese Querschnitte verschiedene Größen haben. In dem Strömungsraum bilden sich bestimmte Bahnen aus, „Stromlinien", in denen sich die Flüssigkeitsteilchen bewegen. Diese Linien werden von Punkt zu Punkt aus den herrschenden Geschwindigkeitsrichtungen zusammengesetzt, sie behalten ihre Gestalt und gegenseitige Anordnung dauernd bei. Die einer Stromlinie unmittelbar benachbarten (unendlich nahe liegenden) Stromlinien kann man zu einem Bündel zusammenfassen, das man eine „Stromröhre" oder einen „Stromfaden" nennt. Das Verhältnis zweier, an zwei bestimmten Stellen beobachteten Geschwindigkeitsgrößen ist dauernd dasselbe. Einen solchen Strömungszustand nennt man einen stationären. Bedingung für das Zustandekommen eines solchen ist in dem beschriebenen Beispiel, daß die Düsenöffnung dauernd die gleiche Weite hat, während der Zufluß im Hochbehälter dauernd in gleicher Weise erfolgt und der Menge nach gleich dem Abfluß durch die Düse ist.

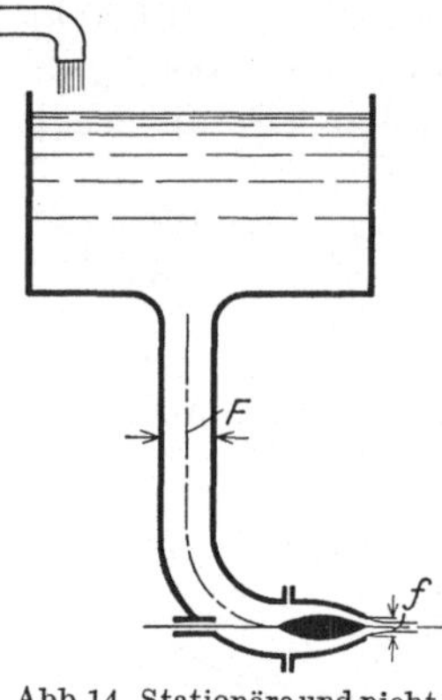
Abb. 14. Stationäre und nichtstationäre Rohrströmung.

b) Nichtstationäre Bewegung bei festbleibenden Stromröhren.

Wird die Düsenöffnung plötzlich verstellt oder der Zufluß im Hochbehälter plötzlich verändert, so ist zunächst das Verhältnis zwischen Zufluß- und Abflußmenge ein anderes geworden, und es wird nun der Wasserspiegel im Hochbehälter steigen oder fallen. Während dessen ändert sich Gestalt und Lage der Stromlinien im Hochbehälter und im Rohreinlauf ein wenig, in stärkerem Maße tritt dies in der nächsten Umgebung der Ausflußdüse ein. In langen Strecken des Rohres aber ändert sich die Gestalt und Lage der Stromlinien nicht, da der Einfluß von Einlauf und Auslauf nicht sehr weit reicht, dagegen fließt nun in jedem Augenblick eine andere Wassermenge durch das Rohr, so daß man an einer bestimmten Stelle in jedem Augenblick eine andere Geschwindigkeitsgröße feststellt. Insbesondere sind auch die mittleren Geschwindigkeiten in einem bestimmten Rohrquerschnitt von Moment zu Moment verschieden. Dieser Zustand dauert solange, bis Zufluß und Ausfluß wieder einander gleich geworden sind, also ein neuer stationärer Zustand eingetreten ist. Während der Übergangszeit liegt eine besondere Form nichtstationärer Bewegung vor. Die Besonderheit besteht darin, daß die Stromlinien und Stromröhren im Rohr dauernd gleiche Gestalt behalten und nur die Geschwindigkeiten in jedem ihrer Punkte der Größe nach von Moment zu Moment wechseln. Das Verhältnis zweier, an bestimmten Punkten beobachteten Geschwindigkeiten ist dabei immer noch das gleiche, insbesondere auch das Verhältnis zweier mittleren Geschwindigkeiten, nämlich gleich dem umgekehrten Verhältnis der betreffenden Querschnitte. Die Richtungen der Geschwindigkeiten sind ebenfalls noch dauernd dieselben.

c) Nichtstationäre Bewegung mit wechselnden Stromröhren. Momentane absolute Stromlinien. Durchfluß- und Verdrängungsströmungen.

Die unter b beschriebene Strömung ist zwar schon nicht mehr stationär, aber doch noch ziemlich speziell, da das ganze Strömungsbild im wesentlichen stets das gleiche ist. Fassen wir aber nun die Vorgänge in unmittelbarer Nähe des Absperrorgans ins Auge, so ist klar, daß durch dessen Stellung auch die Form und Anordnung der Stromlinien in seiner unmittelbaren Umgebung beeinflußt wird, so daß diese während einer allmählichen Verstellung des Absperrorganes von Augenblick zu Augenblick wechseln (Abb. 15). An einer bestimmten Stelle wird dabei die Geschwindigkeit c nach Größe und Richtung wechseln; und das Verhältnis der an zwei verschiedenen Stellen beobachteten Geschwindigkeiten ist nicht mehr zeitlich konstant. Ein anderes Beispiel für eine solche ganz allgemeine Bewegungsform ist die Bewegung einer schwimmenden Person in einem Bassin. Je nach der augenblicklichen Lage des schwimmenden Körpers zu

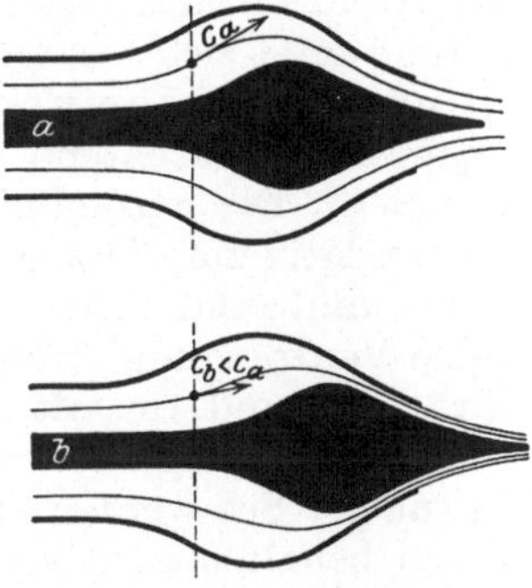

Abb. 15 a und b. Nichtstationäre Strömung durch eine Düse.

den Grenzen des Bassins sowie je nach der Größe und Richtung seiner eigenen Geschwindigkeit bzw. seiner Bewegungen und Gestaltsänderungen wird dann die Verteilung der Strömungsgeschwindigkeiten in dem ganzen Bassin eine verschiedene sein. Man kann aber auch in diesem Falle in jedem Augenblick die momentane Geschwindigkeitsrichtung an jeder Stelle ermitteln und diese von Punkt zu Punkt verfolgen, mit anderen Worten, diese Richtungen zu Kurvenzügen, zu „momentanen absoluten Stromlinien", zusammensetzen. Man erhält dann in jedem Augenblick ein bestimmtes anderes Stromlinienbild, und an keiner Stelle des von der Flüssigkeit erfüllten Raumes ist die Geschwindigkeit konstant, weder ihrer Größe noch ihrer Richtung nach. Ein ähnlicher Fall, der aber doch wieder seine Besonderheit hat, liegt vor bei der gleichförmigen Fahrt eines Schiffes auf hoher See bei ruhigem Wasser oder eines Unter-

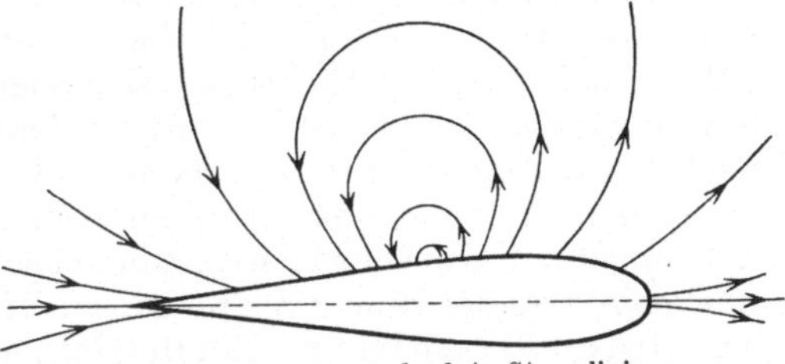

Abb. 16. Momentane absolute Stromlinien

seebootes unter Wasser in so großer Entfernung vom Wasserspiegel, dem Meeresboden und irgendwelchen Küsten, daß man das umgebende Wasser als unendlich ausgedehnt betrachten kann. Die Bewegungen des Wassers rühren hier nur von der des Bootes her; dieses verdrängt die Teilchen vor seinem Bug und schiebt sie vor sich her oder zur Seite, andererseits zieht es sie am Heck hinter sich her oder holt sie seitlich heran. Faßt man in einem bestimmten Augenblick die momentanen Geschwindigkeitsrichtungen zu Kurvenzügen zusammen, so ergibt sich das in Abb. 16

gezeichnete Bild. Da nun das Boot in jedem Augenblick gegenüber dem umgebenden unendlichen Raum und gegenüber der Richtung seiner eigenen Geschwindigkeit in der gleichen Lage ist, so sehen die momentanen Stromlinien, die von der Bootsoberfläche ausgehen und wieder an ihr enden, immer gleich aus. Das ganze Bild der Stromlinien, das „Geschwindigkeitsfeld" fährt wie mit dem Körper fest verbunden mit.

Die drei zuletzt besprochenen Beispiele weisen charakteristische Unterschiede auf. Die Strömung durch das Absperrorgan der Rohrleitung setzt sich aus einer Art Eigenbewegung der Flüssigkeit — einer „Durchflußströmung" — und einer von der Bewegung des Absperrorganes verursachten — einer „Verdrängungsströmung" — zusammen. Die Stromlinien verändern dauernd ihre Gestalt und Lage, auch relativ zum bewegten Absperrorgan. Die Strömung im begrenzten Schwimmbassin wird nur vom Schwimmer hervorgerufen, ist also eine reine Verdrängungsströmung; die Stromlinien ändern ebenfalls dauernd ihre Lage und Gestalt, auch relativ zum bewegten Körper, der selbst dauernd seine eigene Bewegungsart und Gestalt ändert. Die Strömungen in ruhiger See werden nur durch das U-Boot hervorgerufen, die Stromlinien behalten relativ zum Körper Gestalt und Lage bei und machen nur die Reise des bewegten Körpers mit.

d) Allgemeine Beschreibung des Geschwindigkeitsfeldes.

In allen besprochenen Fällen haben wir den Charakter der Bewegung danach beurteilt, was an einer festgehaltenen Stelle im unbeweglichen Raum beobachtet wird, d. h. wir haben das zeitliche Verhalten der absoluten Flüssigkeitsgeschwindigkeit an einer festen Raumstelle beobachtet. Ein Gesamtbild der Strömung kann dabei natürlich nur gewonnen werden, indem an allen Stellen des Raumes gleichzeitig beobachtet wird. Dabei wird nicht darauf geachtet, welches einzelne Flüssigkeitsteilchen als Träger der beobachteten Geschwindigkeit an der gewissen Raumstelle vorbei passiert. Für die Beschreibung der Bewegung genügt schon die Feststellung der Geschwindigkeiten an sich nach Größe und Richtung. Der allgemeinste Fall der Flüssigkeitsbewegung ist also derjenige, wo an jeder Stelle die Geschwindigkeit nach Größe und Richtung fortwährend wechselt. In allen Fällen aber kann man in einem bestimmten Augenblick die Geschwindigkeitsrichtungen zu Kurvenzügen zusammensetzen und erhält so ein Augenblicksbild von der Bewegung im ganzen Raum durch die momentanen absoluten Stromlinien. Ein Bündel solcher benachbarter Stromlinien, zwischen denen momentan konstante Wassermenge fließt, kann man zu momentanen absoluten Stromröhren zusammensetzen. Kennt man nun in jedem Augenblick das Strombild, also seine Veränderung mit der Zeit, so ist damit die allgemeinste zeitlich veränderliche Strömung beschrieben. Mit der Geschwindigkeit wechselt auch der Druck. Die Niveauflächen des Druckes, von denen unter 1 die Rede war, ändern also ihre Gestalt und gegenseitige Lage ebenfalls von Augenblick zu Augenblick. Mithin sind an einer bestimmten Stelle des Raumes Druck und Geschwindigkeit Funktionen der Zeit. Andererseits sind sie aber auch in jedem einzelnen Augenblick von Punkt zu Punkt verschieden. Somit sind Druck und Geschwindigkeit im allgemeinsten Falle sowohl Funktionen des Ortes als auch der Zeit. Dabei verändern sie sich im allgemeinen stetig.

Nach dem Gesagten sind im allgemeinen die Stromlinien durchaus nicht die Bahnen bestimmter Flüssigkeitsteilchen, dies ist nur in den unter a und b beschriebenen Fällen wirklich so. Die Bestimmung der wahren Bahnen eines einzelnen Flüssigkeitsteilchens ist im allgemeinen eine komplizierte Aufgabe. Diese Schwierigkeit hängt mit der schon geschilderten Art und Weise zusammen, wie bei der angestellten Betrachtung die Flüssigkeitsbewegung beschrieben wird. Man kümmert sich dabei zunächst nicht um den Träger der Geschwindigkeit, nämlich das materielle Teilchen, und verfolgt nicht die Schicksale eines solchen bei seinem Wege durch den von der Flüssigkeit erfüllten Raum, sondern beobachtet an einer bestimmten Stelle des Raumes, sodann an allen Stellen des Raumes und setzt aus den ermittelten Geschwindigkeitszuständen das Bild eines Geschwindigkeitsfeldes nach seiner augenblicklichen und dann von Moment zu Moment veränderlichen Gestalt zusammen. Natürlich ist auch die andere Betrachtungsweise möglich, wobei man die einzelnen Flüssigkeitsteilchen, die durch die Anfangslage beim Beginn der angestellten Betrachtung voneinander unterschieden werden, herausgreift und ihre Wege und Schicksale verfolgt. Beide Betrachtungsweisen gehen auf Euler zurück, den Begründer der klassischen Hydrodynamik, der sie schon um die Mitte des 18. Jahrhunderts geübt hat. In diesem Buch wird die erste Art angewendet werden.

e) Darstellung des Geschwindigkeitsvektors als Funktion des Ortes und der Zeit.

Selbst wenn man in der wirklichen Ausführung auf die Beschreibung des Strömungsvorganges durch augenblickliche oder dauernde Stromlinien letzten Endes verzichtet, so gewinnt man doch auf diese Weise eine gute Vorstellung von der Existenz eines Geschwindigkeitsfeldes, in dem sich die Geschwindigkeit im allgemeinen nach Größe und Richtung an jedem Raumpunkt zeitlich verändert, und zwar an jedem Raumpunkt in anderer Weise. Wir nehmen nun eine stetige Veränderung mit Raum und Zeit, d. h. Geschwindigkeitsgröße und Richtung als stetige Funktionen des Ortsvektors $\bar{r}$ und der Zeit t an. Dies fassen wir in die vektorielle Gleichung:

$$\bar{c} = f(\bar{r}, t) \tag{4}$$

zusammen. Wird die Lage eines Punktes durch Angabe seiner drei rechtwinkligen Koordinaten x, y, z beschrieben, so zerlegt man die Geschwindigkeit $\bar{c}$ in ihre drei Komponenten nach den Richtungen der Koordinatenachsen; dann ist jede Komponente eine Funktion aller drei Koordinaten und der Zeit; also

$$\left.\begin{aligned} c_x &= f_1(x, y, z, t), \\ c_y &= f_2(x, y, z, t), \\ c_z &= f_3(x, y, z, t). \end{aligned}\right\} \tag{5}$$

Der Sinn dieser Darstellung ist der folgende: Man begibt sich als Beobachter zunächst an eine feste Raumstelle und beobachtet dort den zeitlichen Wechsel der Geschwindigkeit nach Größe und Richtung. Sodann erweitert man diese Beobachtung auf alle Raumpunkte. Dazu muß in der gedanklichen Vorstellung entweder die Beobachtung an allen Raumpunkten gleichzeitig gemacht oder es muß der ganze zeitliche Strömungsverlauf für jede, an einem neuen Raumpunkt vorgenommene Beobachtung vollständig reproduziert werden.

Über das Schicksal eines einzelnen Flüssigkeitsteilchens erfährt man zunächst nichts; aber man kann, wie wir unter 9 sehen werden, Gleichungen für die Bewegung eines solchen in der nächsten Umgebung eines bestimmten Punktes aufstellen.

5. Absolute und relative Bewegung.

Alles unter 4 Gesagte bezieht sich auf die absolute Bewegung der Flüssigkeit. Die Geschwindigkeiten werden dabei vom feststehenden Raum aus beobachtet und gemessen. Häufig ist es jedoch bequemer

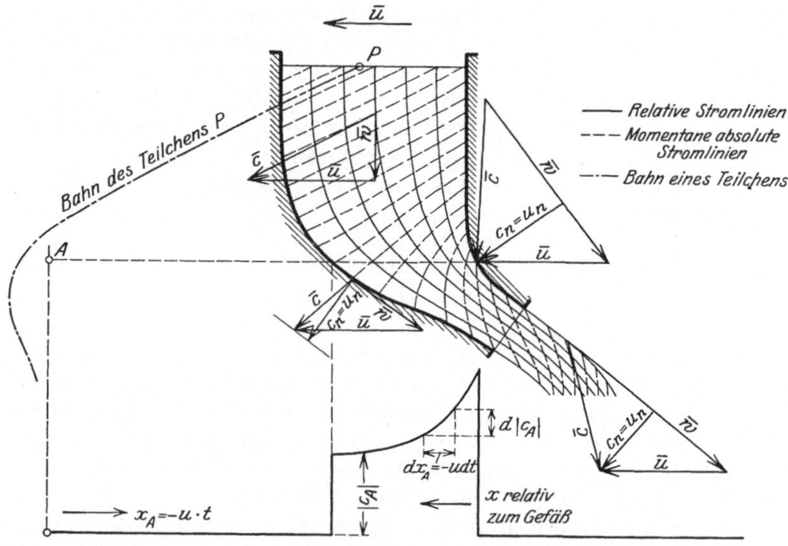

Abb. 17. Durchflußströmung durch ein bewegtes Gefäß.

oder auch nur anschaulicher, die Beobachtung von einem bewegten Körper oder Körpersystem aus vorzunehmen. Man gelangt so zu der Beschreibung von Relativbewegungen, die namentlich dem Techniker häufig näher liegt als die der Absolutbewegung. Betrachten wir z. B. das in Abb. 17 gezeichnete, senkrecht zur Zeichenebene rechteckige Gefäß mit seitlich schräger Ausflußöffnung, so hat man sehr bald eine einigermaßen klare Vorstellung über die Stromlinien im Innern und in dem ausfließenden Strahle, jedenfalls, wenn das Gefäß stillsteht. Hier sind die Stromlinien gleichzeitig Strombahnen der Flüssigkeitsteilchen, vorausgesetzt, daß der Zufluß im Gefäß immer an derselben Stelle und in solcher Stärke erfolgt, daß der Wasserspiegel in ihm dauernd auf der gleichen Höhe bleibt. Bewegt sich aber das Gefäß, z. B. in der Richtung entgegengesetzt derjenigen des ausfließenden Strahles, so erlangt jedes Teilchen außer seiner Geschwindigkeit im oder relativ zum Gefäß eine zweite mit dem Gefäß, die so groß ist wie die Geschwindigkeit, die der Raumpunkt, den das Teilchen gerade passiert, dann hätte, wenn er mit dem Gefäß fest verbunden wäre. In dem vorliegenden, einfachen Beispiel einer reinen Translationsbewegung des Gefäßes ist diese Geschwindigkeit für alle Punkte des Gefäßes die gleiche. Sie kann daher anschaulich als Fahrzeuggeschwindigkeit bezeichnet werden. Aber auch in dem allgemeineren Falle, wo die Geschwindigkeit des augenblicklichen Aufenthaltsortes eines Flüssigkeitsteilchens mit dem bewegten System von Punkt zu Punkt verschieden ist — z. B. bei Drehbewegungen —, soll diese Geschwindigkeit als Fahrzeuggeschwindigkeit bezeichnet werden. Die Absolutgeschwindigkeit des Flüssigkeitsteilchens setzt sich dann in bekannter Weise aus der Fahrzeuggeschwindigkeit seines augenblicklichen Aufenthaltspunktes und aus seiner Relativgeschwindigkeit gegenüber dem Fahrzeug zusammen. Die Absolutgeschwindigkeit ist dabei die geometrische Summe aus Fahrzeug- und Relativgeschwindigkeit.

$$\bar{c} = \bar{u} + \bar{w}, \qquad\qquad (6)$$

$\bar{c}$ = Absolutgeschwindigkeit
$\bar{w}$ = Relativgeschwindigkeit $\quad\big\}$ (s. Abb. 18).
$\bar{u}$ = Fahrzeuggeschwindigkeit

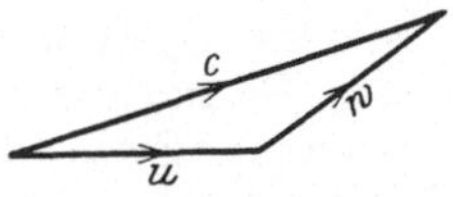

Abb. 18. Geschwindigkeitsdreieck.

Die erste Frage ist nun die: Sind während der Bewegung des Gefäßes, vorausgesetzt, daß der Zufluß auf irgendeine Weise mit ihm mitgeführt wird und dabei nach Lage, Größe und Richtung relativ zu ihm derselbe wie vorher im Ruhestand bleibt, die Geschwindigkeiten relativ zum Gefäß die gleichen, wie sie bei stillstehendem Gefäß waren? Ist also das relative Strombild während der Bewegung dasselbe wie beim Stillstand des Gefäßes? Der Techniker ist in vielen Fällen leicht geneigt, diese Frage schnell zu bejahen, tatsächlich aber ist sie im allgemeinen zu verneinen. So ist z. B. das Aussehen der Relativbewegung in unserem Beispiel für Ruhe und Bewegung des Gefäßes nicht verschieden, wenn dieses sich gleichförmig geradlinig bewegt, dagegen anders wenn es sich geradlinig beschleunigt bewegt; wieder anders, wenn das Gefäß keine Translationsbewegung ausführt, sondern sich um irgendeine Achse dreht. Es muß also das Aussehen der Relativbewegung doch in jedem einzelnen Falle besonders untersucht werden.

Auf die Relativbewegung kann man aber dieselben Begriffe anwenden, wie sie oben für die Absolutbewegung aufgestellt worden sind. Es gibt also stationäre und nichtstationäre Relativbewegungen; und die nichtstationären Relativbewegungen können wieder danach unterschieden werden, ob nur die Größe der Geschwindigkeiten sich ändert, Gestalt und Lage der relativen Stromlinien also dieselben bleiben, oder ob auch die Richtungen der Geschwindigkeiten wechseln, Gestalt und Lage der relativen Stromlinien sich also auch ändern.

Die zweite Frage ist die folgende: Wie sieht die Absolutbewegung aus, die einem gegebenen Relativstrombild entspricht, und welches sind ihre charakteristischen Eigenschaften? Wenn man in einem bestimmten Augenblick aus dem relativen Stromlinienbild das absolute konstruieren will, so hat man Punkt für Punkt zu der Relativgeschwindigkeit die Fahrzeuggeschwindigkeit geometrisch zu addieren. In jedem Punkt, an dem sich überhaupt Flüssigkeit befindet, erhält man statt der bisherigen Relativrichtung aus dem Geschwindigkeitsdreieck eine neue, die Absolutrichtung. Setzt man alle diese Richtungen zu Kurvenzügen zusammen, so erhält man das Bild der absoluten Stromlinien. Dieses Stromlinienbild stellt aber, wie bereits unter 4 ausgeführt, nicht die Bahnen der Flüssigkeitsteilchen dar, sondern ist nur eine Darstellung der Geschwindigkeitsverteilung im absoluten Geschwindigkeitsfelde. Bewegt sich das Fahrzeug selbst stationär, so kann die Relativbewegung ebenfalls stationär sein. Trifft beides zu, so erhält man in jedem Augenblick, dasselbe Bild der absoluten Stromlinien, nur hat es sich mit dem Fahrzeug, als wäre es mit ihm starr verbunden, weiterbewegt. Man kann das auch so ausdrücken: Auch das Bild der momentanen absoluten Stromlinien ist in diesem Falle relativ zum bewegten System stationär. Die absolute Flüssigkeitsbewegung, vom festen Raum aus gesehen, ist aber nicht stationär, denn wenn man an irgendeiner Stelle des festen Raumes die Geschwindigkeiten flüssiger Teilchen, die nacheinander an der Stelle passieren, beobachtet, so wird man nach Größe und Richtung verschiedene Geschwindigkeiten feststellen, weil ja das von Flüssigkeit erfüllte und im ganzen gegen den festen Raum bewegte System mit seinem relativen Strombild nacheinander verschiedene Stellungen gegen den festgehaltenen Raumpunkt einnimmt. So wird man in dem Beispiel des bewegten Gefäßes an einem festen Raumpunkt, der überhaupt im Wege des Gefäßes liegt (etwa Punkt A in Abb. 17), zunächst gar keine Geschwindigkeiten feststellen, bis die Vorderwand des Gefäßes an ihm anlangt. Von diesem Moment ab beobachtet man eine Reihe irgendwelcher aus Relativ- und Fahrzeuggeschwindigkeit zusammengesetzter Absolutgeschwindigkeiten, bis die Rückwand des Gefäßes. gerade den Punkt A passiert. Von diesem Moment ab stellt man gar keine Geschwindigkeiten mehr fest. Ist in diesem Falle die Relativbewegung stationär, so entwirft man sich das ebenfalls relativ zum Fahrzeug stationäre Bild der momentanen absoluten Stromlinien in der oben beschriebenen Weise und läßt dieses mit der Fahrzeuggeschwindigkeit an dem festgehaltenen Raumpunkt vorbeiziehen. Dies kommt auf dasselbe hinaus, als ob man das Fahrzeug mit dem relativen und absoluten Stromlinienbild festhält und den vorher festen Raumpunkt mit der Fahrzeuggeschwindigkeit, jedoch in umgekehrter Richtung, durch das nunmehr stillstehende Stromfeld hindurchführt und den Wechsel der Geschwindigkeit feststellt, den man als Mitreisender des Punktes A erlebt. Diese Reise des Beobachters durch das Geschwindigkeitsfeld erfolgt nach dem Fahrplan $x_A = -ut$, wenn man konsequent die positive x-Richtung mit der positiven u-Richtung zusammenfallen läßt. Die für den Beobachter zeitlichen Änderungen $\dfrac{\partial |c_A|}{\partial t}$ ergeben sich aus den örtlichen Änderungen des Geschwindigkeitsdiagramms $\dfrac{\partial |c_A|}{\partial x}$ durch den Zusammenhang:

$$\frac{\partial |c_A|}{\partial t} = \frac{\partial |c|}{\partial x} \cdot \frac{dx}{dt} = -u \frac{\partial |c|}{\partial x}.$$

Die **absoluten Bahnen** eines Flüssigkeitsteilchens erhält man, indem man für einen bestimmten Augenblick sowohl die Stellung des Fahrzeugs als auch den Ort des Flüssigkeitsteilchens im Fahrzeug ermittelt. Das letztere ist besonders einfach in dem Falle, wo die relative Bewegung stationär ist. In Abb. 17 sind diese Verhältnisse für das Beispiel eines mit konstanter Geschwindigkeit geradlinig bewegten Ausflußgefäßes erläutert.

6. Randbedingungen.

Am Beispiel des ruhenden und bewegten Ausflußgefäßes lassen sich auch die wichtigsten Fälle der sog. Randbedingungen erläutern. Begrenzt ist das von der Flüssigkeit erfüllte Gebiet einmal von den Gefäßwänden, dann innerhalb derselben durch eine freie Oberfläche, außerhalb des Gefäßes nur durch freie Oberflächen, nämlich die des freien Strahles.

a) Ruhendes Gefäß.

Die Gefäßwände sind Stromflächen, d. h. sie enthalten lauter Stromlinien; die Geschwindigkeit der Flüssigkeit ist tangential zu ihnen gerichtet. Am freien Spiegel im Gefäß ist der Druck konstant, nämlich gleich dem atmosphärischen; über die Geschwindigkeiten dortselbst kann man nur aussagen, daß sie klein und ungefähr so gerichtet sein werden wie etwa in gleicher Höhe an den Gefäßwänden. (Bei senkrechten Gefäßwänden und genügender Höhe des Spiegels über der Ausflußöffnung werden sie also senkrecht gerichtet sein.) An der Strahloberfläche herrscht ebenfalls konstanter atmosphärischer Druck, die Oberfläche besteht aus Stromlinien.

b) Gleichförmig bewegtes Gefäß.

Für die Relativbewegung gelten die gleichen Randbedingungen wie beim ruhenden Gefäß. Für die Absolutbewegung aber bestehen gänzlich veränderte Randbedingungen. An den Gefäßwänden muß die Absolutgeschwindigkeit $\bar{c}$ eine Komponente c_n senkrecht zur Wand haben, die übereinstimmt mit der Komponente u_n, welche die Fahrzeuggeschwindigkeit $\bar{u}$ des Wandelementes normal zu diesem hat (s. Abb. 17). Denn wenn dies nicht der Fall wäre, so würde entsprechend der Differenz $c_n - u_n$ ein Durchtritt von Flüssigkeit durch die Wand im einen oder anderen Sinne stattfinden. Für die freien Strahlgrenzen gilt das gleiche. Auch hier darf ja keine Flüssigkeit durch die Grenzflächen treten. Bei

2*

dem freien Spiegel im Gefäß liegt die Sache anders, hier tritt ja gerade Flüssigkeit durch die Spiegelfläche senkrecht hindurch, man muß hier sagen, daß Relativ- und Absolutgeschwindigkeit die gleiche Komponente w_n bzw. c_n senkrecht zur Spiegelfläche haben. [Unter den im Falle a) bereits genannten Bedingungen ist $c_n = w_n = w$.] Die Bedingungen konstanten Druckes am freien Spiegel und an den freien Strahlgrenzen bleiben für Relativ- und Absolutbewegung in gleicher Weise bestehen.

In der Abb. 17 sind die Randbedingungen durch Diagramme mit hervorgehoben.

Unter den beschriebenen Randbedingungen befinden sich kinematische und dynamische, letztere als Vorschriften über den Druck. Die kinematischen zerfallen in zwei Gruppen; in der ersten Gruppe wird verlangt, daß die Geschwindigkeiten der Flüssigkeit an gewissen starren (ruhenden oder bewegten) Flächen tangential gerichtet sein sollen, in der zweiten ist die Größe der Normalkomponente der Flüssigkeitsgeschwindigkeit in allen Punkten einer oder mehrerer bewegter Flächen vorgeschrieben. In der mathematischen Hydrodynamik spricht man im ersten Fall von Randwertproblemen erster, im zweiten von solcher zweiter Art.

Reicht das Strömungsgebiet in irgendeiner Weise ins Unendliche, so kommen noch Bedingungen über das Verhalten im Unendlichen hinzu. Bewegt sich z. B. ein endlich begrenzter, starrer Körper in allseitig unbegrenzter Flüssigkeit, so klingen die von seiner Bewegung erzeugten Strömungsgeschwindigkeiten nach allen Seiten hin ab, so daß im Unendlichen die Flüssigkeit in Ruhe bleibt. Strömt andererseits Flüssigkeit aus dem Unendlichen an einem ruhenden starren Körper vorbei, so muß Richtung und Größe der Geschwindigkeit im Unendlichen irgendwie gegeben sein. Häufig kann man ein Strömungsproblem in zwei Teilprobleme zerlegen, von denen das eine ein Randwertproblem erster, das andere eines zweiter Art enthält.

7. Kontinuitätsgleichungen.

Die Vorstellung der Stromlinien kann man benützen, um die physikalische Tatsache der Unzusammendrückbarkeit der Flüssigkeiten rein kinematisch zu formulieren. Wir gehen dabei von der geläufigen Vorstellung einer Strömung durch ein Rohr aus. Wenn die Querschnitte des Rohres sich über seine Länge hinüber nur allmählich ändern, so kann man annehmen, daß das Rohr an jeder Stelle mit tatsächlich strömender Flüssigkeit ausgefüllt ist. Was man als Querschnitt des Rohres zu bezeichnen hat, hängt von der Gestalt des Rohres, welche ihrerseits wieder die Form der Strömung beeinflußt, ab. Jedenfalls muß die Querschnittsfläche zunächst senkrecht auf den Rohrwandungen stehen und im Innern des Rohres so gelegt werden, daß alle Stromlinien sie senkrecht durchsetzen. Diese Fläche steht dann mit der das Rohr in der Zeiteinheit durchströmenden Wassermenge in der Beziehung, daß der Quotient Q/F die mittlere Geschwindigkeit in der Fläche darstellt, und zwar in m/sec, wenn Q in m³/s und F in m² gegeben sind.

Nun kann man in einem beliebigen Geschwindigkeitsfeld ein Bündel benachbarter Stromlinien um eine mittlere herum zu einer Stromröhre zusammenfassen und den Raum in solche Stromröhren aufteilen. Die Geschwindigkeit in solchen Stromröhren wird um so weniger über den Querschnitt hinüber veränderlich sein, je kleiner er ist; oder anders ausgedrückt, die mittlere Geschwindigkeit im Querschnitt einer solchen Stromröhre unterscheidet sich um so weniger von der wahren Geschwindigkeit auf der Stromlinie, um die herum die Stromröhre gelegt ist, je mehr sich die Stromröhre auf die Stromlinie zusammenzieht. Um so genauer stimmt dann die Aussage: daß der Ausdruck $c \Delta f$ für alle Punkte längs der Stromröhre konstant ist. Man kann also die Unzusammendrückbarkeit bzw. die Kontinuität der Flüssigkeitsströmung kurz folgendermaßen formulieren:

$$\lim_{\Delta f \to 0} [c \Delta f] = \text{konst.} = dq \, . \tag{7}$$

Häufig faßt man auch wirklich ausgeführte Rohre von endlichem Querschnitt als eine Stromröhre auf und betrachtet die Querschnitte des Rohres oder die Unterschiede der Geschwindigkeit in ihnen als so klein, daß es genügt, die mittlere Geschwindigkeit $c = \dfrac{Q}{F}$ auszurechnen und sie als konstant über den Querschnitt hinüber anzunehmen. Oft kann man dabei als Querschnitt eine ebene Fläche ansehen, die auf der Rohrachse senkrecht steht. Die Kontinuitätsgleichung lautet dann einfach:

$$c \cdot F = \text{konst.} = Q \, . \tag{8}$$

Die Kontinuitätsgleichung (7) kann man sowohl auf stationäre wie auf nichtstationäre Stromlinienbilder, ferner sowohl auf absolute wie auf relative anwenden. Bei nichtstationären Feldern muß die Gleichung in jedem Augenblick neu auf das gerade geltende Stromröhrenbild angewendet werden.

Wenn das Geschwindigkeitsfeld nicht durch Stromröhren, sondern durch Angabe der drei Geschwindigkeitskomponenten c_x, c_y, c_z nach irgendwelchen Koordinaten als Funktion dieser Koordinaten und der Zeit beschrieben wird, so ist eine andere Formulierung der Kontinuitätsgleichung am Platze. Dazu betrachtet man irgendein passend gestaltetes Volumenelement, berechnet die ein- und ausströmenden Flüssigkeitsmengen und spricht die Tatsache aus, daß die Summe dieser Mengen Null sein muß, sofern die Flüssigkeit unzusammendrückbar ist. In besonderen Fällen kann man für die mathematische Behandlung die Vorstellung heranziehen, daß in einem Volumenelement Flüssigkeit entspringt oder verschwindet, das Volumenelement also Sitz einer Quelle oder Senke ist. Dann nennt man die auf die Volumeneinheit bezogene, in der Zeiteinheit an dem betreffenden Raumpunkt entspringende oder verschwindende Flüssigkeitsmenge „die Divergenz des Vektors $\bar{c}$", geschrieben $\operatorname{div} \bar{c}$. In einer unzusammendrückbaren Flüssigkeit, ist demnach in Gebieten, wo keine Quellen sitzen, $\operatorname{div} \bar{c} = 0$.

8. Die Beschleunigung der Flüssigkeitsteilchen.

a) Stationäre oder konvektive Beschleunigung.

Um später die Bewegungsgleichungen für die Flüssigkeit aufstellen zu können, muß man sich überlegen, wie die Beschleunigung eines materiellen flüssigen Teilchens zu berechnen ist. Dazu wollen wir als erstes, einfachstes Beispiel wieder die Bewegungen in einer Rohrleitung nehmen, deren Querschnitte längs einer geradlinigen Rohrachse veränderlich sein sollen. Wir wollen die Rohrleitung als eine Stromröhre betrachten, in der wir die Geschwindigkeit c sofort als den Quotienten Q/F bestimmen können. Das Geschwindigkeitsfeld in einem solchen Rohr ist ein besonders einfaches, da c nur von einer einzigen Koordinate abhängt, nämlich von der Länge s der Rohrachse, die von einem beliebigen Anfangspunkt gezählt wird. Die das Rohr durchströmende Wassermenge Q wollen wir zunächst als zeitlich konstant voraussetzen, womit wir den Fall einer stationären Strömung zugrunde legen. Nun handelt es sich darum, festzustellen, welche Beschleunigung ein scheibenförmiges Teilchen erleidet, das sich zur Zeit t mit seiner Mittelebene a—a (s. Abb. 19) an einer Stelle s befindet. Nach Ablauf des Zeitelementes dt soll das Teilchen gerade so weit vorgeschritten sein, daß seine neue Mittelebene b—b sich an der Stelle $s + ds$ befindet. Am einfachsten ist es, sich vorzustellen, daß durch dieses

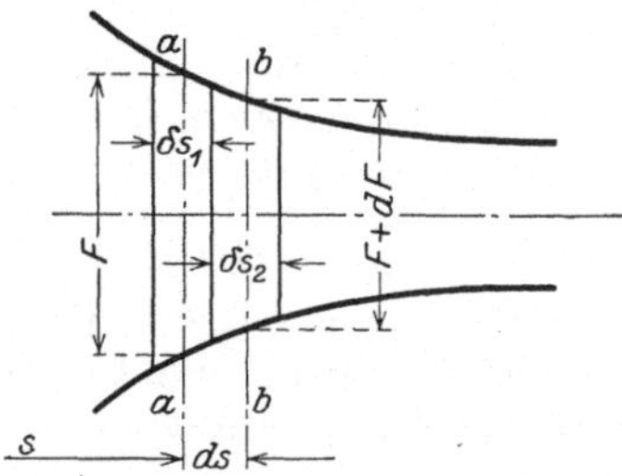

Abb. 19. Konvektive Beschleunigung.

Vorrücken der anfangs vom Teilchen ausgefüllte Raum gerade vollständig von ihm verlassen ist. Wegen der Kontinuität der Strömung und der Unzusammendrückbarkeit der Flüssigkeit muß $F \delta s_1 = (F + dF)\, \delta s_2$ sein, wenn F und $F + dF$ die durch die Mittelebene a—a bzw. b—b gekennzeichneten Querschnitte sind. Notwendig für die folgende Ableitung ist diese Vorstellung jedoch nicht. Die „Dicken" δs_1 bzw δs_2 müssen jedoch so gering gewählt sein, daß man die Unterschiede der Geschwindigkeit in den einzelnen Ebenen, die das Teilchen noch weiter unterteilen, vernachlässigen kann. In der Anfangslage ist die mittlere Geschwindigkeit für das Teilchen $c = \dfrac{Q}{F}$, in der Endlage $c + dc = \dfrac{Q}{F + dF}$. (Wir müssen beim Weiterschreiten in der positiven s-Richtung die Änderungen dc und dF zunächst positiv ansetzen.) Der Geschwindigkeitszuwachs des Teilchens ist also

$$dc = \frac{Q}{F + dF} - \frac{Q}{F} = Q\,\frac{F - F - dF}{(F + dF)\cdot F} = -\frac{Q}{F^2}\cdot dF.$$

Durch Division mit dt ergibt sich die Beschleunigung

$$\frac{dc}{dt} = -\frac{Q}{F^2}\cdot\frac{dF}{dt}. \tag{9}$$

Der Differentialquotient dF/dt bedeutet natürlich nicht, daß sich die Querschnitte des Rohres mit der Zeit ändern, sondern daß ein und das-

selbe Flüssigkeitsteilchen nacheinander verschiedene Querschnitte ein-
nimmt. Der Querschnitt des Rohres ist an sich eine Funktion der Rohrlänge s, und in dieser Rohrlänge s nimmt das betrachtete Flüssigkeitsteilchen nacheinander verschiedene Lagen ein. Die Koordinate s ist
also diejenige Variable, durch deren Durchlaufen das Flüssigkeitsteilchen
die Änderungen seines Querschnittes erleidet. Wir müssen also F als
Funktion von s und gleichzeitig s als Funktion von t betrachten und
deswegen

$$\frac{dF}{dt} = \frac{dF}{ds} \cdot \frac{ds}{dt}$$

schreiben. Das Wegelement ds wird nun mit einer Geschwindigkeit
zurückgelegt, die zwischen c und $c + dc$ liegt, also etwa die Größe
$c + \dfrac{dc}{2}$ hat, so daß also $ds = \left(c + \dfrac{dc}{2}\right)dt$ ist. Daraus wird aber beim
Übergang zur Grenze durch Streichen des unendlich kleinen Gliedes
höherer Ordnung $c \cdot dt$. Damit ergibt sich als Beschleunigung

$$\frac{dc}{dt} = -\frac{Q}{F^2} \cdot \frac{dF}{ds} \cdot c = +\frac{d\left(\dfrac{Q}{F}\right)}{ds} \cdot c \tag{10}$$

oder auch

$$\frac{dc}{dt} = \frac{dc}{ds} \cdot c = \frac{d\left(\dfrac{c^2}{2}\right)}{ds}. \tag{10a}$$

Der Sinn dieser Betrachtungen ist zusammengefaßt der folgende: Bei
einer stationären Strömung erfährt ein Teilchen eine Beschleunigung
dadurch, daß es von einer Stelle im Geschwindigkeitsfeld, wo eine bestimmte Geschwindigkeit c herrscht, an eine andere gelangt, wo eine
größere oder kleinere besteht. Man hätte das Resultat rein formal,
wie folgt, erhalten können: In der Stromröhre ist bei stationärer Bewegung die Geschwindigkeit eine Funktion der Rohrlänge. Diese selbst
ist aber für das bewegte Teilchen eine Funktion der Zeit. Hierdurch
erst wird die Geschwindigkeit für das Teilchen eine Funktion der Zeit.
Folglich ist die Differentiation dc/dt in der Form $dc/ds \cdot ds/dt$ auszuführen. ds ist dabei der vom Teilchen während des Augenblicks dt
zurückgelegte Weg, also ds/dt in der Grenze gerade seine ursprüngliche
Geschwindigkeit c.

Man nennt die eben beschriebene Beschleunigung stationäre
Beschleunigung. Eine andere Bezeichnung, nämlich konvektive
Beschleunigung, bringt unmittelbar zum Ausdruck, daß diese durch
den Ortswechsel des Teilchens verursacht wird.

b) Lokale und substantielle Beschleunigung.

Wenn durch das Rohr eine zeitlich veränderliche Wassermenge
strömt, so erfährt ein Flüssigkeitsteilchen außer der eben berechneten
Beschleunigung noch eine zweite. Zu Anfang des Zeitelementes hat das
Teilchen die Geschwindigkeit $c = \dfrac{Q}{F}$, am Ende desselben:

$$c + dc = \frac{Q + dQ}{F + dF}.$$

Die Geschwindigkeitszunahme ist also:

$$dc = \frac{(Q + dQ)\,F - Q\,(F + dF)}{F\,(F + dF)} = \frac{dQ}{F} - \frac{Q}{F^2} \cdot dF,$$

mithin also die Beschleunigung:

$$\frac{dc}{dt} = \frac{1}{F} \cdot \frac{dQ}{dt} - \frac{Q}{F^2} \cdot \frac{dF}{dt} = \frac{1}{F} \cdot \frac{dQ}{dt} - \frac{Q}{F^2} \cdot \frac{dF}{ds} \cdot \frac{ds}{dt} \, . \tag{11}$$

Der zweite Posten ist uns aus der obigen Ableitung bekannt als die konvektive Beschleunigung. Bei dem ersten Posten hat man folgendes zu beachten: Er rührt davon her, daß sich die Wassermenge ändert und F ist für ihn als zeitlich unveränderlich zu betrachten, weil dieser Posten mit der Ortsveränderung des Teilchens nichts zu tun hat. Man kann ihn also schreiben:

$$\frac{d\left(\dfrac{Q}{F}\right)}{dt} = \frac{\partial c}{\partial t} \, ,$$

und zwar muß nun der Differentialquotient rechts als ein partieller geschrieben werden, weil jetzt die Geschwindigkeit sowohl von der Koordinate s als auch von der Zeit t abhängig ist. Das Flüssigkeitsteilchen erleidet also eine Beschleunigung aus zwei Gründen; einmal, weil sich im ganzen Geschwindigkeitsfeld, also auch an der Stelle, wo es sich zu Anfang des Augenblicks dt befindet, die Geschwindigkeit ändert, und zweitens, weil es sich während des Augenblicks dt an eine andere Stelle begibt, an der die Geschwindigkeit auch ohne Veränderung von Q eine andere ist als an der Ausgangsstelle. Man nennt den ersten Posten die **lokale Beschleunigung**, weil sie unabhängig ist von der **Ortsveränderung** des Teilchens. Entsprechend der obigen kürzeren Ableitung kann man hier, wie folgt, aussagen: Die Geschwindigkeit c des Teilchens ist bei der nichtstationären Bewegung im ganzen Geschwindigkeitsfeld schon unabhängig von der Bewegung des Teilchens eine Funktion der Zeit, außerdem aber infolge der Ortsveränderung des Teilchens nochmals Funktion der Zeit. Also: $c = f(s, t)$, wobei $s = \varphi(t)$ ist.

Die totale Differentiation dc/dt muß dann, wie folgt, geschrieben werden:

$$\frac{dc}{dt} = \frac{\partial c}{\partial t} + \frac{\partial c}{\partial s} \cdot \frac{ds}{dt} = \frac{\partial c}{\partial t} + \frac{\partial c}{\partial s} \cdot c = \frac{\partial c}{\partial t} + \frac{\partial}{\partial s}\left(\frac{c^2}{2}\right). \tag{12}$$

Natürlich muß nun auch die Ableitung nach s partiell geschrieben werden. Die Gesamtbeschleunigung nennt man auch **substantielle Beschleunigung**, weil sie an die Substanz des Teilchens gebunden ist.

c) Tangential- und Normalbeschleunigungen.

Die angestellten Betrachtungen gelten zunächst für ein geradliniges Rohr, dann aber auch für eine unendlich kleine geradlinige Stromröhre.

Wenn nun ein ganz allgemeines, zeitlich veränderliches Geschwindigkeitsfeld vorliegt, so teilt man es, wie bereits bekannt, zur anschaulichen Vorstellung der Geschwindigkeitsverteilung in momentane Stromröhren ein. Im allgemeinen Falle sind die Stromlinien, aus denen die Stromröhren zusammengesetzt sind, räumlich gekrümmte Kurven.

Wir wollen nun für die nächste Überlegung den besonderen Fall voraussetzen, daß die Stromröhren Gestalt und Lage dauernd beibehalten und die zeitliche Veränderlichkeit des Geschwindigkeitsfeldes nur dadurch zustande kommt, daß sich in den Stromröhren die durchfließenden Wassermengen ändern. Die Stromlinien sind dann auch wahre Bahnen der Flüssigkeitsteilchen. An jeder Stelle des Feldes ändert sich nur die Größe der Geschwindigkeit, während ihre Richtung gleich bleibt, und zwar ist diese Richtung (s in Abb. 20a) diejenige der Tangente an die durch den Punkt gehende Stromlinie. Verfolgen wir die Bewegung eines Teilchens in einer Stromröhre von einem Punkt zu einem unendlich benachbarten, so finden wir, daß sich die Größe der Geschwindigkeit genau in derselben Weise und aus denselben Gründen ändert wie bei einer geradlinigen Stromröhre. Für die Änderungen der Größe der Geschwindigkeit kommt nur die sog. Tangentialbeschleunigung in Frage, die sich genau so wie bei nichtstationärer Bewegung in einer festen geradlinigen Stromröhre erstens aus der zeitlichen Veränderlichkeit der Flüssigkeitsmenge und zweitens aus

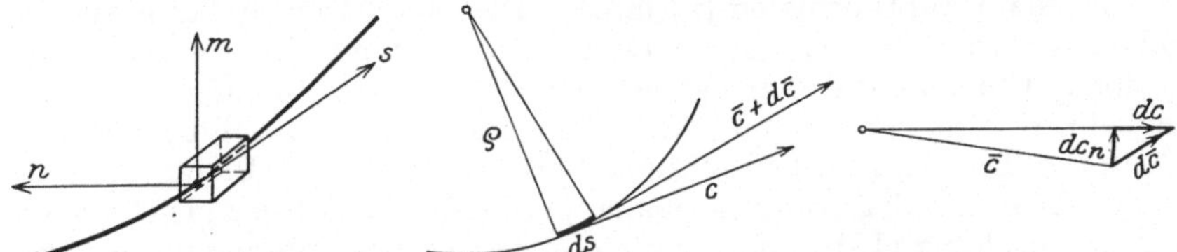

<table>
<tr><td>Abb. 20a. Natürliches Koordinatensystem für eine Strömung.</td><td>Abb. 20b und c. Geschwindigkeitspläne zur Bestimmung der Normalbeschleunigung.</td></tr>
</table>

dem Ortswechsel des bewegten Teilchens in der Bahn, d. h. in der Tangentenrichtung, ergibt. Andererseits aber erfährt die Geschwindigkeit des Teilchens — jedoch nur durch seinen Ortswechsel — auch eine Richtungsänderung, weil sich die Bahn krümmt. Das ist gleichbedeutend mit einer Beschleunigung normal zur Bahn. Um diese auszurechnen, genügt es, sich die Bahn an der betrachteten Ausgangsstelle als eine ebene vorzustellen, und zwar ist die in Betracht kommende Ebene die Schmiegungsebene der Stromlinie, in der die Hauptnormale und auf dieser der Mittelpunkt der ersten Krümmung im Abstand ϱ (Krümmungsradius) liegt. Nach diesem Krümmungsmittelpunkt hin ist die Normalbeschleunigung gerichtet, sie hat die Größe c^2/ϱ (Richtung n in Abb. 20a).

Die ganze Betrachtung schließt sich hier, wo die Stromlinien gleichzeitig Bahnen der Teilchen sind, unmittelbar an die Mechanik der krummlinigen Bewegung eines materiellen Punktes an. Man zerlegt dort bekanntlich die Gesamtbeschleunigung in eine Tangentialbeschleunigung vom Werte dc/dt, die nur die Größenänderung der Geschwindigkeit betrifft, und eine Normal- oder Zentripetalbeschleunigung, die, nach dem Krümmungsmittelpunkt der Bahn gerichtet, nur durch die Richtungsänderung der Geschwindigkeit bedingt ist und den Wert c^2/ϱ besitzt (vgl. den Geschwindigkeitsplan Abb. 20b und c). Für die

Flüssigkeitsbewegung können wir also in dem eben betrachteten speziellen Falle einer nur durch die wechselnde Menge Q zeitlich veränderlichen Bewegung in unveränderlichen und feststehenden Stromlinien schreiben:

Tangentialbeschleunigung:

$$b_t = \frac{dc}{dt} = \frac{\partial c}{\partial t} + \frac{\partial c}{\partial s} \cdot c \, . \tag{13a}$$

Normalbeschleunigung:

$$b_n = \frac{c^2}{\varrho} \, . \tag{13b}$$

Die Tangentialbeschleunigung hat hier einen lokalen und einen konvektiven, die Normalbeschleunigung jedoch nur einen konvektiven Anteil.

Wenn die Veränderlichkeit der Strömung so weit geht, daß auch die Gestalt und Lage der Stromlinien sich ändert, so ist die angestellte Betrachtung nicht mehr ausreichend. Wir müssen jetzt die Beschleunigung in drei zueinander senkrechte Komponenten zerlegen. Als dritte Richtung kommt diejenige der Binormalen senkrecht zur Schmiegungsebene (Richtung m in Abb. 20a) der Stromlinie zu denen der Tangente (s) und der Hauptnormalen (n) hinzu. Das aus diesen drei Richtungen gebildete Koordinatensystem halten wir während des Zeitelementes dt fest. Um nun die konvektiven Glieder der Beschleunigung zu ermitteln, genügt es, während des Elements dt die Stromlinie noch als Bahn des Teilchens zu betrachten. Für die konvektive Beschleunigung in der Richtung der Hauptnormalen ergibt sich daher der gleiche Wert wie in Gleichung (13b) und für die konvektive Beschleunigung in Richtung der Binormalen ergibt sich nach wie vor der Wert 0, da die Stromlinie mit dem ersten, während dt durchlaufenen Wegelement ds nicht aus der Schmiegungsebene heraustritt. Dagegen müssen wir, um die lokalen Beschleunigungen festzustellen, uns daran erinnern, daß während des Zeitelementes dt sich das ganze Strombild ändert und daher an der Ausgangsstelle des Teilchens nicht nur Größen-, sondern auch Richtungsänderungen des Geschwindigkeitsfeldes auftreten, wodurch sich lokale Beschleunigungen nicht nur in der Tangentenrichtung, sondern auch in den beiden andern ergeben. Bezeichnen wir die Geschwindigkeitskomponenten in der Richtung der Tangente, der Hauptnormalen und der Binormalen nacheinander mit c, c_n, c_m, so kommt das Gesagte in den drei Formeln zum Ausdruck:

$$b_t = \text{Beschleunigung in der Tangentenrichtung}$$

$$= \frac{\partial c}{\partial t} + c \cdot \frac{\partial c}{\partial s} = \frac{\partial c}{\partial t} + \frac{\partial \left(\frac{c^2}{2}\right)}{\partial s} \, , \tag{14a}$$

$$b_n = \text{Beschleunigung in der Hauptnormalenrichtung}$$

$$= \frac{\partial c_n}{\partial t} + \frac{c^2}{\varrho} \, , \tag{14b}$$

$$b_m = \text{Beschleunigung in der Binormalenrichtung}$$

$$= \frac{\partial c_m}{\partial t} \, . \tag{15}$$

Man nennt das aus Tangenten-, Haupt- und Binormalenrichtung gebildete Koordinatensystem ein natürliches. Seine Anwendung leistet infolge der damit verbundenen geometrischen Anschaulichkeit oft, namentlich bei prinzipiellen Überlegungen, sehr gute Dienste. Man muß nur im Auge behalten, daß seine Richtungen jedenfalls von Punkt zu Punkt, im allgemeinsten Falle auch an jedem Punkt von Moment zu Moment wechseln.

d) Darstellung der Beschleunigung im kartesischen Koordinatensystem.

Benutzt man die Vorstellung der Stromlinien nicht, sondern beschreibt man die Ortslage des Teilchens durch Angabe seiner drei Koordinaten in einem im Raum dauernd festgehaltenen Koordinatensystem, so ist jede seiner nach den Koordinaten genommenen Geschwindigkeitskomponenten Funktion der Zeit aus zwei Gründen: erstens, weil sie sich im ganzen Geschwindigkeitsfeld zeitlich ändert, zweitens, weil das Teilchen seine Ortslage, d. h. alle drei Koordinaten zeitlich ändert und darum wiederum seine Geschwindigkeiten wechselt. Es ist also:

$$\left. \begin{aligned} c_x &= f_x(x, y, z, t), & x &= \varphi_x(t), \\ c_y &= f_y(x, y, z, t), \quad \text{aber auch} \quad & y &= \varphi_y(t), \\ c_z &= f_z(x, y, z, t), & z &= \varphi_z(t). \end{aligned} \right\} \tag{16}$$

Demnach hat man die totalen Differentiationen, durch die man die Beschleunigungskomponenten erhält, wie folgt auszuführen:

$$\frac{d c_x}{dt} = \frac{\partial c_x}{\partial t} + \frac{\partial c_x}{\partial x} \cdot \frac{dx}{dt} + \frac{\partial c_x}{\partial y} \cdot \frac{dy}{dt} + \frac{\partial c_x}{\partial z} \cdot \frac{dz}{dt} \tag{17}$$

oder, da dx, dy, dz gerade die Komponenten des Weges ds des Flüssigkeitsteilchens $\dfrac{dx}{dt}$, $\dfrac{dy}{dt}$, $\dfrac{dz}{dt}$, also die Komponenten seiner Geschwindigkeit sind,

$$\frac{d c_x}{dt} = \frac{\partial c_x}{\partial t} + c_x \cdot \frac{\partial c_x}{\partial x} + c_y \cdot \frac{\partial c_x}{\partial y} + c_z \cdot \frac{\partial c_x}{\partial z} \tag{18a}$$

und entsprechend

$$\frac{d c_y}{dt} = \frac{\partial c_y}{\partial t} + c_x \cdot \frac{\partial c_y}{\partial x} + c_y \cdot \frac{\partial c_y}{\partial y} + c_z \cdot \frac{\partial c_y}{\partial z}, \tag{18b}$$

$$\frac{d c_z}{dt} = \frac{\partial c_z}{\partial t} + c_x \cdot \frac{\partial c_z}{\partial x} + c_y \cdot \frac{\partial c_z}{\partial y} + c_z \cdot \frac{\partial c_z}{\partial z}. \tag{18c}$$

III. Dynamik der idealen Flüssigkeit.

9. Eulersche Gleichungen.

Die Newtonsche Bewegungsgleichung für einen einzelnen materiellen Punkt lautet:

„Kraft = Masse mal Beschleunigung";

$$m \cdot \frac{d\bar{c}}{dt} = \bar{P}, \tag{19}$$

und zwar bezieht sich die Gleichheit der beiden Seiten der Gleichung sowohl auf den zahlenmäßigen Wert als auch auf die Richtung der dargestellten mechanischen Größen. Da wir in der Strömung einer Flüssigkeit ein Feld vor uns haben, in dem alle Kraftwirkungen, also auch die Beschleunigung sowohl vom Raumpunkt zu Raumpunkt als auch von Augenblick zu Augenblick, stetig veränderlich sind, so können wir die angeschriebene Gleichung nur auf ein unendlich kleines Flüssigkeitsteilchen anwenden. Auf ein solches wirkt eine unendlich kleine Kraft, und wenn sein Volumen δV ist, so lautet die dynamische Grundgleichung:

$$\delta V \cdot \frac{\gamma}{g} \cdot \frac{d\bar{c}}{dt} = \delta \bar{P} \quad \text{oder} \quad \frac{d\bar{c}}{dt} = \frac{\delta \bar{P}}{\delta V} \cdot \frac{g}{\gamma}.$$

Rechts steht hier in dem Ausdruck $\delta \bar{P}/\delta V$ die auf die Volumeneinheit bezogene gesamte Kraftwirkung auf das Flüssigkeitsteilchen. Diese haben wir aber schon unter 2. ermittelt und sie gleich dem Gefälle oder dem negativen Gradienten des Ausdruckes $p + \gamma \cdot h$ gefunden. Somit erhalten wir:

$$\frac{d\bar{c}}{dt} = -\frac{g}{\gamma} \operatorname{grad}(p + \gamma h) = -g \cdot \operatorname{grad}\left(\frac{p}{\gamma} + h\right). \tag{20}$$

An Stelle dieser vektoriellen Gleichung können wir sofort auch eine Komponentengleichung für eine beliebige Richtung s anschreiben; also:

$$\frac{dc_s}{dt} = -g\frac{\partial}{\partial s}\left(\frac{p}{\gamma} + h\right). \tag{21}$$

In Worten: **Die Beschleunigung eines Flüssigkeitsteilchens nach irgendeiner Richtung ist gleich der Erdbeschleunigung multipliziert mit dem Gefälle der Summe $\dfrac{p}{\gamma} + h$ in der betreffenden Richtung.** Eine Gleichung von dieser Form nennt man eine **Eulersche Bewegungsgleichung**. Wir schreiben jetzt für die drei Richtungen des natürlichen Koordinatensystems die **Euler**schen Gleichungen hin und erhalten, indem wir des Beschleunigungen sofort in die lokalen und konvektiven Anteile zerlegen:

$$\frac{\partial c}{\partial t} + \frac{\partial}{\partial s}\left(\frac{c^2}{2}\right) = -g\frac{\partial}{\partial s}\left(\frac{p}{\gamma} + h\right), \tag{22a}$$

$$\frac{\partial c_n}{\partial t} + \frac{c^2}{\varrho} = -g\frac{\partial}{\partial n}\left(\frac{p}{\gamma} + h\right), \tag{22b}$$

$$\frac{\partial c_m}{\partial t} = -g\frac{\partial}{\partial m}\left(\frac{p}{\gamma} + h\right). \tag{22c}$$

10. Die Strömungsenergie.

a) Konstanz der Energie in einem Stromfaden.

Die erste der Gleichungen (22) kann durch Zusammenziehen der beiden Ableitungen nach ds auch in der Form

$$\frac{\partial c}{\partial t} + g\frac{\partial}{\partial s}\left(\frac{p}{\gamma} + h + \frac{c^2}{2g}\right) = 0 \tag{23}$$

geschrieben werden. Diese soll zunächst weiter besprochen werden. In einem bestimmten Augenblick kann man sich eine solche Gleichung in jedem Punkt einer momentanen Stromlinie angeschrieben denken. Die fortwährende Richtungsänderung von s spielt keine Rolle; mit andern Worten: Gleichung (23) kann nach s, d. h. entlang der Stromlinie integriert werden. Natürlich hat dies nur einen Zweck, wenn die lokale Beschleunigung $\partial c/\partial t$ als Funktion von s schon bekannt ist. Dies aber vorausgesetzt, liefert die Integration:

$$\int \frac{\partial c}{\partial t} \cdot ds + g\left(\frac{p}{\gamma} + h + \frac{c^2}{2g}\right) = F(t)\,. \tag{24}$$

Daß rechts vorläufig eine Funktion der Zeit geschrieben ist, entspricht der Tatsache, daß hier eine partielle räumliche Integration vorgenommen wird. Physikalisch kann diese Funktion z. B. dadurch verwirklicht werden, daß der ganzen Strömung „von außen her" willkürlich zeitlich veränderliche, im ganzen Raum aber in jedem Augenblick gleiche Bedingungen (etwa periodisch schwankender Druck) aufgezwungen werden. Man denke z. B. an eine Zentrifugalpumpe, die durch Schließen von Druck- und Saugschieber vollständig abgesperrt, jedoch mit Wasser gefüllt und von außen durch Anschluß an ein Gefäß mit periodisch veränderlicher Höhenlage unter wechselnden Druck gesetzt wird. Wird das Kreiselrad der Pumpe in Umdrehung versetzt, so bildet sich im Rade und im Pumpengehäuse eine bestimmte Strömung aus, die für sich eine gewisse Druckverteilung bedingt. An jeder Stelle schwankt dann aber der Druck um den gleichen Betrag wie der von außen willkürlich überlagerte. Da solche Fälle aber entweder ohne praktische Bedeutung sind oder ihre Besonderheiten nachträglich für sich berücksichtigt werden können, so ist es erlaubt, an Stelle von $F(t)$ eine Konstante zu schreiben. Damit ergibt sich:

$$\int \frac{\partial c}{\partial t} \cdot ds + g\left(\frac{p}{\gamma} + h + \frac{c^2}{2g}\right) = C\,. \tag{25}$$

Für die Anwendung ist die Gleichung in erster Linie geeignet, wenn die Stromröhrenanordnung unveränderlich und unbeweglich und nur die Größe der Geschwindigkeiten veränderlich ist. Ein praktisches Beispiel ist die Theorie der zeitlich veränderlichen Strömung in einer Rohrleitung, etwa in Turbinenrohrleitungen während der Reguliervorgänge an der Turbine, soweit die Elastizität der Wandungen und des Wassers nicht in Frage kommen. Ein ganz besonders einfaches Resultat aber erhält man, wenn auch noch die Größe der Geschwindigkeiten zeitlich konstant, die Strömung also vollkommen stationär ist; dann vereinfacht sich die Gleichung wegen $\dfrac{\partial c}{\partial t} = 0$ auf die folgende:

$$\frac{p}{\gamma} + h + \frac{c^2}{2g} = C\,. \tag{26}$$

Es ist nur natürlich, wenn man eine Größe, deren Konstantsein charakteristisch für den Bewegungsvorgang ist, mit einem besonderen Namen belegt. Wir bezeichnen daher die obige Summe mit einem einzigen Buchstaben H und nennen nunmehr den Ausdruck:

$$H = \frac{p}{\gamma} + h + \frac{c^2}{2g} \tag{27}$$

die Strömungsenergie.

Gleichung (25) lautet daher in Worten:

In einer absolut stationären Strömung ist in jeder Stromröhre die Strömungsenergie konstant.

Von einer Stromröhre zur andern ist sie im allgemeinen veränderlich.

b) Aufteilung der Energie.

Die Dimension des Ausdruckes (27) ist eine Länge, also etwa Meter.
Die Dimension einer Energie ist aber Kilogrammeter. Die Größe H
ist also eine auf die Gewichtseinheit bezogene Energie, also etwa
die Energie pro Kilogramm strömender Flüssigkeit. Die drei
Anteile der Strömungsenergie werden mit besonderen Namen bezeichnet,
und zwar wie folgt:

Die Größe h drückt die Arbeitsfähigkeit eines Kilogramms aus,
das sich um h Meter über einem willkürlichen Nullniveau (z. B. bei
einer Wasserkraftanlage über dem Unterwasser) befindet. Sie wird
daher als Lagenenergie bezeichnet. Dementsprechend heißt die Größe
p/γ die Druckenergie oder auch, da sie in Metern gemessen wird,
Druckhöhe. Der letzte Posten spielt dieselbe Rolle wie beim materiellen Punkt die lebendige Kraft und führt den Namen Geschwindig-
keits- oder kinetische Energie, oder Geschwindigkeitshöhe.

Die obige Aussage über die Strömungsenergie gestattet, einen Anteil der Gesamtsumme zu berechnen, wenn die beiden andern und die
Konstante, die den Wert der Gesamtsumme für die betreffende Stromröhre angibt, bekannt sind. Praktisch kommt es darauf hinaus, daß
man zwei Stellen der Stromröhre miteinander vergleicht, wenn an der
einen Stelle alle Teilgrößen bekannt sind. Man zieht also eine sog.
Energiebilanz zwischen den beiden Stellen, und die obige Aussage ist
dann gleich bedeutend mit der andern, daß zwischen den beiden betrachteten Stellen der Flüssigkeit keine Energie verlorengeht.

c) Konstanz der Energie im ganzen Felde.

Bei allen technisch wichtigen Strömungen kann man mit
genügender Genauigkeit annehmen, daß sämtliche Strömröhren in
einem Gebiet beginnen, in dem alle Flüssigkeitsteilchen gleiche Strömungsenergie besitzen. Bei einer Wasserkraftanlage z. B. genügt es,
sich vorzustellen, daß alle Wasserteilchen vom Oberwasserspiegel aus
ihren Weg durch die Kraftanlage beginnen. Dort ist ihre Lagenenergie
für alle Teilchen dieselbe, sie wird zweckmäßig vom Unterwasserspiegel
aus als dem Nullniveau gemessen und ist demnach gleich dem Gefälle
der Anlage. Ferner ist im ganzen Oberwasserspiegel der Druck gleich
dem atmosphärischen Luftdruck, ebenso groß ist er im ganzen Unterwasserspiegel. Zweckmäßig wird man daher den Luftdruck als das
Nullniveau des Druckes bzw. der Druckenergie ansetzen. Soweit sind
also die Strömungsenergien im Ober- bzw. im Unterwasserspiegel
nur durch das Gefälle H_b unterschieden. Ein weiterer Unterschied könnte
nur auf das Konto der Geschwindigkeitsenergien zu setzen sein. Nun
sind aber die Geschwindigkeiten, mit denen die Teilchen den Ober-

wasserspiegel verlassen bzw. im Unterwasserspiegel ankommen, wenn auch weder oben noch unten untereinander, noch im ganzen zwischen den beiden Spiegeln strenggenommen gleich, jedoch absolut betrachtet so klein, daß man sie entweder selbst oder doch die Unterschiede ihrer Quadrate vernachlässigen kann. Man erhält also das Resultat, daß alle Stromröhren zwischen zwei Gebieten gleicher Strömungsenergie verlaufen und daß sich die beiden Strömungsenergien um den Wert des Bruttogefälles H_b voneinander unterscheiden. In einem bestimmten Zwischengebiet wird, wenn wir an die ideale Flüssigkeit denken, dieser Energiebetrag H_b den Wasserteilchen vollkommen entzogen. Wir werden später sehen, daß wir uns dieses Gebiet im wesentlichen auf das Turbinenrad und seine nächste Umgebung beschränkt vorstellen und die Strömung vom Oberwasserspiegel bis zum Eintritt in dies Gebiet bzw. vom Austritt aus ihm bis zum Unterwasserspiegel als stationär ansehen und deswegen (bei idealer Flüssigkeit) die Strömungsenergie in den beiden Teilgebieten außerhalb des Rades als beziehungsweise konstant einführen können. Im Rade selbst kann die Strömung, wie Gleichung (25) ohne weiteres zeigt, nicht stationär sein, da sonst den Flüssigkeitsteilchen keine Energie entzogen werden könnte.

Wir entnehmen diesem Beispiel: **Bei technisch wichtigen Strömungen können wir sehr häufig Gebiete abgrenzen, wo die Strömungsenergie nicht nur in einer einzelnen, sondern in allen Stromröhren, d. h. im ganzen „Felde" konstant ist.**

Eindringlich sei hier nochmals auf die beiden Voraussetzungen hingewiesen, die der Ableitung dieses Resultates zugrunde liegen. Die Strömung muß stationär und die Flüssigkeit muß eine ideale sein.

d) Berechnung der Druckverteilung aus der Energiegleichung.

In der stationären Strömung einer reibungsfreien Flüssigkeit stehen also im allgemeinen die drei Summanden der Strömungsenergie in dauerndem Austausch miteinander. Kommt also beispielsweise ein Teilchen aus einem Gebiet geringer Geschwindigkeit in ein solches von höherer, so muß es einen gewissen Betrag entweder an Lagenenergie oder an Druckenergie oder an beiden Energieformen zusammen gegen den Zuwachs an Geschwindigkeitsenergie abgeben. Liegt das Gebiet höheren Druckes auf gleicher oder größerer Höhe wie das Gebiet niederen Druckes, so kann das Teilchen in das Gebiet höheren Druckes nur dadurch eindringen, daß es einen entsprechenden Betrag von Geschwindigkeitsenergie für diesen Zweck — und nur für diesen Zweck — aufwendet.

In Strömungsgebieten, wo die Geschwindigkeit zunimmt, kann es zu einer solchen Abnahme des Druckes kommen, daß die Flüssigkeit zerreißt bzw. daß sich in der Flüssigkeit gebundene Gase ausscheiden und die Hohlräume ausfüllen, oder daß die Flüssigkeit selbst in die Hohlräume hinein verdampft. Man bezeichnet diese Erscheinung als „Kavitation". Die Gültigkeit unserer Gleichungen hört strenggenommen schon bei einiger Annäherung an diesen Zustand auf. Doch ist es gebräuchlich und oft ausreichend, die Verhältnisse immer noch nach der Gleichung (26) zu beurteilen, in der man die Konstante C kennen muß, um nach Einsetzen von dem der herrschenden Temperatur entsprechenden Dampfdruck p/γ der Flüssigkeit den kritischen Wert c zu berechnen, der zur Hohlraumbildung an einer durch ihre Höhenlage h gekennzeichneten Stelle führt.

Für die praktische Berechnung des Druckes und für die folgerichtige Unterscheidung wesentlicher Einflüsse ist es meistens nützlich, den Gesamtdruck p in zwei Anteile, den „dynamischen Druck" p_{dy} und den „statischen" p_{st}, zu zerlegen. Man hat dann:

$$\frac{p_{dy}}{\gamma} + \frac{p_{st}}{\gamma} + h + \frac{c^2}{2g} = \text{konst.} = k \tag{26a}$$

und kann folgendermaßen zusammenfassen:

$$\left.\begin{aligned} \frac{p_{dy}}{\gamma} + \frac{c^2}{2g} &= k_1 , \\ \frac{p_{st}}{\gamma} + h &= k_2 . \end{aligned}\right\} \tag{26b}$$

Die Konstante k kann entweder willkürlich vorgeschrieben werden, oder sie ist schon durch vorgegebene physikalische Bedingungen bestimmt, z. B. dann, wenn die Strömung in irgendeinem ihrer Teile mit freier Oberfläche verläuft, wo der Druck der atmosphärische ist. Manchmal kann es auch bequem sein, $k_1 = 0$ und $k_2 = k$ zu setzen (Luftkraft am Flugzeug). Andererseits kann man häufig die statische Druckverteilung ganz vernachlässigen. Dem obigen Gedankengang folgend, spricht man von dynamischer und statischer Druckverteilung. Man kann auch so sagen: Im Innern einer homogenen Flüssigkeit heben sich die Kraftwirkungen der hydrostatischen Druckverteilung mit dem Gewicht der Teilchen gerade auf, die Vorgänge verlaufen daher so, als ob die Schwere nicht vorhanden wäre. An der Grenze zweier Flüssigkeiten, insbesondere an freien Oberflächen, ist dies aber nicht mehr der Fall, hier können z. B. unter der Wirkung der Schwere Wellen gebildet werden. Auch die Form eines frei ausfließenden Strahles ist von der Wirkung der Schwere abhängig; häufig sieht man allerdings, gerade bei Strahlbildungen in freier Luft, um eine erste Näherung zu gewinnen, davon ab. Wenn eine Flüssigkeit einen Körper umströmt, so gibt es eine Stromlinie, die sich vorne am Körper teilt und hinten an ihm wieder zusammenschließt. Die erste Stelle heißt „vorderer Staupunkt", die zweite „hinterer Staupunkt". In beiden Punkten ist die Geschwindigkeit relativ zum Körper gleich Null. Ruht der Körper und ist die Strömung stationär, so stellt sich nach unseren Sätzen in beiden Staupunkten ein Druck nach der Beziehung $\dfrac{p}{\gamma} + h + \dfrac{c^2}{2g} = H$ ein, wo H die bekannte Strömungsenergie ist. Beschränkt man sich auf die dynamischen Drücke, so gilt auch $\dfrac{p}{\gamma} = \dfrac{c_0^2}{2g}$, wenn c_0 die Geschwindigkeit in denjenigen Gebieten des Feldes ist, wo der Druck Null herrscht. Erfahrungsgemäß stellen sich diese Drücke in den vorderen Staupunkten tatsächlich ein. Dies wird für die Messung mit den sog. Pitot-röhren benutzt. Diese bringen einen kleinen Staukörper mit rundem Kopf und schlankem Schwanz in die Strömung; am Kopf befindet sich eine Öffnung, die mit einem Piezometerröhrchen kommuniziert. Steht die Fläche dieser Öffnung senkrecht gegen den Strom, so mißt sie die Summe $\frac{p}{\gamma} + \frac{c^2}{2g}$. Man kann das Instrument durch Anbringen weiterer Bohrungen seitlich am Staukörper zu einem kombinierten Druck- und Geschwindigkeitsmesser ausgestalten. (Prandtlsches Staurohr, vgl. Hütte, 25. Aufl., Bd. 1, Abschn. VII, S. 912). Wegen der unvermeidlichen Störung des Strömungsfeldes sind die Instrumente nur dort genügend genau, wo ein Strömungsfeld mit angenähert parallelen Stromlinien vorliegt.

Die Größe $p = \frac{\gamma}{g} \frac{c_0^2}{2}$ wird „Staudruck" genannt, was nach Obigem anschaulich ist, man bezeichnet sie auch mit q (vgl. auch 14e, zweites Beispiel).

11. Die Bewegungsgleichungen für stationäre Strömungen mit konstanter Strömungsenergie.

Aus Gleichung (22a) wird unter den in der Überschrift ausgesprochenen Voraussetzungen einfach die bereits bekannte Integralaussage

$$\frac{p}{\gamma} + h + \frac{c^2}{2g} = \text{konst.} = H \,.$$

Aus Gleichung (22b) wird zunächst wegen $\frac{\partial c_n}{\partial t} = 0$

$$\frac{c^2}{\varrho} + g \frac{\partial}{\partial n}\left(\frac{p}{\gamma} + h\right) = 0 \,.$$

Addieren und subtrahieren wir $\frac{\partial}{\partial n}\left(\frac{c^2}{2}\right)$, so folgt:

$$\frac{c^2}{\varrho} + g \frac{\partial H}{\partial n} - \frac{\partial}{\partial n}\left(\frac{c^2}{2}\right) = 0 \,.$$

Da aber H im ganzen Felde konstant sein soll, ist auch $\frac{\partial H}{\partial n} = 0$ und es bleibt:

$$\frac{c^2}{\varrho} - \frac{\partial}{\partial n}\left(\frac{c^2}{2}\right) = \frac{c^2}{\varrho} - c \frac{\partial c}{\partial n} = 0 \,,$$

also

$$\frac{\partial c}{\partial n} = \frac{c}{\varrho} \,. \tag{28}$$

Aus Gleichung (22c) wird zunächst wegen $\frac{\partial c_m}{\partial t} = 0$

$$\frac{\partial}{\partial m} g\left(\frac{p}{\gamma} + h\right) = 0 \,.$$

Da aber auch

$$\frac{\partial}{\partial m}\left(\frac{p}{\gamma} + h + \frac{c^2}{2g}\right) = 0$$

ist, folgt auch

$$\frac{\partial}{\partial m} \frac{c^2}{2} = 0$$

oder

$$\frac{\partial c}{\partial m} = 0 \,. \tag{29}$$

Mit Hilfe dieser Gleichungen sollen drei Beispiele besprochen werden.

12. Strömungen einer idealen Flüssigkeit mit konstanter Energie in einem Rotationshohlraum.

a) Die freie Strömung ohne kreisende Komponente (Meridianströmung).

In Abb. 21 sind AB und CD die Meridianlinien zweier Rotationsflächen um die Achse $z-z$, die einen „Rotationshohlraum" zwischen sich einschließen. Durch diesen fließe eine Strömung — etwa von außen radial herankommend und nach unten axial abgeführt — mit der besonderen Eigenschaft, daß alle Geschwindigkeitsrichtungen, also alle Stromlinien in Ebenen durch die Achse (Radialebenen) liegen. Man kann das Strömungsfeld in vierkantige Stromröhren aufteilen, die durch diese Radialebenen und eine Schar von Rotationsflächen (z. B.

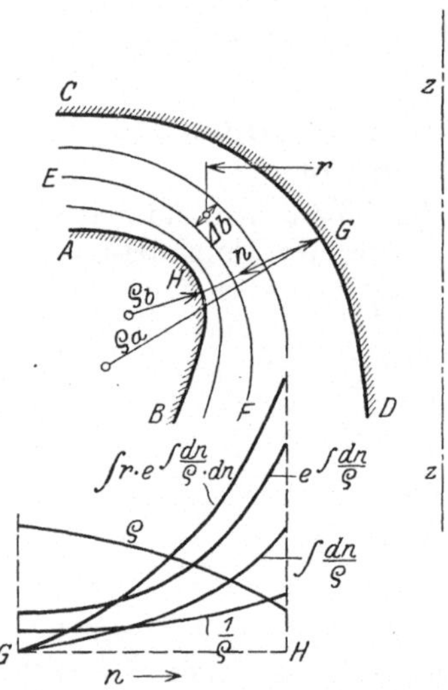

Abb. 21. Strömung im Rotationshohlraum.

$E-F$) gebildet werden. Die Stromlinien sind also ebene Kurven. Die Richtung der Tangente und der Hauptnormalen liegt in der Radialebene, die der Binormalen senkrecht dazu, d. h. tangential zu einem die Stromlinie im betr. Punkte schneidenden, zur Achse konzentrischen Kreis. Aus $\dfrac{\partial c}{\partial m} = 0$ folgt, daß auf solchen Kreisen die Geschwindigkeit konstant ist und infolgedessen auch die Summe $\dfrac{p}{\gamma} + h$, bei senkrechter Achse also auch p. Man nennt eine solche Strömung eine achsensymmetrische. Die Gleichung für die n-Richtung kann man nun benutzen, um die Geschwindigkeitsverteilung durch ein graphisches Annäherungsverfahren[1] zu ermitteln. Man kann Gleichung (28) nach n integrieren und findet:

$$\lg c = \int \frac{dn}{\varrho} + C' \quad \text{oder} \quad c = C \cdot e^{\int \frac{dn}{\varrho}}. \quad (29)$$

Man zeichne nun zuerst nach Gefühl, d. h. unter Berücksichtigung des Umstandes, daß die Geschwindigkeiten nach der Hohlseite der Krümmung hin ansteigen müssen und daß nach dorthin wegen der zunehmenden Radien bei gleichen Abständen Δb auch die Teilquerschnitte $2r\pi\Delta b$ wachsen, Stromlinien ein, und zwar schätzungsweise in solchen Abständen, daß zwischen ihnen gleiche Teilwassermengen fließen. Ferner zeichne man eine Orthogonaltrajektorie — z. B. $G-H$ — ein, längs deren man obige Integration durchführt, indem man sie abwickelt und über ihr die Größen $\varrho,\ \dfrac{1}{\varrho},\ \int \dfrac{dn}{\varrho},\ e^{\int \frac{dn}{\varrho}}$ aufträgt (ϱ durch Ab-

---

[1] Siehe Flügel: Ein neues Verfahren der graphischen Integration, angewandt auf Strömungen idealer Flüssigkeit durch Kreiselräder. München: Oldenbourg 1914.

greifen aus dem Stromlinienbild, $\int \frac{dn}{\varrho}$ durch graphische Integration ermittelt). Die e-Funktion ist schließlich mit c proportional, zur Bestimmung der Maßstabkonstanten C dient die Beziehung

$$Q = 2\pi \cdot C \cdot \int r \cdot e^{\int \frac{dn}{\varrho}} \cdot dn , \qquad (30)$$

das Integral über die ganze Trajektorie hinübergenommen. Ohne die Bestimmung der Konstanten auszuführen, kann man die letzte Gleichung auch benutzen, um eine erste Kontrolle über den Grad der Richtigkeit in der Annahme der gezeichneten Stromlinien auszuführen.

Man trägt dazu $q = \int e^{\int \frac{dn}{\varrho}} \cdot dn$ über der abgewickelten Trajektorie auf, teilt die Endordinate in soviel gleiche Teile ein, als man Teilräume durch Einzeichnen von Stromlinien gebildet hat und sucht aus der Kurve q die zugehörigen Abzissen. Diese müssen dann die Stellen liefern, an denen die angenommenen Stromlinien die Orthogonaltrajektorie schneiden. Außerdem müßte, strenggenommen, für Zwischenpunkte kontrolliert werden, ob die gefundene c-Verteilung und das Stromlinienbild die Beziehung $\frac{\partial c}{\partial n} = \frac{c}{\varrho}$ wirklich erfüllen. Beide Kontrollen müssen für mehrere Orthogonaltrajektorien stimmen. Ist dies nicht der Fall, so muß eine zweite verbesserte zeichnerische Annahme über das Stromlinienbild gemacht werden.

Wir haben hier mit der Bestimmung der Strömung eine Randwertaufgabe gelöst. Die Randbedingungen sind zunächst die, daß die Rotationsflächen $A-B$ und $C-D$ Stromflächen sein sollen. Dann aber müssen noch Aussagen über den „Eintritt" und den „Austritt" des Raumes hinzukommen. Praktisch läuft dies darauf hinaus, daß man an zwei im Endlichen gelegenen Stellen die Geschwindigkeitsverteilung über einen schätzungsweise angenommenen „Querschnitt" vorschreibt. Man hat sich dabei etwa zu denken, daß man diese Geschwindigkeitsverteilung durch irgendwelche Leitvorrichtung erzwingt. Physikalisch kann man sich leicht vorstellen, daß dies am Eintritt in den Raum besser gelingt als am Austritt, wo sich die Nachwirkung der ungleichen Verteilung im Raume nicht einfach wird verwischen lassen. Die errechnete Geschwindigkeitsverteilung wollen wir kurz die „freie c_m-Verteilung" nennen; c_m deswegen, weil die Geschwindigkeit überall tangential zu den Meridianlinien fester Rotationsflächen gerichtet ist, die den Hohlraum in kleinere Teilhohlräume unterteilen. Aus der c_m-Verteilung errechnet sich die zugehörige „freie" Druckverteilung nach der Beziehung $\frac{p}{\gamma} + h + \frac{c_m^2}{2g} =$ konst.; wobei die Konstante vorgeschrieben werden kann und das allgemeine Druckniveau kennzeichnet. c_m- und p-Verteilung trägt man zweckmäßig und anschaulich über den Abwicklungen einiger Meridianlinien einerseits und einiger Orthogonaltrajektorien andererseits auf. Die durch die Orthogonaltrajektorien dargestellten Rotationsflächen sind die eigentlichen „Querschnitte" der Strömung. Auch hier ist es zweckmäßig, dynamische und statische Druckverteilung getrennt zu berechnen.

3*

b) Die rein kreisende Strömung.

Diese ist dadurch gekennzeichnet, daß alle Teilchen sich dauernd auf konzentrischen Kreisen bewegen. Die Richtung s ist jetzt die der Tangente an einen solchen Kreis, die Richtung n die des Kreisradius r, und außerdem ist hier $dn = -d\varrho = -dr$; die Richtung m geht parallel der z-Achse, also ist $dm = dz$, und $\frac{\partial}{\partial z}\left(\frac{p}{\gamma} + h\right) = 0$; in der z-Richtung ist der Druck statisch verteilt; außerdem ist $\frac{\partial c}{\partial z} = 0$. Auf Kreiszylindern um die Achse ist die Geschwindigkeit konstant. Ferner gilt nun

$$\frac{\partial c}{\partial n} = -\frac{\partial c}{\partial r} = \frac{c}{r}; \quad c \cdot r = \text{konst.}, \tag{31}$$

also ist c umgekehrt proportional dem Radius. Auf Parallelkreisen ist die Geschwindigkeit einerseits und die Summe $\frac{p}{\gamma} + h$ andererseits konstant. Besteht eine solche Strömung in einem Rotationshohlraum, so muß die nächste Umgebung seiner Achse durch eine innere Rotationsfläche — einen „Kern" — aus der Strömung ausgeschlossen werden, da sonst nahe der Achse eine unzulässige Druckerniedrigung auftreten würde. Andernfalls würde der Charakter der Strömung in der Umgebung der Achse ein ganz anderer sein, als die abgeleiteten Beziehungen angeben.

. Die betrachtete Geschwindigkeitsverteilung wollen wir die „freie c_u-Verteilung" nennen, weil hier die Geschwindigkeit überall in der Umfangsrichtung von Parallelkreisen geht.

c) Allgemeine Strömung.
Übereinanderlagerung der Strömungen a und b.

Da beide Strömungen für sich den Raum kontinuierlich erfüllen, so stören sie sich gegenseitig nicht, wenn man sie übereinanderlagert; ihre Summe erfüllt den Raum auch wieder kontinuierlich. Wenn man beide im Rotationsraum kombiniert, so werden auch die Randbedingungen alle richtig erfüllt, denn die Strömung a wird, wie oben ausgeführt, gerade so ermittelt, daß die begrenzenden Rotationsflächen Stromflächen sind, und die rein kreisende Strömung erfüllt diese Randbedingungen ganz von selber. Die Strömung durchläuft nun den Rotationshohlraum in spiralartigen Kurven, deren Projektionen in irgendeiner Radialebene genau so aussehen wie die Kurven des Strömungsanteils a. Die Stromlinien liegen also auf Rotationsflächen, deren Meridianlinien die Stromlinien des Strömungsanteiles a sind. Diesen Strömungsanteil wollen wir in Zukunft die Meridianströmung nennen, weil ihre Geschwindigkeiten c, die wir jetzt als Meridiangeschwindigkeit und deshalb mit c_m bezeichnen, tangential zu den Meridianlinien liegt. c_m hat wieder zwei Komponente c_r senkrecht zur Achse und c_z parallel zu ihr. Die Gesamtgeschwindigkeit der allgemeinen Strömung hat also die drei Komponenten c_r, c_z und c_u, letztere tangential zum Parallelkreis. Die kombinierte Strömung kann ebenfalls als eine achsensymmetrische bezeichnet werden, da auch sie durch Konstanz der Geschwindigkeit c und der Summe $\frac{p}{\gamma} + h$ auf Parallelkreisen ausgezeichnet ist. Die dynamische Druckverteilung der kombinierten Strömung gewinnt man hier durch Übereinanderlagerung der dynamischen Druckverteilungen der Teilströmungen. Denn es ist

$$\frac{p_{dy_1}}{\gamma} + \frac{c_m^2}{2g} = 0 \quad \text{und} \quad \frac{p_{dy_2}}{\gamma} + \frac{c_u^2}{2g} = 0 \,.$$

addiert
$$\frac{p_{dy}}{\gamma} + \frac{c^2}{2g} = 0$$

wie es sein muß, weil $c^2 = c_m^2 + c_u^2$ ist. In allgemeineren Fällen muß man die Druckverteilung einer aus Teilströmungen zusammengesetzten Strömung aus deren Geschwindigkeitsverteilung nachträglich auf Grund des Energiesatzes berechnen.

IV. Die zähe Flüssigkeit.

13. Vergleich von Ergebnissen der Theorie der idealen Flüssigkeit mit der Erfahrung.

Ein Hauptresultat aus der bisher vorgetragenen Theorie der idealen Flüssigkeit ist der Satz von der Konstanz der Strömungsenergie in stationärer Strömung, zunächst in einem Stromfaden, dann aber — für alle technisch wichtigen Fälle — auch im ganzen Strömungsfeld. Dieses Resultat läßt sich leicht an Hand der Erfahrung nachprüfen. Zwei Beispiele sind charakteristisch für das Ergebnis dieser Nachprüfung.

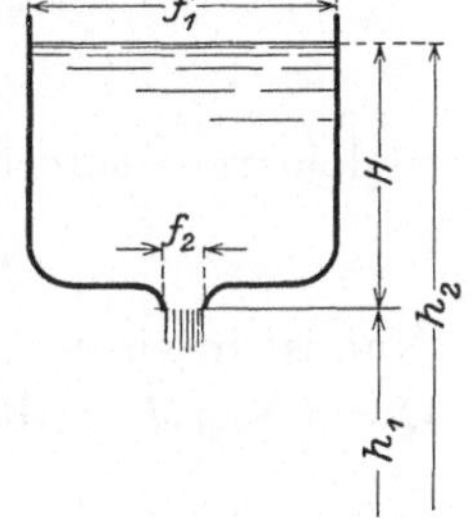

Abb. 22. Freier Ausfluß aus einem Gefäß.

a) Freier Ausfluß aus Gefäßen.

In Abb. 22 ist ein Gefäß mit großem Querschnitt f_1 und kleiner Bodenöffnung f_2 dargestellt; der Flüssigkeitsspiegel in ihm wird durch Zufluß auf einer konstanten Höhe H über der Mündung der Bodenöffnung gehalten. Der Zufluß erfolge mit ganz geringen Geschwindigkeiten (etwa durch eine Art Regen über dem großen Querschnitt f_1 verteilt). Nach den in den Kapiteln I bis III entwickelten Vorstellungen machen wir uns folgendes Bild: Die Flüssigkeit sinkt in Stromröhren vom freien Spiegel zunächst (des großen zur Verfügung stehenden Querschnittes wegen) sehr langsam herab. Zuletzt ziehen sich die Stromröhren in der Bodenöffnung zusammen, die Geschwindigkeit steigert sich. Wenn die Mündung „gut abgerundet" ist, kann man annehmen, daß sie die Stromfäden zum Schluß alle wieder parallel gerichtet hat, so daß alle den Querschnitt f_2 senkrecht durchsetzen und in einem zylindrischen Strahl ins Freie treten. An der Oberfläche des Strahles herrscht gleicher Druck; sind die Fäden alle parallel, so kann kein Quergefälle des Druckes in einem Strahlquerschnitt bestehen. Daraus folgt aber auch Gleichheit der Geschwindigkeit, da die Summe $\frac{p}{\gamma} + h + \frac{c^2}{2g}$

konstant und ihre beiden ersten Glieder in einem Querschnitt für sich konstant sind. Allerdings ist h, das von einem beliebigen Niveau unterhalb des Gefäßes zu rechnen ist, für verschiedene Strahlquerschnitte nicht konstant, und dem muß strenggenommen eine Veränderung von c und damit eine Veränderung von f im Strahl entsprechen, womit auch die zylindrische Form unmöglich wird. Aber in der nächsten Umgebung der Bodenöffnung und in dieser selbst können wir davon absehen und daher die durchfließende Menge durch $Q = f_2 \cdot c_2$ ausdrücken. Ebenso können wir annehmen, daß f_1 von allen Stromfäden senkrecht und mit gleicher Geschwindigkeit c_1 durchsetzt wird, so daß auch gilt $Q = f_1 \cdot c_1$. Um den genauen Verlauf der Stromlinien zwischen f_1 und f_2 kümmern wir uns weiter nicht. Wir haben damit den gordischen Knoten, der in dem Problem der Randbedingungen liegt, einfach durch plausible Annahmen über die Zustände in einem Anfangs- und Endquerschnitt zerhauen. Der Vorteil zeigt sich dadurch, daß wir sofort den Ausdruck für die Strömungsenergien in beiden Querschnitten aufstellen können. Es ist:

$$H_1 = \frac{p_1}{\gamma} + h_1 + \frac{c_1^2}{2g}; \qquad H_2 = \frac{p_2}{\gamma} + h_2 + \frac{c_2^2}{2g}.$$

c_1 und c_2 können wir aber in Q ausdrücken; tun wir dies und bedenken, daß $p_1 = p_2 =$ atmosphärischem Druck und daß nach der Theorie der idealen Flüssigkeit $H_1 = H_2$ ist, so folgt:

$$h_1 + \frac{Q^2}{2g\,f_1^2} = h_2 + \frac{Q^2}{2g\,f_2^2}$$

und hieraus sofort:

$$Q^2 \left(\frac{1}{f_2^2} - \frac{1}{f_1^2} \right) = 2g\,(h_1 - h_2) = 2gH .$$

Nun ist in vielen Fällen $1/f_1^2$ verschwindend klein gegen $1/f_2^2$, so daß sich $Q = f_2 \sqrt{2gH}$ ergibt, was auch in der Form

$$\frac{Q}{f_2} = c_2 = \sqrt{2gH} \tag{32}$$

geschrieben werden kann.

Erprobt man nun diese „Ausflußformel" durch Ausflußmessungen, so findet man bei größeren, tatsächlich „gut abgerundeten, glatten Ausflußdüsen", die in unmittelbarer Nähe der Mündung einen glatten zylindrischen Strahl zeigen, einen Unterschied von nur 1%. Bei kleineren Düsen wird die Abweichung größer und kann in praktisch vorkommenden Fällen, namentlich bei Rauhwerden der Düsen, die Größenordnung von 10% erreichen.

b) Strömung zwischen Ober- und Unterwasserspiegel in geschlossener Rohrleitung (Abb. 23).

In einem Oberwasserkanal kommt Wasser mit der Geschwindigkeit c_1 an, in einem Unterwasserkanal fließt es mit c_2 ab, nachdem es die Verbindungsrohrleitung, die gegenüber den Kanälen kleinen Querschnitt besitzt, durchströmt hat. Hier sind nun zwei Gedankengänge möglich.

1. Man nimmt an, daß der aus dem Rohr austretende Wasserstrom sich irgendwie — vielleicht nach der strichpunktierten Form — wieder verbreitert und dabei seine Geschwindigkeit allmählich auf den Wert c_2 verzögert. Wollen wir nun zwei Stellen miteinander vergleichen, an denen wir von der Strömungsenergie die Bestandteile p/γ und h einzeln kennen, so können dies nur die Stellen f_1 im Oberwasser und f_2 im Unterwasser sein, wo wir c_1 und c_2 konstant voraussetzen und also durch $c_1 = \dfrac{Q}{f_1}$ bzw. $c_2 = \dfrac{Q}{f_2}$ ausdrücken können. Wir erhalten daher wie im Falle a)

$$\frac{p_1}{\gamma} + h_1 + \frac{c_1^2}{2\,g} = \frac{p_2}{\gamma} + h_2 + \frac{c_2^2}{2\,g}\,.$$

Betrachtet man aber die Strömungen in den Kanälen jede für sich, so muß, wenn man c_1 im Vertikalquerschnitt des Oberwasserkanals, c_2

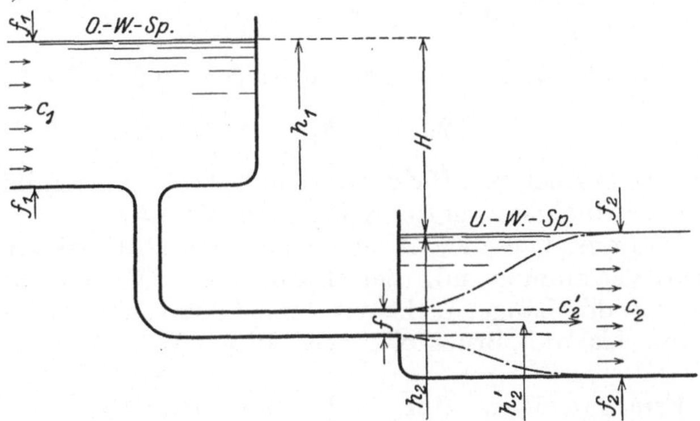

Abb. 23. Strömung zwischen Ober- und Unterwasserspiegel in geschlossener Rohrleitung.

im Vertikalquerschnitt des Unterwasserkanals konstant annimmt, in diesen Querschnitten auch $\dfrac{p_1}{\gamma} + h_1$ und $\dfrac{p_2}{\gamma} + h_2$ für sich konstant, und zwar gleich h_1 bzw. h_2 sein, da man den Atmosphärendruck als Nulldruck rechnen kann. Damit folgt

$$\frac{c_2^2}{2\,g} = h_1 - h_2 + \frac{c_1^2}{2\,g} = H + \frac{c_1^2}{2\,g}\,. \tag{33}$$

Dieser Schluß steht aber in vollständigem Widerspruch mit der Erfahrung. Denn man weiß, daß man eine derartige Anlage mit gleichen oder nahezu gleichen Geschwindigkeiten im Ober- und Unterwasser betreiben kann, trotz beträchtlichen Niveauunterschiedes H; während dies nach Gleichung (33) nur bei verschwindendem Höhenunterschied H möglich ist. Über die Geschwindigkeiten im einzelnen und die Wassermenge wird überdies nichts ausgesagt. Die Lösung bleibt also letzten Endes unbestimmt.

2. Man nimmt an, daß der aus dem Rohr austretende Strom zunächst in zylindrischer Strahlform mit dem Querschnitt f beieinander bleibt

und von ruhender Flüssigkeit umgeben ist. Im Austrittsquerschnitt f ist dann $c_2' = \dfrac{Q}{f}$, die Strömungsenergie also

$$\frac{p_2'}{\gamma} + h_2' + \frac{Q^2}{2\,g\,f^2}\,.$$

Da aber hier der Strahl noch von ruhendem Wasser umgeben ist, kann man für $\dfrac{p_2'}{\gamma} + h_2'$ auch $\dfrac{p_2}{\gamma} + h_2$ setzen oder h_2, da p_2 der atmosphärische Druck ist.

Damit wird die Strömungsenergie im Rohrendquerschnitt

$$H_2 = h_2 + \frac{Q^2}{2\,g\,f^2}\,.$$

Setzt man sie der Energie im Oberwasser gleich, so folgt

$$h_2 + \frac{Q^2}{2\,g\,f^2} = h_1 + \frac{c_1^2}{2\,g}\,.$$

Hier kann man c_1^2 gegen $(Q/f)^2$ vernachlässigen, und es bleibt

$$Q = f\sqrt{2\,g\,(h_1 - h_2)} = f\sqrt{2\,g\,H}\,, \tag{34}$$

also die gleiche Formel wie für das Ausflußgefäß. Hier ergibt sich also sofort die Geschwindigkeit im Rohrendquerschnitt und damit die Wassermenge in bestimmter Weise. Aber auch dieses Resultat steht in gar keiner Übereinstimmung mit der Erfahrung. Die Durchflußmenge hängt ganz von der Länge, Lichtweite und Gestaltung der Rohrleitung ab und kann bis auf Bruchteile des obigen Wertes heruntergehen.

c) Energiebilanz der wirklichen Flüssigkeiten.

Die geschilderten Unstimmigkeiten zwischen Theorie und Erfahrung führen uns zu der Folgerung, daß in der stationären Strömung der wirklichen Flüssigkeit Strömungsenergie verlorengeht bzw. sich in eine Energieform verwandelt, die wir bisher nicht in Betracht gezogen haben, die Wärme. Da wir mit dieser im allgemeinen technisch nichts mehr anfangen können, ist diese Umwandlung als Verlust anzusehen. Wir werden nun versuchen, mit möglichst geringer Änderung unserer Formulierungen auszukommen, und daher in stationären Strömungen nach Möglichkeit immer nach Gebieten forschen, in deren jedem für sich die Energie konstant ist, und dann den Unterschied der Energiewerte feststellen. Dieser Vergleich führt also zu einer „Energiebilanz" zwischen den einzelnen Gebieten konstanter Energie. Zwischen zwei Gebieten 1 und 2 lautet eine solche Bilanz:

$$H_1 - H_2 - \mathrm{Verl}_{1\to 2} = 0\,. \tag{35}$$

Der Verlust auf dem Wege der Strömung vom Gebiet 1 nach Gebiet 2 verringert die Energie von H_1 auf H_2.

Wir behalten also die Methode bei, über die Strömung im „Anfangs- und Endgebiet" und damit über ihre Energie plausible Annahmen zu machen. Dabei können wir die Geschwindigkeiten meistens in der

Durchflußmenge Q und irgendwelchen gegebenen Querschnittsgrößen f ausdrücken. Gelingt es nun, die Verluste in den Geschwindigkeiten c und damit in der Wassermenge Q auszudrücken, so hat man schließlich die Gleichung (35) in eine solche von der Form $F(Q, p/\gamma + h) = 0$ verwandelt, aus der man entweder die Durchflußmenge bei gegebenen Druck- und Höhenunterschieden oder bei gegebener Menge und Höhenunterschieden die Druckunterschiede ausrechnen kann. Damit verschwinden einerseits Unbestimmtheiten aus den Problemstellungen, andererseits können die Resultate den Erfahrungstatsachen angepaßt bzw. diese nach einer einheitlichen Auffassung, wenn auch nur in summarischer Weise, geordnet werden. Allerdings ist noch zu untersuchen, was wir jetzt unter dem Flüssigkeitsdruck p zu verstehen haben; diese Frage wird im nächsten Abschnitt erörtert.

14. Grundlegende Einzelerfahrungen an wirklichen Flüssigkeiten.

a) Laminare und turbulente Bewegung.

Im letzten Absatz haben wir auch bei stationär bewegten realen Flüssigkeiten von Stromlinien und Stromröhren gesprochen und uns darunter bestimmte, gewissermaßen geordnete Kurvenbüschel vorgestellt, also angenommen, daß durch die Angabe von solchen die Bewegung erschöpfend beschrieben sei. Die Erfahrung zeigt, daß dies nur in bestimmten, verhältnismäßig selten vorkommenden Fällen tatsächlich so ist. Führt man in ein Rohr, das sehr langsam durchströmt wird, vorsichtig etwas Farbflüssigkeit ein, so zieht sich diese zunächst von einigen Störungen am Eintritt abgesehen, als gerader, achsenparalleler Faden durch das Rohr; der Faden erscheint als Ganzes unbewegt und starr. Steigert sich die Geschwindigkeit der Strömung, so ändert sich bei Überschreiten einer ganz bestimmten Geschwindigkeitsgrenze, deren Höhe vom Durchmesser des Rohres und dem Zähigkeitsgrade der Flüssigkeit abhängt, der Charakter der Bewegung vollständig; der Farbfaden wird unruhig, löst sich auf und bald erscheint ein größerer Teil der Strömung getrübt. Man nennt den ersten Bewegungszustand einen „laminaren" (von lateinisch lamina, Schicht, weil die Bewegung in erkennbaren Schichten verläuft), den zweiten einen „turbulenten", (unruhigen, wirbligen). Der zweite weist augenscheinlich viel kompliziertere Wege der einzelnen Teilchen auf als der erste. Man stellt sich aber vor, daß er sich aus einer Grundbewegung, die in erkennbar geordneten Bahnen verläuft, und darübergelagerten, schnellen und kleinen Schwankungen zusammensetzt. Strenggenommen ist daher diese Bewegung niemals eine stationäre, man nennt sie daher auch eine quasistationäre, wenn die aus den (angenommenen oder beobachteten) Stromröhren oder Schichten errechneten Geschwindigkeiten stationäre Mittelwerte sind, die Grundbewegung also stationär ist.

Die systematische Untersuchung der Bewegung im Rohr[1] hat weiter ergeben, daß bei jedem Rohr unterhalb der obenerwähnten

---

[1] Schiller: Experimentelle Untersuchungen zum Turbulenzproblem. Z. A. M. M. Bd. 21, S. 436ff.

Geschwindigkeitsgrenze stets laminare Bewegung vorliegt, ja sogar, daß sie immer wieder laminar wird, wenn sie durch irgendwelche Störung turbulent geworden war. Oberhalb dieser Grenze kann sie laminar sein, wenn man vorsichtig Störungen fernhält. Ist sie aber einmal turbulent, so bleibt sie turbulent. Dieses charakteristische Verhalten kann nach heutiger Ansicht allen praktisch vorkommenden Strömungen, nicht nur derjenigen im Rohr, zugeschrieben werden. So kann die Strömung einer allseitig ausgedehnten Flüssigkeit um ein eingetauchtes Hindernis herum laminar oder turbulent sein.

b) Verhalten an den Wänden; laminare und turbulente Geschwindigkeitsverteilungen.

Sorgfältigste Messungen und theoretische Schlußfolgerungen haben ergeben, daß an festen Wänden die Flüssigkeit in den meisten praktisch vorkommenden Fällen haftet, also die Geschwindigkeit Null oder die der festen Wand besitzt. Diese Aussage kommt als weitere Randbedingung zu den für ideale Flüssigkeiten bestehenden hinzu, sie ist eine Aussage über die Tangentialkomponente an festen Wänden, die bei idealen Flüssigkeiten sich durch die Bestimmung der Strömung mit ergibt. In einzelnen Fällen scheint das Haften an der Wand nicht einzutreten; wir wollen aber darauf hier nicht weiter eingehen[1]. Von den Wänden aus in die freie Flüssigkeit hinein steigt die Geschwindigkeit bei turbulenter Bewegung sehr rasch, bei laminarer viel langsamer an. Im Zusammenhang hiermit ist in der freien Strömung selbst die Geschwindigkeit bei turbulenter Bewegung gleichmäßiger verteilt als bei laminarer. Vgl. hierzu Abb. 24, welche die laminare und turbulente Verteilung in einem Rohr darstellt; bei der turbulenten Verteilung ist dabei daran zu erinnern, daß die dargestellten Werte die Geschwindigkeiten der Grundbewegung, also die zeitlichen Mittelwerte der Geschwindigkeit sind.

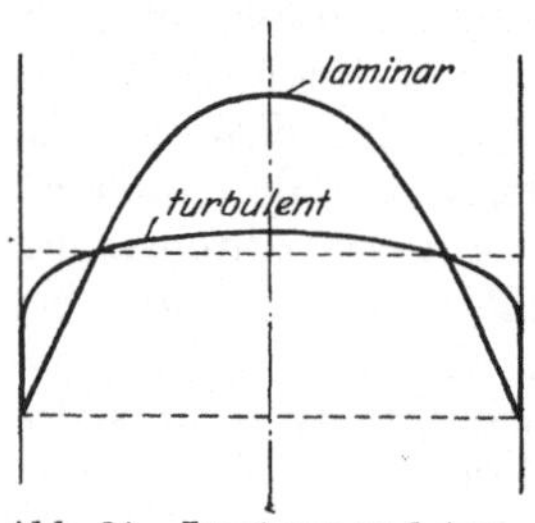

Abb. 24. Laminare und turbulente Geschwindigkeitsverteilung.

c) Das Elementargesetz der inneren Flüssigkeitsreibung. Abänderung des Begriffes Flüssigkeitsdruck.

Laminare Strömungen geben die Möglichkeit, einen Ansatz nachzuprüfen, den schon Newton für die innere Reibung der Flüssigkeiten gemacht hat. Bei der idealen Flüssigkeit gibt es eine Kraftübertragung zwischen den einzelnen Teilchen nur durch den Flüssigkeitsdruck, der an jeder Stelle einen bestimmten von der Richtung unabhängigen Wert hat und auf irgendeinem Element der Oberfläche eines abgegrenzten

---

[1] Bei der Schmiermittelreibung scheinen solche Fälle vorzukommen. Vgl. v. Kármán: Oberflächenreibung. Verhandl. d. Innsbrucker Kongresses. Berlin: Julius Springer 1924.

Teilchens senkrecht steht; sie wirkt auf das Teilchen als Druckspannung. Der Vergleich mit der Erfahrung zeigt, daß in der wirklichen Flüssigkeit noch andere Kraftwirkungen existieren müssen. Diese Wirkungen führt man auf eine gegenseitige Beeinflussung aneinander vorbeigleitender Flüssigkeitsschichten zurück. Die Aussage unter 1., wonach das Verschieben von Flüssigkeitsschichten aneinander vorbei keine Kraft erfordert, läßt sich also nicht aufrechterhalten. Die wirkliche Flüssigkeit überträgt also nicht nur Druck-, sondern auch Schubspannungen. Infolgedessen beeinflussen sich aneinander vorbeigleitende Schichten in der Weise, daß schneller bewegte von den benachbarten langsameren gebremst werden und diese ihrerseits beschleunigen. Die so geschilderte Eigenschaft der wirklichen Flüssigkeit nennt man „Zähigkeit" oder „Viskosität". Da sie sich nur bei bewegten Flüssigkeiten bemerkbar macht, liegt es nahe, sie mit dem Unterschied der Geschwindigkeiten benachbarter Schichten in Verbindung zu bringen. Als Elementargesetz wird daher angenommen, daß zwischen zwei benachbarten, im Abstand dn aneinander vorbeibewegten Schichten eine Scherkraft (Tangentialschub pro Flächeneinheit) übertragen wird, die dem Betrag des Geschwindigkeitsgefälles $|\partial c/\partial n|$ in der Richtung quer zur Bewegung proportional ist, also dem Ansatz

$$\tau = \eta \left| \frac{\partial c}{\partial n} \right| \tag{36}$$

folgt. η heißt „Zähigkeits-" oder „Viskositätskoeffizient"; er hat die Dimension Kraft pro Fläche eins und pro Geschwindigkeitsgefälle eins; also

$$[\eta] = \mathrm{kg} \cdot \mathrm{sec} \cdot \mathrm{m}^{-2}. \tag{37}$$

Die Annahme von Schubspannungen zwingt dazu, den Begriff des Flüssigkeitsdruckes abzuändern. Da in die Gleichungen unter 1. über die Kräfte am kleinen Tetraeder nun auch die Schubspannungen eintreten, so wird der für die ideale Flüssigkeit gezogene Schluß, daß die Normalspannungen an einer Stelle in allen Richtungen gleich groß sind, hinfällig. Unter dem Flüssigkeitsdruck versteht man daher jetzt die Mittelwerte der Normalspannungen, die an einer Stelle in verschiedenen Richtungen existieren. Für die Meßtechnik existiert allerdings bis heute keine Möglichkeit, zu entscheiden, ob die Druckanzeige den Mittelwert oder einen anderen liefert. Diese Bemerkung gilt naturgemäß nur für die bewegte Flüssigkeit, da in der ruhenden keine Scherspannungen herrschen und die Normalspannung an einer Stelle in allen Richtungen gleich ist. Die Messung in der bewegten Flüssigkeit mit den heutigen Methoden des Piezometerröhrchens muß immer darauf achten, daß die Meßbohrung des Instrumentes senkrecht zur Geschwindigkeitsrichtung steht, sie kann also gar nicht in verschiedenen Richtungen erfolgen (vgl. auch 3.). Man hilft sich im allgemeinen dadurch, daß man die Angabe solcher Piezometerröhrchen als Werte des Flüssigkeitsdruckes ansieht (so auch die an der Wand!), indem man dabei von der Tatsache ausgeht, daß die Unterschiede nur gering sein können.

d) Prüfung des Reibungsansatzes durch die Strömung im Kreisrohr.

Unmittelbar verwenden läßt sich der in Gleichung (36) gegebene Ansatz nur, wenn tatsächlich nur das Geschwindigkeitsgefälle in einer einzigen Richtung maßgebend für die Reibungswirkungen ist[1]. Das ist z. B. der Fall bei der stationären laminaren Strömung im geraden Kreisrohr, die wir jetzt behandeln wollen (Abb. 25). Nach der Theorie der idealen Flüssigkeit ist jede Geschwindigkeitsverteilung möglich. Beschränken wir uns nach den Feststellungen unter 10. auf Strömungen mit konstanter Energie (Zufluß aus einem großen Oberwasserbehälter), so ist im ganzen Rohre $\frac{p}{\gamma} + h + \frac{c^2}{2g}$ konst. Nehmen wir nun noch, was

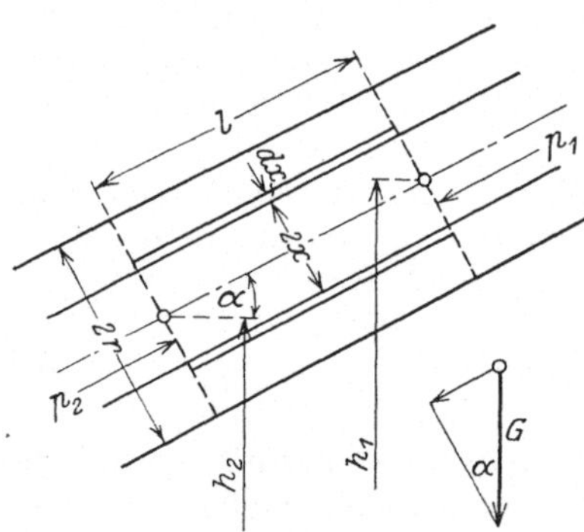

Abb. 25. Laminare Strömung im geraden Kreisrohr.

naheliegend und plausibel ist, an, daß die Bewegung in geradlinigen, achsenparallelen Bahnen vor sich geht, so kann zunächst quer zur Bewegung kein Gefälle von $\frac{p}{\gamma} + h$ bestehen [Gleichung (22b)], dies muß also in einem Querschnitt senkrecht zur Achse konstant sein. Da aber in jedem Stromfaden der Kontinuität wegen c konstant sein muß, ist auch in jedem Stromfaden $\frac{p}{\gamma} + h$ konstant. Oder: $\frac{p}{\gamma} + h$ ist im ganzen Rohr konstant, der Druck ist statisch verteilt. Für die Theorie der laminaren Strömung einer zähen Flüssigkeit behalten wir nun die Annahme geradliniger achsenparalleler Bewegung und diejenige statischer Druckverteilung in einem Querschnitt bei. Unter p ist dann strenggenommen die Normalkomponente des Druckes auf den Flächenelementen des Querschnittes zu verstehen, wir wollen diese aber kurz mit p bezeichnen und als mit den Angaben des Piezometers identisch annehmen. Die Summe $\frac{p}{\gamma} + h$ ist nun von Querschnitt zu Querschnitt verschieden. Wir betrachten zwei um die Länge l auseinanderstehende Querschnitte und stellen die Bewegungsgleichung für einen zwischen ihnen liegenden, weiterhin durch zwei Zylinder vom Radius x und $x + dx$ begrenzten Körper auf. Die Geschwindigkeit c ist eine reine Funktion von x. Auf die Stirnseiten des Ringzylinders wirkt dann insgesamt in Richtung der Bewegung die Kraft $(p_1 - p_2)\, 2\, x \cdot \pi \cdot dx$; ferner treibt das Gewicht mit einem Anteil

$$2\, x \cdot \pi \cdot dx \cdot l \cdot \gamma \cdot \sin\alpha = 2\, x\, \pi\, dx\, \gamma\, (h_1 - h_2).$$

---

[1] Die Verallgemeinerung des Ansatzes auf drei- und zweidimensionale Probleme soll in diesem Band nicht behandelt werden.

Auf der Innenseite bremst — wenn wir c zunächst mit r wachsend annehmen — die Kraft

$$2x\pi \cdot l \cdot \eta \frac{dc}{dx};$$

auf der Außenseite beschleunigt die Kraft

$$2(x + dx) \cdot \pi \cdot l \cdot \eta \left(\frac{dc}{dx} + \frac{d^2c}{dx^2} \cdot dx\right);$$

also bleibt als treibend

$$2\pi l \cdot \eta \left(x\frac{d^2c}{dx^2} + \frac{dc}{dx}\right) dx.$$

Die Summe aller treibenden Kräfte ist:

$$2\pi x\, dx[p_1 - p_2 + \gamma(h_1 - h_2)] + 2\pi \cdot l \cdot \eta \cdot dx \left(x\frac{d^2c}{dx^2} + \frac{dc}{dx}\right);$$

diese muß verschwinden, wenn die Bewegung stationär sein soll. Dies liefert die Differentialgleichung für die Geschwindigkeitsverteilung:

$$\eta \left(\frac{d^2c}{dx^2} + \frac{1}{x} \cdot \frac{dc}{dx}\right) = -\gamma \cdot \frac{\dfrac{p_1}{\gamma} + h_1 - \left(\dfrac{p_2}{\gamma} + h_2\right)}{l} \tag{38}$$

mit der Lösung (Integration nach x):

$$c = \frac{\gamma}{4\eta} \cdot \frac{\dfrac{p_1}{\gamma} + h_1 - \left(\dfrac{p_2}{\gamma} + h_2\right)}{l} (r^2 - x^2) \tag{39}$$

in der die Randbedingung $c = 0$ für $x = r$ (Haften an der Wand) bereits berücksichtigt ist. Wenn das Rohr überall gleiche Beschaffenheit hat, ist

$$\frac{\dfrac{p_1}{\gamma} + h_1 - \left(\dfrac{p_2}{\gamma} + h_2\right)}{l}$$

eine Konstante, die man als „Rohrgefälle" bezeichnen kann, das also aus geodätischem und Druckgefälle zusammengesetzt erscheint. Wir schreiben also:

$$\text{„Rohrgefälle" } J = \frac{\left(\dfrac{p_1}{\gamma} + h_1\right) - \left(\dfrac{p_2}{\gamma} + h_2\right)}{l} \tag{40}$$

oder auch:

$$J = \frac{p_1 - p_2}{\gamma l} + \sin\alpha, \tag{41}$$

und erhalten

$$c = \frac{\gamma}{4\eta} \cdot J \cdot (r^2 - x^2). \tag{42}$$

Bilden wir $\int_0^r 2x \cdot \pi\, dx \cdot c$, so erhalten wir die das Rohr durchfließende Wassermenge; es wird

$$Q = \frac{\pi\gamma}{8\eta} \cdot J \cdot r^4. \tag{43}$$

Diese Resultate stehen mit den von Poiseuille[1] an Kapillarröhrchen angestellten Beobachtungen durchaus überein. Dies ist einer der stärksten Stützen für die Richtigkeit des elementaren Reibungssatzes.

---

[1] Poiseuille: Memoires présentés par divers savants. Bd. 19, S. 518. Paris 1846.

Definiert man die mittlere Geschwindigkeit durch $c_m = \dfrac{Q}{r^2\,\pi}$, so ergibt sich:

$$c_m = \frac{\gamma}{8\,\eta} \cdot J \cdot r^2; \qquad J = \frac{8\,\eta}{\gamma} \cdot \frac{c_m}{r^2}. \tag{44}$$

Hiernach ist also das „Rohrgefälle" bei der laminaren Strömung mit der Durchflußgeschwindigkeit proportional; auch dies stimmt mit den Poiseuilleschen Beobachtungen überein.

Bei turbulenter Bewegung stimmt diese Beziehung nicht mehr; das zum Durchtreiben der Flüssigkeit notwendige Rohrgefälle J wächst erheblich stärker als mit der ersten Potenz der Geschwindigkeit.

Versuche mit laminarer Strömung im Rohr können zur Bestimmung des Zähigkeitskoeffizienten benutzt werden. Die Geschwindigkeitsverteilung im laminar durchströmten Rohr ist eine parabolische, der Maximalwert ist:

$$c_{\max} = \frac{\gamma}{4\,\eta} \cdot J \cdot r^2 = 2\,c_m, \tag{45}$$

er verhält sich also zum Mittelwert wie $2:1$. Auch dieses Resultat ist experimentell bestätigt. Dagegen ist das Geschwindigkeitsbild bei turbulenter Bewegung durch einen viel rascheren Anstieg von der Wand, eine gleichmäßigere Verteilung im Inneren und ein kleineres Verhältnis der maximalen Geschwindigkeit zur mittleren gekennzeichnet (vgl. Abb. 24). v. Mises hat nachgewiesen[1], daß es möglich ist, das gänzlich veränderte Geschwindigkeitsbild der turbulenten Bewegung durch die Annahme von Zusatzgeschwindigkeiten zu den mittleren zu erklären, die nur einige Hundertstel der mittleren betragen.

Über die Gründe, warum die Strömung unter gewissen Bedingungen aus dem laminaren in den turbulenten Zustand übergeht, warum in einem Fall die eine, im anderen die andere Bewegungsform stabil ist, herrscht auch heute noch keine ausreichende Klarheit. Die Theorie (siehe unter 15.) liefert zwar die allgemeine Form eines Kriteriums, an Hand dessen angegeben werden kann, ob laminare oder turbulente Bewegung vorliegt, aber zur Bestimmung des kritischen Wertes, der den Übergang aus der einen in die andere Bewegungsform charakterisiert, ist man im wesentlichen auf empirische Daten angewiesen.

e) Gegensatz zwischen beschleunigten und verzögerten Strömungen.

An dem Beispiel a) unter 13. ergab sich eine in manchen Fällen fast genaue Übereinstimmung der Beobachtungen mit der Theorie der idealen Flüssigkeit, die allerdings durch plausible Annahmen über die Geschwindigkeitsverteilung erleichtert bzw. ergänzt war. Der Energieverlust wurde dort unter Umständen verschwindend gering. Charakterisiert wird diese Strömung durch kleine Geschwindigkeiten auf langen Strecken längs den Wänden und große Beschleunigung, auch längs der Wand, auf der Endstrecke. Dementsprechend zeigt die Beobachtung auch für

---

[1] v. Mises: Elemente der Hydromechanik, 1. Teil. Sammlung Jahnke. Teubner 1924.

die beschleunigte Strömung im linken Rohrteil der Abb. 26 nur geringen Verlust, etwa einige Hundertstel des der Geschwindigkeitssteigerung entsprechenden Druckabfalls $\dfrac{c_2^2 - c_1^2}{2g}$ in der idealen Strömung, und zwar ist der Verlust kleiner als der in einem Rohr von gleicher Länge, aber konstantem und so bemessenem Querschnitt, daß etwa das Quadrat der Geschwindigkeit gleich dem mittleren im verengten Rohr ist. Ganz anders ist der Verlauf im verzögerten Teil der Strömung, also im erweiterten Rohrteil. Hier ergibt sich ein Verlust von etwa zehnfacher Größenordnung, d. h. es gehen von dem in idealer Flüssigkeit zu erwartenden Druckanstieg $\dfrac{c_2^2 - c_1'^2}{2g}$ mindestens 15

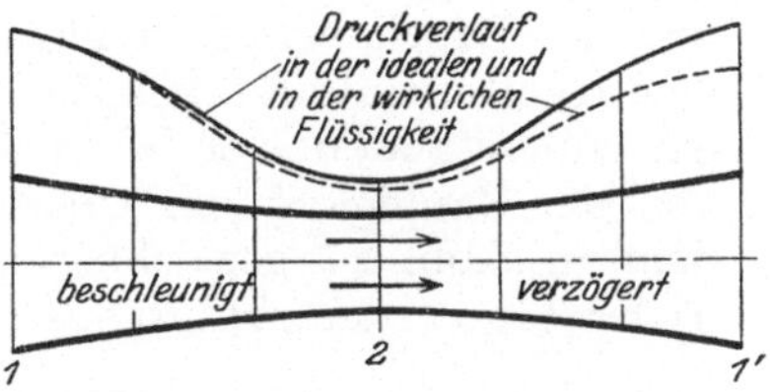

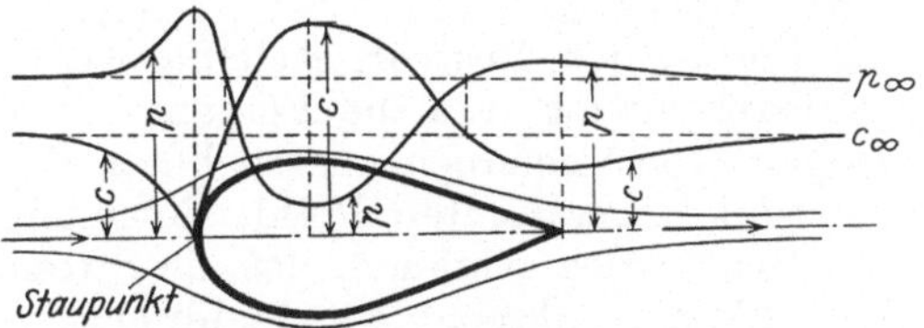

Abb. 26.　Beschleunigte und verzögerte Rohrströmung.

bis 20%, in ungünstigen Fällen noch mehr verloren. Gleichzeitig beobachtet man Ablösung von den Rohrwänden und deutliche Wirbelbildung an ihnen.

Ganz analog sind die Erfahrungen über das Verhalten einer allseitig ausgedehnten Flüssigkeit beim Umströmen eingetauchter starrer Körper. In Abb. 27, die einen (etwas übertrieben stumpfen) Luftschiffkörper darstellt, ist eine für ideale Flüssigkeit geltende, am Körper unmittelbar anliegende Stromschicht gezeichnet und dazu Geschwindigkeit und Druck der Luft in der zentralen An- und Abströmlinie sowie am Körper entlang als Diagramme über der Zentrallinie aufgetragen. Am vorderen „Staupunkt" (am „Bug") wird c zu Null, erreicht am „Hauptspant" (der dicksten Stelle des Körpers) einen Maximalwert, sinkt am Hinterende

Abb. 27.　Beschleunigte und verzögerte Strömung um einen eingetauchten Körper.

(am „Heck") nochmals unter den Wert c_∞ der An- und Abströmgeschwindigkeit in weiter Entfernung und nähert sich dann dieser wieder. Entsprechend steigt der Druck am Bug auf einen Maximalwert, der Überdruck gegen den atmosphärischen in weiter Entfernung heißt „Staudruck" und hat den Wert $q = \dfrac{\gamma}{g}\,\dfrac{c_\infty^2}{2}$. Im Hauptspant hat der Druck ein Minimum; am Heck übersteigt er noch einmal den atmosphärischen und nähert sich dann diesem allmählich. Die Drücke (Über- und Unterdrücke) verteilen sich so, daß keine resultierende Kraft auf den Körper entsteht. Da in der idealen Flüssigkeit auch keine Wandreibung besteht, setzt also der Körper dem Luftstrom keinen Widerstand entgegen. In der wirklichen Flüssigkeit verhalten sich nun die Teile hinter dem Hauptspant ganz verschieden von denen vor ihm. Die vor ihm zeigen gegenüber der idealen Flüssigkeit fast gar keinen Unterschied, insbesondere kommt auch die Drucksteigerung in der Zentrallinie vor dem Bug, also in der freien Flüssigkeit, so gut wie restlos zustande, desgleichen steht die Drucksenkung bis zum Hauptspant bei glatter Oberfläche in fast völliger Übereinstimmung mit der idealen; dagegen zeigen Stromlinien und Druckverlauf in der verzögerten Strömung längs der Wand hinter dem Hauptspant beträchtliche Abweichungen auch bei glatter Oberfläche. Es tritt Ablösung auf, und der Druckanstieg ist kleiner als der ideale. Damit ergibt sich nun eine resultierende Kraft auf den Körper in der Bewegungsrichtung oder ein Widerstand, den er der Strömung entgegensetzt. Er hängt im ganzen von der Rauhigkeit der Oberfläche und der Form des Körpers — bei dem in Abb. 27 gezeichneten Körper in erster Linie von der des Teiles hinter dem Hauptspant — ab. Man spricht daher auch von Reibungswiderstand und Formwiderstand. Exakt und prinzipiell voneinander zu trennen sind sie nicht; doch ist es naheliegend, bei ausgeführten Messungen des Gesamtwiderstandes und der durch Bohrungen an der Oberfläche festgestellten Druckverteilung die durch Integration der Elementardrücke über die Oberfläche errechnete Kraft

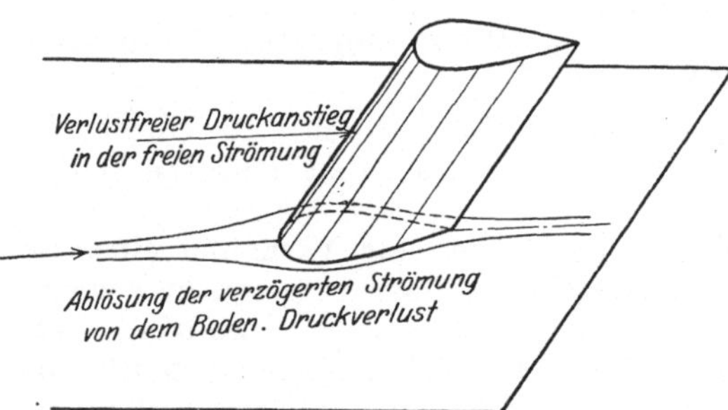

Abb. 28. Einseitig begrenzte Strömung gegen einen Pfahl.

als Form-, den Rest als Reibungswiderstand zu bezeichnen.

Ganz analog sind die Vorgänge an einem zylindrischen, unendlich langen, von unendlich ausgedehnter Flüssigkeit quer zu seiner Längsrichtung angeströmten Pfahl. Auch hier kommt die Drucksteigerung am Bug restlos zustande. Ist die Strömung aber einseitig, etwa durch eine Ebene senkrecht zur Pfahlrichtung begrenzt, so ruft der starke, durch den Bug veranlaßte Druckanstieg längs der Ebene Ablösungserscheinungen hervor[1] (vgl. Abb. 28).

Deutlich tritt bei den geschilderten Erscheinungen der Einfluß besonderer Vorgänge an der Wand hervor; man hat den Eindruck, daß die Flüssigkeit sich wie eine ideale verhalten würde, wenn die Wände nicht wären, und daß sie sich um so mehr wie eine ideale verhält, je weiter sie von Wänden (festen oder bewegten) entfernt ist.

15. Stellung der Theorie zu den Erfahrungstatsachen.

a) Ähnlichkeitsgesetze.

Der Vielseitigkeit der Erfahrungstatsachen gegenüber wird man zunächst nach einem Ordnungsprinzip suchen, das von den bei irgendeinem Vorgang beobachteten Erscheinungen auf die bei einem ähnlichen

---

[1] Auf diese Erscheinung hat meines Wissens zum erstenmal Föttinger hingewiesen, vgl. Jahrb. Schiffsbaut. Ges. Bd. 25. 1924.

in irgendeiner Weise zu schließen gestattet. Ähnlich können zwei Strömungsvorgänge in verschiedenen Flüssigkeiten sein, wenn die äußeren Bedingungen ähnliche sind, wenn also die Räume, in denen sich die Strömungen abspielen, untereinander geometrisch ähnlich sind. Es können also die Strömungen in geraden Kreisrohren ohne weiteres ähnlich sein, ferner die in geraden rechteckigen Rohren, wenn die rechteckigen Querschnitte gleiches Seitenverhältnis haben. Sind die Rohre gekrümmt, so muß auch noch das Verhältnis des Krümmungsradius der Rohrachse zu irgendeiner Querschnittsdimension in allen Fällen das gleiche sein. Handelt es sich um Strömungen um eingetauchte Körper, so müssen diese Körper untereinander geometrisch ähnlich sein. Wir nennen die Strömungen aber erst dann ähnlich, wenn auch die Stromlinienbilder und die Geschwindigkeitsverteilungen ähnlich sind. (Der Hinweis auf die Geschwindigkeitsverteilungen ist notwendig, weil in zwei Strömungen mit geometrisch ähnlichen Strombildern verschiedene Verteilungen quer zu den Stromlinien an sich möglich sind.) Irgendeine Länge in diesen Bildern steht dann zu den Längen der eingetauchten Körper ebenfalls in festen Verhältnissen. Diese Ähnlichkeit müßte bei turbulenten Strömungen strenggenommen bis in die verwickelten Einzelheiten gehen, man begnügt sich aber, da die turbulente Bewegung nichtstationär ist, häufig mit der Feststellung der Ähnlichkeit der Grundbewegung. Man nimmt also an, daß die Geschwindigkeit einer stationären Grundbewegung an irgendeiner Stelle den Mittelwert aller Geschwindigkeiten der turbulenten Bewegung darstellt, die an der Stelle zu irgendeiner Zeit vorkommen, und daß die von diesen Grundgeschwindigkeiten herrührenden Stromlinien ähnliche Strombilder und Geschwindigkeitsverteilungen liefern. In ähnlichen Strömungen stehen auch die Beschleunigungen in entsprechenden Punkten in konstantem Verhältnis und haben gleiche Richtung. Das gleiche gilt von den Trägheitskräften der bewegten Teilchen. Mit diesen Trägheitskräften müssen nun die auf die Teilchen wirkenden Kräfte im Gleichgewicht stehen. Dies ist nur möglich, wenn die Kräftepolygone, in denen die Trägheitskräfte die Schlußlinie sind, für entsprechende Stellen der ähnlichen Vorgänge selbst untereinander ähnlich sind. Die Abmessungen der betrachteten Teilchen selbst aber müssen im gleichen Verhältnis stehen wie die für beide Vorgänge charakteristischen Längen. Von nun an unterscheiden wir zwei Fälle:

1. Das Reynoldssche Ähnlichkeitsgesetz.

Im Innern einer homogenen Flüssigkeit erfolgen die Vorgänge so, als ob die Schwere nicht vorhanden wäre, diese ruft lediglich eine zusätzliche statische Druckverteilung hervor, die nachträglich über die gefundene dynamische überlagert werden kann. Wir betrachten daher jetzt zwei Bewegungen in zwei verschiedenen Flüssigkeiten 1 und 2, indem wir Ähnlichkeit voraussetzen und als ins Spiel tretende Kräfte nur die von den Flüssigkeitsdrücken p und von den Reibungsspannungen τ ausgeübten, ferner die Trägheitskräfte in Betracht ziehen. Die Flüssigkeitsdrücke und Scherspannungen messen wir in Säulen der betr. Flüssigkeit. Greifen wir eine Stelle im Gebiet der Strömung 1 heraus, so sind dort die Druckkräfte auf ein Teilchen mit $l_1^2 \cdot h_1 \cdot \gamma_1$ proportional, weil die Flächen des betrachteten Teilchens mit dem Quadrat irgendeiner passend ausgewählten Länge l_1 proportional sind. Bei der Berechnung der Trägheitskräfte wollen wir stationäre Bewegung voraussetzen, stationäre Beschleunigungen sind von Typus $c \cdot \dfrac{\partial c}{\partial s}$ oder $\dfrac{\partial \frac{c^2}{2}}{\partial s}$, also Geschwindigkeitsquadrat pro Länge. Wenn daher c_1 eine passend ausgesuchte, charakteristische Geschwindigkeit in dem Vorgang 1 ist, so kann die Beschleunigung mit c_1^2/l_1 proportional gesetzt werden. Die Masse des Teilchens ist $\dfrac{\gamma_1}{g} \cdot l_1^3$; die Trägheitskraft also $\dfrac{\gamma_1}{g} l_1^3 \cdot \dfrac{c_1^2}{l_1}$ oder $\dfrac{\gamma_1}{g} l_1^2 c_1^2$. Die gesamte Reibungskraft ist mit der Reibungsspannung und der Oberfläche proportional, also mit $\eta_1 \cdot \dfrac{c_1}{l_1} \cdot l_1^2 = \eta_1 c_1 l_1$. Nun müssen sich die Kräfte an den entsprechenden beiden Stellen verhalten wie

$$\frac{l_1^2 \cdot h_1 \cdot \gamma_1}{l_2^2 \cdot h_2 \cdot \gamma_2} = \frac{\dfrac{\gamma_1}{g} \cdot l_1^2 \cdot c_1^2}{\dfrac{\gamma_2}{g} \cdot l_2^2 \cdot c_2^2} = \frac{\eta_1 c_1 l_1}{\eta_2 c_2 l_2}. \tag{46}$$

Also ergeben sich zwei Gleichungen, die gleichzeitig erfüllt sind, wenn zwei Strömungsvorgänge ähnlich sind. Es ist erstens:

$$\frac{h_1}{h_2} = \frac{c_1^2}{c_2^2}, \tag{47}$$

zweitens:

$$\frac{\gamma_1 l_1 c_1}{\gamma_2 l_2 c_2} = \frac{\eta_1}{\eta_2} \quad \text{oder} \quad \frac{l_1 \cdot c_1}{\dfrac{\eta_1}{\frac{\gamma_1}{g}}} = \frac{l_2 \cdot c_2}{\dfrac{\eta_2}{\frac{\gamma_1}{g}}}. \tag{48}$$

Man nennt den Quotienten $\dfrac{\eta}{\frac{\gamma}{g}}$ den kinematischen Zähigkeitskoeffizienten und bezeichnet ihn mit ν, im Gegensatz dazu wird η manchmal der absolute Zähigkeitskoeffizient genannt. ν hat die Dimension $\mathrm{kg\,sec} \cdot \mathrm{m}^{-2} \cdot \mathrm{kg}^{-1} \cdot \mathrm{m}^3 \cdot \mathrm{m\,sec}^{-2} = \mathrm{m}^2\,\mathrm{sec}^{-1}$. Das Verhältnis lc/ν wird nach dem Engländer Osborne Reynolds, der dieses Ähnlichkeitsgesetz zum erstenmal aufgestellt hat[1], Reynoldssche Zahl genannt und mit R bezeichnet. Es mißt das Verhältnis der Trägheitskräfte zu den Reibungskräften und ist deshalb eine dimensionslose Zahl, deren Größe von der Wahl der charakteristischen Länge und Geschwindigkeit abhängt. Wenn die Reibung verschwindet, stehen in ähnlichen Strömungsfeldern an entsprechenden Punkten die Druckhöhen ohne weiteres in gleichen Verhältnissen wie die Quadrate der Geschwindigkeiten. In der reibenden Flüssigkeit tritt als neue Beziehung die Gleichheit der Reynoldsschen Zahl für beide Vorgänge. Diese ist also gerade die

---

[1] O. Reynolds: Phil. Trans. Bd. 177, S. 17. London 1887.

Bedingung für die hydromechanische Ähnlichkeit der beiden Vorgänge. Wir fassen zusammen:

Zwei Strömungsvorgänge, die sich unter geometrisch ähnlichen Bedingungen abspielen, und in denen Reibungs- und Trägheitswirkungen die Hauptrolle spielen, sind ähnlich, wenn für beide die aus einer charakteristischen Länge l, einer charakteristischen Geschwindigkeit c und dem kinematischen Zähigkeitskoeffizienten ν nach der Vorschrift:

$$R = \frac{c \cdot l}{\nu} \tag{49}$$

gebildete Reynoldssche Zahl die gleiche ist. Dann sind die Druckhöhen an entsprechenden Stellen — oder auch die Druckhöhenunterschiede zwischen entsprechend gelegenen Punkten — den Geschwindigkeitsquadraten proportional. Der Proportionalitätsfaktor ist eine Konstante für die Berechnung der Druckhöhenunterschiede aus dem Ansatz $h = \zeta \cdot c^2$ also nur, wenn die Reynoldssche Zahl konstant ist, mit anderen Worten: ζ ist eine Funktion derselben; der Ansatz muß also lauten:

$$h = \zeta(R) \cdot c^2.$$

Da h in Metern gemessen wird, schreibt man besser

$$h = \zeta(R) \cdot \frac{c^2}{2\,g}, \tag{50}$$

wodurch man ζ als reine Zahl angeben kann. Natürlich hängt ζ auch von den äußeren geometrischen Bedingungen, d. h. von der allgemeinen Form der Strömung ab. Die beiden Abhängigkeiten sind von Fall zu Fall zu untersuchen.

Da laminare Strömungen niemals turbulenten ähnlich sein können (vgl. die verschiedenen Geschwindigkeitsverteilungen im Rohr!), so wird der Wert von R geradezu ein Kriterium dafür, ob laminare oder turbulente Bewegung vorliegt. Der Umschlag von der einen in die andere Strömunsgart wird daher durch einen bestimmten Wert von R, die sog. kritische Reynoldssche Zahl R_{kr} charakterisiert. Deren Wert ist für jeden einzelnen Strömungsvorgang davon abhängig, welche Länge man aus der geometrischen Anordnung und welche Geschwindigkeit man aus dem Strombild als charakteristisch entnimmt. Liegt aber hierüber einmal eine Vereinbarung fest, so ist R_{kr} für jeden Strömungsvorgang ein bestimmter Wert. Das Reynoldssche Ähnlichkeitsgesetz gilt für alle Strömungen in geschlossenen Kanälen und Leitungen und für alle Strömungen um eingetauchte Körper. Im ersten Fall dient es zum Vergleich des Druckgefälles, das eine Strömung in Leitungen verbraucht, im zweiten Falle zum Vergleich der Kräfte, die auf den eingetauchten Körper ausgeübt werden bzw. zu deren Bestimmung aus Modellversuchen[1]. Diese sind ja den Oberflächen und den an ihnen angreifenden Flüssigkeitsdrücken und Schubspannungen pro-

---

[1] Die eingehende Theorie des Modellversuches geht über den Rahmen dieses Buches hinaus; siehe z. B. Weber: Ähnlichkeitsmechanik. Hütte, 25. Aufl., Bd. 1.

portional. Daher kann man alle Kräfte an den eingetauchten Körpern in der Form: $h \cdot \gamma \cdot F$ ausdrücken, wo $h = \zeta(R)\dfrac{c^2}{2g}$ ist. Man erhält dann:

$$P = c_p \cdot F \cdot \frac{\gamma}{g} \cdot \frac{c^2}{2}. \tag{51}$$

F ist irgendeine charakteristische Fläche; für die Größe $\gamma/g \cdot c^2/2$ wählt man häufig den „Staudruck" q der Strömung, nämlich immer dann, wenn unter c die in weiter Entfernung vom Körper herrschende, von ihm ungestörte Geschwindigkeit eines homogenen Feldes verstanden wird, so daß an einem „Staupunkt" des Körpers ein Überdruck q gegenüber der weiteren Umgebung herrscht. Die bekanntesten Beispiele für die Anwendung der Formel (51) sind die Bestimmungen der Auftriebs- und Widerstandsbeiwerte an Flugzeugprofilen in der Göttinger Versuchsanstalt[1].

2. Das Froudesche Ähnlichkeitsgesetz.

Dieses berücksichtigt das Zusammenwirken von Trägheit und Schwere, letztere an Stelle der Reibung. Man kann sofort folgende Gleichungen hinschreiben (der Gedankengang ist der gleiche wie oben!):

$$\frac{l_1^2 \cdot h_1 \cdot \gamma_1}{l_2^2 \cdot h_2 \cdot \gamma_2} = \frac{l_1^2 \cdot \gamma_1 \cdot c_1^2}{l_2^2 \cdot \gamma_1 \cdot c_2^2} = \frac{l_1^3 \cdot \gamma_1}{l_2^3 \cdot \gamma_2}. \tag{52}$$

Also:

$$\frac{h_1}{h_2} = \frac{c_1^2}{c_2^2} \quad \text{und} \quad \frac{c_1^2}{c_2^2} = \frac{l_1}{l_2}. \tag{53}$$

Die Vorgänge sind demnach ähnlich, wenn der Wert $c/\sqrt{l}$ in beiden Fällen der gleiche ist. Das Gesetz findet seine Anwendung bei der Untersuchung desjenigen Anteiles des Schiffswiderstandes, der seine Ursache in der Wellenbildung hat.

b) Spezielle Theorien[2].

Die Einführung des elementaren Reibungsansatzes in die Differentialgleichungen der Flüssigkeitsbewegung führt zu den sog. Navier-Stokesschen Gleichungen. Diese sind so verwickelt, daß es bisher nicht gelungen ist, sie für gegebene Fälle streng zu lösen. Nur durch planmäßige Vernachlässigungen gelingt es, zu praktischen Lösungen zu gelangen. Ein Typus von Lösungen entsteht, wenn man die Beschleunigungsglieder in den Gleichungen streicht, also den Einfluß der Trägheit vernachlässigt. Physikalisch entspricht dies Strömungen mit sehr kleinen Reynoldsschen Zahlen ($R \to 0$). Dies ist nur möglich, wenn die Bewegung so langsam vor sich geht, daß die durch Geschwindigkeitsänderungen nach Größe und Richtung hervorgerufenen Trägheitskräfte verschwindend gering gegen die Reibungskräfte sind. In dem bereits behandelten Fall der laminaren Kreisrohrströmung verschwinden die

---

[1] Ergebnisse der Aerodynamischen Versuchsanstalt, Göttingen. I. und II. Lieferung. Verlag Oldenbourg.

[2] Hier kann nur eine ganz kurze Andeutung über das Vorhandene gegeben werden. Siehe Handb. d. Physik, hrsg. v. Geiger u. Scheel, Bd. VII: Mechanik der flüssigen und gasförmigen Körper, Kap. 2. Berlin: Julius Springer 1926.

Trägheitskräfte vollkommen, und das Problem wird exakt lösbar. Als gute Näherung ergeben sich diese Lösungen bei vielen anderen laminaren Strömungen. Eine Schwierigkeit liegt manchmal darin, daß nicht in allen Gebieten der Strömung die Trägheitsglieder gegenüber den Reibungskräften verschwinden. Durch eine teilweise Berücksichtigung der Trägheitsglieder ist diese Schwierigkeit in Einzelfällen überwunden worden[1]. Ein technisch wichtiger Fall liegt vor bei der Schmiermittelreibung in Trag- und Drucklagern. Hier läßt sich die Theorie unter vollkommener Vernachlässigung der Trägheit immer so durchführen, daß wenigstens prinzipielle Erkenntnisse in Übereinstimmung mit der Erfahrung gewonnen werden. Auch die Theorie der Grundwasserströmungen wird unter vollkommener Vernachlässigung der Trägheit durchgeführt und gelangt zu praktisch richtigen Ergebnissen[2].

Von allgemeiner technischer Wichtigkeit sind aber die Strömungen, bei denen die Trägheitswirkungen überwiegen und die Zähigkeitswirkungen klein, die Reynoldsschen Zahlen also groß sind ($R \to \infty$). Man könnte hier meinen, daß man mit der Annahme $\nu = 0$ zu den Gleichungen der idealen Flüssigkeit als einer guten Annäherungsdarstellung für das Verhalten wirklicher Flüssigkeiten gelangt. Allein dies ist nicht der Fall, und das kann auch nicht überraschen, wenn man bedenkt, daß die ideale Flüssigkeit eine wesentliche Bedingung der Wirklichkeit nicht erfüllt: das Haften an festen Wänden. Dieses Verhalten muß zunächst wenigstens in unmittelbarer Umgebung der Wände die Strömungsform der idealen Flüssigkeit umgestalten, und man kann sich also die Frage vorlegen: Wie weit geht dieser Einfluß der Wand und wie geht die Umgestaltung der Strömungsform vor sich? Im Zusammenhang hiermit steht die Tatsache, daß immer wieder — abgesehen von der Nähe fester Wände — die Strömungsformen idealer Flüssigkeit rein mechanisch mögliche Bewegungsformen auch für zähe Flüssigkeit sind[3].

Auf der Erkenntnis des maßgebenden Einflusses fester Wände und auf der richtigen Abschätzung der Größenordnung der miteinander ins Spiel tretenden Wirkungen, beruht der geniale Griff und der Erfolg der von Prandtl 1904 aufgestellten Theorie der Flüssigkeit mit kleiner Reibung[4], die heute allgemein unter dem Namen Prandtlsche Grenzschichtentheorie bekannt ist. Sie liefert eine Differentialgleichung der Grenzschicht, die durch planmäßige, aus unmittelbarer physikalischer Anschauung entspringende Abschätzungen vereinfacht ist.

Auf anderem Wege sucht Oseen eine Lösung. Er vernachlässigt in den allgemeinen Navier-Stokes-Differentialgleichungen der zähen

---

[1] Vgl. die Arbeiten von Stokes und die daran anschließenden von Oseen: Math. and Phys. Papers Bd. 1, S. 75 sowie Vortr. a. d. Geb. d. Hydro- und Aerodynamik, Innsbruck 1922, hrsg. v. Kármán u. Levi Civita. 1924.

[2] Handb. d. Physik, hrsg. v. Geiger u. Scheel, Bd. VII, Kap. 2.

[3] Siehe einen anschaulichen Beweis hierfür bei Betz: Z. V. D. J. 1925, S. 9.

[4] Prandtl, L.: Verh. d. 3. intern. Math. Ver., Heidelberg 1904. Leipzig: B. G. Teubner; oder auch: Vier Abhandlungen z. Hydrodynamik u. Aerodynamik von Prandtl und Betz. Siehe ferner die Arbeiten von Kármán u. Pohlhausen in Z. ang. Math. Mech. Bd. 1. 1921. Heft 4.

Flüssigkeit mehr nach rein mathematischen Gesichtspunkten gewisse Trägheitsglieder, löst die entstehenden Gleichungen mit der Grenzbedingung des Haftens an der Wand zunächst für endliche Werte des Zähigkeitskoeffizienten und macht dann einen Grenzübergang zur Zähigkeit 0. Er kommt zu dem bemerkenswerten, mit der Wirklichkeit übereinstimmenden Ergebnis, daß die Strömung vor einem eingetauchten Körper wie die einer idealen Flüssigkeit, hinter ihm aber wesentlich anders verläuft. Der Ingenieur wird die Prandtlsche Theorie ihrer physikalischen Anschaulichkeit wegen der Oseenschen vorziehen. Die Grenzschichtentheorie hat den großen Vorzug, daß sie auch da, wo ihre rechnerische Verfolgung aussichtslos wird, klare physikalische Anschauung bietet, die qualitativ das Geschehen bis in Einzelheiten vorauszusagen gestattet[1].

c) Die Prandtlsche Grenzschichtentheorie[2].

Der Grundgedanke der Theorie ist der, die Reibung überall da zu vernachlässigen, wo nicht etwa große Geschwindigkeitsunterschiede herrschen oder eine akkumulierende Wirkung der Reibung vorliegt. Es ergibt sich, daß die Strömungsform der idealen Flüssigkeit ein Anfangszustand ist, der alsbald durch die Wirkungen einer noch so kleinen Reibung, von den festen Wänden ausgehend, mehr oder minder verändert wird. Ist die Zähigkeit klein und der Weg entlang der Wand noch nicht sehr lang, so herrscht schon in geringem Abstand von der Wand eine Geschwindigkeit wie in der idealen Flüssigkeit. Es existiert aber eine schmale Schicht, in der ein sehr schroffer Übergang von der Geschwindigkeit an der Wand (bei ruhenden Wänden = 0) zu der Geschwindigkeit in der „freien" Flüssigkeit besteht, und wo eben wegen des großen Geschwindigkeitsgefälles erhebliche Reibungswirkungen auftreten. Die Druckverteilung an der Wand wird der Flüssigkeit von der freien Strömung aufgeprägt. Das wichtigste Ergebnis aber ist, daß sich an einer bestimmten Stelle der Flüssigkeitsstrom von der Wand ablöst; die notwendige Bedingung dafür ist, daß längs der Wand eine Drucksteigerung in Richtung der Strömung (stromab!) besteht. Physikalisch kann man sich dies folgendermaßen erklären: Bei der idealen Strömung setzt die Flüssigkeit bei einer Drucksteigerung ihre Geschwindigkeitsenergie in Druckenergie um; die Übergangsschichten an der Wand haben aber durch die akkumulierende Wirkung der Reibung einen großen Teil ihrer Geschwindigkeitsenergie eingebüßt und können daher in das Gebiet höheren Druckes nicht eindringen; sie weichen ihm seitlich aus. Mit einem Schlage wird hierdurch das grundsätzlich verschiedene Verhalten beschleunigter und verzögerter Bewegung erklärt. Die Entwicklung des Reibungseinflusses auf die Strömung in der Grenzschicht und die Lage der Ablösungsstelle kann

---

[1] Vgl. z. B. die Erklärung des Magnuseffektes (Flettner-Rotor) durch Föttinger und Betz mit Hilfe der Grenzschichtentheorie, siehe Betz: a. a. O. — Föttinger: Neue Grundlagen der Propellertheorie. Jahrb. Schiffsbaut. Ges. 1918.

[2] Die folgenden Darlegungen schließen sich im allgemeinen an die Prandtlsche Originaldarstellung a. a. O. an, siehe aber auch Handb. d. Physik Bd. VII. Kap. 2.

man berechnen, wenn man die der Grenzschicht von der freien Flüssigkeit aufgeprägte Druckverteilung kennt. In erster Annäherung kann man dazu die Druckverteilung einer idealen Flüssigkeit heranziehen und erhält dann die Ablösungsstelle für die Anfangsstadien der Bewegung. Später aber bilden sich durch die immer wiederholte Ablösung Wirbel, die sich in die freie Strömung hineinschieben und auch diese wesentlich umgestalten, so daß auch die Drucksteigerung an der Wand sich ändert, ohne daß man sie dann noch genau kennt. Die Ablösungsstelle verschiebt sich mehr und mehr stromaufwärts. Im Endzustand haben wir drei Strömungsgebiete zu unterscheiden: erstens den Außenraum, dessen Flüssigkeit von den Wänden unbeeinflußt bleibt und sich wie eine ideale bewegt, zweitens die unmittelbare Umgebung der Wände, in der der Übergang vom Haften an der Wand zur Geschwindigkeit des Außenraumes erfolgt, drittens einen stark durchwirbelten Raum. Von der Lage der Ablösungsstelle hängt die Größe des durchwirbelten Raumes, die Summe der pro Sekunde erzeugten, in die Wirbel eingehenden Bewegungsgröße und damit der Widerstand des Körpers gegen die Strömung sehr wesentlich ab. Besitzt der Körper scharfe Kanten, so erfolgt die Ablösung dauernd an ihnen. Sonst aber kann die Ablösungsstelle bei mehreren verschiedenen, durch die Größe der Geschwindigkeit unterschiedenen Bewegungszuständen verschieden sein. Entscheidend scheint dabei zu sein, ob die Grenzschicht selbst laminaren oder turbulenten Charakter hat.

16. Zahlenmäßige Angaben über Energieverluste[1].

I. Strömung in geschlossenen Rohren und Kanälen.

a) Glattes, gerades Kreisrohr[2] von gleichbleibendem Querschnitt.

Hier sind ähnliche geometrische Verhältnisse bei Rohrstücken mit gleichem Verhältnis l/d (l = Länge, d = Durchmesser) vorhanden. Von diesem Verhältnis muß der Widerstandskoeffizient ζ zunächst abhängen. Da aber hier kein Grund vorhanden ist, warum ein Teil der Rohrlänge sich anders verhalten soll wie ein anderer, so muß ζ von l linear abhängen; da aber die Ähnlichkeit verlangt, daß ζ nur von dem Verhältnis l/d abhängt, ergibt sich linearer Zusammenhang zwischen ζ und l/d, also etwa $\zeta = \lambda_0 \cdot \dfrac{l}{d}$ und hierin ist λ_0 eine Funktion der Reynoldsschen Zahl; also wird der Druckabfall auf die Länge l:

$$\Delta h = \lambda_0(R) \cdot \frac{l}{d} \cdot \frac{c^2}{2g}, \tag{54}$$

$$c = \frac{Q}{F} = \text{mittlere Geschwindigkeit}.$$

---

[1] Vgl. auch Hütte, 25. Aufl., Bd. 1, S. 349 ff.; Handb. d. Physik Bd. VII, Kap. 2.
[2] Schiller: Experimentelle Untersuchungen zu Turbulenzproblemen, S. 436. Z. A. M. M. 1926.

Die kritische Zahl R_{kr}, welche die unterste Grenze für die Möglichkeit einer turbulenten Strömung angibt, ist:

$$R_{kr} = \frac{c \cdot d}{\nu} = 2320 \,. \tag{55}$$

Oberhalb dieser Grenze ist laminare Strömung möglich, wenn Störungen ferngehalten werden. Praktisch kommen aber laminare Strömungen oberhalb $R = 3000$ nicht vor.

Im laminaren Gebiet kann der Druckabfall über die Länge l, wie bereits entwickelt, aus dem elementaren Reibungsansatz heraus errechnet werden. Die so gewonnene Gleichung (44) kann auch folgendermaßen geschrieben werden:

$$J \cdot l = \varDelta h = \frac{8\eta}{\gamma} \cdot \frac{c}{\left(\dfrac{d}{2}\right)^2} \cdot l = 64 \cdot \frac{\nu}{c \cdot d} \cdot \frac{l}{d} \cdot \frac{c^2}{2g} = \frac{64}{R} \cdot \frac{l}{d} \cdot \frac{c^2}{2g} \,, \tag{56}$$

in der allgemeinen Formel (54) ist also für laminare Strömung

$$\lambda_0 \text{ laminar} = \frac{64}{R} \,.$$

Im turbulenten Gebiet ist es bis heute noch nicht in prinzipiell befriedigender Weise möglich, den Koeffizienten λ_0 aus allgemeinen Ansätzen heraus zu errechnen; man ist hier im wesentlichen auf Erfahrungstatsachen angewiesen. Nach Blasius[1] ist:

$$\lambda_0 = 0{,}316 \sqrt[4]{\frac{1}{R}} \,. \tag{57}$$

Nach neueren Untersuchungen von Jakob und Erk[2] gibt das Blasiussche Gesetz für $R > 10^5$ zu niedrige Werte. Nach ihnen ist

$$\lambda_0 = 0{,}00714 + 0{,}614 \cdot R^{-0{,}35}. \tag{58}$$

b) Rauhes, gerades Kreisrohr mit gleichbleibendem Querschnitt.

Die „Rauhigkeit" erhöht die Widerstandsziffer. Als einfachste Vorstellung ergibt sich, die Rauhigkeit durch eine Verhältniszahl s/d zu messen, wo s die mittlere Höhe der als Erhebungen an der Wand gedachten Rauhigkeiten darstellt. s/d ist dann ebenfalls ein Ähnlichkeitscharakteristikum, von dem ζ analog wie von l/d abhängen muß. Die Form dieser Abhängigkeit kann nur aus der Erfahrung entnommen werden. Es ist aber bei genauerer Betrachtung nicht angängig, den Einfluß der Rauhigkeit durch eine einzige Zahl zu erfassen. Neuere Untersuchungen von Hopf[3] und Fromm[4] unterscheiden zwischen Rauhigkeit erster und zweiter Art (letzteres auch „Welligkeit" genannt).

---

[1] Blasius: Das Ähnlichkeitsgesetz. Mitt. Forschungsarbeiten H. 131.
[2] Mitt. Forschungsarbeiten H. 267.
[3] Hopf: Messung d. hydraul. Rauhigkeit, S. 329ff. Z. A. M. M. 1923.
[4] Fromm: Strömungswiderstand in rauhen Rohren, S. 339ff. Z. A. M. M. 1923.

Für die Zwecke dieses Buches genügt die erste Vorstellung, die zu einer Formel

$$\zeta = \zeta\left(R, \frac{s}{d}\right) \cdot \frac{l}{d}$$

führt. Eine solche ist von R. v. Mises (1924)[1] aufgestellt und lautet nach unseren Bezeichnungen umgeschrieben:

$$\lambda = 0{,}0096 + 5{,}66 \sqrt{\frac{s}{d}} + 1{,}7 \sqrt{\frac{1}{R}} \quad \text{für größere } R; \qquad (59)$$

in der Nähe des kritischen Wertes aber:

$$\lambda = \left(0{,}0096 + 5{,}66 \sqrt{\frac{s}{d}}\right)\left(1 - \frac{2000}{R}\right) + 1{,}7 \sqrt{\frac{1 - \dfrac{2000}{R}}{R}} + \frac{64}{R}. \qquad (60)$$

Dabei kann man nach v. Mises für s etwa die in Zahlentafel 1 enthaltenen Werte setzen:

Zahlentafel 1. Rauhigkeitszahl s verschiedener Wandungen.

Material	$10^6\, s$ in cm	$10^3\, \sqrt{s}$ in cm
Glas.	0,2—0,8	0,45—0,9
Glasrohr	20—50	4,5 —7
Asphalt, Blech oder Gußrohr	30—60	5,5 —7,7
Gußeisen, neu	100—200	10—14
Gußeisen, gebraucht	250—500	16—22
Genietete Blechrohrleitung	200—500	14—22
Bruchsteinmauerwerk	2000—4000	45—63
Erdwände, Kiesböschungen	10000—20000	100—140

c) Gerade Rohrleitung mit beliebigem, gleichbleibendem Querschnitt[2].

Man vergleicht hier den Querschnitt mit einem kreisförmigen, von gleichem Verhältnis des benetzten Umfanges zum Querschnitt und nimmt an, daß beide Rohre die gleiche Widerstandsziffer haben. Das Verhältnis F/U wird beim Kreisquerschnitt $= d/4$. Man nennt es auch den hydraulischen Radius des Querschnittes, der mit r' bezeichnet werden soll, er ist also beim Kreisquerschnitt $= r/2$. Mit Einführung des hydraulischen Radius schreiben sich die Formeln folgendermaßen um:

$$\text{Reynoldssche Zahl } R' = \frac{c \cdot r'}{\nu} = \frac{c \cdot d}{4 \cdot \nu} = \frac{R}{4}. \qquad (61)$$

$$\text{Kritische Reynoldssche Zahl } R'_{kr} = \frac{R_{kr}}{4} = 580. \qquad (62)$$

---

[1] Techn. Hydromechanik 1.
[2] Siehe auch Schiller: Über den Strömungswiderstand von Rohren verschiedener Querschnitte und Rauhigkeitsgrade, S. 2ff. Z. A. M. M. 1923.

Widerstandsziffer:

α) für laminare Strömung: $\lambda_0' = \dfrac{\lambda_0}{4} = \dfrac{16}{R} = \dfrac{16}{4R'} = \dfrac{4}{R'}$, $\qquad$ (63)

β) für turbulente Strömung:

nach Blasius für glatte Rohre

$$\lambda_0' = \frac{\lambda_0}{4} = 0{,}0791 \sqrt[4]{\frac{1}{R}} = 0{,}0791 \sqrt[4]{\frac{1}{4R'}} = 0{,}056 \sqrt[4]{\frac{1}{R'}}, \qquad (64\,\mathrm{a})$$

nach v. Mises für rauhe Rohre und $R' \gg 580$

$$\lambda' = \frac{\lambda}{4} = 0{,}0024 + 0{,}708 \sqrt{\frac{s}{r'}} + 0{,}425 \sqrt{\frac{1}{R'}}. \qquad (64\,\mathrm{b})$$

d) Als Mittelwert für die erste Annäherung in technischen Rechnungen kann man für Rohrleitungen setzen:

$$\Delta h = \frac{1}{50} \cdot \frac{l}{d} \cdot \frac{c^2}{2g} = \frac{1}{200} \cdot \frac{l}{r'} \cdot \frac{c^2}{2g} = \frac{1}{200} \cdot l \cdot \frac{U}{F} \cdot \frac{c^2}{2g}. \qquad (65)$$

e) Kreisringspalte.

Die Frage, ob in erster Annäherung der hydraulische Radius zur Kennzeichnung der Querschnittsform genügt, möge an dem für Kreiselräder wichtigen Beispiel der Kreiselringspalte beleuchtet werden. Bezeichnet man die Spaltweite zwischen dem Außenzylinder mit dem Durchmesser D und dem Innenzylinder mit dem Durchmesser d mit $a = \dfrac{D-d}{2}$, so ergibt sich für die laminare Strömung durch Integration der Gl. 38 unter Berücksichtigung der Grenzbedingungen $c = O$ für $x = \dfrac{D}{2}$ und $x = \dfrac{d}{2}$ und mit der Näherung $D \cong d$ das Gesetz

$$\Delta h = \frac{12\,\eta}{\gamma} \cdot \frac{l}{a^2} \cdot c \qquad (65\,\mathrm{a})$$

(Siehe auch Gl. 44!)

Der hydraulische Radius des Querschnittes ist

$$r' = \frac{F}{u} = \frac{(D^2 - d^2)\,\frac{\pi}{4}}{(D+d) \cdot \pi} = \frac{D-d}{4} = \frac{a}{2}.$$

Man kann nun schreiben:

$$\Delta h = 2' \, \frac{\nu}{c \cdot a} \cdot \frac{l}{a} \cdot \frac{c^2}{2g} = 6 \cdot \frac{\nu}{c \cdot r'} \cdot \frac{l}{r'} \cdot \frac{c^2}{2g},$$

$$\Delta h = \lambda(R') \cdot \frac{l}{r'} \cdot \frac{c^2}{2g}. \qquad (65\,\mathrm{b})$$

mit

$$R' = \frac{c \cdot r'}{\nu} \quad \text{und} \quad \lambda(R')_{\mathrm{laminar}} = \frac{6}{R'}. \qquad (65\,\mathrm{c\ und\ d})$$

Nach Messungen von Winkel[1] an einem Ringspalt von $a = 2{,}5$ mm bei $D = 30$ mm gilt dies Gesetz tatsächlich bis zu einem $R' = 450$; darüber hinaus wird die Strömung turbulent und man erhält:

$$\lambda(R')_{\text{turbulent}} = 0{,}054 \sqrt[4]{\frac{1}{R'}}, \qquad (65\,\text{e})$$

also fast der gleiche Wert wie beim Kreisrohr nach Blasius. Messungen von Schneckenberg[2] ergaben für glatte Ringspalten mit $a \leqq 1{,}0$ mm.

$$\lambda(R')_{\text{turbulent}} = 0{,}0755 \sqrt[4]{\frac{1}{R'}} \qquad (65\,\text{f})$$

und ein $R'_{k\,r} = 350$. Es ist plausibel, daß engere Spalten ein höheres λ aufweisen. Weitere Untersuchungen wären erwünscht.

f) Zahlenwerte für den absoluten und kinematischen Zähigkeitskoeffizienten (η und ν).

Zahlentafel 2.

	Wasser bei atmosphärischem Druck					Luft bei 760 mm Hg					Dimension
t °C	4	25	50	75	100	0	25	50	75	100	
γ	1000	997	988	975	959	1,29	1,18	1,09	1,01	0,95	kg/m³
γ/g	102,0	101,9	100,5	99,5	97,7	0,132	0,120	0,111	0,103	0,097	kg sec²/m⁴
$10^6 \cdot \eta$	157	90	57	42	28,9	1,71	1,86	2,01	2,16	2,33	kg sec/m²
$10^6 \cdot \nu$	1,54	0,885	0,570	0,422	0,295	13,0	15,2	18,1	21,1	24,5	m²/sec

g) Verengte gerade Rohre.

Kurze Strecken mit rascher Zusammenschnürung, also starker Beschleunigung, sind nahezu verlustlos. Längere Strecken könnte man nach der Formel:

$$\varDelta h = \frac{1}{2\,g} \int \lambda \cdot \frac{c^2}{d} \cdot dl$$

berechnen. Die genaue Auswertung des Integrals unter Berücksichtigung aller Veränderlichkeiten hat aber kaum einen Wert, um so weniger, als die einzelnen λ nicht für jede Gesamtordnung die gleichen sind. Man wird sofort über die ganze Länge l hinüber mit Mittelwerten λ und c^2/d rechnen.

h) Erweiterte gerade Rohre.

Wenn die Aufgabe besteht, in einer geraden Rohrstrecke die Geschwindigkeit vom Werte c_1 auf c_2 zu verzögern, so entspricht dem eine Querschnittserweiterung von F_1 auf F_2. Diese kann man auf lange Strecken l vornehmen, der Erweiterungswinkel δ (volle Kegelöffnung beim Kreisrohr, s. Abb. 29) wird dann klein. Die Ablösung von der Wand wird sehr weit hinausgeschoben, dafür die Oberflächenreibung an der Rohrwand vergrößert. Umgekehrt beginnt bei größerem δ die

---

[1] R. Winkel: Die Wasserbewegung in Leitungen mit Ringspalt-Durchflußquerschnitt. Z. A. M. M. 1923. Heft 4.
[2] Der Durchfluß von Wasser durch enge konzentrische und exzentrische Ringspalten mit und ohne Ringnuten. Aachener Dissertation 1929.

Ablösung verhältnismäßig rasch, was größere Wirbelverluste hervorruft, während die Oberflächenreibung kleiner wird. Es wird also einen günstigsten Erweiterungswinkel geben. Dieser ist etwa $\delta = 8 - 10°$; für ihn betragen die durch das Erweiterungsstück verursachten Gesamtverluste etwa

$$\varDelta h = (0{,}15 \div 0{,}2)\, \frac{c_1^2 - c_2^2}{2g}. \tag{66}$$

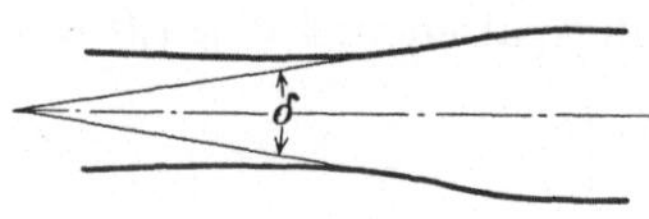

Abb. 29. Erweitertes gerades Rohr.

Um diesen Betrag bleibt also die tatsächliche Drucksteigerung in der Erweiterung hinter der theoretischen

$$\frac{p_2 - p_1}{\gamma} = \frac{c_1^2 - c_2^2}{2g}$$

zurück.

Nach Versuchen von Andres[1] begünstigt rein kegelige Form, sowie die Einleitung einer schraubenförmigen oder wirbligen Bewegung die Umsetzung von Geschwindigkeit in Druck; das zweite Mittel scheint aber nach den Resultaten von Turbinensaugrohren nicht ohne weiteres wirksam zu sein. Man muß zunächst zwischen der Umsetzung der achsialen und tangentialen Geschwindigkeit unterscheiden (s. auch 34b). Daß besondere Glätte der Wand die Umsetzung befördert, liegt auf der Hand. Wichtig sind auch die Übergänge in den anschließenden Strecken. Eine Nachwirkung der Erweiterung in die folgende Rohrstrecke ist immer vorhanden.

i) Schwach gekrümmte Rohre.

Diese können wie gerade Rohrstrecken behandelt werden. Eine kleine Nachwirkung auf die folgende und Vorauswirkung auf die vorausgehende Strecke ist wegen der durch die Krümmung hervorgerufenen Geschwindigkeitssteigerung auf der konkaven Seite der Krümmung immer vorhanden, kann aber vernachlässigt werden.

k) Stark gekrümmte Rohre (Krümmer).

Hier machen sich die eben geschilderten Verhältnisse stark bemerkbar. Auf der konvexen Seite besteht ein Druckanstieg an der Wand am Einlauf in den Krümmer (Abb. 30), auf der konkaven am Auslauf. Beide können zu Ablösung und Wirbelbildung führen. Bei hintereinander geschalteten Krümmern kann zum Schluß ein einziger Wirbel übrigbleiben, der das ganze Rohr durchzieht[2]. Die Verluste sind natürlich geringer, wenn der Krümmer im Mittel beschleunigte Strömung hat, als wenn er mit gleichbleibender oder gar, wenn er mit verzögerter mittlerer Bewegung durchströmt wird. Die Verhältnisse sind so mannigfaltig, daß auf eine Wiedergabe der Einzelerfahrungen hier verzichtet und auf die Literatur[3] verwiesen werden

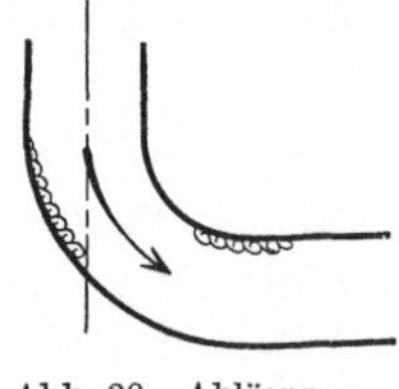

Abb. 30. Ablösungen im Krümmer.

---

[1] Mitt. Forschungsarbeiten H. 46.

[2] Vgl. Föttinger: Hydraulische Probleme, S. 109. V. d. I.-Verlag 1926.

[3] Hütte, 25. Aufl., Bd. 1, S. 359ff. — Brabbee: Gesundhtsing. 1913, Beiheft. — Hydraulische Probleme, Vortr. Flügel. V. d. I.-Verlag 1926.

muß. Sehr scharfe Krümmer können nach der im nächsten Absatz geschilderten Art und Weise behandelt werden.

l) Plötzliche Richtungs- und Querschnittsänderungen.

In dem Kniestück der Abb. 31, wo c_1 die Geschwindigkeit in dem kleineren, c_2 die in dem größeren Querschnitt (sobald dieser wirklich ausgefüllt wird) ist, entsteht Ablösung an der scharfen Kante. Um zu einen Ordnungsprinzip für die Erfahrungen zu kommen, kann man die annehmbare Vorstellung zugrunde legen, daß c_1 plötzlich (knickartig) auf c_2 verändert wird. Trägt man c_1 und c_2 von einem Pol als gerichtete Strecken auf, so ergibt sich eine geometrische Differenz $\bar{c}_s = \bar{c}_2 - \bar{c}_1$. Der Geschwindigkeitsenergie $c_s^2/2g$ kann man den entstehenden Druckverlust proportional, also

$$\varDelta h = \zeta_s \cdot \frac{c_s^2}{2g} \qquad (67)$$

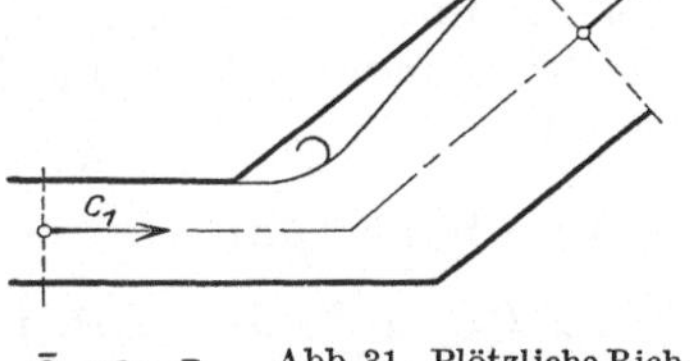

Abb. 31. Plötzliche Richtungs- und Querschnittsänderung.

setzen. ζ_s kann für verschiedene Anordnungen zwischen Werten <1 und >1 schwanken. Bei plötzlicher zentraler Erweiterung (also ohne Richtungsänderung) scheint durchweg $\zeta_s = 1$ zu sein. Plötzliche zentrale Verengung und die mit ihr verbundene Beschleunigung führt an sich zu keinem Druckverlust, wenn der Strahl sich weiter einschnürt und nicht wieder einen größeren Querschnitt erfüllen soll; tut er dies, so ist der Fall wie plötzliche Erweiterung zu behandeln, wobei aber die Strahleinschnürung zu beachten ist.

m) Der Einfluß von Anlaufstrecken.

Die oben für turbulente Rohrströmungen angegebenen Widerstandsbeiwerte sind nur gültig, wenn sich nach Durchlaufen einer bestimmten Strecke von den gleichen Querschnittsabmessungen eine Geschwindigkeitsverteilung im Rohr ausgebildet hat, die sich innerhalb der Meßstrecke nicht mehr wesentlich ändert. Das zum Überwinden der Rohrreibung notwendige Druckgefälle hängt eben mit der Geschwindigkeitsverteilung eng zusammen[1]. Streng genommen ändert sich dies über das ganze Rohr hinüber dauernd. Man kann aber immer eine „Anlaufstrecke" im obigen Sinne angeben, innerhalb deren das Druckgefälle erheblich (ungefähr bis zum Doppelten) größer sein kann als die angegebenen Werte zeigen.

Allgemein muß man feststellen, daß in jedem Strömungsraum (Rohr, Krümmer, Erweiterung, Verengung, Knick usw.) der Energieverlust von der Gschwindigkeitsverteilung abhängig ist, mit der die Flüssigkeit herankommt. Systematisch geordnete Erfahrungen über das gesamte Gebiet liegen noch nicht vor[2].

[1] Siehe hierüber die Prandtl-Kármánsche Theorie in dem Kármánschen Aufsatz: Über laminare und turbulente Reibung. Z. A. M. M. 1921. S. 233—298.

[2] Siehe z. B. Schiller: Untersuchungen über laminare und turbulente Strömungen. Forschungsarbeiten d. V. d. J., H. 248 (1922).

II. Widerstand eingetauchter Körper.

n) Oberflächenreibung [1].

Man kann für die Scherkraft pro Flächeneinheit, die ein an einer Wand vorbeistreichender Flüssigkeitsstrom ausübt, den Ansatz

$$\tau = c_f \cdot \frac{\gamma}{g} \cdot \frac{c^2}{2} \tag{68}$$

machen. Erfahrung und Überlegung zeigen aber, daß für die Reibungskraft am Flächenelement im allgemeinen das ganze Strömungsbild und die besondere Stellung des Elementes in der Gesamtordnung maßgebend sind. Immerhin kann man „mittlere Reibungskoeffizienten" einführen, die aber für jede besondere geometrische Anordnung verschieden ausfallen und dadurch das eben Gesagte nur bestätigen. Die Koeffizienten fallen außerdem verschieden aus, je nachdem die Grenzschicht laminar oder zum kleineren oder größeren Teile turbulent strömt.

Die ebene, parallel zu ihrer Ebene angeströmte Platte.

Als Reynoldssche Zahl führen wir $\dfrac{c \cdot l}{\nu}$ ein, worin c die Geschwindigkeit der vorbeistreichenden, freien Strömung, l die Länge in der Stromrichtung ist. O sei die benetzte Oberfläche, W die durch Reibung ausgeübte Kraft. Es ist bei turbulenter Grenzschicht, die in allen technisch wichtigen Fällen vorherrschen dürfte:

$$W_f = c_f \cdot O \cdot \frac{\gamma}{g} \cdot \frac{c^2}{2} \quad \text{mit} \quad c_f = 0{,}072 \sqrt{\frac{1}{R}}, \tag{69}$$

jedoch nur für „glatte" Oberflächen.

Umlaufende Scheiben in ruhender Flüssigkeit (beiderseitig benetzt).

Wenn d der Durchmesser der Scheibe in Metern, n ihre Drehzahl, $u = \dfrac{d \cdot \pi \cdot n}{60}$ ihre Umfangsgeschwindigkeit am äußeren Rand, M das zur Drehung nötige Moment im mkg ist und als Reynoldssche Zahl die Kombination $\dfrac{u \cdot d}{\nu}$ eingeführt wird, so ist bei turbulenter Grenzschicht

$$M = 0{,}021 \cdot d^3 \cdot \frac{\gamma}{g} \cdot \frac{u^2}{2} \cdot \frac{1}{R^{\frac{1}{5}}} \tag{70}$$

und der kritische Wert von R, oberhalb dessen die Formel gilt, ist:

$$R_{kr} = 5 \cdot 10^5.$$

Näherungsweise kann man diese Formel auch für die Reibung einer in einem Gehäuse rotierenden und verhältnismäßig eng (nach Abb. 32)

---

[1] Vgl. v. Kármán: Über die Oberflächenreibung von Flüssigkeiten. Vortrag a. d. Gebiet d. Hydro- u. Aerodynamik, Innsbruck 1922, S. 146. Berlin: Julius Springer 1924.

eingebauten Scheibe und sogar für die Seitenreibung von Kreiselrädern mit größerem Radienverhältnis (nach Abb. 33) gebrauchen. In den praktisch vorkommenden Fällen von Kreiselrädern, wo die Radseitenreibung überhaupt eine Rolle spielt, erreichen die Reynoldsschen Zahlen die Größenordnung von

$$\frac{u \cdot d}{\nu} = 1000 \cdot 10^5.$$

Für diesen Wert liefert Gleichung (70)

$$M = 0,74 \cdot 10^4 \cdot d^5 \cdot n^2,$$

ein Wert, der mit Erfahrungen an ausgeführten Wasserscheibenbremsen und Kreiselrädern gut übereinstimmt. Der Leistungsverbrauch einer solchen Scheibe bzw. eines solchen Rades durch die „Radseitenreibung" ist:

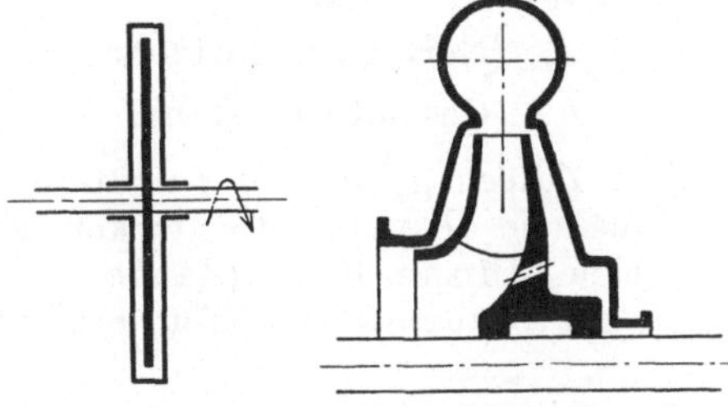

Abb. 32. Rotierende Scheibe im Gehäuse.   Abb. 33. Seitenreibung eines Kreiselrades.

$$N = 1,1 \cdot 10^{-7} \cdot n^3 d^5 \text{ in PS}[1]. \tag{71}$$

o) Formwiderstand.

Strenggenommen ist, wie schon bemerkt, Reibungs- und Formwiderstand deswegen nicht zu trennen, weil die Schubspannungen auch von der Gesamtordnung, „also der Form", abhängen. Immerhin kann man experimentell den Gesamtwiderstand und dann noch besonders die Komponente der Ersatzkraft der Normalspannungen an der Körperoberfläche in der Stromrichtung durch Druckmessungen bestimmen. Diese bezeichnet man als den Formwiderstand. Er überwiegt weitaus in allen Fällen, wo ein beträchtlicher Wirbelraum hinter dem Körper entsteht; er kann aber bei dafür geeigneten Formen sehr gering gehalten werden (Luftschiffmodell). Liegen die Ablösungsstellen immer gleich, so daß auch der Wirbelraum immer im gleichen Verhältnis zum Körperraum steht, so resultiert fast genau ein rein quadratisches Widerstandsgesetz dadurch, daß pro Sekunde ein bestimmter Impuls erzeugt wird, der in die Wirbelbewegung eingeht. Können aber die Ablösungsstellen mit steigender oder fallender Reynoldsscher Zahl wechseln, so wird der Widerstandskoeffizient von der Reynoldsschen Zahl merklich abhängig.

Im Folgenden sind, um den großen Einfluß der Form und die eben geschilderten Verhältnisse anschaulich zu machen, einige Widerstandszahlen für den Gesamtwiderstand angegeben für den Ansatz

$$c_w = \frac{W}{q \cdot F}. \tag{72}$$

Dabei bedeutet q den Staudruck $\frac{\gamma}{g} \cdot \frac{c^2}{2}$; F eine für die Anordnung charakteristische Fläche.

---

[1] Siehe auch Ch. Hanocq: Étude sur le Frottement des disques en rotation dans un fluide visqueux. Rev. Univ. d. Mines, 1. April 1928. Liège.

Das beste Luftschiffmodell hat eine Hauptspantfläche F von 0,0278 m² und eine gesamte benetzte Oberfläche O von 0,479 m². Es ist:

$$c_{wr} \text{ (Reibungswirkung} \qquad \text{auf } O \text{ bezogen)} = 0{,}0013 \,, \left. \right\}$$
$$c_{wr} (\qquad\qquad ,, \qquad\qquad ,, \ F \quad ,, \quad) = 0{,}0224 \,,$$
$$c_{wd} \text{ (Normaldruckwiderstand} \ ,, \ F \quad ,, \quad) = 0{,}0342 \,,$$
$$c_w \text{ (Gesamtwiderstand} \qquad ,, \ F \quad ,, \quad) = 0{,}0566 \,. \tag{73}$$

Diese Ziffern gelten bei $c = 10$ m/sec und $15°$ C, mit wachsendem c nehmen sie ab wegen des starken Einflusses des Reibungswiderstandes.

Eine dünne Kreisplatte von dem Flächeninhalt F, senkrecht von der Strömung getroffen, ergibt:

$$c_w = 1{,}1 \,, \tag{74}$$

also rund den zwanzigfachen Wert wie beim Luftschiff mit gleichem Hauptspantquerschnitt. Die Ziffer ist so gut wie unabhängig von der Reynoldsschen Zahl, da der Widerstand überwiegend durch die Wirbelung hinter der Platte bedingt ist und die Ablösung dauernd am Rande der Platte erfolgt.

Eine Kugel vom größten Kreisquerschnitt F zeigt für den Gesamtwiderstand

$$c_w = 0{,}22 \text{ für } R = \frac{c \cdot d}{v} = 2{,}5 \cdot 10^5 \,, \left. \right\}$$
$$= 0{,}47 \ \ ,, \ \ R = 2{,}0 \cdot 10^4 \div 1{,}5 \cdot 10^5 \,, \tag{75}$$

also verschiedene Bereiche, die offenbar durch verschiedene Lage der Ablösungsstellen bedingt sind[1].

17. Schlußfolgerungen für die Theorie der Kreiselräder.

Zunächst ist festzustellen, daß die Strömungen in Kreiselrädern in der überwiegenden Mehrzahl der Fälle turbulent sind. Wenn wir also in den folgenden Kapiteln von Stromlinien, Strombildern, Geschwindigkeiten sprechen, so ist es wichtig, daran zu denken, daß wir damit die Daten der Grundbewegung meinen, mit andern Worten zeitliche und räumliche Mittelwerte, über die sich die Pulsationen lagern. Diese Grundbewegungen ermitteln wir als Strömungen der idealen Flüssigkeiten und ziehen dann, wenn es nötig ist, die Erfahrungen über turbulente Geschwindigkeitsverteilung einerseits, diejenigen über Energieverluste andererseits heran, um die Aussagen der Idealtheorie zu korrigieren.

In der Grundzugstheorie der Kreiselräder in diesem ersten Bande (s. unter 28.) wird jedoch die Aufgabe der Ermittlung der Geschwindigkeiten so vereinfacht werden, daß die Notwendigkeit der Verwertung von Erfahrungen über Geschwindigkeitsverteilungen entfällt. Dagegen wird die Erfahrung sofort ausgiebig herangezogen werden, um summarische Aussagen über die Energieverluste zu machen.

---

[1] Siehe hierzu auch das höchst interessante Diagramm in Hütte, 25. Aufl., Bd. 1, S. 374.

Dabei ist allerdings Vorsicht bei der Verwendung von Zahlenwerten für Rohre und ähnliche Strömungsräume geboten, da diese sich meistens auf Fälle beziehen, in denen das turbulente Geschwindigkeitsprofil so gut wie fertig ausgebildet ist. So lange aber ausführliche besondere Messungen in Strömungsräumen, ähnlich denen in Kreiselrädern, wo die durchlaufenen Strecken verhältnismäßig sehr kurz sind und ihre Form — ihren hydraulischen Radius — fortwährend ändern, nicht vorliegen, bleibt nichts anderes übrig, als die Verluste nach den in den vorigen Abschnitten gegebenen Zahlenwerten vorsichtig abzuschätzen und das gewonnene Resultat summarisch — durch Feststellung des Wirkungsgrades — mit der Erfahrung zu vergleichen[1].

V. Kraftwirkungen und Energieaustausch zwischen strömender Flüssigkeit und ruhenden oder bewegten starren Körpern.

18. Ablenkung eines freien Flüssigkeitsstrahles an einer feststehenden starren Führungsfläche. Der Begriff des Impulsstromes.

Wir betrachten zunächst die feststehende starre Führungsfläche der Abb. 34, die eine Zylinderfläche über der horizontal genommenen Bildebene sein soll und denken uns an derselben die kleine starre Kugel K in der Bildebene entlang rollend, die an der Anfangsstelle A mit einer bestimmten Geschwindigkeit c gerade tangential zur Leitlinie $A—B$ der Zylinderfläche und senkrecht zu ihren Erzeugenden ankommt. Vom Gewicht der Kugel können wir also absehen. Die Führungsfläche übt dann — wenn wir die geringe Reibung vernachlässigen — in jedem Augenblick eine normale Zwangskraft auf die Kugel K aus,

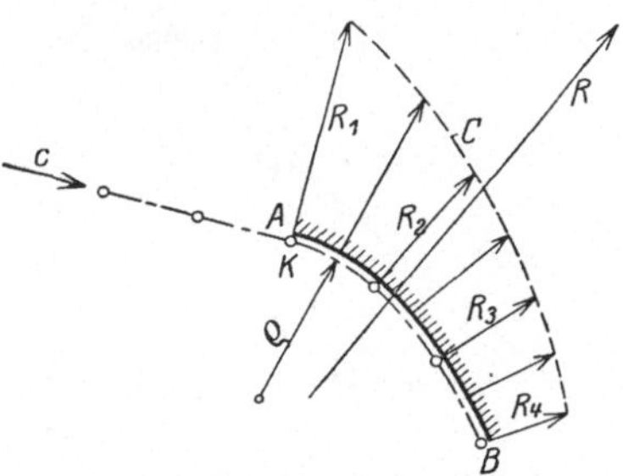

Abb. 34. Ablenkung einer Kugel an einer Führungsfläche.

die sich aus der konstant bleibenden Geschwindigkeit c und dem Krümmungsradius ϱ der Bahn an der Stelle, wo sich die Kugel gerade befindet, berechnen läßt. Umgekehrt erfährt die Führungsfläche eine Reaktion, die sich von Augenblick zu Augenblick nach Größe, Richtung und Lage ändert. Die Größen dieser Reaktion sind in Abb. 34 eingetragen und ergeben ein Diagramm C, aus dem man die augenblicklich auf die Führungsfläche ausgeübte Kraft entnehmen kann, wenn man irgendeinen augenblicklichen Ort der Kugel herausgreift. Wenn nun dauernd gleichgroße Kugeln in gleichen, endlichen Abständen die Führungsfläche mit gleicher Geschwindigkeit c passieren, so werden in jedem Augenblick

---

[1] Derartige systematische Messungen, die den Vergleich mit Messungen an Rohren bringen, sind z. Zt. im Laboratorium für Strömungsmaschinen der Technischen Hochschule Karlsruhe im Gange.

gleichzeitig mehrere aus dem Kräftediagramm zu entnehmende Reaktionskräfte auf die Führungsfläche ausgeübt, die sich zu einer Resultierenden zusammensetzen lassen. Diese Resultierende wechselt nach Größe, Lage und Richtung je nach der augenblicklichen Konfiguration der aufeinanderfolgenden Kugeln. (Für die in Abb. 34 gezeichnete augenblickliche Lage der Kugeln ist sie dort eingezeichnet als geometrische Summe $\overline{R}_1 + \overline{R}_2 + \overline{R}_3 + \overline{R}_4$.) Der Wechsel der Resultierenden hat periodischen Charakter, da ein und dieselbe Konfiguration der Kugel an der Führungsfläche in einem gewissen Rhythmus immer wiederkehrt. Dieser Rhythmus wird immer schneller und gleichzeitig die Schwankung in Größe, Lage und Richtung der Resultierenden immer kleiner, in je dichterem Abstand die Kugeln aufeinanderfolgen. Folgen sie unendlich dicht aufeinander, wobei man die Kugeln, um die Kontinuität vollständig zu machen, zu Scheiben deformieren muß, die vollständig an der Führungsfläche anliegen, sich während der Bewegung zwanglos weiterdeformieren können und in der Bewegungsrichtung unendlich dünn sind, so erfährt die Führungsfläche dauernd und gleichzeitig alle im Diagramm dargestellten (jetzt unendlich kleinen)

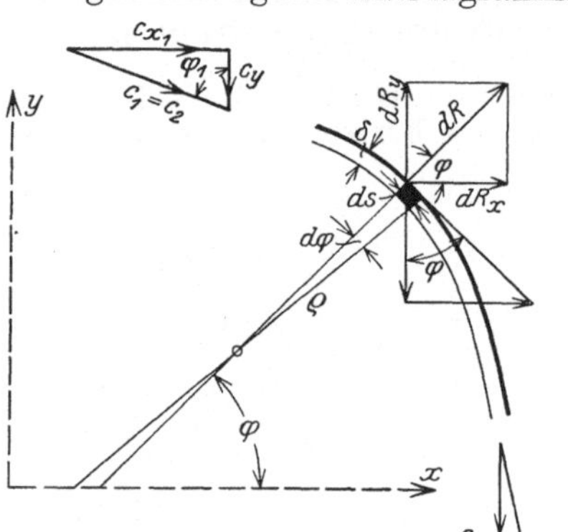

Kräfte, also auch dauernd ein und dieselbe Resultierende von endlicher Größe und bestimmter Lage und Richtung. Diese Vorstellung kann man sofort benutzen, um die zwischen einem sehr flachen Wasserstrahl und einer Ablenkungsfläche bei stationärer Strömung wirkenden Kräfte (Reaktionen) nach Größe, Richtung und Lage zu berechnen (s. Abb. 35a). Die Dicke des Strahles sei so gering, daß wir als Bahn aller Wasserteilchen die Leitkurve der zylindrischen Ablenkungsfläche betrachten können. Von der Dickenänderung und den damit verbundenen Breitenänderungen sehen wir ab, setzen also die Dicke konstant $= \delta$ und die Breite konstant $= 1$. An der durch den Winkel φ der Normalen der Ablenkungsfläche mit der positiven x-Achse gekennzeichneten Stelle übt nun das gerade dort passierende Teilchen vom Volumen $ds \cdot \delta$ und der Masse $\dfrac{\gamma}{g} \cdot ds \cdot \delta$ den Zentrifugaldruck

Abb. 35a. Ablenkung eines Flüssigkeitsstrahles an einer Führungsfläche.

$$dR = \frac{\gamma}{g} \cdot ds \cdot \delta \cdot \frac{c^2}{\varrho}$$

aus. Dieser hat die Komponenten

$$dR_x = \frac{\gamma}{g} \cdot ds \cdot \delta \cdot \frac{c^2}{\varrho} \cdot \cos\varphi \quad \text{in der } x\text{-Richtung,}$$

$$dR_y = \frac{\gamma}{g} \cdot ds \cdot \delta \cdot \frac{c^2}{\varrho} \cdot \sin\varphi \quad \text{in der } y\text{-Richtung.}$$

Nun ist aber $ds = -\varrho\, d\varphi$; demnach folgt

$$dR_x = -\left(\frac{\gamma}{g}\,\delta \cdot c\right) \cdot c \cdot \cos\varphi\, d\varphi; \qquad dR_y = -\left(\frac{\gamma}{g}\,\delta \cdot c\right) \cdot c \cdot \sin\varphi\, d\varphi.$$

Der eingeklammerte Ausdruck ist aber die sekundlich an der Stelle vorbeipassierende und wegen der Kontinuität an jeder Stelle gleiche Flüssigkeitsmasse $Q \cdot \frac{\gamma}{g}$, wo Q die pro Sekunde durchströmende Flüssigkeitsmenge (z. B. $\mathrm{m^3/sec}$) ist. Also folgt:

$$dR_x = -\frac{Q\gamma}{g} \cdot c \cdot \cos\varphi\, d\varphi; \qquad dR_y = -\frac{Q\gamma}{g} \cdot c \cdot \sin\varphi\, d\varphi. \tag{76}$$

Integriert man zwischen Anfangs- und Endstelle (Index 1 bzw. 2) und berücksichtigt, daß $c \cdot \sin\varphi = c_x$; $c \cdot \cos\varphi = -c_y$, so ergibt sich:

$$\left.\begin{aligned}
R_x &= -\frac{Q\gamma}{g}\,(c \cdot \sin\varphi_2 - c \cdot \sin\varphi_1) = \frac{Q\gamma}{g}\,(c_{x_1} - c_{x_2}),\\[2mm]
R_y &= +\frac{Q\gamma}{g}\,(c \cdot \cos\varphi_2 - c \cdot \cos\varphi_1) = \frac{Q\gamma}{g}\,(c_{y_1} - c_{y_2}).
\end{aligned}\right\} \tag{77}$$

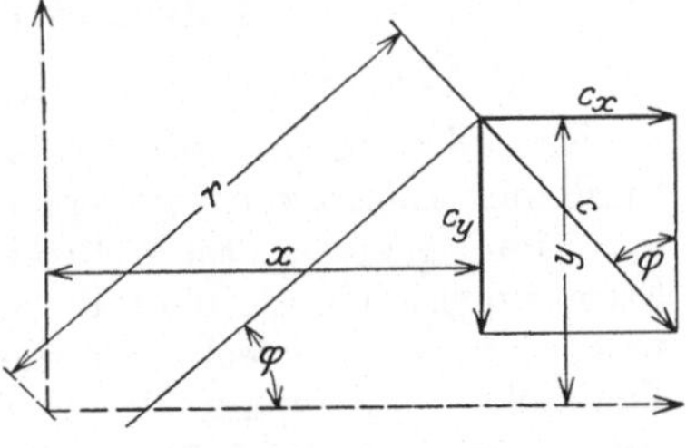
Abb. 35 b.

Hieraus kann Größe und Richtung der resultierenden Reaktion sofort ermittelt werden; um ihre Lage zu bestimmen, muß eine Momentengleichung angeschrieben werden. Die Elementarkraft hat um den Koordinatenanfangspunkt das Moment:

$$dM = dR_x \cdot y - dR_y \cdot x = -\frac{Q\gamma}{g} \cdot c\,(y \cos\varphi\, d\varphi - x \sin\varphi\, d\varphi). \tag{78}$$

Der Ausdruck in der Klammer ist aber $= d(x \cdot \cos\varphi + y \sin\varphi)$, wie man durch Ausführung der Differentiation und Berücksichtigung der aus Abb. 35b ablesbaren Beziehung $dx \cdot \cos\varphi = -dy \sin\varphi$ leicht nachweist. Integration liefert:

$$M = -\frac{Q\gamma}{g}\,(c \cdot \cos\varphi \cdot x + c \cdot \sin\varphi \cdot y)_1^2.$$

Dies wird aber, wenn man wieder $c_x = c \cdot \sin\varphi$, $c_y = -c \cdot \cos\varphi$ einführt:

$$M = -\frac{Q\gamma}{g}\,(-c_y \cdot x + c_x \cdot y)_1^2$$

oder, wie man aus Abb. 35c erkennt:

$$M = \frac{Q\gamma}{g}\,[(cr)_1 - (c \cdot r)_2]. \tag{79}$$

Abb. 35 c.

r ist der senkrechte Abstand der Geschwindigkeit c vom Nullpunkt, $c \cdot r$ das „Geschwindigkeitsmoment". In der letzten Formel ist absichtlich von der Tatsache $c_2 = c_1 = c$ kein Gebrauch gemacht.

Die Gleichungen (77) und (79) enthalten Größen von der Dimension: $\frac{\text{Masse} \cdot \text{Geschwindigkeit}}{\text{Zeit}}$. Die Größe im Zähler ist bekannt als „Bewegungsgröße" oder „Impuls". Der ganze Bruch kann demnach als „Impulsstrom" definiert werden. Dieser ist, wie der Impuls selbst, ein Vektor, hat also Größe und Richtung; ist also auch nach Komponenten zu zerlegen; ebenso kann man auch das Moment des Impulsstromes bilden. In den Bereich der Ablenkungsfläche tritt ein Impulsstrom, nach Größe und Richtung durch $\dfrac{Q\gamma}{g}\cdot\bar{c}_1 = \bar{J}_1$ gegeben, ein, aus ihrem Bereich heraus tritt ein anderer $\dfrac{Q\gamma}{g}\cdot\bar{c}_2 = \bar{J}_2$; die Änderung von $\bar{J}_1$ in $\bar{J}_2$ liefert nach Größe, Richtung und Lage die von der Ablenkungsfläche auf den Flüssigkeitsstrom ausgeübte resultierende Kraft $\bar{P}$ und nach Wechsel des Vorzeichens die Reaktion $\bar{R}$ auf die Ablenkungsfläche. Das Resultat der obigen Ableitungen kann man also in den beiden Vektorgleichungen zusammenfassen:

$$\bar{P} = -\bar{R} = \varDelta_1^2\bar{J} = \bar{J}_2 - \bar{J}_1,$$
$$[\bar{P}\bar{r}] = -[\bar{R}\,\bar{r}] = \varDelta_1^2[\bar{J}\,\bar{r}] = [\bar{J}_2\,\bar{r}_2] - [\bar{J}_1\,\bar{r}_1]\,. \tag{80}$$

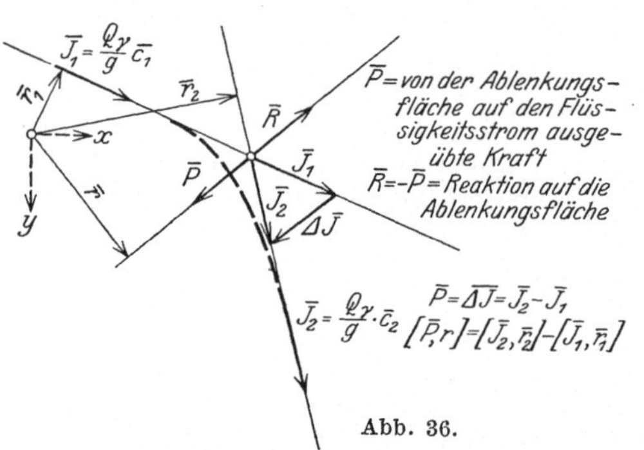

Abb. 36.

Die Abb. 36 macht diese Beziehungen anschaulich. Die Untersuchung des vorliegenden Falles ist deshalb besonders einfach, weil wir über das Strömungsbild sofort bis auf einige zulässige Vernachlässigungen im klaren sind und durch Summation der Elementarwirkungen zwischen Fläche und Strahl sofort die Resultierende errechnen können.

19. Beeinflussung eines unendlich ausgedehnten homogenen Luftstromes durch einen Tragflügel.

a) Überblick über das Strömungsfeld (s. Abb. 37).

Ein allseitig unendlich ausgedehnter, in stationärer Bewegung befindlicher Luftstrom sei gegen einen festgehaltenen Ablenkungskörper von dem gezeichneten „Profil" gerichtet; der Körper sei quer zur Strömungsrichtung ebenfalls von unendlicher Ausdehnung und habe in jeder Ebene senkrecht zu dieser Querachse das gleiche Profil. Die Querachse liege senkrecht zu der in weiter Entfernung gleichförmigen Anströmrichtung der Geschwindigkeit c_∞. Der Ablenkungskörper heiße in Anlehnung an die Fluglehre eine „Tragfläche" oder ein „Tragflügel". Die Neigung einer im Profil festgelegten Richtung, etwa der Kopf- und Schwanzende verbindenden „Sehne" gegen die Anströmrichtung wird durch den „Anstellwinkel" δ gemessen. Die Strömung verläuft in jeder Ebene senkrecht zu der Querachse des Profils in gleicher Weise; wir nennen sie daher eine ebene Strömung und beschränken unsere Betrachtung auf eine Strömungsschicht von der Dicke 1, gemessen in Richtung der Querachse des Profils. Der Tragflügel beeinflußt nun die Strömung in der Weise, daß die am nächsten an ihm vorbeiströmenden Flüssigkeitsschichten am stärksten, die weiter von ihm entfernten weniger abgelenkt werden. Die unmittelbar an seiner Unter- bzw. Oberseite (U bzw. O) entlangströmenden Schichten vereinigen sich zu einer am Schwanzende S tangential zu diesem abströmenden Schicht. Sehr weit oben oder unten strömende Schichten werden sehr wenig beeinflußt; hinter dem Körper verliert sich die Ablenkung aller Schichten in bestimmter Weise.

Wollte man das Geschwindigkeitsfeld ermitteln, so hätte man als gegebene Bedingungen die folgenden:

1. Die Körper-„Kontur" oder das „Profil' muß für die aus dem Unendlichen kommende und sich ins Unendliche entfernende Strömung Teile von Stromlinien des Feldes bilden.

2. Am Schwanzende soll die Luft tangential abströmen. Ist das Schwanzende keilförmig mit endlichem Keilwinkel, so ist eine mittlere

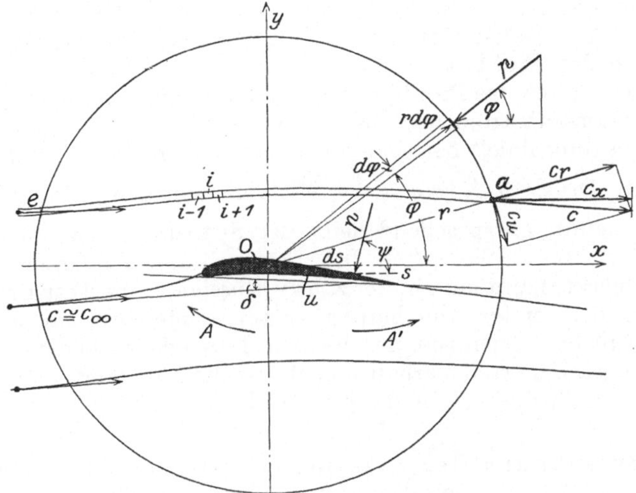

Abb. 37.   Unendlich breiter Tragflügel im Luftstrom.

Richtung maßgebend. Die mathematische Strömungslehre zeigt, daß diese beiden Bedingungen genügen, um das Geschwindigkeitsfeld zu bestimmen. Physikalisch ist die erste Bedingung ohne weiteres verständlich, weil der Körper für die Luft undurchdringlich ist. Die zweite wird am besten zunächst als eine in vielen Fällen beobachtete Erfahrungstatsache hingestellt. Im vorliegenden Fall trifft sie immer zu, wenn der Anstellwinkel eine bestimmte Größe ($\delta \sim 15°$) nicht überschreitet, die Ablenkung der Strömung also ebenfalls nur gering ist.

Der Ablenkung muß eine vom Profil auf die Strömung ausgeübte Kraft entsprechen, die der Ersatzkraft aller von den Flüssigkeitsdrücken an der Körperoberfläche ausgeübten Elementarwirkungen entgegengesetzt gleich sein muß. Die Kraft auf die Strömung muß von oben nach unten gerichtet sein oder zum mindesten eine Komponente in dieser Richtung haben. Ihre Reaktion ist die von der Strömung auf das Profil ausgeübte Kraft, die man „Quer- oder Auftrieb" nennt. Hieraus

folgt, daß die Drücke auf der Unterseite höher sein müssen als auf der Oberseite. In der ganzen Strömung gilt, wenn wir zunächst einmal Reibungslosigkeit voraussetzen und die Wirkung der Schwerkraft vernachlässigen oder gesondert betrachten, die Beziehung $\dfrac{p}{\gamma} + \dfrac{c^2}{2g} = \text{konst.}$ Setzen wir den Druck in der ungestörten Strömung (den Atmosphärendruck in weiter Entfernung vom Profil) $= 0$, so folgt einfach $\dfrac{p}{\gamma} = \dfrac{c_\infty^2 - c^2}{2g}$.
Die „Überdrücke" auf der Unterseite bzw. die „Unterdrücke" oder „Saugdrücke" auf der Oberseite bedingen demnach „Untergeschwindigkeiten" auf der Unterseite bzw. „Übergeschwindigkeiten" auf der Oberseite. Auf der Unterseite staut sich also die Strömung an; dieser Anstau macht sich schon in einiger Entfernung vor und noch in einiger Entfernung hinter dem Körper bemerkbar und bewirkt ein Aufbiegen der Stromlinien im Sinne der in die Abbildung eingezeichneten Pfeile A und A'. Am stärksten tritt dies bei der Stromlinie auf, die sich zum Umströmen des Profils am Kopfende, dort senkrecht auf die Kontur auftreffend, spaltet, das Profil umfließt und am Schwanzende sich wieder, dort tangential abströmend, zusammenschließt. An der Aufsetzstelle dieser „Spaltungslinie" herrscht die Geschwindigkeit $c = 0$ und daher der höchste Druck $p_{\max} = q = \dfrac{\gamma}{g} \cdot \dfrac{c_\infty^2}{2}$, den man den „Staudruck" der Strömung nennt; entsprechend heißt der Spaltungspunkt auch „Staupunkt" (vgl. 10.). Wie schon bei Besprechung der Grenzschichtentheorie bemerkt, kann man in der zähen Flüssigkeit die Druckverteilung an der Wand in erster Annäherung — am Kopfende sogar so gut wie streng — gleich derjenigen der idealen Flüssigkeit setzen, jedenfalls werden die geschilderten Verhältnisse durch die Zähigkeit — wenigstens bei schlanken Profilen — nicht prinzipiell geändert.

b) Berechnung der zwischen Profil und Strömung wirksamen Kräfte.

Aus den Elementarwirkungen der Flüssigkeitsdrücke auf der Kontur kann man die Ersatzkraft nach Größe, Lage und Richtung bestimmen. Ihre beiden Komponenten nach der x-Richtung, die zunächst beliebig orientiert sei, und senkrecht dazu sind (s. Abb. 37)

$$R_x = -\int\limits^{K} p \cos\psi\, ds; \qquad R_y = -\int\limits^{K} p \sin\psi\, ds, \tag{81}$$

wo das Integral über alle Linienelemente ds der Kontur K zu erstrecken ist. Zur Auswertung benötigt man also die Kenntnis von p an der Kontur, die nur durch exakte Berechnung des Geschwindigkeitsfeldes zu erlangen ist.

Es gibt aber eine andere Betrachtung, die unter Umständen schneller zum Ziel führt. Die betreffende Methode besteht in folgendem:

Man grenzt in dem Strömungsfeld einen beliebigen (von Fall zu Fall passend gewählten) Raum durch sog. „Kontrollflächen" ab. Dann schreibt man die dynamische Grundgleichung in Form einer Komponentengleichung für diejenige Richtung, die gerade interessiert, und zwar zunächst für ein kleines bewegtes Teilchen an. Diese Gleichung denkt man sich weiter für alle den abgegrenzten Raum erfüllenden Teilchen angeschrieben und dann alle Gleichungen summiert. Hierbei bezieht man, wenn starre Körper im abgegrenzten Raum mitenthalten sind, entweder alle starren Teilchen mit in die Summation hinein, oder dehnt sie nur auf flüssige Teilchen aus, wenn man die Körperoberfläche mit als Grenze des „Kontrollraumes" ansieht. Das erste Verfahren ist besonders dann am Platze, wenn es sich um starre Körper handelt, die sich in der Flüssigkeit bewegen. Dasselbe Verfahren wendet man auf Gleichungen an, die den Satz vom statischen Moment der Bewegungsgröße (Flächensatz der Mechanik in speziellen Fällen!) für jedes einzelne Teilchen aussprechen. Auf diese Weise erhält man den **Impulssatz** und den **Satz vom Impulsmoment** (**Satz vom „Drall"!**) **für Flüssigkeitsströmungen.**

Das beschriebene Verfahren sei für das vorliegende Beispiel durchgeführt. Dazu greifen wir, wie schon erwähnt, eine Schicht der Strömung von der Dicke 1 senkrecht zur Bildebene heraus. In dieser grenzen wir um den Körper herum einen kreiszylindrischen Raum ab. Der Mittelpunkt des Begrenzungskreises liege irgendwo im Innern des Profils, der Radius des Kreises sei r. Außer von dem Kreise ist der von Flüssigkeit erfüllte Raum noch von der Körperoberfläche begrenzt. In der Richtung y, die jetzt, abweichend von Abb. 37 senkrecht zu der Anströmgeschwindigkeit c_∞ gerechnet sei, gilt nun für ein bewegtes flüssiges Teilchen von der Masse Δm:

$$\Delta m \cdot \frac{d c_y}{d t} = \Delta P_y .$$

Denkt man sich diese Gleichung für alle den Raum gerade erfüllenden Teilchen angeschrieben und dann summiert, so erhält man:

$$\sum \Delta m \cdot \frac{d c_y}{d t} = \sum \Delta P_y . \tag{82}$$

Bei der Summierung fallen alle Kräfte im Innern, die auf gegenseitiger Wechselwirkung beruhen, heraus, also alle Wirkungen des Flüssigkeitsdruckes und der Flüssigkeitsreibung: übrigbleiben nur die etwaigen Volumenkräfte (Gewicht usw.). Von den letzteren wollen wir absehen bzw. ihre Wirkungen gesondert betrachten. Dagegen verbleiben als Rest alle Kräfte, die von den Flüssigkeitsdrücken und der Flüssigkeitsreibung an den Grenzflächen des Raumes herrühren. Diese Reibung wollen wir zunächst vernachlässigen. Tatsächlich vernachlässigt wird also nur die Reibung an den Grenzen des Kontrollraumes, da die Reibung im Innern von selbst aus der Rechnung ausscheidet; wesentlich ist diese Vernachlässigung aber nur an den Wänden des Profils, wo die wirkliche Flüssigkeit haftet und von wo nennenswerte Reibungswirkungen ausgehen. Unwesentlich ist es in vielen Fällen an den in der freien Strömung gezogenen Grenzen. Die Drücke stehen senkrecht auf den Begrenzungsflächen. Daher liefern sämtliche Drücke auf der Kreisbegrenzung eine Ersatzkraft, die in der y-Richtung die Komponente:

$$-\int_0^{2\pi} p \cdot r \sin\varphi \cdot d\varphi$$

besitzt. Ferner habe die Ersatzkraft P, die alle Druckwirkungen an der als Grenze des Kontrollraumes mitgerechneten Oberfläche des Körpers ersetzt, die Komponente P_y positiv nach oben gerechnet. P_y ist der von uns gesuchten Kraft, nämlich der y-Komponente der von der Strömung am Körper ausgeübten Reaktion, entgegengesetzt gleich. Die rechte Seite von Gleichung (82) wird also im ganzen:

$$P_y - \int_0^{2\pi} pr \sin\varphi\, d\varphi \,.$$

Um die Summe auf der linken Seite von Gleichung (82) auszurechnen, teilen wir den Raum in Stromflächen, die hier auch die Bahnen der Teilchen darstellen, auf. In diesen nehmen wir die Teilchen so klein, daß wir für jedes mit einer mittleren Geschwindigkeit c_y rechnen können. Ein Teilchen im Innern eines solchen Stromfadens habe die Ordnungsnummer i, die stromab vorangehenden $i+1$, $i+2\ldots$, die stromauf nachfolgenden $i-1$, $i-2$, $\ldots$ Während des Zeitelementes dt rückt jedes Teilchen an die Stelle des vorangehenden. Das Teilchen i erleidet also die Geschwindigkeitsänderung $c_{yi+1} - c_{yi}$. Diese Art des Nachrückens ist aber nur möglich, wenn alle Teilchen gleiches Volumen haben, so daß die Kontinuität gewahrt wird. Ihr Volumen muß ferner hinreichend klein sein, damit wir für jedes mit einer bestimmten Geschwindigkeit c_y rechnen können. Die beiden Forderungen ergeben, daß ihr Volumen $= dq \cdot dt$ sein muß, wo dq die sekundlich durch den Faden strömende Menge ist. Der Beitrag der Teile $i-1, i, i+1$ zur linken Seite von Gleichung (82) beträgt also:

$$\frac{\gamma}{g} \cdot dq \cdot dt \cdot \frac{c_{yi+2} - c_{yi+1} + c_{yi+1} - c_{yi} + c_{yi} - c_{yi-1}}{dt} = \frac{\gamma}{g} \cdot dq \cdot (c_{yi+2} - c_{yi-1}).$$

Dehnt man die Summierung über den ganzen Stromfaden aus, so fallen alle Änderungen im Innern heraus, und es bleibt nur die Differenz

$$\frac{\gamma}{g} \cdot dq\,(c_{ya} - c_{ye}) \tag{83}$$

als Beitrag des Stromfadens. Mit dem Index a soll die Austrittsstelle eines Stromfadens aus dem Kontrollraum, mit dem Index e seine Eintrittsstelle gemeint sein. Durch Integration über alle Stromfäden ergibt sich der endgültige Wert der linken Seite. Aus Gleichung (82) wird also:

$$\frac{\gamma}{g} \int (c_{ya} - c_{ye}) \cdot dq = P_y - \int_0^{2\pi} pr \sin\varphi\, d\varphi$$

oder nach P_y aufgelöst:

$$P_y = \frac{\gamma}{g} \int (c_{ya} - c_{ye})\, dq + \int_0^{2\pi} pr \sin\varphi\, d\varphi \,. \tag{84}$$

Das erste Integral stellt wieder einen Impulsstrom dar, und zwar den Überschuß des aus dem Kreise austretenden Impulsstromes gegenüber dem eintretenden.

Nun wäre mit dieser Gleichung nichts gewonnen, wenn man die rechts stehenden Integrationen nicht einfacher ausführen könnte als diejenigen über alle Elementarkräfte am Körper [Gleichung (81)]. Diese Frage kann nur von Fall zu Fall entschieden werden. Für das vorliegenden Beispiel zeigt die moderne mathematische Strömungslehre folgenden Weg: Zur Berechnung des ersten Integrals führen wir Polarkoordinaten ein und zerlegen die Geschwindigkeit c am Kreisumfang in eine Radialkomponente c_r, positiv nach außen gerechnet, und eine

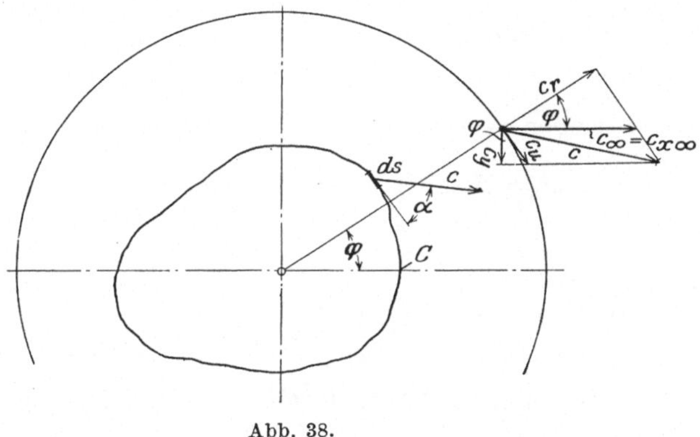

Abb. 38.

Umfangskomponente c_u, positiv gerechnet, wenn sie auf der Oberseite des Körpers im Sinne von c_∞ geht. Dann ist zunächst $dq = r\,d\varphi \cdot c_r$, und man erhält:

$$\frac{\gamma}{g} \int (c_{y_a} - c_{y_e})\,dq = r \int_0^{2\pi} c_y \cdot c_r \cdot d\varphi \,. \tag{85}$$

(Rechts ist der Wechsel zwischen Ein- und Ausströmen berücksichtigt.) Nun steht es uns frei, den Begrenzungskreis beliebig groß zu wählen; Gleichung (84) bleibt immer richtig.

Nun weist aber die mathematische Strömungslehre nach, daß man sich in großer Entfernung die Strömung zusammengesetzt denken kann aus der ungestörten („Translations-" oder „Transport-") Strömung $c_{x\infty} = c_\infty$ in der x-Richtung und einer kreisenden Strömung um einen im Profil gelegenen Mittelpunkt nach dem Gesetz $c_u \cdot r =$ konstant. Es läßt sich ferner nachweisen, daß der Ausdruck $2r\pi \cdot c_u = \Gamma$ eine Konstante ist, die sich als immer die gleiche herausstellt, wenn man irgendeine das Profil umschlingende Kurve C zieht und für sie das Integral $\int\limits^{C} c \cdot \cos\alpha \cdot ds$ bildet, wo c die gesamte Feldgeschwindigkeit, ds ein Linienelement der Kurve C und α der Winkel zwischen beiden ist (vgl. Abb. 38). Die Kurve C kann jetzt entweder in unmittelbarer Nähe

oder in irgendeiner Entfernung vom Profil liegen, wenn sie es nur um-
schlingt. Man nennt den Wert $\int\limits^{c} c\cos\alpha\, ds = \varGamma$ allgemein das „Linien-
integral der Geschwindigkeit" und in dem vorliegenden Falle einer
geschlossenen Kurve den Wert $\varGamma$ die „Zirkulation" um den Körper.
Man kann ihren Wert aus der Bedingung tangentialen Abströmens am
Schwanzende berechnen. Mit diesen Feststellungen ergibt sich nun zur
Auswertung des Integrals rechts in Gleichung (85) (vgl. Abb. 38).

$$c_r = c_\infty \cdot \cos\varphi; \qquad c_y = -c_u \cdot \cos\varphi = -\frac{\varGamma}{2\pi r}\cdot\cos\varphi\,.$$

Demnach wird:

$$r\int\limits_0^{2\pi} c_y\cdot c_r\cdot d\varphi = -c_\infty\cdot\frac{\varGamma}{2\pi}\int\limits_0^{2\pi}\cdot\cos^2\varphi\cdot d\varphi\,.$$

Für p führen wir seinen Wert $p = \frac{\gamma}{g}\frac{c_\infty^2 - c^2}{2}$ ein; es ist aber

$$c^2 = c_u^2 + c_\infty^2 + 2c_\infty\cdot c_u\cdot\sin\varphi;$$

also

$$p = -\frac{\gamma}{g}\frac{c_u^2 + 2c_\infty\cdot c_u\cdot\sin\varphi}{2}\,.$$

Setzt man alles ein, so folgt schließlich:

$$P_y = -\frac{\gamma}{g}\cdot c_\infty\cdot\frac{\varGamma}{2\pi}\int\limits_0^{2\pi}(\cos^2\varphi + \sin^2\varphi)\,d\varphi - \frac{\gamma}{g}\cdot\frac{c_u^2}{2}\int\limits_0^{2\pi}\sin\varphi\,d\varphi$$

oder

$$P_y = -\frac{\gamma}{g}\cdot c_\infty\cdot\varGamma, \tag{86}$$

da

$$\int\limits_0^{2\pi}(\cos^2\varphi + \sin^2\varphi)\,d\varphi = 2\pi \quad \text{und} \quad \int\limits_0^{2\pi}\sin\varphi\,d\varphi = 0$$

ist. P_y ist nach der ganzen vorausgegangenen Ableitung eine auf die
Strömung pro Schichtbreite ausgeübte Kraft; die entgegengesetzt gleiche
Kraft $R_y = -P_y$ ist der gesuchte Auf- oder Quertrieb pro Breite 1, also

$$R_y = \frac{\gamma}{g}\cdot c_\infty\cdot\varGamma. \tag{87}$$

Die Kraft wird also in einfachster Weise aus der ungestörten Anströmgeschwindigkeit und der Zirkulation errechnet.

Das Vorhandensein eines zirkulatorischen Anteils in der Gesamtströmung ist also das kinematische Äquivalent für die dynamische Tatsache, daß der Flügel ablenkend auf die Strömung wirkt und infolgedessen einen Auftrieb erfährt. Ohne Rechnung, nur auf Grund physikalischer Vorstellung, kann man den Nachweis für das Vorhandensein
einer Zirkulation um den Flügel folgendermaßen führen: Erfährt der
Flügel einen Auftrieb, so müssen, wie schon in Absatz a) angeführt, die
Drücke auf seiner Unterseite größer sein als auf der Oberseite. Den
Überdrücken unter dem Flügel entsprechen Untergeschwindigkeiten,

den Unterdrücken über dem Flügel entsprechen Übergeschwindigkeiten. Rein kinematisch kann man diese aus der ungestörten Geschwindigkeit c_∞ unten durch negative, oben durch positive Zusatzgeschwindigkeiten bilden. Diese Zusatzgeschwindigkeiten sind es, die auf einer geschlossenen, den Flügel umschlingenden Kurve zu einem bestimmten Wert des Integrals $\int\limits^{C} c \cos\alpha\, ds$, also zu einer Zirkulation Γ führen.

Die Zirkulation muß man also bestimmen, um den Auftrieb berechnen zu können. Die moderne Strömungslehre zeigt auch hierfür den Weg für gegebene Flügelprofile. Sie benötigt dazu als physikalische Bedingung nur das tangentiale Abströmen am Flügelende.

Durch eine ganz analoge Betrachtung, wie sie für den Auftrieb durchgeführt wurde, kann auch die Kraft auf den Flügel in der Bewegungsrichtung errechnet werden; sie ergibt sich zu Null, wenn man wieder die Reibungen an der Körperoberfläche und an den sonstigen Grenzen des Kontrollraumes vernachlässigt. Dies Resultat ist verständlich, wenn man sich daran erinnert, daß infolge dieser Vernachlässigungen und, da die Reibung im Flüssigkeitsinnern aus der Rechnung ausscheidet, eine Strömung mit konstanter Energie der Betrachtung unterworfen wurde. Einer Kraft in der Strömungsrichtung würde eine Arbeitsleistung der Strömung entsprechen, die auf Kosten der Energie der Strömung gehen müßte. In der wirklichen Flüssigkeit verändert die Reibung die Ergebnisse dahin, daß der Auftrieb vermindert wird und durch die Reibung am Profil und im Gefolge davon Wirbelbildung am Schwanzende ein Widerstand des Körpers in der Bewegungsrichtung hinzukommt. (Vgl. hierüber auch 6. Bemerkung über Wirbelbildung.) Nachdrücklich muß aber betont werden, daß alles Bisherige nur gilt, wenn die Strömung in allen Ebenen senkrecht zum Flügel die gleiche ist[1]. Ferner liegt auf der Hand, daß die Ergebnisse für Luft nur Gültigkeit besitzen, solange die Luft als unzusammendrückbar betrachtet werden kann. Dies hängt von den auftretenden Druckunterschieden und damit von den Geschwindigkeiten ab. Nähern sich diese der Schallgeschwindigkeit, so verliert die Rechnung ihre Geltung.

Das Wesentliche der hier durchgeführten Betrachtung ist, daß es ohne Eingehen auf die Elementarkräfte am Flügel, d. h. ohne die sicherlich sehr mühsame Berechnung der Flüssigkeitsdrücke, nur durch Betrachtung des Impulsstromes und seiner Änderung möglich ist, die Kräfte zwischen Flügel und Strömung zu berechnen. Ein solcher Erfolg wird immer erzielt, wenn es gelingt, über das Verhalten des Impulsstromes an den Grenzen eines passend gewählten Kontrollraumes, wenn möglich exakte, oder doch wenigstens genügend genaue Angaben zu machen.

---

[1] Mit den Strömungen um Tragflügel von endlicher Länge befaßt sich die Prandtlsche Tragflügeltheorie, auf die hier nicht weiter eingegangen werden kann. (Siehe Prandtl und Betz: Vier Abhandlungen zur Hydro- und Aerodynamik Göttingen 1927. Im Selbstverlag des Kaiser-Wilhelm-Instituts für Strömungsforschung.) Die ersten Beweise für obige Resultate des „ebenen Tragflügelproblems" stammen von Kutta und Joukowsky (siehe Kutta: Auftriebskräfte in strömenden Flüssigkeiten. Ill. aeron. Mitt. 1902, S. 133).

20. Stationäre Strömung durch ein feststehendes, geradachsiges Schaufelgitter (Parallelgitter).

a) Überblick über das Strömungsfeld.

In Abb. 39a ist eine unendlich ausgedehnte Reihe untereinander kongruenter, in gleichem Abstand voneinander und unter gleichem Winkel gegen eine feste Gerade angeordneter Ablenkungskörper von zylindrischer Gestalt mit Zylindererzeugenden senkrecht zur Bildebene dargestellt. Die erwähnte Gerade heißt die „Achse des Parallelgitters"; der konstante Abstand zweier Ablenkungskörper oder „Schaufeln" heißt die „Teilung" (t), die Schaufeldimension senkrecht zur Achse die „Gitterhöhe" (h). Das Gitter werde quer zu seiner Achse parallel zur Bildebene, also von einer „ebenen" Strömung unter einem bestimmten Winkel α_1 gegen die Gitterachse angeströmt. Die Anströmrichtung sei in weiter Entfernung vom Gitter durch irgendeine Leitvorrichtung vorgeschrieben; dort „im Unendlichen" herrsche gleicher Druck und gleiche Geschwindigkeit, die Strömung komme also aus einem Gebiet gleicher Energie. Von der Schwere wird wieder abgesehen. Das Gitter erzwingt nun eine Abströmung unter einem anderen Winkel α_2 gegen die Achse. Die Einwirkung des Gitters auf die Strömung macht sich strenggenommen schon in unendlicher Entfernung „vor" dem Gitter bemerkbar und ist erst in unendlicher Entfernung „hinter" dem Gitter zu Ende. Praktisch tritt sie erst in endlichem Abstand (etwa $= t$) vor dem Gitter in Erscheinung und hört auch in einem solchen wieder auf. In diesem Abstand seien die Ebenen 1 und 2 parallel der Gitterachse und senkrecht zur Bildebene gelegt; sie werden also praktisch mit gleicher und gleichgerichteter Geschwindigkeit c_1 bzw. c_2 durchströmt. Das Strömungsbild besitzt eine örtliche Periodizität mit der Periode gleich der Teilung t, d. h. wandert man in Richtung der Gitterachse durch das Strömungsfeld, so trifft man, von irgendeinem beliebigen Punkt ausgehend, nach Durchlaufen einer Strecke $n \cdot t$ wieder auf eine gleiche und gleichgerichtete Geschwindigkeit und den gleichen Druck. Diese Periodizität ist in den Ebenen 1 und 2 so gut wie verschwunden; in größerer Nähe der Schaufeln und besonders zwischen ihnen ist sie aber in ausgeprägtester Weise vorhanden. Im übrigen ist das Geschwindigkeitsfeld genau wie beim einzelnen Tragflügel (der auch als Einzelschaufel angesehen werden kann) durch die Bedingungen bestimmt, daß die aus dem Unendlichen kommende und sich wieder ins Unendliche entfernende Strömung die Schaufelkonturen in der Weise als Teile von Stromlinien enthält, daß einzelne derselben, die „Spaltungslinien" am „Kopfende" der Schaufeln senkrecht auf den Konturen aufsetzen, sich dort spalten, am „Schwanzende" sich wieder zusammenschließen und dort „tangential" abgehen. Der Ablenkung der Strömung entspricht eine Kraft zwischen Strömung und Schaufeln und folglich ein Überdruck auf der „Bauchseite", ein Unterdruck auf der „Rückenseite" jeder Schaufel. Als Nullniveau des Druckes gilt dabei zweckmäßig der Druck der ungestörten, anströmenden Flüssigkeit (also im Unendlichen vor dem Gitter). Die Bauchseite der Schaufel entspricht der Unterseite des Tragflügels, ihre Rückseite seiner Oberseite. Der Druckanstau auf der Bauchseite biegt auch hier die ankommenden und abgehenden Stromlinien auf. Bei keilförmigem Schaufelkopf muß daher die Neigung der mittleren Schaufeltangente gegen die Gitterachse ($\sphericalangle\,\alpha_1'$ in Abb. 39a) eine andere sein als diejenige der Anströmrichtung (α_1), wenn man von einem hydrodynamisch zwanglosen Auffangen der Strömung durch das Gitter — von hydrodynamisch „stoßfreiem Eintritt" ins Schaufelgitter — sprechen will. Die Schaufel muß also überkrümmt werden. Die Aufbiegung und Ablenkung der Spaltungslinie ist die stärkste, alle

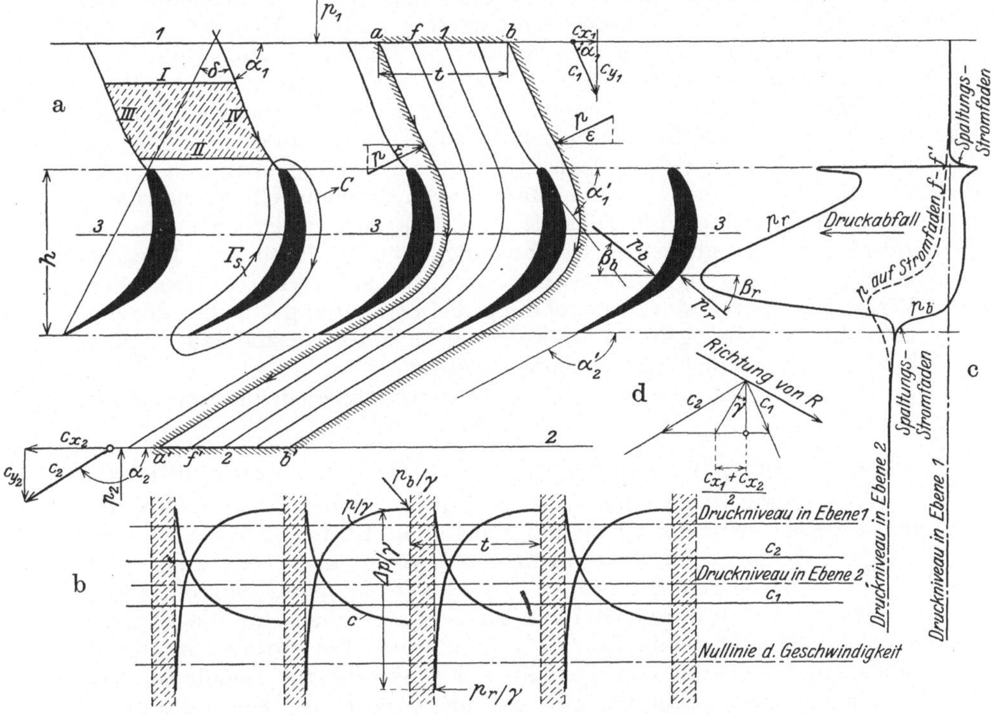

Abb. 39a bis d.　Strömung durch ein ruhendes Schaufelgitter.

andern Stromlinien werden weniger beeinflußt; die gesamte mittlere Ablenkung der über eine Teilung hinüber ankommenden Flüssigkeitsmenge ist daher geringer als der Winkel α_2' der mittleren Schwanztangente gegen die Gitterachse angibt. Auch hier muß also, wenn eine bestimmte mittlere Gesamtablenkung verlangt ist, die Schaufel überkrümmt werden. Zwischen den Schaufeln variiert der Druck vom Rücken der einen bis zum Bauch der nächsten in aufsteigender, die Geschwindigkeit umgekehrt in absteigender Tendenz. In Abb. 39b ist unter der Gitterzeichnung ein Diagramm dieser beiden Größen, wie sie etwa in der das Gitter schneidenden Ebene 3 existieren, über der Spur dieser Ebene als Abszisse aufgetragen. Die Werte wurden angenähert ermittelt, nachdem das Geschwindigkeitsfeld durch Einzeichnen von

Stromlinien, die eine Teilung t in den Ebenen 1 und 2 in vier gleiche Abstände teilen, näherungsweise in ihrem ganzen Verlauf eingezeichnet waren. (Die Stromlinien wurden nach einer der Methode in 12. a) ganz entsprechenden entworfen.) Außerdem ist seitlich von der Gitterzeichnung in Abb. 39c der Druckverlauf in der Spaltungsstromlinie und einer mittleren Stromlinie ($f-f'$) aufgezeichnet. Als Nullniveau des Druckes ist an Stelle des Wertes im Unendlichen vor dem Gitter der in Ebene 1 herrschende gewählt. Bis zum Schaufelkopf und dann wieder vom Schwanzende ab ist der Druckverlauf auf der Spaltungslinie natürlich der gleiche; auf der Schaufelkontur ist der Druck im Staupunkt der höchste; auf der Rückenseite zeigt er zwei extreme Unterdrücke, den ersten unmittelbar neben dem Staupunkt am Kopf; den zweiten sehr viel weiter im Innern des Gitters. Das erste Vorkommen hängt mit der speziellen Kopfform, das zweite mit der Form der ganzen Schaufel, insbesondere ihren Krümmungsverhältnissen zusammen. Die hier gezeichnete „hakenförmige" Schaufel ist besonders ungünstig, da sie auf der Rückenseite der Schaufel durch ihre Krümmung Übergeschwindigkeiten hervorbringt, die höher sind als die nach vollzogener Gesamtablenkung ausgeglichenen Geschwindigkeiten in Ebene 2. Die notwendige Verzögerung an der Wand bringt nach 14. e) und 15. c) besondere Verluste und evtl. starke Umbildung der Strömung gegenüber der hier betrachteten reibungsfreien mit sich. Im Turbinenbau sind daher hakenförmige Schaufeln längst verlassen worden.

Genaueres über den Entwurf des Geschwindigkeitsfeldes siehe weiter unten[1].

b) Berechnung der Kräfte zwischen Strömung und Schaufeln.

Wir grenzen wieder einen „Kontrollraum" „passend" ab. Als Grenzen desselben nehmen wir einmal Stücke der Ebenen 1 und 2 von der Länge t, dann zwei Zylinderflächen, mit zwei um t versetzten, nach obigem kongruenten Stromlinien $a-a'$ bzw. $b-b'$ als Spuren. (Seitlich ist der Raum durch zwei zur Bildebene parallele, um die Länge 1 voneinander abstehende Ebenen geschlossen.) Der Raum enthält ein Stück einer Schaufel von der Länge 1 senkrecht zur Bildebene. Die Oberfläche dieser Schaufel gilt mit als Grenze des Kontrollraumes. Wieder denken wir uns die Gleichung

$$\Delta m \cdot \frac{dc_x}{dt} = \Delta P_x$$

als Bewegungsgleichung in der Richtung parallel zur Gitterachse für jedes im Raum befindliche flüssige Teilchen angeschrieben und dann alle Gleichungen zu der folgenden:

$$\sum \Delta m \cdot \frac{dc_x}{dt} = \sum \Delta P_x \tag{88}$$

summiert. Von der Gewichtswirkung sehen wir wieder ab. Rechts bleiben dann nur die Kräfte auf den Begrenzungsflächen stehen. In

---

[1] Der Leser wird bereits bemerkt haben, daß in Abb. 39 die Strömung einer idealen Flüssigkeit dargestellt ist.

den Stücken 1 und 2 stehen die Flüssigkeitsdrücke senkrecht zur Bewegungsrichtung; von den Reibungswirkungen an den Grenzflächen 1 und 2 wollen wir wieder absehen; keiner von diesen Teilen liefert also einen Beitrag zur Kraftsumme. Auch die beiden Flächen über den Stromlinien a—a' und b—b' liefern im ganzen keinen Beitrag; denn jedem Flächenelement auf a—a' mit dem Druck p und der Schubspannung τ steht ein solches gegenüber mit den gleichen, aber entgegengesetzt wirkenden Werten p und τ. Die Reibungswirkungen in den Stromflächen a—a' und b—b' sind also nicht vernachlässigt.

Es bleiben nur die Kraftwirkungen zwischen Schaufel und Strömung übrig. Diese fassen wir zu der Ersatzkraft P_x zusammen, die also die Gesamtwirkung auf die Strömung in der x-Richtung darstellt, und zwar — dies ist hier ausdrücklich hervorzuheben — einschließlich der Wandreibung. Die Begrenzung der um den Abstand 1 auseinanderstehenden, parallel zur Bildebene liegenden Ebenen fassen wir nicht als materiell auf. Dies und die Auffassung der Strömung als eine ebene bringt es mit sich, daß wir sie senkrecht zur Bildebene als reibungslos anzusehen und daher keine weiteren Kräfte anzusetzen haben. Um die linke Seite [Gleichung (88)] auszuwerten, zerlegen wir den Kontrollraum in Stromfäden und summieren erst über einen derselben, etwa den entlang der Stromlinie f—f', und finden genau entsprechend dem Resultat im vorigen Beispiel als Teilsumme für den Stromfaden $\dfrac{\gamma}{g}\,(c_{x_2} - c_{x_1})\,dq$ und für alle Stromfäden innerhalb einer Teilung $\dfrac{\gamma}{g}\displaystyle\int\limits_t (c_{x_2} - c_{x_1})\,dq$. Da wir in den Grenzflächen 1 und 2 gleichmäßige Geschwindigkeitsverteilung voraussetzen, so können wir dafür sofort $\dfrac{Q\gamma}{g}\,(c_{x_2} - c_{x_1})$ schreiben und erhalten somit:

$$P_x = \frac{Q\gamma}{g}\,(c_{x_2} - c_{x_1}). \tag{89}$$

Q ist demnach die auf die Teilung und die Breite 1 der Strömung entfallende, sekundliche Wassermenge, P_x die auf die Breite 1 einer einzelnen Schaufel entfallende Kraft. P_x ist entgegengesetzt gleich der „Reaktion" R_x, die auf die Schaufel wirkt, also $R_x = -P_x$, und somit ist

$$R_x = \frac{Q\gamma}{g}\,(c_{x_1} - c_{x_2}). \tag{90}$$

Wenn wir die entsprechende Überlegung für die y-Richtung anstellen, so ergibt sich folgendes:

Die Drücke auf den Grenzflächen 1 und 2 fallen jetzt nicht heraus, sondern liefern den Beitrag $t \cdot (p_1 - p_2)$; die Zähigkeitsspannungen in diesen Flächen aber fallen aus der Rechnung heraus. Die Drücke und Zähigkeitsspannungen auf den Grenzflächen a—a' und b—b' heben sich wieder auf; die Kraftwirkungen von der Schaufel auf die Strömung liefern die Ersatzkraft P_y, einschließlich Reibungswirkungen. Die Gesamtkraft an den Grenzen des Kontrollraumes ist also $P_y + t\,(p_1 - p_2)$.

Die Impulsänderung auf der linken Seite liefert hier $\dfrac{Q\gamma}{g}\,(c_{y_2} - c_{y_1})$.

Der Kontinuität der Strömung wegen ist aber $c_{y_2} = c_{y_1}$; also ergibt sich $P_y + t\,(p_1 - p_2) = 0$ oder:

$$P_y = t\,(p_2 - p_1) \qquad \text{bzw.} \qquad R_y = t\,(p_1 - p_2)\,. \tag{91}$$

Gleichung (91) gilt ganz exakt auch für die zähe Flüssigkeit. In Gleichung (90) ist die wesentlichste Reibungswirkung an der Schaufeloberfläche in R_x ebenfalls eingeschlossen, dagegen sind die weniger wesentlichen Reibungen in 1 und 2 vernachlässigt. Wenn die Reibungswirkungen so weit gehen, daß Ablösung und Totraumbildung eintritt, so sind zwei Fälle zu unterscheiden. Entsteht ein stationärer Totraum innerhalb des Kontrollraumes, was nur an den Schaufelflächen geschehen kann, so ändert sich nichts an den Resultaten. Das im Totraum befindliche Wasser kann dann ebensogut als außerhalb des Kontrollraumes befindlich betrachtet werden. Es ist ein Wasserpolster, das die Strömungsdrücke auf die Schaufel überträgt und kann als Teil des Schaufelkörpers mitbetrachtet werden. Bildet sich aber ein Wirbelschwanz an der Schaufel, der mit der Strömung aus dem Kontrollraum heraustritt, so muß dies zunächst bei der Ausrechnung von $\int\limits_0^t c_{x,y}\,dq_2$ berücksichtigt und außerdem die durch die periodische Wirbelbildung im Innern des Kontrollraumes verursachte Impulsvermehrung (Beitrag zur Summe $\sum \varDelta m \dfrac{dc_{x,y}}{dt}$ im ganzen abgegrenzten Raum) der obigen Summe hinzugefügt werden.

Es soll nun noch Größe und Richtung der Gesamtreaktion R auf die Schaufel ermittelt werden. Es ist:

$$R^2 = R_x^2 + R_y^2 = c_y^2 t^2 \left(\frac{\gamma}{g}\right)^2 (c_{x_1} - c_{x_2})^2 + t^2 (p_1 - p_2)^2\,.$$

Dabei ist für Q sein Wert $c_y \cdot t$ eingesetzt. Für $p_1 - p_2$ kann man eine Energiebilanz anschreiben, es ist:

$$\frac{p_1 - p_2}{\gamma} = \frac{c_2^2 - c_1^2}{2g} + h_r = \frac{c_{x_2}^2 - c_{x_1}^2}{2g} + h_r = \frac{c_{x_2}^2 - c_{x_1}^2}{2g}\left(1 + \frac{2 g h_r}{c_{x_2}^2 - c_{x_1}^2}\right),$$

weil c_y der Kontinuität wegen konstant ist. Unter h_r ist der Energieverlust verstanden, der infolge der Zähigkeitswirkungen zwischen den Stellen 1 und 2 auftritt. Man erhält weiter

$$R^2 = t^2 \left(\frac{\gamma}{g}\right)^2 \left\{ c_y^2 (c_{x_1} - c_{x_2})^2 + (c_{x_1} - c_{x_2})^2 \cdot \left(\frac{c_{x_1} + c_{x_2}}{2}\right)^2 \left(1 + \frac{2 g h_r}{c_{x_2}^2 - c_{x_1}^2}\right)^2 \right\}\,.$$

Daraus wird:

$$R = \frac{\gamma}{g} \cdot t\,(c_{x_1} - c_{x_2}) \sqrt{c_y^2 + \left\{\frac{c_{x_1} + c_{x_2}}{2}\left(1 + \frac{2 g h_r}{c_{x_2}^2 - c_{x_1}^2}\right)\right\}^2}\,. \tag{92}$$

Der Ausdruck unter der Wurzel hat die Dimension eines Geschwindigkeitsquadrates, die Wurzel selbst stellt also eine Geschwindigkeit dar, wir wollen sie daher mit c_i bezeichnen. Damit erhält man:

$$R = \frac{\gamma}{g} \cdot t\,(c_{x_1} - c_{x_2}) \cdot c_i\,. \tag{92a}$$

Die beiden Summanden in der Klammer haben die Form von Linienintegralen der Geschwindigkeit c über die Strecke t. Man kann nun diese Posten durch die Linienintegrale über die beiden Stromlinien a—a' und b—b' zu einem Integral über den geschlossenen, aus den beiden Strecken t und den beiden Stromlinien bestehenden, die Schaufel umschlingenden Kurvenzug, also zu einer Zirkulation Γ_s um die Schaufel ergänzen. Es ist ja auf diesem Kurvenzuge, wenn man den durch c_{x_1} festgelegten Umlaufsinn für die Integration konsequent einhält,

$$\Gamma_s = t \cdot c_{x_1} + \int_b^{b'} c \cdot ds - t c_{x_2} + \int_{a'}^{a} c \cdot ds \,.$$

(Auf den Linien a—a' und b—b' fällt c in Richtung von ds, ist also $\cos \alpha = 1$.) Nun ist aber

$$\int_b^{b'} c \cdot ds = - \int_{a'}^{a} c \cdot ds \,,$$

so daß sich die Zirkulation auf

$$\Gamma_s = t c_{x_1} - t c_{x_2}$$

reduziert. Wir können jetzt schreiben:

$$R = \frac{\gamma}{g} \cdot \Gamma_s \cdot c_i \tag{93}$$

und haben damit eine der Gleichung (87) für den Quertrieb an einem einzelnen Tragflügel vollkommen entsprechende Formel gefunden. Die Analogie wird noch vollkommener, wenn noch die Richtung von R ermittelt wird. Schließt R mit der Gitterachse den Winkel γ ein, so ist

$$\left.\begin{aligned}
\operatorname{tg}\gamma = \frac{R_y}{R_x} &= \frac{t(p_1 - p_2)}{c_y \cdot t \cdot \dfrac{\gamma}{g}(c_{x_1} - c_{x_2})} = \frac{\dfrac{c_{x_2}^2 - c_{x_1}^2}{2}\left(1 + \dfrac{2 g h_r}{c_{x_2}^2 - c_{x_1}^2}\right)}{c_y(c_{x_1} - c_{x_2})} \\[2ex]
&= -\frac{\dfrac{c_{x_1} + c_{x_2}}{2}\left(1 + \dfrac{2 g h_r}{c_{x_2}^2 - c_{x_1}^2}\right)}{c_y} \,.
\end{aligned}\right\} \tag{94}$$

Der Ausdruck im Zähler ist aber gerade die x-Komponente der oben eingeführten Geschwindigkeit c_i. Bezeichnen wir diese mit c_{x_i}, so wird $\operatorname{tg}\gamma = -\dfrac{c_{x_i}}{c_y}$. Da c_y die y-Komponente auch von c_i ist, so ist erwiesen, daß R auf der Richtung von c_i senkrecht steht. Damit ist die Analogie mit den Verhältnissen beim einzelnen Tragflügel vollkommen. c_i mit den Komponenten:

$$c_i \cdot \cos\gamma = c_y \quad \text{und} \quad c_i \sin\gamma = \frac{c_{x_1} + c_{x_2}}{2}\left(1 + \frac{2 g h_r}{c_{x_2}^2 - c_{x_1}^2}\right)$$

kann als mittlere Durchflußgeschwindigkeit durch das Gitter bezeichnet werden. Bei reibungsfreier Strömung kann c_i sofort aus den An- und

Abströmgeschwindigkeiten c_1 und c_2 konstruiert werden, wie es die Abb. 39c, 40a und 40b zeigen. Aus Abb. 40c ist zu ersehen, wie sich bei gleichen An- und Abströmgeschwindigkeiten die Verhältnisse in der zähen Flüssigkeit gegenüber denen in der idealen ändern. Daß diesen Konstruktionen die Geschwindigkeiten „im Unendlichen" zugrunde zu legen sind, stört ihren praktischen Wert nicht. Für die Komponenten R_x und R_y ergibt sich im Zusammenhang mit den vorangehenden Entwicklungen

$$R_x = \frac{\gamma}{g} \cdot \Gamma_s \cdot c_y; \qquad R_y = -\frac{\gamma}{g}\, \Gamma_s \frac{c_{x_1} + c_{x_2}}{2}\left(1 + \frac{2gh_r}{c_{x_2}^2 - c_{x_1}^2}\right). \qquad (95)$$

In der „Eintrittsfläche" 1 könnte man sich die gleichmäßige Geschwindigkeitsverteilung durch sehr eng gestellte Leitflächen erzwungen denken; dann kann die Fläche 1 auch in unmittelbarer Nähe des Gitters liegen. Entsprechend kann man sagen, daß die Fläche 2 um so näher am Gitter liegen kann, je enger dessen Teilung ist.

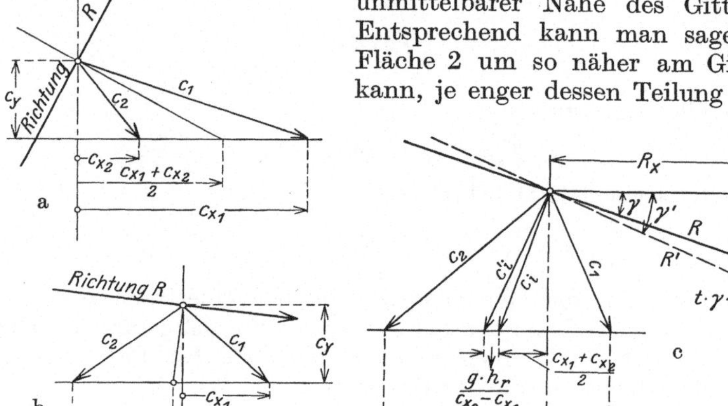

Abb. 40a bis c. Richtung der Resultierenden in reibungsfreier und reibungsbehafteter Strömung.

Im übrigen steht es uns, wenn wir die Strömung genau kennen, zur Berechnung von R_x und R_y frei, „1" und „2" in beliebige Nähe des Gitters zu legen. Dann müssen an Stelle der einfachen Produkte Integrale treten, und man erhält:

$$R_x = \frac{\gamma}{g} \int_0^t (c_{x_1} - c_{x_2}) \cdot dq; \qquad R_y = \int_0^t (p_1\, dl_1 - p_2\, dl_2). \qquad (89\,\mathrm{a})\ \text{und}\ (90\,\mathrm{a})$$

Man sieht an Hand dieser Überlegungen auch ein, daß in der reibungsfreien Strömung außerhalb des Gitters die Werte $\int_0^t c_x \cdot dq$ und $\int_0^t p\, dl$ immer den gleichen Wert liefern müssen, und zwar deswegen, weil sich Kontrollräume (mit den Eintrittflächen I und II und den seitlichen Begrenzungsflächen III und IV; in Abb. 39a strichpunktiert schraffiert) angeben lassen, innerhalb deren und auf deren Grenzflächen keine Kräfte wirken, die den Impuls verändern. Hieraus folgt weiter, daß die Veränderung der mittleren c_x-Komponente und des mittleren Druckes nur innerhalb des Schaufelgitters vor sich geht. Diese Mittelwerte sind durch $c_{x_m} = \dfrac{\int c_x\, dq}{Q}$ und $p_m = \dfrac{\int p\, dl}{t}$ definiert. Diese Bemerkungen gelten auch für die zähe Flüssigkeit, und zwar diejenige über den Druck exakt; diejenige über c_x unter Vernachlässigung der Reibung in den Grenzflächen I und II.

Die eigentliche Lage der Richtungslinie von R kann durch eine Momentengleichung festgestellt werden; zu deren wirklicher Auswertung ist aber die Kenntnis der Strömung im einzelnen erforderlich, es genügt dazu nicht die Kenntnis der Geschwindigkeitsverteilung auf den Grenzflächen 1 und 2.

Die vorstehenden Überlegungen zeigen auch an diesem Beispiel wieder, daß man die Kraftwirkungen zwischen der Strömung und einem Ablenkungsorgan (hier dem Gitter) berechnen kann, wenn man die Veränderung des Strömungszustandes aus einem in bestimmter Weise vorgegebenen (dem Anströmzustand) in einen von dem Ablenkungsorgan in bestimmter Weise erzwungenen (den Abströmzustand) kennt. Im allgemeinen wird also die genaue Berechnung des Strömungsbildes nicht erspart, insbesondere handelt es sich darum, den erzwungenen Abströmzustand genauer zu berechnen, während man den Anströmzustand als gegeben annehmen kann. Häufig aber kann man auch über den Abströmzustand wenigstens näherungsweise genügend genaue Aussagen machen [vgl. Absatz c)].

Besonders soll noch hervorgehoben werden, daß die erhaltenen Resultate vollständig unabhängig von der Bedingung hydrodynamisch stoßfreien Eintritts sind; dies geht einfach daraus hervor, daß in den Gleichungen als Zustand 1 ein vor dem Eintritt ins Gitter herrschender auftritt.

c) Angenäherter Entwurf des Stromlinienbildes für ein gegebenes Schaufelgitter.

Das Verfahren besteht in einem Aufzeichnen der Stromlinien nach Gefühl und in nachträglicher Kontrolle ihrer Richtigkeit. Für den Entwurf hat man als Anhaltspunkte die bereits im Absatz a) erwähnten charakteristischen Merkmale des Stromlinienbildes. Diese sind:

1. das Aufbiegen der Stromlinien beim An- und Abströmen;

2. das Abfallen der Geschwindigkeiten von der Rücken- zur Bauchseite der Schaufeln;

3. der Ausgleich der Geschwindigkeitsunterschiede außerhalb des Gitters in einer Entfernung von ihm etwa gleich der Teilung[1].

Man wird daher in einem Abstand t vor und hinter dem Gitter Parallelen 1—1 und 2—2 ziehen (s. Abb. 41) und auf ihnen eine Strecke t in n gleiche Teilstrecken teilen. Vor dem Gitter trägt man die gegebene Richtung der Anströmgeschwindigkeit c_1 in den Teilpunkten an; hinter dem Gitter muß man die tatsächlich erzwungene Richtung der Abström-

---

[1] Der Beweis hierfür kann erst im 2. Band erbracht werden.

geschwindigkeit schätzen, und zwar entweder an Hand von Erfahrungen[1] oder nach den Resultaten für einfache Beispiele exakt durchgeführter Rechnungen[2]. Jedenfalls muß diese Abströmrichtung einen geringeren Unterschied der c_x-Komponente zwischen den Stellen 1 und 2 liefern, als die Richtung der (mittleren) Schwanztangente der Schaufel ergeben würde. Sie wird aber um so mehr mit dieser übereinstimmen, je enger die Teilung ist. Ferner zeichnet man im Innern des Gitters zwischen zwei Schaufeln n Teilkanäle gleicher Strömungsmenge unter Berücksichtigung der Geschwindigkeitsverteilung ein, dann verschiebt man die Strecke t auf den Parallelen 1—1 und 2—2 mit der gleichförmigen Einteilung und Geschwindigkeitsrichtung so lange, bis der Übergang in das Stromlinienbild im Innern des Gitters plausibel erscheint. Nunmehr hat man folgende Kontrollen:

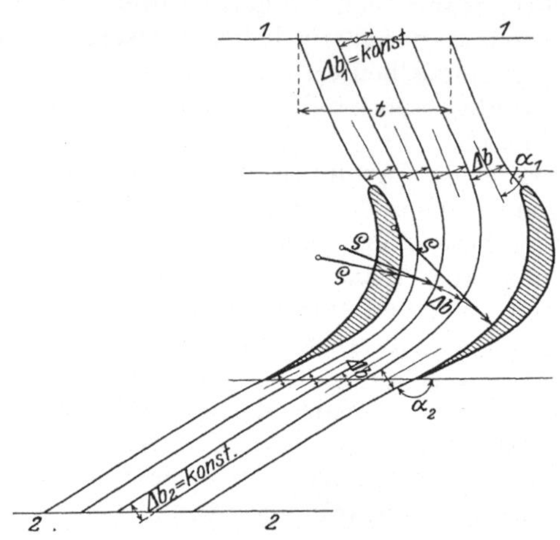

Abb. 41. Kontrolle des Stromlinienbildes für reibungsfreie Strömung.

1. Man ziehe irgendeine Orthogonaltrajektorie und kontrolliere längs dieser das Erfülltsein der Beziehung $\dfrac{\partial c}{\partial n} = \dfrac{c}{\varrho}$.

Dazu wickelt man die Trajektorie ab und trägt über ihr die zeichnerisch abgegriffenen Krümmungsradien der Stromlinien und die ebenfalls aus dem Stromlinienbild aus $c = \dfrac{\varDelta Q}{\varDelta b}$ ermittelten Geschwindigkeiten auf und bildet die durch die Kontrollgleichung vorgeschriebenen Werte $\partial c/\partial n$ und c/ϱ; n ist die Abszisse der Abwicklung[3], $\varDelta b$ die Breite des Teilkanals, also auch ein Stück der Trajektorie und ihrer Abwicklung. $\varDelta Q$ kann beliebig angenommen werden. Diese Kontrolle wird ungenau für Trajektorien, die durch den Staupunkt am Kopfende oder in dessen Nähe verlaufen.

2. Außerhalb des Gitters gilt $\int\limits_{0}^{t} c_x\, dq = $ konst. über eine Teilung hinüber parallel zum Gitter, unabhängig von der Entfernung y vom Gitter. Statt des Integrals schreibt man: $\sum\limits_{1}^{n} c_x \cdot \varDelta q = $ konst. Da $\varDelta Q$ für alle n Teilkanäle das gleiche ist, wird daraus einfach $\sum\limits_{1}^{n} c_x = $ konst., und zwar $= n \cdot c_{x_1}$ vor dem Gitter und $n \cdot c_{x_2}$ hinter dem Gitter. Nun ist:

$$c_x = c \cdot \cos\alpha = \frac{\varDelta Q}{\varDelta b} \cdot \cos\alpha \,.$$

---

[1] Siehe z. B. Mitt. aus dem Institut f. Strömungsmaschinen der Techn. Hochschule Karlsruhe H. 1. Verlag Oldenbourg.
[2] Siehe hierüber den 2. Band.   [3] Vgl. auch Kap. III, 12, Abs. a).

Also muß
$$\sum_{1}^{n} \Delta Q \cdot \frac{\cos \alpha}{\Delta b} = \text{konst.}$$

sein. ΔQ kann als Konstante herausgehoben werden, und es bleibt:

$$\sum_{1}^{n} \frac{\cos \alpha}{\Delta b} = \text{konst., und zwar} = n \cdot \frac{\cos \alpha_1}{\Delta b_1} \text{ vor dem Gitter bzw.} = n \cdot \frac{\cos \alpha_2}{\Delta b_2}$$

hinter dem Gitter. Aus dem Geschwindigkeitsfeld ist nach dem Energiesatz $\frac{p}{\gamma} + \frac{c^2}{2g} = \text{konst.}$ für reibungsfreie Strömung die Druckverteilung zu ermitteln. Dies muß nachträglich immer geschehen, um festzustellen, ob nicht an irgendeiner Stelle der Druck unzulässig niedrig wird. Da zunächst durch die Rechnung nur Druckdifferenzen festgestellt werden, hat man es durch Wahl eines genügend hohen, allgemeinen Druckniveaus, d. h. durch Wahl eines Anfangsdruckes z. B. in Ebene 1—1 in der Hand, das Auftreten zu niedriger Drücke (Kavitation!) zu vermeiden. Physikalisch läßt sich dies z. B. dadurch ausführen, daß man das ganze Gitter genügend tief unter einen gegebenen Wasserspiegel verlegt.

d) Angenäherter Entwurf eines Parallelgitters für gegebene Gesamtablenkung unter bestimmten Bedingungen bei Vernachlässigung der Reibung.

Je enger die Teilung t ist, desto weniger unterscheiden sich über t hinüber Geschwindigkeit und Druck von ihren Mittelwerten. Je näher die Schaufeln rücken, desto dünner muß und kann man sie machen und um so weniger unterscheiden sich die Geschwindigkeitsrichtungen von denen der Schaufeltangenten. Stellt man die Schaufeln unendlich dicht ($t \to 0$) und macht sie gleichzeitig unendlich dünn, so daß sie auf die Längeneinheit der Gitterachse immer noch die gleiche Wassermenge Q durchlassen, so werden die Stromlinien innerhalb des Gitters kongruent mit den Schaufelkurven, der stroßfreie Eintritt und das Abströmen erfolgt ohne Aufbiegen der Stromlinien in Richtung der Schaufelendtangenten. Diese Überlegung benutzt man zum Ausgangspunkt eines angenäherten Gitterentwurfes. Man denke sich also zunächst ein Gitter mit unendlich dünnen und unendlich dicht gestellten Schaufeln und verlange von ihm, daß es die x-Komponente der Geschwindigkeit in einer bestimmten Abhängigkeit von der Koordinate y verändere, d. h. man nehme $c_x = f(y)$ an (s. Abb. 42). Die Komponente c_y ist hier wegen der verschwindenden Dicke der Schaufeln von y unabhängig und eine gegebene Konstante. Der Mittelwert von c_y ist beim Gitter mit endlicher Teilung t außerhalb des Gitters immer, innerhalb desselben nur bei unendlich dünnen Schaufeln konstant, und zwar $c_y = \frac{Q}{t}$. Der Winkel α der Geschwindigkeit c und damit nach Obigem auch der Schaufeltangente gegen die y-Richtung ist durch $\operatorname{tg} \alpha = \frac{dx}{dy} = \frac{c_x}{c_y}$ gegeben. Damit erhält man als Gleichung der Schaufelkurve

$$\frac{dx}{dy} = \frac{f(y)}{c_y} \qquad \text{oder integriert} \qquad x = \frac{1}{c_y} \int f(y)\, dy \, . \qquad (96)$$

Die Integrationskonstante kann $= 0$ gesetzt werden. Nunmehr kann man den Druck als Funktion von y angeben; er wird:

$$\frac{p}{\gamma} = \frac{p_1}{\gamma} - \frac{c_x^2 - c_{x_1}^2}{2g} = \frac{p_1}{\gamma} - \frac{1}{2g}\{(f(y))^2 - (f(y_1))^2\}, \qquad (97)$$

wenn man durch den Index 1 die konstanten Werte vor dem Gitter bezeichnet. Die Komponente c_y erscheint in Gleichung (97) nicht mehr, da sie von y unabhängig ist. Geht man nun wieder zu endlicher Teilung t über, so kann man näherungsweise den mittleren Druck zwischen zwei Schaufeln gleich dem aus Gleichung (97) errechneten und die mittlere Geschwindigkeit c_x und c_y gleich der bisherigen setzen und ferner annehmen, daß der über die Teilung hinüber bestehende Druckunterschied halb als Druckabfall, halb als Druckanstieg gegenüber dem mittleren Druck erscheint (also

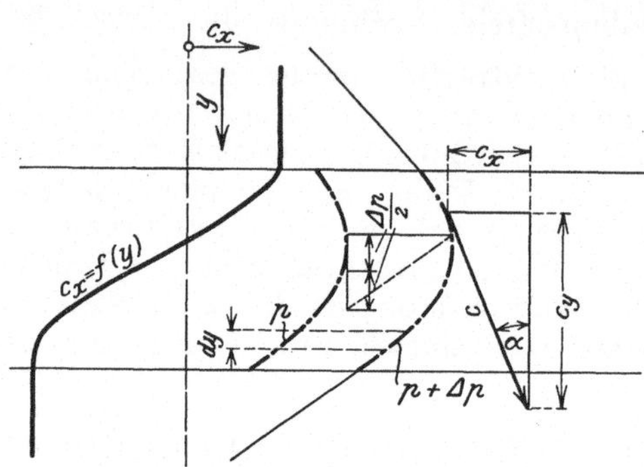

Abb. 42. Entwurf eines Schaufelgitters.

linearen Druckanstieg voraussetzen). Den gesamten Druckunterschied für eine Teilung kann man aber durch Anschreiben des Impulssatzes für einen kleinen Kontrollraum zwischen zwei Schaufeln mit Ein- und Austrittsflächen parallel zur Gitterachse und um dy voneinander entfernt bestimmen. Man erhält bei Vernachlässigung der Reibung (s. Abb. 43)

$$p \cdot dy - (p + \Delta p)\,dy - \frac{Q\gamma}{g}\left\{c_x + \frac{dc_x}{dy} \cdot dy - c_x\right\} = 0$$

oder

$$-\Delta p = c_y \cdot t \cdot \frac{\gamma}{g} \frac{dc_x}{dy}$$

oder

$$\frac{\Delta p}{\gamma} = -\frac{c_y \cdot t}{g} f'(y). \qquad (98)$$

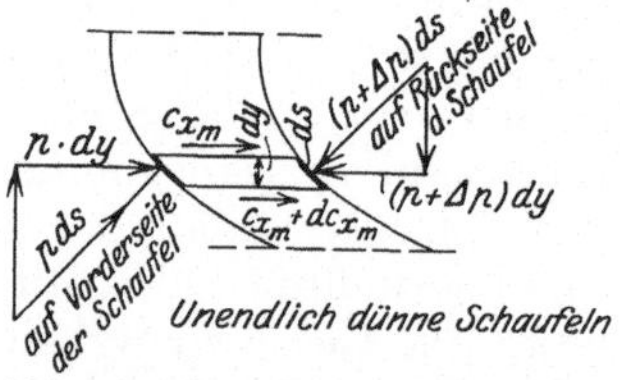

Abb. 43. Berechnung des Druckunterschiedes im Schaufelkanal.

Dabei ist ein Druckanstieg in der positiven x-Richtung als positives Δp gerechnet.

Nunmehr ergeben sich die Drücke vor und hinter der Schaufel zu

$$\frac{p}{\gamma} = \frac{p_m}{\gamma} \pm \frac{1}{2}\frac{\Delta p}{\gamma}, \qquad (99)$$

$$\frac{p}{\gamma} = \frac{p_1}{\gamma} - \frac{1}{2g}\{(f(y))^2 - (f(y_1))^2\} \mp \frac{c_y t}{2g} f'(y). \qquad (100)$$

Diese Gleichung kann benutzt werden, entweder um bei gegebener Abhängigkeit $c_x = f(y)$ den Druckverlauf an Vorder- und Rückseite der Schaufel zu errechnen oder um umgekehrt für einen gewünschten Druckverlauf an Vorder- oder Rückseite der Schaufel die Abhängigkeit

$f(y)$ zu bestimmen. Ermittelt man dann nach dem oben angegebenen Verfahren die zugehörigen Schaufeln, so hat man sich daran zu erinnern, daß die Rechnung strenggenommen nur für $t \to 0$, sowie für unendlich dünne Schaufeln gilt. Die für endliches t tatsächlich auszuführenden, zunächst immer noch unendlich dünnen Schaufeln müssen um so stärker über die errechnete hinaus gekrümmt werden, je weiter die Schaufeln auseinanderstehen (s. Abb. 44). Die tatsächliche Druckverteilung weicht natürlich von der errechneten unter Umständen stark ab. Führt man verdickt „profilierte" Schaufeln aus, so ändert sich die Druckverteilung nochmals, sowohl weil die mittlere Geschwindigkeit sich etwas ändert als auch — und zwar in stärkerem Maße — weil lokal stärkere Krümmungen der Strombahnen auftreten können, die zu lokalen Geschwindigkeitssteigerungen und Drucksenkungen oder umgekehrt führen.

Einen ganz rohen Anhalt über den Druckanstieg zwischen den Schaufeln erhält man auf folgende Weise. Es muß sein (s. Abb. 39a, letzte Schaufel rechts):

$$R_x = \int p_b \cdot \cos\beta_b \cdot ds_b - \int p_r \cdot \cos\beta_r \cdot ds_r,$$

wo der Index b sich auf die Vorder-, r auf die Rückenseite der Schaufel bezieht. Nun ist aber

$$\cos\beta_b \cdot ds_b = \cos\beta_r \cdot ds_r = dy,$$

also

$$R_x = \int_0^h (p_b - p_r)\, dy. \qquad (101)$$

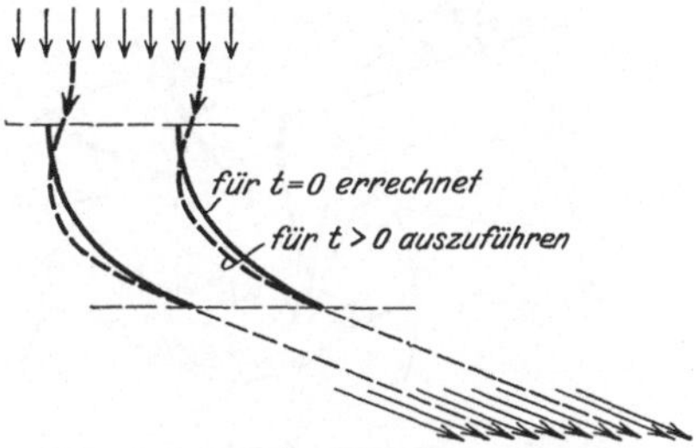

Abb. 44. Schaufelkrümmung für $t=0$ und $t>0$.

Rechnet man nun mit einem über die Schaufelhöhe h konstanten Mittelwert $p_b - p_r = \Delta p_m$, so folgt:

$$\Delta p_m = \frac{Q\gamma}{g} \cdot \frac{1}{h}\,(c_{x_1} - c_{x_2}). \qquad (102)$$

21. Ebene stationäre Strömung durch ein feststehendes Kreisgitter.

a) Überblick über das Strömungsfeld.

In Abb. 45a ist ein Schaufelgitter dargestellt, dessen einzelne Schaufeln in gleichem Abstand von einer festen Achse und auch voneinander angeordnet sind. Die Oberflächen der Schaufeln sind Zylinderflächen mit Erzeugenden parallel zur Achse. Der von der Strömung erfüllte Raum ist durch zwei zur Achse rechtwinklige, im Abstand 1 voneinander stehende Ebenen von unendlicher Ausdehnung begrenzt. Die Strömung komme aus dem Unendlichen und münde nach Durchströmen des Schaufelgitters in die Achse ein. Das Achsenstück zwischen den beiden Ebenen spielt also die Rolle einer Senke, in der die Flüssigkeit verschwindet. Diese abstrakte Vorstellung erleichtert ein wenig die mathematische Behandlung des Problems. Die Strömung wird als eine ebene behandelt.

In genügender Entfernung vom Gitter nach außen hin sowie in unmittelbarer Nähe der Achse sind die auf die Wirkung des Gitters zurückzuführenden, auf einem zur Achse konzentrischen Zylindermantel vom Radius r herrschenden Verschiedenheiten der Geschwindigkeit so gut wie ausgeglichen. Man kann hier die Strömung als eine freie ansehen. Nach 12. gilt für sie das Gesetz $c_u \cdot r =$ konst. Außerhalb des Gitters ist der Wert der Konstanten ein anderer als innerhalb; die Wirkung des Gitters besteht gerade darin, daß es den für die ankommende Strömung charakteristischen Wert $(c_u \cdot r)_1 = k_1$ in den für die abgehende Strömung charakteristischen $(c_u \cdot r)_2 = k_2$ verwandelt. (Natürlich gelten die gleichen Überlegungen sinngemäß für eine Strömung von innen nach außen.) Ein ganz ähnliches Gesetz wie für die „Umfangskomponente" c_u gilt aber in der freien Strömung auch für die „Radialkomponente" c_r. Es muß ja im Gebiete von Strömungen mit gleichmäßiger Geschwindigkeitsverteilung auf koaxialen Zylindermänteln $Q = 2\,r\,\pi\,c_r$ sein, wobei Q natürlich wegen der Kontinuität der Strömung eine

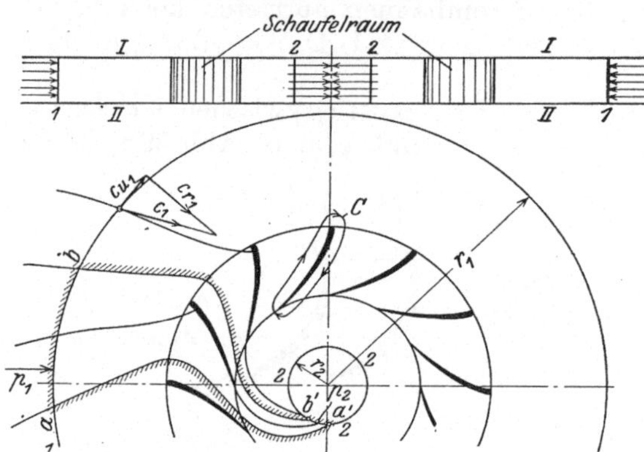

Abb. 45a. Strömung durch ein ebenes, ruhendes Kreisgitter.

Konstante ist, und zwar die gleiche Konstante in den beiden Gebieten nahe der Achse und weit draußen vor dem Gitter. Draußen gilt also

$$\frac{c_u}{c_r} = \frac{k_1}{r} \cdot \frac{2\,\pi\,r}{Q} = K_1,$$

nahe der Achse $\dfrac{c_u}{c_r} = K_2$. Nun ist aber $\operatorname{tg}\gamma = \dfrac{c_u}{c_r}$, wenn γ der Winkel der Stromlinien gegen den Radius ist. Weit draußen und in der Nähe der Achse strömen also die Teilchen auf logarithmischen Spiralen, die nahe der Achse einen anderen Winkel gegen den Radius zeigen als weit draußen.

Die Durchströmung eines vor dem Gitter — vor und hinter im Sinne der Strömung — in endlicher Nähe desselben angeordneten Zylindermantels kann man sich auch hier wieder durch sehr viele und sehr eng gestellte Führungsflächen, die eine konstante Wassermenge Q unter dem gleichen Winkel gegen die Umfangsrichtung durchlassen, erzwungen denken. Hinter dem Gitter kann man einen gleichmäßig durchströmten Zylindermantel um so näher am Gitter annehmen, je größer die Schaufelzahl z des Gitters, je kleiner also die Schaufelteilung $t_\varphi = \dfrac{2\,\pi\,r}{z}$ ist. Im übrigen gelten die Betrachtungen über Periodizität des Strömungsbildes, die beim Parallelgitter angestellt wurden, sinngemäß auch hier. Man hat nur an Stelle einer Parallelen zur Gitterachse, über der dort das periodisch sich wiederholende Geschwindigkeits- und Druckdiagramm aufgezeichnet war, hier einen zur Achse konzentrischen Kreis zu setzen. An Stelle gerader Stromlinien bei gleichförmiger Geschwindigkeitsverteilung treten hier die logarithmischen Spiralen. Auch die Bemerkungen über das Aufbiegen der Stromlinien, über den hydrodynamisch stoßfreien Eintritt und über das tangentiale Abströmen sind hier sinngemäß gültig. In Abb. 45a ist absichtlich der Fall hydrodynamisch stoßfreien Eintrittes nicht gezeichnet, um hervorzuheben, daß die folgenden Rechnungen von einer solchen Bedingung unabhängig sind.

b) Berechnung der Kraftwirkungen.

In Abb. 45a grenzen wir durch die Zylindermäntel 1 und 2 sowie diejenigen über den beiden um eine Teilung versetzten Stromlinien a—a' und b—b' einen Kontrollraum um die Schaufel heraum ab. Im ganzen existierten zwei solcher Räume, in jedem ist das Strömungsbild das gleiche. Außerdem gilt wieder die Oberfläche der Schaufel als Grenze des Kontrollraumes. Wir denken uns für jedes in diesem Raum gerade enthaltene Flüssigkeitsteilchen den Satz vom statischen Moment der Bewegungsgröße, bezogen auf die Gitterachse, also in der Form

$$\Delta m \frac{d(c_u r)}{dt} = \Delta M$$

angeschrieben, und summieren dann über alle gerade im Raum befindlichen Teilchen; man erhält dann

$$\sum \Delta m \frac{d(c_u r)}{dt} = \sum \Delta M \, . \tag{103}$$

ΔM soll also das auf die Achse bezogene, auf das Teilchen wirkende Moment sein. Wieder fallen auf der rechten Seite alle Momente der Kräfte zwischen den Flüssigkeitsteilchen heraus — auch der Reibung zwischen ihnen! — übrig bleiben nur die Momente der Kräfte an den Grenzen und die Momente der Gewichte der Teilchen. Diese letzteren können wieder gesondert (rein statisch) betrachtet werden. In den Flächen 1 und 2 liefern nur die tangential zu den Flächenelementen und rechtwinklig zur Achse stehenden ·Reibungsspannungen der Strömung Beiträge zur Momentensumme; diese sollen aber, da es sich um die geringen Reibungen zwischen Flüssigkeitsteilchen handelt, vernachlässigt werden. Die Flüssigkeitsdrücke auf diesen Flächen stehen radial, haben also kein Moment. Die Flüssigkeitsdrücke auf und in den Grenzflächen a—a' und b—b' haben zwar Momente um die Achse, aber da das Strömungs- und Druckfeld gerade dadurch gekennzeichnet ist, daß in b—b' die Verhältnisse, die in a—a' herrschen, sich gerade wiederholen, so steht jedem Element in a—a' mit einer Momentwirkung ΔM ein anderes mit der entgegengesetzt gleichen $-\Delta M$ gegenüber, so daß die beiden Flächen im ganzen keinen Beitrag zur Momentensumme liefern. Übrig bleiben nur die Momente aller Drücke und Reibungen an der Schaufeloberfläche, die wir in einem Ersatzmoment

M_s zusammenfassen. Die Begrenzung durch die Ebenen I und II fassen wir wieder (wie früher) nicht als materiell auf, so daß wir keine weiteren Momente einzuführen haben. Um die linke Seite auszuwerten, betrachten wir ganz analog wie früher zunächst die einzelnen in Abb. 45b besonders gezeichneten Stromfäden und im Innern eines derselben die aufeinanderfolgenden Teilchen mit den Ordnungsnummern $i - 2$, $i - 1$, $i, \ldots$ Damit Kontinuität herrscht, muß im Zeitelement dt jedes Teilchen an die Stelle des vorausgehenden rücken und dessen Geschwindigkeit c und Geschwindigkeitsmoment $c_u \cdot r$ annehmen; damit wir jedem Teilchen die stationäre an einem Feldpunkt herrschende Geschwindigkeit und damit das Geschwindigkeitsmoment zuschreiben können, müssen wir es unendlich klein nehmen. Beide Forderungen bedingen, daß wir die Masse aller Teilchen gleich groß, und zwar zu

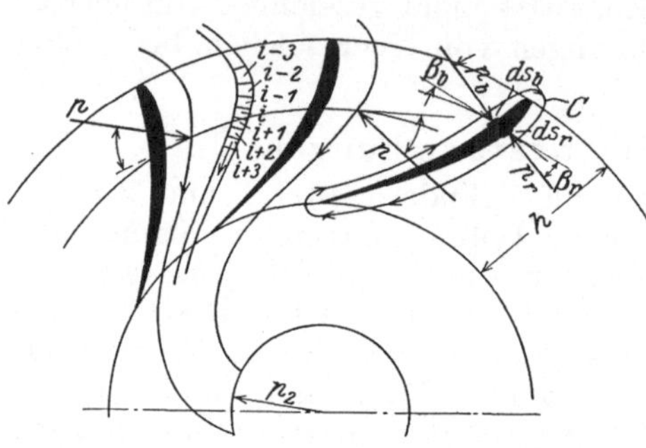

Abb. 45 b.　Zur Ableitung des Momentensatzes und des Schaufeldruckes.

$$\Delta m = \frac{\gamma}{g} \cdot dq\, dt$$

festsetzten, wo dq die sekundlich durch den Faden strömende Menge ist. Für die oben numerierten Teilchen ist dann ihr Teilbeitrag zur linken Seite von Gleichung (103)

$$\frac{\gamma}{g} \cdot dq \cdot dt \cdot \frac{(c_u r)_{i+2} - (c_u r)_{i+1} + (c_u r)_{i+1} - (c_u r)_i + (c_u r)_i - (c_u r)_{i-1} + \cdots}{dt}.$$

Dehnen wir die Summation über den ganzen Stromfaden aus, so fallen alle „inneren" Änderungen weg, und es bleibt (da sich außerdem dt weghebt):

$$\frac{\gamma}{g} \cdot dq[(c_u r)_2 - (c_u r)_1].$$

Summieren wir nun über alle Stromfäden, so können wir, da $(c_u r)$ als konstant in 1 und 2 gilt, sofort

$$\frac{Q\gamma}{g}[(c_u r)_2 - (c_u r)_1]$$

schreiben, wo Q die Wassermenge pro Schaufelteilung ist. Damit ergibt sich

$$M_s = \frac{Q\gamma}{g}[(c_u r)_2 - (c_u r)_1] = \frac{Q\gamma}{g}\Delta_1^2(c_u r). \tag{104}$$

Der Ableitung nach entspricht M_s einer Wirkung der Schauflung auf die Strömung: das Moment der „Reaktion" ist $M_r = -M_s$, also ist

$$M_r = \frac{Q\gamma}{g}\Delta_2^1(c_u r). \tag{105}$$

Setzt man in Gleichung (104)/(105) für Q die gesamte durch das Gitter strömende Menge, so hat man sofort das Gesamtmoment für das ganze

Gitter. Diese Gleichung läßt sich wieder umformen. Rechnet man auf den Kreisen 1 und 2 die Linienintegrale $\int c \cdot \cos \alpha \, ds$ über den ganzen Umfang, d. h. die Zirkulationen Γ_1 und Γ_2 aus, so ergibt sich

$$\Gamma_1 = 2 r_1 \pi c_{u_1}; \quad \Gamma_2 = 2 r_2 \pi c_{u_2} \quad \text{oder} \quad (c_u r)_1 = \frac{\Gamma_1}{2\pi}; \quad (c_u r)_2 = \frac{\Gamma_2}{2\pi}.$$

Damit wird:

$$M_r = \frac{Q\gamma}{g} \frac{\Gamma_1 - \Gamma_2}{2\pi}. \tag{106}$$

(Q und M_r auf die Breite 1 der Schaufel bezogen, aber für das ganze Gitter gerechnet.) Von Γ_1 und Γ_2 weist die mathematische Strömungslehre nach, daß Γ_1 im Raum außerhalb, Γ_2 innerhalb des Gitters in reibungsfreier Flüssigkeit konstant ist. Andererseits kann man aber auch die Zirkulation auf dem die Schaufel umschlingenden, aus den Begrenzungsspuren 1 und 2 sowie $a-a'$ und $b-b'$ gebildeten Linienzug ausrechnen und findet für diese „Schaufelzirkulation"

$$\Gamma_s = \frac{2 r_1 \pi c_{u_1}}{z} + \int_b^{b'} c \cdot ds - \frac{2 r_2 \pi c_{u_2}}{z} + \int_{a'}^{a} c \cdot ds = \frac{\Gamma_1 - \Gamma_2}{z},$$

weil die Integrale entgegengesetzt gleich sind. Damit ergibt sich:

$$M_r = \frac{Q\gamma}{g} \frac{z \cdot \Gamma_s}{2\pi}. \tag{107}$$

Von Γ_s läßt sich wieder nachweisen, daß es auf jeder eine einzelne Schaufel umschlingenden Kurve C konstant ist. Durch eine ganz analoge Betrachtung wie in 20. (Abgrenzung eines Kontrollraumes außerhalb der Schaufel) folgt hier, daß auf Parallelkreisen, die die Schaufeln nicht schneiden, $\int (c_u r) \, dq$ konstant ist, der durch $\frac{\int c_u r \, dq}{Q}$ definierte Mittelwert von $c_u r$ wird also nur im eigentlichen Schaufelraum verändert.

Den Kontrollraum kann man auch benutzen, um die Komponenten R_r und R_u der Kraft auf die einzelne Schaufel nach irgendeiner beliebig festgelegten Radialrichtung und senkrecht dazu zu ermitteln. Es zeigt sich dann aber, daß man die Strömung im einzelnen kennen muß, da die Kräfte auf den Grenzen $a-a'$ und $b-b'$ sich nicht aufheben. Auch nur die Richtung der Kraft auf die Schaufel zu errechnen, gelingt nicht ohne diese genauere Kenntnis der Strömung.

Auch hier kann man sich einen Anhalt über die Größe des Überdruckes von Bauch- und Rückseite der Schaufeln verschaffen. Bezeichnet man den Unterschied von Kopf- und Schwanzradius der Schaufeln der Gitterhöhe des Parallelgitters entsprechend mit h, so ist (Abb. 45 b)

$$M_r = \int p_b \cos \beta_b \cdot r \, ds_b - \int p_r \cos \beta_r \cdot r \, ds_r = \int (p_b - p_r) \, r \, dr.$$

Mit Δp_m als Mittelwert des Schaufelüberdruckes ist die obige Formel durch $M_r = \Delta p_m \int_{r_i}^{r_a} r \, dr$ oder $M_r = \Delta p_m \cdot h \cdot r_m$, wo r_m der Mittelwert aus Kopf- und Schwanzradius ist, zu ersetzen. Daraus folgt:

$$\Delta p_m = \frac{Q\gamma}{g} \frac{\Delta(c_u r)}{h \cdot r_m}. \tag{108}$$

Alle am Parallelgitter weiter angestellten Überlegungen, z. B. auch diejenigen über die angenäherte Druckverteilung usw., können hier sinngemäß wiederholt werden; dabei tritt an Stelle von c_x der Wert $(c_u r)$, an Stelle eines konstanten c_y die Radialkomponente $c_r = \dfrac{Q}{2\,r\,\pi}$, an Stelle einer Parallelen zur Gitterachse ($y = $ konst.) ein **Parallelkreis** ($r = $ konst.), an Stelle der Kraft R_x das Moment M_r.

22. Der Energieaustausch zwischen strömender Flüssigkeit und bewegten starren Körpern.

In den bisher betrachteten Beispielen konnte von einem Energieaustausch zwischen Strömung und Körpern keine Rede sein. Da die betrachteten Körper ruhten, konnten die an ihnen angreifenden Kräfte keine Arbeit leisten. Dem entspricht der Umstand, daß die betrachteten Strömungen stationär waren. In solchen aber kann der Strömung nur durch Reibung oder sonstige Verluste Energie entzogen werden. Um also Energie in nutzbringender Form aus der Strömung herauszuholen, müssen sich die mit ihr in Berührung kommenden Körper bewegen. Dann ist aber auch die Absolutströmung nicht mehr stationär und die Strömungsenergie kann sich auch in reibungsfreier Flüssigkeit ändern.

Bevor wir aus der Betrachtung der Strömungskräfte an bewegten Körpern auf die ausgetauschte Energie schließen, soll ein allgemeiner Satz über die Änderung der Strömungsenergie für ein bewegtes Flüssigkeitsteilchen in einer nichtstationären Strömung der idealen Flüssigkeit abgeleitet werden.

In einer nichtstationären Strömung sind die Größen c und p Funktionen des Ortes und der Zeit, h ist eine reine Ortsfunktion. Die Strömungsenergie $\dfrac{p}{\gamma} + h + \dfrac{c^2}{2\,g}$ ist demnach auch eine Funktion von Zeit und Ort. Ihre substantielle Änderung für ein materielles Teilchen setzt sich ganz analog wie die der Geschwindigkeit aus der lokalen und der konvektiven Änderung zusammen (vgl. unter 8.). Es ist also:

$$\frac{dH}{dt} = \frac{\partial H}{\partial t} + c \cdot \frac{\partial H}{\partial s}, \qquad (109)$$

wenn wir wieder das natürliche Koordinatensystem zugrunde legen (vgl. 8. und 9.). Damit ist also die vollständige momentane, zeitliche Änderung von H gemeint, die ein Teilchen während des Elementes dt infolge der Änderung des Feldes und durch seine Fortbewegung um ds in Richtung der momentanen absoluten Stromlinie erleidet. Wenn wir auf der rechten Seite von Gleichung (109) den Definitionsausdruck für H einsetzen, so folgt:

$$\begin{aligned}
\frac{dH}{dt} &= \frac{\partial}{\partial t}\left(\frac{p}{\gamma} + h\right) + c\,\frac{\partial}{\partial s}\left(\frac{p}{\gamma} + h\right) + \frac{\partial}{\partial t}\left(\frac{c^2}{2\,g}\right) + c\,\frac{\partial}{\partial s}\left(\frac{c^2}{2\,g}\right) \\
&= \frac{\partial}{\partial t}\left(\frac{p}{\gamma} + h\right) + \frac{c}{g}\,\frac{\partial}{\partial s}\left(g\left(\frac{p}{\gamma} + h\right)\right) + \frac{c}{g}\,\frac{\partial c}{\partial t} + \frac{c^2}{g}\,\frac{\partial c}{\partial s} \\
&= \frac{\partial}{\partial t}\left(\frac{p}{\gamma} + h\right) + \frac{c}{g}\left[\frac{\partial}{\partial s}\left(g\left(\frac{p}{\gamma} + h\right)\right) + \frac{\partial c}{\partial t} + c\,\frac{\partial c}{\partial s}\right].
\end{aligned}$$

Der Ausdruck in der eckigen Klammer ist aber nach Gleichung (22a) (Eulersche Gleichung in Richtung der momentanen Stromlinie) $=$ Null; es bleibt also:

$$\frac{dH}{dt} = \frac{\partial}{\partial t}\left(\frac{p}{\gamma} + h\right).$$

Nun ist aber auch $\dfrac{\partial h}{\partial t} = 0$, weil die Höhenlage eines Raumpunktes nur eine Ortsfunktion ist. Mithin bleibt:

$$\frac{dH}{dt} = \frac{\partial}{\partial t}\left(\frac{p}{\gamma}\right). \tag{110}$$

Die substantielle Änderung der Strömungsenergie eines Teilchens ist also gleich der lokalen Änderung der Druckhöhe an seiner augenblicklichen Durchgangsstelle im Felde.

Die Bedeutung und Verwendung dieser Beziehung wird in den folgenden Beispielen klar werden.

23. Das gleichförmig angeströmte und parallel zu seiner Achse gleichförmig bewegte gerade Gitter.

a) Überblick über die Strömung.

Das in Abb. 46 dargestellte Parallelgitter soll sich nunmehr in Richtung seiner Achse mit der gleichförmigen Geschwindigkeit u bewegen. Gleichzeitig werde es quer zu seiner Achse von einer ebenen Strömung unter einem gewissen Winkel α_1 gegen seine Achse angeströmt. Der zur Herstellung dieser Anströmrichtung notwendige „Leitapparat" befinde sich auch wieder in solcher Entfernung vom Gitter und habe so viele und so eng gestellte Schaufeln, daß man dort von gleichförmiger Richtung und Größe der Geschwindigkeit sprechen kann, sofern nur auf jede Längeneinheit parallel zur Gitterachse gleich viel Strömungsmenge entfällt. Im übrigen sollen keine Körper mit der Strömung in Wechselwirkung treten. Das Gitter befindet sich dann zunächst rein kinematisch gegenüber der Strömung in jedem Augenblick in der gleichen Situation; anders ausgedrückt: die Randbedingungen für die Strömung sind in jedem Augenblick die gleichen. Die „aus dem Unendlichen" kommende und sich wieder „ins Unendliche" entfernende Strömung darf nirgends die Oberfläche der Körper durchdringen. An der Schaufelkontur muß daher überall die Normalkomponente c_n der momentan dort herrschenden Absolutgeschwindigkeit gleich der Projektion u_n der Fortschreitgeschwindigkeit des betr. Konturpunktes auf die dortige Normalrichtung sein; $c_n = u_n$. An je einem Punkt des Schaufelbauches bzw. Rückens ist in Abb. 46a an der letzten Schaufel rechts ein diese Randbedingung veranschaulichendes Diagramm gezeichnet. Das Bild der momentanen absoluten Stromlinien hat also in jedem Augenblick dasselbe Aussehen und die gleiche Lage zum Gitter; es wandert, als wäre es starr mit dem Gitter verbunden, mit ihm fort. Addiert man geometrisch zur Absolutgeschwindigkeit den entgegengesetzten Wert der Fortschreit- (Fahrzeug-, Gitter-) Geschwindigkeit, also $-\overline{u}$, so erhält man die Relativgeschwindigkeit $\overline{w} = \overline{c} - \overline{u}$.

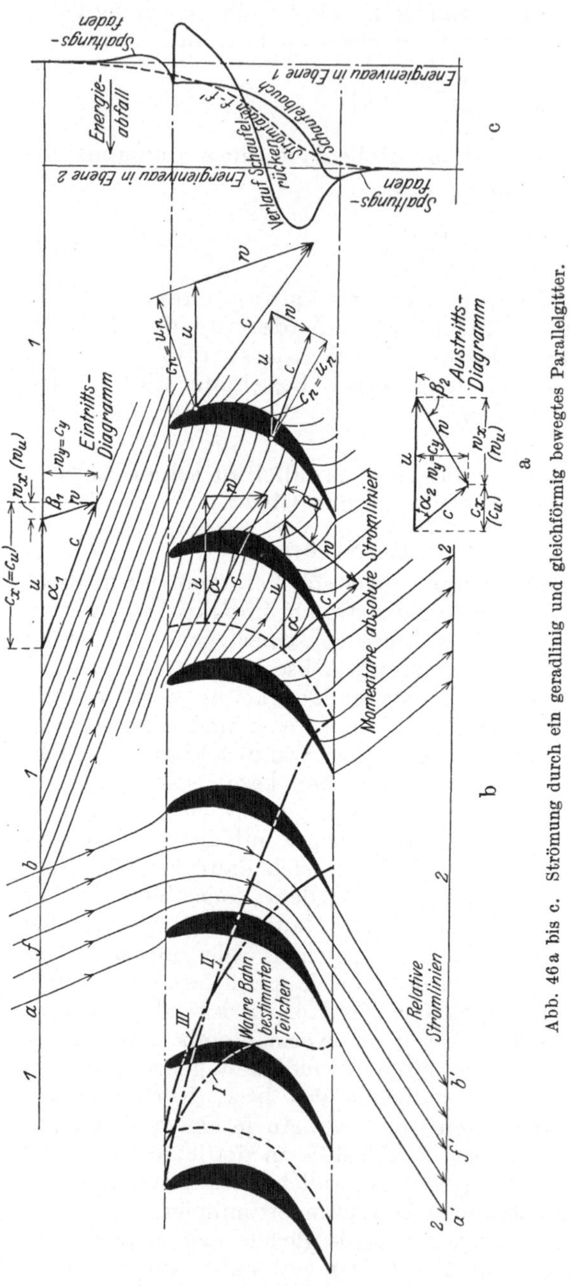

Abb. 46 a bis c. Strömung durch ein geradlinig und gleichförmig bewegtes Parallelgitter.

Das Relativstromlinienbild ist also, da $\bar u$ zeitlich konstant sein soll, ebenfalls unveränderlich; die Relativströmung ist eine stationäre. In Abb. 46 b ist als Relativströmung die gleiche zugrunde gelegt, die in Abb. 39 a als Strömung durch das feststehende Gitter ermittelt war; die dort als Absolutgeschwindigkeiten zu bezeichnenden Werte $\bar c$ sind hier die Relativgeschwindigkeiten $\bar w$. Insbesondere sind also die gleichförmigen Werte $\bar w$ in Ebene 1 gleich den früheren gleichförmigen Werten $\bar c$; während die nunmehrigen Werte $\bar c$ aus den früheren durch vektorielle Addition von $\bar u$ entstanden sind; $\bar c = \bar w + \bar u$. Ebenso ist das Bild der momentanen Absolutströmung aus dem der Relativströmung durch Überlagerung der konstanten Geschwindigkeit entstanden[1].

Es ergibt sich die Frage: Ist dies zulässig? Ändert sich nicht die Strömung durch die einzelnen Kanäle des Schaufelgitters relativ zu ihm, wenn es sich geradlinig gleichförmig bewegt, selbst wenn dafür gesorgt wird, daß die Zuströmung zum Gitter relativ zu ihm die

---

[1] Nach einem Verfahren, das von Maxwell stammt und im 2. Band erläutert werden soll.

gleiche bleibt ? Die Antwort lautet wie folgt: Die Druckverteilung in einem
stationären Strömungsfeld hängt mit der konvektiven Beschleunigung
so zusammen, daß das Druckgefälle in die Richtung dieser Beschleunigung fällt und mit ihr proportional ist. Die Überlagerung einer nach
Größe und Richtung im ganzen Felde und außerdem zeitlich konstanten
Geschwindigkeit ändert aber die stationären Beschleunigungen nirgends,
folglich bleibt die Druckverteilung die gleiche. Damit entfällt aber auch
jeder Grund für eine Veränderung der Stromlinien des ursprünglichen
Feldes bei ihrem Übergang in relative Stromlinien des neuen Feldes.

Damit ist also dargetan, daß das Stromlinienbild des Gitters nach
Abb. 39 a als relatives Stromlinienbild bestehen bleibt, wenn sich das
Gitter geradlinig gleichförmig (also z. B. parallel seiner Achse) bewegt und
die absolute Zuströmung ($\bar{c}$) so eingerichtet wird, daß die relative ($\bar{w}$) dieselbe bleibt wie früher beim feststehenden (die damals auch als abso-
lut bezeichnet werden konnte). Relatives und momentan absolutes Stromfeld
wandern also mit dem Gitter mit. Ebenso auch das

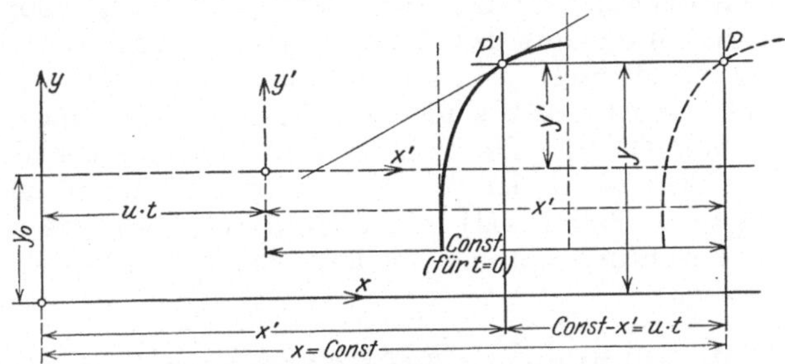

Abb. 46 d.

$P(x, y)$ = absolut fester Sitz des Beobachters.
$P'(x', y')$ = relativ fester Punkt im bewegten Gitter.

$$x = x' + u \cdot t;\ \frac{\partial}{\partial x} = \frac{\partial}{\partial x'}\cdot\ y = y_0 + y';\ \frac{\partial}{\partial y} = \frac{\partial}{\partial y'}\cdot$$

Das Ortsdiagramm $p = p(x')$ wird beim Vorbeigleiten am festen
Punkt P für den dortigen Beobachter ein Zeitdiagramm $p = p(t)$
nach der Beziehung $t = \dfrac{\text{const} - x'}{u}$. Daraus folgt:

$$\left(\frac{\partial p}{\partial t}\right)_P = \left(\frac{\partial p}{\partial x'}\right)\cdot\frac{d x'}{d t} = \frac{\partial p}{\partial x'}\cdot(-u) = -u\frac{\partial p}{\partial x}.$$

Diagramm der Geschwindigkeiten und Drücke, das man über einer
Gitterparallele aufträgt und periodischen Charakter hat (wie beispielsweise das in Abb. 39 b gezeichnete). Für einen im Raum feststehenden
Beobachter verwandelt sich die räumliche Periodizität dieses Diagramms
in eine zeitliche. Mit dem Gitter zieht das Diagramm an ihm vorbei,
und er stellt daher an seinem Beobachtungspunkt zeitlich periodische
Schwankungen der Geschwindigkeit und des Druckes fest. Sind x'
und y (Abb. 46 d) die Koordinaten parallel und senkrecht zum Gitter in
einem fest mit dem Gitter verbundenen, also mit ihm bewegten System,
so ist die Zeit, nach der er einen bestimmten Zustand (p, w) erlebt, der
an einer um x' von Koordinatennullpunkt entfernten Stelle dauernd
herrscht, $= \dfrac{\text{konst.} - x'}{u}$, wenn die Konstante die x-Entfernung des
Beobachters vom Koordinatenanfangspunkt zur Zeit $t = 0$ war. Die
für den feststehenden Beobachter zeitliche, lokale Änderung eines Zu-
standes, z. B. $\partial p/\partial t$ kann also im vorliegenden Falle auch aus dem relä-
tiven Diagramm als

$$\frac{\partial p}{\partial t} = -\frac{\partial p}{\partial x'} = -u\frac{\partial p}{\partial x'}$$

abgelesen werden. Statt des relativen $\partial x'$ kann aber auch das absolute ∂x geschrieben werden, weil beide durch $x = x' + ut$ zusammenhängen. Mithin folgt: $\dfrac{\partial p}{\partial t} = -u\dfrac{\partial p}{\partial x}$. Vgl. Abb. 46d. Dieses Resultat gilt in jedem Falle, wo die Relativströmung eine stationäre ist, gleichgültig wie sie sonst aussieht.

Die Absolutbewegung ist also eine periodische. Dies drückt sich auch in der Gestalt der wahren Bahnen einzelner Teilchen aus. Denkt man sich als Beobachter an einem festen Raumpunkt unmittelbar am Eintritt ins Gitter aufgestellt, so sieht man dort nacheinander verschiedene Flüssigkeitsteilchen ankommen. Je nachdem, ob im gleichen Augenblick eine Schaufel in der Nähe oder weiter weg vom betreffenden Punkt steht, durchläuft das Teilchen ganz verschiedene wahre Bahnen. Von ein und demselben Raumpunkt gehen also periodisch pendelnde Bahnen aus. In Abb. 46b sind drei solcher Bahnen eingezeichnet. Zwei davon (I und II) sind die Bahnen von Teilchen, von denen das eine gerade über den Bauch der Schaufel, das andere über ihren Rücken weg gleitet, die dritte Bahn (III) ist die eines Teilchens, das nie mit einer Schaufel in Berührung kommt, sondern sich mitten durch einen Schaufelkanal bewegt.

b) Berechnung der Kräfte zwischen Schaufeln und Strömung.

Da die Druckverteilung relativ zu den Schaufeln in jedem Augenblick die gleiche und zwar dieselbe ist wie im Falle feststehender Schaufeln, so kann man die Form der Gleichung (89a) unter 90a ohne weiteres anwenden, wenn man zunächst dq' statt dq und w_x statt c_x schreibt und unter dq' die in den relativen Stromfäden fließenden Wassermengen versteht. Es ist also:

$$R_x = \frac{\gamma}{g} \int\limits_{}^{t} (w_{x_1} - w_{x_2}^{\,t})\, dq', \tag{111}$$

$$R_y = \int\limits_{0}^{t} (p_1 - p_2)\, dx. \tag{112}$$

Da aber die Begrenzungsflächen 1 und 2 parallel zur Bewegungsrichtung liegen, so ist die „relative" Wassermenge gleich der absoluten dq; beide sind nämlich $= c_y \cdot dx$. Ferner ist $w_{x_1} = c_{x_1} - u$ und $w_{x_2} = c_{x_2} - u$. Daher ist auch:

$$R_x = \frac{\gamma}{g} \int\limits_{}^{t} (c_{x_1} - c_{x_2})\, dq \tag{113}$$

oder, wenn in den Grenzen 1 und 2 schon gleichmäßige Geschwindigkeitsverteilung herrscht:

$$R_x = \frac{Q\gamma}{g} (c_{x_1} - c_{x_2}). \tag{114}$$

Damit ist alles wieder auf die Absolutwerte zurückgeführt und die Formel völlig identisch mit der früheren geworden.

Die angestellte Betrachtung kommt darauf hinaus, daß man in irgendeinem Augenblick eine Schaufel in den gleichen, durch zwei kongruente, um eine Teilung versetzte relative Stromlinien begrenzten Kontrollraum einschließen kann und daß man weiterhin diesen Raum zur Auswertung der Summe $\sum \varDelta m \cdot \dfrac{dc_x}{dt}$ in relative Stromfäden mit den relativen Wassermengen dq' aufteilen kann. Man erhält dann unmittelbar

$$R_x = \frac{\gamma}{g} \int^t (c_{x_1} - c_{x_2})\, dq'$$

und braucht nur noch festzustellen, daß $dq' = c_y \cdot dx = dq$ ist.

c) Der Energieaustausch.

Wenn die Schaufeln sich bewegen und die Strömung auf sie dabei eine Kraft R_x in der Bewegungsrichtung ausübt, so wird Arbeit geleistet vom Betrage:

$$A = R_x \cdot u \left[\frac{\mathrm{m\,kg}}{\mathrm{sec}}\right] = \frac{u \cdot \gamma}{g} \int^t (c_{u_1} - c_{u_2})\, dq, \tag{115}$$

indem wir jetzt c_u statt c_x schreiben. Dieser Arbeit muß ein Betrag von Strömungsenergie gegenüberstehen, um den sich die Energie im Gebiet vor dem Gitter von der hinter dem Gitter unterscheidet. Denn dann sinkt jedes Kilogramm Flüssigkeit von seinem ursprünglichen Energieniveau auf ein um $\varDelta H$ niedrigeres herab, und die Arbeit A wird auch durch $-\gamma \int^t \varDelta H \cdot dq$ gemessen, wenn wir unter $+\varDelta H$ einen Energiezuwachs verstehen. Es folgt also:

$$\gamma \int^t dq\, \varDelta_1^2 H = \frac{\gamma}{g} \cdot u \int^t (c_{u_2} - c_{u_1})\, dq. \tag{116}$$

Durch Differentiation ergibt sich für den einzelnen relativen Stromfaden

$$\varDelta_1^2 H = \frac{u}{g} (c_{u_2} - c_{u_1}) = \frac{u}{g} \varDelta_1^2 c_u. \tag{117}$$

Wird also c_u beim Durchgang der Flüssigkeit durch das Gitter erhöht (c_u positiv im Sinne von u!), so wird auch H gesteigert (Pumpwirkung, Arbeitsmaschine); wird es verringert, so sinkt auch H (Turbinenwirkung, Kraftmaschine).

In idealer Flüssigkeit ist $u/g\, \varDelta_1^2 c_u$ der einzige auftretende Energieunterschied. Die Ableitung und ihr Resultat könnte den Eindruck erwecken, als ob sie auf den Vergleich eines Anfangs- und Endzustandes beschränkt seien. Es soll daher eine zweite Ableitung gegeben werden, die auf dem unter 22. entwickelten, allgemeinen Satz beruht. Danach ist die substantielle Änderung der Strömungsenergie eines Flüssigkeitsteilchens in idealer Flüssigkeit

$$\frac{dH}{dt} = \frac{\partial}{\partial t}\left(\frac{p}{\gamma}\right).$$

Dafür können wir aber, wie wir in Absatz a) dieser Ziffer gesehen haben, auch

$$\frac{dH}{dt} = -u\,\frac{\partial}{\partial x'}\left(\frac{p}{\gamma}\right)$$

schreiben. Hierin bedeutet x' die Koordinate des im relativen Felde festgehaltenen Punktes. Das absolute Gefälle $\partial p/\partial x$ ist aber von dem relativen an derselben Stelle und im gleichen Augenblick nicht verschieden (vgl. nochmals Abb. 46d), so daß man auch schreiben kann:

$$\frac{dH}{dt} = -u\,\frac{\partial}{\partial x}\left(\frac{p}{\gamma}\right).$$

Für $\dfrac{\partial}{\partial x}\left(\dfrac{p}{\gamma}\right)$ kann man aber eine Eulersche Gleichung für die $u = x =$ Richtung anschreiben, sie lautet:

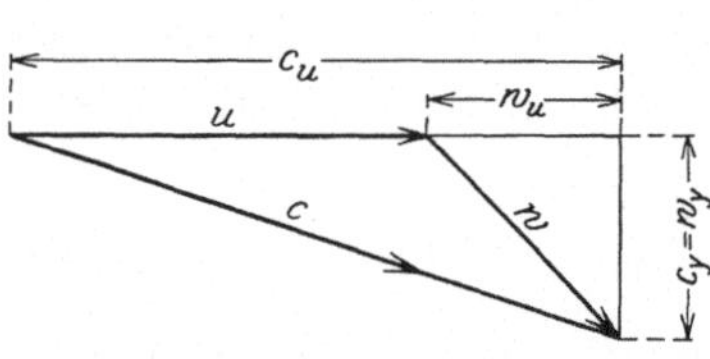
Abb. 47. Geschwindigkeitsdiagramm.

$$\frac{dc_u}{dt} = -g\,\frac{\partial}{\partial x}\left(\frac{p}{\gamma}\right),$$

wenn wir von der Wirkung der Schwere absehen. Führen wir dies ein, so folgt:

$$\frac{dH}{dt} = \frac{u}{g}\,\frac{dc_u}{dt}$$

oder

$$dH = \frac{u}{g}\cdot dc_u. \tag{118}$$

D. h. an jeder Stelle ändert sich für ein bewegtes Teilchen die Strömungsenergie in dem Maße und im gleichen Sinne, wie sich die u-Komponente seiner Absolutgeschwindigkeit ändert.

(Wenn die Schwere mit berücksichtigt sein soll, so enthält H den Summanden h. Die Druckdiagramme über der Schaufelteilung stellen gleichzeitig nicht mehr $\dfrac{p}{\gamma}$ sondern die Summe $\dfrac{p}{\gamma} + h$ dar, die nunmehr periodisch wiederkehrende Werte hat; statt $\dfrac{\partial}{\partial t}\left(\dfrac{p}{\gamma}\right)$ kann man aber $\dfrac{\partial}{\partial t}\left(\dfrac{p}{\gamma} + h\right)$ schreiben, weil $\dfrac{\partial h}{\partial t} = 0$ ist; andererseits aber ist wieder

$$\frac{\partial}{\partial t}\left(\frac{p}{\gamma} + h\right) = -u\,\frac{\partial}{\partial x'}\left(\frac{p}{\gamma} + h\right) = -u\,\frac{\partial}{\partial x}\left(\frac{p}{\gamma} + h\right) = u\,\frac{dc_u}{dt}.\Big)$$

Gleichung (118) liefert integriert:

$$H - \frac{u\,c_u}{g} = \text{konst.} \qquad \text{oder} \qquad \frac{p}{\gamma} + h + \frac{c^2 - 2\,u\,c_u}{2\,g} = \text{konst.} \tag{119}$$

und diese Gleichung tritt an Stelle der für stationäre Absolutströmungen (also Strömungen ohne Energieaustausch) geltenden: $H = $ konst. Mittels des zwischen Absolut- und Relativströmung bestehenden Zusammenhanges $\bar{c} = \bar{u} + \bar{w}$, der auch in den beiden Gleichungen $c_u = u + w_u$; $c_y = w_y$ ausgedrückt werden kann, läßt sich Gleichung (119) noch umformen (s. Abb. 47). Es ist nämlich $w^2 = c^2 - 2\,u\,c_u + u^2$ also $c^2 - 2\,u\,c_u = w^2 - u^2$. Damit geht Gleichung (119) über in

$$\frac{p}{\gamma} + h + \frac{w^2}{2\,g} - \frac{u^2}{2\,g} = \text{konst.} \tag{120}$$

Da aber u selbst im ganzen Feld konstant ist, ergibt sich:

$$\frac{p}{\gamma} + h + \frac{w^2}{2g} = \text{konst.} \tag{121}$$

Hierdurch wird unsere in Absatz a) ausgesprochene Behauptung, daß die Druckverteilung und damit die Geschwindigkeitsverteilung der Relativbewegung im geradlinig gleichförmig bewegten Gitter genau so aussieht wie diejenige der Strömung durch das gleiche feststehende Gitter (bei relativ gleicher Ausströmung), von neuem bestätigt.

Man sieht nun sofort, daß der Energieaustausch prinzipiell weit vor dem Gitter beginnen kann und erst weit hinter ihm beendet zu sein braucht; praktisch liegt in ziemlicher Nähe (Entfernung $\sim t$) vor dem Gitter und hinter dem Gitter ein Gebiet konstanter Energie. In Abb. 46c ist für drei Teilchen der Energieverlauf bei ihrer Reise aus dem einen ins andere Gebiet über der Koordinate y aufgezeichnet. Zwei von diesen Teilchen bewegen sich relativ zur Schaufel auf der Spaltungsstromlinie bzw. auf Bauch und Rücken der Schaufel, das dritte auf einer mittleren relativen Stromlinie.

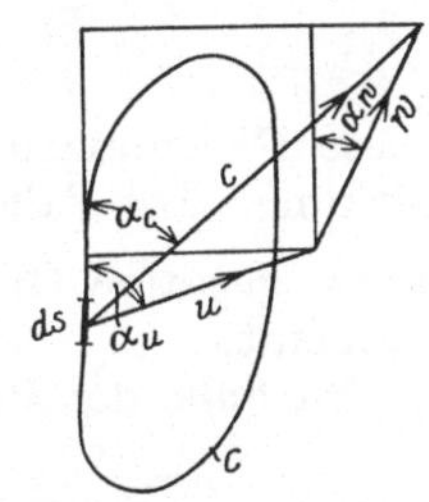

Abb. 48. Berechnung der Zirkulation aus den relativen oder den absoluten Geschwindigkeiten.

Die Sätze über Größe und Richtung der Reaktion R an den Schaufeln und über ihre Komponenten R_x und R_y, die unter 20. b) für das ruhende Gitter entwickelt wurden und ihren Ausdruck in den Gleichungen (92) bis (95) fanden, bleiben für das gleichförmig geradlinig bewegte Gitter bestehen; man hat hier nur überall an Stelle der dort geschriebenen Absolutgeschwindigkeit c die Relativgeschwindigkeit w zu setzen.

Wenn man in Gleichung (115) für R_x seinen in der Schaufelzirkulation Γ_s ausgedrückten Wert [s. Gleichung (95)] einführt, so wird:

$$A = R_x \cdot u = \frac{\gamma}{g}\frac{Q}{t} \cdot \Gamma_s \cdot u = -Q\gamma\,\Delta H,$$

also folgt auch:

$$\Delta H = -\frac{u}{g}\frac{\Gamma_s}{t}. \tag{122}$$

Γ_s kann auf irgendeiner die Schaufel umschlingenden Kurve errechnet werden, und zwar sowohl aus dem momentanen Absolutbild als auch aus dem Relativbild. Denn es ist (Abb. 48)

$$\Gamma_s = \int\limits^C c \cdot \cos\alpha_C \cdot ds = \int\limits^C u \cdot \cos\alpha_u\,ds + \int\limits^C w \cdot \cos\alpha_w \cdot ds = \int\limits^C w \cdot \cos\alpha_w\,ds,$$

weil $\int\limits^C u \cos\alpha_u\,ds$ wegen der konstanten Größe und Richtung von u für jede geschlossene Kurve Null ist. Positiv ist Γ_s dann gerechnet, wenn der Umlaufsinn auf der Kurve C am Eintritt ins Gitter im Sinne der Bewegung des Gitters zeigt.

In der zähen Flüssigkeit ist der Energieunterschied, den das Gitter aufrechterhält, geringer oder größer als in idealer Flüssigkeit. Ein

Teil von Strömungsenergie wird auf Überwindung von Reibungswider-
ständen, „zur Deckung von Verlusten" verwendet. Dieser Betrag bedeutet immer eine Energieabnahme beim Durchfluß durch das Gitter.
An Stelle von Gleichung (117) tritt dann:

$$\Delta_1^2 H = \frac{u}{g}\,\Delta_1^2 c_u - h_{v\,1\to 2}\,, \tag{117a}$$

wenn mit $h_{v\,1\to 2}$ die Verlustenergie bezeichnet wird, und an Stelle von
Gleichung (121)

oder
$$\left.\begin{aligned}
\frac{p}{\gamma} + h + \frac{w^2}{2g} + h_v &= \text{konst.}\\[2mm]
\frac{p_2}{\gamma} + h_2 + \frac{w_2^2}{2g} &= p_1 + h_1 + \frac{w_1^2}{2g} - h_{v\,1\to 2}\,.
\end{aligned}\right\} \tag{121a}$$

Diese Gleichungen gelten sowohl für Pumpen- als auch für Turbinenwirkung. Im Falle der Turbinenwirkung stehen in Gleichung (117a)
lauter negative Größen, so daß rechts die Summe aus $\frac{u}{g}\,\Delta c_u$ und h_v
erscheint.

Im Falle der Pumpwirkung kann man das Verhältnis

$$\frac{\dfrac{u}{g}\,\Delta_1^2 c_u - h_{v\,1\to 2}}{\dfrac{u}{g}\,\Delta_1^2 c_u} = 1 - \frac{h_{v\,1\to 2}}{\dfrac{u}{g}\,\Delta_1^2 c_u}\,,$$

im Falle der Turbinenwirkung

$$\frac{\dfrac{u}{g}\,\Delta_2^1 c_u}{\dfrac{u}{g}\,\Delta_2^1 c_u + h_{v\,1\to 2}} = \frac{1}{1 + \dfrac{h_{v\,1\to 2}}{\dfrac{u}{g}\,\Delta_2^1 c_u}}$$

als Gitterwirkungsgrad bezeichnen. (Man beachte den Wechsel der
Indizes an Δ und den der Vorzeichen!) Über die weitere Verwendung der
hinter dem Gitter vorhandenen Energie wird hierbei nichts ausgesagt.

24. Das gleichförmig angeströmte und um seine Achse gleichförmig sich drehende Kreisgitter.

a) Überblick über das Strömungsfeld (Abb. 49).

Denkt man sich für ein feststehendes Kreisgitter die Durchflußströmung gezeichnet, so darf man nicht etwa nach dem Beispiel der
vorigen Ziffer annehmen, daß die Relativströmung durch das gleiche
Gitter, wenn es sich um seine Achse dreht, ebenso aussieht wie die
bereits bekannte, auch nicht, wenn die Zuströmung relativ zum Gitter
die gleiche geblieben ist. Dies sieht man mechanisch sofort ein. Denn
wenn man jetzt aus dieser unverändert beibehaltenen Relativströmung
durch Hinzufügen von $\bar{u} = \bar{r}\cdot\bar{\omega}$ an jedem Punkt die Absolutströmung
konstruiert, so ergibt sich, weil man an jedem Punkt ein anderes $\bar{u}$
hinzufügen muß, eine neue Druckverteilung, die nicht mehr mit der

ursprünglichen Relativströmung im Einklang ist. Der Entwurf einer Relativströmung für ein sich drehendes Kreisgitter ist denn auch etwas schwieriger als der für ein geradliniges bewegtes Parallelgitter. Das schadet aber nichts für unsere allgemeinen Überlegungen. Wenn wir die Strömung entweder aus dem Unendlichen herankommend und in der Achse als in einer Senke oder umgekehrt aus der Achse als einer Quelle entspringend und ins Unendliche abströmend annehmen, so ist die Relativströmung jedenfalls stationär, wenn die Winkelgeschwindigkeit des Gitters und die durchfließende Wassermenge Q (pro Einheit der Höhe in der ebenen Strömung) konstant sind. Das Stationärsein der Relativströmung ist wieder (genau wie beim Parallelgitter unter 23.) gleichbedeutend mit der Unveränderlichkeit des momentanen, absoluten Strombildes nach Gestalt und Lage relativ zu den Schaufeln. Denn auch hier sind die Randbedingungen für die Absolutströmung in jedem Augenblick die gleichen (s. Abb. 49). An der Schaufelkontur muß $c_n = u_n$ sein. Das Bild der momentanen absoluten Stromlinien rotiert also mit dem Gitter fest verbunden um dessen

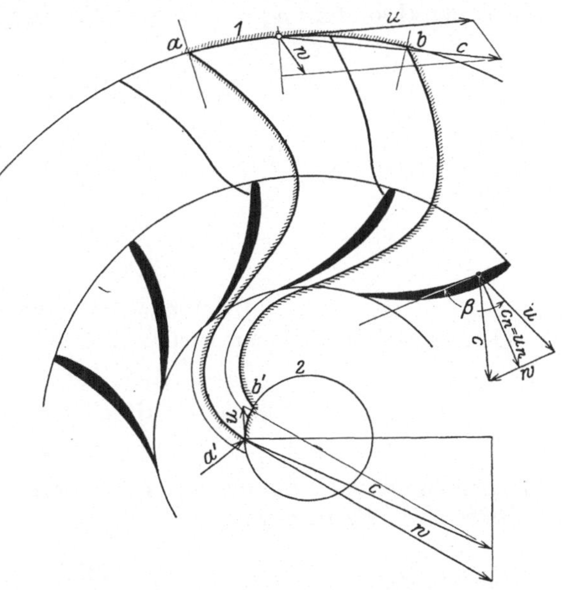

Abb. 49. Strömung durch ein gleichförmig umlaufendes Kreisgitter.

Achse. Ein im Raum fest aufgestellter Beobachter erlebt auch hier periodische Druck- und Geschwindigkeitsschwankungen, und ganz entsprechend wie früher kann er auch diese an einem mit dem Gitter verbundenen mit ihm rotierenden Druck- und Geschwindigkeitsdiagramm ablesen. Durch diese Überlegung findet man, ganz analog wie früher, für die an einem festen Raumpunkt beobachtete lokale Druckänderung

$$\frac{\partial}{\partial t}\left(\frac{p}{\gamma} + h\right) = -u\,\frac{\partial}{r\,\partial\varphi}\left(\frac{p}{\gamma} + h\right) = -\omega\cdot\frac{\partial}{\partial\varphi}\left(\frac{p}{\gamma} + h\right). \tag{123}$$

Dabei bedeutet φ den Drehwinkel um die Achse; $r\,d\varphi$ ist ein Bogenelement des Parallelkreises, auf dem der Beobachter aufgestellt ist.

b) Berechnung des Momentes.

Wir grenzen wieder in einem bestimmten Augenblick um eine Schaufel herum den Kontrollraum durch zwei kongruente, um eine Teilung $t_\varphi = \dfrac{2\pi}{z}$ versetzte relative Stromlinien sowie durch die zwischen ihnen liegenden Bogenstücke zweier Kreise mit den Radien r_1 und r_2 ab und teilen zur Auswertung der Summe $\sum \varDelta m \cdot \dfrac{d(c_u r)}{dt}$ diesen Raum in relative Stromfäden, die von den relativen Mengen dq' durchströmt werden, auf. Dann erhalten wir durch den gleichen Gedankengang wie in **21. b**):

$$M_r = \int \left((c_u r)_1 - (c_u r)_2 \right) dq'.$$

Wieder aber ist an den Grenzflächen 1 und 2 die relative Wassermenge gleich der absoluten: $dq' = dq = c_r \cdot r\, d\varphi$; also kann man auch schreiben:

$$M_r = \frac{\gamma}{g} \int_0^{2\pi} \varDelta_2^1 (c_u r) \cdot dq \tag{124}$$

oder, wenn in 1 und 2 bereits gleichförmiger Geschwindigkeitszustand herrscht:

$$M_r = \frac{Q\gamma}{g} \varDelta_2^1 (c_u \cdot r). \tag{125}$$

c) Energieaustausch.

Die Schaufelreaktionen leisten eine Arbeit:

$$A = M \cdot \omega \left[\frac{\mathrm{m\,kg}}{\mathrm{sec}} \right] = \frac{\omega \cdot \gamma}{g} \int_0^2 \varDelta_2^1 (c_u r)\, dq\,.$$

Hierfür muß ein Äquivalent an (verausgabter) Strömungsenergie existieren im Betrage von:

$$-\gamma \int_0^{2\pi} \varDelta_1^2 H\,.$$

Aus der Gleichsetzung folgt:

$$\varDelta_1^2 H = \frac{\omega}{g} \varDelta_1^2 (c_u r)\,. \tag{126}$$

Die Veränderung der Strömungsenergie ist also mit der Änderung des Produktes $c_u r$ oder $u \cdot c_u$ proportional und gleichsinnig. Das gleiche Resultat kann man auch hier wieder für die ideale Flüssigkeit aus der Beziehung $\dfrac{dH}{dt} = \dfrac{\partial}{\partial t}\left(\dfrac{p}{\gamma} + h \right)$ ableiten. Die rechte Seite kann, wie wir aus Absatz a) wissen, durch $-u \dfrac{\partial}{r \partial \varphi}\left(\dfrac{p}{\gamma} + h \right)$ ersetzt werden. Für den Ausdruck $\dfrac{\partial}{r \partial \varphi}\left(\dfrac{p}{\gamma} + h \right)$ kann aber eine Momentengleichung angeschrieben werden; der Ausdruck stellt mit γ multipliziert eine Kraftkomponente in der Umfangsrichtung auf die Volumeneinheit bezogen dar. Wird mit r multipliziert, so erhält man das Moment der auf die Volumeneinheit bezogenen Kraft; dieses ist nach dem Satz vom statischen Moment der Bewegungsgröße gleich der Änderung des Produktes $c_u r$ für die Masse der Volumeneinheit.

Es ist also:
$$-r \cdot \frac{\partial}{r\,\partial\varphi}\left(\frac{p}{\gamma} + h\right) \cdot \gamma = \frac{\gamma}{g} \cdot \frac{d}{dt}(c_u r)$$

oder:
$$-u \cdot \frac{\partial}{r\,\partial\varphi}\left(\frac{p}{\gamma} + h\right) = \frac{\omega}{g}\,\frac{d(c_u r)}{dt}.$$

Schließlich folgt:
$$\frac{dH}{dt} = \frac{\omega}{g}\,\frac{d}{dt}(c_u r)$$

oder:
$$dH - \frac{\omega}{g}\,d(c_u r) = 0 \quad \text{und} \quad H - \frac{\omega}{g}(c_u r) = \text{konst.} \tag{127}$$

Damit sind ganz analoge Formeln wie in 23. entwickelt. Die weitere Besprechung dieser Beziehungen erfolgt bei den Kreiselrädern selbst. Auch hier kann man wieder den Begriff der Zirkulation einführen. Benutzt man Gleichung (107), so folgt:

$$A = M \cdot \omega = \frac{Q\gamma}{g} \cdot \frac{z \cdot \Gamma_s}{2\pi} \cdot \omega = -Q\gamma \cdot \Delta H$$

und hieraus:
$$\Delta H = -\frac{\omega}{g} \cdot \frac{z \cdot \Gamma_s}{2\pi} = -\frac{\omega}{g} \cdot \frac{\Gamma_s}{t_\varphi} \tag{128}$$

ganz entsprechend Gleichung (122). Positiv ist Γ_s gerechnet, wenn der Umlaufsinn auf der Kurve C mit dem Drehsinn des Gitters übereinstimmt. Auch hier kann Γ_s sowohl aus dem relativen wie aus dem absoluten Strombild errechnet werden.

Für die zähe Flüssigkeit sind ganz analoge Betrachtungen wie beim Parallelgitter anzustellen.

B. Die vollbeaufschlagten Kreiselräder in geschlossener Strömung.

VI. Beschreibung der vollbeaufschlagten, geschlossen durchströmten Kreiselräder und ihres Strömungsfeldes.

25. Die wesentlichen Konstruktionselemente der vollbeaufschlagten Kreiselräder in geschlossener Strömung.

Im letzten Kapitel haben wir gesehen, daß ein Energieaustausch zwischen strömender Flüssigkeit und den in ihr bewegten starren Körpern dann zustande kommt, wenn die Körper den Geschwindigkeitszustand der Strömung in bestimmter Weise verändern, und zwar mußte bei geradliniger Bewegung die Geschwindigkeitskomponente c_u parallel zur Bewegungsrichtung, bei drehender Bewegung das Produkt $c_u \cdot r$, wo c_u die Komponente in Richtung des Kreisumfanges, die „Umfangskomponente" war, verändert werden. Geradlinige Bewegungen kommen in unseren Maschinen tatsächlich nicht vor, sie können gelegentlich als Idealisierung wirklicher Bewegungen herangezogen werden (z. B. bei den sog. Axialrädern). Wir können also die Kreiselräder allgemein als solche Strömungsmaschinen definieren, in denen die Veränderung des „Dralles" $c_u \cdot r$ wesentlich für die Wirkungsweise ist.

Es muß also zunächst ein „bestimmter Anfangsdrall" hergestellt werden, mit dem das „Laufrad" angeströmt — „beaufschlagt" — wird, diesen Drall muß das Laufrad durch die Form seiner „Laufschaufeln" und gleichzeitig durch seine Drehung verändern.

Hergestellt wird der Anfangsdrall in irgendeiner „Leitvorrichtung". Diese kann im einfachsten Fall in einem reinen Rohr bestehen, das vor dem Laufrad axial zu diesem und mit einem Querschnitt senkrecht zur Achse der Maschine ankommt und daher die Flüssigkeit dem Laufrad in der unmittelbaren Umgebung der Achse und — wenn nicht besondere Zufälligkeiten auftreten — ohne Drall ($c_u \cdot r = 0$) zuführt. Das Rohr kann andererseits quer zur Achse ankommen. Dann kann es, wenn die Zuströmung zum Laufrad immer noch in der Umgebung der Achse erfolgen soll, durch einen „Krümmer" in die axiale Richtung umgebogen werden; wünscht man einen Drall in der Zuströmung zu haben, so kann man es vor dem Rad um die Achse herum zu einem „Spiralgehäuse" ausbilden. Häufiger wird jedoch diese Form angewendet, indem man das Rohr um den äußeren Umfang des Laufrades in Form eines Spiralgehäuses herumwindet. Es ist in beiden Fällen nach dem Rade zu aufgeschnitten und gibt die Flüssigkeit möglichst gleichmäßig verteilt am Umfang an das Rad ab. Hierbei enthält die Zuströmung zum Rade ohne weiteres gewisse c_u-Komponenten und einen bestimmten Drall $c_u \cdot r$. Um den Anfangsdrall regulieren zu können, wendet man vielfach — namentlich bei den modernen Turbinen — besondere „Leitschaufeln" an, die sich verstellen lassen und dabei durch Veränderung von Querschnitten oder Schaufelrichtungen oder beiden die Größe und Richtung der Geschwindigkeit in der Zuströmung zum Rade beeinflussen. Sie sind mit den zu ihrer Verstellung notwendigen Bewegungsmechanismen zum „Leitapparat" vereinigt. Ein solcher kann prinzipiell sowohl bei axialer Zuströmung in der Umgebung der Achse, als auch bei Zuströmung von außen am äußeren Umfang des Rades angeordnet sein. Die Zuströmung kann ferner unmittelbar aus einer größeren oder kleineren Wasserkammer heraus erfolgen, in die man die Kreiselradmaschine einbaut, in solchen Fällen sind meistens verstellbare Leitschaufeln vorhanden; die Kammer kann eine offene sein und sitzt dann am Ende eines Kanales, oder sie ist eine geschlossene und befindet sich dann in Form eines Kessels am Ende einer Rohrleitung.

Für die Abführung des Wassers kann man prinzipiell die gleichen Organe verwenden wie für die Zuleitung, also Rohre, Krümmer, Spiralgehäuse, auch kann man unter Umständen auch die Abströmung durch verstellbare oder feste Leitschaufeln beeinflussen.

Sowohl die Zuführungs- als auch die Ableitungsorgane können jede entweder im Gebiete des höchsten oder des niedrigsten Druckes der Gesamtanordnung liegen. Man kennzeichnet sie oft besonders als „Saugrohre, Saugkrümmer, Saugspiralen" und entsprechend als „Druckrohre, Druckspiralen".

In der unmittelbaren Umgebung des Rades sucht man entsprechend der Tatsache, daß dieses selbst ein um eine Achse symmetrisch gebautes Organ ist und gemäß der natürlichen Vorstellung, daß es bei ringsum gleichförmigem Strömungszustande am besten arbeiten wird, die Zu- und Abströmung „achsensymmetrisch“ oder „rotationssymmetrisch“ zu gestalten; dieser Gesichtspunkt ist für die Ausbildung der betreffenden Organe wesentlich.

Sämtliche dem Rad unmittelbar benachbarten Organe werden zu einem Gehäuse vereinigt, innerhalb dessen das Rad arbeitet und an das normalerweise die weiteren Organe so anschließen, daß die Gesamtströmung von einem durch äußere Bedingungen gegebenen „Unterwasserspiegel“ nach einem ebenso gegebenen „Oberwasserspiegel“ — oder umgekehrt — wie in einer geschlossenen Rohrleitung erfolgt, an der an irgendeiner Stelle das Laufrad sitzt. Einschränkende Bedingungen für die Lage des Rades zwischen Ober- und Unterwasserspiegel ergeben sich erst aus der Arbeitsweise der Maschinen selbst, d. h. aus der durch sie bedingten Druckverteilung.

Die Vorstellung einer geschlossenen Rohrleitung für die ganze Strömung zwischen Oberwasser und Unterwasser ist wesentlich für die in diesem Abschnitt B behandelten Kreiselräder. Auf dem ganzen Wege zwischen Ober- und Unterwasser hat also die Strömung keine Berührung mit der Atmosphäre; es können also in der Strömung auch Unterdrücke vorkommen. Diese dürfen sich jedoch nie dem absoluten Vakuum so weit nähern, daß in der Flüssigkeit gelöste Gase sich ausscheiden oder die Flüssigkeit selbst zu verdampfen anfängt [Kavitationsgefahr, vgl. 10. d)].

Man kann auch mehrere Kreiselräder zwischen einem Unter- bzw. Oberwasserspiegel anordnen und entweder parallel zueinander von der entsprechend geteilten Flüssigkeitsmenge oder hintereinander, jedes von der gesamten Menge, durchströmen lassen. Im ersten Fall spricht man von „Doppel-“ oder „Mehrfachkreiselrädern“ oder auch „Mehrstrommaschinen“ gegenüber „Einstrommaschinen“, im anderen von „mehrstufigen Maschinen“. In ganz besonderen Fällen sind mehrere Kreiselräder so in einem Gehäuse vereinigt, daß die Strömung gar nicht aus diesem heraustritt, sondern geschlossen, in sich selbst zurückkehrend innerhalb des Gehäuses verläuft. (Turbinengetriebe, z. B. Föttinger-Transformatoren.)

Wenn man verschiedene Kreiselradtypen unterscheidet, so geschieht dies in erster Linie und in maßgebender Weise nach der Form des einzelnen Laufrades und seiner nächsten Umgebung. Man entwirft zweckmäßig folgendes

„Schema einer einstufigen Kreiselradmaschine“.

In Abb. 50 stellen die Linien $a—a'$ und $i—i'$ die „Meridian- („Profil“-) linien“ einer äußeren und einer inneren Rotationsfläche dar. Ein Teil der äußeren, in der Abbildung das Stück $k—k'$, wird von der Profillinie des äußeren Radkranzes oder des Radkranzes schlechtweg, ein Stück der inneren $n—n'$ wird von der Profillinie des inneren Radkranzes und der Radnabe gebildet. Zwischen diesen beiden Stücken sind die Laufschaufeln angeordnet, welche die beiden Kränze (oder Kranz und Nabe) verbinden. Sie erscheinen in der Abbildung im Aufriß in Zirkularprojektion in der Zeichenebene; die beiden Linien $s_1—s_1'$ und $s_2—s_2'$

des Aufrisses sind die Meridianlinien zweier Rotationsflächen, auf denen die Schaufelkanten liegen; im allgemeinen verlaufen diese, wie man aus dem Grundriß, wo die gleichen Buchstaben zur Kennzeichnung der Schaufelkanten verwendet sind, sieht, nicht in einer Radialebene (Ebene durch die Achse). Im Grundriß sind dann die Linien s_1-s_2 bzw. $s_1'-s_2'$

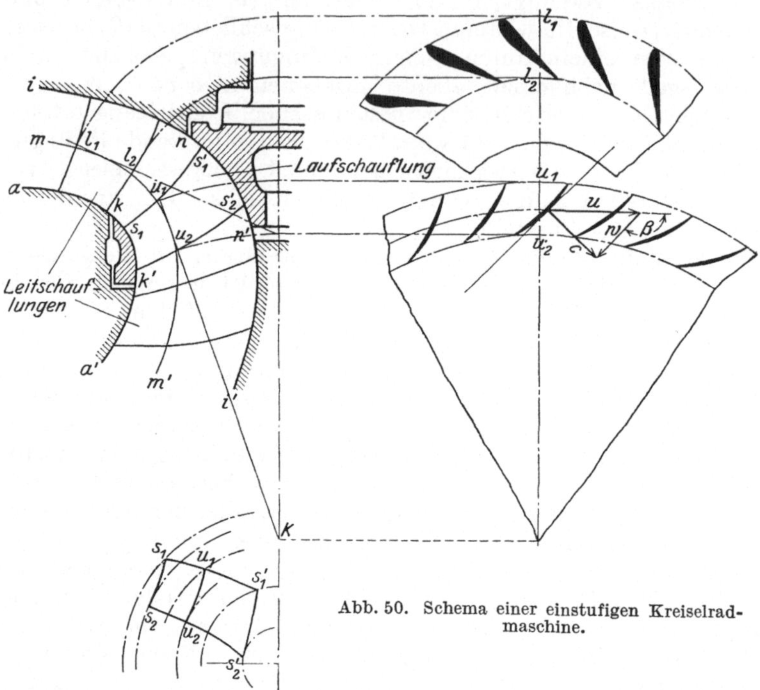

Abb. 50. Schema einer einstufigen Kreiselradmaschine.

die Projektionen der Raumkurven, in denen die Schaufelfläche die äußere bzw. innere Rotationsfläche durchdringt. Um eine weitergehende Vorstellung von der Gestalt der (im allgemeinen doppelt gekrümmten) Schaufelfläche zu erhalten, schneiden wir sie noch durch eine mittlere Rotationsfläche, etwa $m-m'$. Um diesen Schnitt darzustellen, legen wir an die Rotationsfläche ungefähr in der Mitte zwischen den Schaufelkanten einen Tangentialkegel, der natürlich seine Spitze in der Rotationsachse, etwa in K, hat. Das zwischen den Schaufelkanten liegende Stück der Rotationsfläche verzerren wir nun ein wenig, so daß der Bogen u_1-u_2 auf die tangierende Mantellinie des Ersatzkegels abgewickelt wird. Diesen Kegel breiten wir in die Zeichenebene aus, und hier erscheinen nun angenäherte Bilder der Schaufeln, wie sie von der Rotationsfläche $m-m'$ herausgeschnitten werden. Man kann sich jetzt auch — gerade in der Abwicklung — sofort ein ungefähres Bild von der Durchströmung des „Schaufelgitters" machen, denn die Fläche $m-m'$ wird ja auch eine ungefähre „Flußfläche" sein, die im Mittel dauernd mit Geschwindigkeiten durchströmt wird, deren Richtungen wenigstens angenähert in ihren Tangentialebenen liegen.

Im Grundriß erscheint der Schaufelschnitt in der Kurve $u_1 - u_2$ einer mit $s_1 - s_2$ und $s_1' - s_2'$ ähnlich verlaufenden Linie.

Die beiden Rotationsflächen $a - a'$ und $i - i'$ werden in ihrem weiteren Verlauf von festen Gehäuseteilen gebildet, sie selbst begrenzen zwischen sich einen „Rotationshohlraum", in dem die „arbeitende Strömung" verläuft. Der Rotationshohlraum geht „vor" bzw. „hinter" der Schauflung in andere, evtl. nicht mehr rotationssymmetrische Zu- bzw. Abführungsorgane über. Sowohl vor wie hinter der Laufschauflung können „Leitschaufelgitter" angeordnet sein; ist dies der Fall, so liegen sie noch im Rotationshohlraum, also noch zwischen den Rotationsflächen $a - a'$ und $i - i'$. Im allgemeinen können auch die Leitschaufeln doppelt gekrümmte Flächen sein. Über deren Gestalt kann man sich in analoger Weise wie über die der Schaufeln Aufschluß verschaffen (s. Abb. 50). Die festen Gehäuseteile, welche dann die beiden Leitapparate verbinden bzw. den einen von ihnen durch einen „Deckel" oder „Boden" bis zur „Stopfbüchse" an der Radwelle fortsetzen, schließen das Rad vollständig ein. Die Räume zwischen Rad und Gehäuse sind ebenfalls von Flüssigkeit erfüllt, die sich in bestimmter Bewegung befindet, aber an dem bezweckten Energieaustausch zwischen Strömung und Rad nicht teilnimmt. Die Spielräume zwischen den Radkränzen und den festen Gehäuseteilen heißen „Kranzspalte". Im Gegensatz hierzu nennt man die von der Arbeitsströmung durchflossenen Zwischenräume

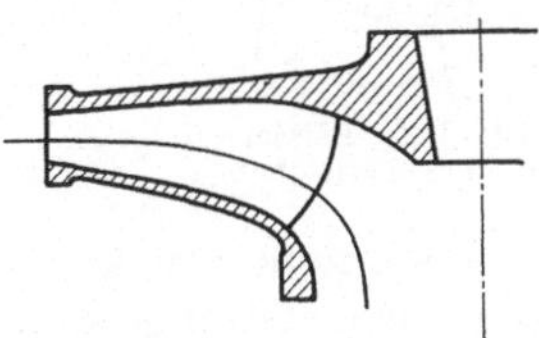

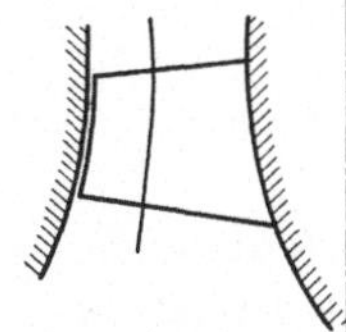

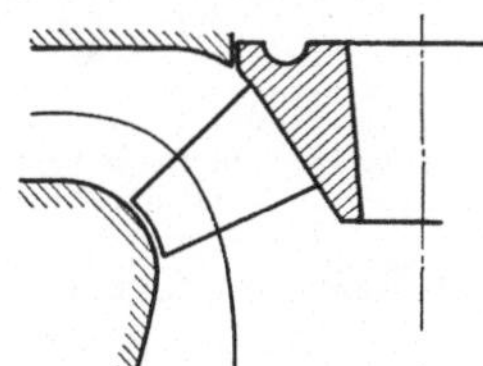

Abb. 51. Radialrad.   Abb. 52. Axialrad.   Abb. 53. Diagonalrad.

zwischen zwei Schaufelsystemen „Schaufelspalte". Letztere sind immer von ganz anderer Größenanordnung als die Kranzspalte. Neuere Kreiselräder haben häufig keinen äußeren Radkranz, das Stück $k - k'$ der Fläche $a - a'$ wird dann als fester Gehäuseteil ausgeführt, in dem die Schaufeln mit geringem Spiel laufen; auch dieses Spiel bezeichnet man am besten als Kranzspalt.

Je nachdem nun das Laufrad in einem Rotationshohlraum liegt, dessen Begrenzungsprofile im wesentlichen senkrecht zur Achse, schräg oder parallel zu ihr verlaufen, spricht man von einem „Radial-", „Diagonal-" oder „Axialrad". Es ist dazu nicht nötig, daß die Profilkurven des Rotationshohlraumes genau senkrecht oder genau parallel zur Achse verlaufen, wenn nur die Hauptrichtung die genannte ist. So ist z. B. das in Abb. 51 dargestellte Rad immer noch als Radialrad zu bezeichnen, wenn auch die Kranzprofile nicht streng radial laufen und zum Teil schon Umlenkung in den axialen Teil des Rotationshohlraumes zeigen, und ist ferner das in Abb. 52 dargestellte als Axialrad anzusprechen, wenn auch die Begrenzungskurven des Hohlraumes nicht streng parallel zur Achse sind. Ein „Diagonalrad" zeigt die Abb. 53.

Zwischen den genannten drei Formen können alle Übergänge vorkommen.

Leitapparate mit drehbaren Schaufeln kommen — der konstruktiven Einfachheit wegen — meistens nur in einem radial erstreckten und außerdem parallelkränzig begrenzten Hohlraum vor, wo dann die Drehachsen der Schaufeln parallel zur Achse stehen (Abb. 54), gelegentlich aber auch in einem diagonal erstreckten, durch zwei konzentrische Kugelflächen begrenzten Raum, wobei die Drehachsen der Schaufeln Mantellinien eines Kegels sind, dessen Spitzen gemeinsam mit dem Mittelpunkt der Kugelflächen in einem Punkt der Maschinenachse liegen (Abb. 55). Man kann die beiden Formen als „radiale" und „diagonale Leitapparate" unterscheiden. Nur ganz selten kommen „axiale Leitapparate" vor. Die Laufschaufeln der Laufräder sind meistens mit

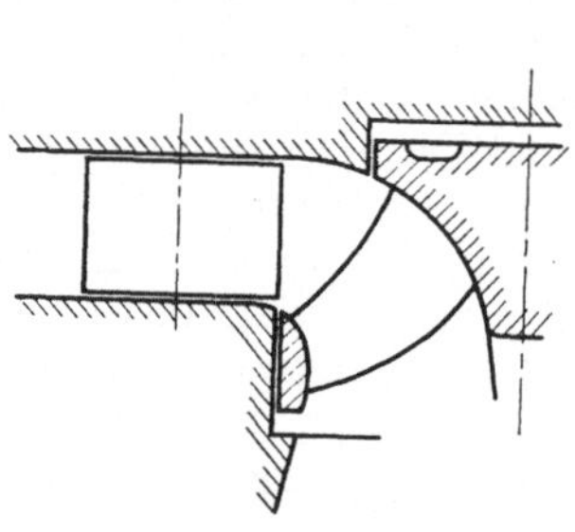

Abb. 54. Drehbare Leitschaufeln zwischen
ebenen Wänden.

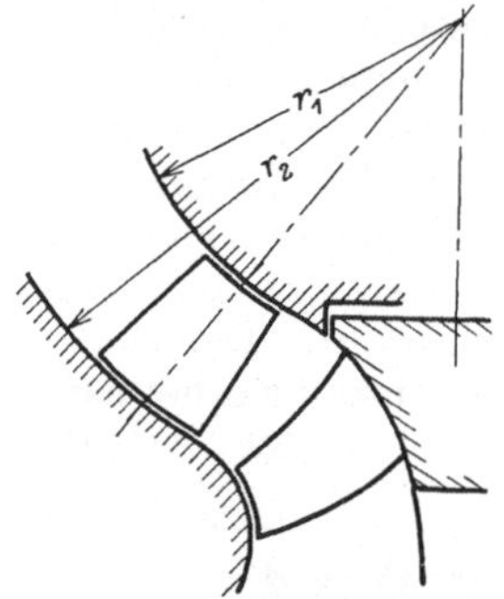

Abb. 55. Drehbare Leitschaufeln
zwischen Kugelflächen.

den Kränzen fest verbunden (entweder mit ihnen aus einem Stück gegossen oder als Blechschaufeln ausgeführt, die in die Form miteingesetzt und in die Kränze eingegossen werden; auch Niet- und Schweißverbindungen kommen vor); die neueren Axialräder zeigen dagegen häufig im Betrieb verstellbare Laufschaufeln (Kaplanturbinen). Es ist durchaus nicht ausgeschlossen, daß in Zukunft — zum mindesten gelegentlich — auch Radial- und Diagonalräder mit verstellbaren Laufschaufeln gebaut werden.

Die beschriebene Kreiselradmaschine kann prinzipiell sowohl als Pumpe wie auch als Turbine wirken; in jedem der beiden Fälle kann sie prinzipiell sowohl in der einen als auch der anderen Richtung durchströmt werden. Man spricht von „innerer" oder „äußerer" Beaufschlagung.

26. Kurze Beschreibung einiger charakteristischer Ausführungsformen von Kreiselradmaschinen.

Abb. 56a zeigt schematisch den Schnitt durch die Achse einer „Einradturbine mit stehender Welle". Das Wasser wird durch ein Spiralgehäuse S dem Leitapparat L, durch diesen dem Laufrad R zugeführt. Die Zuströmung zum Rade erfolgt, abgesehen von den tangentialen Komponenten, rein radial, das Rad lenkt den Gesamtstrom (außer in tangentialer Richtung) in die axiale Richtung um. Das Wasser strömt schließlich durch das konzentrische, geradachsige, kegelförmig erweiterte Saugrohr ins Unterwasser ab. Abb. 56b zeigt den Schnitt der Leit- und Laufradschauflung mit der Mittelebene des Leitapparates $a-a$. Die Leitschaufeln erscheinen in diesem Schnitt in wahrer Gestalt, die Laufschaufeln nur dann, wenn sie ebenfalls Zylinderflächen sind, was bei Formen wie der gezeichneten, nicht der Fall zu sein braucht. Ein Bewegungsmechanismus für die Leitschaufeln ist nicht gezeichnet; man kann sich aber vorstellen, wie durch gleichzeitiges Drehen aller

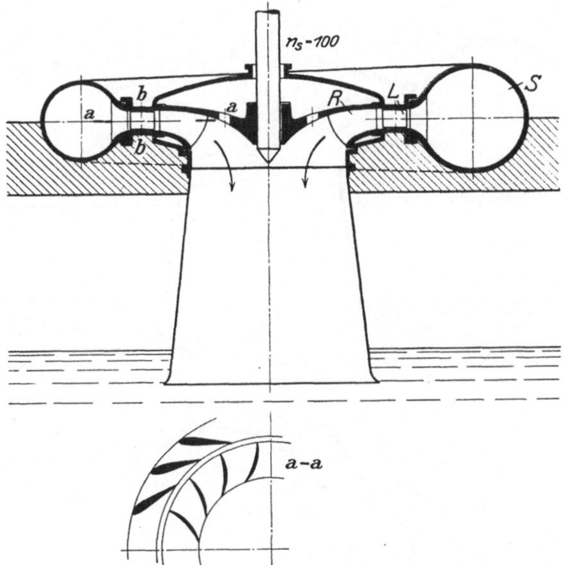

Abb. 56 a und b.   Einrad-Spiralturbine mit stehender Welle.

Leitschaufeln um die Achsen $b-b$ Winkelstellung und Querschnitte verändert und die Strömung sogar — bis auf kleine Leckverluste zwischen Leitschaufeln und Boden und Deckel des Leitapparates — abgestellt werden kann.

Fast genau dieselben Formen, soweit sie im Schnitt hervortreten, kann eine Pumpe mit stehender Welle haben (Abb. 57a u. b). Die Richtung der Gesamtströmung ist die umgekehrte, das Rad zeigt (im Schnitt $a-a$) anders gekrümmte Schaufeln; Leitapparate fehlen sehr häufig. Das Laufrad hat in beiden Fällen Löcher, um die Drücke über und unter dem Rade auszugleichen und damit den Axialschub des Rades herabzusetzen.

In Abb. 58 ist in etwas mehr konstruktiver Ausführung eine stehende Einradturbine mit einem in Beton ausgeführten Spiralgehäuse (S) und einem ebenfalls in Beton ausgeformten Saugrohrkrümmer (K) dargestellt. Der untere Fundamentring F_u am Einlauf in den Krümmer ist durch „Stütz- oder Spannschaufeln" („Traversen") St mit dem oberen Fundamentring Fo verbunden; die durch die genannten drei Elemente

gebildete Konstruktion heißt auch „Stütz- oder Spannschaufelring"
(„Traversenring"). In diesen eingesetzt sind „Leitradboden" B und
„Leitrad- oder Gehäusedeckel" D, dieser in Form einer großen Laterne.
Die Laterne enthält wieder Einsätze für die „Wellendichtungsbüchse"
E, den Lagerkörper G und die Leitschaufeln L. Die an die Leitschaufeln
angegossenen oder angeschmiedeten Spindeln H tragen Hebel J; diese
werden durch Drehen des auf der Laterne zentrisch geführten Regulierringes P durch Vermittlung von Lenkern Q bewegt; dadurch werden die

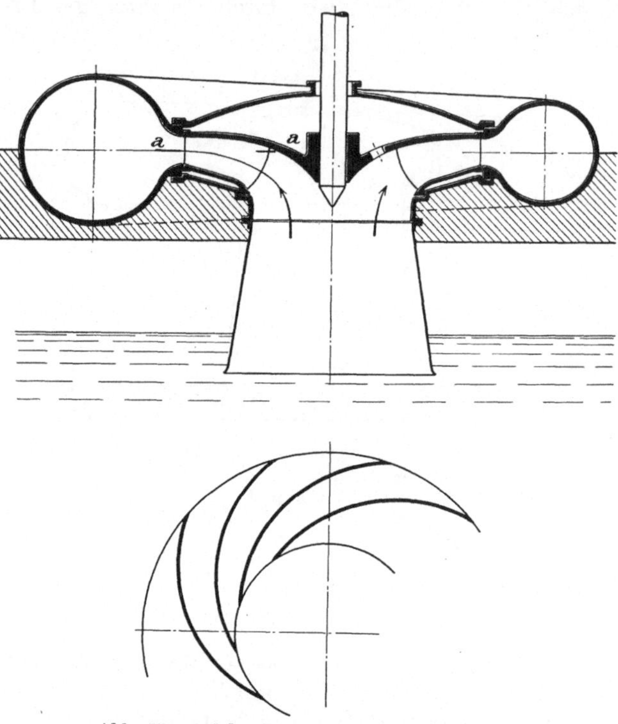

Abb. 57 a und b. Pumpe mit stehender Welle.

Leitschaufeln verstellt. Die Generatorwelle ist unmittelbar mit der
Turbinenwelle gekuppelt, über dem Generator ist ein zweites Halslager
und ein Axialschublager angeordnet.

In Abb. 59 ist eine „Einrad-Stirnkessel-Turbine" gezeichnet, so
genannt, weil alle wesentlichen Elemente in einem am Ende einer Rohrleitung als deren Schlußstück ausgebildeten Kessel eingebaut sind.
Das auf der Deckelseite befindliche Wellenlager muß durch besondere
Leitung geschmiert werden. Der Regulierring P mit den Mechanismen,
die seine Bewegung auf die Leitschaufeln übertragen (Zapfen, Lenker),
liegt hier vollständig im Wasser. Man spricht von „Innenregulierung", während man die entsprechende, in Abb. 58 dargestellte
Konstruktion „Außenregulierung" nennt. Charakteristisch für die
Innenregulierung ist meistens noch, daß die Leitschaufeln eine durch-

laufende Bohrung haben, durch die die Distanzbolzen D gehen. Diese verbinden Leitradboden und -deckel; die Schaufeln drehen sich auf ihnen. Angedeutet ist ferner die Art, wie der Regulierring P von einer

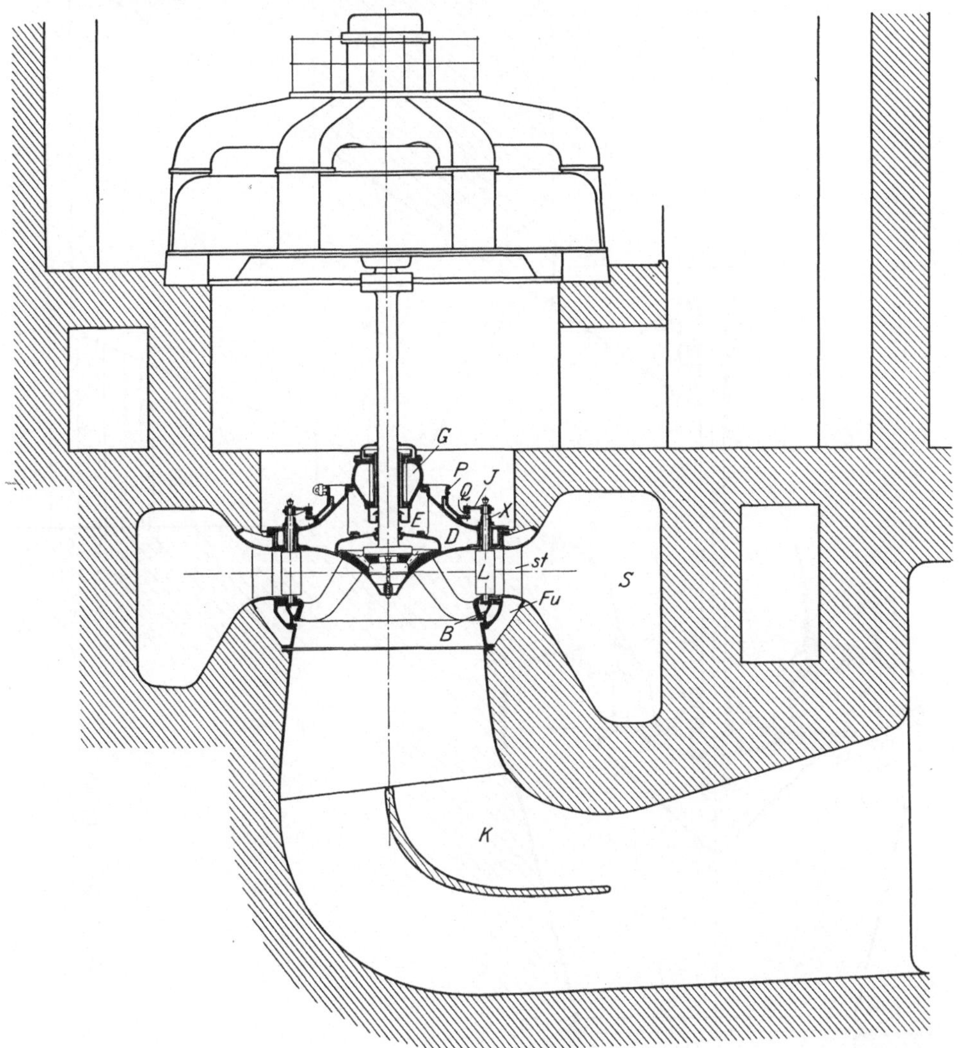

Abb. 58. Einradturbine mit Betonspirale und -saugrohr.

„Regulierwelle" W aus bewegt wird. Die Welle trägt ein Querhaupt Q, von dem zwei Stangen zu Augen A des Regulierringes führen. W seinerseits wird durch irgendeinen Hebel- und Stangenmechanismus gedreht, meistens von einem durch Öldruck betätigten und vom Geschwindigkeitsregler der Maschine beherrschten Servomotor; bei kleinen Aggregaten auch von Hand.

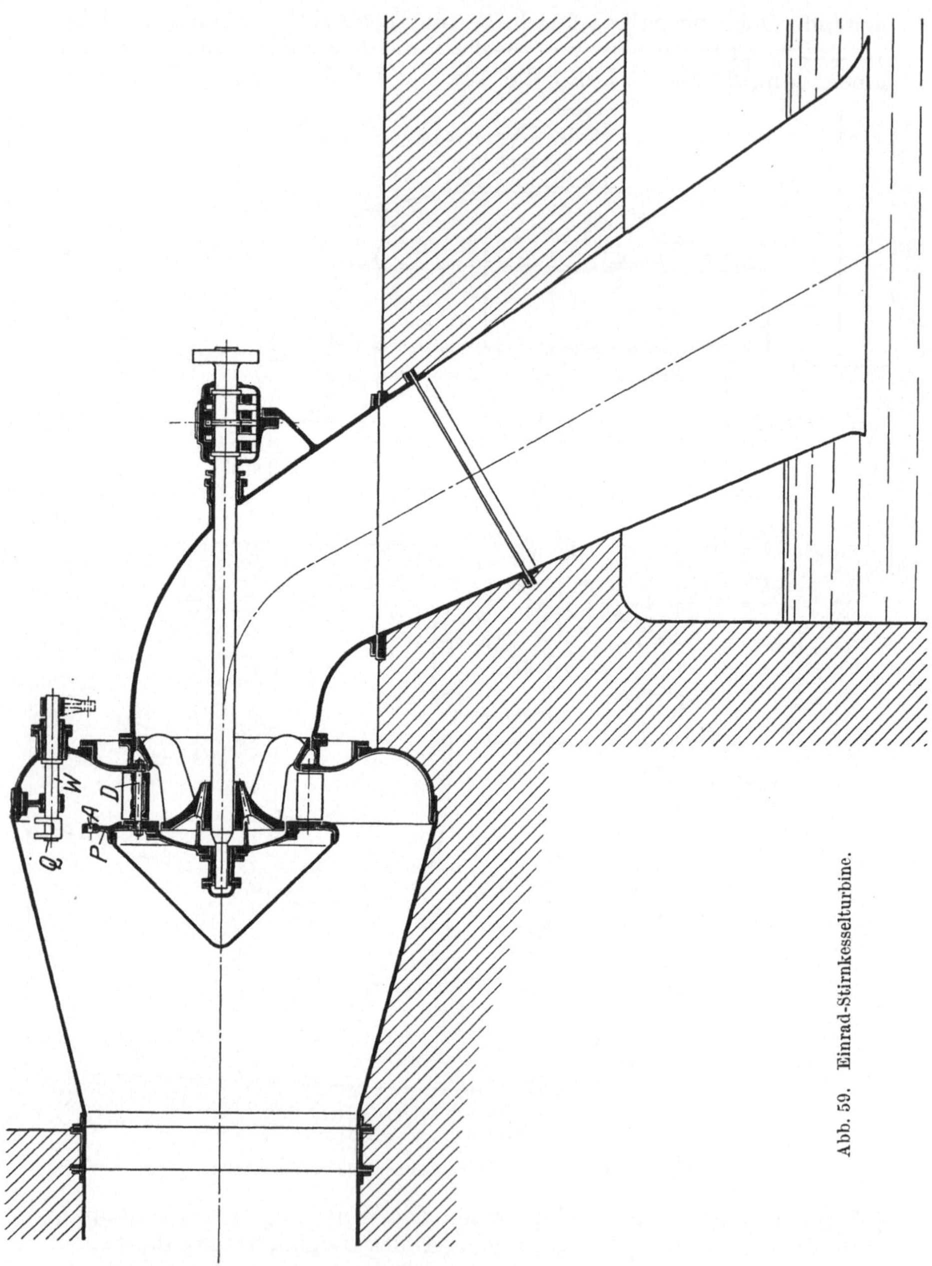

Abb. 60 ist eine „Querkessel-Zwillings- oder Zweistrom-turbine" (mit Außenregulierung), eine Bezeichnung, die ohne weiteres verständlich ist. Ein Eingehen auf die Einzelheiten erübrigt sich.

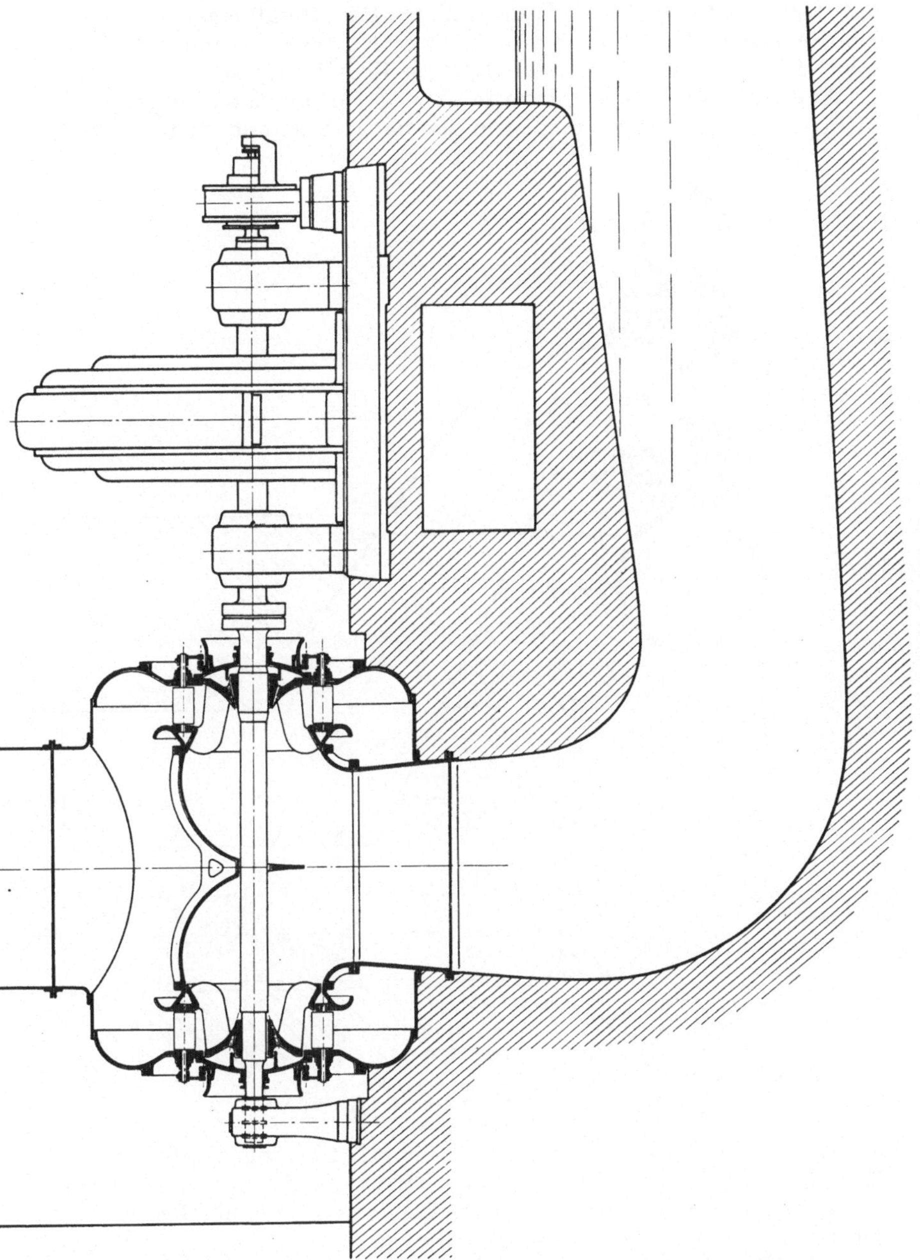

Abb. 60. Querkessel-Zwillingsturbine.

Abb. 61 gibt den Schnitt durch eine „Einrad-Spiralturbine"
mit liegender Welle und Außenregulierung; der Regulierring P liegt
auf der Krümmerseite. Die gleiche Abbildung kann auch eine „Pumpe

mit Leitschaufelregulierung" darstellen. Das Herabsetzen des Axialschubes erfolgt hier durch Verbinden der Kammern K mit dem Saugrohr. Das Verbindungsrohr erhält einen Regulierschieber.

Abb. 62 stellt eine „Doppelstrom- oder Zwillingsspiralpumpe" dar. Die Strömung ist in den Saugrohren und im Rad geteilt,

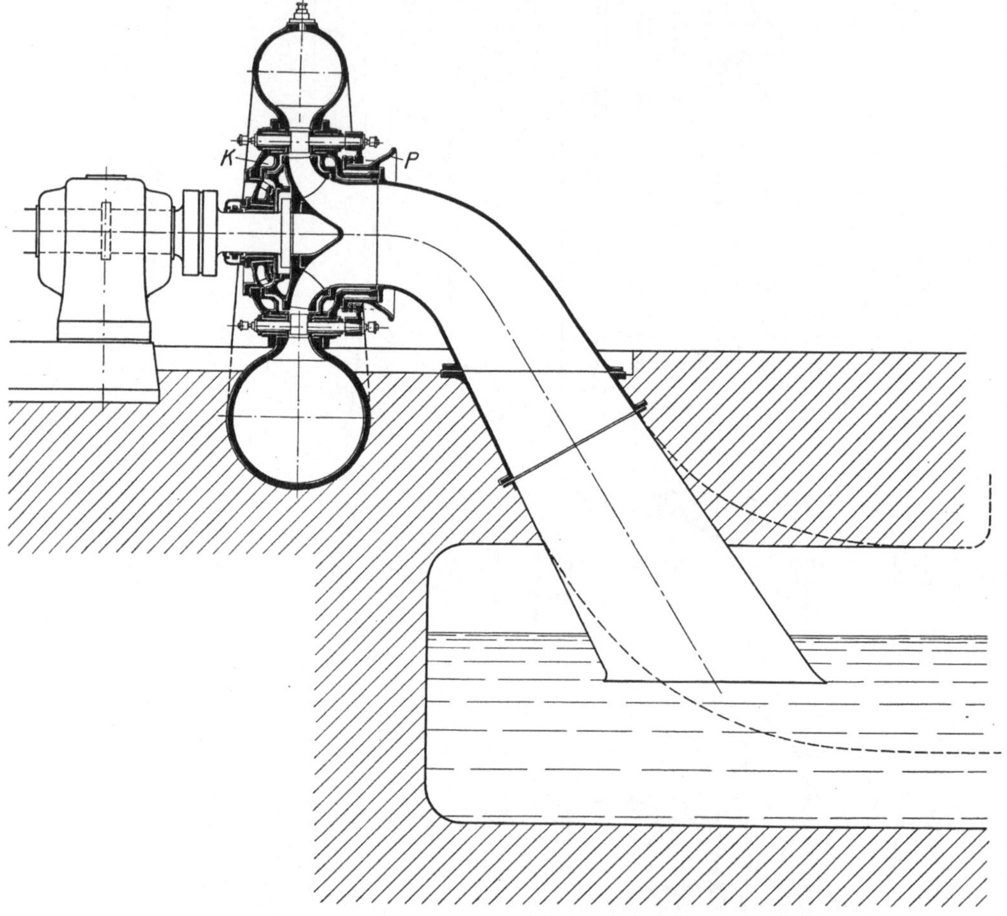

Abb. 61. Einrad-Spiralturbine mit liegender Welle.

im Spiralgehäuse dagegen wieder vereinigt. Ebensogut gibt es Ausführungen, wo die Strömung im Saugrohr ungeteilt und in Rädern und Spiralgehäusen geteilt ist. Letztere Ausführung kommt aber nur für Turbinen und auch da nur selten in Frage.

Abb. 63, 64, 65 und 66 sind Maschinen „im offenen Einbau", über die nichts wesentlich Neues zu sagen ist. Sie stehen in offener Kammer, die am Ende eines Oberwasserkanals angeordnet ist. Prinzipiell können alle diese Formen für Pumpen und Turbinen verwendet werden. Praktisch kommen sie für Pumpen nur selten in Frage.

Abb. 67 stellt schematisch eine „Kaplanturbine“ im offenen Einbau mit Leit- und Laufschaufelregulierung dar. Der in Nabe und Welle eingebaute Hebel- und Stangenmechanismus (mit

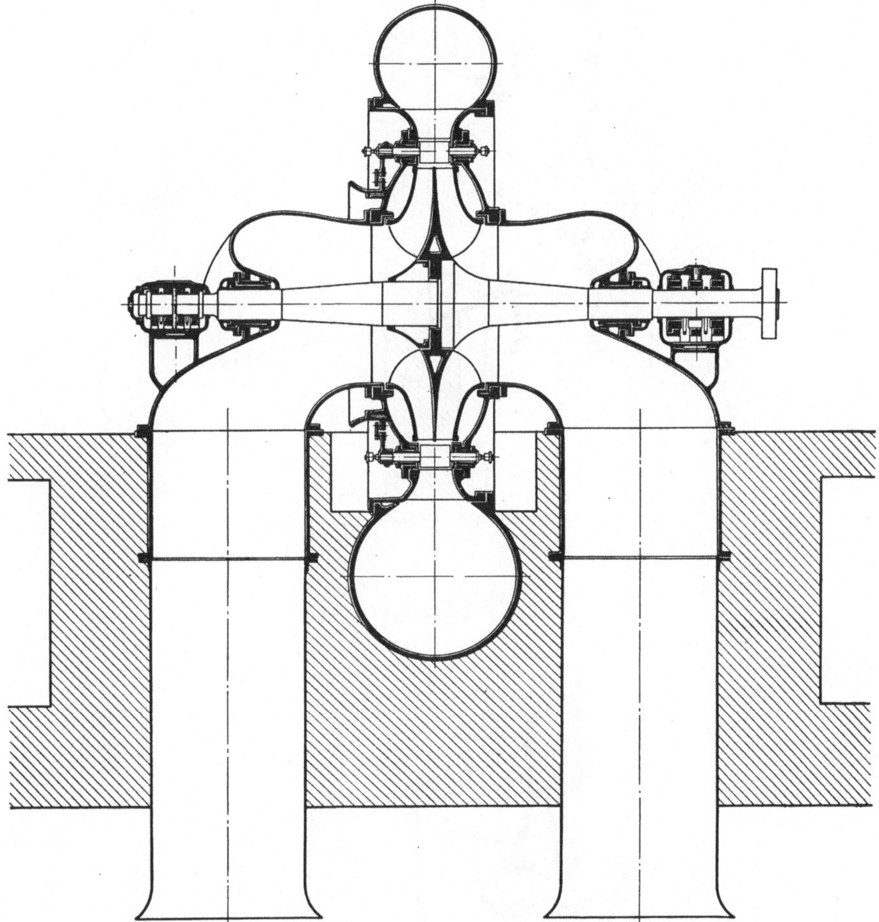

Abb. 62. Doppelstrom- oder Zwillings-Spiralturbine oder -pumpe.

Querhaupt Q, Lenker L, Hebeln H und Schubstange S) ist angedeutet. Ein Grundriß der Laufschaufeln und eine Abwicklung ihres Schnittes mit dem Zylinder C ist beigefügt. Man sieht, daß diese Abwicklung wie ein Parallelgitter mit großer Teilung aussieht. Für Turbinen mit großer Schaufelteilung, wenn die Schauflung im Diagonal- oder Axialteil liegt, hat sich, wenn die Laufschaufelregulierung fehlt, auch der Name „Propellerturbine“ eingebürgert, weil die Schaufeln wie Propellerflügel aussehen.

8*

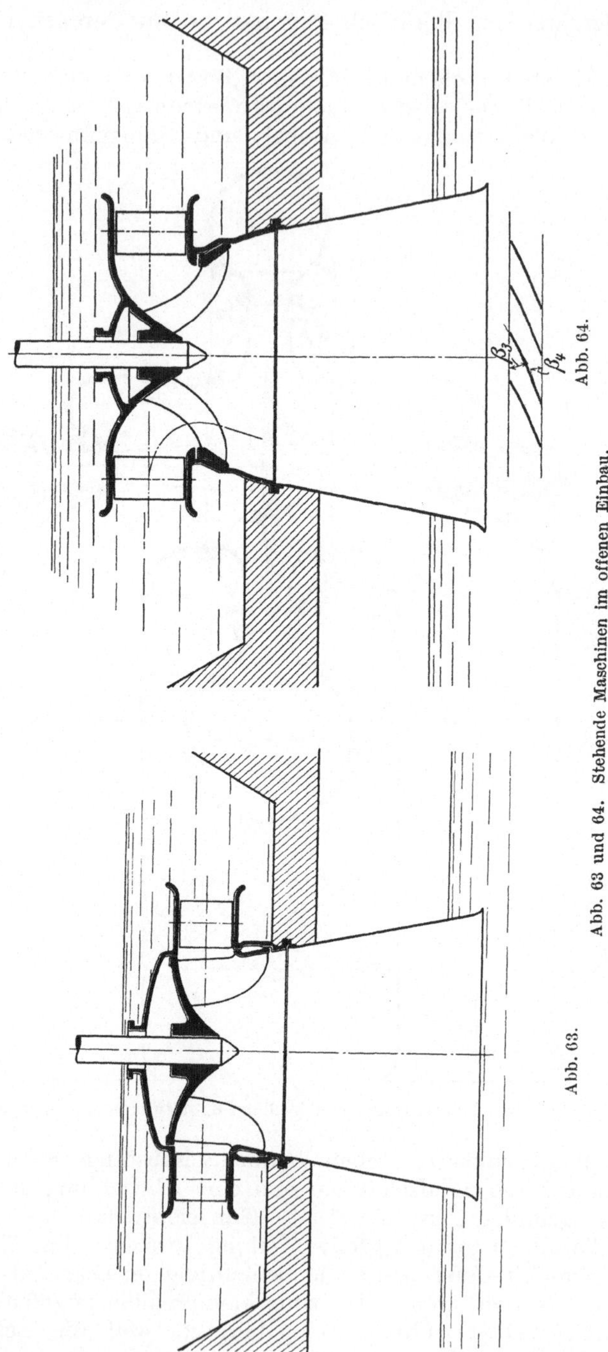

Abb. 63 und 64. Stehende Maschinen im offenen Einbau.

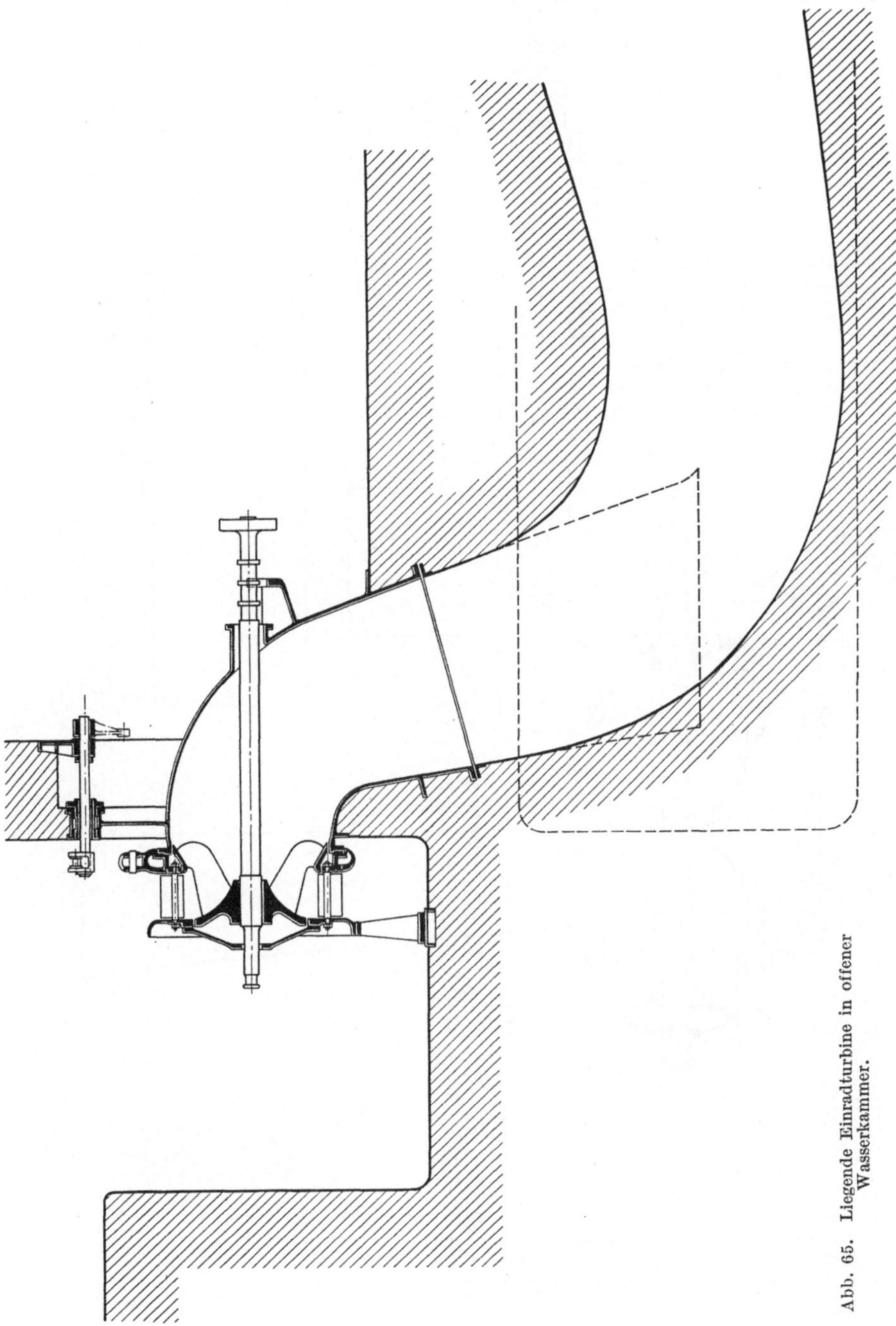

Abb. 65. Liegende Einradturbine in offener Wasserkammer.

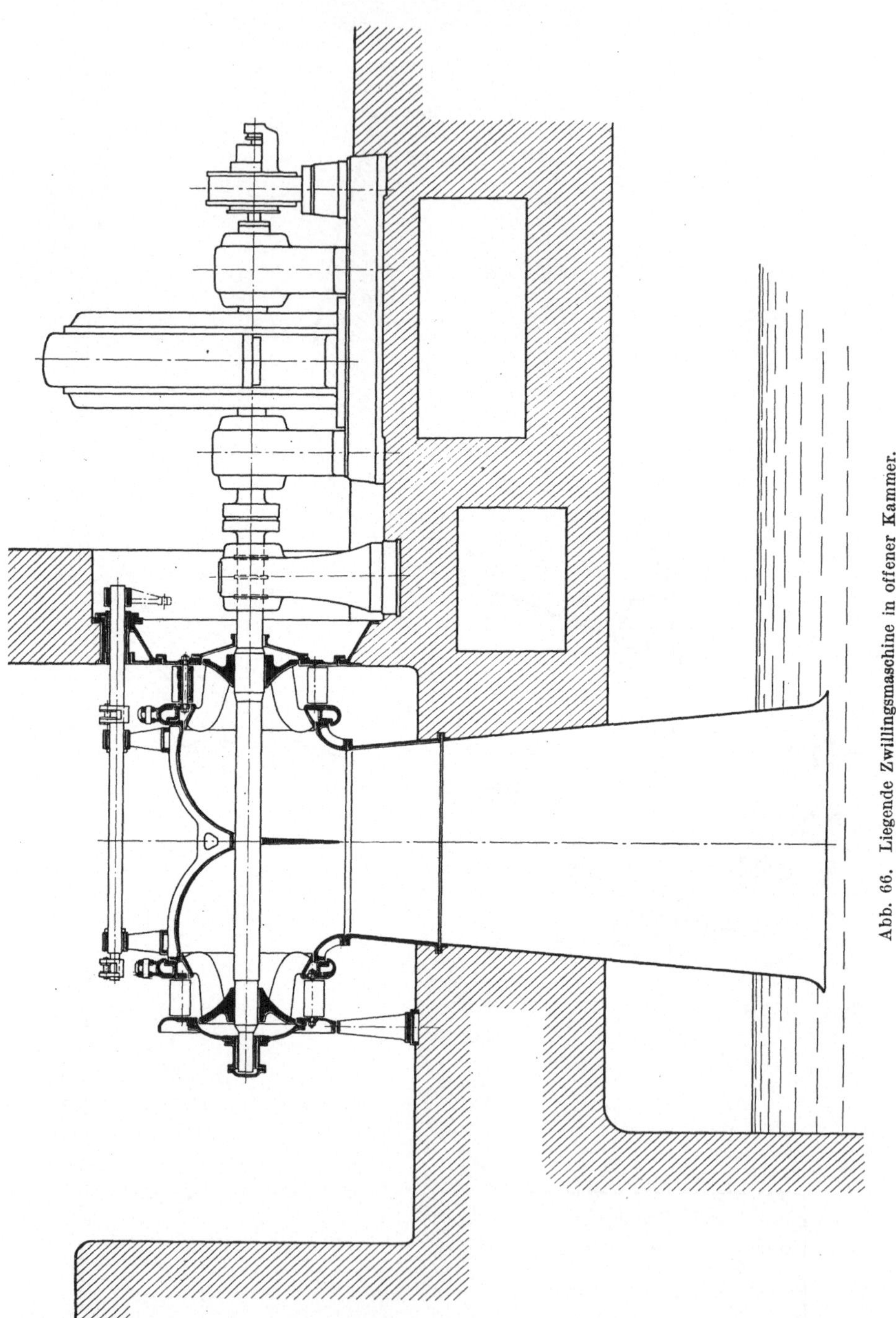

Abb. 66. Liegende Zwillingsmaschine in offener Kammer.

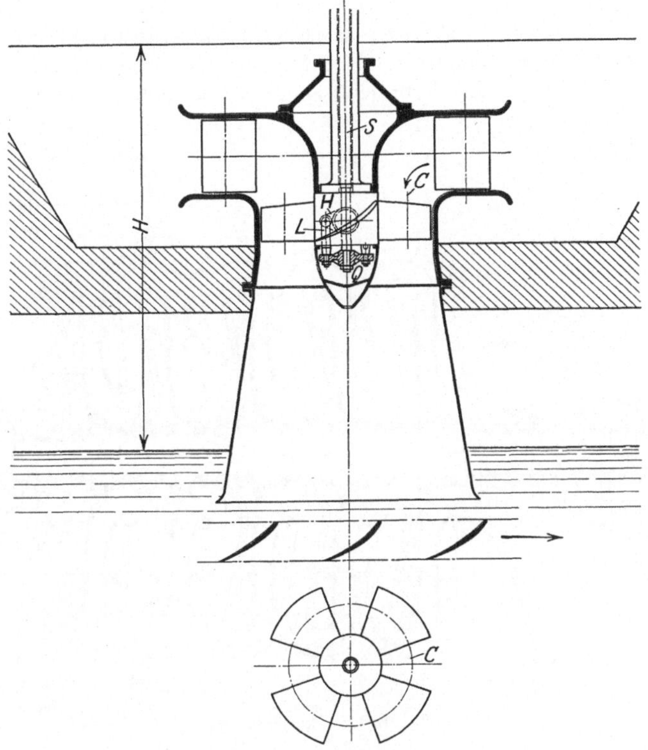

Abb. 67. Kaplanturbine.

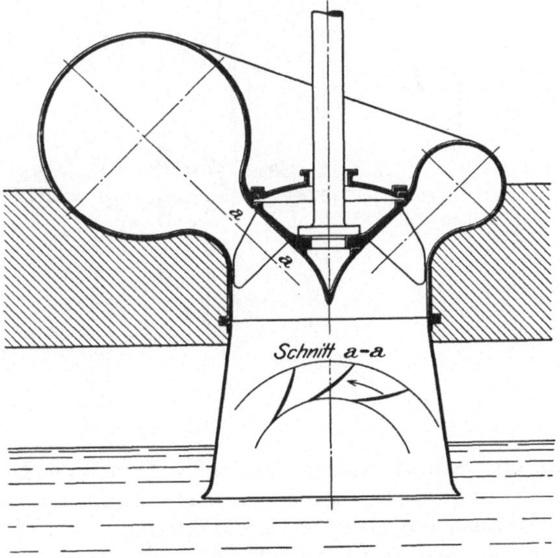

Abb. 68. Diagonal- oder Propellerpumpe.

Abb. 68 zeigt eine „Pumpe mit Diagonalschauflung", auch „Propellerpumpe" genannt. Ein Schnitt der Schauflung mit dem Kegel $a-a$ ist in die Zeichenebene abgewickelt gezeichnet.

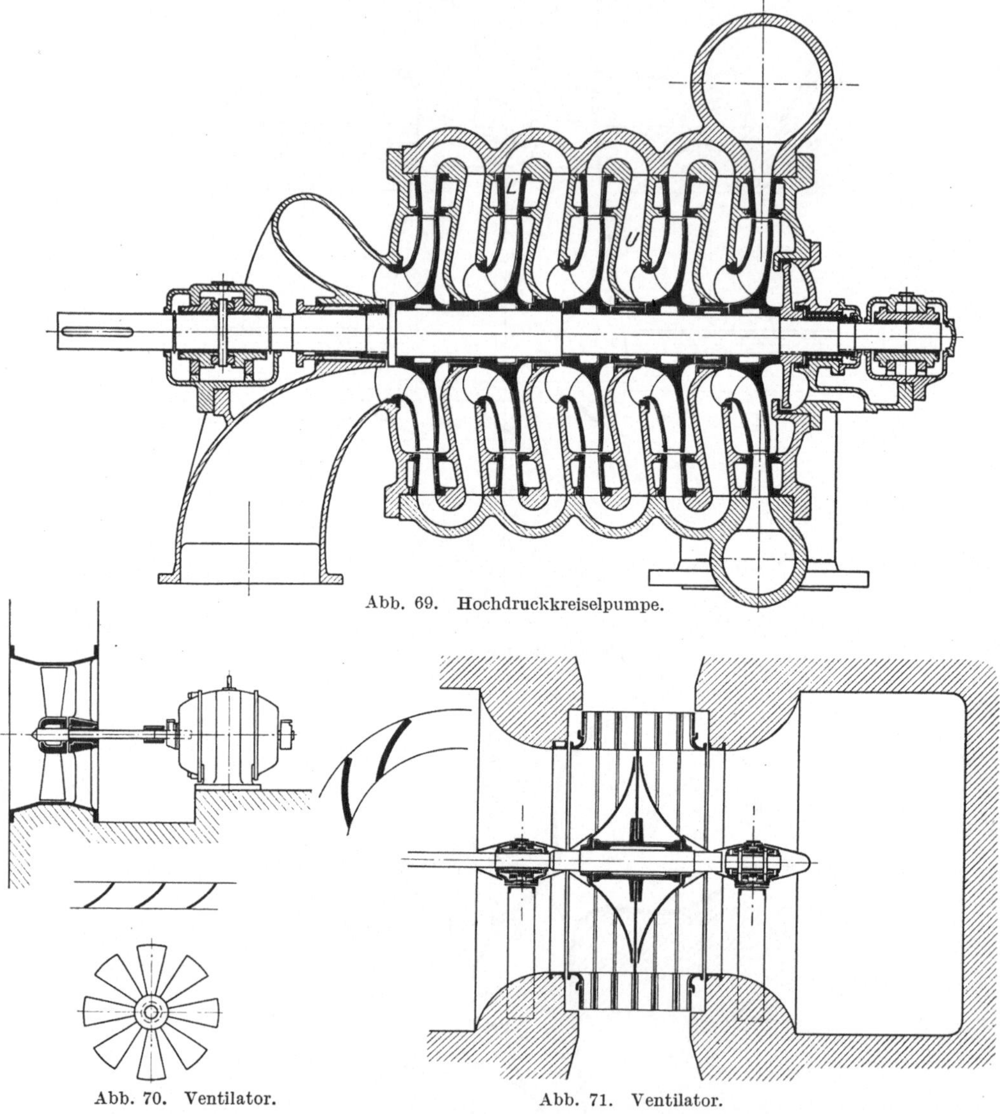

Abb. 69. Hochdruckkreiselpumpe.

Abb. 70. Ventilator.   Abb. 71. Ventilator.

Abb. 69 ist ein Schnitt durch eine „fünfstufige Hochdruckkreiselpumpe" mit festen, auswechselbaren Leitapparaten L und ebenfalls ins Gehäuse eingesetzten Umlenkkanälen U. Das Gehäuse ist horizontal geteilt. Am rechten Ende der Welle ist ein mitrotierender Boden zum Ausgleich des Axialschubes der Laufräder vorgesehen.

Abb. 70 stellt einen primitiven **Ventilator** mit schraubenförmigen Flügeln dar, wie er zur Lüftung normaler Räume dient.

Abb. 71 einen **Niederdruckventilator** mit radialer Schauflung für Tunnelbelüftung. Die Schauflung ist ihrer großen axialen Breite wegen zum Zwecke besserer Führung durch Zwischenwände unterteilt.

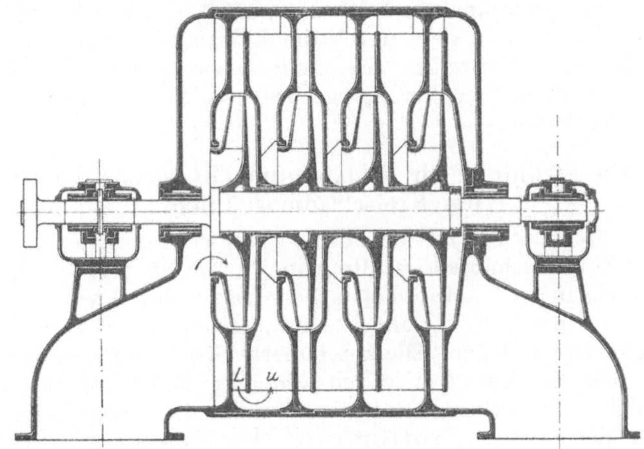

Abb. 72. Hochdruckgebläse.

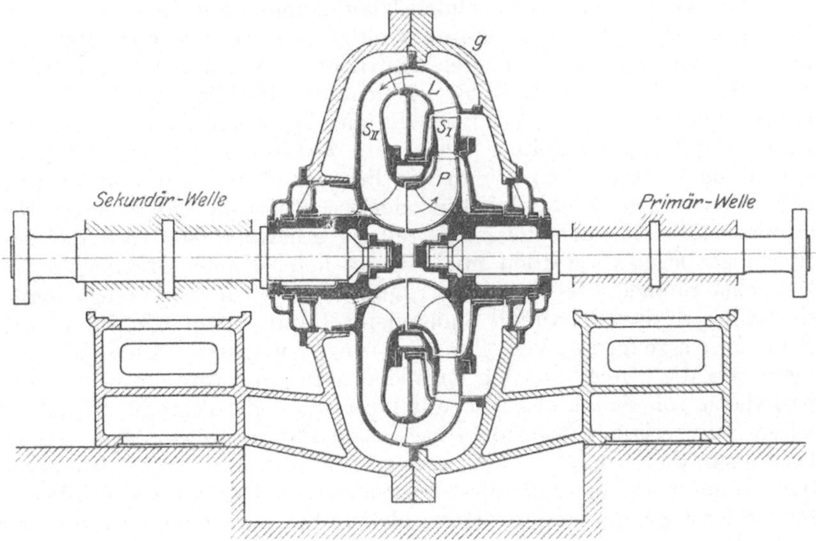

Abb. 73. Föttinger-Transformator.

Abb. 72 ist nur des Vergleiches mit Hochdruckkreiselpumpen wegen eingefügt, sie zeigt ein **vierstufiges Hochdruckgebläse**, bei dessen Berechnung aber die Zusammendrückbarkeit der Luft berücksichtigt werden muß. Leitapparate (L) und Umlenkkanäle (U) werden mit den Rädern über die Welle gestreift und ins horizontal geteilte Gehäuse eingelegt.

Abb. 73 gibt einen Schnitt durch einen „Föttinger-Transformator". Auf der Primärwelle sitzt das Primärrad P; es ist unmittelbar umgeben von dem ersten Sekundärrad S_I, dieses ist an das zweite Sekundärrad S_{II} angeflanscht; S_{II} sitzt auf der Sekundärwelle. Zwischen S_I und S_{II} befindet sich der im Gehäuse (G) feste Leitapparat (L). Das Gehäuse wird vollkommen mit Wasser gefüllt; im Betrieb entsteht ein dauernder Kreislauf in dem durch die Laufräder und das Leitrad gebildeten Rotationshohlraum. Die Sekundärwelle läuft bei dieser Anordnung im Falle besten Wirkungsgrades etwa 2,5 bis 5,5 mal langsamer als die Primärwelle.

27. Die Strömung im Arbeitsraum (Rotationshohlraum) der Kreiselradmaschinen.

Unter 12, Absatz c) ist die allgemeinste Strömung mit konstanter Energie in einem schaufellosen Rotationshohlraum besprochen worden. Man kann sie in eine „Meridianströmung" ohne kreisende Komponente (Geschwindigkeit c_m) und in eine „kreisende Strömung" (Geschwindigkeit c_u) zerlegen. Die kombinierte Strömung verläuft in spiralförmigen Bahnen auf den durch die Meridianströmung bedingten „Flußflächen". Diese sind Rotationsflächen, die einen stetigen Übergang von der einen „Profilkurve" des Rotationshohlraumes zur andern bilden. Wenn nun feste Schaufelgitter — verstellbare Leitschaufeln gelten bei den folgenden Überlegungen auch als feste Schaufeln — in den Rotationshohlraum eingebaut werden oder wenn sich andere Schaufelgitter — die der Laufräder — in ihm drehen, so fragt es sich: Bleibt die „c_m-Verteilung", gleiche durchströmende Wassermenge Q vorausgesetzt, auch jetzt noch die gleiche wie im freien Hohlraum? Zu der freien c_m-Verteilung gehört eine bestimmte dynamische Druckverteilung (s. unter 12.). Wenn wir diese durch den Einbau von festen oder rotierenden Schaufelgittern oder die Rotation von solchen nicht stören, so bleibt auch die c_m-Verteilung erhalten. Man bedenke aber, was alles beachtet werden muß, damit keine solche Störung eintritt. Zunächst müssen wir, damit die „Querschnitte" nicht verengt werden, unendlich dünne Schaufeln annehmen. Dann haben wir die von den Schaufeln erzeugte c_u-Verteilung ins Auge zu fassen. Diese hat nicht mehr wie die „freie" auf den Parallelkreisen konstante Drücke, sondern periodisch von Schaufel zu Schaufel veränderliche (vgl. 20, 21, 23, 24). Diese Schwierigkeit könnten wir — begrifflich wenigstens — dadurch beseitigen, daß wir sehr viele, strenggenommen unendlich viele Schaufeln annehmen, so daß diese periodischen Druckunterschiede verschwindend gering werden. Dann bleibt aber immer noch die Aufgabe, längs den Orthogonaltrajektorien der freien c_m-Strömung die zu dieser gehörige Druckverteilung nicht zu stören. Es kommt infolge der Drehung der Laufschaufelgitter zweierlei hinzu. Erstens ist die Strömung nicht mehr stationär. Im besten Falle kann daher die freie c_m-Verteilung die Bedeutung eines zeitlich mittleren Strombildes haben, dem sich die wahre annähert, wenn die Schaufelzahlen gesteigert werden. Zweitens hängt die von dem Laufschaufelgitter erzeugte c_u-Verteilung sowohl von der Wassermenge Q als auch von der Winkelgeschwindigkeit ω ab. Ändert sich deren Verhältnis, so ändert sich auch die c_u-Verteilung, und damit wird wieder ein störendes Element eingeführt. Die genaue Untersuchung dieser Verhältnisse kann erst im zweiten Band erfolgen; hier kann nur festgestellt werden, daß im allgemeinen die „freie c_m-Verteilung" nicht mit der in dem Rotationshohlraum einer Kreiselradmaschine sich einstellenden übereinstimmt. Es mag gleich, um Mißverständnissen vorzubeugen, hinzugefügt werden, daß auch keine prin-

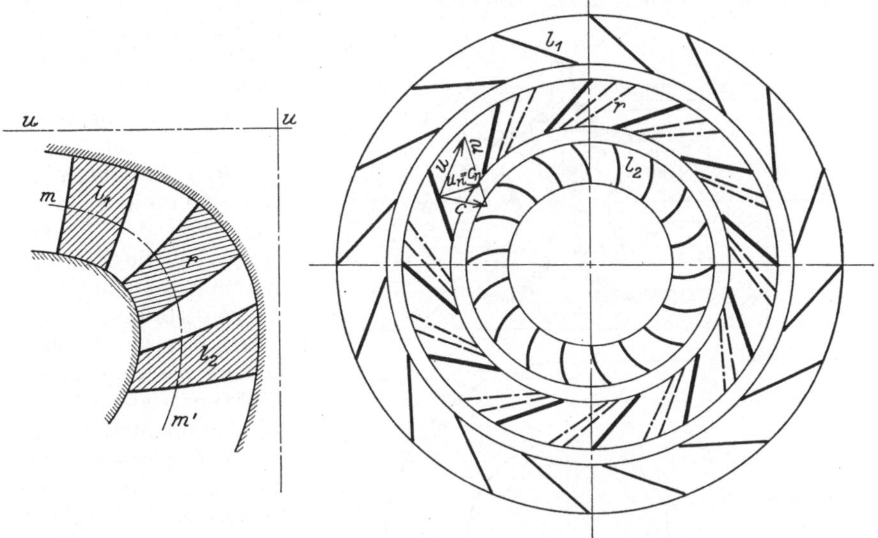

Abb. 74a und b. Periodischer Wechsel in der gegenseitigen Stellung der Schaufelsysteme.

zipielle Notwendigkeit — etwa um besonders gute Energieausnutzung zu erzielen — vorliegt, eine solche Übereinstimmung — wenigstens im Mittel — zu erzwingen.

Der nichtstationäre Charakter der Strömung möge noch etwas näher erläutert werden. Wir betrachten dazu die Strömung in der bereits früher (Ziff. 25, Abb. 50) benutzten mittleren Rotationsfläche $(m—m')$. Deren Schnitte mit allen Schauflungen der Maschine denken wir uns unter Zuhilfenahme irgendeines „Abbildungsverfahrens" in der Zeichenebene so dargestellt, daß die Schaufelformen hinsichtlich ihrer wesentlichen Ablenkungswirkung auf die Strömung richtig dargestellt sind. Am brauchbarsten hierfür ist eine Abbildung, welche die Winkel der Schaufeltangenten gegen die Radien richtig wiedergibt; dies wird durch eine sog. konforme Abbildung erreicht. Abb. 74 soll eine solche sein. Die Schnitte der in der linken Hälfte von Abb. 74a gezeichneten Rotationsfläche $m—m'$ mit den Schauflungen l_1, r, l_2 sind dabei auf eine Ebene senkrecht zur Achse — etwa $u—u'$ — abgebildet. Der Einfachheit der Zeichnung wegen ist angenommen, daß in dieser Abbildung die Schaufeln teils als gerade Linien, teils als Kreisbögen erscheinen. Wenn man will, kann man Abb. 74b auch als Dar-

stellung eines reinen Radialrades mit rein radialen Leitapparaten, das
Ganze in einem Rotationshohlraum zwischen zwei zur Achse senkrechten
Ebenen angeordnet, betrachten. Die Strömung muß man sich dann
in der Achse vollständig entspringend oder verschwindend vorstellen.
Die Schaufelzahl des einen Leitapparates sei z_{l_1}, die des anderen z_{l_2},
die des Rades z_r, dessen Winkelgeschwindigkeit ω.

Zur Beschreibung der Bewegung der Flüssigkeit suchen wir wieder
einen Überblick über die momentane Verteilung der Absolutgeschwindigkeiten zu gewinnen. Dazu wollen wir annehmen, daß sich der Rotationshohlraum außerhalb des von den drei Schauflungen eingenommenen
Teiles ins Unendliche erstreckt und keine weiteren Einbauten enthält. In einiger Entfernung von den Schauflungen soll die Strömung
symmetrisch um die Achse verteilt sein; d. h. dort sollen auf Parallelkreisen nach Größe und Richtung gleiche Geschwindigkeiten . herrschen. Ferner sollen dort die Querschnitte der Strömung mit gleichmäßiger Geschwindigkeit durchströmt wer-den. Ein solcher Zustand wird
praktisch mit großer Annäherung verwirklicht, wenn der Zulauf zur
Maschine aus einer Kammer in einen Rotationshohlraum hinein erfolgt und die Be-

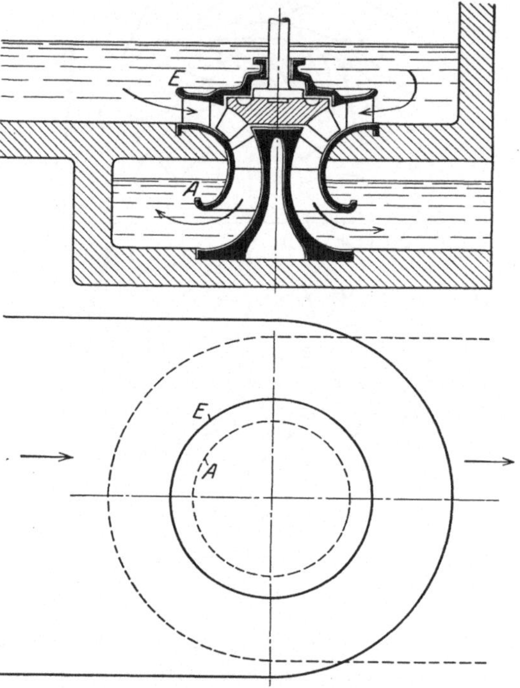

Abb. 75. Offener Einbau mit rotationssymmetrischem Zu-
und Ablauf.

grenzungswände der Kammer überall genügend weit von dem Einlauf
in den Rotationshohlraum entfernt sind, wenn ferner der Auslauf aus
dem Rotationshohlraum ebenfalls in eine genügend weite Kammer vor
sich geht. Abb. 75 veranschaulicht diese Verhältnisse. Aber auch in
zahlreichen anderen Fällen kann man dieselbe Annahme machen oder
die andere, daß die Randbedingungen, denen die Strömung außerhalb
der Schaufelräume unterliegt, ihren Einfluß innerhalb dieser entweder
überhaupt nur verschwindend wenig oder wenigstens auf irgendeinem
Parallelkreise gleichmäßig geltend machen, so daß von dieser Seite
die Rotationssymmetrie des Strombildes nicht gestört wird. Mit anderen
Worten: Im wesentlichen hängt die momentane Geschwindigkeits-

verteilung zwischen den festen und rotierenden Schaufeln und in ihrer nächsten Umgebung nur von deren momentaner gegenseitiger Stellung ab. Eine bestimmte gegenseitige Stellung der Schaufelsysteme kehrt aber periodisch wieder. Zwischen Leitrad l_1 und Laufrad r wird z. B. immer nach einer Raddrehung um $2\pi/m_1$ dieselbe Konstellation wieder hergestellt, wenn m_1 das kleinste gemeinschaftliche Vielfache der Schaufelzahlen z_{l_1} und z_r ist; entsprechend kehrt gleiche Konstellation zwischen dem Rade r und dem Leitapparat l_2 je nach einer Drehung um $2\pi/m_2$ wieder, wenn m_2 das kleinste Vielfache von z_{l_2} und z_r ist. Vollständig gleiche Stellung des Rades zu beiden Leitapparaten ist aber erst dann wieder eingetreten, wenn die beiden kleinsten Vielfachen dieser beiden Teildrehungen gleiche Gesamtdrehung des Rades ergeben. Diese Gesamtdrehung findet man als $2\pi/m$ wenn m der größte gemeinschaftliche Teiler von m_1 und m_2 ist. In Abb. 74b zeigen die ausgezogenen und gestrichelten Radschaufeln zwei benachbarte Radsituationen gleicher Konstellation zwischen Rad und Leitapparat l_1, die ausgezogenen und strichpunktierten gleiche Konfigurationen zwischen Rad und Leitapparat l_2. Die Drehung bis zur gleichen Konstellation gegen beide Leiträder ist hier zufällig gleich der Drehung um eine Schaufelteilung. Vollständig gleiche Konstellation des Rades gegen beide Leitapparate bedeutet aber auch gleiche Geschwindigkeitsverteilung zwischen den Schaufeln, natürlich in dem Sinne, daß sich das Bild der momentanen absoluten Stromlinien mit dem Rade um den betreffenden Winkel gedreht hat. Bestimmt ist dieses Stromlinienbild in jedem Augenblick durch die Randbedingungen, daß die Geschwindigkeiten an den festen Leitschaufeln tangential gerichtet, an den rotierenden Laufschaufeln aber von solcher Größe und Richtung sind, daß diese ebenfalls nicht von der Strömung durchsetzt werden; die entsprechende Bedingung ist schon in 22. und 24. durch eine Vorschrift über die Normalkomponente ausgedrückt, die in Abb. 50 durch ein Diagramm wiederholt dargestellt ist und so gedeutet werden kann, daß die Relativgeschwindigkeit tangential zu den Schaufeln sein muß. Dazu kommt noch die Annahme rotationssymmetrischer Strömung im Zu- und Ablauf mit gleichmäßiger Geschwindigkeit im Querschnitt.

Ein momentanes Absolutstrombild kehrt also mit einer gewissen Periodizität und um einen dieser Periode entsprechenden Drehwinkel verdreht immer wieder $\left(\text{Drehwinkel} = \dfrac{2\pi}{m}, \text{Periodenzahl} = \dfrac{\omega \cdot m}{2\pi}\right)$. Alle diese Strombilder reduzieren sich auf ein einziges, unveränderliches, das nun an das Rad geheftet mit diesem rotiert, wenn die Leiträder entweder unendlich viele Schaufeln haben, oder unendlich weit vom Rade entfernt sind. In diesen Fällen ist das Relativstromlinienbild das einer stationären Strömung, während im allgemeinen auch dieses periodischen Charakter hat mit den gleichen Periodenzahlen, wie oben angegeben. Bei den vorstehenden Überlegungen war unter der in die Zeichenebene abgebildeten Rotationsfläche $m—m'$ nicht etwa eine Stromfläche verstanden, sondern mit der Geschwindigkeitsverteilung in ihr nur an die zu ihr tangentialen Komponenten gedacht. Die wahren

Stromflächen unterliegen nach Gestalt und Lage ebenfalls Schwankungen mit den gleichen Periodenzahlen wie oben und sind auch keine Rotationsflächen. Besonders interessiert an dem ganzen Geschwindigkeitszustand das Produkt $c_u r$. Dies hat wie die Geschwindigkeit selbst in einem bestimmten Augenblick über die ganze Austrittsfläche hinüber einen räumlichen Mittelwert

$$(c_u r)_m = \frac{1}{Q} \int\limits_0^{2\pi} c_u r \, dq \, ,$$

der aber selbst wieder zeitlichen Schwankungen unterworfen ist. Der Mittelwert ist konstant, wenn die Leiträder unendlich viele Schaufeln haben oder unendlich weit abgerückt sind.

Bisher wurde nur von der Periodizität des gesamten Strombildes bei seiner Mitbewegung mit dem Rade gesprochen. Demgegenüber ist aber auch eine Periodizität des Geschwindigkeits- und Druckzustandes an einem festen Raumpunkt zu beobachten. Hier kehrt ein und derselbe Zustand in allen Fällen erst nach Drehung des Rades um eine Schaufelteilung wieder, daher ist die Periodenzahl $= \dfrac{\omega \cdot z_r}{2\pi}$. Alle die angegebenen Periodenzahlen sind in praktischen Fällen so hoch, daß die Schwankungen des Strömungszustandes nur sehr schwer zu beobachten sind. Im übrigen schwankt mit dem ganzen Strömungsbilde auch das zwischen Rad und Strömung übertragene Moment, so daß im allgemeinen auch ω nicht absolut konstant sein wird, was bisher stillschweigend angenommen wurde.

Der periodische Charakter der Strömung an einem festen Raumpunkt hängt, wie schon an den Beispielen unter 20., 21., 23., 24. dargetan, wesentlich mit der Energieumsetzung zwischen Rad und Flüssigkeit zusammen. Denn selbst wenn man die durch die endlichen Schaufelzahlen der Leiträder verursachten Schwankungen dadurch beseitigt, daß man die Schaufelzahlen ins Unendliche steigert oder die Leitapparate weit abrückt, so bleibt doch immer noch die Tatsache, daß das Absolutbild von Laufschaufel zu Laufschaufel periodisch sich wiederholende Gestalt hat und bei der Drehung mit dem Rade an jedem festen Raumpunkt periodisch wechselnde Zustände hervorbringt. Die Form des Strombildes zwischen den Schaufeln ist wesentlich dadurch bedingt, daß mit einer Energieumsetzung eine resultierende Kraft auf jede Schaufel und damit Druckunterschiede und hiermit wieder Geschwindigkeitsunterschiede auf beiden Seiten einer Schaufel verbunden sind. Wenn man für den Fall unendlich vieler oder unendlich entfernter Leitschaufeln über der Abwicklung eines Parallelkreises ein Geschwindigkeits- und Druckdiagramm aufzeichnet, so sieht dies im wesentlichen genau so aus, wie das für das Parallelgitter in Abb. 39 b gezeichnete. Die lokalen Änderungen des Geschwindigkeits- und Druckzustandes $\dfrac{\partial \bar{c}}{\partial t}, \dfrac{\partial c_m}{\partial t}, \dfrac{\partial c_u}{\partial t}, \dfrac{\partial p}{\partial t}$ kann man für einen festen Raumpunkt aus diesem Diagramm entnehmen, indem man es an diesem als Beobachtungsposten mit der Umfangsgeschwindigkeit des Rades vorbeiziehen läßt oder indem man es in umgekehrter Richtung mit dieser Umfangsgeschwindigkeit als Beobachter durchläuft. Es wird also ganz wie früher (in 24.):

$$\frac{\partial \bar{c}}{\partial t} = -\omega\,\frac{\partial \bar{c}}{\partial \varphi}, \qquad \frac{\partial c_m}{\partial t} = -\omega\,\frac{\partial c_m}{\partial \varphi}; \qquad \frac{\partial c_u}{\partial t} = -\omega\,\frac{\partial c_u}{\partial \varphi}, \qquad \frac{\partial p}{\partial t} = -\omega\,\frac{\partial p}{\partial \varphi}.$$

Dabei ist unter φ zunächst die Winkelkoordinate in einem auf dem Rade festen Koordinatensystem, also eine relative Koordinate, verstanden; man kann sie aber für einen Augenblick dt auch als absolute Koordinate deuten. Geht man nun wieder zu Leiträdern mit endlicher Schaufelzahl in endlicher Nähe des Rades über, so überlagern sich den periodisch von Radschaufel zu Radschaufel wiederholten Diagrammen während seiner Drehung mit dem Rade noch zeitliche Schwankungen, die im allgemeinen in jeder Teilung im gleichen Augenblick verschieden sind, aber die oben abgeleiteten Periodenzahlen besitzen. Zu den obigen rechtsseitigen Ausdrücken hat dann noch ein Glied zu treten, das von diesen Schwankungen herrührt.

Es ist zur Zeit noch nicht entschieden, ob die Tatsache der Periodizität bzw. die Höhe der auftretenden Periodenzahlen irgendeinen Einfluß auf die Güte der Energieumsetzung in Kreiselrädern haben oder ob sie bei Stabilitätsfragen eine Rolle spielen[1]. Nicht unerwähnt darf hier bleiben, daß wir bei der ganzen bisherigen Darstellung, wenn wir von Geschwindigkeiten redeten, immer an die zeitlichen Mittelwerte der Grundbewegung gedacht und die darüber gelagerten turbulenten Schwankungen vollständig vernachlässigt haben.

28. Vereinfachung des Strömungsbildes für eine eindimensionale Grundzugstheorie.

Nach den Darlegungen des vorigen Abschnittes ist die nächstliegende Vereinfachung die, daß wir die Schaufelzahl des Rades unendlich groß annehmen. Gleichzeitig müssen wir, damit jede Wassermenge zwischen den Schaufeln strömen kann, diese unendlich dünn voraussetzen und zwar in dem Maße, daß ihr Anteil am gesamten Radschaufelraum in der Grenze verschwindet. Dadurch wird die Periodenzahl der Schwankungen unendlich groß und die Amplitude der Schwankungen unendlich klein. Auch führen dann die Radschaufeln die Strömung exakt, und wenn man die c_m-Verteilung kennt, so kann man auch die wichtigen c_u-Komponenten im Radschaufelraum für jede Wassermenge und Drehzahl unmittelbar angeben. Für die Leiträder gilt dies aber

---

[1] Gelegentliche Beobachtungen lassen einen Einfluß vermuten. Siehe z. B. Prasil, Schweiz. Bauzg. Bd. 45 „Vergleichende Untersuchung an ReaktionsNiederdruckturbinen", wo für Räder mit kleinem Spalt zwischen Leit- und Laufschaufeln bei bestimmten Wassermengen und Drehzahlen gewisse Wirkungsgradsenkungen beobachtet wurden. Oder auch: Graf und D. Thoma: „Neuere Schnelläuferturbinen", Z. V. d. I. 1907, S. 1012, wo über zwei verschiedene, bei sonst gleichen Bedingungen beobachtete Drehmomente des gleichen Rades, also anscheinend verschiedene Strömungszustände in ihm berichtet wird.

nicht, hier müßte man, da nur an den Schaufeln selbst die Richtungen angegeben sind, die Strömung zwischen den Schaufeln doch wieder unter Berücksichtigung der Randbedingungen genauer untersuchen und den Mittelwert der c_u-Komponenten bzw. des Dralles $c_u \cdot r$ berechnen. Außerdem ist die c_m-Verteilung ja durchaus nicht sofort bekannt, sondern hängt auch wieder von den Schaufelformen ab. Man kann zwar Schaufelformen angeben, bei denen bei einem bestimmten Verhältnis $Q : \omega$ die c_m-Verteilung der freien Verteilung im schaufellosen Rotationshohlraum gleich bleibt[1]. Auch wenn man die Leitschaufelzahl ins Unendliche steigert, umgeht man diese letztere Schwierigkeit nicht; man hat eben dann immer noch eine zweidimensionale Theorie nötig, wodurch die c_m-Verteilung, d. h. die Abhängigkeit der c_m-Komponente von den Koordinaten r und z senkrecht und parallel zur Achse zum Ausdruck kommt.

Wir gehen daher noch einen Schritt weiter und führen außer unendlich großen Schaufelzahlen auch noch die c_m-Komponente und eine mittlere Drehfläche im Rotationshohlraum in einer Weise ein, daß eine **eindimensionale Grundzugstheorie** entsteht, welche gestattet, das Verhalten der Kreiselräder unter gegebenen Betriebsbedingungen und den Einfluß ihrer wesentlichen Konstruktionsdaten, nämlich lineare Dimensionen, Strömungsquerschnitte und Schaufelwinkel auf das Betriebsverhalten rasch mit genügender Annäherung zu übersehen.

Das Verfahren besteht darin, daß wir uns die ganze Wirkung der Strömung auf die festen und rotierenden Schaufeln in einer als Drehfläche angenommenen mittleren Stromfläche gewissermaßen konzentriert denken. Die Lage dieser Drehfläche kann man nur schätzen; sie soll für alle Wassermengen und Drehzahlen dauernd als „mittlere wirksame Stromfläche" gelten, und auf sie sollen alle Konstruktionsdaten des Kreiselrades bezogen werden. Bei allem, was über die c_m-Verteilung gesagt wurde, ist es klar, daß vom hydrodynamischen Standpunkt aus über die Lage dieser Drehfläche eine gewisse Unsicherheit herrscht; es ist daher naheliegend zu versuchen, sie nach rein geometrischen Gesichtspunkten festzulegen. In Abb. 76 a sollen durch die Meridianlinien $a-b-c$ und $a'-b'-c'$, die den Hohlraum einschließenden Drehflächen dargestellt sein. Wir ziehen nach „Gefühl" einige Meridianlinien von Flächen, die orthogonal zu den Flächen $a-b-c$ und $a'-b'-c'$ stehen und als „Querschnitte" des Hohlraumes gelten können, z. B. die Linien $a-a'$, $b-b'$ und $c-c'$. Diese Drehflächen teilen wir nun durch geeignete Wahl der Punkte $a''\ b''\ c''$ in zwei Flächen gleichen Inhalts. Mit den Bezeichnungen der Abb. 76 a muß dazu beispielsweise sein (Fläche $c-c'$): $\varDelta b' \cdot D' = \varDelta b'' \cdot D''$. Dabei ist D' der Durchmesser des Kreises durch den Halbierungspunkt (streng genommen den Schwerpunkt!) des Bogens $c-c''$ usw. Die Meridianlinie $a''-b''-c''$ repräsentiert dann eine Drehfläche, die den Rotationshohlraum in

---

[1] Vgl. den 2. Band oder auch Mises: Theorie d. Wasserräder, Sonderdruck aus Z. f. Math. u. Physik. 1908.

zwei Räume von überall dem halben Querschnitt teilt; sie soll natürlich ihrerseits orthogonal zu den Querschnittslinien a—a', b—b', c—c' sein. **Diese Drehfläche nehmen wir als mittlere wirksame Stromfläche an.** In einem Querschnitt des Hohlraumes rechnen wir die mittlere c_m-Geschwindigkeit als den Quotient Q/F, z. B. im Querschnitt c—c'

$$c_m = \frac{Q}{\pi(D'\varDelta b' + D''\varDelta b'')} \tag{129}$$

aus und ordnen diesen c_m-Wert dem Parallelkreis zu, in dem die mittlere Stromfläche den Querschnitt schneidet; also z. B. dem Parallelkreis durch Punkt c''.

Diese Querschnittsbestimmung und c_m-Berechnung soll auch in schaufelbesetzten Rotationshohlräumen gelten, sie wird aber zweck-

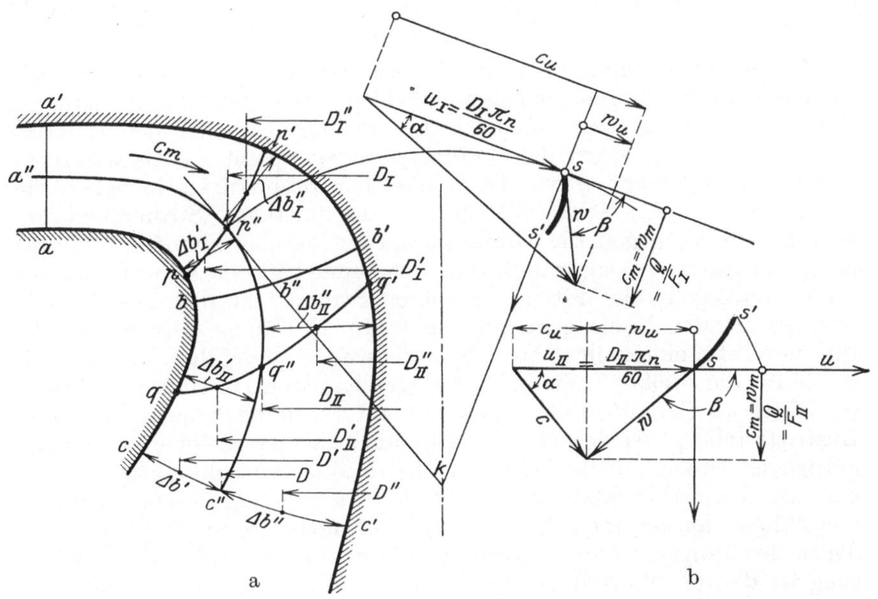

Abb. 76a und b.

mäßig an den „Ein- und Austrittsstellen" von Schaufelräumen noch etwas verfeinert. Als Ein- und Austrittsstellen gelten die Parallelkreise, in denen die mittlere Stromfläche von den begrenzenden Drehflächen der Schaufelräume geschnitten wird, also in Abb. 76a z. B. die Parallelkreise durch p'' und q''. Die Durchmesser dieser Kreise gelten als „Ein- und Austrittsdurchmesser". Die begrenzenden Drehflächen, in Abb. 76a z. B. p—p' und q—q' sind im allgemeinen nicht mit Querschnitten des Rotationshohlraumes identisch. Als wirksamen Querschnitt für die Stellen p'' und q'' rechnen wir dann die Summe der beiden Teilquerschnitte, deren Meridianlinie durch die Halbierungspunkte der beiden Teilstrecken p—p'' und p''—p' bzw.

$q-q''$ und $q''-q'$ gehen, und die also im allgemeinen zu verschiedenen Vollquerschnitten des Rotationshohlraumes gehören. Hiernach wird z. B.

$$F_I = (D_I' \varDelta b_I' + D_I'' \varDelta b_I'') \cdot \pi \ \text{ bzw. } F_{II} = (D_{II}' \varDelta b_{II}' + D_{II}'' \varDelta b_{II}'') \cdot \pi \ ; \quad (130)$$

dabei sind $\varDelta b_I'$ und $\varDelta b_I''$ bzw. $\varDelta b_{II}'$ und $\varDelta b_{II}''$ durch die Halbierungspunkte der Bogen $p-p''$ und $p''-p'$ bzw. $q-q''$ und $q''-q'$ gezogen und D_I' und D_I'' bzw. D_{II}' und D_{II}'' diesen Halbierungspunkten zugeordnet. $c_{mI} = \dfrac{Q}{F_I}$ und $c_{mII} = \dfrac{Q}{F_{II}}$ werden den Stellen p'' und q'' zugeordnet. — Die Umfangsgeschwindigkeit irgendeiner Stelle in einem mit rotierenden Schaufeln besetzten Schaufelraum errechnet sich aus

$$u = \frac{D \pi n}{60} \, . \tag{131}$$

Als letztes Bestimmungsstück für die Strömung benötigen wir den Schaufelwinkel β gegen die Umfangsrichtung, der nach unserer jetzigen Auffassung unmittelbar identisch ist mit dem Winkel der Relativgeschwindigkeit w gegen die Umfangsgeschwindigkeit u. Als wirksame Schaufelwinkel rechnen wir die Winkel der Raumkurve, in denen die (unendlich dünne!) Schaufelfläche von der mittleren Stromfläche geschnitten wird, gegen die Umfangsrichtung des betreffenden Punktes der Schnittkurve. Dargestellt wird der Winkel in der Abwicklung des Tangentialkegels, der mit der mittleren Stromfläche den Parallelkreis der betreffenden Stelle gemeinsam hat. In Abb. 50 ist diese Konstruktion bereits für einen allgemeinen Schaufelwinkel ausgeführt; in Abb. 76 b ist sie für die Stelle p'', die bei der eingezeichneten Durchströmrichtung (c_m-Pfeil!) als Eintrittsstelle zu bezeichnen ist, und die dementsprechende Austrittsstelle q'' wiederholt. Dort ist auch das ganze für diese Stellen gültige Geschwindigkeitsdiagramm in den Kegelabwicklungen gezeichnet. Die Kegelabwicklung an der Stelle q'' ist zufällig in eine Zylinderabwicklung ausgeartet. Die Schaufelrichtungen sind identisch mit denen der Tangenten an die Schaufelschnittkurven $s-s'$. Die c_m-Richtung ist die der Mantellinie des Berührungskegels (in der Abwicklung die einer Radialen); c_m ist also immer $\perp u$. Natürlich kann das Geschwindigkeitsdiagramm in gleicher Weise für irgendeine Stelle der mittleren Stromfläche aus u, c_m und β gezeichnet werden. Über die Anfangs- und Zählrichtung des Winkels β bedarf es noch einer Festsetzung. Wir rechnen einheitlich für alle Kreiselräder in folgender Weise: Die positiven Richtungen von u, w und c_m werden von der betreffenden Stelle aus abgetragen; β ist dann $>$ oder $< 90°$, je nachdem die positive w-Richtung zwischen der positiven oder negativen u-Richtung einerseits und der positiven c_m-Richtung andererseits liegt. Die positiven c_m- und w-Richtungen liegen dabei natürlich immer in der gleichen Hälfte der durch die u-Richtung halbierten Zeichenebene; in welcher man sie zieht, ist gleichgültig; ihre Richtungen entsprechen in irgendeiner Weise der der Durchflußmenge durch das Kreiselrad. Im allgemeinen kommen dann für unsere Grundzugstheorie negative c_m und w nicht vor und es bewegen sich die Winkel β zwischen $0°$ und $180°$. Im „Eintrittsdreieck" der Abb. 76b ist also $\beta < 90°$; im Austrittsdreieck dagegen $> 90°$. Die weiteren geometrischen Beziehungen der Geschwindigkeitsdreiecke werden für die Zwecke unserer Grundzugstheorie am besten ausgedrückt durch die Formeln:

$$\left.\begin{array}{l} w = \dfrac{c_m}{\sin\beta} = \dfrac{Q}{F\sin\beta}\,; \quad w_u = c_m \cdot \operatorname{cotg}\beta = \dfrac{Q\operatorname{cotg}\beta}{F}\,, \\[3mm] c_u = u + w_u = \dfrac{D\pi n}{60} + \dfrac{Q\operatorname{cotg}\beta}{F}\,; \quad w_m = c_m\,, \\[3mm] c_u \cdot r = u \cdot r + w_u \cdot r = \dfrac{D^2\pi \cdot n}{120} + \dfrac{Q}{F} \cdot \dfrac{D}{2} \cdot \operatorname{cotg}\beta\,. \end{array}\right\} \quad (132)$$

Das $+$ Zeichen entspricht der festgesetzten Zählung des Winkels β. Wenn das Schaufelsystem nicht rotiert, so wird die Relativgeschwindigkeit zur Absolutgeschwindigkeit. Deren Richtung gegen die positive Umfangsrichtung der Raddrehung wollen wir stets mit α bezeichnen und ebenso zählen wie oben für β angegeben. Wir identifizieren sie ebenfalls mit dem Schaufelwinkel α des festen Systems, den wir gleichfalls aus dem abgewickelten Schnitt des Tangentialkegels an die mittlere Stromfläche mit den Flächen des festen Schaufelsystems entnehmen. Aber auch in dem allgemeinen Diagramm der Geschwindigkeiten in einem rotierenden System wollen wir mit α den Winkel der resultierenden Absolutgeschwindigkeit gegen die positive u-Richtung bezeichnen. In allen Fällen gilt also:

$$\left.\begin{array}{l} c = \sqrt{c_m^2 + c_u^2} = \dfrac{c_m}{\sin\alpha}\,; \quad c_u = c_m \operatorname{cotg}\alpha = \dfrac{Q}{F}\operatorname{cotg}\alpha\,; \\[3mm] c_u \cdot r = \dfrac{Q}{F} \cdot \dfrac{D}{2}\operatorname{cotg}\alpha\,; \quad\quad u + \dfrac{Q}{F}\operatorname{cotg}\beta = \dfrac{Q}{F}\operatorname{cotg}\alpha\,. \end{array}\right\} \quad (133)$$

Rechtfertigen lassen sich die vorgetragenen, stark vereinfachenden Festsetzungen letzten Endes nur durch einen Vergleich der Folgerungen aus der so gegründeten Theorie mit den Ergebnissen ausgeführter Räder. Auf solche Vergleiche wird in den folgenden Absätzen noch hingewiesen werden. Man kann bei den getroffenen Vereinbarungen auch von einer Theorie des mittleren Stromfadens sprechen, der als Ersatz für das dreidimensionale Kreiselrad konstruiert wird; die obigen Ausführungen geben an, in welcher Weise der mittlere Stromfaden aus dem gegebenen Schauflungssystem herausgeschält wird und wie seine wesentlichen Bestimmungsstücke, Querschnitte, Winkel, Abstand seiner einzelnen Punkte von der Achse anzusetzen sind. Gegenüber dem Näherungscharakter des ganzen Verfahrens hat es natürlich gar keinen Zweck, irgendwelche Verfeinerungsversuche zu machen — wie z. B. durch Berücksichtigen der endlichen Schaufelstärke mit Hilfe eines „Verengungsbeiwertes" für die Querschnitte oder durch ähnliches.

29. Die Änderung des Dralles durch die Kreiselräder.

a) Abhängigkeit der Dralländerung von Wassermenge und Drehzahl.

Mit unseren vereinfachten Anschauungen stimmt es überein, wenn wir die gegenseitige Einwirkung der Schaufelsysteme und ihrer mit der Drehung wechselnden Stellung zueinander auf die Strömung nicht beachten und die Strömung jeweils vom Eintritt in ein Schaufelsystem bis zum Eintritt ins nächste als nur durch das auf diesem Teilwege durchströmte System bestimmt ansehen. D. h. folgendes: jedem Schaufelsystem strömt die Flüssigkeit mit einem Drallwert zu, wie er durch den Austritt aus dem vorhergehenden Schaufelsystem vorgeschrieben ist. Wir müssen uns dabei daran erinnern, daß in dem schaufelfreien Übergangsstück des Rotationshohlraumes zwischen den Schaufelsystemen — dem „Schaufelspalt" — die Strömung mit konstantem Drall $c_u \cdot r =$ konst. erfolgt. Bei den normalen Kreiselradmaschinen ist die Kombination Leitrad-Laufrad von besonderem Interesse. Der Drall zwischen Leitrad und Laufrad ist dann durch

$$(c_u \cdot r)_l = \frac{Q}{F_l} \cdot \frac{D_l}{2} \cdot \cotg \alpha_l \qquad (134)$$

gegeben, derjenige hinter dem Laufrad durch:

$$(c_u \cdot r)_r = u_r \cdot r_r + w_{u_r} \cdot r_r = \frac{D_r^2 \pi \cdot n}{120} + \frac{Q}{F_r} \cdot \frac{D_r}{2} \cotg \beta_r, \qquad (135)$$

wobei sich die Indizes l und r auf den Austritt aus Leitrad bzw. Laufrad beziehen. Der Betrag, um den der Drall im positiven Sinne (= dem der Raddrehung) durch das Rad gesteigert wird, ist also:

$$\Delta_l^r (c_u \cdot r) = \frac{D_r^2 \pi}{120} \cdot n + \left(\frac{D_r}{2 F_r} \cotg \beta_r - \frac{D_l}{2 F_l} \cotg \alpha_l \right) Q, \qquad (136)$$

also eine lineare Funktion von n und Q. Stehen die Leitschaufeln radial, oder strömt die Flüssigkeit durch ein Saugrohr dem Rad axial zu, so ist $\alpha = 90°$; $\cotg \alpha = 0$.

b) Übergang von einem Schaufelsystem ins andere.

Die Frage, ob der Drall, mit dem die Flüssigkeit vor einem Schaufelsystem ankommt, für den Eintritt in dieses System paßt, spielt in den obigen Formeln keine Rolle; sie ist auch tatsächlich ohne Interesse, solange man nur nach der Drallsteigerung bei gegebenen Q und n fragt. Sie erlangt aber sofort sehr große Wichtigkeit, wenn man nach den Energieverlusten in der Strömung fragt. Vom hydrodynamischen Standpunkt aus ist die Frage für endliche Schaufelteilung t im Gitter bereits unter 20. beleuchtet worden. Für unsere Grundzugtheorie müssen wir auch hier vereinfachte Vorstellungen und entsprechende Rechenvorschriften herausarbeiten. Wir sprechen vom stoßfreien Eintritt in ein Schaufelsystem, wenn die Richtung der Absolutgeschwindigkeit übereinstimmt mit der der Schaufeltangenten am Eintritt in ein feststehendes Schaufelrad, bzw. wenn die Richtung der

Relativgeschwindigkeit gleich ist derjenigen der Schaufeltangenten am Eintritt in ein rotierendes Rad. Da der Kontinuität wegen die c_m-Komponenten für die unmittelbar ankommende Flüssigkeit und die unmittelbar weiterströmende überall, also auch am Eintritt gleich sein müssen, so bedeutet Gleichheit der Richtung natürlich auch Gleichheit der Größe der Geschwindigkeit. Stimmen die Richtungen nicht überein, so denken wir uns das „Einrenken" der Richtung von der Schauflung des angeströmten Rades unmittelbar — „plötzlich" — am Eintritt erzwungen, und wir sprechen vom Eintritt mit Stoß. Die c_m-Komponenten der anströmenden und weiterfließenden Menge müssen immer noch gleich sein. Der Unterschied der Richtung läßt sich also auf einen Unterschied der c_u- bzw. w_u-Komponenten zurückführen. In Abb. 77 sind die Verhältnisse für den Eintritt in ein feststehendes Leitrad

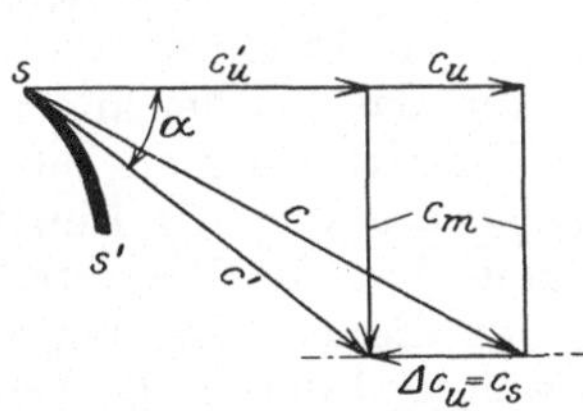

Abb. 77. Eintrittsstoß an einem Leitrad.

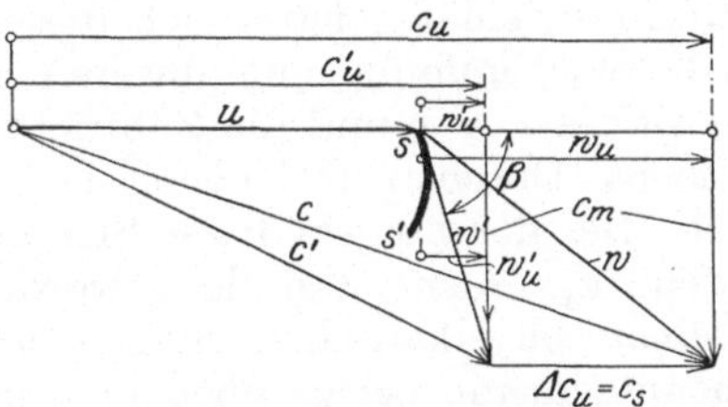

Abb. 78. Eintrittsstoß an einem Laufrad.

gezeichnet. Die Strömung kommt mit einem c_u an, das sich aus dem vor dem Rade herrschenden $c_u \cdot r$ zu $\dfrac{c_u \cdot r}{\dfrac{D}{2}}$ ergibt, wenn D der Eintritts-durchmesser ist. Der Eintritt in Richtung der Schaufeltangente würde aber ein $c'_u = \dfrac{Q}{F}\operatorname{cotg}\alpha$ erfordern. Den Unterschied $c_u - c'_u = \varDelta c_u = c_s$ bezeichnet man als „Stoßgeschwindigkeit". Die entsprechenden Verhältnisse am Eintritt in ein rotierendes Rad zeigt Abb. 78. Die Strömung kommt absolut betrachtet mit $c_u = \dfrac{c_u \cdot r}{\dfrac{D}{2}}$, relativ zum Rade mit

$w_u = c_u - u$ an. Eintritt in Richtung der Schaufeltangente würde aber

$$c'_u = u + w'_u = \frac{D\pi n}{60} + \frac{Q\operatorname{cotg}\beta}{F}$$

erfordern. Die Differenz ist:

$$\varDelta c_u = c_s = \frac{c_u \cdot r}{\dfrac{D}{2}} - \frac{D\pi n}{60} - \frac{Q\operatorname{cotg}\beta}{F}, \qquad (137)$$

sie kann auch als $\varDelta w_u$ bezeichnet werden.

Ein Beispiel möge den Fall noch weiter erläutern. Übergang aus einem Leitrad in ein Laufrad. Index l für den Austritt aus dem Leitrad; Index r_e für den Eintritt ins Laufrad. Die Strömung kommt an mit:

$$(c_u r)_l = \frac{Q}{F_l}\operatorname{cotg}\alpha_l \cdot \frac{D_l}{2}, \quad \text{also} \quad c_{u_{r_e}} = \frac{Q}{F_l}\operatorname{cotg}\alpha_l \frac{D_l}{D_{r_e}}.$$

Stoßfreier Eintritt würde erfordern:

$$c'_{u_{r_e}} = \frac{D_{r_e}\pi\, n}{60} + \frac{Q}{F_{r_e}}\cotg\beta_{r_e},$$

also ist:

$$c_s = \left(\frac{\cotg\alpha_l}{F_l}\cdot\frac{D_l}{D_{r_e}} - \frac{\cotg\beta_{r_e}}{F_{r_e}}\right)\cdot Q - \frac{D_{r_e}\cdot\pi}{60}\cdot n. \tag{138}$$

Also auch hier wieder lineare Abhängigkeit von Q und n. Stoßfreier Eintritt herrscht nur bei einem bestimmten Verhältnis

$$\frac{Q}{n} = \frac{\dfrac{D_{r_e}\pi}{60}}{\dfrac{\cotg\alpha_l}{F_l}\cdot\dfrac{D_l}{D_{r_e}} - \dfrac{\cotg\beta_{r_e}}{F_{r_e}}}. \tag{139}$$

Rechnungsmäßig kann sich dieses auch negativ ergeben; dies heißt in Übereinstimmung mit unseren Festsetzungen in Abschnitt 28 über positives c_m, w und die Zählrichtung von β nur, daß bei der angenommenen Durchströmrichtung kein stoßfreier Eintritt ins Rad möglich ist. Bei der umgekehrten Strömungsrichtung wäre aber die Eintrittsstelle zur Austrittsstelle geworden, und damit hat die Fragestellung keinen physikalischen Sinn mehr. Man kann die Gleichungen auch benutzen, um bei gegebenem Q und n und weiter D und F die Winkel für stoßfreien Eintritt zu bestimmen. Diese Aufgabe sowie die Bestimmung von c_s wird aber in einem bestimmten Fall viel einfacher durch Zeichnen der Geschwindigkeitsdiagramme gelöst!

VII. Kraftwirkungen und Energieaustausch in den vollbeaufschlagten, geschlossen durchströmten Kreiselrädern.

30. Axialschub und Drehmoment. Unterschied zwischen Pumpen und Turbinen.

Um Kräfte und Momente an einem feststehenden oder rotierenden Kreiselrade auszurechnen, bedienen wir uns wieder der Methode des „Kontrollraumes", die hier beispielsweise auf das Laufrad der Abb. 79 angewandt sei. Das Laufrad werde vollständig in eine umgebende „Kontrollfläche", die eine geschlossene Drehfläche ist, eingehüllt. (strichpunktiert gezeichnet). Diese Fläche verläuft mit ihren Hauptteilen O ganz in der Flüssigkeit, nur mit einem kleinen Teil durchsetzt sie an einer Stelle (bei durchgehenden Wellen an zwei Stellen) innerhalb der Wellenstopfbuchse die Welle. Der Hauptanteil O zerfällt wieder in Teile von verschiedener Bedeutung. Erstens die Teile, die den eigentlichen Arbeitsraum, den Rotationshohlraum, durchsetzen (a—a' und b—b'); diese sind die Ein- und Austrittsflächen für die Betriebsflüssigkeit in und aus dem Kontrollraum; über die Durchströmrichtung braucht keine Voraussetzung gemacht zu werden. Zweitens die Teile, die zwischen dem Laufrad und den umgebenden Gehäuseteilen liegen (a—c—b) und (a'—d). Diese Teile der Kontrollfläche sollen sich der

Radoberfläche vollkommen anschmiegen. Wir stellen nun — zunächst für einen bestimmten Augenblick — für jedes flüssige oder starre Teilchen, das sich während dieses Augenblickes im Kontrollraum befindet, gerade ein- oder gerade austritt, die beiden folgenden Gleichungen auf:

$$\Delta m \cdot \frac{dc_a}{dt} = \Delta P_a, \qquad (140)$$

$$\Delta m \cdot \frac{d(c_u r)}{dt} = \Delta M. \qquad (141)$$

Δ_m ist ein kleines Massenteilchen; c_a die Axialkomponente, c_u die Umfangskomponente seiner Absolutgeschwindigkeit; ΔP_a die Axialkomponente der Resultierenden aller auf das Teilchen wirkenden

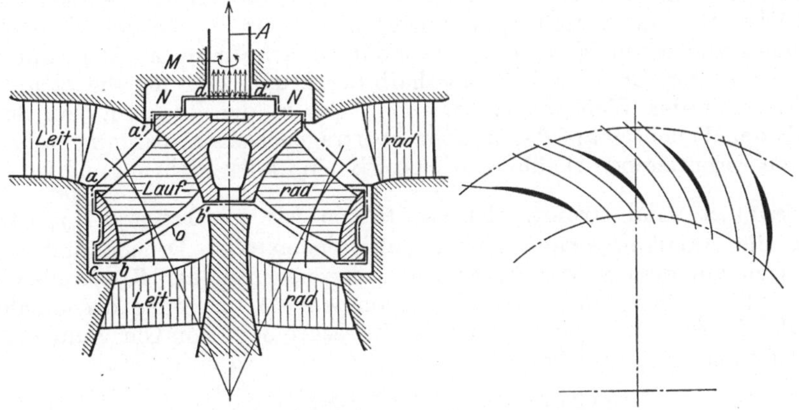

Abb. 79. Kontrollfläche um das Laufrad.

Kräfte, ΔM das Moment dieser Resultierenden um die Radachse. Dann denken wir uns die entsprechenden Gleichungen für alle starren und flüssigen Teilchen[1] im Kontrollraum angeschrieben und summiert; damit erhalten wir:

$$\sum \Delta m \cdot \frac{dc_a}{dt} = \sum \Delta P_a, \qquad (142)$$

$$\sum \Delta m \cdot \frac{d(c_u r)}{dt} = \sum \Delta M. \qquad (143)$$

Wir nehmen zunächst die Summation der rechten Seiten vor. Der Allgemeinheit wegen machen wir keine speziellen Annahmen über die Wellenlage, die Achse schließe vielmehr mit der Schwererichtung einen beliebigen Winkel ein. Zunächst erscheint als Kraftkomponente für jedes flüssige oder starre Teilchen die Komponente $\Delta G_{a_{fl}}$ bzw. $\Delta G_{a_{st}}$ seines Gewichtes. Die Summation liefert also für die Komponentengleichung einfach die Summe der Gewichtskomponenten aller im Kon-

---

[1] Hier werden also — im Gegensatz zu den Ableitungen in 20, 21, 23 und 24 — die Schaufelflächen nicht als weitere Begrenzungsflächen des Kontrollraumes betrachtet. Auf die Möglichkeit dieses Verfahrens ist bereits in 19 hingewiesen.

trollraum befindlichen festen Teile und der ganzen eingeschlossenen Flüssigkeit: $G_{ast} + G_{afl}$. Positiv sind diese Komponenten zu rechnen, wenn sie im Sinne des axialen Teiles der Strömung gehen. Jede einzelne dieser Gewichtswirkungen hat natürlich auch ein Moment, im ganzen aber liefern die Gewichte kein Moment, wenn der Schwerpunkt aller im Kontrollraum befindlicher Massen in der Achse liegt. Alle „inneren" Kräfte, d. h. die Drücke und Reibungen zwischen den flüssigen, die Spannungen zwischen den starren Teilchen, heben sich bei der Summation gegenseitig auf. Auch die Drücke und Reibungen zwischen flüssigen und starren Teilchen, also zwischen Strömung einerseits und Schaufel- und Radwänden andererseits, fallen, soweit sich die Teilchen im Innern des Kontrollraumes befinden, heraus. Ebenso ist es mit den Momenten dieser Kräfte. Übrig bleiben nur die Kraftwirkungen der Drücke, Reibungen und Spannungen an der Oberfläche des Kontrollraumes und deren Momente. Die Kontrollfläche muß zur Berechnung wieder in den Gesamtteil O innerhalb der Flüssigkeit und die Schnittfläche mit der Welle zerlegt werden. Die in der letzteren von dem äußeren Wellenteil auf den inneren übertragenen Axialspannungen bzw. deren Resultierende A führen wir positiv ein in der Richtung, in der die Flüssigkeit axial strömt. Ebenso führen wir das Integral $\int\limits^{O} p_a \cdot do$, das die Axialkomponente der Resultierenden aller Drücke und Reibungen auf dem in der Flüssigkeit gelegenen Teil der Kontrollfläche darstellt, positiv ein, wenn diese Komponente im Sinne des axialen Teiles der Strömung geht. Damit ist die rechte Seite von Gleichung (140) vollständig berechnet; es ist:

$$\sum \Delta P_a = G_{ast} + G_{afl} + A + \int\limits^{O} p_a\, do\,. \tag{144}$$

Das in der Schnittfläche der Welle von deren äußeren Teilen auf die inneren übertragene Torsionsmoment wollen wir mit M_t bezeichnen und positiv rechnen, wenn es im Sinne der Raddrehung wirkt. In dem Hauptteil O der Kontrollfläche haben nur die Flüssigkeitsreibungen Momente, während die Richtung aller Normalspannungen die Achse schneidet und diese daher keinen Beitrag zum Moment liefern. Von dem Reibungsmoment können wir aber den Anteil, der auf die „Ein- und Austrittsflächen ($a-a'$, $b-b'$) entfällt, vernachlässigen, da diese ganz in der Flüssigkeit liegen und Zähigkeitswirkungen im Innern der Flüssigkeit nach unserer ganzen Auffassung nicht berücksichtigt zu werden brauchen. Wesentlich sind nur die Reibungen an der äußeren Naben- und Kranzoberfläche; man spricht dort von einem „Waten" des Rades in der Flüssigkeit und nennt die darauf zurückzuführenden Wirkungen die Radseitenreibung. Sie wirkt der Drehung immer entgegen, der Betrag ihres Momentes sei mit M_r bezeichnet; die rechte Seite der Gleichung (141) wird also

$$\sum \Delta M = M_t - M_r\,. \tag{145}$$

Zur Auswertung der linken Seiten betrachten wir zunächst die starren Teile. Diese haben keine Axialgeschwindigkeiten, liefern also keinen

Beitrag zu Gleichung (142). Ihre c_u-Komponente ist $r \cdot \omega$, und die Summierung liefert für das sich drehende Rad $\dfrac{d\omega}{dt} \int r^2 dm$ oder $J \cdot \dfrac{d\omega}{dt}$, wenn J das Massenträgheitsmoment des Rades ist. Wir wollen uns nun im folgenden auf solche Bewegungszustände beschränken, wo Q und ω im Mittel konstant sind; nach den Erörterungen unter 27. müssen wir dazu unsere Betrachtung über eine Periode erstrecken, nach deren Ablauf das momentane absolute Strombild oder auch das Relativstromlinienbild, wenn auch verdreht, so doch als Ganzes unverändert wiederkehrt. Dann ist aber im Mittel $d\omega/dt = 0$, und im Mittel liefern die starren, umlaufenden Teile auch zur Gleichung (143) keinen Beitrag. Bei den flüssigen Teilchen haben wir zu beachten, daß irgendeine für das Strömungsfeld charakteristische Größe, z. B. die Axialkomponente c_a oder das Geschwindigkeitsmoment $c_u \cdot r$, sich aus zwei Gründen ändert, erstens weil sich das Teilchen in dem augenblicklichen Strombild auf einer Stromlinie weiter bewegt — konvektive Änderung—, zweitens weil das ganze Strombild sich ändert — lokale Änderung. Diese zweite ist für ein Teilchen $\varDelta m\, \dfrac{\partial c_a}{\partial t}$ bzw. $\varDelta m\, \dfrac{\partial (c_u r)}{\partial t}$ und

für alle im Kontrollraum enthaltenen $= \displaystyle\int^V \dfrac{\gamma}{g}\, \dfrac{\partial c_a}{\partial t} \cdot dV$ bzw. $\displaystyle\int^V \dfrac{\gamma}{g}\, \dfrac{\partial (c_u r)}{\partial t} \cdot dV$,

wo V das gesamte von Flüssigkeit erfüllte Volumen im Kontrollraum ist. Da aber ein und dieselbe Geschwindigkeitsverteilung periodisch wiederkehrt, kann man die beiden Integrale im Mittel $= 0$ setzen, indem man ein mittleres Strombild herausgreift. Aus diesem hat man nun die konvektiven Änderungen zu berechnen. Ein solches Strombild ist für eine mittlere Rotationsfläche durch eine Abbildung in die Zeichenebene, die einem abgewickelten Schnitt des Ersatzkegels nahekommt, in Abb. 79 b dargestellt. Die Ein- und Austrittsgrenze des Kontrollraumes ist ebenfalls eingetragen (strichpunktiert). Das Bild sieht prinzipiell so aus wie das der Abb. 49 in Abschnitt 24, nur ist es im allgemeinen von Schaufelteilung zu Teilung etwas verschieden, wegen der verschiedenen Stellung des einzelnen Schaufelkanales zu den umgebenden Leitschauflungen. Durch Aufteilung in relative Stromfäden erhält man nun für die Summe der konvektiven Änderungen genau wie in 24.:

$$\frac{\gamma}{g} \int^O (c_{a_a} - c_{a_e}).dq' \qquad \text{bzw.} \qquad \frac{\gamma}{g} \int^O ((c_u r)_a - (c_u r)_e)\, dq'.$$

Dabei sind unter dq' die in den relativen Stromfäden fließenden und in den Kontrollraum eintretenden bzw. aus ihm austretenden Wassermengen verstanden; da aber die Ein- und Austrittsflächen sich nur in sich selbst bewegen, kann man auch

$$\frac{\gamma}{g} \left\{ \int^{O_a} c_{a_a}\, dq_a - \int^{O_e} c_{a_e}\, dq_e \right\} \qquad \text{bzw.} \qquad \frac{\gamma}{g} \left\{ \int^{O_a} (c_u r)_a\, dq_a - \int^{O_e} (c_u r)_e\, dq_e \right\}$$

schreiben, wo die dq_a bzw. dq_e die in der Fläche O_a austretenden bzw. in der Fläche O_e eintretenden absoluten Wassermengen bedeuten.

Die Indizes e und a beziehen sich auf die Ein- bzw. Austrittsflächen.
Aus den beiden Gleichungen (142) und (143) wird also:

$$G_{a_{st}} + G_{a_{fl}} + A + \int^{o} p_a \, do = \frac{\gamma}{g} \left\{ \int^{O_a} c_{a_a} \, dq_a \quad - \int^{O_e} c_{a_e} \cdot dq_e \right\}, \qquad (146)$$

$$M_t - M_r \qquad\qquad = \frac{\gamma}{g} \left\{ \int^{O_a} (c_u r)_a \, dq_a - \int^{O_e} (c_u r)_e \, dq_e \right\}. \qquad (147)$$

Im Zusammenhang mit den Erörterungen des Abschnittes 27 ist es
nützlich zu bemerken, daß die Integrale $\int^{V} \frac{\partial c_a}{\partial t} \cdot d V$ und $\int^{V} \frac{\partial (c_u r)}{\partial t} \cdot d V$
dauernd $=$ Null und die Integrale $\int c_a \cdot dq$ und $\int (c_u r) \, dq$ zeitlich kon-
stant sind, wenn die Leiträder entweder unendlich viele Schaufeln
haben oder unendlich weit abgerückt sind.

Wenn man schließlich, wie es in unserer Grundzugstheorie geschieht,
für alle Schaufelsysteme unendliche Schaufelzahl annimmt, so erhält
man einfach:

$$G_{a_{st}} + G_{a_{fl}} + A + \int^{o} p_a do = \frac{Q\gamma}{g} (c_{a_a} - c_{a_e}) \qquad = \frac{Q\gamma}{g} \Delta_e^a c_a , \qquad (148)$$

$$M_t - M_r \qquad\qquad = \frac{Q\gamma}{g} ((c_u r)_a - (c_u r)_e) = \frac{Q\gamma}{g} \Delta_e^a (c_u r) . \qquad (149)$$

Es ist wichtig, sich noch einmal aller Vorzeichenfestsetzungen zu erinnern. G_a, A und die Elementarkräfte $p_a \cdot do$ gelten positiv als Kräfte
von außen auf die Teile im Kontrollraum und im Richtungssinn des
axialen Strömungsanteiles; M_t rechnet positiv, wenn es als Drehmoment von außen auf die Teile im Kontrollraum im Sinne von ω wirkt.
M_r ist immer negativ, $c_u r$ gilt positiv im Sinne von ω. Es ist nützlich,
die Gleichungen (148) und (149) immer erst nach dem entwickelten Gedankengang und in der angegebenen Zusammenfassung auf den linken
und rechten Seiten aufzustellen, dabei die erwähnten Vorzeichen-
regeln zu beachten und dann erst nach den gewünschten Größen auf-
zulösen. Man erhält aus Gleichung (148):

$$A = \frac{Q\gamma}{g} \Delta_e^a c_a - G_{a_{st}} - G_{a_{fl}} - \int^{o} p_a \, do . \qquad (150)$$

A ist entgegengesetzt gleich der Kraft, mit der das Drucklager belastet
wird; diese meint man meistens, wenn man vom Axialschub der Welle
spricht. Es ist also:

$$A_{\text{Drucklager}} = -A = G_{a_{st}} + G_{a_{fl}} + \int^{o} p_a \, do - \frac{Q\gamma}{g} \Delta_e^a c_a . \qquad (151)$$

Es ist gebräuchlich, den Wert $-\dfrac{Q\gamma}{g} \Delta_e^a c_a$ den dynamischen und die
Summe

$$G_{a_{st}} + G_{a_{fl}} + \int^{o} p_a \, do$$

den statischen Anteil des Axialschubes zu nennen. Da $\int^{o} p_a \cdot do$ sowohl
die dynamische als auch die statische Druckverteilung enthält, so kann

man den statischen Anteil des Axialschubs auch in der Weise berechnen, daß man $G_{a_{fl}}$ wegläßt und $G_{a_{st}}$ um den Auftrieb vermindert, wenn man im $\int\limits^{o} p_a\, do$ nur die dynamische Druckverteilung einsetzt. (Diese Betrachtung wäre mit Rücksicht auf den Wellenquerschnitt in den Stopfbüchsen etwas zu korrigieren.)

Aus Gleichung (149) folgt:

$$M_t = M_r + \frac{Q\gamma}{g}\, \Delta_e^a(c_u r)\,. \tag{152}$$

In dieser Gleichung ist M_r immer positiv zu rechnen. Ist $(c_u r)_a > (c_u r)_e$, so ist M_t positiv, d. h. die Welle treibt das Kreiselrad an, es muß ein Drehmoment in die Welle eingeleitet werden, es liegt eine Pumpe (Arbeitsmaschine) vor. Ist dagegen $(c_u r)_a < (c_u r)_e$, so ist, da M_r höchstens 10 % der rechten Seite ausmacht, M_t negativ, die Welle wird vom Kreiselrade angetrieben, es ist ein Drehmoment aus der Welle abzuleiten, es liegt eine Turbine (Kraftmaschine) vor. Der Wert $-\dfrac{Q\gamma}{g}\,\Delta_e^a(c_u r)$ stellt das Reaktionsmoment dar, das die Strömung an den Schaufeln ausübt; wir wollen es mit M bezeichnen; es ist treibend (Turbine), wenn $(c_u r)_e > (c_u r)_a$ ist. Ein und dasselbe rotierende Kreiselrad kann prinzipiell als Pumpe und als Turbine arbeiten, im ersten Fall vergrößert es den Drall der durchströmenden Flüssigkeit, im zweiten verkleinert es ihn. Die Frage des Wirkungsgrades bleibt zunächst noch offen. Die Gleichung

$$M = -\frac{Q\gamma}{g}\, \Delta_e^a(c_u r) = \frac{Q\gamma}{g}\, \Delta_a^e(c_u r) \tag{153}$$

heißt die Momentengleichung der Kreiselräder; ihre Aufstellung und Ableitung im Sinne einer eindimensionalen Theorie geht auf Euler zurück.

Auch hier kann man die Momentenformel so umformen, daß die Zirkulationen um das Kreiselrad bzw. die einzelnen Schaufeln darin erscheinen. Die Formel lautet genau, wie die für das reine Radialrad in 24., nämlich

$$M = \frac{Q\gamma}{g} \cdot \frac{\Gamma_s}{t_\varphi}\,, \tag{154}$$

über ihre Voraussetzungen und Gültigkeit soll aber erst im zweiten Band berichtet werden.

Die Gleichungen (148) bis (153) gelten sinngemäß auch für feststehende Kreiselräder, für Leitapparate (M_r ist dann immer $= 0$). An Stelle der Welle, die von außen Momente und Axialkräfte auf die im Kontrollraum befindlichen Teile überträgt, treten hier feste Gehäusekonstruktionen: Böden, Deckel, Anker, Bolzen usw. Der Kontrollraum wird hier zweckmäßig außer durch die Ein- und Austrittsflächen durch die Wände des Rotationshohlraumes begrenzt. In deren Schnitten mit den Schaufeln werden dann die den Wellenkräften und Momenten entsprechenden Kräfte und Momente von den Gehäuseteilen auf die Teile im Innern des Kontrollraumes übertragen. Die linken Seiten der Gleichungen errechnen sich aus dem absoluten Strombild, das ein Teil des gesamten, periodisch wechselnden ist. Alle Bemerkungen über Mittelwerte gelten wie oben.

Es ist von besonderer Wichtigkeit, darauf hinzuweisen, daß die Momentengleichung ganz unabhängig davon ist, ob der Eintritt in das Schaufelrad mit oder ohne Stoß erfolgt. Deutlich zeigt die Ableitung, daß als Eintrittsdrall derjenige zu rechnen ist, der der Strömung schon vor dem Eintritt ins Rad aufgeprägt ist. Die „Stoßwirkungen" des Wassers beim Eintritt in die

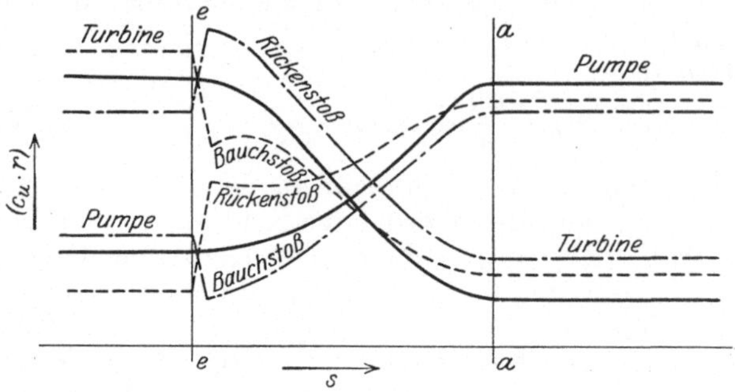

Abb. 80. Bauch- und Rückenstoß bei Turbine und Pumpe.

Radschauflung verlangen ebensowenig eine besondere Berücksichtigung wie die Reibungswirkung im Innern des Kontrollraumes, oder, wenn man nur an das Moment M denkt, nicht an M_t, der Reibungswirkungen überhaupt einschließlich der Radseitenreibung und der Reibung in der Ein- und Austrittsfläche. Implizite steckt natürlich im allgemeinen Falle die Stoßwirkung doch in der Gleichung insofern, als sie auf die Gestalt der Strömung und damit auf die Ein- und Austrittswerte des Dralles Einfluß hat. Führt allerdings der falsche Eintritt in den Laufschaufelraum zu solchen Wirbelungen, daß ein Wirbelschwanz sich bis über die Grenzen des Kontrollraumes hinauszieht, so gilt das in 21. über diesen Fall Gesagte. Für unsere Grundzugstheorie jedoch steht es in Übereinstimmung

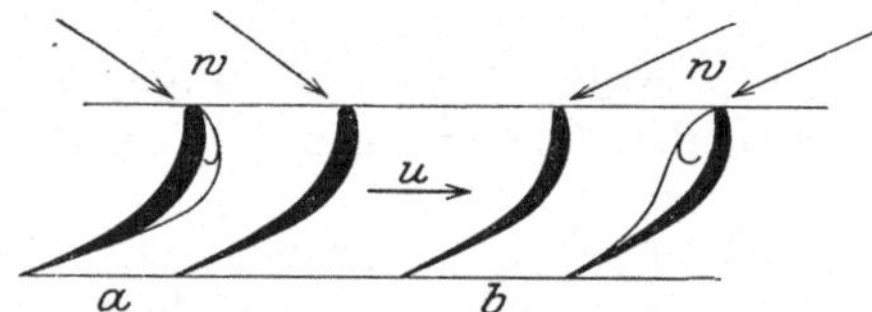

Abb. 81a und b. Bauch und Rückenstoß und die zugehörigen relativen Eintrittsrichtungen

mit den ihr zugrunde liegenden Anschauungen, wenn wir daran festhalten, daß der Eintrittswert des Dralles allein durch das dem betrachteten vorgeschaltete Rad, der Austrittswert allein durch das betrachtete Rad selbst bestimmt ist. Der Stoß am Eintritt ist dann so zu verstehen, daß, gleichgültig ob der Drall im ganzen erhöht oder erniedrigt wird, an den Eintrittsenden der Schauflung lokal in beiden Fällen sowohl eine Erhöhung als auch eine Erniedrigung eintreten kann. Abb. 80 veranschaulicht die vier typischen Fälle, indem sie den Verlauf des Drallwertes über der Abwicklung s eines mittleren Strömungsweges durch das Rad hindurch darstellt. Dabei ist Bauchstoß = Stoß durch zu großen, Rückenstoß = Stoß durch zu kleinen Drall. Den Bauchstoß zeigt Abb. 81a, den Rückenstoß Abb. 81b; in beiden ist die mit der Schaufel-Anfangsrichtung nicht übereinstimmende, relative Anströmung und die dadurch hervorgerufene Wirbel- und Totwasserbildung angedeutet.

31. Energiebilanz der verlustlosen Kreiselradmaschine. Hauptgleichung der Kreiselradtheorie.

Wenn sich ein Kreiselrad dreht und gleichzeitig in der Welle ein Torsionsmoment besteht, so wird Leistung entwickelt oder verbraucht; ein Äquivalent dafür muß sich darin finden, daß sekundlich eine bestimmte Wassermenge von einem Energieniveau in ein anderes übergeht. Wenn keine Energieverluste auftreten, muß die Energiesteigerung in der Strömung vollständig äquivalent sein der zur Drehung der Welle durch das Torsionsmoment aufgewendeten Leistung. Dabei sehen wir also auch von der Leistung desjenigen Teiles des Torsionsmomentes ab, der M_r, dem Reibungsmoment, entspricht, und beschränken uns auf das Moment vom Betrage desjenigen, das die Strömung an den Schaufeln ausübt. Dann besteht aber die Gleichung:

$$M \cdot \omega = Q \cdot \gamma \cdot \Delta_e^a H. \tag{155}$$

Setzt man aber für M seinen Wert aus Gleichung (153) ein, so folgt weiter:

$$Q\gamma \cdot \Delta_e^a H = \frac{Q\gamma}{g} \cdot \omega \cdot \Delta_e^a (c_u \cdot r) \tag{156}$$

oder

$$\Delta_e^a H = \frac{\omega}{g} \Delta_e^a (c_u \cdot r). \tag{157}$$

H ist die bekannte „Strömungsenergie"; also:

$$\Delta_e^a H = \Delta_e^a \left(\frac{p}{\gamma} + h + \frac{c^2}{2g} \right). \tag{158}$$

In Worten: Hält ein rotierendes Kreiselrad in den Gebieten, die es voneinander trennt, einen Unterschied der Drallwerte $(c_u r)$ aufrecht, so hält es gleichzeitig einen Unterschied des Energieniveaus aufrecht, der jenem nach Maßgabe von Gleichung (157) gleichsinnig und proportional ist. Drallsteigerung bedeutet also auch Energiesteigerung, Drallsenkung auch Energiesenkung.

Gleichung (157) wird die Hauptgleichung der Kreiselradtheorie genannt; für den Ausdruck $\Delta_e^a H$ findet sich neuerdings in der Literatur die Bezeichnung: „theoretische spezifische Schaufelleistung", weil er die auf 1 kg/sec strömender Flüssigkeit bezogene Leistung darstellt. Die Indizes e und a beziehen sich auf schaufelfreie Gebiete vor und hinter dem Laufrad. Die Gleichung (157) wird häufig in anderer Form geschrieben; indem man ω als konstanten Faktor in die Differenz hineinnimmt, ergibt sich:

$$\Delta_e^a H = \frac{1}{g} \Delta_e^a (u \cdot c_u). \tag{159}$$

Man muß hierbei nur beachten, daß man unter den u diejenigen Umfangsgeschwindigkeiten zu verstehen hat, welche die Ein- und Austrittsstellen, an denen man die c_u mißt, hätten, wenn sie mit dem Rade fest verbunden wären. Gleichung (159) wird meistens angewendet, indem man die u an den Endstellen der Laufradschauflung mißt. Liegt stoßfreier Eintritt vor, so ist dabei keine Gefahr; ist dies aber nicht der Fall, so läßt Gleichung (159) nicht erkennen, welchen c_u-Wert man einzusetzen hat; während Gleichung (157) deutlich sagt, daß hier nur der c_u-Wert der ankommenden Strömung, nicht etwa der für stoßfreien Eintritt erforderliche in Frage kommt. In diesem Buche wird daher der Gleichung (157) der Vorzug gegeben. Beide Gleichungen gelten

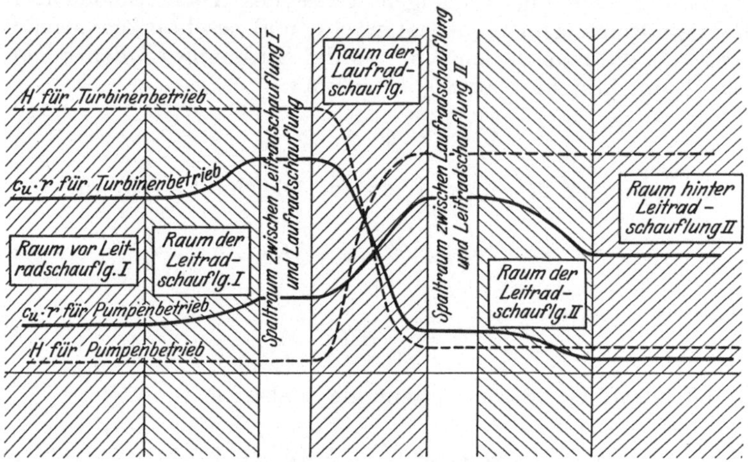

Abb. 82.   Energie- und Drallverlauf in eine Kreiselradmaschine.

für Pumpen- und Turbinenwirkung; das Vorzeichen von $\Delta_e^a(c_u \cdot r)$ entscheidet in bereits bekannter Weise die Frage, welche Betriebsart vorliegt.

Für das in Abb. 50 dargestellte Schema einer Kreiselradmaschine ergeben sich nun an Hand unserer Grundzugstheorie bei verlustlosem Betriebe folgende Vorstellungen über die Energie- und Drallverhältnisse. Der von der Flüssigkeit zuerst durchströmte Leitapparat liegt vollständig in einem Gebiet konstanter Strömungsenergie H_e; vor ihm herrscht konstanter Drall, er verändert ihn auf einen Wert $(c_u \cdot r)_e$; dieser ist konstant zwischen dem Leitrad und dem Rade. Das Gebiet konstanten Wertes H_e reicht bis unmittelbar an die Radschauflung heran. Das Laufrad verändert den Drall auf den Wert $(c_u \cdot r)_a$; dieser ist konstant im Raum zwischen der Schauflung des Laufrades und der des zweiten Leitrades, dieses verändert den Drall wieder. Der Raum zwischen Laufschauflung und zweiter Leitschauflung, diese selbst und der weitere Raum bis zu einem etwaigen neuen Laufrade bilden ein Gebiet konstanten Wertes H_a. Abb. 82 veranschaulicht diese Verhältnisse durch ein Diagramm, aufgetragen über der Abwicklung eines mittleren Strömungsweges durch alle erwähnten Gebiete hindurch.

32. Energiebilanz wirklicher, vollbeaufschlagter Kreiselradmaschinen mit geschlossener Strömung.

a) Die Hauptdefinitionen und Rechnungsweisen.

Die Energiebilanz, welche die Verluste berücksichtigt, wird am besten nicht für das Laufrad allein aufgestellt, sondern sofort auch auf andere Teile der Maschine ausgedehnt, die zu ihrem Betrieb gehören und für deren vorteilhafte Gestaltung der Konstrukteur verantwortlich ist. Wie weit man da zu gehen hat, ist von Fall zu Fall zu entscheiden. Drei typische Beispiele sollen im folgenden besprochen werden.

Die Turbine mit freiem Zulauf (Abb. 83). Die Turbine ist am Ende eines offenen Zuführungskanales in offener Kammer eingebaut und mit stehender oder liegender Welle, im ersten Falle mit geradem oder gekrümmtem Saugrohr, im zweiten stets mit gekrümmtem ausgeführt. Nach Durchströmen der Turbine und des Saugrohrs fließt das Wasser im Unterwasserkanal ab. Die Strömungsenergie im Unterwasser, und zwar in der Nähe des Saugrohrendes — dort, wo das Wasser „wieder beruhigt" ist —, nehmen wir als Nullniveau der Energie, zählen also alle Höhenlagen h positiv nach oben vom Unterwasserspiegel aus und rechnen als Null-

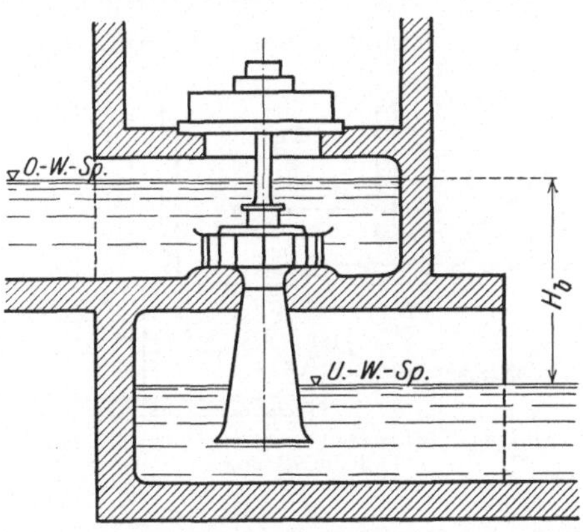

Abb. 83.　Bruttogefälle einer Turbine mit freiem Zulauf.

niveau der Druckhöhe p/γ den Atmosphärendruck; die Geschwindigkeitsenergie vernachlässigen wir zunächst. Im Vertikalschnitt des Unterwasserkanals haben wir die Strömungsenergie als konstant zu betrachten, d. h. alle Wasserteilchen laufen letzten Endes in ein Gebiet konstanter Strömungsenergie vom Werte $H = 0$ ein. Desgleichen betrachten wir die Energie in einem Vertikalquerschnitt des Oberwasserkanals unmittelbar vor der Kammer als konstant, und zwar gleich der im Oberwasserspiegel. Dort ist $H = \dfrac{p}{\gamma} + h + \dfrac{c^2}{2g} = H_b$, wenn H_b der Höhenunterschied zwischen Ober- und Unterwasserspiegel ist. Denn p/γ ist dort wieder $= 0$ und $c^2/2g$ kann wieder vernachlässigt werden. Man kann auch sagen: H_b ist der Unterschied an Strömungsenergie zwischen Ober- und Unterwasser und dabei ist nur die Differenz $\dfrac{c_0^2 - c_u^2}{2g}$ vernachlässigt. Alles, was nun zwischen Ober- und Unterwasser eingebaut ist, um das Wasser dem Laufrade zu- und wieder von ihm abzuführen, also die Einbaukammer, der Leitapparat, das Laufrad, das Saugrohr, fällt, da die Gestaltung dieser Organe die Ausnutzung der Wasserkraft beeinflußt, unter die Verantwortlichkeit des Turbinenkonstrukteurs. Es versteht sich daher von selbst, daß als „disponibles Gefälle" H_b gerechnet wird. Man nennt es auch das „Bruttogefälle". Wird es mit einem „Gesamtwirkungsgrad" η ausgenutzt, so erhält man am Kupplungsflansch der Turbinenwelle eine Leistung

$$N_w = \eta \, \frac{Q \cdot \gamma \cdot H_b}{75} \text{ in PS.} \tag{160}$$

Turbine mit Druckrohrleitung (Abb. 84). Die Turbine wird an die Druckrohrleitung, die von einem entfernt und höher liegenden „Wasserschloß" herkommt, mittels eines Spiralgehäuses oder eines Kessels angeschlossen. Hier wäre es unbillig, dem Turbinenkonstrukteur den Energieverlust, den die Rohrleitung verbraucht, mit anzukreiden. Man rechnet daher als disponibles Gefälle die Größe $H_b = \dfrac{p_0}{\gamma} + h_0 + \dfrac{c_0^2}{2\,g}$ in einem Rohrquerschnitt unmittelbar vor dem Anschluß an die Spirale

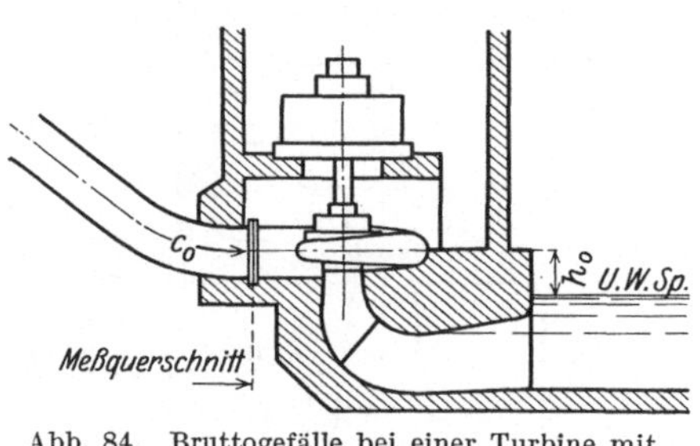

Abb. 84. Bruttogefälle bei einer Turbine mit Druckleitung.

oder den Kessel; diese beiden Organe fallen also mit unter die Verantwortlichkeit des Turbinenkonstrukteurs. In der Summe für H_b bedeutet h_0 die mittlere Höhenlage des Meßquerschnittes im Rohr über dem Unterwasserspiegel, p_0/γ den Überdruck in dem Querschnitt, c_0^2 ein mittleres Geschwindigkeitsquadrat. Meistens begnügt man sich damit, das Quadrat der mittleren Geschwindigkeit, die aus $c_0 = \dfrac{Q}{F_0}$ bestimmt wird, zu rechnen. Dies genügt auch, das $c_0^2/2\,g$ in den praktisch vorkommenden Fällen nur wenige Prozent von H_b ausmacht. Die Geschwindigkeitsenergie im Unterwasserkanal wird vernachlässigt.

Kreiselpumpe. Kreiselpumpen sind viel mehr Marktware als Wasserturbinen; sie werden häufig auf Lager gebaut. Ein und dieselbe Pumpe wird in ganz verschiedener Weise aufgestellt und erhält verschieden lange Saug- und Druckleitungen. Der Pumpenkonstrukteur übernimmt nur für die Gestaltung der Maschine selbst vom Saugstutzen bis zum Druckstutzen die Verantwortung. Beim Abnahmeversuch mißt man daher den Unterschied der Strömungsenergien zwischen dem Anfangsquerschnitt des Saugstutzens und dem Endquerschnitt des Druckstutzens und bezeichnet diesen als „Nutz- oder Nettoförderhöhe" $H_n = \varDelta_S^D\left(\dfrac{p}{\gamma} + h + \dfrac{c^2}{2\,g}\right)$. Häufig kann $\dfrac{c^2}{2\,g}$ vernachlässigt werden oder es fällt heraus, da Saug- und Druckanschluß gleiche oder annähernd gleiche Lichtweite haben. Mißt man ferner die Fördermenge und die mechanische, am Kupplungsflansch der Welle aufgewendete Leistung N_w, so ist der Gesamtwirkungsgrad

$$\eta = \frac{Q \cdot \gamma \cdot H_n}{75 \cdot N_w}. \tag{161}$$

Die Gedankengänge der besprochenen drei Fälle sind typisch und sinngemäß in Spezialfällen anzuwenden[1] (Pumpen mit kurzem zur Maschine zählendem Saugrohr, Ventilatoren, Föttinger-Transformatoren).

b) Aufteilung des Gesamtverlustes in vier Gruppen.

Hier gehen wir folgerichtig von einem Kreiselrade mit positiver, d. h. aufgewendeter mechanischer Leistung, also einer Pumpe aus.

Von der zum Betrieb einer Pumpe am Kupplungsflansch ihrer Welle aufgewendeten Leistung N_w geht zunächst ein Betrag für Lager- und Stopfbüchsenreibung N_l ab. Man kann daher einen rein „hydraulischen Gesamtwirkungsgrad" ε_h definieren durch die Gleichung:

$$\frac{Q \cdot \gamma \cdot H_n}{75} = \varepsilon_h \cdot (N_w - N_l).\qquad(162)$$

Auch die Leistung $N_w - N_l$ gelangt noch nicht in vollem Betrage an die Schauflung heran, es geht ein Teil $\dfrac{M_r \cdot \omega}{75}$ zur Überwindung der Radseitenreibung verloren; nur der Rest $N_w - N_l - \dfrac{M_r \cdot \omega}{75}$ steht für den Umsatz in Strömungsenergie zur Verfügung. Er geht aber nicht allein an die Fördermenge Q der Pumpe, sondern an eine etwas größere Wassermenge $Q + Q_s$ über. Q_s ist die „Spaltwassermenge". Q_s geht ganz oder teilweise andere Wege als die Hauptströmung Q. Bei der in Abb. 79 dargestellten Kreiselradmaschine z. B. findet eine „Spaltströmung" statt in dem Spielraum zwischen dem äußeren Radkranz und dem umgebenden Gehäuse; eine zweite ist möglich durch den Spalt zwischen Nabe und Gehäuse, und zwar dann, wenn der übrige Raum zwischen Nabe und Gehäuse entweder mit der Atmosphäre oder auch mit Stellen niedrigen Druckes in der Maschine selbst — natürlich unter Einschaltung von Drosselstellen — in Verbindung steht. (Solche Anordnung findet man häufig, um den Druck in dem Raum über der Nabe (Raum N, Abb. 79) herunterzuziehen und damit den Axialschub zu vermindern.) Wenn das Kreiselrad keinen äußeren Kranz besitzt, sondern die Schaufeln mit Spiel in dem Gehäuse laufen (wie bei Propeller- und Kaplanturbinen sowie bei Diagonal- oder Axialpumpen), so tritt an jedem Schaufelende eine Spaltströmung von der Schaufelseite höheren Druckes zu der niederen auf. Zur Aufrechterhaltung der Spaltströmung wird bei Rädern mit Kranzspalten fast der ganze Energieunterschied der Gebiete vor und hinter dem Laufrad verbraucht, da hier die Loslösung der Spaltströmung aus dem Hauptstrom und seine Wiedervermischung mit ihm unter den ungünstigsten Verhältnissen erfolgt und außerdem die langen Spaltwege erheblichen Drosselwiderstand bieten. Die Spaltströmung einer ohne Kranz mit Spiel im Gehäuse laufenden Schaufel verbraucht dagegen weniger Energie, da die Wiedervermischung mit dem Hauptstrom unter günstigeren Verhältnissen vor sich geht und der Spaltweg weit kleineren Drosselwiderstand zeigt. Aber auch in diesem Falle kann man die Sache so darstellen, als ob

---

[1] Siehe auch die verschiedenen Normen für Leistungsversuche.

eine „ideelle" Wassermenge Q_s (eine kleinere als die wirkliche) unter Verbrauch der ganzen vom Rad aus mechanischer in hydraulische umgesetzten Energie durch die Spaltwege strömt. Bei Pumpen hat man sich den Vorgang weiterhin so zu denken, daß die Spaltwassermenge dauernd vom Austrittsgebiet des Laufrades durch die Spaltwege zum Eintritt strömt und von da durch das Rad wieder zum Austrittsgebiet zurückbefördert wird. Das Rad fördert also eine größere Wassermenge, als man von außen als Fördermenge feststellt.

Somit besteht die Energiebilanz:

$$\frac{Q + Q_s}{75} \cdot \gamma \cdot \frac{\omega}{g} \cdot \Delta_e^a(c_u \cdot r) = N_w - N_l - \frac{M_r \cdot \omega}{75}, \tag{163}$$

denn $\dfrac{\omega}{g} \Delta_e^a(c_u \cdot r)$ ist ja der Austauschbetrag zwischen mechanischer und Strömungsenergie pro Kilogramm strömender Flüssigkeit; er ist hier „Bruttoförderhöhe" zu nennen und mit H_b zu bezeichnen. Man erhält:

$$H_b = \frac{\omega}{g} \Delta_e^a(c_u \cdot r) = \frac{N_w - N_l - \dfrac{M_r \cdot \omega}{75}}{\dfrac{Q + Q_s}{75} \cdot \gamma}. \tag{164}$$

An der Hauptströmung Q zeigt sich aber nur eine Energiesteigerung um den Betrag der „Nettoförderhöhe" H_n. Das Verhältnis

$$\frac{H_n}{H_b} = \varepsilon_s \tag{165}$$

nennen wir den „Strömungswirkungsgrad der Pumpe". Dieser wird nur durch die Strömungsverluste (Druckverluste) in dem Betriebsraum der Hauptströmung Q bedingt. Gleichung (164) gilt sofort auch für Turbinen, wenn man nur bedenkt, daß hier $\Delta_e^a(c_u \cdot r)$ negativ wird, ebenso aber N_w und Q_s, denn N_w ist jetzt eine abgegebene Leistung, und Q_s beteiligt sich nicht zusätzlich, sondern entzieht sich dem Energieaustausch. Man erhält also, wenn man alle Zeichen richtig einführt, als Umkehrung:

$$\frac{\omega}{g} \Delta_a^e(c_u \cdot r) = -\frac{N_w + N_l + \dfrac{M_r \cdot \omega}{75}}{\dfrac{Q - Q_s}{75} \cdot \gamma}. \tag{166}$$

Es ist aber nützlich, Gleichung (166) besonders abzuleiten.

Beim Betrieb einer Turbine steht uns die Bruttoleistung

$$N_b = \frac{Q \cdot \gamma \cdot H_b}{75}$$

zur Verfügung. Zum Umsatz in mechanische Leistung an den Laufradschaufeln gelangt aber nur eine kleinere $\dfrac{(Q - Q_s) \cdot \gamma \cdot H_b}{75}$, da die (ideelle oder tatsächliche) Spaltwassermenge Q_s das Laufrad umgeht. Der Umsatz erfolgt mit dem Strömungswirkungsgrad ε_s der Turbine.

Es gilt nun: $\dfrac{(Q - Q_s) \cdot \gamma}{75} \cdot \dfrac{\omega}{g} \, \varDelta_a^e(c_u \cdot r) = \dfrac{(Q - Q_s) \cdot \gamma \cdot H_n}{75}.$ (167)

Hier ist also

$$\frac{\omega}{g} \, \varDelta_a^e(c_u \cdot r) = H_n \tag{168}$$

als „Netto- oder Nutzgefälle" zu bezeichnen. Der Strömungswirkungsgrad ist

$$\varepsilon_s = \frac{H_n}{H_b} = \frac{\dfrac{\omega}{g} \, \varDelta_a^e(c_u \cdot r)}{H_b}. \tag{169}$$

Die an den Schaufeln umgesetzte Leistung wird zunächst noch um $\dfrac{M_r \cdot \omega}{75}$ verkleinert. Analog wie bei der Pumpe kann man also durch die Gleichung:

$$\varepsilon_h \frac{Q \cdot \gamma \cdot H_b}{75} = \frac{(Q - Q_s) \cdot \gamma \cdot H_n}{75} - \frac{M_r \cdot \omega}{75} \tag{170}$$

den hydraulischen Gesamtwirkungsgrad der Turbine definieren. An der Welle erhält man schließlich nach Abzug der Lager und Stopfbüchsenreibung die Leistung:

$$N_w = \frac{(Q - Q_s) \cdot \gamma}{75} \cdot \frac{\omega}{g} \, \varDelta_a^e(c_u \cdot r) - \frac{M_r \cdot \omega}{75} - N_l = \eta \cdot \frac{Q \cdot \gamma \cdot H_b}{75}, \tag{171}$$

was mit Gleichung (164) übereinstimmt.

c) Einheitliche Energiebilanz für Pumpen und Turbinen.

Wir bezeichnen in der Folge mit H_m den Wert $\dfrac{\omega}{g} \, \varDelta_e^a(c_u \cdot r)$ und bringen dadurch zum Ausdruck, daß

$$H_m = \frac{\omega}{g} \, \varDelta_e^a(c_u \cdot r)$$

sowohl bei Pumpen als auch bei Turbinen das Äquivalent für die zwischen Laufradschaufeln und Strömung ausgetauschte mechanische Energie ist. Die Indizes e und a beziehen sich nach wie vor auf das Eintrittsgebiet unmittelbar vor dem Laufrad bzw. das Austrittsgebiet unmittelbar hinter dem Laufrad. Demgegenüber sollen die Indizes E und A sich auf den Eintritt in die ganze Kreiselradmaschine bzw. den Austritt aus ihr beziehen. Dann gilt für Pumpen und Turbinen ein und dieselbe Bilanzgleichung, nämlich

$$\varDelta H_E^A = \frac{\omega}{g} \, \varDelta_e^a(c_u \cdot r) - \mathrm{Verl}_{E \to A}. \tag{172}$$

Das Verhältnis: $\dfrac{\varDelta_E^A H}{H_m}$ stellt bei Pumpen unmittelbar den Strömungswirkungsgrad ε_s dar, während es bei Turbinen seinen reziproken Wert angibt. Denn bei Turbinen kann man Gleichung (172) unter Vertauschung der Indizes und der Vorzeichen auch schreiben:

oder:
$$\left. \begin{aligned} -\varDelta_A^E H &= - \frac{\omega}{g} \, \varDelta_a^e(c_u \cdot r) - \mathrm{Verl}_{E \to A} \\ \varDelta_A^E H &= \frac{\omega}{g} \, \varDelta_a^e(c_u \cdot r) + \mathrm{Verl}_{E \to A} \end{aligned} \right\} \tag{173}$$

und hieraus sieht man, daß $\dfrac{\omega}{g} \, \varDelta_a^e(c_u \cdot r)$ hier $< \varDelta_A^E H$ ist.

10*

Bei mehrstufigen Kreiselradmaschinen kann man die Bilanzgleichung entweder auf eine Stufe oder auf die Gesamtheit aller Stufen anwenden. Im zweiten Falle tritt $\sum\limits_{i=1}^{i=n} H_{m_i}$ an Stelle von H_m, wenn n die Stufenzahl bedeutet. Die Indizes E und A sind sinngemäß zu beziehen.

Wir nennen im Folgenden die Größe

$$H_m = \frac{\omega}{g}\, \Delta_c^a (c_u\, r)$$

die „Radenergie".

33. Die Energie- und Druckverteilung in den Kreiselradmaschinen. Der Radüberdruck.

Gleichung (172) zieht eine Energiebilanz zwischen Eintritt und Austritt der ganzen Maschine. Ebensogut kann man auch andere Stellen

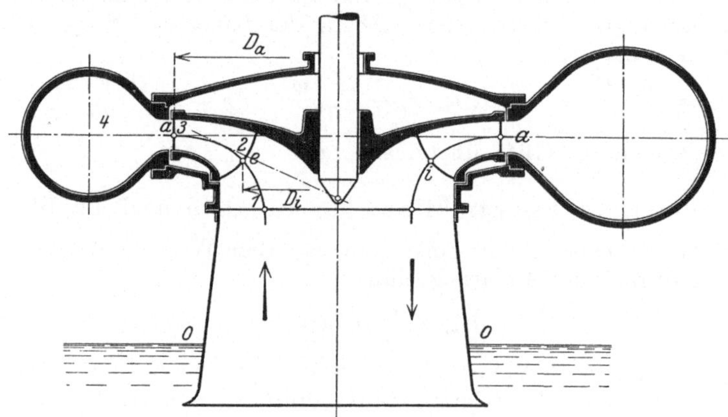

Abb. 85. Kreiselradmaschine mit Spiralgehäuse.

Die Abb. kann eine Pumpe oder eine Turbine darstellen. In der linken Hälfte sind die im Text unter a erwähnten „Stationen" 0 bis 4 und die Bezeichnungen e und a für Ein- und Austritt bei Pumpenbetrieb eingeschrieben. Für Turbinenbetrieb wären e und a zu vertauschen. Rechts stehen die neutralen, rein geometrisch aufzufassenden Bezeichnungen i und a, die in Abb. 34 a und b verwendet werden.

des durch die Maschine führenden Strömungsweges, z. B. auch irgendeine Stelle x zwischen Ein- und Austritt des Rades zum Vergleich heranziehen. Die bis zu dieser Stelle zum Austausch gelangte, aufgenommene oder abgegebene mechanische Energie wird dann durch $H_m = \frac{\omega}{g}\, \Delta_e^x (c_u \cdot r)$ dargestellt. Man gewinnt durch die Energiebilanzen die Kenntnis der Anteile der einzelnen Energieformen an dem Gesamtumsatz, insbesondere die Kenntnis der Druckverteilung, die nötig ist, um die Beanspruchung der Maschinenteile, den Axialschub usw. zu errechnen und außerdem festzustellen, ob der Betrieb der Maschine nicht an irgendeiner Stelle zu unzulässig niedrigen Drücken führt (Kavitationsgefahr!). Es ist selbstverständlich, daß diese Bilanzen, solange sie mit den Mittelwerten der Grundzugstheorie aufgestellt werden, auch nur Mittelwerte der Drücke liefern, die wir unserer mittleren Strömungsschicht zuordnen.

Der Rechnungsgang möge an einem einfachen Beispiel erläutert werden. Abb. 85 zeigt eine Kreiselradmaschine mit stehender Welle, geradem Saugrohr und Spiralgehäuse. Leitschaufeln fehlen vollständig. Derartige Maschinen werden als Kleinturbinen mit Zufluß durch die Spirale und Abfluß durch das Saugrohr, als Pumpen mit umgekehrter Durchflußrichtung gebaut. Als Pumpen erhalten sie ein Laufrad mit einer Schauflung nach Abb. 85a, als Turbinen ein solches nach Abb. 85b, die beide Abwicklungen des mittleren Tangentialkegels der mittleren Rotationsfläche darstellen. In ihnen erscheinen die Schaufelwinkel β_a und β_i in einer geringen Verzerrung.

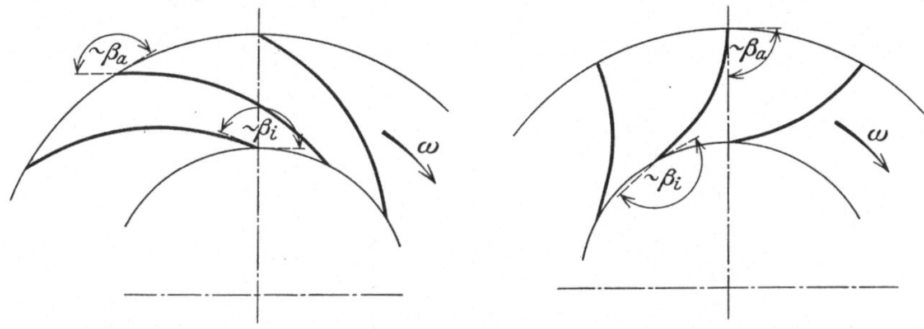

Abb. 85a. Pumpenschauflung.   Abb. 85b. Turbinenschauflung.

a) Pumpenbetrieb.

Die einzelnen Stationen eines mittleren Strömungsweges vom Unterwasser durch die Maschine bis zum Austrittsquerschnitt mögen folgende Indizes erhalten: Der Unterwasserspiegel: 0, das Saugrohrende unmittelbar vor dem Eintritt e ins Rad: 1, eine Stelle unmittelbar nach dem Eintritt ins Rad: 2, der letzte Querschnitt unmittelbar vor dem Austritt a aus dem Rad: 3, der Eintritt in die Spirale unmittelbar hinter a: 4, der Endquerschnitt der Spirale: 5. Diese Stationen sind in Abb. 86 auf dem abgewickelten Strömungswege vermerkt. Natürlich macht die Abwicklung nicht den Anspruch, die wahren Längen des Weges darzustellen, besonders sind die Stellen 1 und 2 bzw. 3 und 4, die fast mit e bzw. a zusammenfallen, der Deutlichkeit wegen stark auseinandergezogen. Vom Anfangsniveau der Stelle 0 ab sinkt die Strömungsenergie zunächst etwas, da im Saugrohr Verluste durch Reibungswiderstände auftreten. Deren Überwindung, sowie die Erzeugung der Geschwindigkeitsenergie $c_1^2/2g$, ferner das Hinaufheben auf die Höhe h_1 werden durch eine Anleihe aus dem Atmosphärendruck geleistet; an der Stelle 1 herrscht daher beträchtlicher Unterdruck. Zur Berechnung des Druckes p_1/γ dient eine Energiebilanz zwischen den Stellen 1 und 0. Im Unterwasser sind alle drei Anteile der Energie $= 0$ (vgl. 32, a), die Energie an der Stelle 1 ist dann negativ; nämlich:

$$H_1 = \frac{p_1}{\gamma} + h_1 + \frac{c_1^2}{2g} = -V_{0\to 1}.$$

Hieraus folgt

$$\frac{p_1}{\gamma} = -\left(h_1 + \frac{c_1^2}{2g} + V_{0\to 1}\right). \tag{174}$$

Bei Stelle e fängt die Flüssigkeit an, eingeleitete mechanische Energie $H_m = \dfrac{\omega}{g}\, \Delta_e^x (c_u \cdot r)$ aufzunehmen und in Strömungsenergie umzusetzen. Die Ausgabe von Energie zur Deckung von Verlusten geht aber weiter. So kann am Eintritt ein Stoßverlust $V_{1\to 2}$ auftreten und im Laufrad ergeben sich Reibungsverluste $V_{2\to 3}$; am Laufradaustritt ist das Energieniveau H am höchsten, der Druck an dieser Stelle ist aber noch nicht der höchste in der Maschine. Man berechnet ihn wieder aus einer Energiebilanz, am besten zwischen den Stellen 3 und 0

$$H_3 = \frac{p_3}{\gamma} + h_3 + \frac{c_3^2}{2g} = \frac{\omega}{g}\, \Delta_e^a (c_u \cdot r) - V_{0\to 3},$$

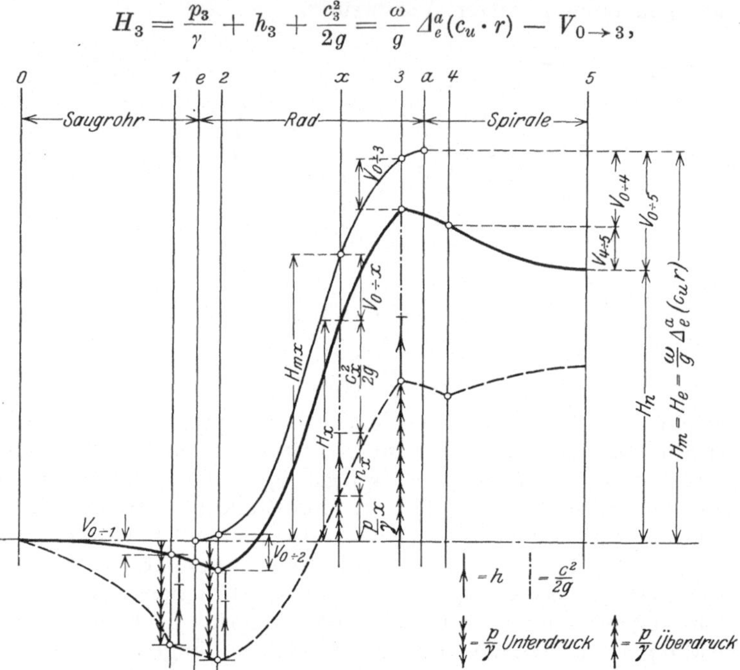

Abb. 86. Energieaufteilung in der Pumpe.

hieraus:

$$\frac{p_3}{\gamma} = \frac{\omega}{g}\, \Delta_e^a (c_u \cdot r) - \left(h_3 + \frac{c_3^2}{2g} + V_{0\to 3} \right). \tag{175}$$

Beim Übergang in die Spirale kann wieder ein Stoßverlust $V_{3\to 4}$ auftreten, um den sich der Druck verringert. Dann aber steigt er durch Umsetzung von Geschwindigkeits- in Druckenergie in der Spirale, die allerdings mit einem Verlust $V_{4\to 5}$, und zwar dem größten von den Einzelverlusten in der Maschine, verbunden ist. Die Energiebilanz zwischen 5 und 0 lautet:

$$H_5 = H_n = \frac{p_5}{\gamma} + h_5 + \frac{c_5^2}{2g} = \frac{\omega}{g}\, \Delta_e^a (c_u \cdot r) - V_{0\to 5}, \tag{176}$$

also:

$$\frac{p_5}{\gamma} = \frac{\omega}{g}\, \Delta_e^a (c_u \cdot r) - \left(h_5 + \frac{c_5^2}{2g} + V_{0\to 5} \right). \tag{177}$$

Allgemein gilt für eine Zwischenstelle x:

$$H_x = \frac{p_x}{\gamma} + h_x + \frac{c_x^2}{2g} = \frac{\omega}{g} \Delta_e^x (c_u \cdot r) - V_{0 \to x} = H_{mx} - V_{0 \to x}, \quad (178)$$

also:

$$\frac{p_x}{\gamma} = \frac{\omega}{g} \Delta_e^x (c_u \cdot r) - \left(h_x + \frac{c_x^2}{2g} + V_{0 \to x} \right). \quad (179)$$

b) Turbinenbetrieb (s. Abb. 87).

Hier erhält der Eintrittsquerschnitt der Spirale den Index 0; eine Stelle unmittelbar vor dem Radeintritt e den Index 1, eine unmittelbar dahinter: 2, der Radaustritt a wird 3, besondere Stellen vor und hinter

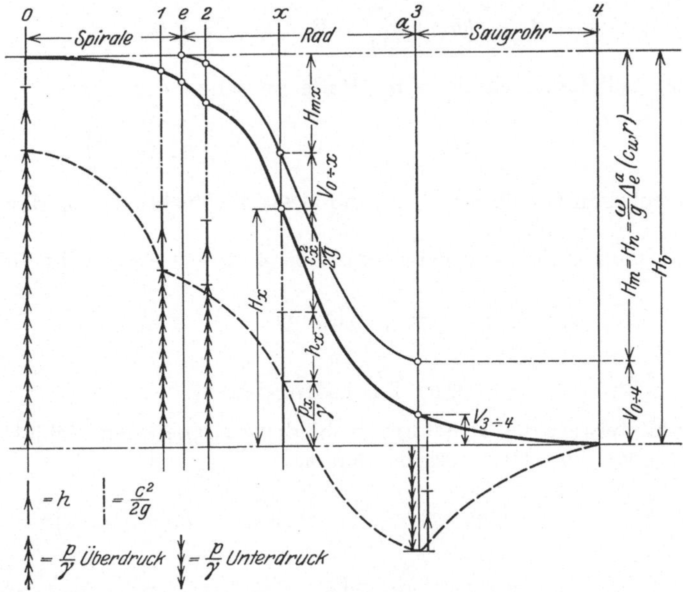

Abb. 87. Energieaufteilung in der Turbine.

ihm brauchen nicht angemerkt zu werden, da Übergangsverluste vom Rad ins Saugrohr nicht auftreten; der Unterwasserspiegel wird 4. Die Spirale verwandelt Druckenergie in Geschwindigkeitsenergie, die dabei auftretenden Verluste $V_{0 \to 1}$ sind reine Wandreibungsverluste und daher gering. Der Druck an Stelle 1 errechnet sich aus einer Energiebilanz zwischen 1 und 0 zu:

$$\frac{p_1}{\gamma} = H_b - \left(h_1 + \frac{c_1^2}{2g} + V_{0 \to 1} \right). \quad (180)$$

Beim Übergang ins Rad kann ein Stoßverlust $V_{1 \to 2}$ entstehen, der den Druck weiter verringert; inzwischen beginnt auch die Abgabe mechanischer Energie ans Rad. Im Laufrad entwickeln sich Reibungswiderstände. Am Laufradaustritt $a = 3$ ist noch ein geringer Energievorrat da, der ausreicht, um die Verluste im Saugrohr $V_{3 \to 4}$ zu decken. Der

Druck hinter dem Laufrad errechnet sich am einfachsten aus der Energiebilanz zwischen 3 und 4.

$$H_3 = \frac{p_3}{\gamma} + h_3 + \frac{c_3^2}{2g} = V_{3\to 4}\,.$$

Hieraus:

$$\frac{p_3}{\gamma} = -\left(h_3 + \frac{c_3^2}{2g} - V_{3\to 4}\right). \tag{181}$$

(Man beachte den Unterschied im Vorzeichen von $V_{3\to 4}$ gegenüber der Pumpe!) Ebensogut kann man ihn aber auch aus dem Vergleich zwischen 3 und 0 errechnen:

$$\frac{p_3}{\gamma} = H_b - \left(h_3 + \frac{c_3^2}{2g} + V_{0\to 3} + \frac{\omega}{g}\,\varDelta_a^e(c_u\cdot r)\right). \tag{182}$$

An einer beliebigen Stelle x im Rade zwischen e und a ist:

$$\frac{p_x}{\gamma} = H_b - \left(h_x + \frac{c_x^2}{2g} + V_{0\to x} + \frac{\omega}{g}\,\varDelta_x^e(c_u\cdot r)\right). \tag{183}$$

[Man beachte in Gleichung (182) und (183) die Vertauschung der Indizes e und a bzw. e und x!]

Zieht man einen Vergleich zwischen 4 und x, so ergibt sich

$$\frac{p_x}{\gamma} = V_{x\to 4} + \frac{\omega}{g}\,\varDelta_a^x(c_u\cdot r) - \left(h_x + \frac{c_x^2}{2g}\right). \tag{184}$$

c) Der Radüberdruck.

Der Mittelwert des Druckunterschiedes zwischen den Gebieten e vor und a hinter dem Rade ergibt sich zu

$$\frac{p_a - p_e}{\gamma} = \frac{\omega}{g}\,\varDelta_e^a(c_u\cdot r) - \left(\frac{c_a^2 - c_e^2}{2g} + h_a - h_e + V_{e\to a}\right) \tag{185}$$

oder

$$\frac{p_a - p_e}{\gamma} = \frac{2(u_a\cdot c_{ua} - u_e\cdot c_{ue}) - (c_a^2 - c_e^2)}{2g} - (h_a - h_e + V_{e\to a})\,. \tag{186}$$

Die Differenz der beiden ersten Posten auf der rechten Seite läßt sich umformen. In jedem Geschwindigkeitsdreieck $\bar u,\ \bar w,\ \bar c$ besteht die Beziehung [Abb. 47, vgl. auch Gleichung (119)]

$$c^2 = c_m^2 + c_u^2 = w^2 - w_u^2 + u^2 + 2u w_u + w_u^2 = w^2 - u^2 + 2u c_u\,. \tag{187}$$

Führt man dies in Gleichung (186) ein, so kommt

$$\frac{p_a - p_e}{\gamma} = \varDelta_e^a\!\left(\frac{p}{\gamma}\right) = \frac{u_a^2 - u_e^2}{2g} - \frac{w_a^2 - w_e^2}{2g} - (h_a - h_e + V_{e\to a})\,. \tag{188}$$

womit die Absolutgeschwindigkeiten durch die Relativ- und Umfangsgeschwindigkeiten ersetzt sind. Übrigens kann man Gleichung (188), wenn man auf beiden Seiten

$$\frac{c_a^2 - c_e^2}{2g} + h_a - h_e$$

addiert, auch so schreiben

$$\Delta_e^a H = \frac{1}{2\,g}\,\Delta_e^a(u^2 + c^2 - w^2) - V_{e\to a}\,. \tag{189}$$

Greift man schließlich eine beliebige Stelle im Rade heraus, so erhält man allgemein:

$$\Delta_e^x\!\left(\frac{p}{\gamma}\right) = \frac{1}{2\,g}\,\Delta_e^x(u^2 - w^2) - (h_x - h_e + V_{e\to x}) \tag{190}$$

und

$$\Delta_e^x H = \frac{1}{2\,g}\,\Delta_e^x(u^2 + c^2 - w^2) - V_{e\to x}\,. \tag{191}$$

Bei den Formeln (188 bis 191) gilt für die einzusetzenden u- und w-Werte die gleiche Bemerkung wie bei Gleichung (159) für die u-Werte.

34. Berechnung des Verhaltens der Kreiselradmaschinen bei wechselnden Betriebszuständen mit Hilfe der Energiebilanz. Das Schauflungsproblem.

In Gleichung (172) kann $\Delta_e^a(c_u \cdot r)$ sofort durch den Ausdruck auf der rechten Seite der Gleichung (136) ersetzt werden. Das Glied $\mathrm{Verl}_{E\to A}$ setzt sich aus einzelnen Teilen zusammen, deren jeder ungefähr — bei gleicher Reynoldsscher Zahl genau — dem Quadrat einer bestimmten, im Kreiselrade vorkommenden Geschwindigkeit proportional ist. Jede solche Geschwindigkeit läßt sich aber, wie aus den Gleichungen (132) hervorgeht, linear in Q und n ausdrücken. Das Glied $\mathrm{Verl}_{E\to A}$ wird daher angenähert — bei gleicher Reynoldsscher Zahl genau — eine Funktion zweiten Grades von Q und n. $\Delta_e^a(c_u \cdot r)$ ist eine lineare Funktion von Q und n, durch Multiplikation mit ω entsteht aber wieder eine zweiten Grades, die ganze rechte Seite von Gleichung (172) wird also ungefähr eine Funktion zweiten Grades, die mit $F(Q, n)$ bezeichnet werden möge. Aus Gleichung (172) wird somit:

$$\Delta_E^A(H) = F(Q, n)\,. \tag{192}$$

Diese Gleichung wird entweder benutzt, um bei gegebenem Q und n das (bei Pumpen) erreichbare bzw. (bei Turbinen) notwendige $\Delta_E^A(H)$ zu bestimmen, oder um bei gegebenem $\Delta_E^A(H)$ und n die Menge Q zu ermitteln. Beide Rechnungen liefern schließlich ein vollkommenes Bild des Betriebszustandes, insbesondere ergeben sich, da das Gesamtgefälle und die Verluste bekannt sind, auch der Strömungswirkungsgrad ε_s, sowie nach gehöriger Berücksichtigung des Spaltverlustes und der Radseitenreibung der hydraulische Gesamtwirkungsgrad ε_h als Funktionen des Betriebszustandes

An Hand der Abb 85 möge die Rechnung beispielsweise durchgeführt werden. Die dabei eingeführten, in der rechten Hälfte der Abb. eingetragenen Indizes a und i sollen sich bei Pumpe und Turbine in gleicher Weise auf den äußeren bzw. inneren Umfang der Schauflung beziehen, übernehmen also beide, je nach der Betriebsart, die Rolle von a oder e.

a) Pumpe.

Bruttogefälle. Im Saugrohr nehmen wir axiale Strömung an (kreisende Komponenten können ja nur durch Zufälligkeiten entstehen). Dann ist $(c_u \cdot r)_i = 0$ und

$$H_m = \frac{\omega}{g}\,(c_u \cdot r)_a = \frac{u_a\,c_{u_a}}{g} = \frac{u_a}{g}\,(u_a + w_{u_a})$$

oder

$$H_m = \frac{1}{g}\,(u_a^2 + u_a \cdot w_{u_a}) = \frac{1}{g}\left\{\left(\frac{D_a \cdot \pi}{60}\right)^2 \cdot n^2 + \frac{D_a \cdot \pi}{60} \cdot \frac{\cotg \beta_a}{F_a} \cdot n \cdot Q\right\}. \quad (193)$$

H_m ist beim Pumpenbetrieb $= H_b$; die Verluste sind davon abzuziehen.

Reibung im Saugrohr. Das Saugrohr wird beschleunigt durchströmt, verursacht also nur geringen Energieverlust durch reine Wandreibung, der nach 16, I, f abzuschätzen ist. Er kann auf die Endgeschwindigkeit am Eintritt ins Rad bezogen und mit

$$V_s = \zeta_s \cdot \frac{c_i^2}{2\,g} = \frac{1}{2\,g} \cdot \frac{\zeta_s}{F_i^2} \cdot Q^2 \quad (194)$$

angesetzt werden.

Stoß am Eintritt ins Rad. Die Stoßgeschwindigkeit c_{s_i} ist nach Gleichung (138), in der $\cotg \alpha_e = 0$ zu setzen ist:

$$c_{s_i} = -\left(\frac{\cotg \beta_i}{F_i} \cdot Q + \frac{D_i\,\pi}{60} \cdot n\right). \quad (195)$$

Der entstehende Verlust soll im Durchschnitt $= \dfrac{c_{s_i}^2}{2\,g}$ gesetzt werden; er beträgt also:

$$V_{st} = \frac{1}{2\,g}\left\{\left(\frac{D_i\,\pi}{60}\right)^2 \cdot n^2 + 2 \cdot \frac{D_i\,\pi}{60} \cdot \frac{\cotg \beta_i}{F_i} \cdot n \cdot Q + \frac{\cotg^2 \beta_i}{F_i^2} \cdot Q^2\right\}. \quad (196)$$

Reibung im Laufrad. Diese kann durch Vergleich des einzelnen Laufradkanals mit einem Rohrstück von gleicher Länge, gleichem mittlerem Quadrat der Relativgeschwindigkeit und gleichem mittleren hydraulischem Radius abgeschätzt werden. Auf diese Weise läßt sich in dem Ansatz

$$V_r = \zeta_r \cdot \frac{w_a^2}{2\,g} \quad (197)$$

der Beiwert ζ_r mit genügender Genauigkeit bestimmen. Nun ist

$$w_a = \frac{c_{m_a}}{\sin \beta_a} = \frac{Q}{F_a \cdot \sin \beta_a},$$

also

$$V_r = \frac{1}{2\,g} \cdot \frac{\zeta_r}{F_a^2 \cdot \sin^2 \beta_a} \cdot Q^2. \quad (198)$$

Übergang in das Spiralgehäuse und Energieumsatz in ihm. Eine Spirale ist als eine feste Leitvorrichtung anzusehen. Denken wir sie uns einen Augenblick zur Beaufschlagung einer Turbine von außen nach innen durchflossen, so leuchtet dies sofort ein. Sie entläßt die Betriebsflüssigkeit, wenn sie richtig gebaut ist, mit gleichmäßiger Geschwindigkeit und unter gleicher Richtung, d. h. auch mit gleichmäßiger Umfangskomponente c_u über den ganzen Umfang an das Rad.

Mit anderen Worten, sie wirkt genau wie ein Leitapparat und erzeugt einen Drall nach Gleichung (134), in der $\alpha_e = \alpha_{sp}$ aus den Abmessungen der Spirale zu bestimmen ist. Unter diesem Winkel kommt die Strömung am Umfang des Rades an. Mithin ist

$$(c_u \cdot r)_{sp} = \frac{D_a}{2} \frac{\cotg \alpha_{sp}}{F_a} \cdot Q \,. \tag{199}$$

Wird die Spirale von innen nach außen durchflossen, so vollzieht sich der Eintritt der Betriebsflüssigkeit in sie ohne Störung, wenn diese ihr vom Pumpenrad gerade mit dem Drallwert der Gleichung (199) angeliefert wird, wenn also $(c_u \cdot r)_a = (c_u \cdot r)_{sp}$ ist. Weicht $(c_u \cdot r)_a$ von diesem Wert ab, so tritt ein Übergangsverlust auf, der seinem Wesen nach als „Stoßverlust" zu bezeichnen ist. Um ihn zu erfassen, rechnen wir daher auch hier eine Stoßgeschwindigkeit c_s aus, indem wir uns die plötzliche Umlenkung im Austrittsquerschnitt F_a des Rades konzentriert denken. Dort liefert das Rad die Flüssigkeit mit

$$c_{u_a} = u_a + w_{u_a} = \frac{D_a \pi}{60} \cdot n + \frac{\cotg \beta_a}{F_a} \cdot Q \tag{200}$$

ab; der Eintritt in die Spirale erfordert aber

$$c'_{u_a} = \frac{(c_u \cdot r)_{sp}}{\dfrac{D_a}{2}} = \frac{\cotg \alpha_{sp}}{F_a} \cdot Q \,. \tag{201}$$

Die Differenz ist

$$c_{s_a} = \frac{D_a \pi}{60} \cdot n + \frac{\cotg \beta_a - \cotg \alpha_{sp}}{F_a} \cdot Q \,. \tag{202}$$

Der Geschwindigkeitshöhe $c_{s_a}^2/2g$ ist der entstehende Verlust proportional zu setzen, nur wird der Beiwert, der am Radeintritt $= 1$ gesetzt wurde, hier geringer sein, da die Spirale keine Schaufeln enthält, an deren jeder, wie beim Rade, die falsche Anströmrichtung zu Wirbelbildung führen würde. Wir setzen daher

$$V_a = \frac{\zeta_a}{2g} \left\{ \left(\frac{D_a \pi}{60} \right)^2 \cdot n^2 + 2 \cdot \frac{D_a \pi}{60} \cdot \frac{\cotg \beta_a - \cotg \alpha_{sp}}{F_a} \cdot n \cdot Q \right.$$
$$\left. + \left(\frac{\cotg \beta_a - \cotg \alpha_{sp}}{F_a} \right)^2 \cdot Q^2 \right\} \,. \tag{203}$$

Nachdem die Tangentialgeschwindigkeit am Eintritt auf den Wert c'_{u_a} gebracht ist, wird nun die Spirale unter allmählicher Verzögerung der Gesamtgeschwindigkeit durchströmt. — Deren Anfangswert unterscheidet sich nicht mehr von c'_{u_a}; man kann daher sagen, c'_{u_a} wird durch die Spirale auf die Austrittsgeschwindigkeit $c_{sp} = \dfrac{Q}{F_{sp}}$ aus der Spirale verzögert. ($F_{sp} = $ Anschlußquerschnitt der Rohrleitung.) Der hierbei auftretende, von Wandreibung und Wirbelbildung in der Erweiterung herrührende Verluste kann mit

$$V_u = \frac{\zeta_u}{2g} \{ c'^{\,2}_{u_a} - c^2_{sp} \} = \frac{\zeta_u}{2g} \left(\frac{\cotg^2 \alpha_{sp}}{F_a^2} - \frac{1}{F_{sp}^2} \right) \cdot Q^2 \tag{204}$$

angesetzt werden. ζ_u wird immer größer sein als der in 16, I, g, Gleichung (66) angegebene Wert 0,15 bis 0,2 für erweiterte gerade Rohre mit Kreisquerschnitt. Denn die Verhältnisse sind für die verzögerte Strömung in der Spirale, infolge der Krümmung, sowie wegen der großen Unterschiede des Verzögerungsweges für die einzelnen Teilchen, weit ungünstiger (vgl. 40, d, ε).

Energiebilanz. Die tatsächlich zwischen Eintritt ins Saugrohr und Austritt aus dem letzten Spiralquerschnitt erzeugte nutzbare Energiesteigerung ist nun

$$\Delta_E^A H = H_m - V_{E \to A} = H_n. \tag{205}$$

Daraus wird, wenn sofort nach n^2, nQ, Q^2 geordnet wird:

$$\left.\begin{aligned}
2g\,H_n = n^2 &\left\{\left(\frac{D_a\pi}{60}\right)^2 (2-\zeta_a) - \left(\frac{D_i\pi}{60}\right)^2\right\} \\
+\, 2\cdot n\cdot Q &\left\{\frac{D_a\pi}{60}\cdot\frac{\operatorname{cotg}\beta_a(1-\zeta_a)+\operatorname{cotg}\alpha_{sp}}{F_a} - \frac{D_i\pi}{60}\cdot\frac{\operatorname{cotg}\beta_i}{F_i}\right\} \\
-\, Q^2 &\left\{\frac{\zeta_s+\operatorname{cotg}^2\beta_i}{F_i^2} + \frac{\zeta_r}{F_a^2\sin^2\beta_a} + \frac{\zeta_a}{F_a^2}(\operatorname{cotg}\beta_a-\operatorname{cotg}\alpha_{sp})^2\right. \\
&\left.\quad + \zeta_u\left(\frac{\operatorname{cotg}^2\alpha_{sp}}{F_a^2} - \frac{1}{F_{sp}^2}\right)\right\}.
\end{aligned}\right\} \tag{206}$$

Die Klammerwerte sind für eine gegebene Kreiselradmaschine bekannte Festwerte, wenn man die Verlustbeiwerte ζ als tatsächlich konstant an-

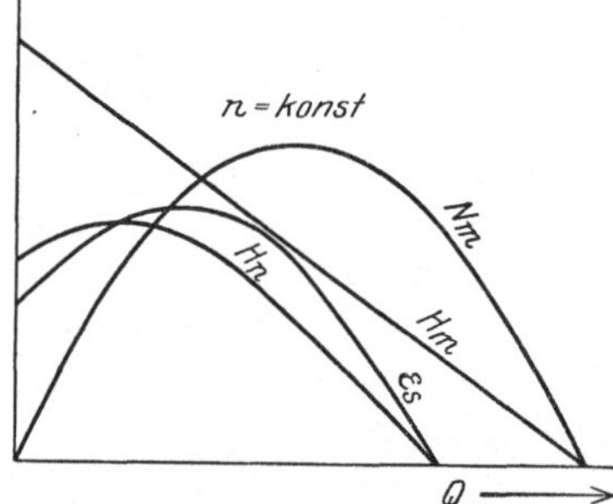

Abb. 88. Rechnungsmäßige Kennlinien einer Pumpe.

sieht, was in erster Annäherung erlaubt ist. Gleichung (206) liefert bei konstantem n für variable Q eine Parabel, wenn H_n über Q aufgetragen wird; während Gleichung (193) für H_m eine gerade Linie ergibt (vgl. Abb. 88). Für den Strömungswirkungsgrad ε_s ergibt sich eine Hyperbel, die in dem gleichen Punkt wie die H_n-Parabel die Abszissenachse schneidet und für $Q=0$ noch einen beträchtlichen Wert liefert. Die zum Antrieb aufzuwendende Leistung

$$N_m = \frac{Q\cdot\gamma\cdot H_m}{75}$$

ergibt nach der Rechnung eine durch den Nullpunkt und den Punkt $H_m = 0$ laufende Parabel. Ausgeführte Pumpen zeigen in der Umgebung des besten Wirkungsgrades und nach der Seite der größeren Fördermengen gute Übereinstimmung mit der angestellten Rechnung; dagegen in der Umgebung der Fördermenge Null ein stark abweichendes Verhalten. Dies rührt davon her, daß bei kleinen Fördermengen die Strömung in den Pumpen ganz andere Formen annimmt, als bei Ableitung der Gleichungen vorausgesetzt ist. Es treten Sekundärströmungen auf, die sich der Durchflußströmung überlagern und schließlich — bei der Fördermenge Null — das Feld allein behaupten. Damit ist auch bei Fördermenge Null ein erheblicher Leistungsverbrauch N_w verbunden, ganz abgesehen von demjenigen, der durch Radseitenreibung und Förderleistung für den Spaltverlust erklärt wird und der in der durchgeführten Rechnung ebenfalls nicht erscheint (vgl. 32, b). Auch die genaue Höhe des von der Pumpe bei der Fördermenge Null erzeugten Druckes läßt sich aus den angegebenen Gründen durch die entwickelte Rechnung nicht bestimmen.

b) Turbinen.

Nutzgefälle. Hier schreibt die Spirale den Eintrittsdrall vor; am äußeren Umfang des Rades wird die Betriebsflüssigkeit mit

$$(c_u r)_{sp} = \frac{D_a}{2} \frac{\cotg \alpha_{sp}}{F_a} \cdot Q \qquad (207)$$

angeliefert. Vom Rade entlassen wird sie mit [s. Gleichung (135)]

$$(c_u r)_i = \frac{D_i^2 \pi}{120} \cdot n + \frac{D_i}{2} \cdot \frac{\cotg \beta_i}{F_i} \cdot Q , \qquad (208)$$

so daß die vom Rade erzwungene Drallsenkung

$$\begin{aligned} \Delta_i^a(c_u r) &= (c_u \cdot r)_a - (c_u \cdot r)_i \\ &= \left(\frac{D_a}{2} \cdot \frac{\cotg \alpha_{sp}}{F_a} - \frac{D_i}{2} \frac{\cotg \beta_i}{F_i} \right) \cdot Q - \frac{D_i^2 \pi}{120} \cdot n \end{aligned} \right\} \qquad (209)$$

ist. Wird mit $\dfrac{\omega}{g} = \dfrac{\pi}{30 \cdot g} \cdot n$ multipliziert, so ergibt sich:

$$\begin{aligned} H_m(\text{hier} = H_n) \\ = \frac{1}{g} \left\{ \left(\frac{D_a \cdot \pi}{60} \frac{\cotg \alpha_{sp}}{F_a} - \frac{D_i \pi}{60} \frac{\cotg \beta_i}{F_i} \right) n \cdot Q - \left(\frac{D_i \pi}{60} \right)^2 \cdot n^2 \right\} . \end{aligned} \right\} \qquad (210)$$

Verlust in der Spirale. Diese wird hier beschleunigt durchströmt und verursacht nur einen Reibungsverlust, der nach der Länge des mittleren Wasserweges, dem mittleren hydraulischen Radius und einem mittleren Geschwindigkeitsquadrat abzuschätzen ist. Er kann schließlich auf das Quadrat von c_{u_a} bezogen werden, das sich ja nicht sehr von der Absolutgeschwindigkeit c_a am Austritt aus der Spirale unterscheidet. So kommt man zu dem Ansatz

$$V_{sp} = \zeta_{sp} \cdot \frac{c_{u_a}^2}{2 g} = \frac{\zeta_{sp}}{2 g} \frac{\cotg^2 \alpha_{sp}}{F_a^2} \cdot Q^2 . \qquad (211)$$

Stoßverlust beim Eintritt ins Rad. Die Flüssigkeit kommt mit $c_{u_a} = \dfrac{\cotg \alpha_{sp}}{F_a} \cdot Q$ ans Rad heran; stoßfreier Eintritt würde aber $c'_{u_a} = \dfrac{D_a \pi}{60} \cdot n + \dfrac{\cotg \beta_a}{F_a} \cdot Q$ verlangen. Wir erhalten als Stoßgeschwindigkeit

$$c_s = c_{u_a} - c'_{u_a} = \frac{\cotg \alpha_{sp} - \cotg \beta_a}{F_a} \cdot Q - \frac{D_a \pi}{60} \cdot n . \qquad (212)$$

Die entsprechende Geschwindigkeitshöhe betrachten wir als vollkommen verloren und erhalten:

$$\begin{aligned} V_{st} = \frac{1}{2 g} \left\{ \left(\frac{D_a \pi}{60} \right)^2 \cdot n^2 - 2 \cdot \frac{D_a \pi}{60} \cdot \frac{\cotg \alpha_{sp} - \cotg \beta_a}{F_a} \cdot n \cdot Q \right. \\ \left. + \left(\frac{\cotg \alpha_{sp} - \cotg \beta_a}{F_a} \right)^2 \cdot Q^2 \right\} . \end{aligned} \right\} \qquad (213)$$

Reibungsverlust im Rad. Diesen beziehen wir auf die relative Austrittsgeschwindigkeit und setzen

$$V_r = \frac{\zeta_r}{2g}\, w_i^2 = \frac{\zeta_r}{2g} \cdot \frac{1}{F_i^2 \sin^2 \beta_i} \cdot Q^2 \,. \tag{214}$$

Verlust im Saugrohr. Ein Verlust beim Übergang vom Rad ins Saugrohr nach Art eines Stoßverlustes, wie wir ihn beim Übergang vom Rad in die Spirale bei der Pumpe festgestellt haben, tritt hier nicht auf. Es handelt sich lediglich darum, wieviel von der Geschwindigkeitsenergie $\dfrac{c_i^2}{2g} = \dfrac{c_{m_i}^2 + c_{u_i}^2}{2g}$ in Druckenergie umgesetzt wird. Den Betrag $\dfrac{c_{u_i}^2}{2g}$ wollen wir für die betrachtete Maschine vollkommen verloren setzen, da das gerade Saugrohr trotz beträchtlicher Querschnittserweiterung nur eine geringe Zunahme des Radius zeigt und sich daher die Komponente c_u, die in dem Saugrohr dem Gesetz $c_u \cdot r = \text{const}$ folgt, nicht wesentlich verringern kann. Die ihr entsprechende Energie gehe also letzten Endes durch Wirbelung im Unterwasser verloren. Dagegen soll sich die Energie $c_{m_i}^2/2g$ mit einem Wirkungsgrad $\eta_u = 0{,}8$ [vgl. 16. I, g, Gleichung (66)] umsetzen. Dann ist der Verlust im Saugrohr:

$$V_s = \frac{1 - \eta_u}{2g} \cdot c_{m_i}^2 + \frac{c_{u_i}^2}{2g} \tag{215}$$

Nun ist

$$c_{m_i} = \frac{Q}{F_i} \quad \text{und} \quad c_{u_i} = u_i + w_i = \frac{D_i \pi}{60} \cdot n + \frac{\cotg \beta_i}{F_i} \cdot Q\,,$$

also wird

$$V_s = \frac{1}{2g}\left\{ \left(\frac{D_i \pi}{60}\right)^2 \cdot n^2 + 2\frac{D_i \pi}{60}\frac{\cotg \beta_i}{F_i} \cdot n \cdot Q + \left(\frac{1 - \eta_u + \cotg^2 \beta_i}{F_i^2} \cdot Q^2\right)\right\}. \tag{216}$$

Energiebilanz. Das Bruttogefälle muß das Nutzgefälle und die Verluste decken. Es ist also:

$$\varDelta_A^E H = \frac{\omega}{g}\, \varDelta_i^a (c_u r) + V_{E \to A} = H_b \,. \tag{217}$$

Daraus wird

$$\left. \begin{aligned} 2g\,H_b &= n^2\left\{ \left(\frac{D_a \pi}{60}\right)^2 - 2 \cdot \left(\frac{D_i \pi}{60}\right)^2 \right\} + 2 \cdot n \cdot Q \cdot \frac{D_a \pi}{60} \cdot \frac{\cotg \beta_a}{F_a} \\ &\quad + Q^2\left\{ \frac{\zeta_{sp} \cotg^2 \alpha_{sp} + (\cotg \alpha_{sp} - \cotg \beta_a)^2}{F_a^2} \right. \\ &\qquad\qquad \left. + \frac{\zeta_r}{F_i^2 \sin^2 \beta_i} + \frac{1 - \eta_u + \cotg^2 \beta_i}{F_i^2} \right\}. \end{aligned} \right\} \tag{218}$$

Gleichung (218) liefert bei konstant angenommenen Verlustbeiwerten ζ bei festgegebenem H_b eine Parabel, Ellipse oder Hyperbel als Darstellung für Q in Abhängigkeit von n. Die so errechneten Werte und der im Zusammenhang damit bestimmte Wirkungsgradverlauf stehen in sehr guter prinzipieller und häufig auch quantitativer Übereinstimmung mit den Erfahrungswerten. Dies trifft für die verschiedensten Turbinentypen mit starken Unterschieden in Radien- und Breitenverhältnissen, Leitrad- und Laufradwinkeln zu. Wenn man in den Klammerausdrücken der Gleichung (218) α_{sp} als Leitradwinkel auffaßt und ihn variiert, er-

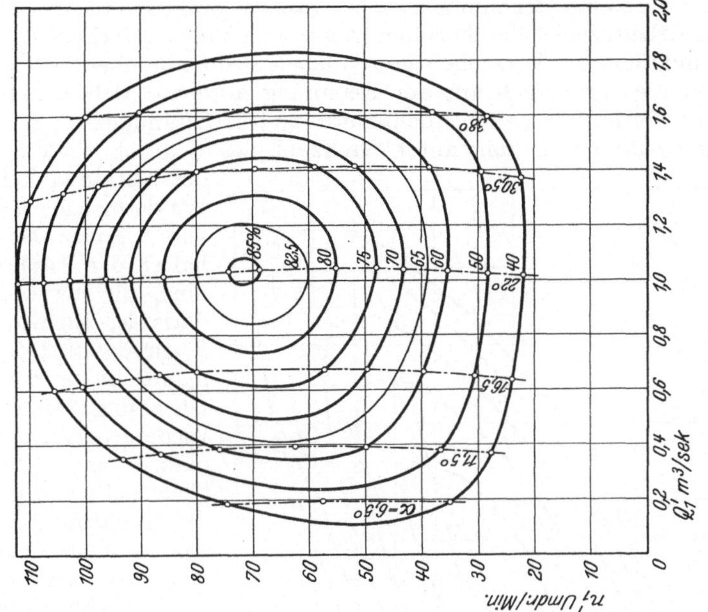

Abb. 90. Q-n-Diagramm eines Turbinen-Normalläufers.

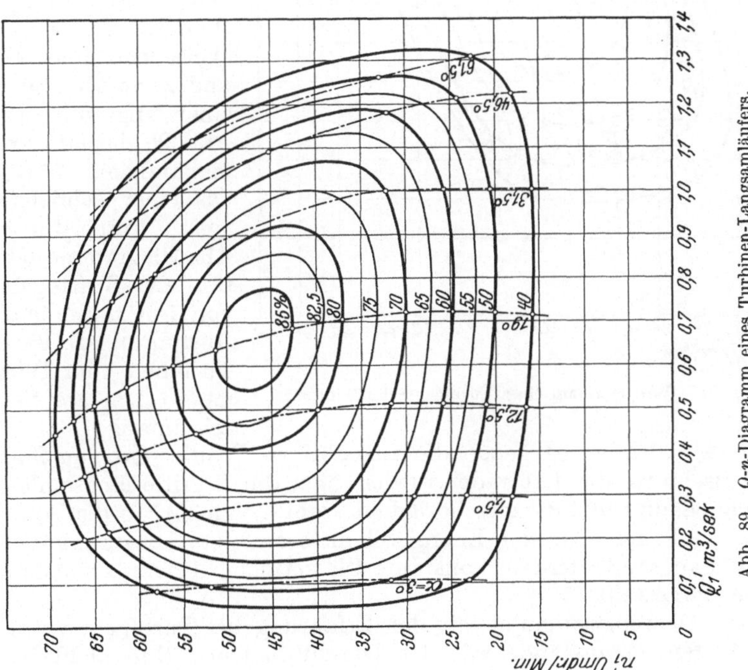

Abb. 89. Q-n-Diagramm eines Turbinen-Langsamläufers.

hält man durch die Rechnung sogar im ganzen, praktisch in Frage kommenden Arbeitsgebiet der Turbinen Zusammenhänge zwischen Q, n und α, die mit den aus Versuchen gewonnenen recht gut übereinstimmen. Insbesondere ergibt sich aus der Rechnung durchaus richtig das verschiedene Verhalten von Schnelläufern und Langsamläufern bei konstantem Gefälle und konstanter Drehzahl, wenn durch Veränderung des Leitradwinkels die Wassermenge geändert wird. Sogar das Verhalten der Kaplanturbine, die als weiteres variables Element die Laufradwinkel β_a und β_i enthält, wird durch Gleichung (218) richtig wiedergegeben, wenn man β_a und β_i, beide gleichzeitig und in dem der Konstruktion entsprechenden Zusammenhang variiert.

Die Abb. 89 bis 91 zeigen Diagramme von Turbinenwirkungsgraden als Funktion von Q und n, die auf diese Weise berechnet sind, und zwar Abb. 89 das einer langsamläufigen, Abb. 90 das einer normalläufigen, Abb. 91 das einer schnelläufigen Francisturbine. Alle Diagramme gelten für ein Bruttogefälle von 1 m und für eine Ausführungsgröße der Turbinen vom Durchmesser 1 m am Saugrohranfang.

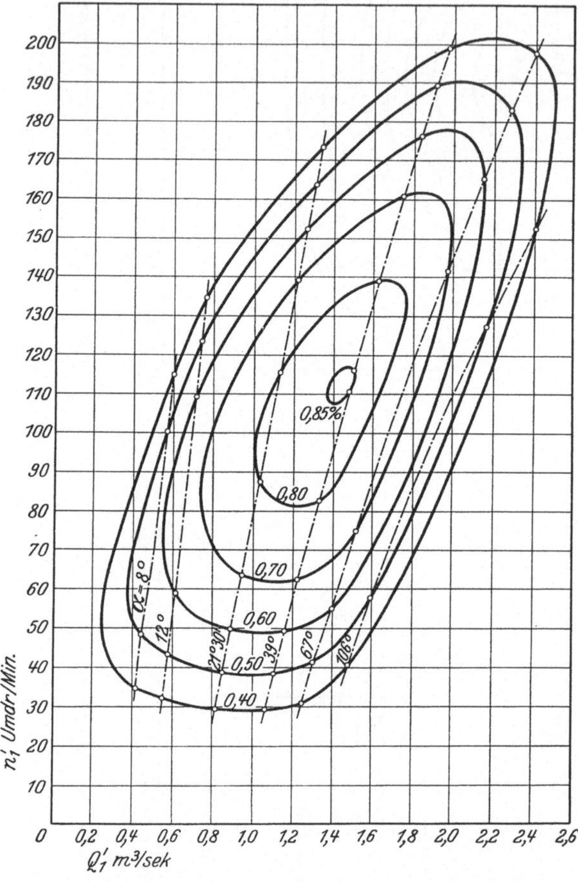

Abb. 91. Q-n-Diagramm eines Turbinen-Schnelläufers.

Die Abb. 92 bis 94 geben die zugehörigen Profile und ungefähren Schaufelschnitte der Laufräder wieder (über die Begriffe langsamläufig und schnelläufig und die zugehörige Maßzahl n_s vgl. 39). In den Abb. 95 und 96 sind mit Hilfe der Energiebilanz berechnete Diagramme eines Francis-Langsamläufers für konstante Wassermenge bzw. für konstantes Gefälle dargestellt.

Diese Übereinstimmung mit der Erfahrung bei Turbinen, wo man sich für Betriebszustände mit der Durchflußmenge Null nicht interessiert, und die Nichtübereinstimmung bei Pumpen in der Umgebung der Fördermenge Null zeigen, daß die Grundannahme, man könne die Strömung in einer festen mittleren Rotationsfläche konzentriert denken und dieser Fläche feste Durchmesser, Querschnitte und Schaufelwinkel zuordnen, für eine Grundzugstheorie tatsächlich genügt, solange nur ein einigermaßen intensiver Durchfluß durch das Kreiselrad besteht.

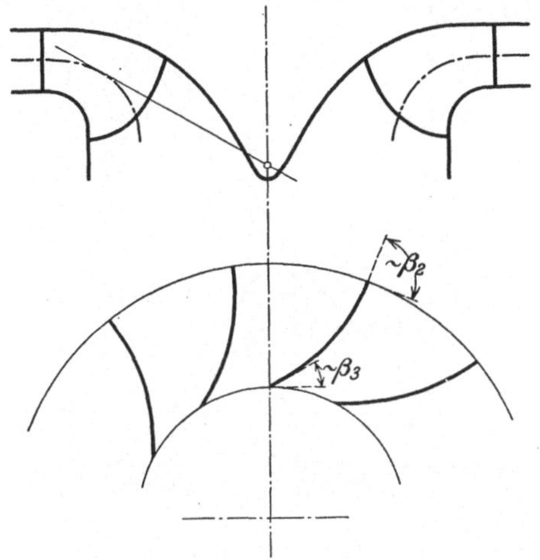

Abb. 92. Turbinen-Langsamläufer.

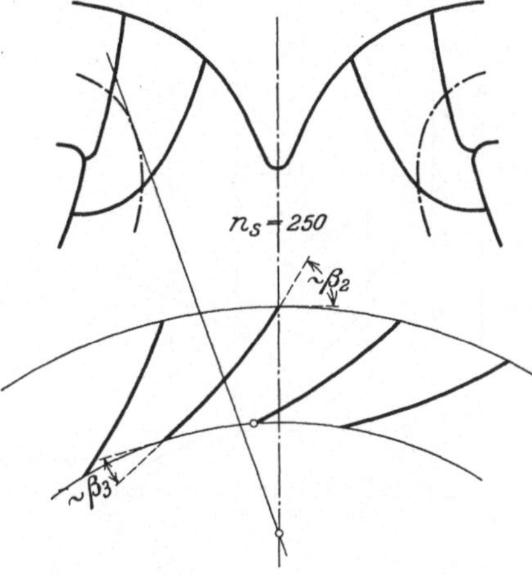

Abb. 93. Turbinen-Normalläufer.

Insbesondere ist noch hervorzuheben, daß sich erfahrungsgemäß bei Turbinen von verschiedenstem Typus, vom Langsamläufer bis zur Kaplanturbine, ein linear mit der Drehzahl veränderliches Drehmoment ergibt, wenn sie bei veränderlicher Drehzahl mit konstanter Wassermenge [und daher mit veränderlichem Gefälle H_b entsprechend Gleichung (218)] erprobt werden und dabei alle Schaufelwinkel fest bleiben (Selbstverständlich muß das Moment der Radseitenreibung aus den Versuchswerten eliminiert werden.) Dieses Ergebnis liefert aber die Momentengleichung (153) sofort, wenn der Ausdruck (136) für den

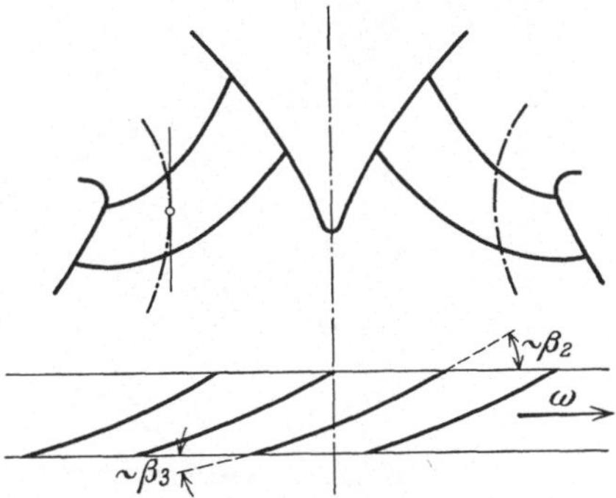

Abb. 94. Turbinen-Schnelläufer.

Drallunterschied in sie eingeführt wird und in ihm Durchmesser, Querschnitte und Winkel als Festwerte angesehen werden. Abb. 95 zeigt ein für konstante Wassermenge und konstante Leitradöffnung gerechnetes, über der veränderlichen Drehzahl aufgetragenes Diagramm, Abb. 96 das gleiche, nach den sog. Ähnlichkeitsbeziehungen (vgl. 35ff.) auf das H_b des besten ε_s umgerechnet.

Allgemein kann man aus den Gleichungen (206) und (218) folgern, daß bei einer Kreiselradmaschine, deren Abmessungen und Querschnitte

festliegen, während die Schaufelwinkel (α in den festen, β in den umlaufenden Teilen) veränderlich sind, zwischen den Gefällen H_b bzw. H_n

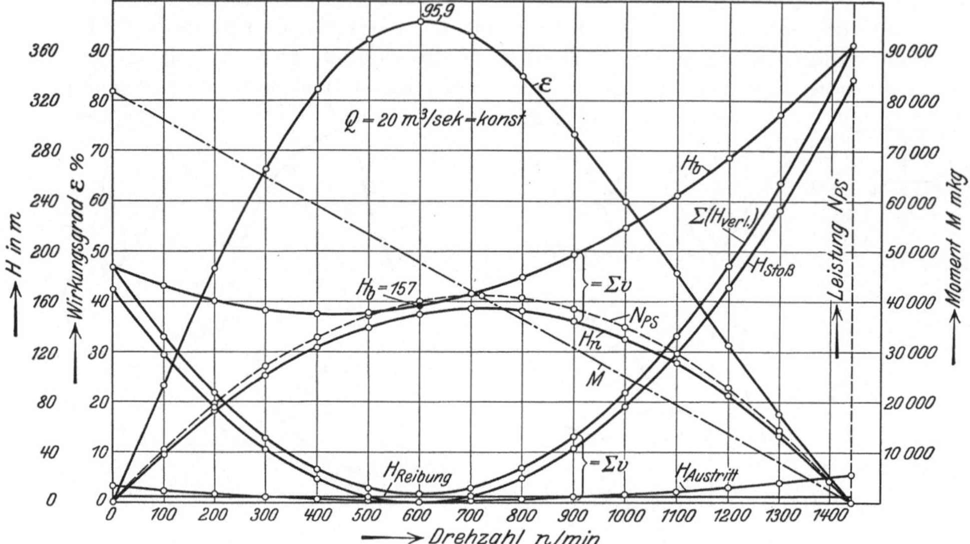

Abb. 95.   Turbinen-Kennlinien für $Q = \text{const}$.

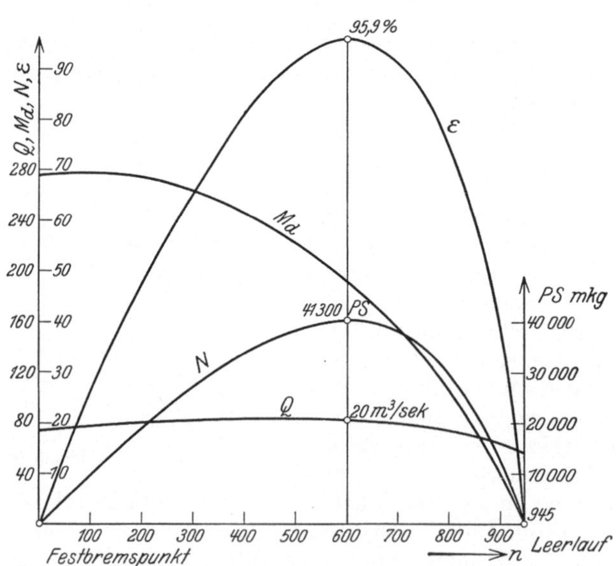

Abb. 96.   Turbinen-Kennlinien für $H_b = \text{const}$.

einerseits, den Durchflußmengen Q, den Drehzahlen n, den Schaufelwinkeln α und β andererseits eine Gleichung

$$F(H_{n\ \text{oder}\ m},\ Q,\ n,\ \alpha,\ \beta) = 0 \tag{219}$$

besteht. Dabei ist β ein Schaufelwinkel im Rade, mit dem sich β_a und β_i gleichzeitig und gesetzmäßig ändern. Durch Veränderung von α bzw. β oder α und β zusammen ist es daher möglich, den Zusammenhang

$$\Phi(H,\ Q,\ n) = 0\,, \tag{220}$$

der sich aus Gleichung (219) ergibt, wenn man in ihr α und β als Parameter auffaßt, zu beeinflussen, d. h. die Leistung der Maschinen zu regulieren. Wie sich dabei der Wirkungsgrad ändert, kann durch den Rechnungsgang, der zu den Gleichungen (219) und (220) führt, gleichzeitig festgestellt werden.

Von dieser Reguliermethode wird fast nur bei Turbinen, selten bei Pumpen Gebrauch gemacht.

Will man die Gleichung (206) und (218) bzw. (219) und (220) im Einzelfalle wirklich aufstellen, so wird man sofort mit Zahlenwerten rechnen. Am besten prüft man dabei den ganzen Gedanken nochmals im einzelnen nach und paßt die Verlustkoeffizienten den Ausführungsformen der einzelnen Teile an. Das Zeichnen von Geschwindigkeitsdiagrammen und das Abgreifen der c, w, c_u, c_s aus ihnen ist an Stelle der Formelrechnung sehr zu empfehlen, insbesondere auch, wenn α und β variiert werden.

c) Das Schaufelungsproblem

der Kreiselräder liegt nun so: Die Dralldifferenz, die in der Gefällsgleichung vorkommt, ist bei festliegendem Gefälle oder verlangter Förderhöhe durch vorläufiges Abschätzen des Wirkungsgrades ε_s gegeben. Wohlgemerkt, nur die Dralldifferenz, nicht die Drallwerte vor und hinter dem Rade selbst, sind gegeben. Diese nun gilt es, bei weiterhin gegebenem Q und n so zu wählen, daß Schaufelformen entstehen, in denen die unvermeidlich nebenhergehenden Verluste so gering wie möglich ausfallen. Dabei wird man, wenn es tatsächlich gerade bei den vorgelegten Werten Q und n darauf ankommt, den besten Wirkungsgrad zu erreichen, für diesen Betriebszustand jeden Stoßverlust vermeiden, überall die Verzögerungen möglichst klein halten und auf dem Wege durch die Maschine mit möglichst kleinen Geschwindigkeiten auszukommen versuchen. Die Aufgabe kann nur durch ein Probierverfahren gelöst werden, indem man eine Reihe von Formen, die alle das gleiche $\varDelta(c_u \cdot r)$ aufweisen, auf ihren Wirkungsgrad durch Aufstellung und Auflösung einer Bilanzgleichung nachrechnet. Natürlich muß das wirtschaftliche Moment durch Vergleich der Gestehungskosten der Maschinen bei der Beurteilung der einzelnen Formen mit berücksichtigt werden.

Dem ganzen Charakter der angestellten Rechnungen nach handelt es sich dabei zunächst nur um einen Einblick in die mittleren Verhältnisse im Sinne der für unsere Grundzugstheorie in 28 getroffenen Vereinfachungen; also auch nur um eine Festlegung der mittleren Schaufelform (im Schnitt mit der mittleren Rotationsfläche $m - m'$). Die räumliche Ausbildung der Schaufel muß dann nach besonderen Gesichtspunkten, unter denen der gleichen Energieaustausches in allen Stromschichten an erster Stelle steht, erfolgen. Dabei kann es vorkommen, daß eine zunächst als „günstigst‟ erkannte mittlere Schaufelform bei der räumlichen Durchbildung wieder verlassen werden muß, weil sie zu ungünstigen räumlichen Verhältnissen führt. Diese höhere Aufgabe soll in diesem Bande nicht in Angriff genommen werden, sondern nur die Festlegung der mittleren Formen behandelt werden (s. 40). Die Praxis hat zur Entwicklung brauchbarer Formen, neben der theoretischen Überlegung und Rechnung, von jeher das Experiment mit herangezogen und überläßt ihm auch heute noch die letzte Entscheidung. Sie bedient sich seiner in Form des **systematischen Modellversuches**, dessen **Anwendbarkeit auf den Ähnlichkeitsbeziehungen der Kreiselräder** beruht.

VIII. Ähnlichkeitsbeziehungen und Typenreihen der Kreiselräder.

35. Ähnliche Kreiselradmaschinen und ähnliche Betriebszustände.

Solange sich in den Strömungsräumen vollbeaufschlagter Kreiselräder keine Hohlräume mit freien Flüssigkeitsoberflächen bilden (Kavitation!) ist es leicht, zwei Maschinen gleichen Typs mit verschiedenen Abmessungen, Drehzahlen, Gefällen bzw. Förderhöhen und Betriebsmengen zu vergleichen und die Beziehungen aufzustellen, die bei **ähnlichen Betriebszuständen** zwischen ihren ebengenannten Konstruktions- und Betriebsgrößen bestehen. Ähnliche Betriebszustände setzen ähnliche Strömungsbilder, diese wieder ähnliche **Strömungsräume** voraus. Diese Bedingung würde in letzter Konsequenz dazu führen, nur in ganzen Kreiselradmaschinenanlagen die Möglichkeit ähnlicher Strömungsvorgänge anzuerkennen. Es liegt auch auf der Hand, daß die Strömung durch eine offen eingebaute Turbine nicht in allen Teilen einer solchen durch eine Spiralturbine oder die durch eine Maschine mit geradem Saugrohr nicht durchweg einer solchen durch eine Maschine mit Saugkrümmer ähnlich sein kann. Immer aber wird man vom Rade, oder bei Mehrstrom- und Mehrstufenmaschinen von den Rädern ausgehend einen gewissen Bereich feststellen können, innerhalb dessen bei **geometrisch ähnlicher Vergrößerung der Ausführung** ähnliche Strömungen herrschen, wenn nur an den Ein- bzw. Austrittsgrenzen des Bereiches die Strömung ähnlich zu- bzw. abgeführt wird und die Räder die noch zu ermittelnden Bedingungen ähnlicher Betriebszustände erfüllen. Schließlich kann man sogar den Bereich ganz eng um das Rad ziehen und braucht nur zu verlangen, daß ihm die Strömung ähnlich zugeführt und ähnlich abgenommen wird. Bei der Übertragung von Erfahrungstatsachen, die an einem Modell gewonnen sind, auf größere Ausführungen, ist es daher immer notwendig, genau zu prüfen, ob die verglichenen Strömungsräume auch wirklich geometrisch ähnlich sind und an den Grenzen ähnliche Geschwindigkeitsverteilungen herrschen. Manche Enttäuschungen im Kreiselradmaschinenbau sind dadurch entstanden, daß allzu rasch der Schluß gezogen wurde, „diese Abänderung gegenüber dem Modell wird kaum einen Einfluß haben‟! Speziell beim

Rade und Saugrohr sollte die Ähnlichkeit bei Modellversuchen so genau wie irgend möglich sein (Schaufelzahl und -stärke im Rade!). Bei Pumpen ist auch für die Spirale und einen evtl. Leitapparat strenge Ähnlichkeit zu fordern, da die verzögerte Strömung in ihnen zu Labilität neigt und daher durch geringe Änderungen unter Umständen beeinflußt wird. Bei Turbinen kann man sich hinsichtlich dieser Teile etwas mehr Freiheit gestatten, da die beschleunigte Strömung die Neigung zur Labilität nicht hat. Es kommt hier in erster Linie darauf an, durch diese Teile die Strömung dem Rade im Mittel mit gleichen Winkeln gegen den Umfang oder Radius zuzuführen. Den Einfluß kleiner Änderungen in Schaufelzahl und -stärke im Leitapparat und solcher in den Abmessungen der Spirale kann man gesondert abschätzen.

Die Ähnlichkeit der Strömungsbilder erfordert Ähnlichkeit der Geschwindigkeitsdreiecke an ähnlich gelegenen Raumpunkten, also Gleichheit der Dreieckswinkel und damit des Verhältnisses der Geschwindigkeiten. Von diesen wählen wir zwei für unseren Zweck passend aus. Die Umfangsgeschwindigkeit u eines Radpunktes ist mit der Drehzahl n und einem als Vergleichsmaßstab irgendwie gewählten Durchmesser D proportional, also $u \sim (nD)$. Die Geschwindigkeitskomponente c_m ist aus der Durchflußmenge Q und dem an der betr. Stelle gezogenen Querschnitt F zu errechnen. F aber ist bei ähnlichen Rädern mit D^2 proportional. Demnach ist $c_m \sim \dfrac{Q}{D^2}$. Aus der Ähnlichkeit der Dreiecke folgt nun Gleichheit des Verhältnisses c_m/u. Wir stellen daher fest:

Ähnliche Betriebszustände haben gleiches Verhältnis $\dfrac{c_m}{u}$ bzw. $\dfrac{Q}{n \cdot D^3}$. Die mit der mechanischen Energie in Austausch tretende Strömungsenergie H_m ist mit dem Produkt zweier Geschwindigkeiten (c_u und $r \cdot \omega = u$) proportional; da aber wegen der Ähnlichkeit der Dreiecke jede Geschwindigkeit mit u, also auch mit ($n \cdot D$) proportional ist, wird
$$H_m \sim (n \cdot D)^2 \, .$$

Damit auf beiden Seiten gleiche Dimensionen stehen, schreiben wir:
$$H_m \sim \frac{(n \cdot D)^2}{2g} \, . \tag{221}$$

Die Verlustenergien (Druckverluste) wachsen nur bei gleicher Reynoldsscher Zahl R mit den Geschwindigkeitsquadraten, man kann also schreiben:
$$H_v \sim f(R)\,\frac{(n \cdot D)^2}{2g} \, . \tag{222}$$

Zur vollständigen Ähnlichkeit gehört aber gerade die Gleichheit der Reynoldsschen Zahl für die verglichenen Betriebszustände. Gemessen wird R durch irgendeine charakteristische herausgegriffene Geschwindigkeit, die sicher aber mit $nD \sim \sqrt{2gH_m}$ proportional ist, ferner den Bezugsdurchmesser D und die kinematische Zähigkeit ν
$$R = \frac{\sqrt{2gH_m} \cdot D}{\nu} \, . \tag{223}$$

Ist R gleich für die verglichenen Zustände, so ist $f(R)$ eine Konstante; dann ist aber H_v genau so wie H_m mit $(nD)^2$ proportional; das Verhältnis H_v/H_m ist dann eine Konstante und damit der Strömungswirkungsgrad ε_s für beide Fälle gleich. Ändert sich der Betriebszustand, so ändert sich das Verhältnis $H_m/(nD)^2$ und das Verhältnis $H_v/(nD)^2$, jedes in verschiedener, aber ausgeprägter Weise. Ändert sich R, so ändert sich das Verhältnis $H_v/(nD)^2$, wenn auch nicht so ausgeprägt, aber doch nachweisbar. Somit ist ε_s sowohl vom Betriebszustand als auch von der Reynoldsschen Zahl abhängig.

$$\varepsilon_s = f_s\left(\frac{Q}{n \cdot D^3},\ \frac{\sqrt{2g \cdot H_m} \cdot D}{\nu}\right). \tag{224}$$

Diese Folgerung kann sofort auch auf den hydraulischen Gesamtwirkungsgrad ausgedehnt werden, der ja nur zwei weitere, aber rein hydrodynamische, wesentlich durch Flüssigkeitsreibung beeinflußte Vorgänge, nämlich die Radseitenreibung und den Spaltverlust mit berücksichtigt. Also gilt auch

$$\varepsilon_h = f_h\left(\frac{Q}{n \cdot D^3},\ \frac{\sqrt{2g \cdot H_m} \cdot D}{\nu}\right), \tag{225}$$

Die Abhängigkeit der einzelnen Verluste in einer Kreiselradströmung von der Reynoldsschen Zahl ist noch nicht ausreichend bekannt. Man kann nur nach den Erörterungen in § 15 und 16 sagen, daß die Beiwerte, mittels deren die Verluste auf die Quadrate der Geschwindigkeiten bezogen werden, bei reinen Reibungsverlusten in nicht verzögerter Strömung verhältnismäßig stark mit wachsender Reynoldsscher Zahl abnehmen, während diese Tendenz bei Strömungen mit Verzögerung weniger stark vorhanden zu sein scheint. Verluste, die auf starke, immer an der gleichen Stelle erfolgende Wirbelablösung zurückzuführen sind — z. B. Stoßverluste—, die daher von einer Art Formwiderstand herrühren, sind so gut wie unabhängig von der Reynoldsschen Zahl. Da die Anteile der Einzelverluste am Gesamtverlust mit der Veränderung des Betriebszustandes stark wechseln, so ist auch der Einfluß der Reynoldsschen Zahl auf den Wirkungsgrad bei den verschiedenen Betriebszuständen ein verschieden starker. Am stärksten tritt er beim Betriebszustand des besten Wirkungsgrades hervor, da hier bei allen Kreiselradmaschinen angestrebt wird, die Verluste auf reine Reibungsverluste zu beschränken (was natürlich nicht vollkommen gelingt). Die Radseitenreibung ist sicher bei großen Durchmessern und großen Geschwindigkeiten verhältnismäßig geringer. Der Spaltverlust ist aber sicher verhältnismäßig größer, da hier die verhältnismäßig sinkende Reibung die Spaltwassermenge verhältnismäßig steigert.

Wird die Abhängigkeit von der Reynoldsschen Zahl als bekannt angenommen, so läßt sich die Steigerung von ε_s, die bei einer Großausführung gegenüber einem Modell zu erwarten ist, berechnen.

Für Pumpen gilt

$$\varepsilon_s = 1 - \frac{\sum \mathrm{Verl}}{H_m}.$$

Wird nun die Großausführung durch den Index A, das Modell durch den Index M gekennzeichnet, so ist

$$H_{m_A} = H_{m_M} \frac{(nD)_A^2}{(nD)_M^2}; \qquad \sum \mathrm{Verl}_A = \sum \mathrm{Verl}_M \frac{f(R_A)\,(nD)_A^2}{f(R_M)\,(nD)_M^2}. \qquad (226)$$

Also wird

$$\varepsilon_{s_A} = 1 - \frac{\sum \mathrm{Verl}_M}{H_{m_M}} \cdot \frac{f(R_A)}{f(R_M)} = 1 - (1 - \varepsilon_M) \frac{f(R_A)}{f(R_M)}. \qquad (227)$$

Für Turbinen gilt:

$$\varepsilon_s = \frac{1}{1 + \dfrac{\sum \mathrm{Verl}}{H_m}}.$$

Nun ist mit den gleichen Beziehungen wie in Gleichung (226)

$$\varepsilon_s = \frac{1}{1 + \dfrac{\sum \mathrm{Verl}_M}{H_{m_M}} \cdot \dfrac{f(R_A)}{f(R_m)}} = \frac{1}{1 + \left(\dfrac{1}{\varepsilon_M} - 1\right) \dfrac{f(R_A)}{f(R_M)}}. \qquad (228)$$

Macht man die Annahme, daß beim besten Wirkungsgrade für die dabei überwiegenden Reibungsverluste die **Blasiussche** Formel $f(R) \sim \dfrac{1}{\sqrt[4]{R}}$ gilt und daß auch die anderen Verluste näherungsweise diesem Gesetze gehorchen, so ergibt sich für Betrieb mit gleicher Temperatur, also gleichem ν:

Für Pumpen:

$$\varepsilon_{s_A} = 1 - (1 - \varepsilon_{s_M}) \sqrt[4]{\frac{D_M \sqrt{H_{m_M}}}{D_A \sqrt{H_{m_A}}}}. \qquad (229)$$

Für Turbinen:

$$\varepsilon_{s_A} = \frac{1}{1 + \left(\dfrac{1}{\varepsilon_{s_M}} - 1\right) \sqrt[4]{\dfrac{D_M \sqrt{H_{m_M}}}{D_A \sqrt{H_{m_A}}}}}. \qquad (230)$$

Die so gerechneten Werte sind häufig in guter Übereinstimmung mit der Erfahrung. Dies liegt wohl mit daran, daß die Modellausführungen sehr sorgfältig — mit „glatten" Wandungen — hergestellt werden, die Großausführungen aber ihrer Größe wegen auch als „glatt" bezeichnet werden können.

In der Praxis vernachlässigt man in erster und meistens genügender Annäherung den Einfluß der **Reynoldsschen** Zahl. Dann werden H_m und H_v miteinander proportional, da auch die Verluste und damit alle Gefällsgrößen mit $(nD)^2$ proportional werden. Bei Pumpen rechnet man dann mit $H_n = H_m - \sum \mathrm{Verl}$. bei Turbinen mit $H_b = H_m + \sum \mathrm{Verl}$. weil bei Pumpen H_n, bei Turbinen H_b unmittelbar meßbar ist. Mit diesen H-Werten stellt man dann die Ähnlichkeitsgesetze so auf, als ob sie den Geschwindigkeitsquadraten streng proportional wären, also nach dem Grundsatz:

$$H_m \sim (c^2,\, u^2,\, c_u^2,\, c_m^2,\, w^2,) \sim \frac{(nD)^2}{2g} \qquad \left.\vphantom{\begin{array}{c}1\\1\end{array}}\right\}$$

bzw.

$$c,\, u,\, c_u,\, c_m,\, w \sim nD \sim \sqrt{2gH_m}. \qquad (231)$$

Die Steigerung von ε_s kann man nachträglich nach Gleichung (229) oder (230) berücksichtigen, indem man H_m entweder $\eqsim H_n$ oder $\eqsim H_b$ setzt.

36. Die Ähnlichkeit der dynamischen Druckverteilung und Folgerungen aus ihr.

a) Die dynamische Druckverteilung.

In § 10 ist bereits allgemein darauf hingewiesen worden, daß es wichtig ist, bei jedem Strömungsvorgang die Druckverteilung in eine dynamische und statische zu zerlegen. Ebenso wie dort die Gleichung (26) für Strömungen mit konstanter Energie in die beiden Gleichungen (26a) für den dynamischen und den statischen Druck gespalten wurde, nehmen wir jetzt in den Druckgleichungen des § 33 dieselbe Aufteilung vor. Greift man z. B. Gleichung (179) heraus, so erhält man:

$$\frac{p_{x\,dy}}{\gamma} + \frac{p_{x\,st}}{\gamma} = \frac{\omega}{g}\, \Delta_e^x (c_u \cdot r) - \left(\frac{c_x^2}{2g} + V_{0 \to x}\right) - h_x \qquad (179a)$$

und kann nun zerlegen in

$$\left.\begin{aligned}\frac{p_{x\,dy}}{\gamma} &= \frac{\omega}{g}\, \Delta_e^x (c_u \cdot r) - \left(\frac{c_x^2}{2g} + V_{0 \to x}\right) \\[2mm] \frac{p_{x\,st}}{\gamma} &= -h_x\end{aligned}\right\} \qquad (179b)$$

und:

(Stelle o = Unterwasser; h_x = Höhe über dem Unterwasser). Hieraus ersieht man sofort, daß nur die dynamische Verteilung den Geschwindigkeitsquadraten angenähert — bei Vernachlässigung des Einflusses der Reynoldsschen Zahl genau — proportional ist, während die statische ihr eigenes Gesetz befolgt. Besser drückt man dies so aus:

Die dynamischen Druckunterschiede in ähnlichen Kreiselradströmungen sind den Geschwindigkeitsquadraten und damit den Energiehöhen H — genau oder angenähert — proportional, die statischen überlagern sich ihnen und verhalten sich wie in einer ruhenden Flüssigkeit.

b) Kräfte und Momente.

Hier ist es nützlich, einen Augenblick die Vorstellungen der Grundzugstheorie zu verlassen und auf die wahre Strömung zwischen endlich vielen Schaufeln einzugehen. Die Gleichungen in § 33 liefern nur Mittelwerte des Druckes; die eben ausgesprochene Beziehung gilt aber nach dem allgemeinen Reynoldsschen Ähnlichkeitsgesetz für alle dynamischen Druckunterschiede in jeder Kreiselradströmung, solange nicht die Bildung freier Oberflächen die Verhältnisse wesentlich verändert. Die Unterschiede des Druckes, die zwischen Vorder- und Rückseite einer Schaufel bei endlicher Schaufelzahl herrschen müssen, damit das Drehmoment in der Welle entsteht, sind also auch den Geschwindigkeitsquadraten oder den Förderhöhen bzw. Gefällen proportional. Wir wollen diese Druckunterschiede kurz „die Schaufeldrücke" nennen und sie mit Δp_s bezeichnen. Also gilt

$$\Delta p_s \sim c^2,\ u^2,\ c_u^2,\ c_m^2,\ w^2 \sim (nD)^2. \tag{232}$$

(Die Faktoren, die zur Herstellung der Dimensionsgleichheit beizusetzen wären, sind in diesem Paragraphen weggelassen.)

Die gesamte Schaufelkraft P_s wird also im Falle der Ähnlichkeit, da ähnliche Flächen quadratisch mit den Abmessungen wachsen:

$$P_s \sim c^2 \cdot D^2 \sim n^2 D^4 \sim H \cdot D^2. \tag{233}$$

Ihr Moment hat einen Hebelarm, der linear mit den Abmessungen zunimmt, daher folgt:

$$M \sim c^2 D^3 \sim n^2 D^5 \sim H \cdot D^3. \tag{234}$$

c) Materialbeanspruchungen.

Flüssigkeitsdrücke sind Kräfte pro Flächeneinheit; an den Wandungen der Räder, Leitapparate, Gehäuse der Kreiselradmaschinen äußern sie sich als spezifische Flächendrücke. Von dieser Art der Materialbeanspruchung — soweit sie von der dynamischen Verteilung herrührt — sieht man also ohne weiteres ein, daß sie den Geschwindigkeitsquadraten oder dem Gefälle bzw. der Förderhöhe proportional ist. Diese Beziehung gilt aber weiterhin für alle Arten von Beanspruchungen. Man denke nur an das Drehmoment der Welle, das $\sim H \cdot D^3$ ist, aber bei ähnlicher Vergrößerung durch ein polares Widerstandsmoment aufgenommen wird, das mit D^3 wächst. Wenn ferner irgendein Konstruktionsteil Biegungsbeanspruchung erleidet, so wächst das Biegungsmoment (Kraft mal Hebelarm) mit $H \cdot D^3$; das Widerstandsmoment $\dfrac{b \cdot h^2}{6}$ bei ähnlicher Vergrößerung aber auch wieder mit D^3. Es gilt also allgemein:

Ähnliche Strömungen verursachen in ähnlichen Maschinen Beanspruchungen, die mit der Förderhöhe bzw. dem Gefälle wachsen, d. h.

$$k_b,\ k_z,\ k_b,\ k_d \sim H. \tag{235}$$

Dabei ist natürlich vollkommene geometrische Ähnlichkeit der Maschinen (z. B. auch der Wandstärken) vorausgesetzt. Diese kann meistens nicht eingehalten werden; dann bietet der obige Satz aber einen Anhaltspunkt zum Abschätzen der Beanspruchungen.

37. Zusammenwirken von dynamischer und statischer Druckverteilung.

Für das Studium der Druckverteilung ist es wieder notwendig, die Vorstellungen der Grundzugstheorie einen Augenblick zu verlassen, d. h. ein Kreiselrad mit endlicher Schaufelzahl ins Auge zu fassen und außerdem auch die Verhältnisse zu beiden Seiten der mittleren Rotationsfläche zu betrachten. Bisher sind die Mittelwerte der Drucke ausgerechnet worden; sie bestehen in der mittleren Rotationsfläche $m - m'$

und variieren bei unendlicher Schaufelzahl nur von Parallelkreis zu Parallelkreis dieser Fläche. Ist aber die Schaufelzahl endlich, so sind sie nur Mittelwerte auf einem gewissen Wege durch den Schaufelkanal, etwa $i - a$ in Abb. 97b, der dort zwischen zwei Schaufeln gezogen ist

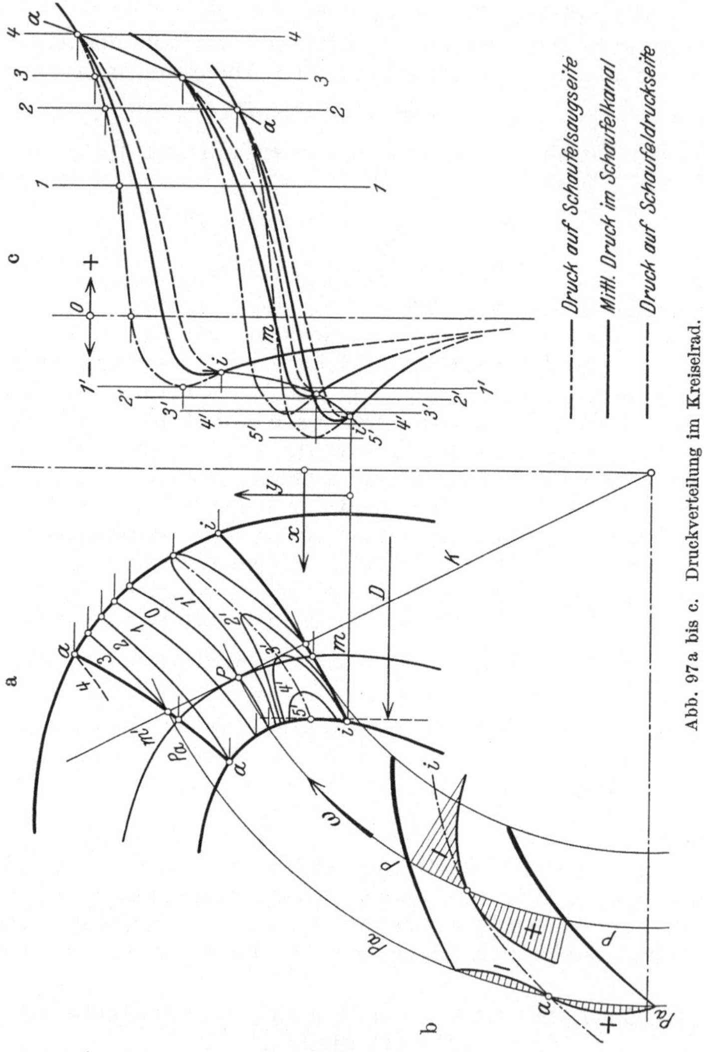

Abb. 97 a bis c. Druckverteilung im Kreiselrad.

und selbst wieder auf der mittleren Rotationsfläche verläuft. Gegenüber diesen Mittelwerten bestehen im Schaufelkanal einerseits zu beiden Seiten der Mittelfläche nach dem äußeren bzw. inneren Radkranz hin, andererseits auf jedem Parallelkreis mehr oder minder erhebliche Unterschiede; deren Größe hängt einerseits von der Profilform des Rades, andererseits von Schaufelzahl und -form ab. Die Abb. 97 a bis c veranschaulichen die Verhältnisse. An die mittlere Rotationsfläche $m - m'$ der Abb. 97a ist wieder der Tangentialkegel K gelegt und sein Schnitt mit zwei Schaufeln in Abb. 97b (Abwicklung von K) gezeichnet. In der so dargestellten, der Rotationsfläche $m - m'$ angehörigen Schicht eines

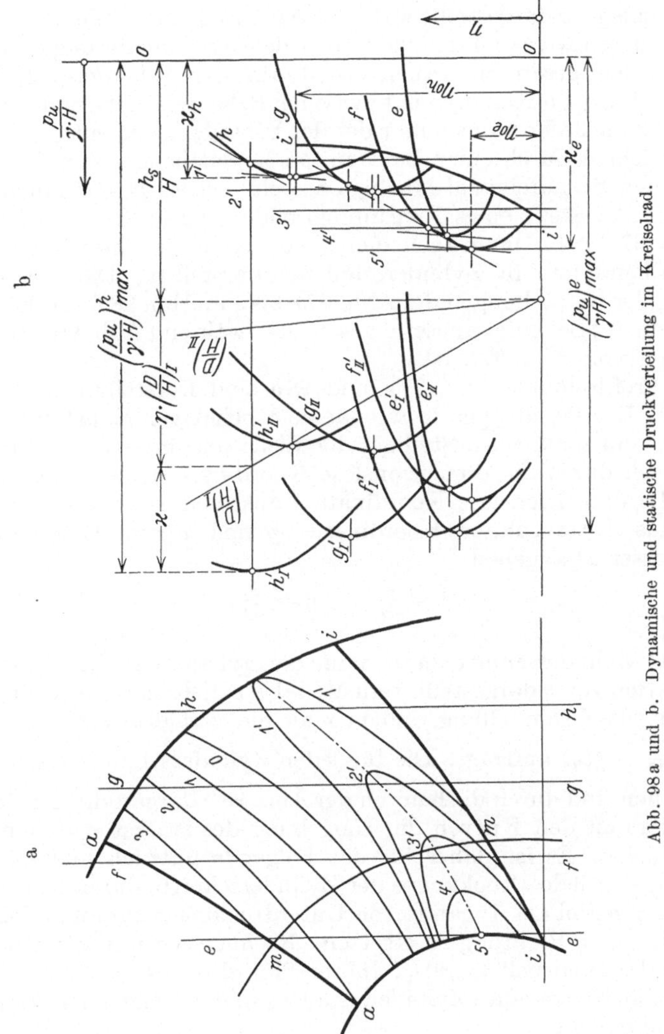

Abb. 98a und b. Dynamische und statische Druckverteilung im Kreiselrad.

Schaufelkanals ist die Verbindungslinie $i - a$ als Ort des mittleren dynamischen Druckes eingezeichnet. Über zwei Parallelkreisen P und P_a ist der Verlauf der Unterschiede des dynamischen Druckes gegenüber dem Mittelwert (Überdruck $+$, Unterdruck $-$) als Diagramm aufgetragen. (Abszissen $=$ Bogenlängen, Ordinaten $=$ Radien bzw. Kegelmantellinien.) Auf dem Kreise P_a ist dem Umstande Rechnung getragen, daß der Druck an den Schaufelenden keinen Sprung mehr aufweisen kann (wie es im Schaufelinnern von Vorderseite zu Rückseite der Schaufel der Fall ist). In Abb. 97c ist für die äußere, mittlere und innere Rotationsfläche der Verlauf des mittleren Kanaldruckes sowie der Druckverlauf auf der Schaufeldruck- und -saugseite als Funktion der Höhenlage y dargestellt, während Abb. 97a, durch Kurven gleichen Druckes, deren Niveau durch die Linien gleicher Numerierung in Abb. 97c festliegt, den gesamten Druckverlauf auf der Schaufelsaugseite beschreibt. Für jede Kanalschicht zwischen Schaufeldruck- und -saugseite (deren räumliche Form ungefähr der der Schaufelfläche entspricht), jede gekennzeichnet durch einen bestimmten Bogenabstand von der Druckseite in den Schaufelkanal hinein, wäre ein solches Niveaulinienbild zu zeichnen. An Stelle eines Niveaulinienbildes und an Stelle der Kurven der Abb. 97c kann man auch den Druckverlauf in einer Kanalschicht durch Diagramme in Zylinderschnitten darstellen. Dies ist als Ergänzung der Darstellungen der Abb. 97a bis c in Abb. 98b für die Kanalschicht an der Schaufelsaugseite geschehen, während Abb. 98a eine Wiederholung von Abb. 97a ist.

Die Profilschnitte Abb. 97a und 98a sind Darstellungen eines bestimmten Kreiselradtypus in irgendeinem beliebigen Maßstab. Wir betrachten nun senkrechte Stellung der Welle und messen das Profil der Höhe nach durch die dimensionslose Koordinate η, dem Radius nach durch die dimensionslose Koordinate ξ aus, und zwar sollen diese das Verhältnis der absoluten Koordinaten y und x zum Einschnürungsdurchmesser D angeben.

$$\xi = \frac{x}{D}; \qquad \eta = \frac{y}{D}. \tag{236}$$

In jedem Zylinderschnitt kann dann die dynamische Druckverteilung als Funktion von η dargestellt werden; dabei erzielt man eine vollkommen dimensionslose Darstellung, indem man die verhältnismäßigen Druckwerte $\frac{p}{\gamma H} = f(\eta)$ aufträgt. Die für jeden Zylinderschnitt verschiedenen Funktionen sind durch die Kurven der Abb. 98b dargestellt. Am meisten interessiert an den Kurven die Umgebung des stärksten dynamischen Unterdruckes. Es ist daher für das Folgende nützlich und auch ausreichend, sich jede Druckkurve der Zylinderschnitte durch eine Parabel mit dem Scheitel am dynamischen Unterdruckmaximum und der Achse senkrecht zur η-Richtung zu ersetzen. Rechnen wir nur mit dem dynamischen Unterdruck $(p_u/\gamma)_{dy}$, führen ihn also positiv ein, so können wir für die Kurve eines Zylinderschnittes in der Umgebung ihres Maximums schreiben:

$$\left(\frac{p_u}{\gamma}\right)_{dy} = \left(\frac{p_{u\,dy}}{\gamma}\right)_{\max} - a\,(\eta - \eta_0)^2. \tag{237}$$

Dabei mögen die η vom tiefsten Punkt der Schaufelkante gerechnet sein und η_0 demnach die Höhenlage der Stelle des Unterdruckmaximums in dem betr. Zylinderschnitt angeben. p_u/γ ist in m gemessen, der Koeffizient a hat daher ebenfalls die Dimension m. Da die dynamische Druckverteilung das Reynoldssche Ähnlichkeitsgesetz befolgt, so sind $(p_{u\,dy}/\gamma)_{\max}$ und a mit H (Gefälle oder Förderhöhe) proportional; daher werde gesetzt:

$$\left(\frac{p_{u\,dy}}{\gamma}\right)_{\max} = \varkappa \cdot H\,, \tag{238}$$

$$a = \alpha \cdot H\,. \tag{239}$$

$\varkappa$ und α sind in jedem Zylinderschnitt verschieden. Man kann jetzt schreiben:

$$\frac{p_{u\,dy}}{\gamma\,H} = \varkappa - \alpha\,(\eta - \eta_0)^2\,, \tag{240}$$

und damit hat man eine dimensionslose Darstellung der dynamischen Druckverteilung, die für den Typus der betr. Kreiselradmaschine gilt. Die Werte $\varkappa$ und α sind (Ähnlichkeits-) Konstanten des Typus und von der Ausführungsgröße unabhängig. Die Abb. 98b sei ebenso eine dimensionslose Darstellung, sie stellt also über den verhältnismäßigen Höhenlagen η die verhältnismäßigen Unterdruckwerte $p_{u\,dy}/\gamma H$ dar. Über die dynamische Druckverteilung lagert sich die statische; der durch sie verursachte zusätzliche Unterdruck $p_{u\,st}/\gamma$ ist vom Gefälle unabhängig. Er ist in jedem Punkte gleich dem Höhenabstand zum Unterwasser (allgemein zu einem Bereich atmosphärischen Druckes!). Der Höhenabstand des tiefsten Punktes der Schaufelung sei mit h_s bezeichnet; diese Größe wird im Kreiselradbau allgemein „statische Saughöhe" genannt. Innerhalb des Rades nimmt der Unterdruck um den Betrag $y = \eta \cdot D$ zu. Der resultierende Unterdruck ist dann

$$\frac{p_u}{\gamma} = h_s + \eta \cdot D + \varkappa \cdot H - \alpha \cdot H(\eta - \eta_0)^2\,. \tag{241}$$

Die Stelle des Unterdruckmaximums der resultierenden Druckverteilung verschiebt sich in jedem Zylinderschnitt. Differenziert man nämlich Gleichung (241) nach η, so ergibt sich für die Stelle η_0' des resultierenden $(p_u/\gamma)_{\max}$:

$$D - 2\alpha H(\eta_0' - \eta_0) = 0 \tag{242}$$

oder

$$\eta_0' - \eta_0 = \frac{1}{2\alpha} \cdot \frac{D}{H}\,. \tag{243}$$

Setzt man dies in Gleichung (241) ein, so ergibt sich

$$\left(\frac{p_u}{\gamma}\right)_{\max} = h_s + \varkappa \cdot H + \eta_0 \cdot D + \frac{1}{4\alpha} \cdot \frac{D^2}{H}\,. \tag{244}$$

Dividiert man durch H, so gewinnt man wieder eine vollkommen dimensionslose Darstellung; man erhält nämlich für das verhältnismäßige Unterdruckmaximum

$$\left(\frac{p_u}{\gamma \cdot H}\right)_{\max} = \frac{h_s}{H} + \varkappa + \eta_0 \frac{D}{H} + \frac{1}{4\alpha} \cdot \left(\frac{D}{H}\right)^2\,. \tag{245}$$

Für jeden Zylinderschnitt existiert eine solche Gleichung (η_0, $\varkappa$ und α haben in jedem Zylinderschnitt ihre besonderen Werte). Die statische Druckverteilung verschiebt also die Maximalstellen des resultierenden

Unterdruckes von denen des dynamischen in jedem Zylinderschnitt nach oben und erhöht sämtliche Maximalwerte des Unterdruckes. Dabei tritt der absolut höchste Wert des Unterdruckes im allgemeinen in einem anderen Zylinderschnitt, als in dem des höchsten dynamischen Unterdruckes auf.

Den entwickelten Gedankengang kann man sich an Hand von Abb. 98b rein geometrisch klar machen. Trägt man in dieser den verhältnismäßigen statischen Unterdruck

$$\frac{p_{u\,st}}{\gamma H} = \frac{h_s}{H} + \eta \cdot \frac{D}{H} \qquad (246)$$

ein, so hat die durch diese Beziehung dargestellte gerade Linie um so stärkeren Anstieg, je größer D/H ist. Man findet nun graphisch die neuen Maxima und Minima dadurch, daß man an den Kurven des dynamischen Unterdruckes $p_{u\,dy}/\gamma H$ die Stellen aufsucht, wo die Tangenten eine der Geraden $p_{u\,st}/\gamma H$ entgegengesetzte Neigung haben. (Denn dort ist $\frac{d}{d\eta}\left(\frac{p_{u\,st} + p_{u\,dy}}{\gamma H}\right) = 0$!) Diese Stellen liegen aber von den Maximalstellen $(p_{u\,dy}/\gamma H)_{max}$ um so weiter in der positiven η-Richtung verschoben, je größer D/H und je flacher die Maxima der dynamischen Verteilung sind; um so höher werden aber auch die Maximalwerte der resultierenden Verteilung. Abb. 98b veranschaulicht dies; aus den Kurven der dynamischen Druckverteilung sind durch Kombination mit zwei Geraden der statischen Verteilung (gezeichnet für zwei extrem verschiedene Werte D/H) zwei neue Kurvenscharen der resultierenden Verteilung entwickelt. Man sieht, wie sich grundsätzlich die Verhältnisse durch den Einfluß der statischen Verteilung verschieben können.

Der Wert D/H kann bei Niederdruckanlagen den Wert 1 erreichen und überschreiten; hier ist also der Einfluß der statischen Verteilung besonders groß. Bei Hochdruckanlagen hat D/H die Größenordnung $\frac{1}{100}$, bei Mitteldruckanlagen $\frac{1}{10}$. Bei Modellausführungen, die erprobt werden, um etwaige Kavitationserscheinungen zu studieren, hat man den Wert D/H grundsätzlich in der Hand. Praktisch ist man aber auch hier meistens auf kleine und sehr kleine Werte beschränkt ($\frac{1}{10}$ bis $\frac{1}{200}$).

38. Kavitation in Kreiselrädern[1].

Wenn an irgendeiner Stelle in der Strömung der Druck bis auf die Dampfspannung der Betriebsflüssigkeit abnimmt, so bilden sich Hohlräume, in die hinein die Flüssigkeit verdampft. Evtl. schon vorher, bei etwas höheren Drücken, scheiden sich in der Flüssigkeit gelöste Gase aus und bilden solche Hohlräume. Die Gas- oder Dampfvolumina werden von der Strömung mitgeführt und stürzen dann, wenn sie wieder in

---

[1] Über die mit der Kavitation zusammenhängenden Fragen vgl. Föttinger: Untersuchungen über Kavitation und Korrosion bei Turbinen. Hydraulische Probleme. VDJ-Verlag 1926. D. Thoma: Die Kavitation bei Wasserturbinen. Ebenda. Ferner in Wasserkraftjahrbuch 1924: Aufsätze von D. Thoma, V. Kaplan, E. Englesson. Außerdem Ackeret: Experimentelle und theoretische Untersuchungen über Hohlraumbildung (Kavitation) im Wasser. Technische Mechanik und Thermodynamik. Heft 1 und 2. VDJ-Verlag 1930.

Gebiete höheren Druckes gelangen, stoßartig zusammen. In den weitaus meisten Fällen spielt sich der Vorgang an einer Rad- oder Schaufelwand ab, und hier entstehen dann unter Umständen enorme Druck- und Scherstöße, die das Material in ganz kurzer Zeit sehr stark angreifen. Nebenher gehen auch chemische Zerstörungswirkungen. Der Verlauf der Strömung in der für Leistung und Wirkungsgrad günstigsten Weise wird durch solche Erscheinungen naturgemäß gestört.

Nimmt man an, daß bis hart an die Kavitationsgrenze heran das Reynoldssche Ähnlichkeitsgesetz gilt, so kann man Gleichung (244) auf den Vorgang anwenden und hat in ihr

$$\left(\frac{p_u}{\gamma}\right)_{\max} = h_b - h_d \,, \tag{247}$$

zu setzen; dabei ist h_b der barometrische Außendruck, h_d die Dampfspannung der Betriebsflüssigkeit entsprechend der Betriebstemperatur, beide Werte in Metern Flüssigkeitssäule gemessen. Man erhält also

$$h_b - (h_s + h_d) = \varkappa \cdot H + \eta_0 \cdot D + \frac{1}{4\,\alpha} \cdot \frac{D^2}{H} \,, \tag{248}$$

oder dimensionslos:

$$\frac{h_b - (h_s + h_d)}{H} = \varkappa + \eta_0 \left(\frac{D}{H}\right) + \frac{1}{4\,\alpha} \cdot \left(\frac{D}{H}\right)^2 \,. \tag{249}$$

Für die linke Seite hat sich die Bezeichnung σ und der Name „Kavitationsbeiwert" eingebürgert[1].

$$\sigma = \frac{h_b - (h_s + h_d)}{H} \,. \tag{250}$$

Nach den Erörterungen des vorigen Paragraphen haben η_0 und α nur dann für alle Zylinderschnitte die gleichen Werte, wenn die dynamische Druckverteilung in der Umgebung ihrer maximalen Unterdruckwerte zufällig durch einen Zylinder $f(\xi, \eta)$ mit Erzeugenden parallel zur ξ, η-Ebene und speziell zur ξ-Richtung dargestellt wird. Im allgemeinen Fall kann das Gebiet der maximalen dynamischen Unterdrucke durch eine Fläche zweiter Ordnung ersetzt werden. Auch dann kommt man auf einen Ausdruck für σ, der die erste und zweite Potenz von D/H enthält, nur haben die beiden Glieder dann andere Koeffizienten; allgemein kann man also schreiben:

$$\sigma = \varkappa + \mu_1 \cdot \frac{D}{H} + \mu_2 \left(\frac{D}{H}\right)^2 \,, \tag{251}$$

eine Entwicklung, die man schließlich auch sofort ohne Eingehen auf die Einzelheiten der dynamischen Druckverteilung hätte hinschreiben können.

Den Kavitationsbeiwert σ bestimmt man versuchsmäßig auf folgende Weise an einer Modellmaschine. Man hält ein bestimmtes Sauggefälle h_s konstant und erzeugt verschiedene Gesamtgefälle H; dabei stellt man jeweils ähnliche Betriebszustände $\left(n \sim \sqrt{H}\right)$ ein und beobachtet

---

[1] Siehe D. Thoma a. a. O. sowie derselbe: Beitrag zur Weltkraftkonferenz 1924.

die Wassermenge Q, die Leistung N und den hydraulischen Wirkungsgrad ε_h. Solange keine Kavitation eintritt, muß $Q \sim \sqrt{H}$, $N \sim H\sqrt{H}$ und ε_h konstant sein, (solange die Veränderungen der Reynoldsschen Zahl gering sind!). Ein Nachlassen der letztgenannten drei Werte deutet

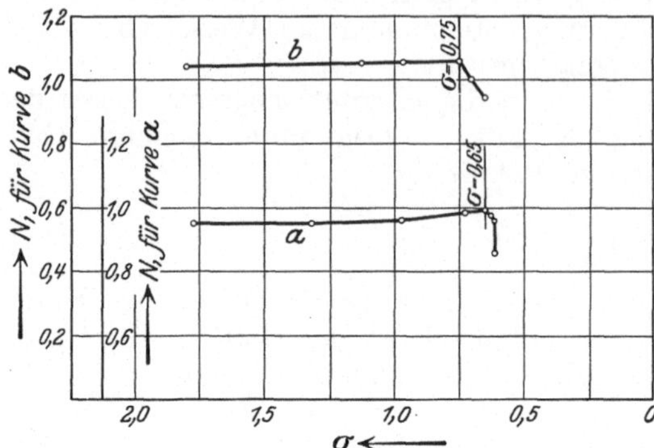

Abb. 99. Kavitationsversuche an einer Turbine.

auf eingetretene Kavitation. Der Eintritt der Kavitation offenbart sich, je nach dem besonderen Betriebszustand, mehr oder minder scharf. Die bisherige Erfahrung zeigt folgendes:

Bei Turbinen, für die verhältnismäßig die meisten Erfahrungen in bezug auf Kavitationsversuche vorliegen, ist es allgemein üblich geworden, die Abhängigkeit von Leistung, Wassermenge und Wirkungsgrad vom Kavitationsbeiwert σ aufzutragen. Man erhält so Kurven nach Abb. 99. Kurve a zeigt kurz vor dem Beginn der Kavitation einen Anstieg der Leistung, eine Erscheinung, die schon des öfteren von verschiedenen Beobachtern festgestellt wurde[1]. Die Kurven a und b sind Kavitationskurven des gleichen Kaplanrades einmal mit 4 (Kurve b) und mit 6 Schaufeln (Kurve a)[2].

Für Pumpen sind bisher noch wenig Kavitationsversuche bekannt geworden. Damit hängt es wohl auch zusammen, daß man sich noch nicht in dem Maße auf die Benützung eines bestimm-

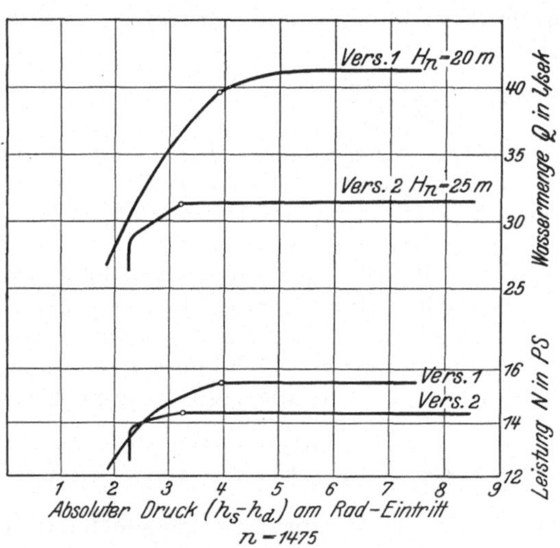

Abb. 100. Kavitationsversuche an einer Pumpe.

ten Kavitationsbeiwertes geeinigt hat wie bei Turbinen.

Abb. 100 zeigt einige Kavitationskurven[2], bei denen Fördermenge und Leistung über $(h_s - h_d)$ aufgetragen sind (h_s = absoluter Druck

---

[1] Siehe D. Thoma, Wasserkraftjahrbuch 1924.
[2] Aufgenommen im Institut für Strömungsmaschinen der T. H. Karlsruhe.

vor dem Laufrad, h_d = Dampfspannung des Betriebswassers). Gesamtförderhöhe und Drehzahl wurden bei dem Versuch konstant gehalten. Das Nachlassen von Fördermenge und Leistung bei einsetzender Kavitation ist je nach der Lage des Betriebspunktes im Q-H-Diagramm verschieden scharf ausgeprägt, und zwar so, daß bei großen Fördermengen, bzw. bei kleinen Förderhöhen der Übergang am sanftesten ist. Der bei Turbinen mitunter festgestellte Anstieg der Nutzleistung bzw. des Wirkungsgrades ist bisher in analoger Form bei Pumpen nicht bekannt geworden, wenigstens nicht, soweit das bis jetzt veröffentlichte, recht spärliche Material eine Beantwortung dieser Frage erlaubt[1].

Wenn man 3 Kavitationsversuche mit verschiedenem Sauggefälle anstellt, so beobachtet man den Eintritt der Kavitation bei ebenfalls verschiedenem Gesamtgefälle. Erhält man dann aus der Beziehung

$$\sigma = \frac{h_b - (h_s + h_d)}{H}.$$

auch deutlich verschiedene σ-Werte, so kann man die drei Beiwerte $\varkappa$, μ_1, μ_2 aus den gewonnenen drei Gleichungen vom Bau der Gleichung (251) errechnen, da diese wegen der verschiedenen Werte H auch verschiedene Werte D/H enthalten. Häufig sind allerdings die Modellräder im Verhältnis zum Gefälle so klein, daß das angegebene Verfahren praktisch schwierig, wenn nicht unmöglich wird. Hat man zwei oder mehrere Modellräder von verschiedener Größe zur Verfügung, so sind die Aussichten des Verfahrens schon wesentlich günstiger. Auch die Variation von h_d durch Arbeiten mit erwärmten Flüssigkeiten kommt in Frage. Häufig begnügt man sich aber damit, den Einfluß von D/H beim Modellversuch zu vernachlässigen, d. h. $\sigma = \varkappa$, also einer Konstanten gleichzusetzen. Bei der Übertragung auf Großausführungen ist dann Vorsicht geboten; es ist unerläßlich, den Einfluß von D/H durch eine angenäherte Berechnung der dynamischen Druckverteilung abzuschätzen. Am besten wären natürlich Druckmessungen an den rotierenden Schaufeln des Modellrades zum Zwecke genauer Feststellung der dynamischen Druckverteilung. Die Reynoldssche Zahl hat sicher auch einen gewissen Einfluß auf den Wert von σ. Man braucht nur beispielsweise daran zu denken, daß der dynamische Unterdruck am Eintritt ins Saugrohr einer Turbine bei höheren Reynoldsschen Zahl verhältnismäßig größer ist, weil das Saugrohr infolge der verhältnismäßig geringeren Verluste einen höheren Wirkungsgrad hat. Ob σ noch in anderer Weise von R abhängt, ist zur Zeit noch nicht entschieden.

Kennt man den Kavitationswert, so kann man die Gleichung (250) dazu benützen, um entweder bei gegebenem H den zulässigen Wert h_s, also z. B. die zulässige Aufstellungshöhe des Rades über dem Unterwasser, oder umgekehrt, wenn h_s gegeben ist, den höchstzulässigen Wert H zu bestimmen.

$$h_{s\,\text{zul}} = h_b - h_d - \sigma H; \quad H_{\text{zul}} = \frac{h_b - h_s - h_d}{\sigma}. \tag{252}$$

---

[1] Vergl. Pfleiderer: Die Kreiselpumpen, § 64, Berlin: Julius Springer 1924. Ferner F. Krisam: Versuche und Rechnungen zum Kavitationsproblem der Kreiselpumpen. Zeitschrift: Turbinen und Pumpen, Heft 2, 1930.

39. Einheits- und spezifische Größen der Kreiselradmaschinen.

a) Die Definitionen der technischen Praxis.

Liegt eine mit der Förderhöhe bzw. dem Gefälle H erprobte Maschine vom Durchmesser D vor, so denke man sie sich ähnlich vergrößert oder verkleinert, so daß der Bezugsdurchmesser D, an dem man die Ausführungsgröße mißt, $= 1$ m wird; ferner denke man sie mit der Förderhöhe bzw. dem Gefälle $H = 1$ m arbeitend. Diese Maschine nennt man die Einheitsmaschine. Dann bestehen zwischen den Betriebszuständen gleichen Wirkungsgrades der beiden Ausführungen bei Vernachlässigung des Einflusses der Reynoldsschen Zahl folgende Beziehungen, wobei die Werte der Einheitsmaschine durch den Index $_1'$ hervorgehoben sind:

$$\frac{n_1' \cdot (D_1' = 1)}{n \cdot D} = \sqrt{\frac{H_1' = 1}{H}} = \frac{1}{\sqrt{H}}; \quad \text{also:} \quad n_1' = \frac{n}{\sqrt{H}} \cdot D. \tag{253}$$

$$\frac{Q_1'}{Q} = \frac{n_1'\,(D_1' = 1)^3}{n \cdot D^3} = \frac{n_1'}{n \cdot D \cdot D^2} = \frac{1}{\sqrt{H} \cdot D^2}; \quad \text{also:} \quad Q_1' = \frac{Q}{D^2\sqrt{H}}. \tag{254}$$

n_1' und Q_1' sind charakteristische Werte des Typus, sie ergeben sich selbstverständlich immer gleich, einerlei, welche beliebige Ausführung man zu ihrer Ermittlung heranzieht. Man nennt:

n_1' die „Einheitsdrehzahl" oder „Stichzahl",

Q_1' die „Einheitswassermenge" oder „Schluckfähigkeit"

des Typus. Die Leistung der Einheitsmaschine wird:

$$\text{Einheitsleistung } N_1' = \frac{Q_1' \cdot \gamma}{75} \text{ bei Pumpen,} \tag{255a}$$

$$= \frac{Q_1' \cdot \varepsilon_h \cdot \gamma}{75} \text{ bei Turbinen} \tag{255b}$$

Aus den Werten einer beliebigen Ausführung errechnet sich die Einheitsleistung so:

$$\frac{N_1'}{N} = \frac{Q_1' \cdot 1}{Q \cdot H} = \frac{Q}{D^2\sqrt{H}} \cdot \frac{1}{Q \cdot H},$$

$$N_1' = \frac{N}{D^2\sqrt{H} \cdot H}. \tag{256}$$

Die Einheitswerte beziehen sich selbstverständlich nur auf die hydraulische Leistung; Spaltverluste und Radseitenreibung sind aber mit berücksichtigt. Sie wechseln mit dem Betriebszustand ebenso wie ε_h. Man vergleicht die einzelnen Typen aber in erster Linie nach den Einheitswerten des Betriebszustandes besten Wirkungsgrades; erst in zweiter Linie interessieren die Werte für Betriebszustände geringeren Wirkungsgrades.

Man kann sich die beliebige Ausführung über die Einheitsmaschine hinaus noch weiter vergrößert oder verkleinert denken, bis sie im Gefälle $H = 1$ bei ähnlichem Betriebszustand, also gleichem ε_h gerade 1 PS leistet. Sie möge dann den Durchmesser D_s und die Drehzahl n_s haben; diese Werte nennt man spezifischen Durchmesser und spezifische

Drehzahl. Zu ihrer Berechnung hat man folgende Beziehungen, die zum Teil schon in den Gleichungen (253) bis (256) enthalten sind.

Bei ähnlichen Betriebszuständen ähnlicher Maschinen verhalten sich

die Energiehöhen $\quad H$ wie $c^2,\ u^2,\ w^2 \backsim (n \cdot D)^2,$ $\qquad$ (257)

die Durchflußmengen $Q \quad$ „ $\quad F \cdot c_m \backsim D^2 \cdot n D \backsim n \cdot D^3 \backsim D^2 \cdot \sqrt{H},$ $\quad$ (258)

die Leistungen $\qquad N \quad$ „ $\quad Q \cdot H \backsim n^3 D^5 \backsim D^2 \sqrt{H} \cdot H.$ $\qquad$ (259)

Die spezifischen Größen ergeben sich demnach aus den Gleichungen

$$\frac{N_s(=1)}{N} = \frac{n_s^3 \cdot D_s^5}{n^3 \cdot D^5} \quad \text{und} \quad \frac{H_s(=1)}{H} = \frac{n_s^2 \cdot D_s^2}{n^2 \cdot D^2}. \qquad (260)$$

Eliminiert man hieraus D_s, wofür man sich nicht weiter interessiert, so folgt

Spezifische Drehzahl $\quad n_s = n \cdot \dfrac{\sqrt{N}}{H \sqrt[4]{H}}.$ $\qquad$ (261)

Die spezifische Drehzahl ist diejenige, die eine Maschine bei der Gefällshöhe (bzw. Förderhöhe, allgemein Energiedifferenz) 1 m macht, wenn sie so weit vergrößert oder verkleinert wird, daß sie 1 PS leistet.

Man kann nun hier auch die Einheitsmaschine als die Ausführung ansehen, die man zum Vergleich heranzieht, und erhält

$$n_s = n_1' \sqrt{N_1'}. \qquad (262)$$

Setzt man die Werte für N_1' aus (255) ein, so kommt

$$n_s = \frac{n_1'}{8,66} \sqrt{Q_1' \cdot \gamma} \qquad \text{für Pumpen,} \qquad (263\,\text{a})$$

$$n_s = \frac{n_1'}{8,66} \sqrt{Q_1' \cdot \gamma \cdot \varepsilon_h} \qquad \text{für Turbinen.} \qquad (263\,\text{b})$$

Für Wasser ($\gamma = 1000$) wird daraus

$$n_s = 3,65 \cdot n_1' \sqrt{Q_1'} \qquad \text{für Pumpen,} \qquad (264\,\text{a})$$

$$n_s = 3,65 \cdot n_1' \sqrt{Q_1' \cdot \varepsilon_h} \qquad \text{für Turbinen.} \qquad (264\,\text{b})$$

Die Bestimmung von n_s ist unabhängig von den Dimensionen der beliebigen Ausführung, sie enthält nur Betriebsgrößen, n_s ist ein Ähnlichkeitscharakteristicum für den ganzen Typus und seinen besonderen Betriebszustand. Wieder wird man aber in erster Linie die Typen nach der spezifischen Drehzahl vergleichen, die sie im Betriebszustand des besten Wirkungsgrades haben.

Die spezifische Drehzahl mißt die Schnelläufigkeit (oder Langsamläufigkeit) eines Kreiselradtypus.

b) Verwendung der aufgestellten Begriffe zur Dimensionierung von Ausführungen.

Sind N, H und n für eine Ausführung vorgeschrieben, so folgt aus (261) sofort n_s; ist Q an Stelle von N gegeben, so kann doch N bei Pumpen sofort, bei Turbinen durch Schätzung von ε_h berechnet werden. Nun wird man im allgemeinen bei den gegebenen Konstruktionsdaten ein Wirkungsgradmaximum verlangen, man sucht daher unter vorhandenen Typen diejenige aus, die beim besten Wirkungsgrad dasselbe n_s hat, wie es aus den gegebenen Betriebsgrößen ausgerechnet ist. Dabei hat der Typus eine bestimmte Schluckfähigkeit und es gilt:

$$Q_1' = \frac{Q}{D^2\sqrt{H}} \quad \text{oder} \quad D = \sqrt{\frac{Q}{Q_1'\sqrt{H}}} \, . \tag{265}$$

Damit ist aber die Dimensionierung erledigt, denn D gibt gleichzeitig den Maßstab an, nach dem man alle Abmessungen der Einheitsmaschine zu vergrößern oder zu verkleinern hat, um zu der Ausführung für die gegebenen Werte N, Q, H, n zu gelangen. Nach Kenntnis von D kann man die Drehzahl n aus der Umkehrung der Gl. 253 bestimmen.

c) Dimensionslose, für Pumpen und Turbinen einheitliche Definitionen der Einheits- und spezifischen Werte.

Die Aufstellung der Begriffe Stichzahl, Schluckfähigkeit, Einheitsleistung und spezifische Drehzahl im vorigen Abschnitt geschah nach rein praktischen Gesichtspunkten. Daher sind die durch die Gleichungen (253) bis (260) sowie (261) bis (264) definierten Größen n_1', Q_1', N_1' und n_s zwar Ähnlichkeitskonstanten, die bisher für sie aufgestellten Definitionsformeln liefern aber bei der Ausrechnung dimensionsbehaftete Zahlenwerte. In der Ähnlichkeitsmechanik verlangt man aber von den Konstanten, daß sie dimensionslose Zahlen sind, da sich dadurch leichte Kontrollen beim Rechnen ergeben und außerdem die Zahlenwerte der Konstanten unabhängig von speziellen Maßsystemen werden. Ferner hat sich eingebürgert, für den Vergleich der Leistungen bei Turbinen und Pumpen immer die Nutzleistung, beim Vergleich der Gefälle bzw. Förderhöhen bei Pumpen die Nutzförderhöhe, bei Turbinen aber das Bruttogefälle zugrunde zu legen. Dies rührt davon her, daß die Besteller, welche verschiedene Angebote z. B. nach der Schnelläufigkeit vergleichen, bei Pumpen eine gewisse, beim Abnahmeversuch unmittelbar meßbare Nutzförderhöhe verlangen und kein Interesse an der Kenntnis der Bruttoförderhöhe (sondern nur an der der Bruttoleistung) haben und umgekehrt bei Turbinen ein meßbares Bruttogefälle zur Verfügung stellen und eine gewisse Nutzleistung verlangen. Daher ergeben sich für ein und dasselbe Rad, das mit ein und derselben Wassermenge und Drehzahl, dagegen mit verschiedener Drehrichtung, das eine Mal als Pumpe, das andere Mal als Turbine, beide Male aber mit gleicher Wellenleistung (verbraucht bzw. abgegeben) läuft, trotzdem zwei verschiedene spezifische Drehzahlen, weil der in beiden Fällen verschiedene Wirkungsgrad für die Pumpe eine Nutzförderhöhe liefert, die kleiner ist als das Bruttogefälle der Turbine. Es kommt hinzu, daß bei einer an diese Definition anschließenden Berechnung der Einheits- und spezifischen Werte aus Formcharakteristiken des Profils und der Schauflung das Abschätzen von Wirkungsgraden notwendig wird, was einer gewissen Willkür nicht entbehrt.

Demgegenüber ist es folgerichtiger, nur das reine Rad zu betrachten und ihm zunächst den Wirkungsgrad 1 beizulegen. Tatsächlich sind ja die reinen Strömungsverluste im Rade von der Größenordnung 0,01 H, während die Summe der übrigen die Größenordnung 0,1 H erreicht. Wir wollen also in diesem Abschnitt als Gefälle oder Förderhöhe immer die Radenergie

$$H_m = \frac{\omega}{g}\, \varDelta(c_u \cdot r)\,.$$

und als Leistung immer die Größe

$$N_m = \frac{Q\gamma \cdot H_m}{75}$$

rechnen. Die Radenergie H_m soll vorübergehend einfach das Gefälle heißen. Wir nennen dann die Größe

$$c_h = \sqrt{2\,g\,H_m} \qquad (266)$$

die „Gefällsgeschwindigkeit".

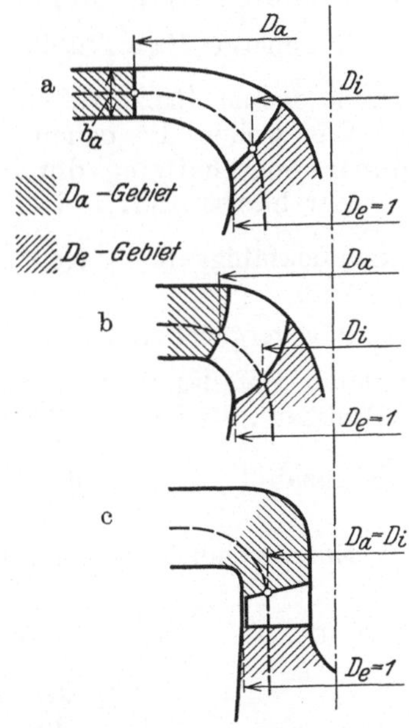

Abb. 101a bis c. D_a- und D_e-Gebiet bei verschiedenen Radtypen.

Für die weiteren Rechnungen müssen wir noch einige Bezeichnungen festlegen. Als Vergleichsdurchmesser für die Ausführungsgröße der Räder diene der mehrfach erwähnte „Einschnürungsdurchmesser" D_e. Das Rad- bzw. Schauflungsgebiet, das in der Nähe der Einschnürungsstelle liegt und bei Pumpen Eintritts-, bei Turbinen Austrittsgebiet ist, soll als „D_e-Gebiet" bezeichnet werden. Demgegenüber bedeute D_a den Durchmesser des Parallelkreises, in dem die mittlere Rotationsfläche $m - m'$ die Schaufelkante des anderen Gebietes, das entsprechend „D_a-Gebiet" heißen soll, schneidet (Abb. 101a bis c). Bei Pumpen ist D_a der mittlere Austrittsdurchmesser, bei Turbinen der mittlere Eintrittsdurchmesser der Schauflung. Das Verhältnis D_a/D_e ist ein erstes, wesentliches Formcharakteristikum des Rades. Die Abb. 101a bis c zeigen, daß D_a/D_e bei einem Radialrad > 1, bei einem Axialrad < 1 ($\sim 0{,}8$) ist und dazwischen alle Werte annehmen kann.

Um nun zu definitionslosen Größen zu gelangen, vergleichen wir zunächst die Durchflußmenge Q des Rades mit der gedachten

$$Q_i = \frac{4}{\pi} \cdot F_e \cdot c_h = D_e^2\, \sqrt{2\,g\,H_m}\,.$$

Das Verhältnis Q/Q_i sei mit $\pi/4\,\sqrt{k}$ bezeichnet, es wird dann

$$\frac{\pi}{4}\,\sqrt{k} = \frac{Q}{D_e^2\,\sqrt{2\,g\,H_m}} \qquad (267)$$

Aus

$$\left(\frac{Q}{D_e^2\,\dfrac{\pi}{4}}\right)^{\!2} \cdot \frac{1}{2\,g} = \frac{c_e^2}{2\,g} = k \cdot H_m$$

sieht man, daß k das Verhältnis der Geschwindigkeitsenergie im Querschnitt F_e zum Gefälle darstellt. $\frac{\pi}{4}\sqrt{k}$ kann dagegen als „Schluckfähigkeit" bezeichnet werden; denn es unterscheidet sich von dem früher so genannten Werte (abgesehen von der einheitlichen Bezugnahme auf die Radenergie H_m an Stelle von H_b oder H_n) nur durch den Faktor $\frac{1}{\sqrt{2g}}$, durch dessen Hinzutreten der frühere Ausdruck dimensionslos wird.

Wir wollen die neuen, dimensionslosen Werte von den früheren, dimensionsbehafteten durch Beisetzen eines Sternes * unterscheiden.

Wir haben also:

$$\text{„Schluckfähigkeit"} \qquad (Q_1')^* = \frac{Q}{D^2\sqrt{2gH_m}} = \frac{\pi}{4}\sqrt{k} = Q_1'\,\frac{1}{\sqrt{2g}}. \qquad (268)$$

Wir vergleichen ferner die Umfangsgeschwindigkeit $u_e = D_e \cdot n \cdot \frac{\pi}{60}$ mit der Gefällsgeschwindigkeit und nennen das $60/\pi$fache dieses Verhältnisses „Stichzahl". Wir finden:

$$\text{„Stichzahl"} \qquad (n_1')^* = \frac{D_e \cdot n}{\sqrt{2gH_m}} = n_1' \cdot \frac{1}{\sqrt{2g}}. \qquad (269)$$

Entsprechend ist die „Einheitsleistung"

$$\left.\begin{aligned} (N_{m_1}')^* &= \frac{N_m}{D_e^2\sqrt{2gH_m}\cdot\gamma H_m} = \frac{Q\cdot\gamma\cdot H_m}{75\,D_e^2\sqrt{2gH_m}\cdot\gamma H_m}\\[2mm] &= \frac{(Q_1')^*}{75} = \frac{\pi}{4}\cdot\frac{\sqrt{k}}{75} = \frac{N_{m_1}'}{\gamma\cdot\sqrt{2g}}. \end{aligned}\right\} \qquad (270)$$

Schließlich erhält man als „Spezifische Drehzahl"

$$(n_s)^* = \left(n_1'\sqrt{N_{m_1}'}\right)^* = \frac{n\cdot\sqrt{N_m}}{(\gamma H_m)^{1/2}(2gH_m)^{3/4}} = n_s\cdot\frac{1}{\gamma^{1/2}(2g)^{3/4}}. \qquad (271)$$

Führt man statt der Einheitsleistung die Schluckfähigkeit ein, so ist

$$(n_s)^* = \frac{(n_1'\sqrt{Q_1'})^*}{\sqrt{75}} = 0{,}1154\left(n_1'\sqrt{Q_1'}\right)^*. \qquad (271\,a)$$

Die durch Gleichung (271) definierte spezifische Drehzahl ist diejenige, die ein nach bestimmtem Typus entsprechend dimensioniertes Kreiselrad macht, wenn es mit Flüssigkeit vom spezifischen Geiwcht $\gamma = 1\,\text{kg/m}^3$ in einem Schwerefeld von der Fallbeschleunigung $g = \frac{1}{2}\,\text{m/sec}^2$ arbeitet und dabei eine Energiedifferenz von 1 m Flüssigkeitssäule zwischen seinem Eintritts- und Austrittsgebiet aufrecht erhält oder verarbeitet. (Reiner Radwirkungsgrad $= 1$.) Der Wert $g = \frac{1}{2}$ ist deshalb gewählt, damit die anschaulich vorstellbare „Gefällsgeschwindigkeit" $\sqrt{2gH_m}$ neben dem ebenso anschaulichen „Gefällsdruck" $\gamma\cdot H_m$ in den Formeln erscheint.

In entsprechender Weise könnte man auch Schluckfähigkeit, Stichzahl und Einheitsleistung in Worten definieren, doch sei darauf verzichtet.

40. Darstellung der Einheitswerte und der spezifischen Drehzahl durch Strömungs- und Formcharakteristiken.

In den nachfolgenden Rechnungen wird sich $(n_s)^*$ immer als dimensionslose Zahl ergeben, und zwar auf der einen Seite nach wie vor rein aus Betriebsgrößen (Leistung, Drehzahl, Gefälle), auf der anderen rein aus Form- und Strömungscharakteristiken. Wir schließen uns an die Bezeichnungen des vorigen Abschnittes an und schreiben für ein Rad von beliebiger Größe

$$N_m = \frac{Q \cdot \gamma \cdot H_m}{75} \quad \text{oder} \quad Q = \frac{75 \, N_m}{\gamma \cdot H_m} \, . \tag{272}$$

Andererseits ist

$$Q = \frac{D_e^2 \pi}{4} \sqrt{2 \, g \, k \, H_m} \tag{273}$$

Hierin ist k die gleiche dimensionslose Zahl, wie in Abschnitt a), d. h. die verhältnismäßige kinetische Energie im D_e-Querschnitt. Es ist ein erstes Strömungscharakteristikum.

Für die weitere Rechnung nehmen wir nun drallosen Strömungszustand im D_e-Gebiet an. Für Pumpen ist dies deswegen berechtigt, weil sie nur in den allerseltensten Fällen in diesem Gebiet einen Leitapparat besitzen. Bei Turbinen gewährleistet dralloser Abstrom vom Rade in den allermeisten Fällen die besten Wirkungsgrade für die Umsetzung von Geschwindigkeit in Druck im Saugrohr. Im D_e-Gebiet sei also

$$(c_u \cdot r)_e = 0 \, . \tag{274}$$

Damit wird die Gefällsgleichung

$$H_m = \frac{\omega}{g} \cdot r_a \cdot c_{u_a} = \frac{u_a \cdot c_{u_a}}{g} \, . \tag{275}$$

Dabei ist für Turbinen im D_a-Gebiet stoßfreier Eintritt ins Rad vorausgesetzt; dasselbe gilt für Pumpen im D_e-Gebiet. Der beste Wirkungsgrad der Maschinen setzt ja ungefähr stoßfreien Eintritt voraus; andererseits liegt es auf der Hand, daß man bei einem Vergleich von Kreiselradtypen hinsichtlich ihrer Schnelläufigkeit in erster Linie ihre Betriebszustände besten Wirkungsgrades zugrunde legt.

Wir führen nun ein weiteres Strömungscharakteristikum ein, nämlich das Verhältnis

$$m = \frac{c_{u_a}}{u_a} \tag{276}$$

Es bedeutet folgendes: Auf dem Parallelkreis D_a hat das Rad die Umfangsgeschwindigkeit u_a; die bei Pumpen vom Rad abströmende oder bei Turbinen dem Rade stoßfrei zuströmende Flüssigkeit hat eine Tangentialkomponente $c_{u_a} \gtreqless u_a$. Wenn die D_a-Kanten der Schauflung alle auf dem gleichen Durchmesser liegen, ist c_{u_a}/u_a über die Kanten hinüber gleich; ist dies nicht der Fall (wie bei Diagonal- und Axialrädern), so variiert c_{u_a} im entgegengesetzten Sinne wie u_a, weil $(c_u r)_a$ über die Schaufelkante hinüber konstant bleibt; m variiert also aus doppeltem Grunde. In diesem Falle ist unter $m = \dfrac{c_{u_a}}{u_a}$ der mittlere Wert, der dem Parallelkreis D_a zugeschrieben wird, zu verstehen. m ist ein wesentliches

Charakteristikum des dem Parallelkreis D_a zugeschriebenen, für die Gefällsgleichung maßgebenden Geschwindigkeitsdreiecks. Wir erhalten damit

$$H_m = m \cdot \frac{u_a^2}{g} \,. \tag{277}$$

Daraus wird

$$H_m = \frac{m}{g}\, D_a^2 \cdot n^2 \left(\frac{\pi}{60}\right)^2 = \frac{m}{g}\left(\frac{D_a}{D_e}\right)^2 \cdot D_e^2\, n^2 \left(\frac{\pi}{60}\right)^2, \tag{278}$$

wobei die Profilcharakteristik D_a/D_e eingeführt ist.

Aus Gleichung (278) folgt sofort

$$\text{,,Stichzahl''} \quad (n_1')^* = \frac{D_e \cdot n}{\sqrt{2\,g\,H_m}} = \frac{\sqrt{\dfrac{1}{2}} \cdot \dfrac{60}{\pi}}{\dfrac{D_a}{D_e} \cdot \sqrt{m}} \,. \tag{279}$$

Andererseits kann man schreiben

$$D_e^2 = \frac{2\,g\,H_m}{2\,m} \cdot \frac{1}{\left(\dfrac{D_a}{D_e}\right)^2} \cdot \frac{1}{n^2} \cdot \left(\frac{60}{\pi}\right)^2 \,. \tag{278a}$$

Durch Gleichsetzen der beiden Ausdrücke (272) und (273) für Q und Einführung von D_e^2 aus Gleichung (278a) ergibt sich

$$\frac{n^2 \cdot N_m}{(\gamma\,H_m)\,(2\,g\,H_m)^{3/2}} = \frac{60^2}{600 \cdot \pi} \cdot \frac{1}{\left(\dfrac{D_a}{D_e}\right)^2 \cdot m} \sqrt{k} \ ^1 \tag{280}$$

oder

$$\frac{n\,\sqrt{N_m}}{(\gamma\,H_m)^{1/2}\,(2\,g\,H_m)^{3/4}} = (n_s)^* = \frac{1,38}{\dfrac{D_a}{D_e}\,\sqrt{m}} \cdot \sqrt[4]{k} \,. \tag{281}$$

Links und rechts stehen dimensionslose Zahlen, links eine Kombination aus Betriebsgrößen, rechts eine solche aus Profil- und Strömungscharakteristiken. Jeder Kreiselradtyp, der rechts durch die Werte D_a/D_e, m, k eine bestimmte Zahl liefert, paßt für einen Betriebszustand n, N, H_m der links die gleiche Zahl liefert. Wie groß die betr. Type für den gegebenen Betriebsfall ausgeführt werden muß, ist schon in 39, b angegeben.

Die Strömungs- (oder Diagramm-)charakteristiken m und k können durch weitere Formcharakteristiken (entsprechend D_a/D_e) ersetzt werden. Zu diesem Zwecke beziehen wir auch die Stelle i (Abb. 85) in die Überlegungen mit ein. Sie ist der Parallelkreis des Schnittes der Schaufelkanten des D_e-Gebietes mit der mittleren Rotationsfläche $m - m'$. An dieser Stelle kann man die mittlere c_m-Geschwindigkeit für den Durchschnitt der Typen mit der im Querschnitt $F_e = \dfrac{D_e^2\,\pi}{4}$ gleich setzen $(c_{mi} = c_{me} = c_e)$. Wegen des dortigen drallosen Strömungszustandes ist

$$\operatorname{tg} \beta_i = -\frac{c_{mi}}{u_i} = -\frac{Q}{\dfrac{D_e^2\,\pi}{4} \cdot D_i \cdot \dfrac{\pi}{60} \cdot n} = -\frac{\sqrt{2\,g\,k\,H_m}}{D_i \cdot n \cdot \dfrac{\pi}{60}} \,. \tag{282}$$

---

[1] Bei Axialrädern wird die hier vernachlässigte Verengung des Querschnittes F_e durch die Nabe verhältnismäßig groß (bis zu 25%). n_s^* wird dadurch bei gleichem k entsprechend kleiner (bis zu 12%).

(Man erinnere sich an die Festsetzungen über die Zählung des Winkels in 28; β_i ist immer $> 90°$, im Turbinen- und Pumpenbau findet man an seiner Stelle häufig $180 - \beta_i$). Hieraus folgt:

$$n = - \frac{\sqrt{2g\,k\,H_m}}{D_i \cdot \dfrac{\pi}{60} \cdot \operatorname{tg}\beta_i} \, . \qquad (283)$$

Ferner ist:

$$g H_m = m \cdot u_a^2 = m \cdot D_a^2 \, n^2 \cdot \left(\frac{\pi}{60}\right)^2 . \qquad (284)$$

Mit n aus (283)

$$2 g H_m = 2 \cdot m \cdot D_a^2 \left(\frac{\pi}{60}\right)^2 \frac{2 g\,k\,H_m}{D_i^2 \left(\dfrac{\pi}{60}\right)^2 \operatorname{tg}^2 \beta_i} \, .$$

Also

$$k = \frac{1}{2} \frac{\operatorname{tg}^2 \beta_i}{m} \cdot \left(\frac{D_i}{D_a}\right)^2 . \qquad (285)$$

(Bei etwaiger Auflösung nach $\operatorname{tg}\beta_i$ muß das Resultat mit negativem Vorzeichen genommen werden!)

Ferner ist

$$m = \frac{c_{u_a}}{u_a} = \frac{u_a + w_{u_a}}{u_a} = 1 + \frac{w_{u_a}}{u_a} = 1 + \frac{c_{m_a}}{u_a \operatorname{tg}\beta_a} \, . \qquad (286)$$

(Hier muß β_a zunächst allgemein $< 90°$ gerechnet werden.) Aus (286) wird weiter

$$m = 1 + \frac{Q}{D_a \pi b_a \cdot D_a \cdot n \dfrac{\pi}{60} \operatorname{tg}\beta_a} = 1 + \frac{Q}{D_a^2 \pi b_a \cdot n \dfrac{\pi}{60} \operatorname{tg}\beta_a} \, . \qquad (287)$$

Mit n aus (283) wird daraus

$$m = 1 - \frac{1}{4} \left(\frac{D_e}{D_a}\right)^2 \cdot \frac{\dfrac{D_i}{D_a} \operatorname{tg}\beta_i}{\dfrac{b_a}{D_a} \operatorname{tg}\beta_a} \, . \qquad (288)$$

Der in Gleichung (281) vorkommende Ausdruck in D_a/D_e, k, und m wird jetzt

$$\frac{\sqrt[4]{k}}{\dfrac{D_a}{D_e} \sqrt{m}} = \sqrt[4]{\frac{1}{2}} \cdot \sqrt{\frac{D_i}{D_a} \cdot \operatorname{tg}\beta_i} \cdot \frac{D_e}{D_a} \cdot m^{-3/4} \, .$$

Es genügt hier, $m^{-3/4}$ nach dem binomischen Satz zu entwickeln und die Entwicklung nach dem ersten Glied abzubrechen. Damit wird, wenn jetzt auf n_s übergegangen wird:

$$n_s \text{ bzw. } (n_s)^* = A \cdot \sqrt[4]{\frac{1}{2}} \sqrt{\frac{D_i}{D_a} \operatorname{tg}\beta_i} \, \frac{D_e}{D_a} \left\{ 1 + \frac{3}{16} \left(\frac{D_e}{D_a}\right)^2 \frac{\dfrac{D_i}{D_a} \cdot \operatorname{tg}\beta_i}{\dfrac{b_a}{D_a} \cdot \operatorname{tg}\beta_a} \right\} . \qquad (289)$$

Hierin ist A, je nachdem n_s dimensionsbehaftet oder dimensionslos erscheinen soll, für Wasser und das Schwerefeld der Erde mit dem Zahlenwert $A = 405$ im metrischen System oder $A = 1{,}38$ einzusetzen. ($405 = \sqrt{1000} \cdot \sqrt[4]{19{,}62^3} \cdot 1{,}38$). Im übrigen aber ist n_s nur noch in den Schaufelwinkeln und in den Durchmessern- bzw. Breitenverhältnissen des Rades ausgedrückt.

b_a ist bei einem Radialrad unmittelbar als Radbreite gegeben. Für andere Typen stellt b_a nach den Verabredungen in 28 eine „ideelle" Radbreite dar, die im Anschluß an Gleichung (129) durch

$$b_a = \frac{D_a' \cdot \varDelta b_a' + D_a'' \cdot \varDelta b_a''}{D_a} \tag{290}$$

zu bestimmen ist.

Es ist ferner möglich, D_a/D_e und k durch andere Form- und Strömungscharakteristiken zu ersetzen. Bei den neueren, besonders schnellläufigen Kreiselrädern spielt der mittlere Schaufelüberdruck $\varDelta p_m$ eine große Rolle, da er mit der Kavitationsgefahr zusammenhängt. Es möge daher noch eine Ableitung von n_s gegeben werden, die diese Größe enthält. Zu diesem Zwecke stellen wir die Leistung durch die Drehzahl und das Moment der Schaufelüberdrücke dar, das gleich dem der Strömungsleistung entsprechenden Wellenmoment ist. Wir haben

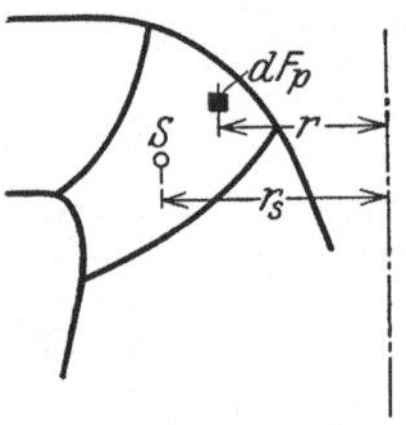

$$M = z \cdot \int\limits^{F_s} r \cdot \varDelta p \cdot \cos\gamma \cdot dF_s . \tag{291}$$

Hierin ist z die Schaufelzahl, dF_s ein Element der Schaufelfläche, γ der Winkel zwischen seiner Normalen und der dortigen Umfangsrichtung, $\varDelta p$ der dort vorhandene Schaufelüberdruck, r der Radius der betr. Stelle. $dF_s \cdot \cos\gamma$ ist aber dF_p, wobei dF_p ein Element der Projektionsfläche der Schaufel im Profilschnitt ist. Durch Einführung des mittleren Schaufelüberdruckes kann man nun schreiben:

$$M = z \cdot \varDelta p_m \int\limits^{F_p} r \cdot dF_p . \tag{292}$$

Abb. 102. Moment der Schaufeldrücke.

Das Integral ist aber nichts weiter als $r_s \cdot F_p$, wenn r_s der Schwerpunktradius von F_p ist (Abb. 102). Damit wird

$$\varDelta p_m = \frac{M}{z \cdot r_s \cdot F_p} . \tag{293}$$

Diese Überlegung läuft parallel mit der in 20d und 21b. Bei ähnlichen und ähnlich betriebenen Kreiselrädern ist aber $\varDelta p_m$ mit $\gamma \cdot H_m$ proportional, also

$$\varDelta p_m = \lambda \cdot \gamma \cdot H_m . \tag{294}$$

Andererseits ist: $M = 716{,}2 \cdot \dfrac{N}{n}$; durch Einführen dieses Wertes und Vergleich von Gleichung (293) und (294) folgt

$$\frac{716{,}2 \cdot N}{n \cdot z \cdot \dfrac{D_s}{2} \cdot F_p} = \lambda \cdot \gamma \cdot H_m , \tag{295}$$

worin noch r_s durch $\dfrac{D_s}{2}$ ersetzt ist. Wir setzen nun $D_s = \dfrac{D_s}{D_a} \cdot D_a$
und nach wie vor $c_{u_a} = m \cdot u_a$, also

$$u_a = D_a \cdot n \cdot \frac{\pi}{60} = \sqrt{\frac{g\,H_m}{m}} \quad \text{oder} \quad D_a = \frac{60}{\sqrt{2 \cdot \pi}} \sqrt{\frac{2\,g\,H_m}{m}}\,.$$

Ferner ist F_p bei ähnlichen Rädern mit D_a^2 proportional, also

$$F_p = f \cdot D_a^2\,. \tag{296}$$

Durch Einsetzen in (295) ergibt sich nach einigen Umformungen

$$\frac{n\sqrt{N}}{(\gamma H_m)^{1/2}(2g\,H_m)^{3/4}} = (n_s)^* = 1{,}32\sqrt{\frac{z \cdot \lambda \cdot f}{m^{3/2}} \cdot \frac{D_s}{D_a}}\,. \tag{297}$$

Hier erscheint die Schaufelzahl z mit als Charakteristikum, und zwar
zunächst so, als ob durch Erhöhung der Schaufelzahl die Schnelläufigkeit erhöht würde. In Wahrheit hängen aber z, λ, m und f in bestimmter Weise zusammen. Wenige Schaufeln von gleicher Form und Projektionsfläche erzwingen geringere Ablenkung als viele Schaufeln.
$\dfrac{z \cdot \lambda \cdot f}{m^{3/2}}$ kann daher eine mit abnehmendem z zunehmende Größe sein. Diese
Verhältnisse können erst im zweiten Bande näher besprochen werden.

41. Formen und Eigenschaften der Kreiselradtypen in Abhängigkeit von den Werten D_a/D_e, m u. k und die Auswahl dieser Größen.

a) Allgemeines.

Der Grundsatz, nach dem für ein gegebenes n_s die 3 Größen D_a/D_e,
m und k oder die entsprechenden der Gleichung (289) bzw. (297) fest-
zusetzen sind, lautet genau so einfach wie in 34, c: Die durch Wahl
von D, m und k zustande kommenden Rad-, Schauflungs-
und Gehäuseformen und die in ihnen sich ausbildenden
Strömungsformen und -geschwindigkeiten sollen ein Minimum von Verlusten verursachen. Wie auch schon in 34 c betont, handelt es sich, da wir uns hier durchaus im Rahmen der Grundzugstheorie bewegen, um Festlegung der Rad- und Schaufelform in der
mittleren Rotationsschicht. Es kann daher — wie ebenfalls schon in
34 c zum Ausdruck gebracht — vorkommen, daß man bei späterer Durchbildung der räumlichen Schaufelform, die sich an eine für die mittlere
Schicht festgelegte anschließt, die ursprünglich angenommenen Werte
D, m, k noch etwas abändert, weil man dadurch Vorteile für die räumliche Schaufelform erzielt. Es kann ferner verlangt sein, Räder für besonders hohe Gefälle bei besonders hoher Schnelläufigkeit zu entwerfen;
dann muß man unter Umständen den Gesichtspunkt geringster Verluste
etwas zurücktreten lassen und dafür den geringster Kavitationsgefahr
mehr beachten.

Um aber zunächst einen Überblick über die durchschnittlich besten
Radformen für normale, nach der Seite von Gefällen und Drehzahlen
hin nicht extreme Betriebsdaten zu gewinnen, genügt es vollkommen,
die Verhältnisse in der mittleren Rotationsschicht zu betrachten und

das Ziel geringster Verluste im Durchschnitt anzustreben, und zwar zunächst für den durch den besten Wirkungsgrad ausgezeichneten Betriebszustand, während das Verhalten bei abweichenden Betriebszuständen zunächst unberücksichtigt bleiben kann.

Über die Verluste ist im allgemeinen, unter Hinweis auf die Erörterungen in 14, 15, 16 folgendes zu sagen. Reine Reibungsverluste irgendeiner Relativströmung, z. B. durch das Laufrad oder durch das Saugrohr einer Pumpe, oder durch Spirale und Leitrad einer Turbine können durch Glätte der Wandungen immer verhältnismäßig niedrig gehalten werden, insbesondere, wenn man zu solchen relativen Strömungsformen gelangt, die in jedem Stromfaden, also auch in denen an den führenden Wänden Beschleunigung aufweisen. Man denke an den Ausfluß aus der richtig abgerundeten Mündung, bei der, wenn die Reynoldssche Zahl nicht gar zu klein ist, nur 1,5% der Geschwindigkeitsenergie (d. h. also auch der Differenz der Geschwindigkeitsenergien zwischen Mündungs- und Anfangsquerschnitt) verlorengehen. Auch die Verluste durch Formwiderstand können durch geeignete Gestaltung gering gehalten werden. Dazu gehört schlanke schneidenförmige Zuschärfung an den Austrittsenden, weniger schlanke, mehr beilförmige Form mit einer Abrundung mittlerer Größe an den Eintrittsenden der Schaufeln. Alle anderen Verluste können von der 10fachen Größe werden. Man denke daran, daß im besten Falle, nämlich im schlank erweiterten, kegelförmigen Rohr die Umsetzung von Geschwindigkeit in Druck mit 85% Wirkungsgrad, also noch mit einem Verlust von 15% der Differenz der Geschwindigkeitsenergien vor sich geht. In gekrümmten Kanälen treten zusätzliche Umsetzungsverluste auf; auch in solchen mit mittlerer Beschleunigung lagern sich über die Reibungsverluste Umsetzungsverluste, wenn an der einen Kanalwand infolge der Krümmung Beschleunigung über den Betrag der mittleren Austrittsgeschwindigkeit entsteht und Rückverzögerung auf die mittlere Geschwindigkeit notwendig wird. Nun kommt man ohne jede Verzögerung bei den normalen, im gegebenen Gefälle arbeitenden Kreiselradmaschinen nicht aus; das Saugrohr einer Turbine, der Leitapparat und die Spirale einer Pumpe haben gerade die Aufgabe, die unvermeidlich auftretenden Geschwindigkeitsenergien in Druck umzusetzen. Dagegen kann man im Rade beschleunigte Relativbewegung — wenigstens im Mittel — anstreben. Bei Turbinen gelingt dies immer; bei Pumpen im allgemeinen nur bei Typen mittlerer Schnelläufigkeit. (Vollkommen gelingt die Lösung der Aufgabe, jede relativ verzögerte Bewegung zu vermeiden, im Föttinger-Transformator!)

Auf die Spalt- und Radseitenreibungsverluste muß grundsätzlich bei allen Typen geachtet werden; es erweist sich aber, daß sie nur bei ausgesprochenen Langsamläufern, die mit kleiner Schluckfähigkeit und Einheitsleistung arbeiten, eine, dann allerdings nicht unerhebliche Rolle spielen.

Für die Variation der Charakteristiken D_a/D_e, m und k zeigen Überlegung und Erfahrung übereinstimmend, daß es mit Rücksicht auf guten Wirkungsgrad nicht angängig ist, starke Veränderung von n_s

durch einseitige, entsprechend starke Veränderung nur einer (oder auch nur zweier) der Charakteristiken anzustreben, sondern, daß es notwendig ist, sie in diesem Falle alle gleichzeitig zu ändern. Dagegen bleibt für ein bestimmtes n_s die besondere Auswahl in gewissen Grenzen offen. Die unbrauchbaren Formen lassen sich durch Nachrechnen an Hand einer Bilanzgleichung (34!), wobei die Verluste auf Grund allgemeiner hydraulischer Erfahrungen bzw. Ansätze geschätzt oder berechnet werden, ausscheiden. Das letzte Urteil über wenig voneinander verschiedene Formen kann nur der Vergleichsversuch sprechen.

Wenn wir nun im folgenden den Einfluß der Werte D_a/D_e, m, k auf die Verluste besprechen, so kann dies nur so geschehen, daß wir die durch verschiedene Wahl dieser Werte entstehenden Formen daraufhin untersuchen, ob sie günstig oder ungünstig sind, und daß wir nach Möglichkeit auch zahlenmäßige Anhaltspunkte über die Größe der Verluste zu gewinnen versuchen. Dabei müssen wir, da keine eingehenden Versuche über die Einzelverluste, sondern nur Wirkungsgradversuche vorliegen, diese Einzelverluste zu schätzen versuchen. Dies tun wir, wie in 17 angedeutet, indem wir die Strömung durch Spiralen, Saugrohre, Leit- und Laufradkanäle stückweise mit Strömungen durch Rohre und Krümmer vergleichen. Dazu müssen wir von der Vorstellung unendlicher Schaufelzahl abgehen, um in Leit- und Laufrad von „Schaufelkanälen" sprechen zu können. Die endliche Schaufelzahl z wird daher in den nachfolgenden Überlegungen verschiedentlich eine Rolle spielen.

b) Die Größe k (die Schluckfähigkeit).

Wenn es gelänge, die dynamischen Druckunterschiede immer so über die Schaufelfläche zu verteilen, daß gegenüber dem mittleren Druck im D_e- oder D_i-Gebiet kein tieferer Druck mehr vorkommt, so hinge die Kavitationsgrenze nur noch von k ab; mit anderen Worten: σ wäre dann $= k$. Ob dieses Ziel immer oder nur bei gewissen Schaufeln, und auch dann nur für gewisse Betriebszustände erreichbar ist, möge hier dahingestellt bleiben; anzustreben und angenähert erreichbar ist es jedenfalls. Kreiselradtypen, die mit hohem Gefälle arbeiten sollen und die nicht gleichzeitig in geringster Höhe über dem Unterwasserspiegel oder gar unter ihm aufgestellt werden oder denen die Betriebsflüssigkeit künstlich zugedrückt wird, müssen daher einen geringen k-Wert — eine geringe Schluckfähigkeit — erhalten. Dies gilt für Pumpen und Turbinen in gleicher Weise. Bei Turbinen kommt hinzu, daß der k-Wert den Betrag an Geschwindigkeitsenergie in Prozenten des Gefälles darstellt, der nach dem Austritt aus dem Rade noch in der Strömung steckt und im Saugrohr in Druck umzusetzen ist. Verhältnismäßig hohes k bedeutet also für Turbinen verhältnismäßig hohen Verlust im Saugrohr. Moderne Schnellläuferturbinen (Kaplan- oder Propellerräder) haben ein $k = 0,4 \sim 0,5$. Erinnert man sich daran, daß der beste Umsetzungswirkungsgrad in gerader, kegelförmiger Erweiterung etwa 85% beträgt, ein Wert, der bei großen Ausführungen vielleicht auf 0,88 oder noch etwas mehr steigt, so ergibt sich, wenn man von allen anderen Verlusten absieht, ein theoretischer Maximalwirkungsgrad von $1 - 0,5 \cdot 0,12$ bis $1 - 0,4 \cdot 0,12$

$= 1 - 0,06$ bis $1 - 0,048 = 0,94$ bis $0,952$. Die Möglichkeit bei Turbinen mit so hohen k-Werten zu arbeiten, besteht also durchaus. Die in Abb. 103 a und b dargestellten rotationssymmetrischen Saugrohrformen gewährleisten jedenfalls die besten Umsetzungswirkungsgrade; 103 a eignet sich am besten für Fälle, wo die Strömung hinter dem Rade im wesentlichen nur axial gerichtet ist, 103 b dagegen für solche, wo auch nennenswerte Umfangskomponenten in ihr enthalten sind. Andererseits zeigt die ganze Überlegung, wie sehr die Wirtschaftlichkeit extremer Schnelläuferturbinen von den Saugrohrwirkungsgraden abhängt und daß diese Turbinenarten wegen der Kavitationsgefahr auf kleinere Gefälle beschränkt sind. Die gemessenen Gesamtwirkungsgrade betragen oft

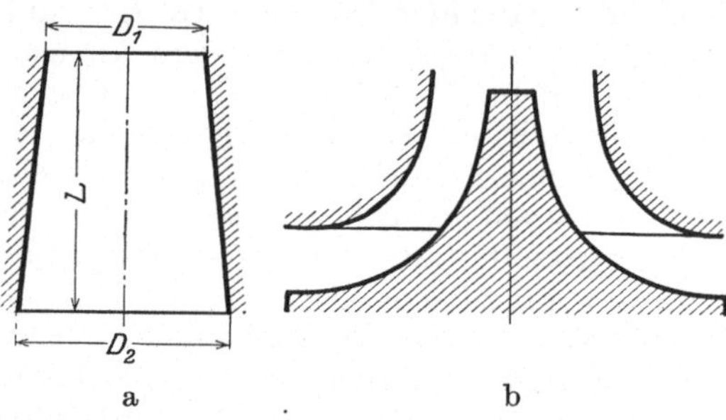

a   b

Abb. 103 a und b.   Rotationssymmetrische Saugrohrformen.

über 90 %; der Strömungswirkungsgrad ergibt sich daraus höher als 91 bis 92 % (Spaltverlust 1 %), so daß für die reinen Reibungsverluste im Einlauf, Leitapparat und Laufrad ein Gesamtbetrag von $\infty\, 4\,\%$ des Gefälles übrigbleibt. Bei langsamlaufenden Turbinen liegen die Verhältnisse umgekehrt; hier gibt es k-Werte von $0,02 \infty 0,03$; so daß die Verluste im Saugrohr fast keine Rolle mehr spielen. Dagegen haben jetzt Leitrad, Laufrad und meistens auch der Einlauf ungünstigere Strömungsquerschnitte (längere Kanäle mit schlechteren hydraulischen Radien), so daß die Reibungsverluste verhältnismäßig größer werden. Trotzdem sind auch hier Wirkungsgrade von 93 % gemessen worden; der Strömungswirkungsgrad ergibt sich damit zu $\infty\, 95\,\%$, Spaltverlust und Radseitenreibung sind $\infty\, 2,5\,\%$, für die Reibungsverluste verbleiben also etwa 4,5 %. Bei Pumpen entfällt für die Wahl von k die Rücksicht auf guten Wirkungsgrad fast ganz; hier bringt die Zuströmung zum Rade nur Reibungsverluste mit sich, die man trotz großen k-Wertes klein halten kann, indem man die Strömungsquerschnitte erst unmittelbar im D_e-Gebiet auf die dem großen k-Wert entsprechenden kleinen Flächen herunterbringt. Die Kavitationsgefahr beansprucht aber bei Pumpen die gleiche Beachtung bei der Wahl von k wie bei Turbinen.

c) Geeignete Kombinationen von k- und $\dfrac{D_a}{D_e} \cdot \sqrt{m}$-Werten
(von Schluckfähigkeit und Stichzahl).

Aus Gleichung (281) geht hervor, daß die k- und $\dfrac{D_a}{D_e} \cdot \sqrt{m}$-Werte in entgegengesetzter Weise auf die Schnelläufigkeit einwirken; hieraus schließt man zunächst, daß, um weit auseinanderliegende n_s-Werte zu erreichen, verhältnismäßig kleine k-Werte mit verhältnismäßig großen $\dfrac{D_a}{D_e} \cdot \sqrt{m}$-Werten und umgekehrt große k-Werte mit kleinen $\dfrac{D_a}{D_e} \cdot \sqrt{m}$-

Werten zu verbinden sind. $\frac{D_a}{D_e} \cdot \sqrt{m}$ ist der Stichzahl umgekehrt proportional; man kann also auch sagen: Um die Schnelläufigkeit wirksam zu ändern, muß man Schluckfähigkeit und Stichzahl gleichzeitig und im gleichen Sinne ändern. Es ist nur zu untersuchen, ob es durch diese Maßnahme nicht irgendwie schwierig wird, günstige Schaufelformen zu erhalten. Dazu lösen wir Gleichung (285) nach $\operatorname{tg}\beta_i$ auf und erhalten

$$\operatorname{tg}\beta_i = -\sqrt{2}\,\frac{D_a}{D_i}\sqrt{m\,k}\,. \qquad (298)$$

D_i ist nie $> D_e$, bei Radialrädern höchstens $= D_e$, bei Axialrädern ist es $= D_a = \infty 0{,}8\,D_e$. Diesen Wert hat es bei Radialrädern, wenn deren Schauflung in den Diagonalteil des Profils hineinreicht, häufig auch. Wir wollen daher D_i immer $= 0{,}8\,D_e$ setzen. Damit erhalten wir

$$\operatorname{tg}\beta_i = -\frac{\sqrt{2}}{0{,}8}\cdot\frac{D_a}{D_e}\sqrt{m\cdot k}\,. \qquad (298\,\text{a})$$

Setzt man hierin $\frac{D_a}{D_e}\sqrt{m}$ aus Gleichung (281) ein, so folgt

$$\operatorname{tg}\beta_i = -\frac{\sqrt{2}}{0{,}8}\cdot\frac{1{,}38}{(n_s^*)}\cdot k^{3/4}\,. \qquad (298\,\text{b})$$

Wir sehen, daß die Verbindung von kleinen k-Werten mit großen $\frac{D_a}{D_e}\cdot\sqrt{m}$-Werten bzw. mit kleinen n_s-Werten und umgekehrt, daraufhin wirkt, $\operatorname{tg}\beta_i$ im Durchschnitt konstant zu halten. Natürlich braucht dieses Konstanthalten kein starres Gesetz, sondern nur eine mittlere Richtschnur zu sein; die Überlegung zeigt, daß die vorgeschlagene Kombination es jedenfalls im D_i-Gebiet ermöglicht, alle Typen mit einem brauchbaren (nicht zu flachen oder nicht zu steilen) Schaufelwinkel auszustatten. (Sehr flache Winkel liefern lange Schaufeln mit großen Reibungsflächen; sehr steile Winkel kommen deswegen nicht in Frage, weil dann k unverhältnismäßig groß werden würde.)

Ersetzen wir ferner in Gleichung (288) D_i durch D_e und lösen nach $\operatorname{tg}\beta_a$ auf, so wird

$$\operatorname{tg}\beta_a = -\frac{0{,}2}{m-1}\cdot\frac{\left(\dfrac{D_e}{D_a}\right)^3}{\dfrac{b_a}{D_a}}\cdot\operatorname{tg}\beta_i \qquad (299)$$

und wenn wir hier $\operatorname{tg}\beta_i$ aus (298) einsetzen, so kommt

$$\operatorname{tg}\beta_a = +0{,}25\cdot\sqrt{2}\cdot\frac{\sqrt{m\cdot k}}{(m-1)\left(\dfrac{D_a}{D_e}\right)^2\dfrac{b_a}{D_a}}\,. \qquad (300)$$

Führt man hierin $\left(\dfrac{D_a}{D_e}\right)^2 = \dfrac{1{,}9\sqrt{k}}{(n_s^*)^2\cdot m}$ aus Gleichung (281) ein, so kommt

$$\operatorname{tg}\beta_a = 0{,}1315\,\sqrt{2}\cdot\frac{m^{3/2}}{m-1}\cdot\frac{D_a}{b_a}\cdot(n_s^*)^2\,. \qquad (301)$$

Die Schaufelform wird also durch k allein nur an der D_i-Stelle berührt, und da auch nur sehr wenig. Wir bleiben also dabei, große Schluckfähigkeit mit hoher Stichzahl zu kombinieren und wollen dabei als mittlere Richtschnur aufstellen, daß β_i bei allen Typen im Durchschnitt das gleiche sein soll. Wir wählen dazu $\beta_i \sim 180 - 30°$. Es ist nützlich, sich daran zu erinnern, daß β hydrodynamisch den mittleren relativen An- bzw. Abströmwinkel zum bzw. vom Rade darstellt und daß wir nur in der Grundzugstheorie diesen Winkel mit dem Schaufelwinkel gleichsetzen. Tatsächlich hängt das Verhältnis dieser beiden Winkel von der Schaufelzahl ab. Bei den schaufelarmen Axialrädern findet man daher beträchtliche Unterschiede zwischen dem hydrodynamischen relativen An- oder Abströmwinkel und dem ausgeführten Schaufelwinkel. Dies sind aber von unserem Standpunkt aus sekundäre Überlegungen. Unsere Durchschnittsregel führt an Hand von Gleichung (298b) zu einer Beziehung zwischen k und n_s^*, nämlich

$$k \cong 0{,}14\,(n_s^*)^{4/3}. \tag{302}$$

Für $n_s^* = 2{,}5\ (n_s = 742)$ liefert dies $k = 0{,}475$, für $n_s^* = 0{,}25\ (n_s = 74)$ erhält man $k = 0{,}022$. Die Ausführungen entsprechen diesen Werten, natürlich können Abweichungen nach der einen oder anderen Seite vorkommen.

d) Der Einfluß von D_a/D_e und m auf die Eigenschaften der Maschinen und die Strömung.

Über die Grenzen der Werte k wissen wir bereits Bescheid, wir wissen ferner, daß wir den Wert D_a/D_e im gleichen Sinne wie k zu ändern haben, um n_s wirksam zu ändern und gleichzeitig brauchbare Formen zu erhalten. Es handelt sich also jetzt darum, Grenzen für die Werte D_a/D_e und m festzulegen. Vorläufig wissen wir nur, daß der kleinste Wert für $\dfrac{D_a}{D_e} = 0{,}8$ ist und bei den Axialrädern in Erscheinung tritt.

D_a/D_e und m wirken in gleicher Weise auf die Schnelläufigkeit ein; man wird also nicht verhältnismäßig große Werte D_a/D_e mit verhältnismäßig kleinen Werten m kombinieren. Dagegen arbeiten sich die beiden Werte mit ihrem Einfluß auf den Wirkungsgrad teilweise entgegen, so daß es grundsätzlich notwendig wird, die günstigste Auflösung des Produktes $\dfrac{D_a}{D_e} \cdot \sqrt{m}$ in seine beiden Faktoren zu ermitteln. Dazu betrachten wir jetzt die Abhängigkeit der einzelnen Eigenschaften der Typen und ihrer Strömungen von D_a/D_e und m.

α) **Der Wert m und die Krümmung der Schaufelkanäle.** Mit dem Werte m ist das der Stelle D_a zugeschriebene Geschwindigkeitsdreieck noch nicht vollständig festgelegt; dazu benötigt man noch den Wert c_{m_a}. Der weitaus wesentlichere Faktor ist aber m; er ist, wenn auch nicht allein und vollständig, so doch in der Hauptsache entscheidend für das Maß der absoluten und damit auch der relativen Umlenkung der Strömung, also der Krümmungsverhältnisse der Laufradkanäle. Abb. 104 zeigt zwei Schaufelformen, die für gleiches D_a/D_e, gleiches β_i und gleiche Schaufelzahl z gezeichnet sind und sich nur durch $m \gtrless 1$ unterscheiden. Dabei ist näherungsweise angenommen, daß die Schaufeln trotz ihres erheblichen endlichen Abstandes eine relative Umlenkung der ganzen

Strömung erzwingen, wie sie den Schaufelwinkel β_i und β_a entspricht. Diese Annahme entspricht der Voraussetzung unendlicher Schaufelzahl in unserer Grundzugstheorie. Um den Einfluß von m auf die Kanalkrümmung darzustellen, genügt es vollkommen, diese Annahme festzuhalten. Die Schaufel, die zu dem durch $m > 1$ gekennzeichneten Strömungszustand gehört, hat eine relative Umlenkung $> 90°$, sie muß im Übergang von Eintritt zum Austritt verdickt werden, um das Verhältnis der Krümmungsradien der relativen Stromfäden zur „Kanalbreite" (wohl zu unterscheiden von Radbreite!) einigermaßen günstig zu gestalten. Trotzdem ruft die Krümmung noch sehr starke Geschwindigkeitsunterschiede im Innern des Kanales über die Schaufelteilung hinüber, hervor. Dieser Einfluß ist beim ruhenden so gut wie beim rotierenden Kanal vorhanden. Die Rotation und die damit erzeugte Pumpen-

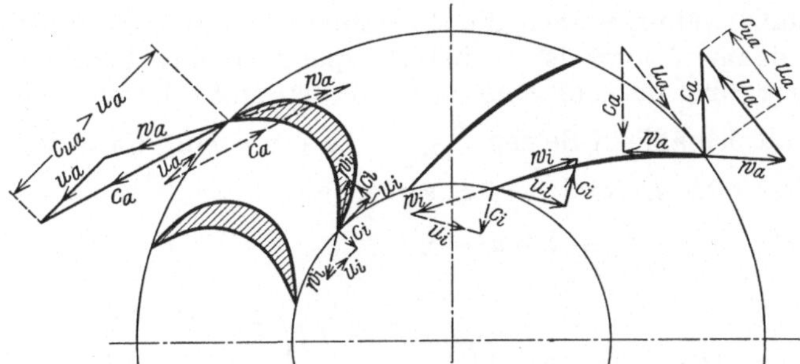

Abb. 104.　Laufradschaufeln für $m \gtrless 1$.

oder Turbinenwirkung steigert die Geschwindigkeitsunterschiede über die beim ruhenden Kanal vorhandenen hinaus. Die stark hakenförmige Schaufel ist daher im Kreiselradmaschinenbau für unzusammendrückbare Flüssigkeiten längst verlassen. Sie hat infolge der starken Krümmung gelegentlich zu Kavitation sogar in der Nähe der Stelle a (also im Gebiete verhältnismäßig hohen mittleren Druckes) geführt. Aber auch wenn Kavitation durch Tiefsetzen noch vermieden werden kann, muß sie starke Umsetzungsverluste verursachen. Schwach hakenförmiggekrümmte Schaufeln ($m \gtrsim 1$) kommen bei ganz extremen Turbinenlangsamläufern vor; der Wert $m = 1$ erscheint bei normalen Turbinenlangsamläufern häufig; Pumpenräder haben immer ein $m < 1$. Der Wert $m < 1$ schafft für die Krümmung sofort wesentlich günstigere Verhältnisse, insbesondere wenn man mit ihm zu „rückwärts gekrümmten" Schaufeln gelangt (dem Gegenteil der „hakenförmig" oder „vorwärts gekrümmten")[1].

---

[1] Diese Bezeichnungen für Schaufeln mit $m \gtrless 1$ sollten im Kreiselradbau für Pumpen und Turbinen gleichmäßig gelten. Die „vorwärts- (oder hakenförmig-) gekrümmte" Schaufel ($m \gtrsim 1$) biegt sich beim Pumpenrad mit der abströmenden Flüssigkeit nach vorn und biegt sich beim Turbinenrad der ankommenden Strömung nach vorn entgegen. Sie zeigt also der ankommenden oder abgehenden Strömung ihre konkave Seite. Umgekehrt die „rückwärtsgekrümmte" ($m \lesssim 1$).

Dann herrschen nämlich im ruhend gedachten Kanal Geschwindigkeitsunterschiede, die den durch die Rotation verursachten entgegengesetzt sind, so daß die resultierenden wesentlich geringer ausfallen. Damit werden auch die Umsetzungsverluste durch Rückverzögerung auf den mittleren Betrag der Geschwindigkeit wesentlich verringert. Diesem Umstand ist die neuere Tendenz mit zuzuschreiben, auch die Turbinenlangsamläufer mit Schaufeln für $m < 1$ auszurüsten. Die Krümmung der Schaufeln hängt natürlich auch von dem Verhältnis der c_m-Komponenten der Stellen a und i, sowie den D_a/D_e bzw. D_a/D_i ab. Große c_m und D_a/D_e wirken mildernd auf die Krümmung. Diese Einflüsse treten aber gegenüber dem des Wertes m zurück.

β) **Relative Beschleunigung bzw. Verzögerung im Laufrad.** Die Größe $\dfrac{w_a^2 - w_i^2}{2g}$ ist bei Turbinen immer negativ, d. h. es gelingt hier, wie bereits erwähnt, immer, die Strömung durch das Laufrad relativ zu beschleunigen. Anders ist es bei Pumpen, wo sehr häufig verzögerte Relativströmung in Kauf genommen werden muß. Es ist daher wichtig, den verhältnismäßigen Betrag $\dfrac{w_a^2 - w_i^2}{2g}$ zu ermitteln. Es wird, wenn wir wieder $D_i = 0{,}8\,D_e$ und $c_i = c_e$ setzen:

$$\left.\begin{aligned}
\frac{w_a^2 - w_i^2}{2g} &= \frac{w_{u_a}^2 + c_{m_a}^2 - 0{,}64\,u_e^2 - c_e^2}{2g} \\[2ex]
&= \frac{\left((m-1)^2 - 0{,}64\left(\dfrac{D_e}{D_a}\right)^2\right)u_a^2 + c_e^2\left(\left(\dfrac{D_e^2\,\frac{\pi}{4}}{D_a\,\pi\,b_a}\right)^2 - 1\right)}{2g} \\[2ex]
&= \left\{\frac{(m-1)^2 - 0{,}64\left(\dfrac{D_e}{D_a}\right)^2}{2m} + k\left(\frac{1}{16}\,\frac{\left(\dfrac{D_e}{D_a}\right)^2}{\left(\dfrac{b_a}{D_a}\right)^2} - 1\right)\right\}H_m\,.
\end{aligned}\right\} \quad (303\,\mathrm{a})$$

c_{m_a} und c_e sind fast immer wenig voneinander verschieden (bei Axialrädern sind sie genau gleich), dadurch fällt der Einfluß von k angenähert heraus; man hat demnach angenähert:

$$\frac{w_a^2 - w_i^2}{2g} \cong \frac{(m-1)^2 - 0{,}64\left(\dfrac{D_e}{D_a}\right)^2}{2m} \cdot H_m\,. \qquad (303\,\mathrm{b})$$

Für Axialräder, wo außerdem $0{,}8\,D_e$ auch $= D_a$ ist, ergibt sich genau

$$\frac{w_a^2 - w_i^2}{2g} \text{ für Axialräder} = \left(\frac{m}{2} - 1\right)H_m\,. \qquad (303\,\mathrm{c})$$

Dies ist — vom Vorzeichen abgesehen — bei Axialrädern gleichzeitig der Betrag des Radüberdruckes $\Delta p_r/\gamma$, da dieser ja allgemein

$$\frac{\Delta p_r}{\gamma} = \frac{u_a^2 - u_i^2}{2g} - \frac{w_a^2 - w_i^2}{2g}$$

ist. Man sieht also, daß bei Axialrädern ($u_a = u_i$!) der ganze Radüberdruck durch die Differenz der relativen Geschwindigkeitsquadrate entsteht. Bei reinen Axialturbinen herrscht immer noch Beschleunigung.

Bei reinen Axialpumpen dagegen ergibt sich, daß die ganze Förderhöhe nur durch Umsetzung von Geschwindigkeitsenergie in Druck, und zwar sowohl im Laufrad wie im Leitapparat erzeugt wird. Man erkennt auch hier wieder die grundsätzlichen Schwierigkeiten der Pumpen gegenüber den Turbinen.

Radialräder können prinzipiell sowohl als Pumpen wie auch als Turbinen mit Beschleunigung arbeiten. Z. B. liefert $m = 1$ und $\frac{D_e}{D_a} = \infty\, 0{,}625 : \frac{w_a^2 - w_i^2}{2g} = -\frac{1}{8}\, H_m$, was für Turbinen recht günstig, dagegen für Pumpen schlecht ist. Ein Pumprad mit $\frac{D_e}{D_a} = 0{,}625$ bzw. $\frac{D_e}{D_a} = 1{,}6$ müßte $m = {}^1/_2$ haben, damit wenigstens $w_a \cong w_i$ wäre, falls man nicht (b_a/D_a) sehr klein machen will, wodurch man schon bei $m = {}^1/_2$ Beschleunigung im Laufrad erhalten kann. Kleine Werte b_a/D_a sind aber wieder wegen der entstehenden schmal-rechteckigen Querschnitte am Laufradaustritt ungünstig. Es fragt sich aber aus anderen Gründen (siehe 41, d, ζ), ob man sich die Kombination eines solchen Wertes D_a/D_e mit dem verhältnismäßig kleinen Werte $m = {}^1/_2$ erlauben darf. Jedenfalls sieht man aber hier den Grund dafür, daß man $m = 1$, das bei Turbinen noch gut ist, bei Pumpen vermeidet, ganz besonders deutlich ein: $m = 1$ liefert eben hier die vorwärts gekrümmte Schaufel und außerdem relative Verzögerung, eine Kombination, die nach allem, was wir von verzögerten Strömungen wissen, besonders schlecht ist. Wir werden auf diese Überlegung noch einmal (41, d, ζ) zurückkommen und merken uns vorläufig rein schätzungsweise $m \cong 0{,}8$ als Höchstwert für Pumpen, und zwar in Verbindung mit höheren D_a/D_e-Werten als bei Turbinen.

γ) **Der Radüberdruck und die Geschwindigkeitsenergie an der $\boldsymbol{D_a}$-Stelle.** Der Radüberdruck ist, wenn von Verlusten im Rade abgesehen wird,

$$\left.\begin{aligned}
\frac{\Delta p_r}{\gamma} &= H_m - \frac{c_a^2 - c_e^2}{2g} = H_m - \frac{c_{u_a}^2}{2g} - \frac{c_{m_a}^2 - c_e^2}{2g} \\[2mm]
&= \left\{ 1 - \frac{m}{2} + k \left(1 - \frac{1}{16} \frac{\left(\dfrac{D_e}{D_a}\right)^2}{\left(\dfrac{b_a}{D_a}\right)^2} \right) \right\} H_m \, .
\end{aligned}\right\} \qquad (304\,\mathrm{a})$$

Nun sind, wie schon erwähnt, c_{m_a} und c_e meistens nicht sehr (bei Axialrädern gar nicht!) voneinander verschieden. Es genügt daher meistens:

$$\frac{\Delta p_r}{\gamma} \cong \left(1 - \frac{m}{2} \right) \cdot H_m \qquad (304\,\mathrm{b})$$

zu setzen. Es ist nützlich, sich an dieser Stelle daran zu erinnern, daß wir immer nur mit Mittelwerten rechnen und daß also auch die Gleichung (304a) bzw. (304b) im allgemeinen nur einen Mittelwert, und zwar den Wert in der mittleren Rotationsschicht liefert, der nur bei ausgesprochenen Radialrädern über die ganze Radbreite hinüber so gut wie konstant ist, während er bei Diagonal- und Axialrädern stark variieren kann, da m selbst und die c_m-Werte von ihren Werten in der mittleren Rotationsschicht erheblich abweichen. Die Überlegungen, um derentwillen wir den Radüberdruck und die Geschwindigkeitsenergie ausrechnen, spielen aber gerade bei Radialrädern die größte Rolle, während sie bei Diagonal- und Axialrädern mehr zurücktreten.

Die Geschwindigkeitsenergie ist

$$\frac{c_a^2}{2g} = \frac{c_{u\,a}^2 + c_{m\,a}^2}{2g} = \frac{m}{2}\left\{1 + \frac{1}{8}\frac{\left(\frac{D_e}{D_a}\right)^2}{\left(\frac{b_a}{D_a}\right)^2} \cdot \frac{k}{m}\right\} \cdot H_m \,. \tag{305a}$$

Da, wie schon bei den Gleichungen (309) bemerkt, $c_{m\,a}$ häufig nicht sehr verschieden von c_e ist $\left(D_a \pi b_a \cong D_e^2 \cdot \frac{\pi}{4}\right)$, so genügt es oft,

$$\frac{c_a^2}{2g} \cong \frac{m}{2}\left(1 + 2\,\frac{k}{m}\right) \cdot H_m \,. \tag{305b}$$

zu setzen. Bei Langsamläufern mit $k = 0{,}03$ und $m = 0{,}75$ spielt das zweite Glied in der Klammer noch keine große Rolle $\left(\frac{2 \cdot 0{,}02}{0{,}75} = 0{,}054\right)$, bei hoher Schnelläufigkeit dagegen ist es nicht zu vernachlässigen (mit $k = 0{,}5$, $m = 0{,}4$ wird es $= 2{,}5$).

Wenn man in Gleichung (305b) für k seinen Durchschnittswert nach Gleichung (302) einführt, so ergibt sich:

$$\frac{c_a^2}{2g} \cong \frac{m}{2}\left(1 + 0{,}28 \cdot \frac{(n_s^*)^{4/3}}{m}\right). \tag{305c}$$

Dies liefert für $n_s^* = 0{,}25$ mit $m = 1$: $\frac{c_a^2}{2g} = 0{,}544\ H_m$, dagegen für $n_s^* = 2{,}5$ mit $m = 0{,}3$: $\frac{c_a^2}{2g} = 0{,}625\ H_m$, also keine großen Unterschiede zwischen Langsam- und Schnelläufer.

δ) **Die Durchflußverluste bei rein beschleunigter Strömung in Leit- und Laufrad (Turbinen).** Wir bilden zunächst einen Ausdruck für ein mittleres $w^2/2g$ im Laufrad und erhalten

$$\left(\frac{w^2}{2g}\right)_m = \frac{w_a^2 + w_i^2}{4g} = \frac{w_{u\,a}^2 + c_{m\,a}^2 + 0{,}64\,u_e^2 + c_e^2}{4g}$$
$$= \left\{\frac{(m-1)^2 + 0{,}64\left(\frac{D_e}{D_a}\right)^2}{4m} + \frac{k}{2}\left(1 + \frac{1}{16}\frac{\left(\frac{D_e}{D_a}\right)^2}{\left(\frac{b_a}{D_a}\right)^2}\right)\right\} \cdot H_m \,. \tag{306a}$$

Da $c_{m\,a}$ meistens $c_{m\,e}$ ist, genügt es auch:

$$\left(\frac{w^2}{2g}\right)_m = \left\{\frac{(m-1)^2 + 0{,}64\left(\frac{D_e}{D_a}\right)^2}{4m} + k\right\} \cdot H_m \tag{306b}$$

zu setzen. $(D_a/D_e)^2$ kann durch die Gleichung (281) eliminiert werden. Man erhält dann

$$\left(\frac{w^2}{2g}\right)_m = \left\{\frac{(m-1)^2}{4m} + 0{,}084\,\frac{(n_s^*)^2}{\sqrt{k}} + k\right\} \cdot H_m \,. \tag{306c}$$

Ersetzt man auch hier k im Durchschnitt nach Gleichung (302) durch n_s^*, so folgt schließlich

$$\left(\frac{w^2}{2g}\right)_m = \left\{\frac{(m-1)^2}{4m} + 0{,}37\,(n_s^*)^{4/3}\right\} \cdot H_m . \qquad (306\,\text{d})$$

Der erste Posten in der Klammer hat ein Minimum, und zwar den Wert Null für $m = 1$; wir wissen schon aus den vorausgegangenen Überlegungen, daß m mit zunehmendem n_s^* abnimmt; der erste Posten wächst also auch mit n_s^*. Wir erhalten für $n_s^* = 0{,}25\,(n_s = 74)$ mit $m = 1$ den Betrag $\left(\frac{w^2}{2g}\right)_m = 0{,}058\,H_m$; dagegen für $n_s^* = 2{,}5\,(n_s = 740)$ mit $m = 0{,}3$ den Wert $\left(\frac{w^2}{2g}\right)_m = 1{,}66\,H_m$, also den 30fachen Betrag!

Wir können uns jetzt einen Überschlagwert über den verhältnismäßigen Verlust im Laufrad verschaffen. Wir wollen dies zunächst für den Fall einer Axialturbine mit geringer Schaufelzahl (Kaplan- oder Propellerturbine) tun. Der mittlere Zylinderschnitt durch die Schauflung einer solchen Turbine (Abb. 105a bis c) zeigt Schaufelprofile, wie sie auch bei Tragflügeln vorkommen. Für diese ist der Widerstandsbeiwert bezogen auf die Projektion der Flügelfläche, senkrecht zur Flügelsehne bekannt[1].

Er ist im besten Falle, der hier vorausgesetzt werden kann

$$c_w = \left(\frac{W}{F \cdot \frac{\gamma}{g} \cdot \frac{w^2}{2}}\right) = 0{,}01 .$$

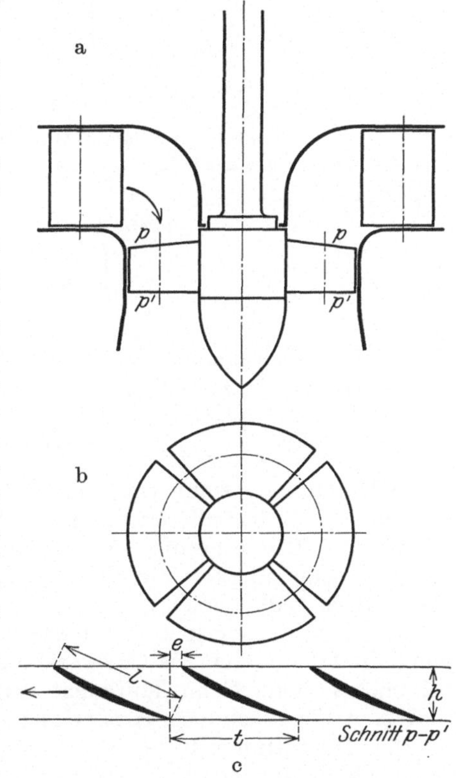

Abb. 105a bis c. Kaplanturbine.

F ist hier die Fläche aller Schaufeln und $= \lambda \cdot \dfrac{D_e^2 - D_n^2}{4} \cdot \dfrac{\pi}{(\cos\beta)_m}$ zu setzen; es ist $\lambda = 1$, wenn die Schaufeln gerade anfangen, sich in der Projektion parallel zur Achse zu überdecken (Abb. 105b); $(\cos\beta)_m$ mißt die mittlere Neigung der Schaufeln gegen die Umfangsrichtung; es kann

$$(\cos\beta)_m = \frac{\left(1 - \dfrac{m}{2}\right) \cdot u}{w_m}$$

---

[1] Ergebn. der Aerodyn. Versuchsanstalt Göttingen, I. II. III. Lieferung Messungen an Flugzeugprofilen.

gesetzt werden; D_n ist der Durchmesser der Nabe. Die Arbeit, die von der Strömung zur Überwindung des Widerstandes zu leisten ist, kann auf zweierlei Weise ausgedrückt werden, nämlich durch

$$L = W \cdot w_m \quad \text{und durch} \quad L = Q \cdot \gamma \cdot h_r = h_r \cdot \gamma \cdot \frac{D_e^2 - D_n^2}{4} \cdot \pi \sqrt{2 g k H_m}.$$

Also erhält man für den Druckverlust im Laufrad

$$h_r = \frac{c_w \cdot \lambda \sqrt{\dfrac{2 m}{k}}}{1 - \dfrac{m}{2}} \cdot \left[\frac{\left(\dfrac{w^2}{2 g}\right)_m}{H_m}\right]^2 \cdot H_m, \tag{307}$$

wobei $(w^2)_m$ und $(w_m)^2$ gleichgesetzt sind, was für die Überschlagsrechnung erlaubt ist. Setzt man für $(w^2/2g)_m$ seinen Wert aus Gleichung (306d) ein, so folgt

$$h_{r_b} = \frac{c_w \cdot \lambda \sqrt{\dfrac{2 m}{k}}}{1 - \dfrac{m}{2}} \left\{\frac{(m - 1)^2}{4 m} + 0{,}37 \cdot (n_s^*)^{4/3}\right\}^2 \cdot H_m. \tag{308}$$

(Index b zum Zeichen, daß beschleunigte Bewegung vorliegt!) Mit $c_w = 0{,}01$, $\lambda = 1$; $m = 0{,}3$, $k = 0{,}5$ folgt

$$h_{r_b} = 0{,}036 \cdot H_m.$$

Diese Darstellung sieht von den Reibungen an der Nabe und an der äußeren Gehäusewand ab; an der Nabe ist der Reibungsbetrag wegen der kleinen Fläche gering. An der äußeren Gehäusewand tritt als reibende Geschwindigkeit die absolute auf, die wesentlich geringer ist als die relative (vgl. auch ζ).

Die Durchflußverluste im Rade liegen also in der Größenordnung von 3 bis 4 % des Gefälles. Man erkennt hier deutlich die Notwendigkeit, bei noch höherer Schnelläufigkeit geringe Schaufelzahlen, d. h. $\lambda < 1$ (negative Überdeckung) anzuwenden.

Die Durchflußverluste in ausgesprochenen Langsamläufern sind zunächst entsprechend den wesentlich geringeren Relativgeschwindigkeiten erheblich geringer; allerdings nicht in dem Maße, wie man nach den oben errechneten Beträgen für $(w^2/2g)_m$ vermutet. Dies rührt daher, daß die Schaufelkanäle wesentlich länger sind und ungünstigere Formen haben. Man kann, um die Durchflußverluste zu berechnen, die Schaufeln, da sie auf beiden Seiten von Radbodenflächen gleicher Größenordnung begleitet sind und mit diesen geschlossene Kanäle bilden, nicht mehr als einzelne Tragflügel behandeln, sondern muß die Schaufelkanäle betrachten und die Verluste in ihnen mit solchen in Rohrstücken und Krümmern vergleichen. Der Ansatz wäre dann derselbe wie in Gleichung (65) also

$$h_{r_b} = \zeta_{r_b} \cdot \frac{l \cdot U}{F} \left(\frac{w^2}{2 g}\right)_m. \tag{309}$$

Würde man den gleichen Ansatz auch an Stelle von Gleichung (307)
für die schnellaufenden Axialräder machen, so wäre dort

$$\zeta_r \cdot \frac{l\,U}{F} = \frac{c_w \cdot \lambda \sqrt{\dfrac{2\,m}{k}}}{1 - \dfrac{m}{2}} \cdot \frac{\left(\dfrac{w^2}{2g}\right)_m}{H_m} = \frac{c_w \cdot \lambda \sqrt{\dfrac{2\,m}{k}}}{1 - \dfrac{m}{2}} \left\{ \frac{(m-1)^2}{4\,m} + 0{,}37\,(n_s^*)^{4/3} \right\} \qquad (310)$$

zu setzen. Dies liefert mit den
Zahlenwerten des obigen Bei-
spiels für schnellaufende Axial-
räder $\zeta_r \cdot \dfrac{l\,U}{F} = 0{,}022$. Bei langsamlaufenden Radialrädern
kann man für U/F einen
Mittelwert

$$\left(\frac{U}{F}\right)_m = \frac{1}{2} \left\{ \left(\frac{U}{F}\right)_a + \left(\frac{U}{F}\right)_i \right\}$$

ausrechnen und ihn mit der
ungefähren mittleren Kanal-
länge

$$l_m \sim \frac{1}{2} \frac{(D_a - D_i)}{(\sin\beta)_m}$$

multiplizieren, wo

$$(\sin\beta)_m = \frac{\sin\beta_a + \sin\beta_i}{2}$$

ist. Dabei ist allgemein

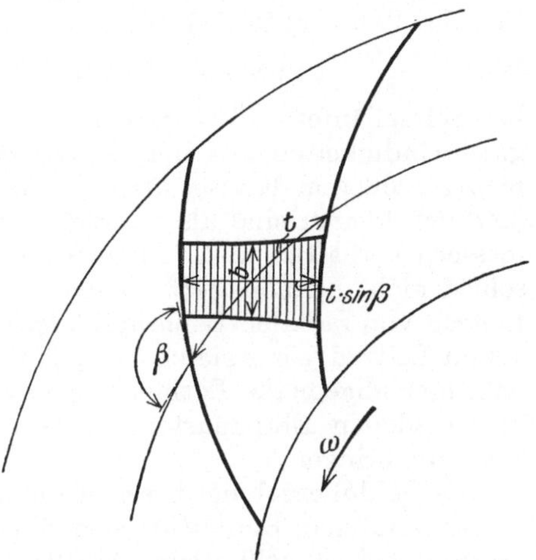

Abb. 106. Normaler Kanalquerschnitt.

$$\frac{U}{F} = 2\,\frac{b + t\sin\beta}{b \cdot t \cdot \sin\beta} = 2\,\frac{1 + \dfrac{t}{b}\sin\beta}{t \cdot \sin\beta} = 2\,\frac{1 + \dfrac{D}{b} \cdot \dfrac{\pi}{z} \cdot \sin\beta}{D \cdot \dfrac{\pi}{z} \cdot \sin\beta} \quad \text{(Abb. 106)}. \qquad (311)$$

Man erhält so schließlich für langsamlaufende Radialräder:

$$\left(\frac{l \cdot U}{F}\right)_m = \left\{ \frac{1 + \dfrac{D_a}{b_a} \cdot \dfrac{\pi}{z} \cdot \sin\beta_a}{\dfrac{D_a}{D_i} \cdot \dfrac{\pi}{z} \cdot \sin\beta_a} + \frac{1 + \dfrac{D_i}{b_i} \cdot \dfrac{\pi}{z} \cdot \sin\beta_i}{\dfrac{\pi}{z} \cdot \sin\beta_i} \right\} \frac{\dfrac{D_a}{D_i} - 1}{2\,(\sin\beta)_m}. \qquad (312)$$

Dies liefert für ein Rad mit $\dfrac{D_a}{b_a} = 16$; $\dfrac{D_i}{b_i} = 5$; $\dfrac{D_a}{D_i} = 1{,}7$; $\sin\beta_a = 1$;
$\sin\beta_i = 0{,}4$; $(\sin\beta)_m = 0{,}7$; $z = 16$:

$$\left(\frac{l\,U}{F}\right)_m \cong 15\,.$$

Der Koeffizient ζ_r ist allerdings nur zu schätzen; für das durch obige
Daten gekennzeichnete Rad, das zwar eine ausgesprochene mittlere
relative Beschleunigung, aber doch noch verhältnismäßig starke Krümmung der Kanäle aufweist, dürfte er mit $\zeta_r = 0{,}0125$ nicht zu hoch angenommen sein. (Gerades Rohr hat im Mittel 0,005)[1]. Damit wird

$$\zeta_r \left(\frac{l \cdot U}{F}\right)_m \quad \text{für langsamlaufende Radialräder} = 0{,}19\,.$$

[1] Vergl. auch die Bemerkungen in 16, m und 17 über den Vergleich längerer
Rohrstrecken mit kurzen Kanalstrecken!

Mit diesem Wert und dem oben bereits errechneten für $(w^2/2g)_m$ ergibt sich

$$h_{rb} \sim 0{,}19 \cdot 0{,}058\, H_m = 0{,}011\, H_m\,.$$

Das Laufrad trägt also hier bedeutend weniger zu den Durchflußverlusten bei als bei den schnelläufigen Axialrädern.

Umgekehrt liegen die Verhältnisse im Leitrad. Hier unterscheiden sich die Werte $c_a^2/2g$ bei Schnell- und Langsamläufern nicht sehr. Der Wert $\zeta\,\dfrac{l \cdot U}{F}$ ist aber auch hier bei Langsamläufern wesentlich größer als bei Schnelläufern. Bei diesen kommt noch hinzu, daß die Austrittsgeschwindigkeiten aus den Leitradschaufeln, da diese auf verhältnismäßig größerem Kreise, als dem Durchmesser D_a entspricht, endigen, merklich kleiner sind als c_a. Bei Langsamläufern, die bei großen Durchmessern verhältnismäßig kleinen Schaufelspalt haben, ist dieser Unterschied nicht nennenswert. Jedenfalls werden die Durchflußverluste im Leitrad von radialen Langsamläufern verhältnismäßig wesentlich größer als im Leitrad von axialen Schnelläufern. Im übrigen ist es kaum möglich, hier allgemeine Formeln aufzustellen; um so weniger, als auch die verschiedenen Einbauarten für den Zufluß zum Leitrad verschiedene Verluste bringen.

Als Schlußergebnis dieses Abschnittes kann man aussprechen: Bei langsamläufigen Radialturbinen überwiegen die Durchflußverluste im Leitrad, bei schnelläufigen Axialturbinen diejenigen im Laufrad. Die Summe der Durchflußverluste wird bei den Radialturbinen etwas geringer sein als bei den Axialturbinen.

Insgesamt liegt der Durchflußverlust bei Turbinen für Großausführungen in der Größenordnung von 4 bis 5%; bei langsamläufigen Turbinen wächst der Verlust mit abnehmender Größe und Leistung (d. h. Reynoldsscher Zahl) schneller als bei schnelläufigen.

ε) **Durchflußverluste bei teilweise oder vollkommen verzögerter Strömung im Leit- und Laufrad (Pumpen).** Wie schon bemerkt, gelingt es im allgemeinen nur bei Typen von mittlerer Schelläufigkeit, im Laufrad mit beschleunigter Strömung zu arbeiten. Bei langsamläufigen Radialpumpen und schnelläufigen Axialpumpen herrscht im Laufrad im allgemeinen verzögerte Bewegung. Da aber m noch nicht in die Nähe von 1 kommt, gleichzeitig bei den Langsamläufern D_a/D_e groß ist, so sind die Schaufelkanäle der Radialpumpen nicht sehr stark gekrümmt und auch nicht sehr stark erweitert. Die Krümmung liegt außerdem so, daß sie der durch die Pumpenwirkung erzeugten Druckverteilung entgegenwirkt. Dies alles läßt es als sicher erscheinen, daß man hier in dem Ansatz

$$h_{rv} \doteq \lambda_{rv} \cdot \frac{w_i^2 - w_a^2}{2g}\,. \tag{313}$$

(Index v zum Zeichen, daß verzögerte Bewegung vorliegt!) mit einem Wert für λ_{rv} auskommt, der nicht viel über dem bekannten Wert günstigster Umsetzung liegt, also im Durchschnitt etwa mit:

$$\lambda_{rv} \cong 0{,}25$$

für Radialräder. Bei Axialrädern dürfte λ_{r_v} trotz geringster relativer Krümmung etwas höher liegen, da diese Krümmung die durch die Rotation erzeugten Druckunterschiede verstärkt. Wir setzen

$$\lambda_{r_v} = 0{,}3$$

für Axialräder. Mit den Gleichungen (303b) bzw. (303c) erhält man nun

$$h_{r_v} = 0{,}25 \text{ (bzw. } 0{,}3) \cdot \frac{0{,}64 \left(\dfrac{D_e}{D_a}\right)^2 - (m-1)^2}{2m} \, H_m \, . \tag{314}$$

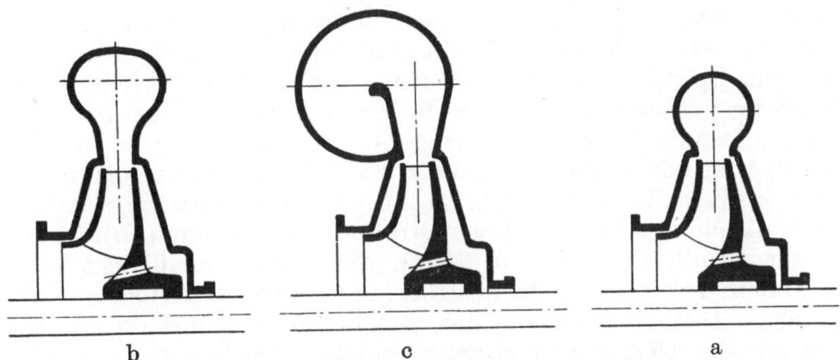

Abb. 107a bis c. Verschiedene Formen von Pumpenspiralen.

Dies liefert mit $m = 0{,}8$ und $\dfrac{D_e}{D_a} = \dfrac{1}{2{,}2}$

für langsamläufige Radialräder $h_{r_v} = 0{,}028 \, H_m$

und mit $m = 0{,}3$ und $\dfrac{D_e}{D_a} = \dfrac{1}{0{,}8}$

für schnelläufige Axialräder $h_{r_v} = 0{,}025 \, H_m$,

also bei der Unsicherheit in der Annahme von λ_{r_v} keinen Unterschied.

Der Verlust im Leitrad und der Spirale ist bei Pumpen immer ein Umsetzungsverlust. Diese Umsetzung erfolgt in einer radialen, unmittelbar um das Rad herumgelegten Spirale (Abb. 107) sicher ungünstiger als in einer Verbindung von Leitapparat und Spirale. Der Grund dafür liegt darin, daß die einzelnen vom Rade abgehenden Stromfäden unter verschiedenen Bedingungen in das Gebiet des von der Spirale zu erzeugenden höheren Druckes eindringen. Auch wenn man die Formgebung der Spirale so wählt, daß eine möglichst rotationssymmetrische Druckverteilung um das Rad entsteht, so ist doch der Übergang aus der Spirale in den anschließenden Druckstutzen — die Umgebung der „Zunge" der Spirale (Abb. 108) — ein Gebiet, in dem die Flüssigkeitsteilchen auf kürzestem Wege den Enddruck erreichen müssen, während andere dazu nur auf dem langen Wege durch

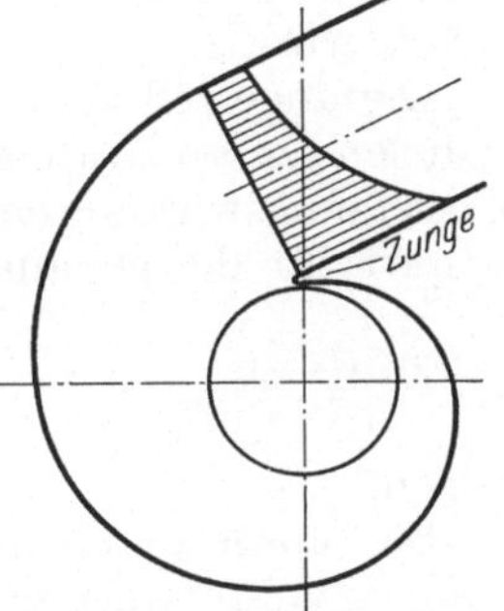

Abb. 108. Geschwindigkeitsverteilung am Austritt aus der Spirale.

die ganze Spirale kommen. Der erste Übergang wird also sehr kleine Wandreibung, aber große Ablösungsverluste verursachen, der zweite sehr viel Reibungs- und wenig Ablösungsverluste. Man kann die Sachlage auch folgendermaßen kennzeichnen. Beim Übergang aus der Spirale in den Druckstutzen herrschen im Übergangsquerschnitt ganz verschiedene Geschwindigkeiten, die sich auf den gemeinsamen Endwert der Austrittsgeschwindigkeit aus dem Druckstutzen ausgleichen müssen. In Abb. 108 sind diese Verhältnisse veranschaulicht. Ist der Druckstutzen kurz und rein zylindrisch, so wird der Ausgleich starke Verluste bringen. Durch längeren und schlank erweiterten Druckstutzen lassen sie sich mildern. Dadurch entsteht sofort die Frage: Ist es nicht günstiger, die Spirale mit möglichst kleinen Querschnitten auszuführen, d. h. sie im wesentlichen nur zum Sammeln und Abführen der Flüssigkeiten zu benutzen und die Verzögerung hauptsächlich im konischen Druckstutzen vorzunehmen? Dadurch würde man naturgemäß in der Spirale größere Verluste durch Wandreibung hervorrufen; ganz abgesehen davon, daß sich die Maschine durch einen längeren Druckstutzen sperriger baut. Ein anderes Mittel, die Ungleichmäßigkeit in den Schicksalen der vom Rade abströmenden Flüssigkeitsteilchen abzuschwächen, besteht darin, um das Rad herum zunächst ein rotationssymmetrisches Gebiet von gewisser radialer Ausdehnung (einen sog. radialen Diffusor, Abb. 107 b u. c) zu legen, in dem zunächst jedes Flüssigkeitsteilchen in gleicher Weise verzögert wird, und erst außerhalb dieses Diffusors die Spirale mit ihrer Zunge anzubringen. Auch diese Anordnung verlängert die Reibungswege. Häufig findet man in diesen radialen Diffusor Leitschaufeln eingebaut. Dadurch kann man einen großen Teil der Verzögerung in ausgesprochene Kanäle verlegen, deren Krümmung und Erweiterung man noch ziemlich in der Hand hat. Allerdings werden auch hier die Reibungsflächen vermehrt. Immerhin scheinen die Ergebnisse der Praxis den Einbau sorgfältig ausgebildeter Leitschaufelkanäle zu rechtfertigen, wenn auf höchsten Wirkungsgrad Wert gelegt wird.

Die angestellten Überlegungen machen es verständlich, daß man in radialen Leitapparaten, Diffusoren und Spiralen nicht auf den maximalen Umsetzungswirkungsgrad von 0,85 rechnen darf. Wir wollen im Durchschnitt für die genannten Bauweisen in dem Ansatz

$$h_{lv} = \lambda_{lv} \cdot \frac{c_a^2}{2g}$$
$$\lambda_{lv} = 0,35$$

setzen.

Bei ausgesprochenen Axialpumpen findet man den bei Radialpumpen vorkommenden Formen entsprechend als Abflußorgane entweder kegelförmig oder gekrümmt erweiterte Rohre oder axial- bzw. diagonal entwickelte Spiralen. Alle Formen können mit Leitapparaten ausgerüstet werden. Die beiden nachstehend beschriebenen Formen versprechen den besten Umsetzungswirkungsgrad. Die erste besitzt unmittelbar am Rade einen axialen Leitapparat, der die am Radaustritt vorhandene, mit einer gewissen Umfangskomponente begabte Geschwindigkeit in die rein axiale Richtung umlenkt und dabei schon etwas verzögert, und ein anschließendes, möglichst langes, rotationssymmetrisch verlaufendes, kegelförmig erweitertes Rohr (Abb. 109). Die zweite verzichtet auf einen Leitapparat, sondern setzt von der Energie $\dfrac{c_a^2}{2g} = \dfrac{c_{ma}^2}{2g} + \dfrac{c_{ua}^2}{2g}$ den ersten Teil in einem kegelig erweiterten Rohr, den zweiten in einer anschließenden Spirale um (Abb. 110).

Bei der ersten Form kann man wohl mit $\lambda_{lv} \cong 0{,}2$, bei der zweiten mit $\lambda_{lv} \cong 0{,}17$ auskommen. Bei großen Ausführungen dürften diese Werte noch unterschritten werden.

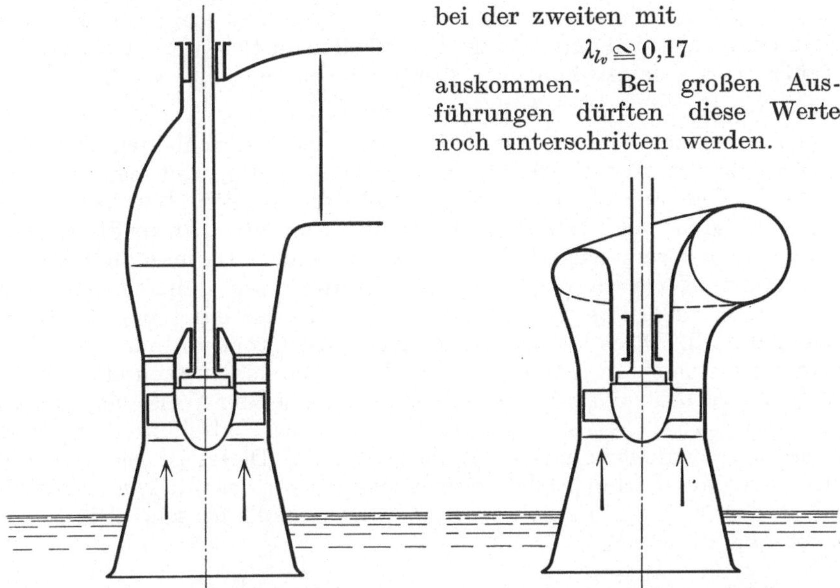

Abb. 109. Axialpumpe mit Leitapparat, erweitertem Rohr und Krümmer.

Abb. 110. Axialpumpe mit erweitertem Rohr und Spirale.

ζ) Der Einfluß von D_a/D_e und m auf die Radseitenreibung. In § 16, II war für die Radseitenreibung in PS ein Ansatz angegeben, der jetzt besser in folgender Weise beschrieben wird:

$$N_{sr} = \varrho \cdot \frac{\gamma}{g} \cdot n^3 D_a^5 = \varrho \cdot \frac{\gamma}{g} (n D_a)^3 \cdot D_a^2.$$

Hierin ist

$$n D_a = \frac{60}{\pi} \cdot u_a = \frac{60}{\pi} \sqrt{\frac{g H_m}{m}}.$$

Setzt man dies ein und dividiert durch

$$\frac{Q \cdot \gamma}{75} = D_e^2 \frac{\pi}{4} \cdot \gamma \frac{\sqrt{2 g k H_m}}{75},$$

so erhält man den Verlust durch Radseitenreibung umgerechnet in einen äquivalenten Druckhöhenverlust

$$h_{N_{sr}} = 4{,}7 \cdot 10^5 \cdot \varrho \frac{\left(\dfrac{D_a}{D_e}\right)^2}{\sqrt{k \cdot m^3}} \cdot H_m. \tag{315}$$

Führt man hier aus Gleichung (281) die Beziehung

$$\left(\frac{D_a}{D_e}\right)^2 = \frac{1{,}9\sqrt{k}}{(n_s^*)^2 \cdot m}$$

ein, so erhält man

$$h_{Nsr} = 8{,}93 \cdot 10^5 \cdot \frac{\varrho}{(n_s^*)^2 \cdot m^{5/2}} \cdot H_m \, . \qquad (316)$$

Man sieht, daß bei gegebenem n_s der prozentuale Verlust durch Rad-seitenreibung nur von m abhängt. Bei Turbinen kann man (der beschleunigten Laufradströmung wegen) m maximal etwa 1,1 machen; will man damit $n_s = 75$ entsprechend $n_s^* = 0{,}256$ erreichen, so muß man bei Wasser und den in Frage kommenden mittleren Reynoldsschen Zahlen und den gewöhnlichen Temperaturen ($\varrho \sim 1{,}1 \cdot 10^{-9}$)

$$h_{Nsr} = 1{,}17 \cdot 10^{-2} \cdot H_m$$

in Kauf nehmen. Dies ist erträglich. Mit voll beaufschlagten Turbinen n_s noch weiter zu verkleinern, hat man nicht nötig, weil man, wie wir in XI. sehen werden, hierzu das Mittel der partiellen Beaufschlagung zur Verfügung hat. Für Pumpen ist dies aber nicht anwendbar; man muß also hier versuchen, kleinere n_s zu erreichen. Da man andererseits so große m-Werte wie bei Turbinen nicht anwenden kann, so sieht man sofort ein, daß man höhere Beträge an Radseitenreibung in Kauf nehmen muß. Diese können schließlich in die Größenordnung des Umsetzungsverlustes in Leitapparat und Spirale hineinwachsen. Dabei wirkt m auf die beiden Verluste in entgegengesetzter Weise ein, es gibt also ein günstigstes m, das die Summe aus Radseitenreibung und Umsetzungsverlust zu einem Minimum macht. Dieses ist leicht zu bestimmen. In Gleichung (308) vernachlässigen wir das mit k/m behaftete Glied, das für die in Frage kommenden Langsamläufer sehr klein gegen 1 ist und schreiben

$$\frac{h_{lv} + h_{Nsr}}{H_m} = \lambda_{lv} \cdot \frac{m}{2} + 8{,}93 \cdot 10^5 \cdot \frac{\varrho}{(n_s^*)^2 \cdot m^{5/2}} \, . \qquad (317)$$

Der gleich Null gesetzte Differentialquotient nach m liefert

$$\lambda_{lv}/2 - 2{,}23 \cdot 10^6 \cdot \frac{\varrho}{(n_s^*)^2 \cdot m^{7/2}} = 0 \, . \qquad (318)$$

Hieraus

$$m \cong 80 \cdot \left(\frac{\dfrac{\varrho}{\lambda_{lv}}}{(n_s^*)^2}\right)^{2/7} \, . \qquad (319)$$

Setzt man dies in Gleichung (317) ein, so folgt

$$\left(\frac{h_{lv} + h_{Nsr}}{H_m}\right)_{\text{Minimum}} \cong 55 \left(\frac{\lambda_{lv} - \varrho^2}{(n_s^*)^4}\right)^{1/7} \, . \qquad (320)$$

Für Wasser, also mit einem mittleren $\varrho = 1{,}1 \cdot 10^{-9}$, ferner mit $\lambda_{lv} = 0{,}35$ ergibt sich

$$m \cong \frac{0{,}3}{(n_s^*)^{4/7}} \, . \qquad (321)$$

Dies würde für $n_s^* \sim 0{,}2$ ($n_s = 60$)

$$m = 0{,}74$$

und

$$\frac{h_{lv} + h_{Nsr}}{H_m} \cong 0{,}2$$

liefern.

Die Rechnungen nehmen keine Rücksicht auf den Laufradverlust. Dieser wird es im allgemeinen nötig machen, kleinere m anzuwenden, damit die Verzögerung im Laufrad geringer wird. Wenn dadurch auch $h_{l_v} + h_{N_{sr}}$ steigt, so wird doch die Gesamtsumme $h_{l_v} + h_{N_{sr}} + h_{r_v}$ geringer als mit höheren m-Werten. Die obigen Formeln auch auf Turbinen anzuwenden, hat keinen Sinn, weil h_l hier mit h_r von der gleichen Größenordnung ist und mit m beide entgegengesetzt variieren.

Mit abnehmendem n_s muß man also immer höhere Verluste durch Radseitenreibung und Umsetzung in Kauf nehmen. Dies führt bei Pumpen schließlich dazu, das Gefälle zu teilen, d. h. bei einem bestimmten n_s für ein Rad stehen zu bleiben und die spezifische Drehzahl der ganzen Maschine weiter durch Hintereinanderschalten mehrerer Stufen zu erniedrigen. Aus Gleichung (281) erkennt man, daß

$$n_{s\text{Maschine}} = \frac{1}{i^{4/3}} \cdot n_{s\text{Rad}} \tag{322}$$

ist, wenn i die Anzahl der hintereinandergeschalteten Räder ist. Man muß nur bedenken, daß durch die Hintereinanderschaltung zusätzliche Verluste entstehen, indem nämlich ζ_{l_v} steigt, weil man die im Leitapparat einer Stufe nach außen gerichtete Strömung wieder nach innen umbiegen und der nächsten Stufe zuführen muß. Diese „Umkehrleitapparate" so auszubilden, daß die Summe aus Reibungs- und Umsetzungsverlusten ein Minimum wird, ist eines der Hauptprobleme der mehrstufigen Hochdruckpumpen. Bei vielstufigen Pumpen wird diese Aufgabe sehr erschwert durch die Notwendigkeit, den Lagerabstand der mit den zahlreichen Rädern besetzten Welle mit Rücksicht auf die kritische Drehzahl in bestimmten Grenzen zu halten. Es ist daher kein Wunder, daß extrem vielstufige Hochdruckpumpen (Kesselspeisepumpen mit 10 Stufen, n_s des einzelnen Rades ~ 45, $Q \sim 25\,\text{l/sec}$, $H_n \sim 1000$ m) Wirkungsgrade von nur 65% aufweisen.

Bei Diagonal- und Axialrädern gilt die Formel (316) nicht mehr. Die reibenden Radwände sind hier nicht mehr rein radial, sondern zum Teil oder ausschließlich kegelförmig bzw. zylinderförmig ausgedehnt. Da die Umfangsgeschwindigkeiten gleichzeitig verhältnismäßig stark wachsen, so haben Diagonal- und Axialräder ausgesprochen höhere Radseitenreibung, als die Formel (316) liefert. Bei Axialrädern hat dies dazu geführt, den äußeren Radkranz wegzulassen. Man spart dadurch sogar nicht nur die Reibung des langen Zylinders im umgebenden Wasserpolster, sondern verringert auch die Reibung im Laufrad selbst, da an Stelle der hohen Relativgeschwindigkeit am Zylinderumfang der Laufradabgrenzung die kleinere Absolutgeschwindigkeit tritt. Allerdings wird hierdurch wohl der Spaltverlust vermehrt; im ganzen kommt aber noch ein Gewinn heraus.

η) **Der Spaltverlust.** Mit dem Radüberdruck steigt und fällt auch der Spaltüberdruck. Dieser ist aber bei allen Rädern mit $D_a/D_e > 1$ kleiner als der Radüberdruck. Die Flüssigkeit zwischen dem Rade und den Gehäuseteilen wird durch das Rad mit in Rotation versetzt; diese Rotation erfolgt erfahrungsgemäß mit der halben Winkelgeschwindigkeit des

Rades (die Schicht an der Radwand hat deren Umfangsgeschwindigkeit, die Schicht an der Gehäusewand steht still). Dadurch werden in den Räumen zwischen Rad und Gehäuse Zentrifugaldruckunterschiede vom Betrage $\frac{1}{4}\,\Delta\,(u^2/2g)$ hervorgerufen (Abb. 111). Man spricht von dem „Rotationsparaboloid der Druckverteilung zwischen Rad und Gehäuse". Ein Kranzspalt, nämlich der auf der Saugrohrseite des Rades, hat einen Durchmesser $D_s \backsim D_e$; dort ist also der Spaltüberdruck um den Betrag

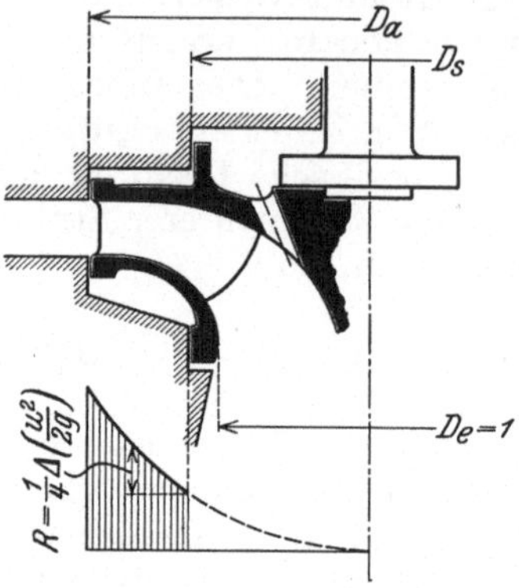

$$R = \frac{1}{4}\,\frac{u_a^2}{2g}\left(1 - \left(\frac{D_e}{D_a}\right)^2\right) = \frac{1}{8}\,\frac{1 - \left(\frac{D_e}{D_a}\right)^2}{m}\cdot H_m, \quad (323)$$

kleiner als der Radüberdruck. Es wird also dort

$$\frac{\Delta\,p_{sp}}{\gamma} = \left(1 - \frac{m}{2} - \frac{1}{8}\,\frac{1 - \left(\frac{D_e}{D_a}\right)^2}{m}\right)H_m,$$

wobei nur auf die vereinfachte Formel (304 b) Bezug genommen und von Druckunterschieden im D_e-Gebiet abgesehen ist. Dieser Überdruck erzeugt im Spalt eine Durchflußgeschwindigkeit

Abb. 111.   Rotationsparaboloid.

$$c_{sp} = \mu_{sp}\,\sqrt{2g\,\frac{\Delta\,p_{sp}}{\gamma}} \cong \mu_{sp}\,\sqrt{2g\,H_m}\left(1 - \frac{m}{4} - \frac{1}{16}\,\frac{1 - \left(\frac{D_e}{D_a}\right)^2}{m}\right),$$

so daß ein Spaltverlust von

$$Q_{sp} \cong \mu_{sp}\,D_e \cdot s \cdot \pi \cdot c_{sp}$$

(s = Spaltweite) entsteht. In Bruchteilen der ganzen Durchflußmenge bedeutet dies einen Verlust vom Betrage

$$\frac{Q_{sp}}{Q} = \frac{\mu_{sp}\,D_e\,s\,\pi\,c_{sp}}{D_e^2\,\frac{\pi}{4}\,\sqrt{2g\,k\,H_m}} = 4\cdot\frac{s}{D_e}\,\frac{\mu_{sp}}{\sqrt{k}}\left(1 - \frac{m}{4} - \frac{1}{16}\,\frac{1 - \left(\frac{D_e}{D_a}\right)^2}{m}\right). \quad (324)$$

Häufig wird auf der Gegenseite des Rades ein Kranzspalt mit dem gleichen Durchmesser vorgesehen und der Raum innerhalb desselben durch Löcher im Radboden oder durch eine besondere Umlenkleitung mit dem Saugraum (dem D_e-Gebiet) verbunden. Man erreicht dadurch einen mehr oder minder vollkommen Axialschubausgleich (Abb. 111). In diesem Falle erreicht der Spaltverlust ungefähr den doppelten Betrag des durch Gleichung (324) angegebenen (insofern nämlich, als man den Umstand vernachlässigen kann, daß der Druck innerhalb des zweiten Kranzspaltes nicht genau gleich dem im Saugraum und auch nicht frei von Zentrifugaldruckunterschieden ist).

Gleichung (324) geht durch Einsetzen von $\dfrac{D_e^2}{D_a^2}\cdot\dfrac{1}{m} = \dfrac{(n_s^*)^2}{1{,}9\sqrt{k}}$ über in

$$\frac{Q_{sp}}{Q} = 4\cdot\frac{s}{D}\cdot\frac{\mu_{sp}}{\sqrt{k}}\left(1 - \frac{1}{4}\left(m - \frac{1}{4m}\right) + \frac{1}{30{,}4}\,\frac{(n_s^*)^2}{\sqrt{k}}\right)$$

oder, wenn man den Durchschnittswert für k aus Gleichung (302) einführt, in

$$\frac{Q_{sp}}{Q} \cong 10{,}7 \cdot \frac{s}{D} \, \frac{\mu_{sp}}{(n_s^*)^{2/3}} \left(1 - \frac{1}{4}\left(m - \frac{1}{4m}\right) + \frac{1}{11{,}4}\, (n_s^*)^{4/3}\right). \qquad (325)$$

Man sieht, daß bei gleichem n_s^* der Spaltverlust im wesentlichen nur von m abhängt, und daß es einen Wert m gibt, für den er ein Maximum erreicht. Dieses m ergibt sich aus

$$1 - \frac{1}{4}\,\frac{1}{m^2} = 0 \ \ \text{zu:} \ \ m = \frac{1}{2}\,.$$

Setzt man dies in (325) ein, so wird

$$\frac{Q_{sp}}{Q} = 10{,}7 \cdot \frac{s}{D}\, \frac{\mu_{sp}}{(n_s^*)^{2/3}} \left(1 + \frac{(n_s^*)^{4/3}}{11{,}4}\right), \qquad (326)$$

μ_{sp} ist wegen der ungünstigen Durchströmverhältnisse immer $\lll 1$, man kann es durch besondere konstruktive Maßnahmen sehr niedrig halten, im Mittel möge es auf 0,45 geschätzt werden. s/D folgt der geometrischen Ähnlichkeit bei Ausführungen von verschiedener Größe nicht. Während es bei einem $D_e = 0{,}2$ m bei sorgfältiger Ausführung kaum unter 0,001 gebracht werden kann ($s = 0{,}2$ mm), verringert es sich bei großen Ausführungen ($D_e > 2$ m) unter Umständen auf 0,0005 ($s = 1$ mm). Wir setzen es im Mittel $= 0{,}00075$. Für ein $n_s = 0{,}25$ ($n_s = 74$) ergibt sich dann

$$\frac{Q_{sp}}{Q} = \infty\, 0{,}009$$

für einen Spalt und 0,018 bei zwei Spalten. Bei der Geringfügigkeit dieses Betrages stellen wir fest, daß wir uns bei der Festlegung von m um den Spaltverlust nicht zu kümmern brauchen; wir bemerken vielmehr, daß dieser Verlust weit mehr als durch die hydraulischen Verhältnisse, durch besondere konstruktive und fabrikatorische Maßnahmen zu beeinflussen ist. Bei Axialrädern gilt die obige Überlegung wegen des Fortfalles des Rotationsparaboloides nicht mehr; auch bei Diagonalrädern herrschen schon andere Verhältnisse, alle diese Räder haben aber schon so große Schluckfähigkeit, daß es sich nicht lohnt, den Einfluß von m auf den Spaltverlust zu untersuchen.

e) **Variation der Werte D_a/D_e, m und k für die Kreiselradtypen.**
In den vorausgegangenen Abschnitten sind sie Einflüsse der obigen Größen auf die Form der Typen und ihre Verluste eingehend besprochen worden. Dabei sind die Zahlenbeispiele schon den bewährten Ausführungen entsprechend gewählt worden. Die dabei errechneten Verluste gelten für Großausführungen mit Großleistungen. Kleinere mit kleineren Leistungen haben, entsprechend den kleineren Reynoldsschen Zahlen ihrer Strömungszustände, größere Verluste.

Überlegungen, wie sie in dem vorangegangenen Abschnitt angestellt worden sind, haben Hand in Hand mit den Modellversuchen für Turbinen zu einer ziemlich festliegenden Reihe von Durchschnittsformen für die Typen der verschieden schnelläufigen Kreiselräder geführt. Im Pumpenbau weichen die Ausführungen für ein bestimmtes n_s stärker voneinander ab.

In den Abb. 112 u. 113 sind die nach den Richtlinien der vorigen Abschnitte gewählten Werte für Pumpen bzw. Turbinen dargestellt. Sie sind nach allem, was über sie schon gesagt worden ist, nur als mittlere

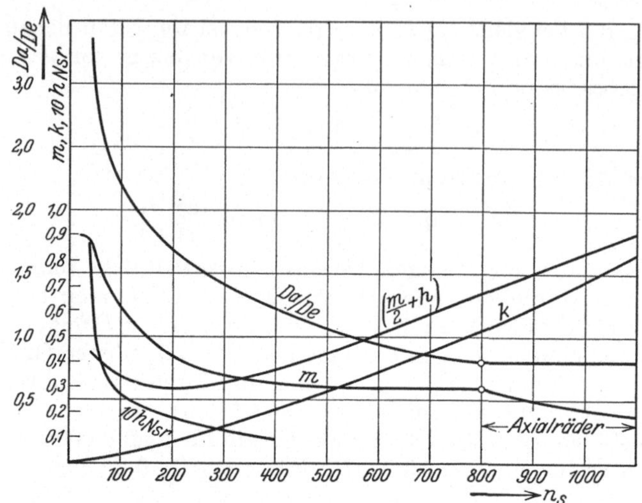

Abb. 112. Charakteristiken der Pumpen.

Richtschnur für den Entwurf von Kreiselrädern aufzufassen. In dem Pumpendiagramm ist außer D_a/D_e, m und k die Geschwindigkeitsenergie am Radaustritt (unter der Annahme $c_{m_a} = c_e$) und die Rad-

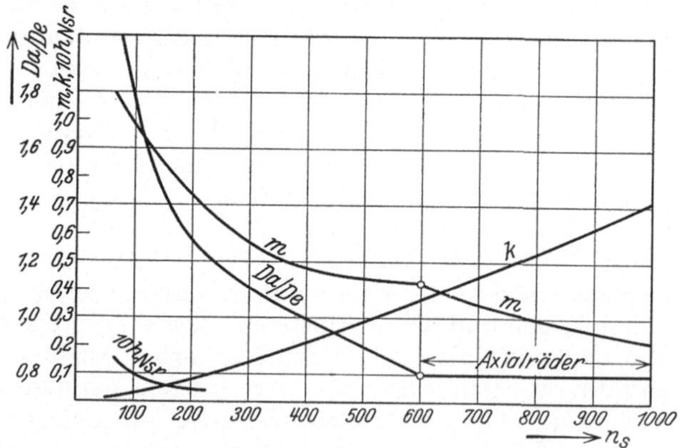

Abb. 113. Charakteristiken der Turbinen.

seitenreibung mit dargestellt; im Turbinendiagramm nur die Radseitenreibung. Diese ist nach Gleichung (315) gerechnet, die aber, wie schon erwähnt, nur für Werte $\dfrac{D_a}{D_e} \gg 1$ gilt. Unterhalb des Wertes $\dfrac{D_a}{D_e} = 1{,}2$ ist daher die Radseitenreibung nicht mehr angegeben (sie spielt für die betr. Räder keine Rolle mehr).

42. Das Verhalten der verschiedenen Typen bei wechselnden Betriebszuständen.

a) Der Modellversuch und der Abnahmeversuch.

Grundsätzlich muß hervorgehoben werden, daß der Abnahmeversuch an Ort und Stelle niemals auf die Genauigkeit Anspruch machen kann, die sich in einer besonderen Versuchsanstalt erreichen läßt. Die Schwierigkeiten liegen dabei sowohl auf seiten der Wassermengen-, wie auch der Leistungsmessung. Beide lassen sich in der Versuchsanstalt mit weit höherer Genauigkeit durchführen. Da im übrigen die konstruierende Praxis, sofern sie auf Weiterentwicklung der Maschinen Wert legt, die versuchsmäßige Forschung nicht entbehren kann, so hat gerade in der Pumpen- und Turbinenindustrie der Versuch in eigener Versuchsanstalt große Verbreitung gewonnen. Pumpen, die in weitaus normalerer Fabrikation sowie weitaus mehr als Turbinen mit kleinen Abmessungen und Leistungen hergestellt werden, können dort sehr oft unmittelbar in der für die Ablieferung bestimmten Ausführung untersucht werden. Reicht dabei die zur Verfügung stehende Leistung nicht aus, so nimmt man die Versuche mit herabgesetzter Drehzahl und damit wesentlich verringerter Leistung vor. Turbinenausführungen können in der Versuchsanstalt des Lieferwerkes nur sehr selten in wahrer Größe erprobt werden. Statt dessen wird ein Modellversuch vorgenommen, bei dem die wesentlichsten Teile der Maschine (Spirale, Leitapparat, Saugrohr, manchmal auch nur Rad- und Saugrohr, vgl. 35) geometrisch getreu verkleinert ausgeführt und mit ähnlichen Betriebszuständen $\left(\dfrac{n}{\sqrt{H}} \text{ bzw. } \dfrac{Q}{\sqrt{H}} = \text{const} \right)$ erprobt werden.

Im folgenden werden an Hand schematischer Pläne die wesentlichsten Einrichtungen solcher Versuchsanstalten beschrieben[1].

Ein Schema einer Modellversuchsanstalt für Turbinen zeigt Abb. 114. Die Turbine T ist dort mit vertikaler Welle und geradem kegelförmigem Saugrohr gezeichnet; man sieht aber auch horizontale Einbaumöglichkeiten mit Saugrohrkrümmern vor. Die Turbine sitzt in einem geschlossenen Druckkessel K_d. Ihre Welle W tritt durch eine Stopfbüchse aus dem Kessel heraus und trägt eine Bremsscheibe B, um die ein sog. „Pronyscher Zaum" gelegt ist. Die mechanische Leistung geht am Bremszaum in Wärme über und wird durch das Produkt von Bremsmoment und Drehzahl nach der Formel $N = \dfrac{M \cdot n}{716,2}$ gemessen. Das Moment wird durch ein Gewicht G und die Länge eines am Bremszaum befestigten Hebelarmes ermittelt. Der Druckkessel wird durch die Pumpe P_d unter Druck gesetzt, welche aus einem Pumpensumpf U Wasser ansaugt und es der Turbine T zudrückt. Im Druckkessel sind Beruhigungs- und Gleichrichtervorrichtungen V vorgesehen. Von der Turbine strömt das Wasser durch das Saugrohr S in einen Saugkessel K_s, in dem durch Absaugen des Wassers mittels der Wasserpumpe P_s und der Luft mittels der Luftpumpe P_l eine freie Oberfläche unter Vakuum

---

[1] Vgl. Z. d. V. d. I. 1929. Nr. 36. „Das Institut für Strömungsmaschinen a. d. Techn. Hochschule Karlsruhe."

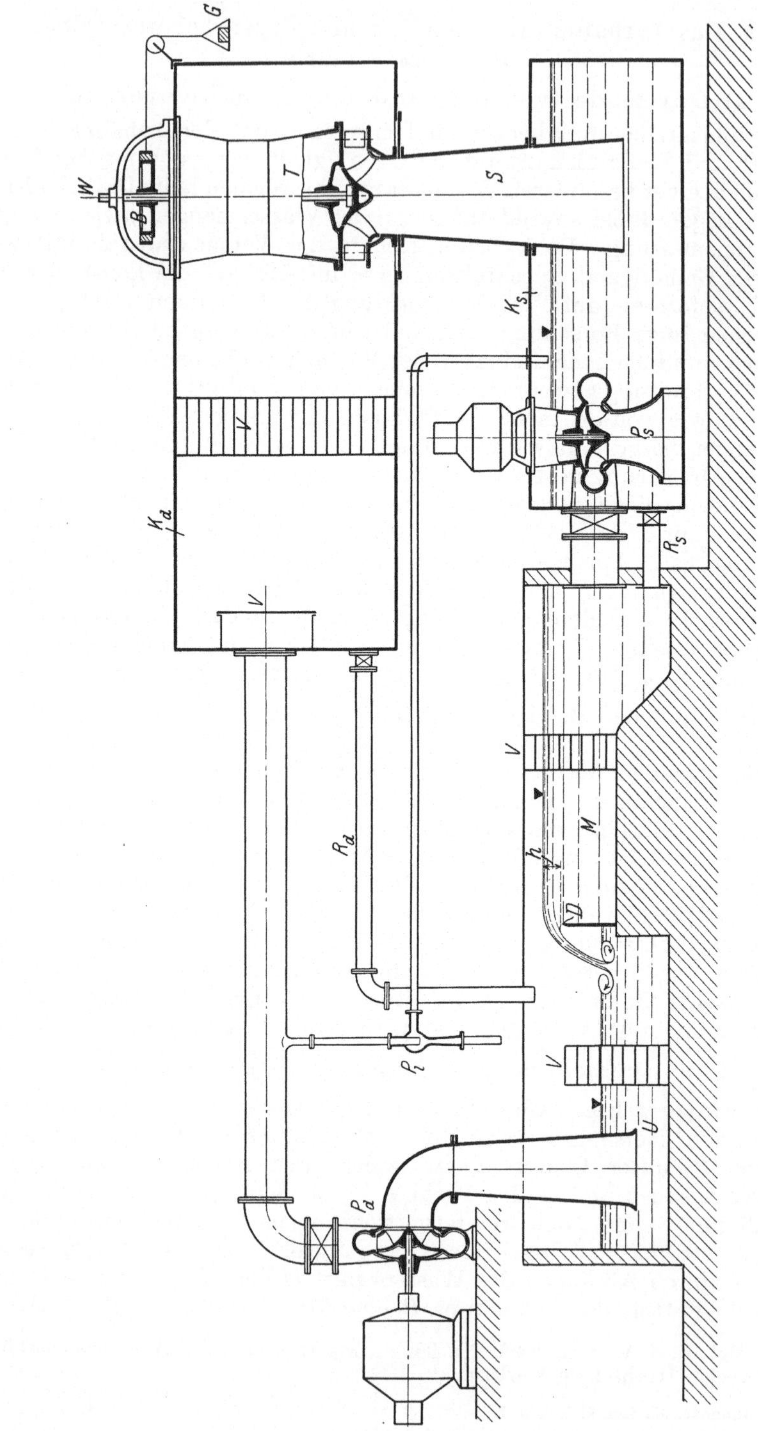

Abb. 114. Schema einer Modellversuchsanstalt für Turbinen.

von beliebiger Höhe gehalten wird. Die Pumpe P_s fördert das Wasser in den Meßkanal M, wo es durch besondere Vorrichtungen V beruhigt und seine Menge durch die Überfallhöhe h über der Kante D gemessen wird. Hinter dem Überfall fällt das Wasser in den Pumpensumpf U, von dem aus der Kreislauf von neuem beginnt. Durch Regulieren der Druck- und Saugpumpen entweder mittels der Drehzahl ihrer Antriebsmotoren oder mittels Drosseln in den Leitungen kann man innerhalb der Leistungsfähigkeit der Pumpen jedes Gesamtgefälle und dieses wieder beliebig aufgeteilt in seine Anteile Druck- und Sauggefälle bei gegebener Wassermenge herstellen. Da sich kleinere Schwankungen des Beharrungszustandes und damit auch der Durchflußmenge an der Turbine nicht vermeiden lassen, so muß man den Druck im Druckkessel und das Vakuum im Saugkessel durch Druckregulierungen

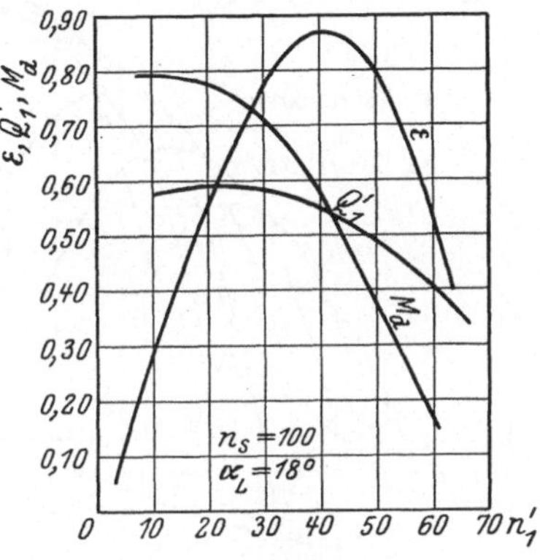

Abb. 115. Bremsdiagramm eines Langsamläufers.

automatisch konstant halten. Diese bestehen aus zusätzlichen Nebenkreisläufen, die Wasser durch eine Leitung R_d aus dem Druckkessel K_d in den Pumpensumpf U bzw. durch eine Leitung R_s aus dem Meßkanal M in den Saugkessel K_s zurücklassen. Diese Nebenströmungen werden bei sinkendem Druck in K_d bzw. steigendem in K_s stärker und im umgekehrten Falle schwächer gedrosselt.

Eine solche Einrichtung wird in folgender Weise benützt: Man stellt bei konstantem Druck- und Sauggefälle eine gewisse Anzahl von Ver-

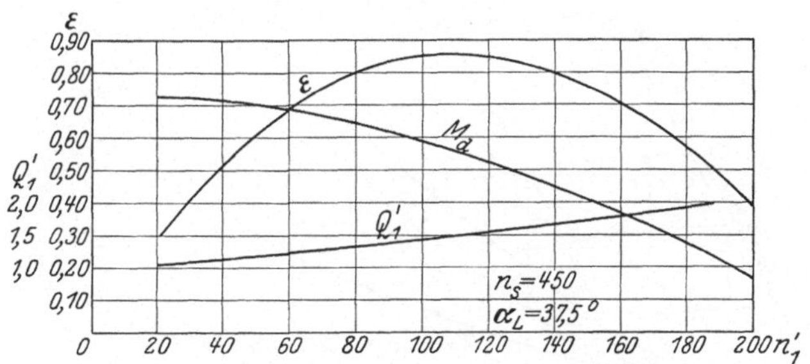

Abb. 116. Bremsdiagramm eines Schnelläufers.

suchsreihen her, dadurch, daß man in jeder Reihe eine bestimmte Leitschaufelstellung konstant hält und die Drehzahl zwischen Null und derjenigen variiert, bei der kein Moment mehr gemessen wird (Festbremsmoment und Leerlauf- bzw. Durchgangsdrehzahl). Man erhält dann Diagramme nach den Abb. 115 und 116, von denen 115 für einen Langsamläufer, 116 für einen Schnelläufer gilt. Der wesentlichste Unterschied zwischen beiden ist der, daß beim Langsamläufer die Wassermenge bei steigender Drehzahl abnimmt, während sie beim Schnelläufer steigt.

14*

Wenn man die Versuchsreihe für genügend viel verschiedene Leitapparatstellungen durchgeführt hat, so kann man zwei räumliche Flächen, und zwar die Wirkungsgradfläche $\varepsilon = f_\varepsilon(\alpha, n)$ und die Wassermengenfläche $Q = f_q(\alpha, n)$ herstellen. Diese beiden Flächen, deren jede aus den einzelnen Diagrammen der bei festgehaltener Leitschaufelstellung durchgeführten Versuchsreihen aufgebaut ist, sind in den Abb. 117 und 118 dargestellt. Durch graphische Elimination von α aus beiden ergibt sich eine Fläche $\varepsilon = f(Q, n)$, die man in der $Q-n$-Ebene durch Kurven konstanten Wirkungsgrades darstellt. Außerdem lassen

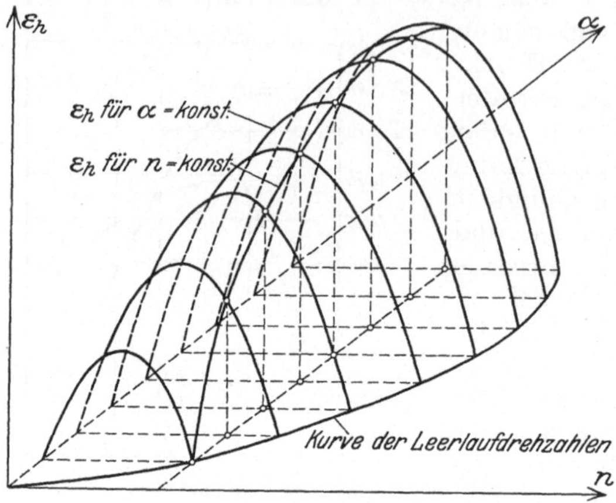

Abb. 117. Wirkungsgradfläche einer Turbine.

sich in diesem Diagramm die Kurven konstanten Leitradwinkels, konstanter Leistung und konstanter spez. Drehzahl einzeichnen. Zur bequemen Anwendung rechnet man das Diagramm auf das Gefälle 1 und

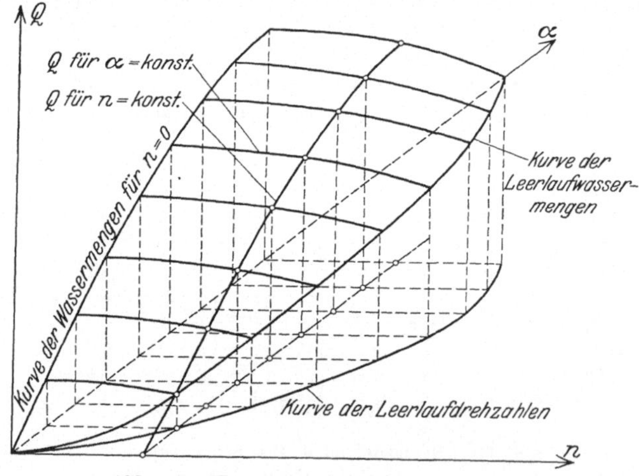

Abb. 118. Wassermengenfläche einer Turbine.

den Durchmesser $D = 1$ um. So erhält man durch den Versuch genau solche Diagramme, wie sie in 34 in den Abb. 89—91 als Ergebnisse der Rechnung erwähnt worden sind. Hier möge noch Abb. 119 hinzugefügt werden, die auch die N_1' und n_s-Kurven enthält. Aus den $Q-n$-Diagrammen kann man Kurven, wie sie Abb. 120 zeigt, durch Einschneiden mit n = konstant entnehmen[1].

---

[1] Nach Angaben der Firma J. M. Voith-Heidenheim a. Brenz.

Bei einer Kaplanturbine genügen die Variationen der Leitradstellung nicht, man muß zu jeder Serie auch noch mehrere Laufrad-

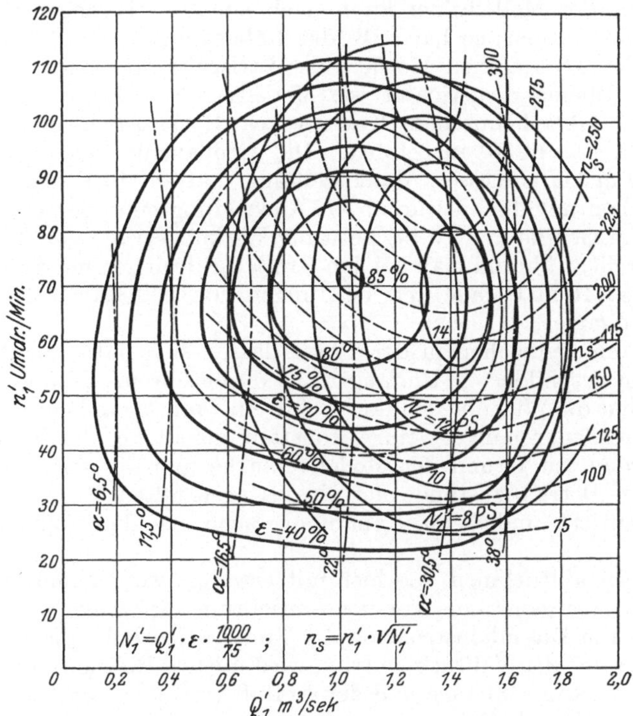

Abb. 119. Q—n-Diagramm einer Turbine.

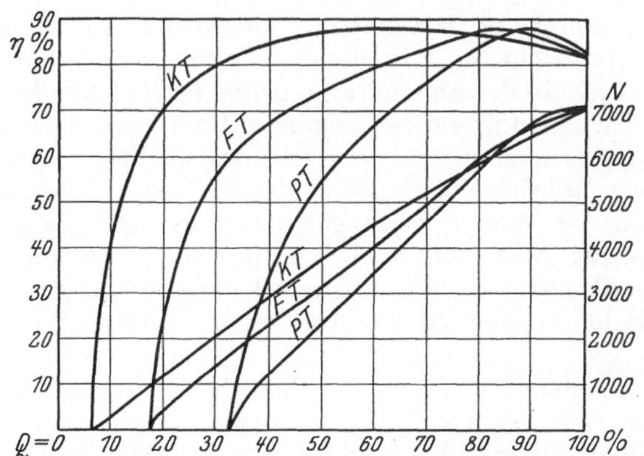

Abb. 120. Wirkungsgrads- und Leistungskurven für konstante Drehzahl.
KT = Kaplanturbine, FT = Francisturbine, PT = Propellerturbine.

stellungen untersuchen. Man erhält dann mehrere Q—n-Diagramme, deren jedes für eine bestimmte Laufradstellung gilt. Aus diesen kann man alle diejenigen Kombinationen von Leit- und Laufradstellungen zusammensuchen, welche bei gegebenem konstantem n jeweils den besten Wirkungsgrad ergeben (vgl. Abb. 120).

Die Größe der Modellräder kann nach neuesten Erfahrungen sehr gering gewählt werden; so hat z. B. das Laboratorium für Strömungsmaschinen der Technischen Hochschule Karlsruhe, das nach dem beschriebenen Schema eingerichtet ist, Modellversuche für die Kaplanturbinen des Oberrheinischen Kraftwerkes Ryburg-Schwörstadt im Maßstab von ca. 1 : 30 ausgeführt. Die Großausführungen erhalten Räder von 7 m Durchmesser, die Modellräder hatten einen solchen von 230 mm. Schon mit diesen wurden bei Anwendung eines geraden Saugrohres bei 5 m Gefälle und 10 PS Leistung Wirkungsgrade von maximal 87% festgestellt, während man bei den Großausführungen mit Saugrohrkrümmern bei 10 m Gefälle und Leistungen von 40000 PS solche von über 90% erwartet.

Bei Abnahmeversuchen in der Praxis lassen sich naturgemäß Versuche in dem geschilderten Umfang nicht durchführen. Es interessiert dort immer nur die Wirkungsgradkurve für eine konstante Drehzahl und ein konstantes oder einige wenige konstant gehaltene Gefälle. Diese Kurven werden auf Grund der Modellversuche und der aus ihnen für die speziellen Betriebszustände der Praxis ermittelten Wirkungsgradkurven garantiert und beim Abnahmeversuch nachkontrolliert (vgl. Abb. 120).

Für Freistrahlturbinen, die hier mit erwähnt werden mögen, vereinfacht sich naturgemäß die Versuchseinrichtung, da es hier kein Sauggefälle gibt. Die Düsenkonstruktion der Freistrahlturbine, die an Stelle des Leitapparates der Vollturbine tritt, wird mittels Rohrleitung an den Druckkessel K_d angeschlossen und der Abfluß vom Rade geht unmittelbar in den Meßkanal M.

Auch zur Untersuchung von Pumpen benötigt man nur Pumpensumpf und Meßkanal und braucht das Druckrohr der Pumpe nur vor der Beruhigungsvorrichtung V in diesen zu leiten. Große Saughöhe kann man durch Drosseln in der Saugleitung, große Druckhöhe durch dasselbe Mittel in der Druckleitung erzielen. Dabei tut man gut, darauf zu achten, daß die Drosselorgane genügend weit von der Pumpe entfernt sind und zentrisch in den Rohrleitungen sitzen, damit die unmittelbare Zu- und Abströmung an der Pumpe nicht gestört wird. Die Messung der zugeführten Leistung geschieht am besten durch Einbau eines Torsionsdynamometers (Amsler oder Föttinger) zwischen Antriebsmotor und Pumpe. Das Schema einer solchen Sondereinrichtung für Pumpen zeigt Abb. 121.

Die Versuchsreihen für die Pumpen könnten prinzipiell ebenso durchgeführt werden, wie bei Turbinen. Pumpen werden aber nur in ganz besonderen Fällen mit drehbaren Schaufeln gebaut. Man begnügt sich häufig mit Drosselreglung und Antrieb durch Drehstrommotoren, d. h. also mit konstanter Drehzahl. Dementsprechend wird auch der Abnahmeversuch oder der auf dem Prüffeld bei konstanter Drehzahl so vorgenommen, daß man durch Drosseln in Druck- oder Saugleitung den Betriebszustand ändert und die sich einstellende Fördermenge bzw. den zwischen Saug- und Druckstutzen sich ergebenden Unterschied der Strömungsenergie mißt. Den gleichen Versuch nimmt man bei verschiedenen konstant gehaltenen Drehzahlen vor; insbesondere auch, um festzustellen, ob die Pumpe bei irgendeiner praktisch vorkommenden Drehzahl „abreißt". Solange dies nicht der Fall ist, und die Betriebszustände bei verschiedenen Drehzahlen ähnlich sind, stehen dann die $Q-H$-Kurven für verschiedene Drehzahlen untereinander in der punktweise erfüllten Beziehung $H \sim Q^2$. Die Kurven ähnlicher Betriebszustände sind also Parabeln zweiten Grades. Die hydraulisch verbrauchte Leistung (nach Abzug von Lager- und Stopfbüchsenreibung) geht mit der dritten Potenz der Drehzahl, so daß, wenn wir die $N-Q$-Kurven mit ins Diagramm hineinnehmen, die Ähnlichkeitskurven für diese Parabeln dritten Grades werden. Die Abb. 122 und 123 zeigen in dieser Weise aufgenommene Pumpencharakteristiken, und zwar 122 für einen Langsamläufer, 123 für einen Schnelläufer.

Statt die Kurven für die verschiedenen Drehzahlen zu zeichnen, kann man, solange man tatsächliches Erfülltsein der Ähnlichkeit der Betriebszustände gleichen Wirkungsgrades und gleichen Verhältnisses Q/n voraussetzen darf, mit einem einzigen Diagramm auskommen. Man rechnet hierzu aus irgendeinem für konstantes n gezeichneten Diagramm die Einheitswerte genau so wie bei Turbinen aus, indem man auf den Bezugsdurchmesser $D_e = 1$ und die Nutz-

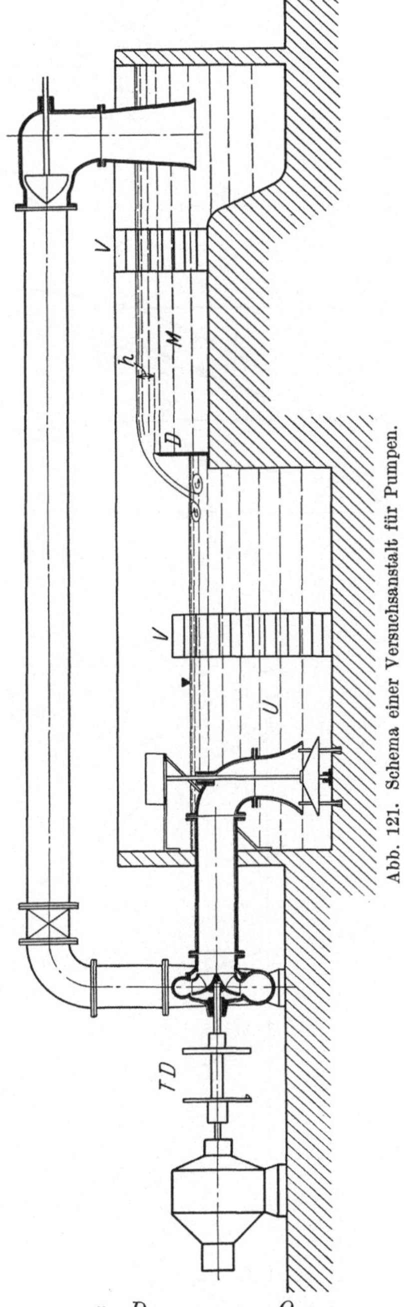

Abb. 121. Schema einer Versuchsanstalt für Pumpen.

förderung $H_n = 1$ nach den Formeln $n_1' = \dfrac{n \cdot D_e}{\sqrt{H_n}}$; $Q_1' = \dfrac{Q}{D_e^2 \sqrt{H_n}}$ reduziert. Man trägt dann über der Schluckfähigkeit Q_1' die Stichzahlen n_1'

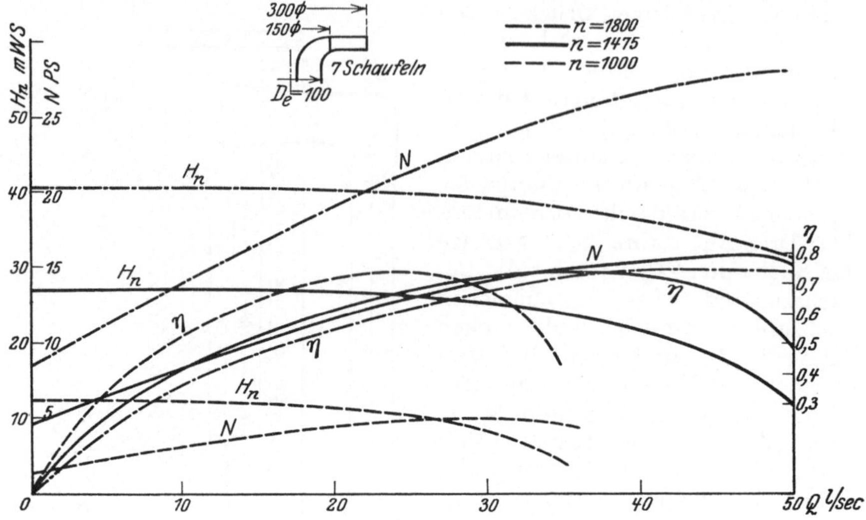

Abb. 122. Drosselkurven für einen Pumpen-Langsamläufer.

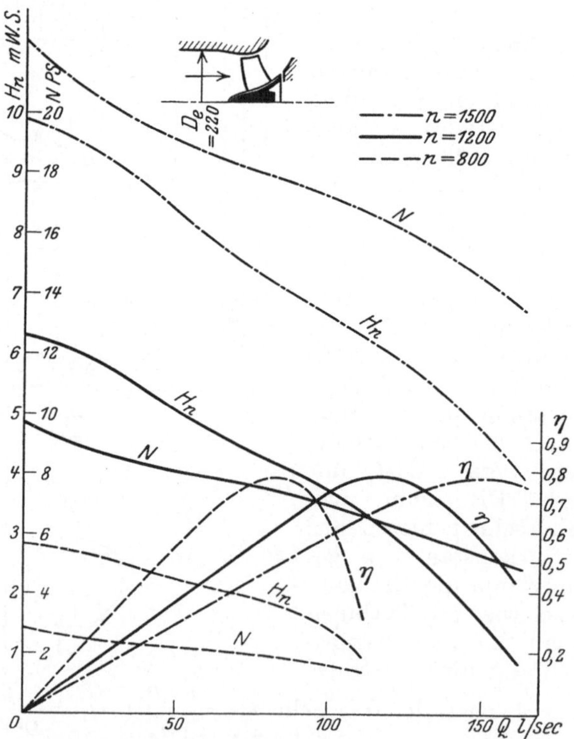

Abb. 123. Drosselkurven für einen Pumpen-Schnelläufer.

und den Wirkungsgrad ε_h auf. Nützlich ist es, sich auch noch die spezifische Drehzahl nach irgendeiner der möglichen Formeln z. B.

$$n_s = \frac{n\sqrt{Q\cdot H_n}}{H_n\sqrt[4]{H_n}} = \frac{n\sqrt{Q}}{\sqrt[4]{H_n^3}}$$

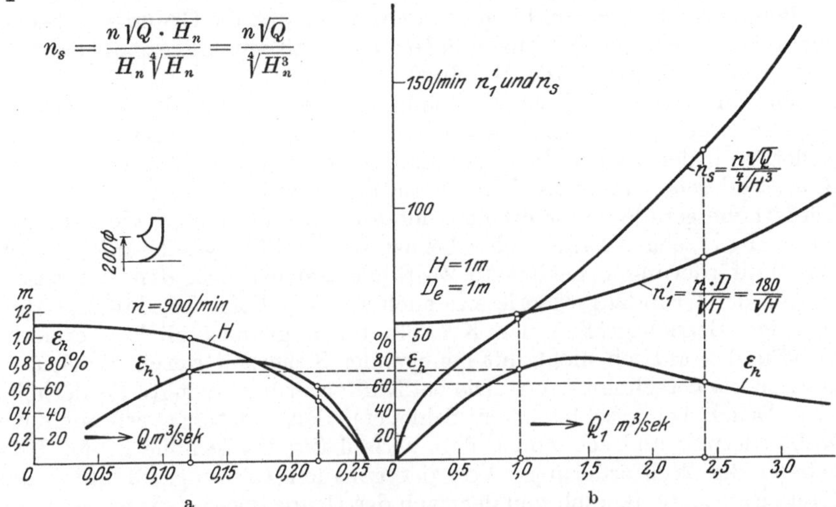

Abb. 124. Beziehung zwischen Einheitsdiagramm und Diagramm für konstante Drehzahl eines Pumpentypus.

mit in das Diagramm einzutragen. Auf diese Weise, die durch die Abb. 124 veranschaulicht wird, sind aus den Abb. 122 bzw. 123 die beiden Abb. 125 bzw. 126 entstanden. Dabei wurde die Tatsache

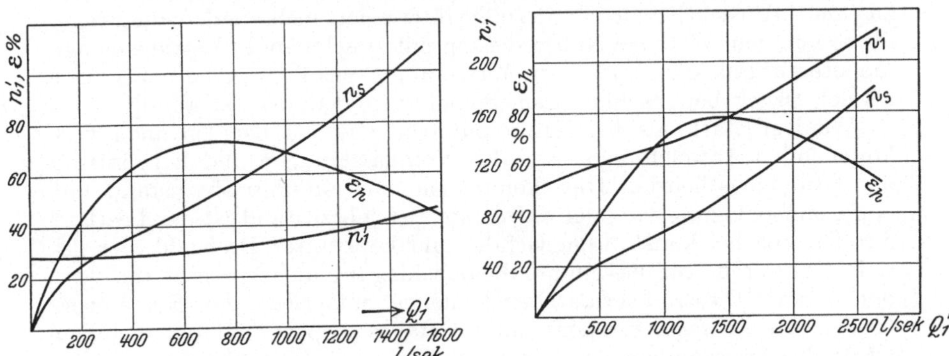

Abb. 125. Einheitsdiagramm eines Pumpen-Langsamläufers.

Abb. 126. Einheitsdiagramm eines Pumpen-Schnelläufers.

zugrunde gelegt, daß die Kurven der Abb. 122 mit einem Rade von dem Durchmesser 100 mm, diejenigen der Abb. 123 mit einem vom Durchmesser 220 mm gewonnen wurden. Die „Einheitsdiagramme" der Abb. 125 bzw. 126 können zum Dimensionieren in der in 37 angegebenen Weise benutzt werden. Außerdem zeigen sie sofort, in welchem Bereich, und mit welchen Wirkungsgraden man gegen eine konstante Förderhöhe durch Änderung der Drehzahl verschiedene Wassermengen fördern kann (hierüber siehe auch den Schluß von 42!).

b) Die durch die Grundzugstheorie nicht zu erklärenden Versuchsergebnisse.

Bereits in 34 ist darauf hingewiesen worden, daß die Grundzugstheorie nur so lange richtige Ergebnisse liefern kann, als ein einigermaßen intensiver Durchfluß durch die Maschine besteht.

Vollkommen von dieser Voraussetzung weicht der Betriebszustand der Kreiselpumpe ab, bei dem gar keine Flüssigkeit gefördert wird, entweder, weil der Druck- bzw. der Saugschieber geschlossen ist und das Kreiselrad schon läuft (Anfahrzustand) oder weil die zu überwindende Förderhöhe gerade den Wert hat, den auch die Pumpe gerade bei Nullförderung erzeugen kann (Schwebezustand der Flüssigkeitssäule). Auch der Nullförderung benachbarte Zustände weichen von den Voraussetzungen der Grundzugstheorie erheblich ab. Die Folge ist, daß man drei wichtige Betriebsgrößen der Kreiselpumpen grundsätzlich überhaupt nicht und praktisch nicht mit genügender Sicherheit durch die Grundzugstheorie berechnen kann: Die bei Nullförderung erzeugte Förderhöhe (den Druck bei geschlossenem Schieber), den Leistungsverbrauch bei Nullförderung und schließlich den Verlauf der Förderhöhe in der Umgebung der Nullförderung. Von der genauen Leistungsaufnahme des Kreiselrades, die ja auch von der nach der Grundzugstheorie errechneten abweicht, möge in diesem Zusammenhange abgesehen werden. Bei dem Leistungsbedarf bei Nullförderung fällt auf, daß er bei Langsamläufern geringer als bei Schnelläufern ist. Während er bei Langsamläufern ca. 30% des Leistungsbedarfs bei bestem Wirkungsgrade beträgt, steigt er bei Schnelläufern auf über 100% des Bedarfes im besten Betriebszustand. Hinsichtlich der Förderhöhe interessiert insbesondere die Frage, ob sie von dem Wert bei Nullförderung mit zunehmender Betriebsmenge monoton abfällt oder zuerst ein Maximum erreicht (das also höher liegt als der Druck bei geschlossenem Schieber) und dann erst abfällt.

Weniger stark als bei Kreiselpumpen sind die bei Turbinen vorkommenden Abweichungen von den Voraussetzungen und Ergebnissen der Grundzugstheorie. Hier kommt niemals ein Betriebszustand mit Nullbeaufschlagung vor; der extremste Betriebszustand ist der Leerlauf der Turbine bei konstantem Gefälle und konstanter Drehzahl, der gerade nur durch eine bestimmte Beaufschlagung aufrecht erhalten werden kann. Dieser Leerlaufbetriebsmenge entspricht ein Energieverbrauch, der ihr wegen des konstanten Gefälles proportional und auch hier wieder bei Langsamläufern geringer, bei Schnelläufern größer, im ganzen Durchschnitt aber wesentlich geringer ist als der Leistungsbedarf der Kreiselpumpen bei Nullförderung. Im Gegensatz zu diesem aber kann der Leerlauf-Energieverbrauch der Turbinen zu einem sehr erheblichen Teil durch die Vorstellungen der Grundzugstheorie erklärt werden. Dies möge jetzt geschehen. Dazu stellen wir für das Gefälle, den Eintrittsstoß und den Saugrohrverlust bei allgemeinen Betriebszuständen Ausdrücke her, die im wesentlichen nichts sind als Umformungen der in 34 gegebenen, von Q und n abhängigen Formeln für diese Größen. Die neuen Ausdrücke enthalten jedoch diejenigen Werte, die sofort die verschiedenen Typen zu unterscheiden gestatten.

Wir gehen von dem normalen Betriebszustand aus, nach dem die Typen hinsichtlich ihrer Schnelläufigkeit unterschieden werden; dieser ist charakterisiert durch die Beziehungen:

$$\left. \begin{aligned} &H_{m_0} = \frac{m_0 \cdot u_{a_0}^2}{g} : \quad \frac{c_e^2}{2g} = \frac{c_i^2}{2g} = k_0 \cdot H_{m_0}; \quad Q = Q_0; \quad \frac{c_s^2}{2g} = 0, \\ &n_s^* = \frac{1{,}38}{\dfrac{D_a}{D_e}\sqrt{m_0}}\sqrt[4]{k_0}. \end{aligned} \right\} \quad (327)$$

Einen hiervon abweichenden Betriebszustand kennzeichnen wir durch

$$\left. \begin{aligned} &u_a = x \cdot u_{a_0}; \quad k = y^2 \cdot k_0; \quad Q = y \cdot Q_0; \quad m = \mu \cdot m_0, \\ &c_{u_a} = \mu \cdot m_0 \cdot u_{a_0}; \quad H_m = \mu \cdot \frac{m_0 \cdot u_{a_0}^2}{g}. \end{aligned} \right\} \quad (328)$$

In Abb. 127 ist das Eintrittsdreieck des normalen Betriebszustandes mit u_{a_0}, $c_{m_{a_0}}$, $c_{u_{a_0}} = m_0 \cdot u_{a_0}$ ausgezogen gezeichnet. Um keine un-wesentlichen Faktoren mitschleppen zu müssen, wollen wir dem Durch-schnitt der Verhältnisse entsprechend $c_{m_a} = c_{m_e} = c_{m_i}$ annehmen, wie es in 40d schon mehrfach geschehen ist. Ein anderer Betriebszustand, für den alle Abweichungen von den norma-len Werten u_{a_0}, m_0, k_0 positiv an-genommen sind, ist durch das ge-strichelt gezeichnete Diagramm (Tra-pez) dargestellt. Es ergibt sich zu-nächst für die Winkel

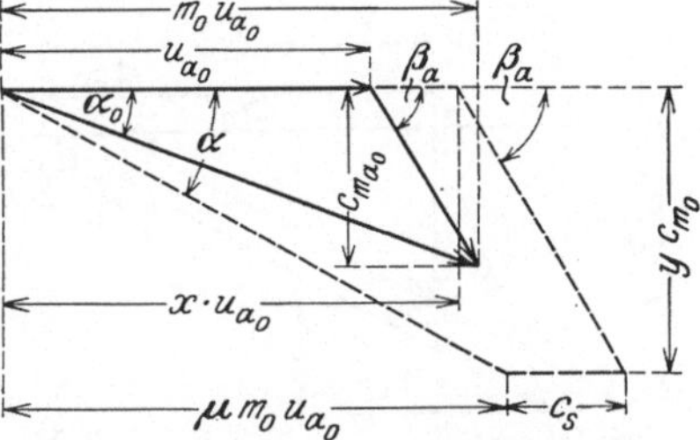

Abb. 127. Turbineneintrittsdreieck für nor-malen und abweichenden Betriebszustand.

$$\operatorname{cotg}\alpha_0 = \frac{m_0 \cdot u_{a_0}}{c_{m_0}} = \frac{m_0\sqrt{\dfrac{g \cdot H_{m_0}}{m_0}}}{\sqrt{2g\,k_0 \cdot H_{m_0}}} = \sqrt{\frac{m_0}{2\,k_0}}, \qquad (329)$$

$$\operatorname{cotg}\beta_a = \frac{(m_0 - 1) \cdot u_{a_0}}{c_{m_0}} = \frac{m_0 - 1}{\sqrt{2\,m_0 \cdot k_0}}. \qquad (330)$$

Wir wollen zunächst nur Turbinen mit unverstellbaren Laufradschaufeln betrachten, dann ist β_a eine Konstante; dementsprechend ist das ge-strichelte Diagramm gezeichnet. Dagegen ist α mit dem Betriebszustand veränderlich, es ist nämlich:

$$\operatorname{cotg}\alpha = \frac{\mu \cdot m_0 \cdot u_{a_0}}{y \cdot c_{m_{a_0}}} = \frac{\mu}{y} \cdot \operatorname{cotg}\alpha_0. \qquad (331)$$

Nunmehr kann man c_s ausrechnen; es wird:

$$c_s = u_a + c_m \cdot \operatorname{cotg}\beta - c_{u_a} = x \cdot u_{a_0} + y \cdot c_{m_0} \cdot \frac{m_0 - 1}{\sqrt{2\,m_0\,k_0}} - \mu \cdot m_0 u_{a_0}$$

$$= \frac{x - y + m_0\,(y - \mu)}{\sqrt{m_0}}\sqrt{g H_{m_0}}.$$

Damit wird der Stoßverlust:

$$\frac{c_s^2}{2g} = \frac{(x - y + m_0\,(y - \mu))^2}{2\,m_0} \cdot H_{m_0}. \qquad (332)$$

In Abb. 128 ist das normale (rechtwinklige, drallose) Austrittsdiagramm ausgezogen und eines für größeres u und größeres c_m gestrichelt gezeichnet. Die c_m-Komponente ist vergrößert auf:

$$c_{m_i} = y \sqrt{2\,g\,k_0\,H_{m_0}}$$

außerdem ist eine c_u-Komponente neu entstanden im Betrage von

$$|c_{u_i}| = |b - \varDelta u_i| . \tag{333}$$

Nun ist aber:

$$b : a = u_{i_0} : c_{m_{i_0}}, \quad \text{also:} \quad b = a \cdot \frac{u_{i_0}}{c_{m_{i_0}}} = \frac{y\,c_{m_{i_0}} - c_{m_{i_0}}}{c_{m_{i_0}}} \cdot u_{i_0}$$

$$\text{oder} \quad b = (y - 1) \cdot u_{i_0}, \quad \text{andererseits:} \quad \varDelta u_i = (x - 1) \cdot u_{i_0} \tag{334}$$

$$\text{folglich:} \quad |c_{u_i}| = |(y - x) \cdot u_{i_0}| .$$

Dieses c_{u_i} ist entgegengesetzt u gerichtet, wenn $(y - x)$ positiv ist. Hiermit:

$$c_{u_i} = (y - x) \cdot 0{,}8 \cdot \frac{D_e}{D_a} \cdot u_{a_0} = 0{,}8\, \frac{y - x}{\dfrac{D_a}{D_e}\sqrt{m_0}} \sqrt{g\,H_{m_0}} . \tag{335}$$

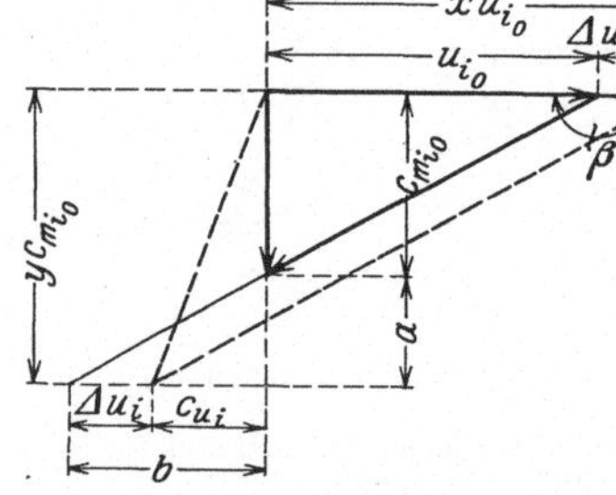

Abb. 128. Turbinenaustrittsdiagramm für normalen und abweichenden Betriebszustand.

Schließlich wird die vergrößerte Austrittsenergie:

$$\frac{c_i^2}{2\,g} = \left(y^2 \cdot k_0 + 0{,}32\, \frac{(y - x)^2}{\left(\dfrac{D_a}{D_e}\right)^2 \cdot m_0} \right) \cdot H_{m_0} . \tag{336}$$

Von dieser Energie ist der zweite Teil, der auf die Umfangskomponente zurückgeht, so gut wie ganz verloren, der erste setzt sich ungefähr mit dem gleichen Wirkungsgrad, wie beim normalen Betriebszustande wieder in Druck um. Der Verlust im Saugrohr kann also mit:

$$V_s = \left(\zeta_a \cdot y^2 \cdot k_0 + 0{,}32\, \frac{(y - x)^2}{\left(\dfrac{D_a}{D_e}\right)^2 m_0} \right) \cdot H_{m_0} \tag{337}$$

angesetzt werden. Dieser Ausdruck kann mit Hilfe der Gleichung (281) umgeformt werden in:

$$V_s = \left(\zeta_a \cdot y^2 \cdot k_0 + 0{,}168\, \frac{(y - x)^2 \cdot (n_s^*)^2}{\sqrt{k_0}} \right) \cdot H_{m_0} , \tag{338}$$

oder auch, wenn für k_0 der Durchschnittswert aus Gleichung (302) eingeführt wird:

$$V_s = 0{,}14\,(n_s^*)^{4/3} \{ \zeta_a y^2 + 3{,}2\,(y - x)^2 \} \cdot H_{m_0} . \tag{339}$$

Dies läßt sich aber auch, wenn man den Saugrohrverlust bei normalem Betriebszustande mit V_{s_0} bezeichnet und man bedenkt, daß

$$V_{s_0} = \zeta_a \cdot k_0 H_{m_0} = 0{,}14 \cdot \zeta_a \cdot (n_s^*)^{4/3} \cdot H_{m_0} \tag{340}$$

ist, in der Form:

$$V_s = y^2 \cdot V_{s_0} + 0{,}45\,(y - x)^2 \cdot (n_s^*)^{4/3} \cdot H_{m_0} \tag{341}$$

schreiben.

Man sieht zunächst, daß bei gleichen prozentualen Änderungen des Betriebszustandes (gleichen x und y) der Saugrohrverlust in zwei Teile zerfällt, von denen bei gleicher prozentualer Veränderung der Beaufschlagung der erste für alle Typen die gleiche prozentuale Veränderung zeigt, während der andere mit steigender Schnelläufigkeit sich immer stärker ändert. Dies rührt davon her, daß die schnelläufigen Typen mit verhältnismäßig größeren Umfangsgeschwindigkeiten arbeiten und die zusätzlich entstehenden c_{ui}-Komponenten bei gleicher Änderung der Beaufschlagung um so größer sind, je größer die Umfangsgeschwindigkeiten sind (Gleichung (334)). Hiermit ist sofort ein wesentlicher Grund dafür gefunden, daß Schnelläufer mit unverstellbaren Laufradschaufeln eine wesentlich höhere Leerlaufbeaufschlagung brauchen und im Zusammenhang damit ihre Wirkungsgradkurve wesentlich steiler abfällt, als dies bei Langsamläufern mit unverstellbaren Laufschaufeln der Fall ist.

Wir benötigen ferner noch einen Ausdruck für das Gefälle H_m des veränderten Betriebszustandes (das Nutzgefälle der Turbine). Es ist

$$H_m = \frac{\omega}{g}\,\Delta\,(c_u \cdot r) = \frac{\omega}{g}\,(m \cdot u_{a_0} \cdot r_a - c_{ui} \cdot r_i) = \frac{m \cdot u_{a_0} \cdot u_a - c_{ui} \cdot u_i}{g}\,.$$

Hier ist $c_{ui} = -(y - x) \cdot u_{i_0}$ einzuführen. Man erhält:

$$H_m = \frac{\mu \cdot m_0 \cdot x \cdot u_{a_0}^2 + (y - x) \cdot 0.64 \left(\dfrac{D_e}{D_a}\right)^2 \cdot x \cdot u_{a_0}^2}{g}$$

$$= x\left\{\mu + 0{,}64\,\frac{y - x}{\left(\dfrac{D_a}{D_e}\right)^2 \cdot m_0}\right\} \cdot H_{m_0}\,. \tag{342a}$$

Führt man hierin wieder statt $\left(\dfrac{D_a}{D_e}\right)^2 \cdot m_0$ in bekannter Weise n^* ein, so kommt:

$$H_m = x\,\{\mu + 0{,}9\,(y - x) \cdot (n_s^*)^{4/3}\}\,H_{m_0}\,. \tag{342b}$$

Die entwickelten Beziehungen wollen wir nun zur zahlenmäßigen Untersuchung der Leerlaufzustände einer extrem langsamlaufenden und einer ausgesprochenen schnellaufenden Turbine verwenden.

Ein Langsamläufer mit $n_s^* = 0{,}25$ ($n_s = 74$) hat erfahrungsgemäß bei normaler Drehzahl ($x=1$) eine Leerlaufwassermenge, die etwa 10% von derjenigen des besten Wirkungsgrades beträgt. Hiervon entfallen etwa 1,5% auf die Spaltwassermengen, so daß 8,5% für den Leerlaufbetrieb verbleiben. Dieser wird mit einem H_m aufrecht erhalten, das den Leistungsbedarf der Lager-, Stopfbuchsen- und Radseitenreibung deckt. Gleichung (316) liefert für die normale Wassermenge Q_0 als Gefällsäquivalent für die Radseitenreibung allein ein bestimmtes $h_{N_{sr}}$; da aber jetzt nur 8,5% von Q_0 zur Verfügung stehen, so ist jetzt:

$$h_{N_{sr}\,\text{für Leerlauf}} = \frac{8{,}93 \cdot 10^5}{0{,}085} \cdot \frac{\varrho}{(n_s^*)^2 \cdot m_0^{5/2}}\,. \tag{343}$$

Dies liefert mit $n_s^* = 0{,}25$; $\varrho = 1{,}1 \cdot 10^{-9}$, $m_0 = 1{,}08$ (s. Abb. 127)

$$h_{N_{sr}\,\text{für Leerlauf}} = 0{,}15\,H_{m_0}\,. \tag{344}$$

Für Lager- und Stopfbuchsenreibung mögen zwei Drittel dieses Wertes zugeschlagen werden, so daß also

$$H_{m\,\text{für Leerlauf}} = 0,25 \cdot H_{m_0} \tag{345}$$

den Verhältnissen entsprechen dürfte. Aus Gleichung (342) ergibt sich jetzt mit

$$\frac{H_m}{H_{m_0}} = 0,25; \qquad x = 1; \qquad y = 0,085:$$
$$\mu_{\text{für Leerlauf}} = 0,38 . \tag{346}$$

Nunmehr kann der Stoßverlust ausgerechnet werden; aus Gleichung (332) ergibt sich:

$$\left(\frac{c_s^2}{2g}\right)_{\text{für Leerlauf}} = 0,16\,H_{m_0}. \tag{347}$$

Schließlich wird der Austrittsverlust nach Gleichung (339) mit $\zeta_a = 0,15$

$$\left(\frac{c_i^2}{2g}\right)_{\text{für Leerlauf}} = 0,06\,H_{m_0}. \tag{348}$$

Die Summe der nach der Grundzugstheorie errechenbaren Verluste beträgt also (mit Vernachlässigung der Kanalreibung im Leitrad und Laufrad)

$$(0,25 + 0,16 + 0,06)\,H_{m_0} = 0,47\,H_{m_0}, \tag{349}$$

während in Wahrheit (wenn beim besten Betriebe $\varepsilon_s = 0,91$ ist) etwa $1,1\,H_{m_0}$ zur Verfügung stehen. Es wird also irgendeine zusätzliche Leistung verbraucht vom Betrage

$$N_{\text{zus.}} = \frac{0,63 \cdot 0,085\,Q_0 \cdot H_{m_0}}{Q_0 \cdot H_{m_0}} \cdot N_0$$
$$= 0,0535 \cdot N_0, \tag{350}$$

also von $\sim 5^1/_2\%$ der beim besten Betriebe entwickelten Strömungsleistung. Dies ist etwa das 3,5fache der Radseitenreibung und an sich gering gegenüber dem zusätzlichen, durch die Grundzugstheorie nicht erklärbaren Leistungsbedarf eines entsprechenden Pumpenlangsamläufers bei Nullförderung.

Die gleiche Überlegung möge für einen Schnelläufer durchgeführt werden. Die Leerlaufwassermenge mit $y = 0,35$ ist hier einem Versuch mit einem als Propellerrad betriebenen Kaplanrad entnommen, das beim besten Betriebe mit $n_s = 600$ ein $m_0 = 0,33$ und ein $k_0 = 0,22$ hatte. Da Spaltverlust, Radseiten-, Lager- und Stopfbuchsenreibung hier auch gegenüber der Leerlaufleistung nur gering sind, mögen sie ganz vernachlässigt werden. Mit anderen Worten, wir setzen hier

$$H_{m\,\text{für Leerlauf}} = 0 . \tag{351}$$

Bei dem erprobten Rade ist $\dfrac{D_a}{D_e} = 0,8$ und $m_0 = 0,33$ bekannt, wir verwenden daher hier Gleichung (342a) und erhalten

$$\mu_{\text{für Leerlauf}} = 1,97 . \tag{352}$$

Aus Gleichung (332) folgt dann

$$\left(\frac{c_i^2}{2g}\right)_{\text{für Leerlauf}} = 0{,}182 \cdot H_{m_0} \,. \tag{353}$$

An Stelle von Gleichung (339) benützen wir Gleichung (337) und finden

$$V_{s\,\text{für Leerlauf}} = 0{,}645\,H_{m_0} \,. \tag{354}$$

Die Summe von Gleichung (353) und (354) liefert (wieder unter Vernachlässigung der Kanalreibung in Leitrad und Laufrad):

$$\text{Verluste bei Leerlauf} = 0{,}827\,H_{m_0} \,, \tag{355}$$

während $\dfrac{H_{m_0}}{0{,}87} = 1{,}15\,H_{m_0}$ (bestes $\varepsilon_s = 0{,}87$) zur Verfügung stehen. Es bleibt also hier eine Zusatzleistung

$$N_{\text{zus.}} = \frac{0{,}323 \cdot 0{,}35 \cdot Q_0\,H_{m_0}}{Q_0\,H_{m_0}}\,N_0 = 0{,}113\,N_0 \,,$$

also 11,3% der normalen Strömungsleistung durch die Grundzugstheorie nicht nachweisbar. Dies ist zwar wesentlich mehr als beim Turbinenlangsamläufer, aber immer noch bei weitem nicht soviel als beim entsprechenden Pumpenschnelläufer.

In IX, 43 wird nochmals auf diese Verhältnisse eingegangen.

43. Die Regulierung der vollbeaufschlagten, geschlossen durchströmten Kreiselräder.

Als Hauptproblem der Regulierung ist die Aufgabe anzusehen, bei gleichbleibender Drehzahl mit Pumpen verschiedene Mengen bei verlangter gleichbleibender Nutzförderhöhe zu fördern und mit Turbinen bei gegebenem gleichbleibendem Bruttogefälle verschiedene Mengen zu verarbeiten. Dabei soll der Wirkungsgrad möglichst ebenfalls gleichbleiben. Wenn es gelänge, ihn vollkommen konstant zu halten, so würde das Regulierproblem einfach heißen: Die Radenergie $H_m = \dfrac{\omega}{g}\,\varDelta\,(c_u \cdot r)$ soll von der Variation der Betriebsmenge Q unberührt bleiben. Daß diese Forderung nicht streng erfüllt werden kann, geht schon daraus hervor, daß durch die Veränderung der Betriebsmenge bei sonst gleichbleibenden Betriebsgrößen die spezifische Drehzahl der Maschine weitgehend geändert wird und man demnach für die verschiedenen Betriebszustände aus einer Maschine verschiedene Typen machen müßte, um den erreichbar besten Wirkungsgrad wirklich zu erzielen. Weitgehend annähern könnte man sich diesem Ziel, wenn es gelänge, die Geschwindigkeitsdiagramme möglichst an allen Stellen der Maschine, mindestens aber an den Ein- und Austrittsstellen der Räder und Leitapparate konstant zu halten. Dies würde, da die Drehzahl und damit die Umfangsgeschwindigkeiten die gleichen bleiben, zwar unveränderliche Schaufelwinkel gestatten, aber veränderliche Querschnitte der Räder und Leitapparate, sowie auch der unmittelbar anschließenden Teile der übrigen Organe

(Saugrohre, Spiralgehäuse) verlangen. Dadurch würde die Radenergie H_m tatsächlich unverändert erhalten werden. Der Wirkungsgrad würde nur insofern variieren, als die Kanalformen zwischen den Schaufeln bei kleinen Betriebsmengen doch ungünstige Formen erhielten. Stoßverluste würden aber so gut wie ganz vermieden werden. Die Ausführung des Gedankens (der sich bei Freistrahlrädern, wie wir in XI. sehen werden, in einfacher Weise verwirklichen läßt) stößt bei den vollbeaufschlagten Kreiselradmaschinen auf unüberwindliche konstruktive Schwierigkeiten.

Am nächsten in Wirkungsweise und Eigenschaften kommt der obigen Idealregulierung diejenige durch gleichzeitige Verstellung der Leit- und Laufschaufeln, wie sie in der modernen Kaplanturbine zum erstenmal mit großem Erfolg verwirklicht worden ist. Das Axialrad der Kaplanturbine ist durch die verstellbaren Laufschaufeln in erster Linie von der in 42 festgestellten, bei unveränderlichen Laufschaufeln mit Abnahme der Betriebsmenge auftretenden starken Zunahme des Saugrohrverlustes befreit worden. Daneben sind auch die Stoßverluste am Eintritt in das Rad verringert worden. Abb. 129 zeigt die Ein- und Austrittsdiagramme für den mittleren Zylinderschnitt eines Kaplanrades. Wenn

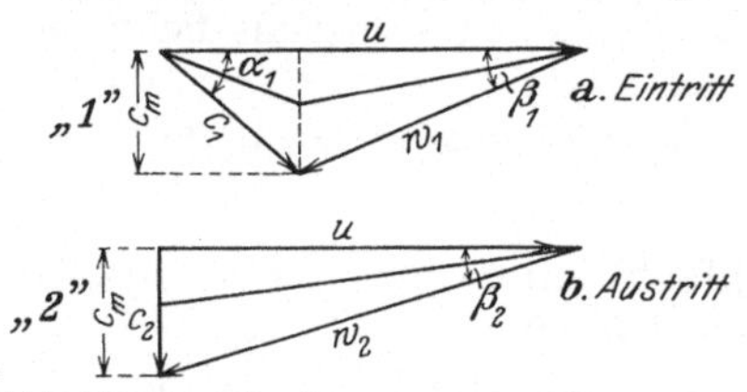

Abb. 129. Regulierdiagramme des Kaplanrades.

die Regulierung tatsächlich so wirkte, daß die Ecken „1" und „2" der Dreiecke dauernd auf den Senkrechten zur u-Richtung blieben, so würde die Radenergie H_m von der Betriebsmenge Q unabhängig bleiben. Nun sind aber die Schaufelwinkel β_1 und β_2 durch die einmal gewählte Schaufelform und die Lage der Drehachse für die an sich starre Schaufel in einer Weise gesetzmäßig miteinander verbunden, die den theoretischen Anforderungen im allgemeinen nicht genau entspricht. Auch ist es im allgemeinen nicht möglich, den Leitradwinkel, der die absolute Zuströmungsrichtung α_1 vorschreibt, exakt einzustellen. Man hat ja auch die den verschiedenen Schaufelstellungen entsprechenden Durchflußverluste nicht so in der Hand, daß sich genau die Betriebsmengen einstellen, die man nach den c_m-Komponenten der Dreiecke erwartet. Dadurch wird H_m doch beeinflußt, d. h. die c_u-Komponenten ändern sich, wodurch weitere Verluste entstehen. Es kommt bei dem Axialrad hinzu, daß sich die Ein- und Austrittswinkel in den verschiedenen Zylinderschnitten (die von vornherein unter sich wegen der wechselnden Umfangsgeschwindigkeiten sehr verschieden sind) bei einer Verdrehung der Schaufel als starres Ganze in verschiedener Weise ändern. Immerhin ist es mit dieser Reguliermethode gelungen, für die Axialräder der Kaplanturbine Wirkungsgrade zu erzielen, die in einem weitaus weiteren Bereiche der Betriebsmengen als bei irgendeiner anderen vollbeaufschlagten Turbine sehr flach verlaufen. Dabei wird der günstigste Zusammenhang zwischen Leitschaufel- und Laufschaufelstellung, wie bereits in 42 erwähnt, experimentell durch Modellversuche ermittelt und durch eine Kurvenführung oder entsprechende konstruktive Mittel im Reguliergestänge festgelegt. Man kann dies Gestänge auch in der Weise verstellbar ausführen, daß der Zusammenhang zwischen Leitschaufeln und Laufschaufel geändert werden kann. Damit hat man es in der Hand, für verschiedene Drehzahlen bei gleichem Gefälle oder umgekehrt $\left(\text{d. h. allgemein für verschiedene Festwerte } n/\sqrt{H}\right)$ die bei wechselnder Betriebsmenge günstigste Wirkungsgradkurve zu erreichen.

Das Verdrehen der Laufschaufeln ist bisher nur bei Axialrädern angewendet worden. Dies hat in erster Linie konstruktive Gründe. Die Nabe der Kaplanräder gestattet ohne weiteres, einen Mechanismus in ihr unterzubringen, der die Drehbewegung der Schaufeln in die Verschiebung einer Regulierstange innerhalb der hohlen Welle verwandelt und damit die Verstellung der Schaufeln von außen ermöglicht. (Siehe die Beschreibung in 26.) Schwieriger wird diese Aufgabe bei Radialrädern, wo die Drehachsen der Schaufeln nicht mehr senkrecht zur Maschinenachse, sondern parallel zu ihr liegen. Es kommt hinzu, daß man bei Radialrädern, um das Drehen der Schaufeln zu ermöglichen, auf konstante Breite im Bereich der Laufradschaufeln beschränkt ist und daß man den zweiten, zur seitlichen Führung dienenden Laufradkranz oder -boden nur ungern fortlassen wird, weil genaues Spiel zwischen Schaufel und Gehäusewand, das hier ein axiales ist, ganz und gar von der genauen Montage und dem Abnutzungszustand des Wellendrucklagers sowie von der evtl. Dehnung der Welle und ähnlichen Einflüssen abhängt. Bei den Axialturbinen ist man in dieser Hinsicht freier, da das Spiel zwischen Laufschaufeln und Gehäuse im wesentlichen ein radiales ist und daher von axialen Verschiebungen des Laufrades nur wenig beeinflußt wird (auch bei kugeliger Ausdrehung des Laufradgehäuses!). Auch bei Diagonalrädern dürften die konstruktiven Schwierigkeiten kaum geringer sein, wobei man hier in der Profilausbildung auf eine Begrenzung des Rotationshohlraumes durch konzentrische Kugelflächen beschränkt wäre, deren Mittelpunkt in der Maschinenachse liegt und gleichzeitig Schnittpunkt aller Schaufeldrehachsen ist.

Strömungstechnisch ist aber über das Verdrehen in sich unveränderlicher Schaufeln bei Radial- oder Diagonalrädern das Folgende zu sagen. Mit der Winkelstellung der Schaufeln ändern sich im allgemeinen Eintritts- und Austrittsradius des Schaufelraumes, und damit müssen sich wegen der Veränderung der Umfangsgeschwindigkeiten auch die c_u-Komponenten ändern, damit die Radenergie H_m gleichbleibt. Dadurch kommen aber in merklichem Grade solche Diagrammverschiebungen zustande, die man, weil sie zusätzliche Verluste bringen, vermeiden will, nämlich Stoßverluste und vermehrte Umsetzungsverluste im Saugrohr bzw. der Spirale. Das Verdrehen der Schaufeln ist also hier für das Konstanthalten der Gefällsgrößen weniger geeignet. Dagegen kann es gelegentlich für andere Aufgaben, z. B. das Konstanthalten der Wellenleistung bei veränderlichem Q und H (wie es bei Flüssigkeitsgetrieben vorkommen kann) nützlich sein.

Werden nur drehbare Leitschaufeln vorgesehen, so wirken nur solche, die vor dem Eintritt ins Rad angeordnet sind, in grundsätzlich richtiger Weise, d. h. über eine reine, mehr oder minder ungünstige Drosselwirkung hinaus. Dies sieht man sofort ein, wenn man die Aufgabe, wie oben schon angedeutet, in erster Annäherung so auffaßt, daß die Radenergie $H_m = \frac{\omega}{g} \varDelta(c_u r)$ von der Betriebsmenge Q unabhängig gehalten werden soll, während die Gefällsgrößen H_b und H_n erst dann von Q unabhängig werden, wenn es gleichzeitig gelingt, den Wirkungsgrad ebenfalls unveränderlich zu halten. Nun ist aber im Ausdruck für H_m nur die Größe $\varDelta(c_u r)$ von der Betriebsmenge Q abhängig, und zwar allein von dieser, wenn das vor dem Rade angeordnete Leitorgan (Spirale oder Leitrad) unverstellbar ist. Sind aber drehbare Leitschaufeln vorgesehen, so wird $\varDelta(c_u r)$ auch von der Winkelstellung dieser Schaufeln abhängig und daher die Möglichkeit gegeben, H_m bei veränderlichem Q konstant zu halten. Ein dem Rade nachgeschalteter Leitapparat kann die Radenergie nicht beeinflussen, sondern nur die am Radaustritt noch vorhandene Geschwindigkeitsenergie mehr oder minder vorteilhaft in Druck umsetzen. In dieser Richtung sind tatsächlich bei modernen Pumpen einige Erfolge erzielt worden, namentlich sind Speicherpumpen mit drehbaren Leitschaufeln ausgerüstet worden, dabei sind dadurch, daß sich die drehbaren Leitschaufeln bei Teilförderung den Austrittsgeschwindigkeiten besser anpassen, die Wirkungsgrade um einige Prozente erhöht worden. Die eigentliche Aufgabe, mit möglichst unveränderlichem Wirkungsgrade $\varDelta(c_u r)$ und damit H_m konstant zu halten, kann aber damit nicht gelöst werden.

Allerdings ist bei Pumpen die Anordnung drehbarer Leitschaufeln vor dem Radeintritt konstruktiv schwierig. Axiale Leitschaufeln drehbar zu machen, bringt besondere große Komplikationen mit sich. Die Aufgabe ist außerdem strömungstechnisch nicht durchaus einwandfrei zu lösen, weil die Verdrehung in den verschiedenen Zylinderschnitten verschieden sein müßte. Ein radial angeordneter Leitapparat vor dem Innenkreis der Pumpenschauflung würde sehr viel Platz, unter Umständen den Vorbau einer Einlaufspirale zum Laufrad erfordern. Pumpen mit Eintrittsleitapparat sind daher auch noch nicht bekannt geworden. Er kann übrigens bei Pumpen mit einigermaßen großem Radienverhältnis nicht in gleichem Maße wirksam sein wie bei Turbinen, und zwar deshalb nicht, weil er bei Pumpen nur einen verhältnismäßig kleinen Austrittsradius erhalten und daher durch eine schon ziemlich große Winkelverstellung das Produkt $c_u r = \frac{Q}{F}\,\mathrm{cotg}\,\alpha \cdot r$ und damit die Radenergie H_m nur verhältnismäßig gering beeinflussen kann. Dagegen hat sich bei den Turbinen die drehbare Leitschaufelregulierung vollkommen durchgesetzt. Der Leitapparat liegt hier außen um das Rad herum, die Schaufeln drehen sich zwischen zwei zur Achse senkrechten Ebenen um Achsen, die zur Maschinenachse parallel sind; die ganze Konstruktion läßt sich für kleine und große, sogar größte Ausführungen beherrschen und für automatische Regulierung vorzüglich verwenden. Gelegentlich sind zwecks Platzersparnis auch diagonale Leitapparate verwendet worden.

Das Verhalten der Kreiselradmaschinen mit drehbaren Leit- oder Laufschaufeln oder einer Kombination von beiden kann, wie schon in 32 auseinandergesetzt, durch Aufstellung und Auflösung von Energiebilanzgleichungen untersucht werden. Wenn dabei auch nicht immer genaue Zahlenwerte für Leistung, Betriebsmenge und Wirkungsgrad zu ermitteln sind, so lassen sich doch die verschiedenen Reguliermethoden miteinander qualitativ vergleichen.

Hier möge nur beispielsweise die Wirkungsweise der Regulierung einer Turbine mittels drehbarer Leitschaufeln durch Aufstellung einer, wenn auch nicht zahlenmäßigen, so doch grundsätzlichen Energiebilanz klargestellt und auch ihr Zusammenarbeiten mit der Laufschaufelverstellung der Kaplanturbine nochmals berührt werden. In Abb. 130 sind das Ein- und Austrittsdiagramm einer Turbine (zufällig eines Langsamläufers) gezeichnet. Die stark ausgezogenen Dreiecke beziehen sich auf den Betrieb mit maximaler Wassermenge. Dabei erfolge der Eintritt ins Rad stoßfrei, der Austritt aus ihm ohne c_u-Komponente. Die Leitschaufeln führen das Wasser dem Rade unter dem Winkel α_0 zu. Nun mögen die Leitschaufeln so verstellt werden, daß die Zuströmrichtung flacher, etwa unter dem Winkel α' erfolge. Wenn jetzt die Wassermenge die gleiche bliebe wie bisher, so besäße die Strömung einen viel größeren Eintrittsdrall, und da am Austritt alles unverändert bliebe, wäre jetzt der Drallunterschied $\Delta(c_u r)$ viel größer. (Entsprechend dem Unterschied $c'_u - c_{u_0}$ am Eintritt.) Damit wäre die absolute und relative Ablenkung und damit die Energieentziehung viel größer als

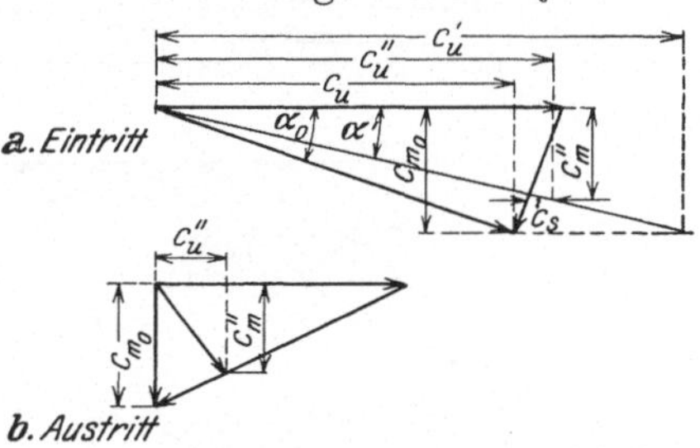

Abb. 130. Regulierdiagramm einer Francisturbine.

aus dem zur Verfügung stehenden Gefälle geleistet werden kann. Selbst wenn also kein Stoßverlust hinzukäme, wie es in Wirklichkeit der Fall ist, müßte die Wassermenge zurückgehen, weil das vorhandene Gefälle den erhöhten Betrag $H_m = \dfrac{\omega}{g}\,\Delta(c_u r)$ nicht decken kann. Die Wassermenge geht also zurück. Dadurch wird der Eintrittsdrall wieder kleiner (entsprechend c''_u in Abb. 130), außerdem entsteht jetzt am Austritt ein positiver Drall und aus beiden Gründen geht $\Delta(c_u r)$ schließlich auf den ursprünglichen Betrag zurück oder auf einen kleineren, wenn der neue Strömungszustand mit größeren Verlusten verbunden ist als der alte. Der neue Zustand erfüllt wieder die Energiebilanz $H_b = H_m + \sum \mathrm{Verl.}$ Die Kaplanturbine vermeidet nun durch die gleichzeitige Verstellung der Laufschaufeln in weiten Grenzen das Anwachsen der Verluste, insbesondere das Auftreten wesentlicher Stoßverluste und zusätzlicher Saugrohrverluste. Nimmt man näherungsweise an, daß sie die Verluste genau konstant hält, so kann man den Zusammenhang der Wassermenge mit der Stellung der Leitschaufeln sofort ausrechnen. Es muß dann nämlich, da dauernd dralloser Abstrom vom Rade eingehalten wird (und

H_m konstant sein soll), der vom Leitapparat erzeugte Drall für alle Wassermengen konstant sein. Es gilt also:

$$(c_u \cdot r)_l = \frac{Q}{F_l}\, \text{ctg}\,\alpha_l \cdot r_l = \text{konst.} = \frac{g \cdot H_m}{\omega},$$

also

$$\text{ctg}\,\alpha_l = \frac{g\,H_m}{\omega} \cdot \frac{F_l}{r_l} \cdot \frac{1}{Q}.$$

Wenn die Konstanz der Drehzahl nicht gefordert wird, besteht die Möglichkeit, gerade durch Änderung der Drehzahl bei verhältnismäßig

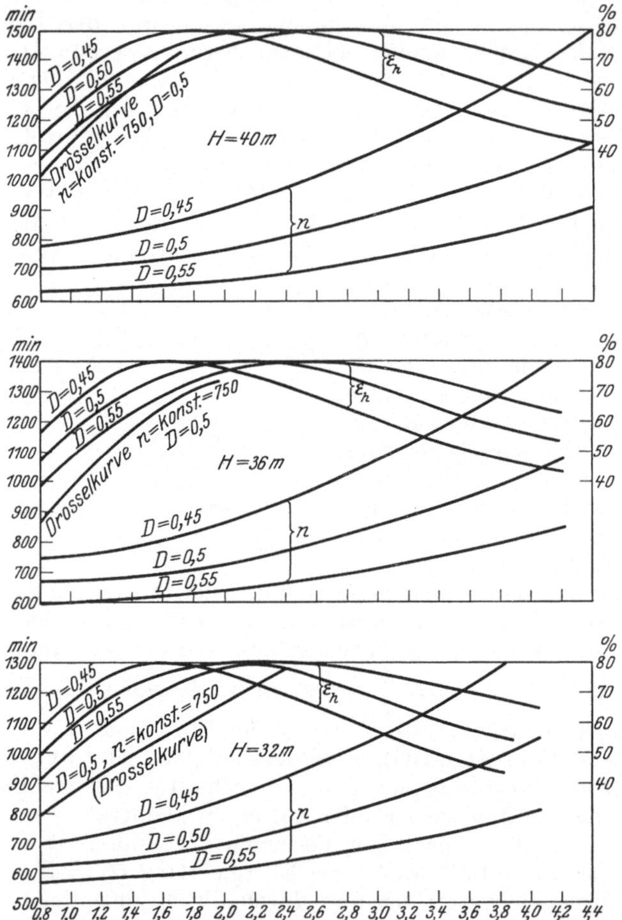

Abb. 131a bis c. Wirkungsgrade und Drehzahlen für Regulierung auf verschiedene konstante Förderhöhen durch Drehzahlverstellung.

gutem Wirkungsgrade verschiedene Betriebsmengen unter gleichem Gefälle ohne irgendwelche Schaufelverstellung zu verarbeiten. Bei Turbinen kommt allerdings diese Methode kaum in Frage, dagegen häufig bei Pumpen mit Dampfturbinen- oder Gleichstrommotorenantrieb. Am Schluß von 42a ist auf diese Möglichkeit bereits hingewiesen worden. Entsprechend dem dort angegebenen Verfahren ist aus dem $Q-H$- und ε_h-Diagramm der Abb. 124a das Einheitsdiagramm des betreffenden Typus errechnet und in Abb. 124b aufgezeichnet. Aus diesem sind dann diejenigen Drehzahlen ermittelt worden $\left(n = n_1' \dfrac{\sqrt{H}}{D}\right)$, die zum Fördern verschiedener Wassermengen $\left(Q = Q_1' \cdot D^2 \cdot \sqrt{H}\right)$ gegen eine konstante Fördermenge H nötig sind; diese und die zugehörigen, aus Abb. 124b bei den entsprechenden Werten Q_1' entnommenen Wirkungsgrade sind schließlich in den Abb. 131 a, b, c aufgetragen. Diese drei Diagramme unterscheiden sich durch den Wert der konstanten Förderhöhe H; ferner sind in jedem Diagramm sowohl für die Drehzahlen n als auch die Wirkungsgrade ε_h drei Kurven eingetragen, die für verschiedene Ausführungsdurchmesser D_e des durch das Einheitsdiagramm dargestellten Typus gelten. Nachdrücklich muß hier nochmals darauf hingewiesen werden, daß man sicher sein muß, daß in dem ganzen Drehzahl- und Leistungsbereich die hydromechanische Ähnlichkeit mit genügender Annäherung (d. h. ohne daß die Reynoldssche Zahl berücksichtigt werden müßte und ohne daß irgendwo Kavitation eintritt) gilt. Ist dies aber der Fall, so kann aus dem Einheitsdiagramm das ganze Verhalten des Typus unter den verschiedensten Betriebsbedingungen abgelesen werden. Im gegenteiligen Falle müßte man durch Einschneiden mit $H =$ konst. in ein Diagramm nach Art von Abb. 122 das Verhalten ermitteln.

Wenn die Drehzahländerung zu einer automatischen Regulierung der Fördermenge durch Drehzahlverstellung der Antriebsmaschine verwendet werden soll, so ist es sehr wichtig, daß die $Q-H$-Charakteristik der Pumpe stabil ist, d. h. ihren höchsten Punkt bei der Fördermenge Null hat. Nur in diesem Falle nämlich gibt es bei einem bestimmten Festwert H für jede Wassermenge nur eine einzige Drehzahl und gehört zu steigender Wassermenge auch immer steigende Drehzahl, während andernfalls bei einer bestimmten Wassermenge ein Minimum der Drehzahl existiert und ein und dieselbe Drehzahl zu zwei verschiedenen Fördermengen gehören kann. Durch solche Verhältnisse kann eine automatische Regulierung leicht ins Pendeln geraten, insbesondere wenn zwei Pumpen parallel geschaltet sind. Andererseits soll die $Q-H$-Linie nicht zu steil verlaufen, damit große Änderungen der Betriebsmenge schon mit geringen Änderungen der Drehzahl erreicht werden. Im Einheitsdiagramm soll also die Linie der n_1' ihren tiefsten Punkt bei $Q_1' = 0$ haben und von da monoton und nicht zu steil aufsteigen.

Zum Vergleich mit den Wirkungsgraden bei Drehzahlenverstellung sind noch in den Abb. 131 a, b, c diejenigen Wirkungsgrade dargestellt, die erreicht werden, wenn die Drehzahl konstant gehalten und die Fördermenge durch Drosseln in der Druckleitung einreguliert wird. Diese Wirkungsgrade sind selbstverständlich schlechter als diejenigen, die dem natürlichen Verlauf der $Q-H$-Charakteristik entsprechen.

IX. Ergänzungen zur Grundzugstheorie der vollbeaufschlagten Kreiselräder in geschlossener Strömung.

44. Die Differentialgleichung für die Geschwindigkeitsverteilung einer idealen Flüssigkeit auf dem Parallelkreis zwischen den Schaufeln.

Gelegentlich sind schon in den vorausgegangenen Abschnitten die Vorstellungen der Grundzugstheorie verlassen worden, um Eigenheiten der Kreiselräder, die schon beim Festlegen der Hauptdimensionen berücksichtigt werden müssen, wenigstens qualitativ besprechen und summarisch berücksichtigen zu können. Insbesondere war es notwendig, auf die Druck- und Geschwindigkeitsverteilung bei endlicher Schaufelteilung einzugehen. Diese Frage soll nun im folgenden weiter behandelt werden.

Das nächste Ziel ist dabei die Aufstellung einer Differentialgleichung für die Geschwindigkeitsverteilung einer idealen Flüssigkeit im Raum zwischen zwei Schaufeln. In strenger Form wird diese erst im zweiten Bande dieses Buches gewonnen werden. Hier kann es sich im Anschluß an die Grundzugstheorie nur um eine Näherungstheorie handeln.

Um diese zu gewinnen, betrachten wir eine Rotationsschicht von kleiner Breite Δb (s. Abb. 132). Wir nehmen an, daß die Strömung dauernd in dieser verläuft, sehen also auch jetzt von periodischen Schwankungen, mit denen auch Querpulsationen der Rotationsschicht verbunden sind, ab (vgl. 27). Wenn man will, kann man sich die beiden die Schicht einschließenden Rotationsflächen auch als die seitlichen Begrenzungen einer „Kreiselradmaschine mit kleiner Breite" vorstellen. Innerhalb der Schicht greifen wir ein kleines Teilchen heraus mit den Abmessungen dl (Bogenlänge auf der mittleren Rotationsfläche), $r \cdot d\varphi$ bzw. $(r + dr)\,d\varphi$ (Bogenlänge auf den beiden begrenzenden Parallelkreisen, in der Kegelabwicklung dargestellt) und Δb bzw. $\Delta b + \dfrac{\partial \Delta b}{\partial l} \cdot dl$ (veränderliche Breite der Schicht). Auf dieses

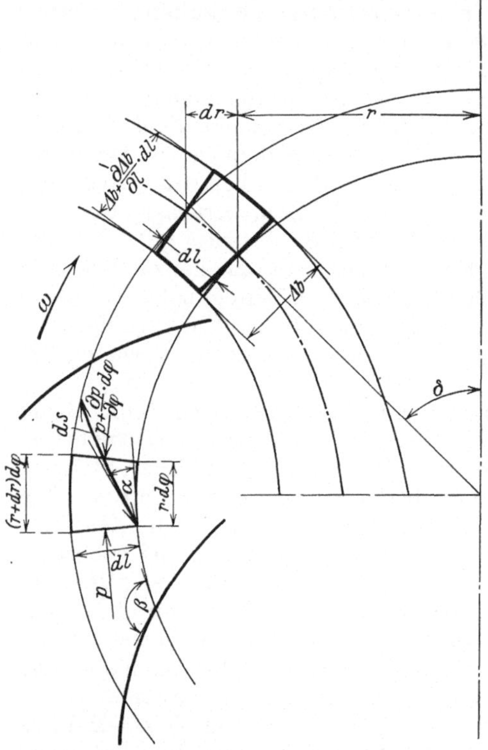

Abb. 132. Rotations- und Ringschicht im Kreiselrad.

Teilchen wenden wir den Satz vom Impulsmoment (statischem Moment der Bewegungsgröße) an. Er lautet:

$$\frac{\gamma}{g}\, r \cdot d\varphi \cdot dl \cdot \varDelta b\, \frac{d(c_u \cdot r)}{dt} = dP_u \cdot r. \tag{356}$$

Bei der Ausrechnung der substantiellen Änderung $\dfrac{d(c_u r)}{dt}$ muß man bedenken, daß wir die Absolutbewegung betrachten und daß diese nicht stationär ist, die Änderung des Wertes $(c_u r)$ sich also aus der lokalen und konvektiven zusammensetzt. Also ist

$$\frac{d(c_u r)}{dt} = \frac{\partial(c_u r)}{\partial t} + c\,\frac{\partial(c_u r)}{\partial s}. \tag{357}$$

Unter ds ist dabei die Bogenlänge der momentanen absoluten Stromlinie zu verstehen, auf der sich das Teilchen im Augenblick gerade bewegt. ds liegt für den betrachteten Augenblick in der Rotationsschicht, die Koordinate s ist also eine Funktion der Bogenlänge l und der Bogenlänge $r\,d\varphi$ auf dem Parallelkreis. In der Abwicklung des Tangentialkegels der mittleren Rotationsfläche der betrachteten Schicht ist ds eingezeichnet; Abb. 132. Wir haben also:

$$s = f(l, \varphi) \quad \text{und daher:} \quad \frac{\partial}{\partial s} = \frac{\partial}{\partial l} \cdot \frac{dl}{ds} + \frac{\partial}{r\partial\varphi} \cdot \frac{r\,d\varphi}{ds}.$$

Mithin:

$$c \cdot \frac{\partial(c_u r)}{\partial s} = c \cdot \frac{\partial(c_u r)}{\partial l} \cdot \frac{dl}{ds} + c \cdot \frac{\partial(c_u r)}{r\,d\varphi} \cdot \frac{r\,d\varphi}{ds}$$

$$= c \cdot \sin\alpha \cdot \frac{\partial(c_u r)}{\partial l} + c \cdot \cos\alpha \cdot \frac{\partial(c_u r)}{r\,d\varphi}.$$

α ist der Winkel der absoluten Stromlinie gegen die Umfangsrichtung, er erscheint in der Abwicklung des Tangentialkegels der Rotationsfläche in wahrer Größe. Nun ist aber:

$$c \cdot \sin\alpha = c_m \qquad \text{und} \qquad c \cdot \cos\alpha = c_u$$

und demnach:

$$c\,\frac{\partial(c_u r)}{\partial s} = c_m \cdot \frac{\partial(c_u r)}{\partial l} + c_u \cdot \frac{\partial(c_u r)}{r\,\partial\varphi}. \tag{358}$$

Die lokale Änderung $\dfrac{\partial(c_u r)}{\partial t}$ wird, wenn wir von der gegenseitigen Beeinflussung von umlaufenden und feststehenden Schaufelrädern absehen (vgl. 27), nur dadurch hervorgerufen, daß das an sich unveränderliche Absolutstrombild mit dem Rade umläuft. Es ist also für die lokalen Änderungen irgendeiner Größe des Strömungsfeldes:

$$\frac{\partial}{\partial t} = -\,\omega\,\frac{\partial}{\partial\varphi}.$$

(Vgl. 23, 24, 29.) Unter φ kann man dabei sowohl die Bogenkoordinate im festen Raum als auch die im relativen (umlaufenden) Raum verstehen.

Die Umfangskraft dP_u rührt nur von dem Unterschied der Drücke auf dem Parallelkreis her und ist also:

$$dP_u = dl \cdot \Delta b \left(p - \left(p + \frac{\partial p}{r \partial \varphi} r d\varphi \right) \right) \left. \vphantom{\frac{\partial p}{r \partial \varphi}} \right\} \quad (359)$$
$$= - r d\varphi \cdot dl \cdot \Delta b \cdot \frac{\partial p}{r \partial \varphi} .$$

Setzt man alles in (356) ein, so erhält man:

$$c_m \frac{\partial(c_u r)}{\partial l} + c_u \frac{\partial(c_u r)}{r \partial \varphi} - \omega \frac{\partial(c_u r)}{\partial \varphi} = - g \frac{\partial(p/\gamma)}{\partial \varphi} . \quad (360)$$

Nun gilt aber [vgl. 24, Gl. (127) und 33]

$$g\left(\frac{p}{\gamma} + h\right) + \frac{c^2}{2} - \omega \cdot c_u \cdot r = \text{const} . \quad (361)$$

Ersatz von c^2 durch $c_m^2 + c_u^2$ und Differentiation nach der Umfangsrichtung liefert

$$g \frac{\partial(p/\gamma)}{\partial \varphi} + c_m \frac{\partial c_m}{\partial \varphi} + c_u \frac{\partial c_u}{\partial \varphi} - \omega \frac{\partial(c_u r)}{\partial \varphi} = 0 . \quad (362)$$

Verbindung von (360) und (362) ergibt:

$$c_m \frac{\partial(c_u r)}{\partial l} + c_u \frac{\partial c_u}{\partial \varphi} - \omega \frac{\partial(c_u r)}{\partial \varphi} = c_m \frac{\partial c_m}{\partial \varphi} + c_u \frac{\partial c_u}{\partial \varphi} - \omega \frac{\partial(c_u r)}{\partial \varphi} ,$$

wobei in (360) für $\dfrac{\partial(c_u r)}{r \partial \varphi}$ einfach $\dfrac{\partial c_u}{\partial \varphi}$ geschrieben ist, da ja r von φ unabhängig ist. Schließlich folgt:

$$\frac{\partial c_m}{\partial \varphi} = \frac{\partial(c_u r)}{\partial l} . \quad (363)$$

Nunmehr führen wir die aus 28, Gleichung (132) bekannten Beziehungen

$$c_u = r \cdot \omega + c_m \cdot \operatorname{ctg}\beta \qquad \text{und} \qquad c_u \cdot r = r^2 \omega + c_m \cdot r \cdot \operatorname{ctg}\beta ,$$

ein, worin β der Winkel der relativen Stromlinie mit der Umfangsrichtung ist, und erhalten:

$$\frac{\partial c_m}{\partial \varphi} = 2 r \omega \cdot \frac{dr}{dl} + \left(\frac{\partial c_m}{\partial l} \cdot r + c_m \cdot \frac{dr}{dl} \right) \operatorname{ctg}\beta + c_m r \frac{\partial \operatorname{ctg}\beta}{\partial l} . \quad (364)$$

dr/dl ist $= \sin\delta$, wenn mit δ die halbe Kegelöffnung des Tangentialkegels der mittleren Rotationsschicht, die im Radialschnitt erscheint, bezeichnet wird.

Wenn wir andererseits für ein im Raume festes Volumenelement mit den Kantenlängen dl, Δb bzw. $\Delta b + \dfrac{\partial \Delta b}{\partial l} \cdot dl$ und $r d\varphi$ bzw. $(r + dr) d\varphi$ die (Kontinuitäts-)Bedingung dafür aufstellen, daß aus ihm nicht mehr abströmen darf, als ihm zuströmt, so gilt:

$$\left(c_m + \frac{\partial c_m}{\partial l} \cdot dl \right)(r + dr) d\varphi \left(\Delta b + \frac{\partial \Delta b}{\partial l} \cdot dl \right) \left. \vphantom{\frac{\partial c_m}{\partial l}} \right\}$$
$$+ \left(c_u + \frac{\partial c_u}{r \partial \varphi} \cdot r d\varphi \right) \cdot dl \cdot \Delta b = c_m \cdot r d\varphi \Delta b + c_u \cdot dl \Delta b . \quad (365)$$

Durch Ausmultiplizieren und Streichen der Glieder höherer Ordnung erhält man:

$$\frac{\partial c_m}{\partial l} \cdot r + c_m \frac{dr}{dl} = - \frac{c_m \cdot r}{\varDelta b} \cdot \frac{\partial \varDelta b}{\partial l} - \frac{\partial c_u}{\partial \varphi}. \tag{366}$$

Durch Einsetzen in (364) ergibt sich, wenn man $dr/dl = \sin\delta$ einführt,

$$\left. \begin{aligned} \frac{\partial c_m}{\partial \varphi} &= 2\,r\,\omega \sin\delta - \operatorname{ctg}\beta \left(\frac{c_m \cdot r}{\varDelta b} \frac{\partial \varDelta b}{\partial r} \sin\delta + \frac{\partial c_u}{\partial \varphi} \right) \\ &\qquad + c_m \cdot r \frac{\partial \operatorname{ctg}\beta}{\partial r} \cdot \sin\delta. \end{aligned} \right\} \tag{367}$$

Nun ist aber

$$\frac{\partial c_u}{\partial \varphi} = \frac{\partial c_m}{\partial \varphi} \operatorname{ctg}\beta + c_m \frac{\partial \operatorname{ctg}\beta}{\partial \varphi}; \tag{368}$$

(368) in (367) eingesetzt, liefert:

$$\frac{\partial c_m}{\partial \varphi} (1 + \operatorname{ctg}^2\beta)$$
$$= \sin\delta \left[2\,r\,\omega + c_m \cdot r \left\{ \frac{\partial \operatorname{ctg}\beta}{\partial r} - \operatorname{ctg}\beta \left(\frac{1}{\varDelta b} \frac{\partial \varDelta b}{\partial r} + \frac{1}{r \sin\delta} \frac{\partial(\operatorname{ctg}\beta)}{\partial \varphi} \right) \right\} \right].$$

Mit

$$1 + \operatorname{ctg}^2\beta = \frac{1}{\sin^2\beta}$$

ergibt sich schließlich:

$$\left. \begin{aligned} \frac{\partial c_m}{\partial \varphi} &= \sin\delta \cdot \sin^2\beta \times \\ &\left[2\,r\,\omega + c_m \cdot r \left\{ \frac{\partial \operatorname{ctg}\beta}{\partial r} - \operatorname{ctg}\beta \left(\frac{1}{\varDelta b} \frac{\partial \varDelta b}{\partial r} + \frac{1}{r \sin\delta} \frac{\partial \operatorname{ctg}\beta}{\partial \varphi} \right) \right\} \right]. \end{aligned} \right\} \tag{369}$$

Wir dividieren noch durch den für den betreffenden Parallelkreis gültigen Mittelwert der c_m-Geschwindigkeit, nämlich:

$$c_{m_0} = \frac{\varDelta Q}{2\,r\,\pi\,\varDelta b}, \tag{370}$$

indem wir unendlich dünne Schaufeln annehmen. Dadurch, daß die Durchflußmenge mit $\varDelta Q$ bezeichnet wird, sei angedeutet, daß man die Gleichung gelegentlich auch für eine Teilschicht eines Rades mit größerer Breite gelten lassen kann. Setzen wir noch

$$\frac{c_m}{c_{m0}} = x, \tag{371}$$

so kann Gleichung (369) auch in der dimensionslosen Form

$$\frac{\partial x}{\partial \varphi} = a + b \cdot x \tag{372}$$

geschrieben werden, wenn unter a und b die Zahlenwerte:

$$\left. \begin{aligned} a &= \sin\delta \cdot \sin^2\beta \cdot \frac{2\,u}{c_{m_0}}; \\ b &= \sin\delta \, \sin^2\beta \left\{ r \frac{\partial \operatorname{ctg}\beta}{\partial r} - \operatorname{ctg}\beta \left(\frac{r}{\varDelta b} \frac{\partial \varDelta b}{\partial r} + \frac{1}{\sin\delta} \frac{\partial \operatorname{ctg}\beta}{\partial \varphi} \right) \right\} \end{aligned} \right\} \tag{373}$$

verstanden werden.

234   Die vollbeaufschlagten Kreiselräder in geschlossener Strömung.

Der Fall des reinen Radialrades ist in (372) und (373) mit $\sin\delta = 1$ ohne weiteres enthalten; für das reine Axialrad mit $\sin\delta = 0$ wird $a = 0$; b aber nicht, da $\sin\delta \cdot \partial/\partial r$ hier $= \partial/\partial h$ zu setzen ist, wenn mit dh das nunmehr der Achse parallel gerichtete Längenelement dl bezeichnet wird; außerdem ist das letzte Glied in b tatsächlich von $\sin\delta$ frei. Es wird also speziell

$$a \text{ für Axialräder } = 0,$$

$$\left. b \text{ für Axialräder } = \sin^2\beta \left\{ r\,\frac{\partial\,\mathrm{ctg}\,\beta}{\partial h} - \mathrm{ctg}\,\beta\left(\frac{r}{\varDelta b}\,\frac{\partial\,\varDelta b}{\partial h} + \frac{\partial\,\mathrm{ctg}\,\beta}{\partial\varphi}\right)\right\}. \right\} \quad (374)$$

Die Zahlen a und b sind aber nicht von φ unabhängig, denn darin besteht ja gerade das Wesentliche der durch die endliche Schaufelzahl bedingten Verhältnisse, daß sowohl β und δ als auch $\frac{\partial\,\mathrm{ctg}\,\beta}{\partial r}$ nicht den an den Schaufelflächen geltenden Werten gleich sind, sondern über die Schaufelteilung hinüber (also mit φ) variieren.

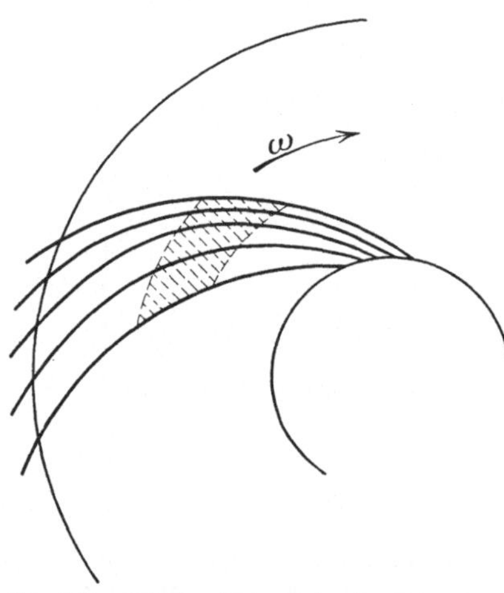

Abb. 133. Relative Stromlinien im Schaufelkanal.

Da man diese Variation nicht kennt, kann man strenggenommen mit der aufgestellten Differentialgleichung nichts anfangen, wenn man nicht ein vollständiges Stromlinienbild (ein absolutes oder relatives) für die Durchströmung des Schaufelraumes aufzuzeichnen versucht. Dies erfordert aber die Lösung einer Randwertaufgabe verwickelter Art, die sich aus Randwertproblemen erster und zweiter Art zusammensetzt (vgl. 6). Entsprechende Lösungen können erst im zweiten Bande gewonnen werden.

Dagegen kann man näherungsweise die Differentialgleichung (373) doch benutzen, um charakteristische Eigenschaften der Relativströmung aufzudecken. Man kann nämlich zunächst versuchen, festzustellen, ob es nicht genügt, die Winkel δ und β doch über die Teilung hinüber als konstant zu betrachten. Für β trifft dies sicher mit großer Annäherung im Innern eines Schaufelkanals zu, der im Verhältnis zur Teilung lang ist, und zwar jedenfalls für solche Stellen, die vom Ein- und Austritt genügend weit entfernt sind. In Abb. 133 ist ein solcher Kanal (in einer Kegelabwicklung) gezeichnet und angedeutet, wie die relativen Stromlinien etwa verlaufen. Man hat im Gefühl, daß in dem schraffierten Bereich die Winkel der relativen Stromlinien gegen den Umfang kaum von den Schaufelwinkeln β abweichen, daß vielmehr nur die w und damit die c_m an sich variieren. Die Annahme stimmt naturgemäß in der Nähe der Ein- bzw. Austrittsgegend schlechter, auch kann man noch nicht wissen, ob nicht auch im Innern Verhältnisse auftreten, die eine wesentliche Verschiedenheit der relativen Strombahnwinkel herbeiführen. Aber vorbehaltlich einer nachträglichen Kontrolle ist es doch nützlich, die Annahme gleicher Strombahnwinkel auf dem Parallelkreis und ihrer Übereinstimmung mit dem Schaufelwinkel β einmal zu machen, da sie sofort die Integration der Differentialgleichung gestattet und zu interessanten Aufschlüssen führt.

Unter $\dfrac{\partial \operatorname{ctg}\beta}{\partial r}$ ist dann diejenige Änderung von $\operatorname{ctg}\beta$ zu verstehen, die unmittelbar an der Schaufelkurve festzustellen ist.

Von δ kann man bei nicht zu großer Breite $\varDelta b$ von vornherein annehmen, daß es über die Teilung hinüber nicht so sehr variiert.

45. Integration der Differentialgleichung der Geschwindigkeitsverteilung unter Annahme der Gleichheit der relativen Strombahnwinkel mit dem Schaufelwinkel β und Folgerungen aus ihr.

Da für einen bestimmten Parallelkreis r und δ konstant sind, werden für $\dfrac{\partial \beta}{\partial \varphi} = 0$ die Größen a und b konstante Zahlenwerte, die nur von einem Parallelkreis zum anderen variieren. Die Gleichung (373) kann dann nach φ integriert werden. Die Lösung lautet:

$$x = C \cdot e^{b\,\varphi} - \frac{a}{b}. \tag{375}$$

Nun muß aber, wenn z die Schaufelzahl bedeutet,

$$\frac{z}{2\,r\,\pi\,\varDelta b} \int_0^{\frac{2\pi}{z}} c_m \cdot r\,d\varphi\,\varDelta b = \frac{\varDelta Q}{2\,r\,\pi\,\varDelta b} = c_{m_0}, \tag{376}$$

also

$$\int_0^{\frac{2\pi}{z}} x\,d\varphi = \int_0^{\frac{2\pi}{z}} \left(C \cdot e^{b\varphi} - \frac{a}{b} \right) d\varphi = \frac{2\pi}{z} \tag{377}$$

sein. Daraus bestimmt sich C; man erhält:

$$C = \frac{2\pi b}{z} \, \frac{1 + \dfrac{a}{b}}{e^{\frac{2\pi b}{z}} - 1}.$$

Damit wird:

$$x = \frac{\dfrac{2\pi b}{z}}{e^{\frac{2\pi b}{z}} - 1} \cdot e^{b\varphi} - \frac{a}{b} \left(1 - \frac{\dfrac{2\pi b}{z}}{e^{\frac{2\pi b}{z}} - 1} \cdot e^{b\varphi} \right). \tag{378}$$

Besonders interessieren die Werte für $\varphi = 0$ und $\varphi = \dfrac{2\pi}{z}$. Man bekommt:

$$x_{\varphi=0} = \frac{\dfrac{2\pi b}{z}}{e^{\frac{2\pi b}{z}} - 1} - \frac{a}{b}\left(1 - \frac{\dfrac{2\pi b}{z}}{e^{\frac{2\pi b}{z}} - 1}\right), \tag{379}$$

$$x_{\varphi=\frac{2\pi}{z}} = \frac{\dfrac{2\pi b}{z}}{e^{\frac{2\pi b}{z}} - 1} \cdot e^{\frac{2\pi b}{z}} - \frac{a}{b}\left(1 - \frac{\dfrac{2\pi b}{z}}{e^{\frac{2\pi b}{z}} - 1} \cdot e^{\frac{2\pi b}{z}}\right). \tag{380}$$

Das Verhältnis a/b ist nach (373) proportional u/c_{m_0} ($u =$ Umfangsgeschwindigkeit auf dem betrachteten Parallelkreis). (379) und (380) können daher folgendermaßen geschrieben werden:

$$x_{\varphi=0} = \varrho - \sigma \cdot \frac{u}{c_{m_0}}, \tag{379a}$$

$$x_{\varphi=\frac{2\pi}{z}} = \varrho' - \sigma' \cdot \frac{u}{c_{m_0}}. \tag{380a}$$

Hierin ist:

$$\varrho = \frac{\dfrac{2\pi b}{z}}{e^{\frac{2\pi b}{z}} - 1}; \qquad \sigma = 2 \cdot \frac{1 - \varrho}{r\left(\dfrac{\partial \operatorname{ctg}\beta}{\partial r} - \dfrac{\operatorname{ctg}\beta}{\varDelta b} \cdot \dfrac{\partial \varDelta b}{\partial r}\right)}, \tag{381}$$

$$\varrho' = \varrho \cdot e^{\frac{2\pi b}{z}}; \qquad \sigma' = 2 \cdot \frac{1 - \varrho'}{r\left(\dfrac{\partial \operatorname{ctg}\beta}{\partial r} - \dfrac{\operatorname{ctg}\beta}{\varDelta b} \cdot \dfrac{\partial \varDelta b}{\partial r}\right)}. \tag{382}$$

Man sieht also, daß auf der Druckseite der Schaufeln eine Umkehr der Strömungsrichtung eintreten kann, insbesondere bei großen Werten u/c_{m_0}, d. h. wenn die Durchflußgeschwindigkeit klein ist im Verhältnis zur Umfangsgeschwindigkeit. Dies beginnt, wenn $x_{\varphi=0} = 0$ wird; d. h. wenn

$$\frac{u}{c_{m_0}} = \frac{\varrho}{\sigma}$$

ist. Wird u/c_{m_0} noch größer, so kann man aus (378) entnehmen, wie weit sich die Umkehr der Strömungsrichtung über die Schaufelteilung erstreckt. Für $x = 0$ ergibt sich unter Benutzung der Konstanten ϱ aus der Bedingung:

$$\varrho \cdot e^{b\varphi} - 2 \cdot \frac{u}{c_{m_0}} \frac{1 - \varrho \cdot e^{b\varphi}}{r\left(\dfrac{\partial \operatorname{ctg}\beta}{\partial r} - \dfrac{\operatorname{ctg}\beta}{\varDelta b} \cdot \dfrac{\partial \varDelta b}{\partial r}\right)} = 0$$

für den Winkel φ, bis zu dem das Rückströmen vorgedrungen ist:

$$\varphi_{x=0} = \frac{1}{b} \ln\left\{\frac{1}{\varrho} \cdot \frac{2u}{r\left(\dfrac{\partial \operatorname{ctg}\beta}{\partial r} - \dfrac{\operatorname{ctg}\beta}{\varDelta b} \cdot \dfrac{\partial \varDelta b}{\partial r}\right)c_{m_0} + 2u}\right\}. \tag{383}$$

Im besondern erhält man für $c_{m_0} = 0$ (kein Durchfluß!):

$$\varphi_{x=0,\, c_{m_0}=0} = \frac{1}{b} \ln \frac{1}{\varrho}. \tag{384}$$

Ein Sonderfall liegt vor, wenn in einem parallelkränzigen Radialrad die Schaufeln nach logarithmischen Spiralen gekrümmt sind. Dann ist $b = 0$. Die Lösung wird in der angegebenen Form unbestimmt; man geht am besten auf die Differentialgleichung zurück, die dann

$$\frac{\partial x}{\partial \varphi} = a \tag{385}$$

lautet und die Lösung

$$x = a\,\varphi + C \tag{386}$$

hat, die unter Berücksichtigung der Bedingung (376) übergeht in:

$$x = 1 + a\left(\varphi - \frac{\pi}{z}\right) \tag{387}$$

mit den Randwerten:

$$x_{\varphi=0} = 1 - \frac{a\pi}{z} \qquad \text{und} \qquad x_{\varphi=\frac{2\pi}{z}} = 1 + \frac{a\pi}{z}. \tag{388}$$

Führen wir wieder für a seinen Wert aus (373) ein, so ist

$$\left.\begin{aligned} x &= 1 + 2\sin^2\beta\,\frac{u}{c_{m_0}}\left(\varphi - \frac{\pi}{z}\right), \\[1ex] x_{\varphi=0} &= 1 - 2\sin^2\beta \cdot \frac{\pi}{z}\,\frac{u}{c_{m_0}}; \qquad x_{\varphi=\frac{2\pi}{z}} = 1 + 2\sin^2\beta \cdot \frac{\pi}{z} \cdot \frac{u}{c_{m_0}} \end{aligned}\right\} \tag{389}$$

oder auch:

$$x_{\varphi=0} = 1 - \frac{t \cdot \sin^2\beta \cdot \omega}{c_{m_0}}; \qquad x_{\varphi=\frac{2\pi}{z}} = 1 + \frac{t\sin^2\beta \cdot \omega}{c_{m_0}}, \tag{390}$$

wo t die auf dem betreffenden Parallelkreis gemessene Schaufelteilung ist. Für den Fall $c_{m_0} = 0$ ist die dimensionslose Darstellung ungeeignet, wir schreiben dann (389) nach Multiplikation mit c_{m_0} in der Form

$$c_m = c_{m_0} + 2\sin^2\beta \cdot u\left(\varphi - \frac{\pi}{z}\right) \tag{391}$$

und finden für den Betriebszustand ohne Durchflußmenge den Punkt auf dem Parallelkreis, in dem vollständige Ruhe herrscht ($c_m = 0$), durch:

$$\varphi = \frac{\pi}{z},$$

also, wie es bei der linearen c_m-Verteilung von vornherein klar ist, in der Mitte der Teilung.

Für das Axialrad können die Formeln mit $a = 0$ und b nach (374) sofort aus den allgemeinen gewonnen werden.

Man erhält:

$$x = \frac{\frac{2\pi b}{z}}{e^{\frac{2\pi b}{z}} - 1} \cdot e^{b\varphi}. \tag{392}$$

Man sieht hier sofort, daß an keiner Stelle der Teilung negative Werte von x vorkommen können. Auch wenn $c_{m_0} = 0$ ist, gibt es kein Rückströmen. Wir müssen uns aber hier bewußt bleiben, daß bisher nur von einem der ursprünglichen Durchflußrichtung entgegengesetzten Rückströmen die Rede war. Wir werden noch zu überlegen haben, ob nicht

Abb. 134. Offenes kreisrundes Wasserbecken mit rotierendem Schaufelstern.

außer dieser Erscheinung noch Sekundärströmungen senkrecht zu der Durchflußrichtung, d. h. quer über die Breitenausdehnung des Kreiselradprofiles hinüber auftreten können (in dem reinen Radialrad also in Richtung der Drehachse, bei dem reinen Axialrad in Richtung des Radius).

Für die Randwerte erhält man beim Axialrad

$$x_{\varphi=0} = \frac{e^{\frac{2\pi b}{z}}}{e^{\frac{2\pi b}{z}} - 1}, \qquad x_{\varphi=\frac{2\pi}{z}} = x_{\varphi=0} \cdot e^{\frac{2\pi b}{z}}. \tag{393}$$

Im allgemeinen ist also durch die vorstehenden Entwicklungen dargetan, daß in einem rotierenden Schaufelkanal unter Umständen sowohl negative als auch positive Geschwindigkeiten in der ursprünglichen

Durchflußrichtung vorkommen können[1]. In extremster Weise tritt dies ein, wenn der Durchfluß vollkommen aufhört, wie dies z. B. in Kreiselpumpen bei Nullförderung der Fall ist. Innerhalb des Schaufelkanals entsteht dann relativ zum Rade eine richtige Rotation, ungefähr so, als ob der Kanal an den beiden Enden abgeschlossen wäre. Man nennt diese Erscheinung den „relativen Kanalwirbel".

Abb. 135 ist eine Lichtbildaufnahme eines solchen, der bei einem, im offenen, kreisrunden Wasserbecken nach Abb. 134 rotierenden radia-

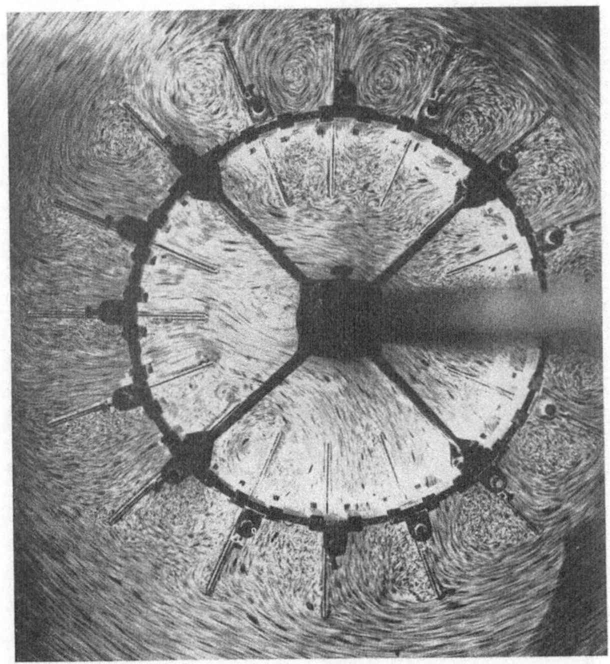

Abb. 135. Kanalwirbel hei radialen Schaufeln.

len Schaufelstern mit 16 Schaufeln durch aufgestreute Aluminiumteilchen sichtbar gemacht wurde[2]. Für schräggestellte Schaufeln zeigt

---

[1] Zum erstenmal ist in der Literatur auf diese Tatsache hingewiesen worden in der sehr klaren und interessanten Schrift von Kucharski, Strömungen einer reibungsfreien Flüssigkeit bei Rotation starrer Körper. Verlag Oldenbourg 1918. Kucharski behandelt dort die Relativströmung nach den strengen Methoden der mathematischen Hydrodynamik und gibt außer verschiedenen Beispielen eine Lösung für den Fall eines parallelkränzigen Radialrades mit rein radialen Schaufeln.

[2] Entnommen aus Mitt. Inst. f. Strömungsmaschinen d. Techn. Hochsch. Karlsruhe H. 1, Verlag Oldenbourg 1930, und zwar aus dem Aufsatz W. Barth, Verdrängungsströmungen zylindrischer Schaufeln bei Rotation in einer Flüssigkeit mit freier Oberfläche.

Vgl. hierzu auch Oertli, Untersuchung der Wasserströmung durch ein rotierendes Zellen-Kreiselrad. Züricher Dissertation. Gedruckt bei Jaques Bollmann A.-G., Zürich 1923.

Abb. 136 den relativen Kanalwirbel. Außerhalb des Schaufelraumes, aus dem der Kanalwirbel heraustritt, bewegt sich die Flüssigkeit relativ zum Schaufelsystem ungefähr in Kreisen entgegengesetzt der Raddrehung. Kommt nun die Durchflußströmung hinzu, so entsteht die resultierende Strömung aus der Überlagerung des Kanalwirbels und des Durchflusses. Dabei verbleiben bei geringer Durchflußmenge zunächst abgeschlossene Bezirke mit reiner Drehbewegung, sie verschwinden erst mit zunehmender Durchflußmenge. In den Lichtbildern ist eine kleine Durchflußströmung neben einem großen Wirbelbereich in den Kanälen

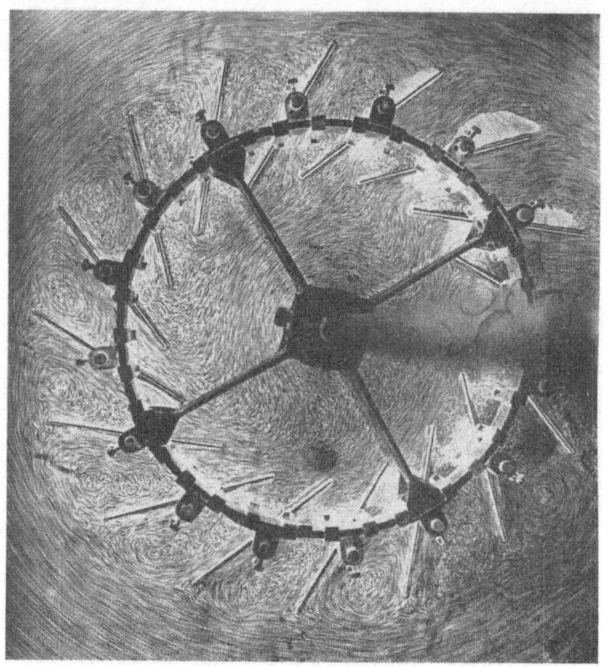

Abb. 136. Kanalwirbel bei schräg gestellten Schaufeln.

zu sehen. Die Durchflußströmung entstand durch die Reibung am Boden des Gefäßes, die am Boden eine geringere Steigerung der Zentrifugaldrücke und deswegen dort eine Rückströmung von außen nach innen und entsprechend an der freien Oberfläche eine Strömung von innen nach außen verursachte. Der Zustand ist also idealisiert gedacht so, als ob ungefähr im Drehzentrum für die Oberflächenströmung eine schwache Quelle und für die Bodenströmung eine schwache Senke säße. Abb. 137, die einen schematischen Schnitt durch den im Lichtbild Abb. 134 dargestellten Versuchsapparat wiedergibt, veranschaulicht den Strömungszustand im Radialschnitt.

Die Intensität der Drehbewegung im relativen Kanalwirbel kann nach den Formeln (379a) und (380a) bzw. (389), (390) und (391) abgeschätzt werden. Dazu werden auch (379) und (380) bzw. (389) und (390) zuerst in dimensionbehafteter Form geschrieben; man erhält:

$$c_{m_{\varphi=0}} = \varrho \cdot c_{m_0} - \sigma \cdot u\,; \qquad c_{m_{\varphi=\frac{2\pi}{z}}} = \varrho' \cdot c_{m_0} - \sigma' \cdot u \qquad (394)$$

bzw. beim parallelkränzigen Radialrad mit logarithmischen Spiralen als Schaufelkurven:

$$c_{m_{\varphi=0}} = c_{m_0} - \frac{2\pi}{z} \cdot \sin^2\beta \cdot u\,; \qquad c_{m_{\varphi=\frac{2\pi}{z}}} = c_{m_0} + \frac{2\pi}{z}\sin^2\beta \cdot u. \qquad (395)$$

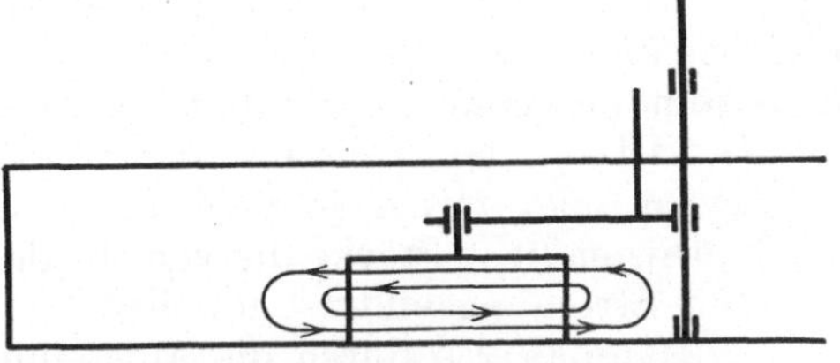

Abb. 137a. Schematischer Schnitt durch den Apparat nach Abb. 134.

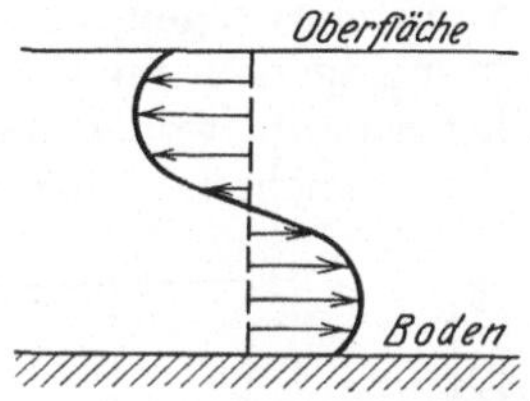

Abb. 137b. Geschwindigkeiten in Oberflächen- und Bodennähe beim Apparat nach Abb. 134.

Für $c_{m_0} = 0$ ergibt sich, wenn man noch für σ und σ' die Werte aus (381) und (382) einführt:

Im allgemeinen Fall:

$$\left.\begin{array}{l} c_{m\text{ für } c_{m_0}=0 \text{ und } \varphi=0} = -2\,\dfrac{1 - \dfrac{\frac{2\pi b}{z}}{e^{\frac{2\pi b}{z}} - 1}}{r\left(\dfrac{\partial\,\mathrm{ctg}\,\beta}{\partial r} - \dfrac{\mathrm{ctg}\,\beta}{\varDelta b} \cdot \dfrac{\partial\,\varDelta b}{\partial r}\right)}\,, \\[4ex] c_{m\text{ für } c_{m_0}=0 \text{ und } \varphi=\frac{2\pi}{z}} = +2\,\dfrac{\dfrac{\frac{2\pi b}{z}}{e^{\frac{2\pi b}{z}} - 1} \cdot e^{\frac{2\pi b}{z}} - 1}{r\left(\dfrac{\partial\,\mathrm{ctg}\,\beta}{\partial r} - \dfrac{\mathrm{ctg}\,\beta}{\varDelta b} \cdot \dfrac{\partial\,\varDelta b}{\partial r}\right)}\,. \end{array}\right\} \qquad (396)$$

Für das parallelkränzige Radialrad mit logarithmischen Spiralen mit $c_{m_0} = 0$:

$$c_{m_{\varphi=0}} = -\frac{2\pi}{z} \cdot \sin^2\beta \cdot u\,; \qquad c_{m_{\varphi=\frac{2\pi}{z}}} = +\frac{2\pi}{z} \cdot \sin^2\beta \cdot u. \qquad (397)$$

Für β, $\dfrac{\partial\,\mathrm{ctg}\,\beta}{\partial r}$, r, $\varDelta b$, $\dfrac{\partial\,\varDelta b}{\partial r}$ und u sind die Werte ungefähr in der Mitte zwischen den Kanalenden einzusetzen.

Die Gleichungen (394) und (395) können umgekehrt auch dazu benutzt werden, um für einen bestimmten Parallelkreis mit dem Radius r diejenige Durchflußmenge Q auszurechnen, bei der auf der Schaufeldruckseite gerade das Rückströmen beginnt.

Übrigens gilt die Differentialgleichung auch für den ruhenden Kanal, oder anders ausgedrückt, für die reine Durchflußströmung. Man braucht nur $\omega = 0$ zu setzen; dann wird $a = 0$ und die Formeln werden mit derjenigen der Axialturbine identisch, wenn man noch $\dfrac{\partial}{\partial r} = \dfrac{\partial}{\partial h}$ (oder $dr = dl = dh$) setzt. Da man das Schaufelgitter der Axialturbine bei kleiner Breite $\varDelta b$ als ein geradlinig fortschreitendes Parallelgitter ansehen kann, so ist hier von neuem bewiesen (vgl. 23, S. 94 und 95!), daß sich die Relativströmung durch ein solches Gitter bei gleichförmiger Bewegung nicht von der durch das ruhende Gitter unterscheidet. Allgemein aber kann man sagen, daß man in jedem rotierenden Schaufelrad, die Strömung in den relativen Kanalwirbel und eine Durchflußströmung zerlegen kann, wobei die Durchflußströmung genau so gestaltet ist, wie in dem gleichen, stillstehenden Rade. Die beiden Teilströmungen überlagern sich, wobei je nach ihrer verhältnismäßigen Stärke die verschiedensten Strömungsbilder entstehen.

Man hat also durch die Aufstellung der Differentialgleichung eine kinematische Analyse der Relativströmung gewonnen, die an Stelle des Studiums der Druckverteilung getreten ist. Sie erklärt genau so wie diese die Tatsache, daß die Richtung der relativen Stromlinien in der Nähe der Schaufelenden erheblich von der Richtung der Schaufelkurven abweichen können; denn der relative Kanalwirbel bringt in die Strömung nahe den Schaufelenden zusätzliche Umfangsgeschwindigkeiten hinein, welche die Leistungsaufnahme und die Bedingungen für stoßfreien Eintritt gegenüber den für unendliche Schaufelzahl gültigen verändern.

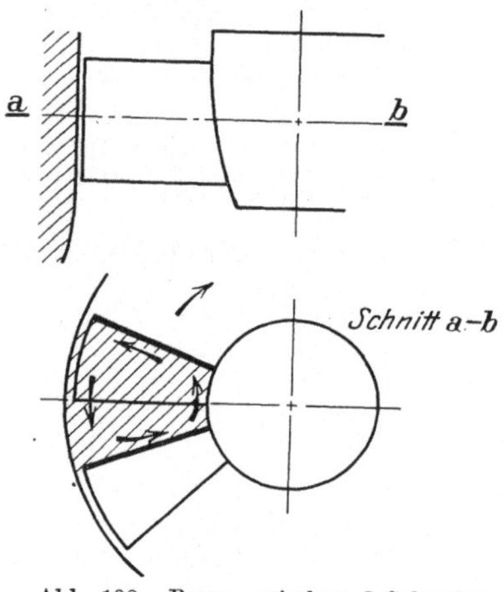

Abb. 138. Raum zwischen 2 Schaufeln eines Axialrades als radiale Zelle.

Auch in einem vollkommen abgeschlossenen Kanal entsteht also bei Rotation der relative Kanalwirbel[1]. Wenn ein Axialrad von beträchtlicher Breite ohne Durchfluß rotiert, so kann man den Schaufelkanal auch als einen abgeschlossenen Kanal von wesentlich radialer Erstreckung mit radialer Begrenzung auffassen — wenigstens im mittleren Höhenschnitt, vgl. Abb. 138. In dieser Mittelschicht wird sich dann eine Drehströmung ausbilden. Damit ist also für das Axialrad eine Tendenz zur Querströmung, die oben schon angedeutet war, festgestellt.

Die hier entwickelten Rechnungen und Vorstellungen lassen sich zu einer Näherungsmethode zur Ermittlung der Relativströmung in nicht zu extremen Fällen (nicht zu kleine Schaufelzahl, nicht zu geringes Radienverhältnis) ausbilden. Deren Darstellung würde aber den Rahmen dieses Buches überschreiten. Im zweiten Bande wird ausführlich auf das ganze Problem zuückgegriffen werden.

---

[1] Vgl. Oertli, a. a. O.

46. Die Geschwindigkeitsverteilung der idealen Flüssigkeit über die Breite des Kreiselradprofiles hinüber.

Bei der Besprechung des Schauflungsproblemes in 34 c ist bereits erwähnt, daß bei der räumlichen Ausbildung der Schaufelfläche der Gesichtspunkt gleichen Energieaustausches in allen Schichten an erster Stelle steht. In einem vollkommen geradachsigen Parallelgitter (23) und in einem reinradialen, parallelkränzigen Kreisgitter (24) erreicht man dies für alle Durchflußmengen durch zylindrische Schaufeln mit Erzeugenden der Zylinderflächen senkrecht zur Achse des Parallelgitters bzw. parallel zur Drehachse des Kreisgitters. Denn durch solche Schaufeln wird in allen Schichten parallel zur Achse des Parallelgitters bzw. senkrecht zur Drehachse des Kreisgitters für wechselnde Durchflußmenge zwar eine von dieser abhängige, für die einzelnen Schichten aber gleiche Änderung der c_u-Komponenten bzw. des Drallwertes $c_u r$ herbeigeführt. Da von diesen Änderungen die Druckverteilung abhängt, so ändert sich diese bei wechselnder Durchflußmenge für alle Schichten gleichmäßig, es entsteht also keine Tendenz zum Abweichen von gleichmäßiger Verteilung der Durchflußmenge auf alle Schichten. Anders ist dies bei Kreiselrädern von allgemeinerer Form, bei denen die Radschauflung in einem Rotationshohlraum von bestimmter Krümmung der begrenzenden Rotationsflächen liegt.

Für die freie Strömung in einem solchen Rotationshohlraum ohne kreisende Komponenten ist in 12a ein Verfahren angegeben worden, nach dem man die Geschwindigkeitsverteilung berechnen kann. In 12c ist dann ausgeführt worden, daß man dieser Strömung eine rein kreisende nach dem Gesetz $c_u r =$ const überlagern kann, ohne ihre Verteilung zu stören. Auch die Druckverteilungen der beiden Teilströmungen beeinflussen sich nicht. Angeliefert wird den Kreiselrädern die Strömung meistens durch ein Organ, das zwar im allgemeinen für verschiedene Durchflußmengen verschiedene, aber doch für alle Schichten quer über die Breite mindestens stark näherungsweise gleiche Drallwerte erzeugt. (Leitapparat mit zylindrischen Schaufeln im parallelkränzigen Profil der Turbinen, Saugrohr ohne Leitapparat, also ohne kreisende Komponenten bei Pumpen.) Für die Änderung dieses angelieferten Dralles durch die Radschauflung wäre nun anzustreben, daß sie Druckverteilungen liefert, die sich der Druckverteilung der freien Meridianströmung zwanglos überlagern. Man übersieht die Auswirkungen dieser Forderung zunächst am besten, wenn man sehr viele Schaufeln annimmt, da dann die Druck- und Geschwindigkeitsunterschiede auf dem Parallelkreis, die in der freien Meridianströmung überhaupt nicht vorhanden sind, sehr gering werden und schließlich ganz vernachlässigt werden können. Wir betrachten dann die kleinen Schichten zwischen zwei benachbarten unendlich dünnen Schaufeln in einem Radialschnitt (s. Abb. 139). Für die freie Strömung ohne kreisende Komponente würde gelten

$$\frac{p_1}{\gamma} + h + \frac{c_m^2}{2g} = \text{const} = H_1.$$

Dann kann man in den einzelnen, durch die Schaufeln getrennten Schichten nunmehr Verteilungen mit konstantem Werte $c_u r$ überlagern, der aber nunmehr wegen der trennenden Schaufeln für jeden zwischen zwei Schaufeln liegenden Teil der gleichen Radialschicht verschieden sein darf; dadurch entsteht eine zusätzliche Druckverteilung nach der Beziehung

$$\frac{p_2}{\gamma} + h + \frac{c_u^2}{2g} = \frac{p_2}{\gamma} + h + \frac{k^2}{2g\,r^2} = \text{const} = H_2\,,$$

die aber die Verteilung 1 nicht stört, wenn sie auch in jeder zwischen zwei Schaufeln gelegenen Teilschicht ein und derselben Radialschicht eine andere Konstante hat. Wird nun die Schaufelform so eingerichtet, daß sie bei ihrer Drehung gerade das eben genannte $c_u r$ in der betrachteten Teilschicht aufrechterhält, dann kommt noch ein dritter aber wegen $c_u r = \text{const}$ in der ganzen Schicht zwischen zwei Schaufeln konstanter Anteil in der Druckverteilung hinzu, der sich aus

$$\frac{p_3}{\gamma} + h - \frac{\omega\,c_u\,r}{g} = H_3$$

errechnet, der aber auch die Druckverteilung des c_m-Anteils der Geschwindigkeitsverteilung nicht stört. Man kann also letzten Endes bei sehr vielen (streng: ∞ vielen) Schaufeln sagen: Die Radialschnitte der Schaufeln müssen Linien konstanten Wertes $c_u r$ sein. Ein- und Austrittskanten der Schaufeln müssen ebenfalls in Radialschnitten liegen[1]. Da nun $c_u \cdot r = r^2\,\omega + c_m \cdot r\,\operatorname{ctg}\beta$ ist, so kommt diese Vorschrift auf eine partielle Differentialgleichung für die Schaufelfläche hinaus, die den β-Verlauf von Radialschnitt zu Radialschnitt für jede Rotationsschicht festlegt, wenn

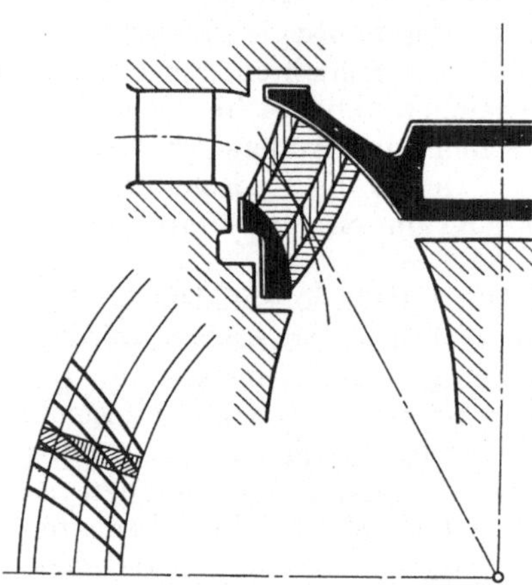

Abb. 139. Schichten des gleichen Radialschnittes zwischen eng gestellten Schaufeln.

der $c_u r$-Verlauf von Radialschnitt zu Radialschnitt angenommen wird. Die c_m-Verteilung ist als gegeben zu betrachten, da aber die Absolutwerte von c_m von der Durchflußmenge Q abhängen, so kann man nur für ein Verhältnis Q/ω erreichen, daß sich die c_m-Verteilung nicht verschiebt.

Die Praxis hat sich an die erläuterte Vorschrift im allgemeinen nicht gehalten, sondern sich damit begnügt, nur die Ein- und Austrittsenden der Schaufeln, häufig nur deren letzte Elemente nach der Vorschrift $c_u r = \text{const}$ auszubilden. Dabei liegt die Vorstellung stoßfreien Auffangens der mit $c_u r = \text{const}$ ankommenden Strömung und des Abströmens in einen mit konstanter Energie, also auch konstantem $c_u r$ durchflossenen Raum zugrunde.

Wir wollen aus dem Vorgetragenen zur Aufstellung einer Näherungstheorie folgende Vorstellung entnehmen. Wir legen durch den Rotations-

---

[1] Siehe hierüber auch von Mises, Theorie der Wasserräder. Ferner Bauersfeld. Z. d. V. I. 1912.

hohlraum eine Reihe von Rotationsflächen, die ungefähr die Form
haben, wie diejenigen, auf denen die freie Meridianströmung verläuft.
Wir bestimmen nun die Schnittkurven der vorgelegten Schaufelfläche
mit den Rotationsflächen und deren Winkel β gegen die Umfangsrichtung. Diese Winkel β betrachten wir für jede Verteilung der Wassermenge als unveränderliche Winkel der relativen Strombahnen. (Wir
setzen dabei genügend große Schaufelzahl voraus.) Diese Festsetzung
läuft darauf hinaus, daß wir annehmen, der Durchfluß erfolge immer auf
den gleichen Rotationsflächen, nur mit der Größe nach verschieden verteilten c_m-Komponenten. Man kann auch so sagen: Wir nehmen an,
daß sich für alle Verteilungen der Durchflußmenge die gleichen Orthogonaltrajektorien der Strömung ergeben und nur die Werte der c_m-
Komponenten, nicht ihre Richtungen wechseln. Ferner sehen wir es als
Tatsache an, daß die Flüssigkeit, die einem Kreiselrad mit konstantem
Drall zuströmt, auch dahin strebt, es wieder mit einem konstanten Drall
zu verlassen, und daß sich ihre Verteilung entsprechend einstellt. Nun
ist aber überall, also auch am
Austritt,

$$c_u \cdot r = r^2 \omega + c_m \cdot r \operatorname{ctg} \beta = k \,.$$

Wenn dies konstant sein soll,
so ist also

$$c_m = \frac{k - r^2 \omega}{r \operatorname{ctg} \beta} \,. \qquad (398)$$

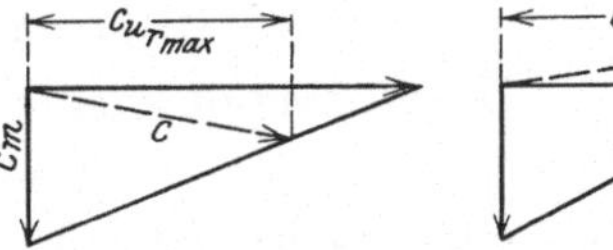

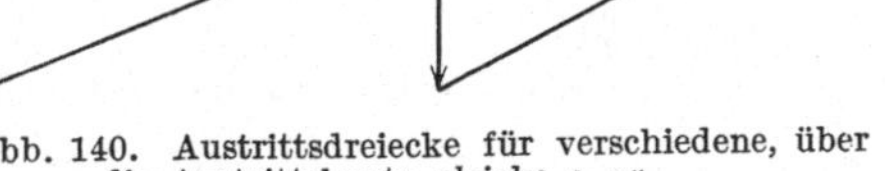

Abb. 140. Austrittsdreiecke für verschiedene, über
die Austrittskante gleiche $c_u \cdot r$.

Da nun über die Rotationsfläche der Austrittskante hin an jeder
Stelle r und β gegeben sind, so gehört zu jedem Wert k eine bestimmte
c_m-Verteilung. Wir bilden nun das Integral

$$Q = \int 2 r \pi \cdot c_m \cdot d s$$

über die ganze Austrittskante, wobei $d s$ deren Bogenelement ist und
erhalten:

$$Q = 2 \pi \int \frac{k - r^2 \omega}{\operatorname{ctg} \beta} \cdot d s \,. \qquad (399)$$

Es gehört also zu jedem k-Wert eine bestimmte Wassermenge und
umgekehrt; den Zusammenhang kann man durch Auswertung des
Integrales für verschiedene k-Werte ermitteln und graphisch darstellen.
Setzt man nun die nach diesem Zusammenhang zu bestimmten Q-Werten
gehörigen k-Werte in (398) ein, so erhält man zu jedem k-Wert eine ganz
bestimmte c_m-Verteilung und kann für gewisse Stellen (r) zu negativen
Werten für c_m gelangen. Dies bedeutet also, daß man, je nach dem
Radius des Kreises, auf dem die besondere Austrittsstelle liegt, sowohl
mit positiven als auch mit negativen c_m-Werten den gleichen $c_u r$-Wert
herzustellen hat. Diese Möglichkeit sieht man sofort durch folgende
kurze Betrachtung ein. Ein Kreiselrad habe für normale Durchflußmenge drallosen Austritt. In Abb. 140 sind die dabei geltenden (rechtwinkligen) Austrittsdreiecke für die Stellen mit dem größten und dem
kleinsten Radius gezeichnet. Geht nun die Wassermenge zurück, so entsteht ein positiver Drall, der beispielsweise an der äußeren Stelle zu dem
gezeichneten c_u-Werte führt. Soll nun der entsprechende $c_u r$-Wert auch

an der inneren Stelle herrschen, so muß dort c_u im umgekehrten Verhältnis der Radien oder der Umfangsgeschwindigkeiten größer sein. Dies ist, wie das Diagramm zeigt, nur durch ein negatives c_m zu erreichen.

Bei reinen Axialrädern mit Austrittsflächen senkrecht zur Achse kann man das Integral (399) leicht ausrechnen. Für eine Normaldurchflußmenge Q_0 nehmen wir Austritt mit dem positiven Drall k_0 und gleichmäßige Verteilung mit der Geschwindigkeit c_{m_0} an. Dann ist

$$\operatorname{ctg}\beta = \frac{k_0 - r^2\omega}{c_{m_0} \cdot r}, \tag{400}$$

d. h. für diese Winkelverteilung in Schnitten mit Kreiszylinderflächen wird die Schaufel entworfen. Da wir diese als unveränderlich trotz wechselnder Durchflußverteilung ansehen, haben wir (400) in (399) einzusetzen und erhalten:

$$Q = 2\pi c_{m_0} \int_{r_i}^{r_a} \frac{k - r^2\omega}{k_0 - r^2\omega} \cdot r\,dr$$

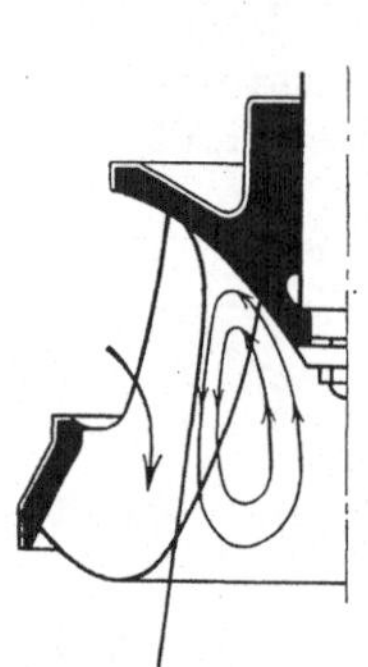

oder

$$Q = 2\pi c_{m_0}\left\{\frac{r_a^2 - r_i^2}{2} + \frac{k - k_0}{2\omega}\ln\frac{k_0 - r_i^2\omega}{k_0 - r_a^2\omega}\right\}.$$

Hierin führen wir:

$$Q_0 = \pi(r_a^2 - r_i^2)\cdot c_{m_0}$$

ein und bekommen

$$Q = Q_0 + \frac{(k - k_0)Q_0}{\omega(r_a^2 - r_i^2)}\cdot\ln\frac{k_0 - r_i^2\omega}{k_0 - r_a^2\omega}.$$

Auflösung nach k liefert

Abb. 141. Beobachtete Rückströmung in einer Francisturbine.

$$k = k_0 + \frac{Q - Q_0}{Q_0}\cdot\frac{\omega(r_a^2 - r_i^2)}{\ln\dfrac{k_0 - r_i^2\omega}{k_0 - r_a^2\omega}}. \tag{401}$$

Die c_m-Verteilung ergibt sich durch Einsetzen von (400) und (401) in (398) zu:

$$c_m = \left(1 + \frac{Q - Q_0}{Q}\frac{\dfrac{\omega(r_a^2 - r_i^2)}{k_0 - r^2\omega}}{\ln\dfrac{k_0 - r_i^2\omega}{k_0 - r_a^2\omega}}\right)\cdot c_{m_0}. \tag{402}$$

Auf dem Kreise mit dem Radius r tritt also Rückströmen gerade ein, wenn

$$Q = \frac{\omega(r_a^2 - r_i^2)}{(k_0 - r^2\omega)\cdot\ln\dfrac{k_0 - r_i^2\omega}{k_0 - r_a^2\omega} + \omega(r_a^2 - r_i^2)}\cdot Q_0. \tag{403}$$

geworden ist. Dieses Rückströmen wird tatsächlich bei Turbinen und Pumpen beobachtet. Abb. 141 ist einem Aufsatz von D. Thoma aus dem Jahre 1918 entnommen[1] und zeigt die mit Rauch sichtbar gemachte Strömung in einer mit Luft betriebenen Turbine bei verhältnismäßig kleiner Beaufschlagung. Innerhalb und außerhalb des Kreises, auf dem $c_m = 0$ ist, ist ein Wirbel zu sehen, dessen Drehachse senkrecht zum Radius, also in der Umfangsrichtung liegt. Er ist also treffend als Ringwirbel zu bezeichnen, während der in 44 und 45 besprochene relative

---

[1] Thoma, D.: Die neue Wasserturbinen-Versuchsanstalt von Briegeel, Hausen u. Co., Gotha. 1918.

Kanalwirbel ebenso anschaulich als ein Axialwirbel angesprochen werden muß, da seine Achse der Drehachse parallel ist. Abb. 142 a, b, c geben Beobachtungen aus dem Laboratorium für Strömungsmaschinen der Technischen Hochschule Karlsruhe wieder, die an einer ebenfalls mit Luft betriebenen Kreiselpumpe, und zwar im Saugstutzen kurz vor dem Rade, gemacht wurden. Dabei wurde die Strömungsrichtung durch flatternde Wollfäden sichtbar gemacht. Wie aus dem Schnitt Abb. 142a hervorgeht, verläuft das Profil in der Eintrittsgegend fast axial. In der perspektivischen Zeichnung Abb. 142 b ist dargestellt, wie die Richtung der Absolutgeschwindigkeit über den Radius hinüber bei geringer Durchflußmenge variiert, während Abb.142 c diese Variation von der Durchflußmenge 0 bis 70 % der Menge des besten Wirkungsgrades zeigt. Aus den Messungen sind schätzungsweise die Kurven der Abb. 142a konstruiert, welche die Ausdehnung des Ringwirbels bei verschiedenen Durchflußmengen zeigen.

Die entsprechende Erscheinung am Austrittsende der Radschauflung konnte aus meßtechnischen Gründen nicht beobachtet werden. Prinzipiell müssen sich aber dort bei der Fördermenge O in einem reinen Axialrad ähnliche Verhältnisse ausbilden, was schon daraus hervorgeht, daß in einem solchen Rade bei Nullförderung keine der beiden Endpartien der Schauflung etwas vor der anderen voraus hat. Ein

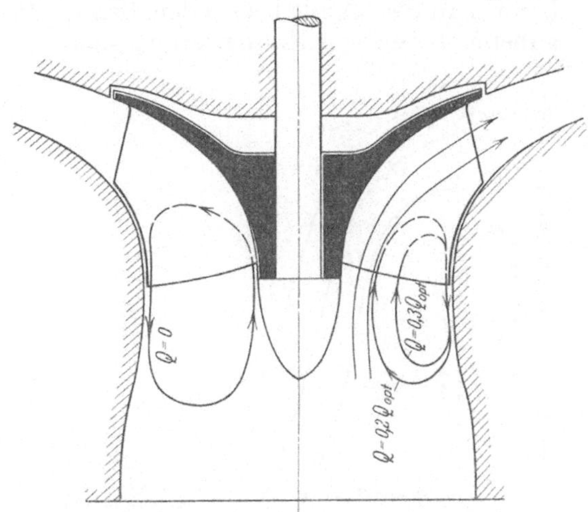

Abb. 142 a.   Ringwirbel in einer Kreiselpumpe bei verschiedenen Fördermengen.

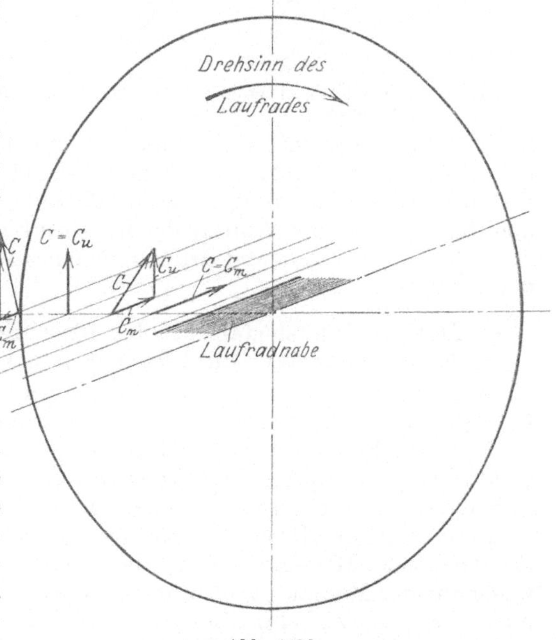

Abb. 142 b.

reines Axialrad wird also bei Nullförderung zwei Ringwirbel nach Abb. 143 erzeugen. Ohne die vorausgegangenen Rechnungen zu kennen, kann man dies damit begründen, daß die Schauflung des Axialrades am äußeren Kranz bei Nullförderung einen bestimmten Zentrifugaldruck erzeugt, der außerhalb der Schauflung nicht besteht. Es muß also ein Pumpen von innen nach außen und ein Rückströmen außerhalb der

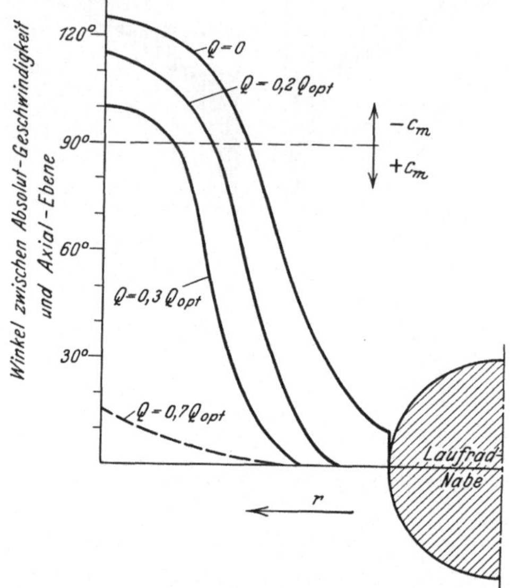

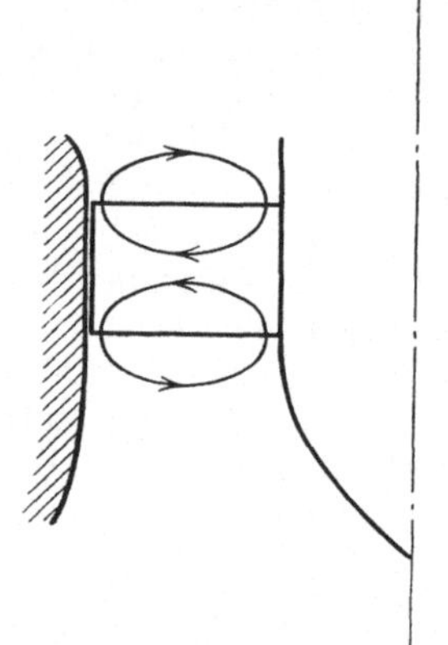

Abb. 142 c. Strömungswinkel am Eintritt des Kreiselrades nach Abb. 142 a.

Abb. 143. Ringwirbel in einem Axialrad bei Durchflußmenge Null.

Schauflung von außen nach innen zustande kommen, und zwar verteilt sich dieses Rückströmen auf das ursprüngliche Ein- und Austrittsgebiet. Die angestellten Rechnungen werden aber durch diese Betrachtung nicht überflüssig, da sie den Einfluß der Durchflußmenge auf die c_m-Verteilung ganz allgemein zeigen und den Anteil eines Ringwirbels an der c_m-Verteilung beweisen.

47. Der Leistungsbedarf bei der Durchflußmenge Null und die Abhängigkeit der Durchflußverluste vom Verhältnis Q/ω.

Die vorausgegangenen Rechnungen bezogen sich auf die ideale Flüssigkeit; die aus ihnen gezogenen Folgerungen werden aber — gerade in extremen Fällen — sehr gut durch den Versuch bestätigt. Für die reale Flüssigkeit ergibt sich bei der Durchflußmenge Null ohne weiteres, daß dabei das Kreiselrad wie eine Wirbelbremse arbeitet und zur Aufrechterhaltung der Drehung Leistung verbraucht. Aus den Rechnungen für die ideale Flüssigkeit kann dies natürlich nicht gefolgert werden, weder für das Radialrad mit seinen Axialwirbeln, noch für das Axialrad mit seinen Ringwirbeln. Dies erklärt sich beim Radialrad dadurch, daß ebensoviel Menge idealer Flüssigkeit in der einen Richtung mit bestimmter Energiesteigerung strömt, als in der anderen Richtung unter gleich großer Energieabgabe zurückströmt. Beim Axialrad liegt der Rechnung die Annahme $c_u r = $ const zugrunde, so daß von vornherein

Energieänderungen nicht in Betracht kommen. Ganz anders aber ist es bei der realen Flüssigkeit. Hier vermischen sich die Wirbel heftig mit der umgebenden Flüssigkeit. Beim Radialrad tritt allerdings auch bei Nullförderung der Kanalwirbel nur wenig aus dem Schaufelkanal heraus, und zwar verhältnismäßig um so weniger, je länger im Verhältnis zu seiner Teilung der Schaufelkanal ist. Dies erklärt die Tatsache, daß Radialräder mit großem Radienverhältnis $r_a/r_i \gg 1$ verhältnismäßig den geringsten Leistungsverbrauch aufweisen. Wesentliche Ursache der Vermischung mit der Flüssigkeit außerhalb des Rades ist der Umstand, daß in zwei diagonal einander gegenüberliegenden Ecken des Schaufelkanals der Kanalwirbel der idealen Flüssigkeit relativ zur Wand schroffe Verzögerungen bedingt. Dort bilden sich also neue Einzelwirbel unter heftigem Rückströmen von Flüssigkeit aus der Umgebung in den Kanal. Der doppelte Ringwirbel des Axialrades dagegen fördert an sich schon die ganze, an ihm teilnehmende Flüssigkeit in den äußeren Umfangspartien aus dem Rade heraus; sie mischt sich mit der umgebenden Flüssigkeit und kommt unter stärkstem Energieverlust zu den inneren Umfangsteilen des Rades zurück, in das sie hier unter Stoßverlusten wieder eintreten kann. Allerdings bemerkt man auch, daß in dem Saugrohr eines Axialrades der Flüssigkeitsinhalt auf verhältnismäßig weite Strecken mit in Rotation um die Achse versetzt wird, wodurch die Stoßverluste beim Eintritt der Ringwirbelmassen ins Rad gemildert werden. Der Leistungsbedarf bei Nullförderung hängt auch merklich davon ab, ob ein solcher Flüssigkeitsinhalt vom Rade mit beeinflußt wird. Jedenfalls aber wird es durch die Natur des Ringwirbels verständlich, daß die von einem Axialrad bei Nullförderung verbrauchte Leistung wesentlich höher als die eines Radialrades ist; sie kann den Leistungsbedarf des günstigsten Betriebszustandes übersteigen.

Der Leistungsbedarf bei der Durchflußmenge Null kann nach dem Vorstehenden als ein solcher zur Aufrechterhaltung der Axial- bzw. Ringwirbel bezeichnet werden; er macht sich naturgemäß schon bei Annäherung an die Nullförderung allmählich wachsend bemerkbar. Die Kurve der von Kreiselpumpen verbrauchten Leistung, die in Abhängigkeit von der Fördermenge nach der Grundzugstheorie eine Parabel mit dem Werte Null für $Q = 0$ wäre, weicht daher gegen die Nullförderung hin mehr und mehr von dieser Parabel ab. (Ihr Verhalten in der Gegend $H = 0$ interessiert nicht so sehr und ist daher noch wenig untersucht; es wird auch stark durch Auftreten von Kavitation beeinflußt.) Man kann vermuten, daß der Leistungsverbrauch von der Parabel der Grundzugstheorie dann abzuweichen beginnt, wenn im Schaufelkanal das Rückströmen und damit Bildung eines Wirbelbereiches anfängt. Die Durchflußmenge Q, bei der die Bildung der Wirbel beginnt, kann näherungsweise nach unseren Formeln berechnet werden, und zwar für das Radialrad nach Gleichung (394) bzw. (395), für das Axialrad nach Gleichung (403), indem man diese Gleichungen für jeden Parallelkreis zwischen dem größten und kleinsten innerhalb der Schauflung gelten läßt. Da für den Vergleich mit der Erfahrung noch nicht genügend Material vorliegt, soll hierauf nicht weiter eingegangen werden.

Wenn man sich die Lichtbilder Abb. 135 und 136 näher ansieht, wird sofort klar, daß kleine Durchflußmengen es wesentlich schwerer haben, den Schaufelkanal zu durchfließen, als große bei gleicher Drehzahl des Rades. Die Auffassung, die man sehr häufig in der Literatur findet, und die auch den Verlustansätzen unserer Grundzugstheorie (s. 34) vorläufig zugrunde gelegt ist, daß nämlich der Durchflußverlust ungefähr (d. h. abgesehen vom Einfluß der Reynoldschen Zahl) quadratisch mit Q wächst, läßt sich also nicht aufrecht erhalten. Schon wenn noch kein ausgeprägter Kanalwirbel entstanden ist, sind doch die Geschwindigkeiten bei verschiedenem Verhältnis Q/ω auch verschieden verteilt. Da die Oberflächenreibung (Wandreibung) etwa quadratisch von der Relativgeschwindigkeit abhängt, so ruft eine ungleichmäßige Verteilung mehr Reibung hervor als eine gleichmäßige. Mit abnehmender Durchflußmenge wird also der Durchflußverlust im Rade nicht so stark wie Q^2 abnehmen. Sobald sich aber ein isolierter Kanalwirbel bildet, tritt als neue Verlustquelle der turbulente Impulsaustausch der Durchflußströmung mit dem Wirbel auf.

Theoretisch sind diese Verhältnisse schwer in quantitativen Aussagen zu fassen; der Versuch wird hier noch geraume Zeit allein das Wort führen. Dabei wird sich der beim Durchströmen eines Kreiselrades auftretende Gesamtverlust nur schwer in einen „Stoßverlust" am Eintritt und einen „Durchflußverlust mit erhöhter Turbulenz" trennen, sondern nur im allgemeinen als von der relativen Zuströmrichtung abhängig angeben lassen[1].

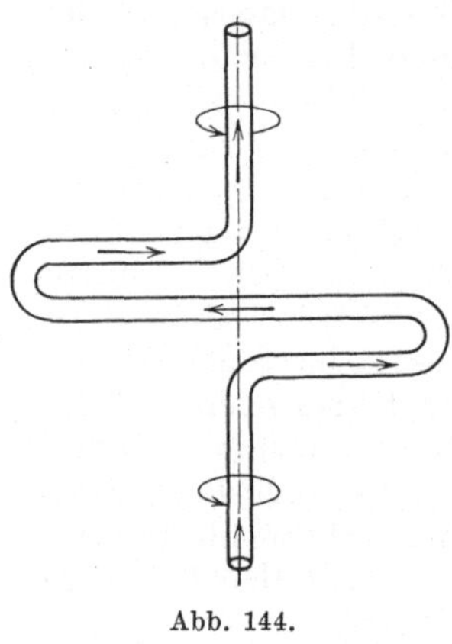

Abb. 144.

---

[1] In seinem höchst interessanten, durch weiten Rückblick und beherrschende Übersicht ausgezeichneten, von der eigenen Forschertätigkeit beredtes Zeugnis ablegenden Vortrag: „Die hydrodynamische Arbeitsübertragung, insbesondere durch Transformatoren" (Jahrb. Schiffsbaut. Ges. Bd. 31, 1930) berichtet Föttinger über seine Erkenntnisse, Erfahrungen und Untersuchungen auch auf dem Gebiet der Relativströmung durch Kreiselräder. Schon 1910 hat Föttinger die Relativwirbelung durch Versuche in der Danziger Hochschule festgestellt und als Mittel zu ihrer Verminderung die Erhöhung der Schaufelzahl angegeben. Veranlassung dazu gaben ihm Resultate mit einer besonderen Type seines „Transformators", die gerade für kleine Durchflußmengen bei hohen Umfangsgeschwindigkeiten verwendet werden sollte. (Die sogenannte Kupplungstype, s. hierüber den oben genannten Vortrag.) Während bei den anderen Transformatortypen, die nicht mit extrem kleinen Werten Q/ω arbeiten, eine nach dem Schema unser Energiebilanzen in 34 mit Stoß- und Reibungsverlusten angesetzte Grundzugstheorie das Verhalten der Maschinen ausgezeichnet wiedergab, war diese Übereinstimmung zwischen Versuch und Rechnung für die Kupplungstype nicht zu erzielen. Föttinger hat dann 1911 auf Grund seiner Versuche eine (unveröffentlichte) Theorie aufgestellt, die mit den Versuchen übereinstimmende Ergebnisse lieferte. In seinem Vortrag 1930 berichtet er kurz über Versuche mit einem rotierenden U-Rohr nach nebenstehender Skizze, in dem er bei kleinem Verhältnis Q/ω mehr als den vierzigfachen Betrag des Durchflußwiderstandes bei stillstehendem Rohr gemessen hat. Auf Einzelheiten der in Aussicht gestellten Charlottenburger Dissertation (Dipl.-Ing. Seelig) über diese Versuche darf man gespannt sein.

48. Schlußbemerkung zu den Ergänzungen.

Die Darlegungen der Abschnitte 44—47 dürfen nur als ein erster Hinweis auf besondere Erscheinungen angesehen werden, die bei extremen Betriebszuständen auftreten. Da alle Folgerungen aus einem Ansatz gezogen sind, der die Flüssigkeit als reibungslos behandelt, so kann nicht erwartet werden, daß die wirklichen Strömungen vollkommen, jedenfalls nicht, daß sie quantitativ mit den errechneten übereinstimmen. Dadurch verlieren aber die angestellten Rechnungen durchaus nicht an Wert. Die moderne Strömungslehre verfolgt in sehr vielen Fällen auch heute noch den Weg, daß sie zunächst untersucht, was für ein Geschwindigkeits- und Druckzustand sich in idealer Flüssigkeit ausbilden würde, und daß sie diesen als einen Anfangszustand ansieht, der sich unter dem Einfluß der Reibung, namentlich der Wandreibung, umbildet. Diese Umbildung kann sehr weit gehen und tut es auch in unserem Falle. Auf Einzelheiten kann hier nicht eingegangen werden; dies muß dem zweiten Bande vorbehalten bleiben. Besonders stark umgebildet werden die Axialwirbel, weniger die Ringwirbel; die Axialwirbel namentlich durch die Wechselwirkung mit der Durchflußströmung. Den Einfluß aller dieser Vorgänge auf Durchflußmenge und Leistung kann man bis heute nur durch summarische Abschätzung oder durch Erfahrungswerte berücksichtigen.

C. Vollbeaufschlagte Kreiselräder im offenen Strom.

X. Strahltheorie der Axialräder im offenen Strom.

49. Beschreibung der Anordnung und des Strömungsfeldes für die technisch wichtigsten Ausführungsformen.

Vollbeaufschlagte Kreiselräder im offenen Strom kommen im wesentlichen als Axialräder, und zwar in zwei Ausführungen vor: als **Hubschrauben** und **Propeller** oder **Treibschrauben** einerseits und als **Windturbinen** andererseits. Hubschrauben und Windturbinen sind ortsfeste Axialräder, Propeller haben außer der Drehung eine **Fortschreitbewegung in Richtung ihrer Achse** unter Überwindung eines Widerstandes. Hubschrauben und Propeller sind ihrer inneren Wirkungsweise nach Axialpumpen, denn sie werden maschinell angetrieben und setzen die mechanische Energie bei ortsfester Anordnung ganz (ideale Flüssigkeit vorausgesetzt!), bei eigener Bewegung teilweise in Strömungsenergie um. Im zweiten Fall soll allerdings dieser Anteil möglichst gering sein und der größte Teil in Schubarbeit verwandelt werden; aber umgehen läßt sich die Erzeugung von Strömungsenergie aus mechanischer Arbeit auch in diesem Falle nicht. Zweck der Hubschrauben und Propeller ist jedenfalls die Erzeugung von Axialschub bzw. Schubleistung unter möglichst geringem Aufwand mechanischer

Arbeit und mit möglichst geringen Dimensionen der Räder. Zweck der Windturbinen ist entsprechend die Umwandlung von Strömungsenergie in mechanische Arbeit; hier kommt es hauptsächlich darauf an, mit gegebenen Dimensionen möglichst viel mechanische Leistung zu gewinnen. Hin und wieder kommen ortsfeste Axialräder auch als Ventilatoren vor, doch ist diese Anwendung zur Zeit nicht von großer technischer Bedeutung.

Daß die vollbeaufschlagten Räder im offenen Strom immer Axialräder sind, liegt in der Natur der Sache. Denn eine radiale oder tangentiale Beaufschlagung würde eine Abdeckung eines Teiles der Schaufeln verlangen, damit dieser nicht einen mehr oder minder großen Arbeitsbetrag unnütz verbraucht. Der Abdeckung in der Wirkung gleich kommen Vorrichtungen, welche die Schaufeln periodisch während einer Drehung verstellen und sie nur bei günstigster Anstellung so beaufschlagen lassen, wie es der Energieübertragung entspricht. Alle solche Vorrichtungen tragen den Charakter des Komplizierten und Unwirtschaftlichen und haben sich daher nicht eingebürgert. Das voll beaufschlagte Axialrad hat sich im wesentlichen allein behauptet und soll daher im folgenden behandelt werden. Es wird mit seiner Drehachse in die Stromrichtung gebracht und bietet ihm in normaler Anstellung die volle Projektionsfläche senkrecht zur Achse als Beaufschlagungsfläche dar (Abb.145).

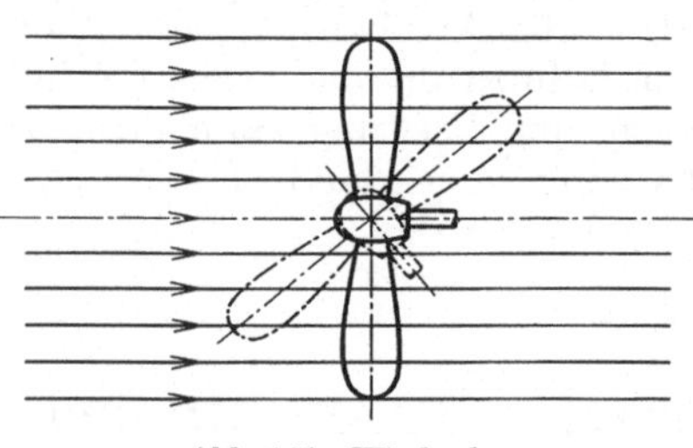

Abb. 145. Windrad.

(Nur zur Verminderung des Energieaustausches und damit zur Verminderung von Überbeanspruchung dreht man bei Windturbinen die Achse aus der Stromrichtung heraus; Abb. 145.)

Das Geschwindigkeitsfeld, das durch die Wechselwirkung zwischen den Schaufeln und der Strömung entsteht, ist in Wirklichkeit recht kompliziert. Denkt man zunächst an ortsfeste Räder (Windturbinen, Ventilatoren), so ist auch hier wieder die Absolutströmung nur periodisch stationär. Wenn Leitapparate fehlen, so ist die Periode $= \dfrac{2\,\pi}{z \cdot \omega}$, (wobei z die Zahl der Radschaufeln bedeutet), und das Relativstrombild ist stationär. Werden aber Leitapparate angebracht, so gelten die gleichen Bemerkungen wie in 27 über den periodischen Wechsel des Absolut- und Relativstrombildes.

Um die Schwankungen zum Verschwinden zu bringen und damit den nichtstationären Charakter der Strömungen durch ortsfeste Axialräder zu beseitigen, werden wir auch hier unendlich große Schaufelzahl annehmen. Hat aber das Kreiselrad außer der Drehung noch eine andere Bewegung (insbesondere eine translatorische in Richtung seiner Achse, wie es bei Propellern der Fall ist), so ist die Absolutbewegung unbedingt nicht stationär, und die Folgerungen aus dieser Tatsache können durch keine Maßnahme oder Vorstellung umgangen werden.

Um die Verhältnisse zu übersehen, betrachten wir zunächst ein ortsfestes, innerhalb einer allseitig ausgedehnten Flüssigkeitsmasse umlaufendes, mechanisch angetriebenes Axialrad mit unendlich

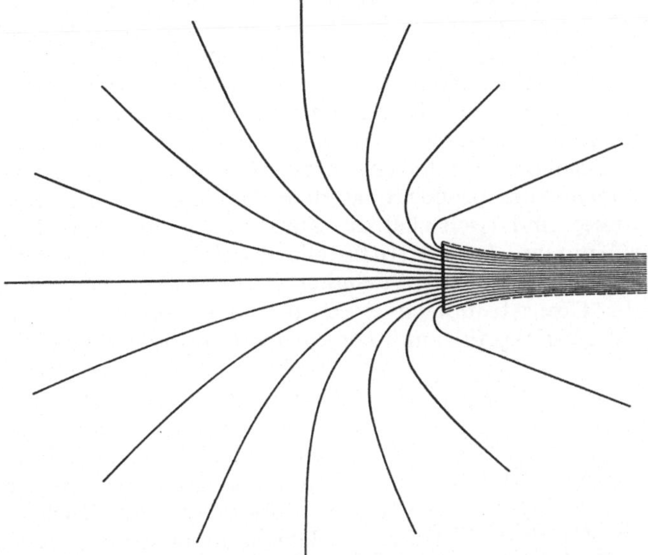

Abb. 146a. Theoretische Eigenströmung eines angetriebenen Axialrades.

vielen Schaufeln. Die Flüssigkeit ruhe zunächst, erst unter dem Einfluß der Raddrehung setze sie sich in Bewegung. Im Beharrungszu-
stand erfaßt das Rad in der Zeiteinheit eine gewisse Masse Flüssigkeit
und beschleunigt sie in Richtung
seiner Achse. Dies kann nur so geschehen, daß sich auf der einen Seite
des Rades — der Eintrittsseite —
ein Unterdruck, auf der anderen —
der Austrittsseite — ein Überdruck
gegenüber dem Druck der ungestörten Flüssigkeit ausbildet; den Druckanstieg beim Durchtritt durch das
Rad hält dieses durch seine Wirkung
auf die Strömung aufrecht. Das entstehende Strombild zeigt Abb. 146a
für die nächste Umgebung des Rades
und Abb. 146b für den weiteren Raum.

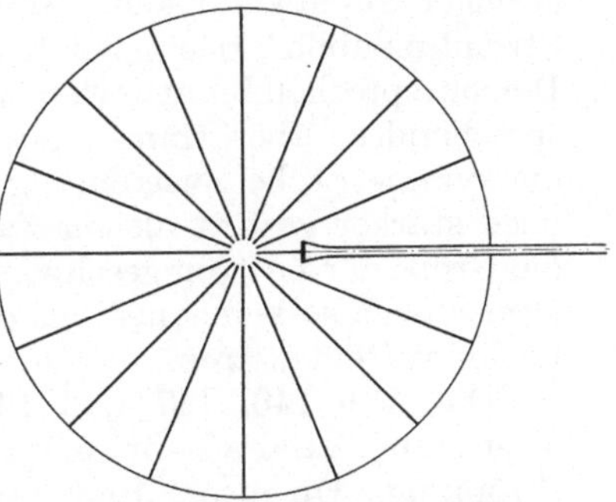

Abb. 146b. Theoretische Eigenströmung
eines angetriebenen Axialrades.

Die Flüssigkeit wird von allen Seiten herbeigeholt und vom Rade
zu einem Strahl zusammengefaßt. Da sich in diesem der Druck allmählich dem der Umgebung angleicht, wird auch in ihm (also hinter
dem Rade) die Flüssigkeit noch beschleunigt, der Strahl zieht sich also
noch zusammen und erreicht schließlich bei kreiszylindrischer Gestalt
eine Geschwindigkeit c_{ast}. Man kann das Rad in der Vorstellung durch

einen sehr rasch und auf kurze Strecke hin und her gehenden Kolben in einem Rohr ersetzen; der Kolben müßte sehr viele Rückschlagventile haben, die sich beim Hingang schließen und beim Rückgang öffnen, damit der Strom nicht unterbrochen wird[1]. In großer Entfernung vom Rade kann man sich die Strömung außerhalb des Strahles wie die radiale Zuströmung zu einer im Eintrittsgebiet vor dem Rade liegenden punktförmigen Senke vorstellen. Dies ist wichtig für die späteren Rechnungen; wir stellen nämlich fest, daß die Zuströmung in großer Entfernung durchschnittlich radial nach einem in der Nähe des Rades auf der Achse liegenden Punkt gerichtet ist und die Zuströmgeschwindigkeiten umgekehrt proportional dem Quadrat der Entfernung von diesem Punkte sind (weil sich die Zuströmung über eine Kugelfläche verteilt, die nur an der Austrittsstelle des Strahles unterbrochen ist). Da die Abb. 146a für ideale Flüssigkeit gezeichnet ist, so sieht man eine ausgeprägte Grenzstromfläche, an der die Geschwindigkeiten von äußeren, kleineren Werten auf innere, größere springen und ihre Richtung

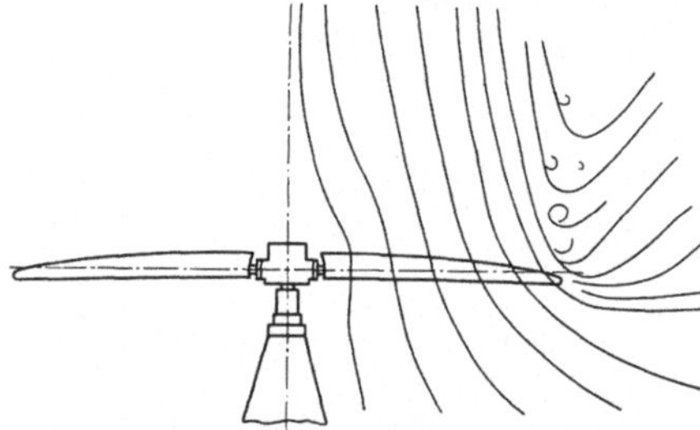

Abb. 147. Durch Messung ermittelte Eigenströmung eines angetriebenen Axialrades.

umkehren. An ihrer, etwa in Mittelebene des Rades gelegenen, ringförmigen Endkante müßte die Geschwindigkeit unendlich groß sein. In Wirklichkeit ist die Grenze des Strahles eine von Wirbeln erfüllte Schicht, innerhalb deren auch Stromlinien vorkommen können, die aus dem Unendlichen kommen, aber umkehren, ohne die Raddurchtrittsfläche zu erreichen; diese Linien verlaufen aber jedenfalls in Gebieten geringer Geschwindigkeit. Abb. 147 zeigt ein aus Messungen ermitteltes Stromlinienbild[2], das generell unsere Vorstellungen durchaus bestätigt. Dementsprechend entwerfen wir als ein mehr der Wirklichkeit entsprechendes, aber immer noch idealisiertes Bild Abb. 148. Hier ist die symmetrische Zuströmung zu der vor dem Rade gedachten Senke noch stärker gestört als im Falle der Abb. 146. Trotzdem können wir die Größe der Zuströmgeschwindigkeiten zum Rade in großer Entfernung immer noch so berechnen, als ob sie gleichmäßig über eine große Kugelfläche verteilt wären.

Die Abb. 146, 147 und 148 geben die von einem angetriebenen ortsfesten Axialrad in ursprünglich ruhender Flüssigkeit erzeugte Strömung. Ob dieses Rad dabei als Ventilator oder als Hubschraube dient, ist gleichgültig. Jedenfalls geht dabei, ideale Flüssigkeit vorausgesetzt, die ganze mechanische Antriebsleistung in Strömungsenergie über. Der Antriebsleistung entspricht ein Antriebsmoment in der

---

[1] Vgl. Föttinger: Neue Grundlagen der Propellertheorie. Jahrb. Schiffbaut. Ges. 1918. Verlag Springer.

[2] Entnommen aus Bendemann: Luftschraubenuntersuchungen, Berichte der Geschäftsstelle d. Sonderausschusses der Jubiläumsstiftung der deutschen Industrie. 3. Heft. 1918. Verlag Oldenbourg.

Welle und diesem wieder ein Drall im Strahl. Die an das Rad herankommende Flüssigkeit hat keine Umfangskomponenten in ihren Geschwindigkeiten, die durch das Rad hindurchgegangene muß solche im Sinne der Raddrehung besitzen, wenn wir ein mechanisch angetriebenes Rad vor uns haben (Hubschraube, Propeller, Ventilator). Man kann den Drall auf verschiedene Weise wieder beseitigen. Entweder ordnet man 2 Axialräder an, deren zweites in entgegengesetzter Richtung angetrieben wird wie das erste und die von diesem erzeugten Umfangskomponenten gerade wieder aufhebt. Da es einen seiner Drehrichtung entgegengesetzten, also negativen Drall auf Null bringt, wirkt es genau wie das erste als Pumpe, überträgt ebenfalls Strömungsenergie auf die Flüssigkeit und beschleunigt sie ebenfalls. Beide Räder zusammen können

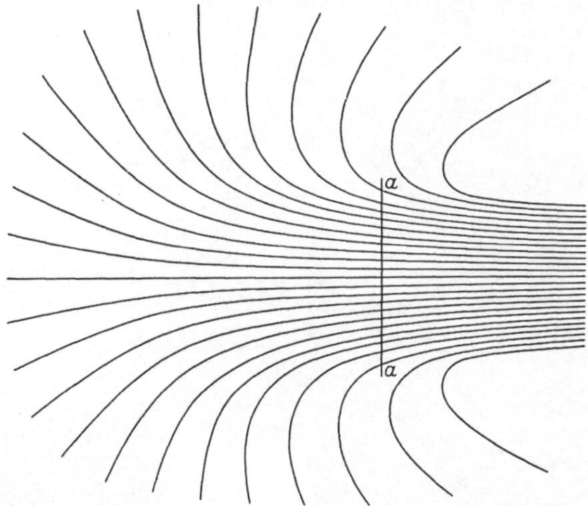

Abb. 148. Idealisierte Eigenströmung eines angetriebenen Axialrades.

demnach als ein einziges Rad betrachtet werden, das auf eine Strömung Energie zu übertragen vermag, ohne ihr einen Drall aufzuzwingen. Rein theoretisch könnte man sich dies auch durch ein einziges Rad erzielt vorstellen, wenn man sich die mechanische Leistung durch ein unendlich kleines Moment M mit unendlich großer Winkelgeschwindigkeit ω hergestellt denkt, wobei $M \cdot \omega$ dem gegebenen Leistungsbetrag L gleich ist. Ferner kann man dem umlaufenden Axialrad ein feststehendes als Leitrad vor- oder nach- oder sogar sowohl vor- als auch nachschalten. Die Wirkung solcher Leiträder zusammen mit der des Rades muß immer die sein, den Strahl aus dem Kreiselradsystem ohne Drall zu entlassen. Denn dann ist alle Energie verwendet, um rein axiale Geschwindigkeiten zu erzeugen und ist die gesamte Beschleunigungskraft der Reaktion in axialer Richtung, nämlich dem Schub, gleich. Solche Leiträder haben sich daher unter der Bezeichnung „Kontrapropeller“ bei Schiffen bereits eingeführt und sind auch für Flugzeuge vorgeschlagen. Die Abb. 149 und 150, die dem Jahrbuch der Schiffbautechnischen Gesellschaft[1] entnommen sind, zeigen solche Ausführungen. Auch bei ortsfesten Axialrädern können alle die obigen Maßnahmen in Frage kommen und sei es nur zu dem Zweck, den Träger des Kreiselradsystems von der Reaktion gegen das Antriebsmoment frei zu machen.

Abb. 149. Propeller und Kontrapropeller am Schiff.

Die Axial-, Radial- und Umfangskomponenten ändern sich beim Durchtritt durch ein Leit- oder Laufrad stetig. Man kann nun jedes Leit- oder Laufrad idealisiert durch eine zur Axialrichtung senkrechte Durchtrittsfläche ersetzen. Auch dann noch müssen sich die Axial- und Radialkomponenten beim Durchtritt durch diese Flächen stetig

---

[1] Siehe W a g n e r : Rückblick und Ausblick auf die Entwicklung des Kontrapropellers. Jahrb. Schiffbaut. Ges. 1929. 30. Bd.

ändern, da der Strahlquerschnitt stetig verlaufen muß. Die Umfangskomponenten ändern sich aber an den Durchtrittsflächen unstetig;
desgleichen auch der Druck. Die Stromlinien haben dann innerhalb

Abb. 150. Propeller und Kontra-Leitwerk am Flugzeug.

der Rotationsfläche, in der sie verlaufen, an der Durchtrittsfläche in
der Umfangsrichtung einen Knick. Für das ortsfeste Axialradsystem
sind in Abb. 151 Geschwindigkeits- und Druckverlauf in einer Rotationsschicht gezeichnet,
im Grundriß ist eine in
dieser Fläche verlaufende
Stromlinie dargestellt.
Die Rotationsfläche ist
nur in der oberen Hälfte
des Aufrisses eingezeich-
net, Axial-, Radial- und
Tangentialgeschwindig-
keit und Druck sind über
der Achse aufgetragen. Es
ist ein Eintritts- und ein
Austrittsleitapparat und
ihr Zusammenwirken mit
dem Rade so angenom-
men, daß keine Umfangs-
komponenten im Strahl

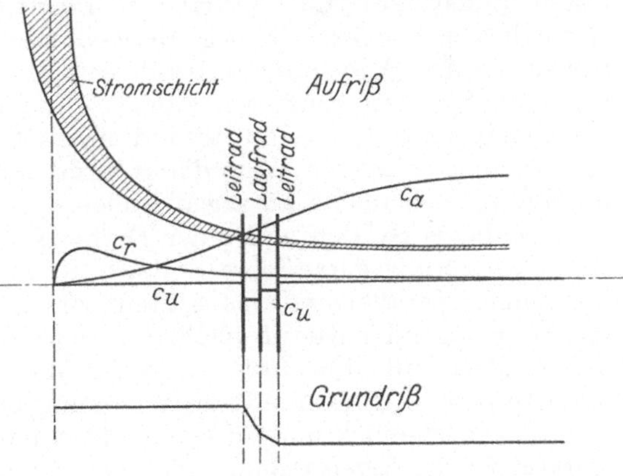

Abb. 151. Geschwindigkeits- und Druckverlauf in der Eigenströmung.

verbleiben. Wenn man in einer Durchtrittsfläche ein Ringelement des
Strahles zwischen den Radien r und $r + dr$ herausgreift und von der
geringen Radialgeschwindigkeit, die von der Querschnittsänderung des
Gesamtstrahles herrührt, absieht, so kann man sich die Strömung in

einer ebenen Abwicklung darstellen. Ihre Beeinflussung durch die Schaufeln des (Leit- oder Lauf-) Rades kommt dann einer solchen durch ein (feststehendes oder bewegtes) Parallelgitter (oder, wenn man die Strahleinschnürung bzw. -erweiterung berücksichtigen will und deshalb eine Kegelabwicklung in der uns aus 28 bekannten Art vornimmt, der Strömung durch ein Kreisgitter mit sehr großem Radius) gleich. Auch ein solches Gitter kann man durch eine Durchtrittsfläche ersetzen, an der die Normalkomponenten stetig, die Tangentialkomponenten unstetig sind. Infolgedessen ist an ihr aber auch der Druck unstetig. Dasselbe ist im Strahl beim Durchtritt durch die Ersatzflächen der Räder der Fall. Im übrigen variieren die Geschwindigkeiten und der Druck im Strahl auch über den Radius hinüber. An den scharfen Strahlgrenzen, die man sich in idealer Flüssigkeit vorzustellen hat, sind die Geschwindigkeiten, wie bereits erwähnt, unstetig, der Druck aber muß an den Strahlgrenzen stetig in den der Umgebung übergehen. In der wirklichen Flüssigkeit wird sowohl für die Geschwindigkeiten als auch für den Druck der Übergang in die Werte der Umgebung durch eine unter Umständen mit ruhender oder nur sehr langsam bewegter Flüssigkeit, meistens aber mit Wirbeln erfüllte Schicht vermittelt.

Mit zunehmender Entfernung hinter dem Radsystem nimmt der Strahl mehr und mehr Zylinderform an. Enthält er keine Umfangskomponenten, so hat er gleichen Druck im ganzen Querschnitt, und zwar den der Umgebung (d. h. den der ungestörten Flüssigkeit). Besitzt er aber solche, so ist im allgemeinen der Druck im Strahlquerschnitt verschieden und nur an der Mantelfläche gleich dem der Umgebung.

Die im vorstehenden beschriebene Strömung, die von einem ortsfesten Radsystem mit mechanisch angetriebenen Laufrädern in ursprünglich ruhender, allseitig ausgedehnter Flüssigkeit erzeugt wird, wollen wir die „Eigenströmung" des Systems nennen. Als charakteristisch für diese sehen wir zunächst nur die erzeugte axiale Strahlgeschwindigkeit $c_{a_{st}}$ im kreiszylindrischen Strahlteil an, und zwar zunächst einen mittleren Wert dieser Größe, da wir über ihre Verteilung im Strahl noch nichts aussagen wollen.

Hat dieses System außer der Drehbewegung seiner Laufräder noch eine gleichförmig geradlinige Fortschreitbewegung, bei der seine Achse sich immer parallel und das System von den Grenzen der Flüssigkeit immer genügend entfernt bleibt, so schreitet seine Eigenströmung unverändert mit ihm fort: sie wird dadurch zur momentanen Absolutströmung. Die Relativströmung erhält man dann, indem man in jedem Augenblick und an jedem Raumpunkt von dem Geschwindigkeitsvektor der Eigenströmung den Geschwindigkeitsvektor V der Fortschreitbewegung subtrahiert. Da dieser nicht nur räumlich, sondern auch zeitlich konstant ist, so ist die Relativbewegung stationär. In den meisten praktischen Fällen kommt nur eine Fortschreitbewegung in Richtung des Strahles, aber entgegengesetzt zur Strahlgeschwindigkeit $c_{a_{st}}$ in Frage. Zur Konstruktion der Relativströmung ist in diesem Falle über die Eigenströmung ein homogenes Geschwindigkeitsfeld mit einer

Geschwindigkeit V in gleicher Richtung wie $c_{a_{st}}$ zu superponieren. Die Tangential- und Radialkomponenten der Eigenströmung bleiben hiervon unberührt; nur die Axialkomponenten werden dadurch verändert. Je nach dem Zahlenwert des Verhältnisses $V : c_{a_{st}}$ entstehen verschiedene Relativstromlinienbilder. Die Abb. 152a, 152b und 152c geben diese für die Verhältnisse $V : c_{a_{st}} = 0{,}2$, $0{,}5$, $1{,}0$ wieder[1]. Sie zeigen, daß ein

Teil der Relativströmung vom Kreiselrad zwar beeinflußt wird, dieses aber nicht durchströmt; das Rad sondert vielmehr einen je nach den Verhältnissen verschiedenen Strahl aus der Relativströmung aus; und zwar nimmt mit steigendem Geschwindigkeitsverhältnis $V : c_{a_{st}}$ das Verhältnis der Strahlquerschnitte vor und hinter dem Kreiselrad ab

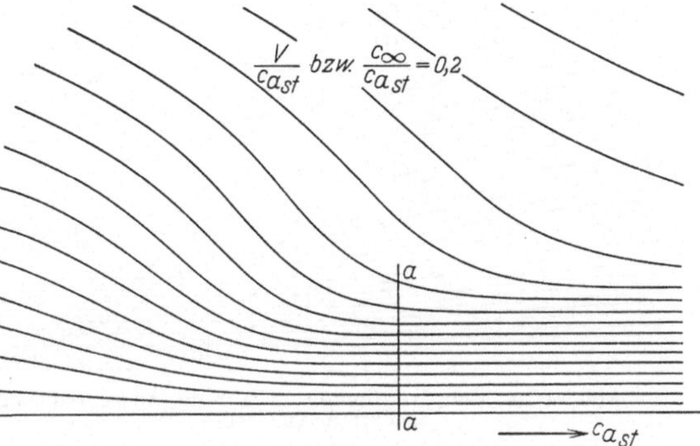

Abb. 152a. Relativströmung eines in Achsenrichtung bewegten Axialrades.

und nähert sich mit $V : c_{a_{st}} \to \infty$ der Eins. Gleichzeitig bleibt die Flüssigkeit vor und hinter dem Propeller im feststehenden Raum in Ruhe, der Propeller übt keine Wirkung auf die Flüssigkeit aus und erfährt keine von ihr.

Die Abb. 152a—c können aber auch als Darstellungen von Absolutströmungen gedeutet werden, die ein ortsfestes Kreiselradsystem in einem vorgegebenen Geschwindigkeitsfelde von der gleichförmigen, mit $c_{a_{st}}$ gleichgerichteten Geschwindigkeit $c_{a_1 \infty}$ erzeugt. Es liegt dann der Fall eines Gebläses oder einer Hubschraube mit vorgegebener Zuströmgeschwindigkeit vor. Schließlich sind sie auch Darstellungen der Relativströmung, die zu einem mit der Geschwindigkeit V entgegen-

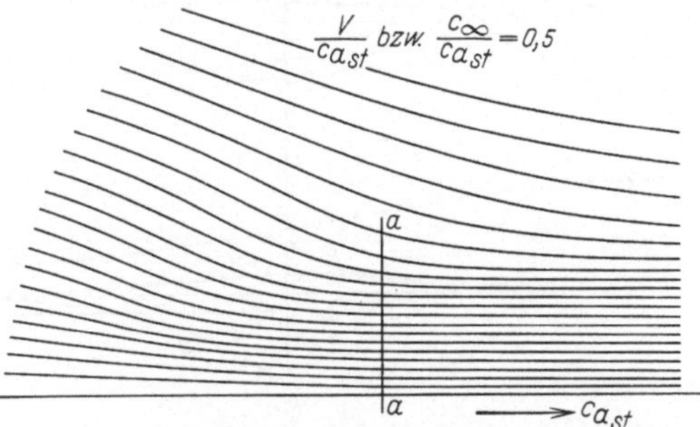

Abb. 152b. Relativströmung eines in der Achsenrichtung bewegten Axialrades.

gesetzt $c_{a_{st}}$ bewegten Propeller gehört, wenn dieser sich in einem vorgegebenen Geschwindigkeitsfelde von der gleichförmigen, mit $c_{a_{st}}$ gleichgerichteten Geschwindigkeit $c_{a_1 \infty}$ bewegt. An Stelle von V bzw. $c_{a_1 \infty}$ tritt hier die Summe $(c_{a_1 \infty} + V)$.

---

[1] Um die Bilder schnell zeichnen zu können, wurde an Stelle der rotationssymmetrischen Strömung eine ebene zugrunde gelegt, damit das in 23 erwähnte Verfahren von Maxwell zur Konstruktion einer resultierenden Strömung aus zwei Teilströmungen angewandt werden konnte.

Die Eigenströmung des mechanisch angetriebenen, Energie auf die
Flüssigkeit übertragenden Kreiselrades kann, wie wir gesehen haben,
durch ein ortsfestes, in ursprünglich ruhender Flüssigkeit in Gang gesetztes Rad tatsächlich verwirklicht werden. Dabei ist eine wesentliche
Tatsache die des Druckausgleiches im erzeugten Strahl oder wenigstens
an dessen Mantelfläche, so daß an der kugelförmigen Grenze des Geschwindigkeitsfeldes im
wesentlichen gleicher
Druck herrscht. Die Geschwindigkeit an dieser
Grenze ist, mit Ausnahme der im Strahl,
verschwindend klein.
Unter solchen Voraussetzungen Energie aus
der Flüssigkeit zu entziehen, ist natürlich
unmöglich. Dies gelingt
nur in einer Strömung

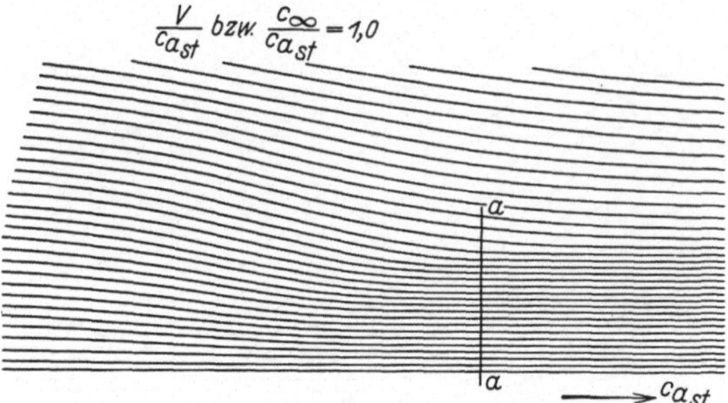

Abb. 152c. Relativströmung eines in der Achsenrichtung
bewegten Axialrades.

mit vorgegebener Geschwindigkeit von endlicher Größe. Die Wirkung
einer Stromturbine auf ein solches gleichförmiges Geschwindigkeitsfeld
zeigt Abb. 153. Die dort dargestellte Strömung unterscheidet sich von
den durch die Abb. 152a—c beschriebenen dadurch, daß die homogene
Geschwindigkeit des ungestörten Feldes die größte von allen vorkommenden, während sie in den Abb. 152a—c die kleinste ist. Alle Vorstellungen über den Geschwindigkeitsverlauf sowie den Drucksprung an
den Raddurchtrittsflächen
sind sinngemäß auf den
Strahl der Stromturbinen
anwendbar. In Abb. 153
findet man alles wesentliche. Das Rad staut die
ankommende Strömung
an, wodurch auf seiner
Eintrittsseite ein der Verzögerung der Flüssigkeitsteilchen entsprechender
Druckanstieg entsteht.

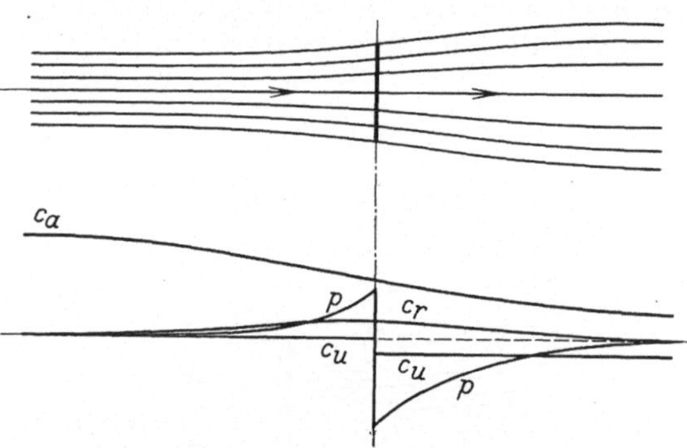

Abb. 153. Strahlform, Geschwindigkeits- und Druckverteilung
der Strömung durch eine Windturbine.

Die Verzögerung dauert auch auf der Austrittsseite des Rades noch
fort, womit ein Unterdruck auf der Austrittsseite verbunden ist, der
sich erst allmählich wieder ausgleicht. Der Strahl erweitert sich
stetig. Der Verzögerung der Flüssigkeitsteilchen entspricht Energieabgabe an das Rad, die ein Drehmoment bedingt. Dieses wieder verlangt als Reaktion das Vorhandensein von Umfangskomponenten im
Strahl hinter dem Rad, die der Drehung des Rades entgegengesetzt
gerichtet sind.

Wenn man nachträglich die Strömung durch die Turbine doch aus
einer gleichförmigen Strömung und einem durch die Turbine verursachten Zusatzfelde zusammensetzen will, so kann man dieses Zusatzfeld aus
dem tatsächlichen Gesamtfeld dadurch herausschälen, daß man ein dem
gegebenen homogenen Felde entgegengesetzt gleiches dem. Gesamtfelde
überlagert. Man erhält dann als „Eigenströmung der Windturbine“ eine solche, die der gegebenen Gesamtströmung entgegengesetzt
gerichtet ist — man kann sagen, sie hat negative Strahlgeschwindigkeiten. Der Betrag derselben ist in großer Entfernung hinter dem
Rade am größten; dort hat ja auch die tatsächliche Strömung die geringsten positiven Geschwindigkeiten. Der „Eigenstrahl“ hat dort
einen größeren Querschnitt als das Rad; außerdem weicht er dem Rade
aus. Abb. 154 zeigt die tatsächliche und die aus ihr herausgeschälte
Eigenströmung durch eine Windturbine.

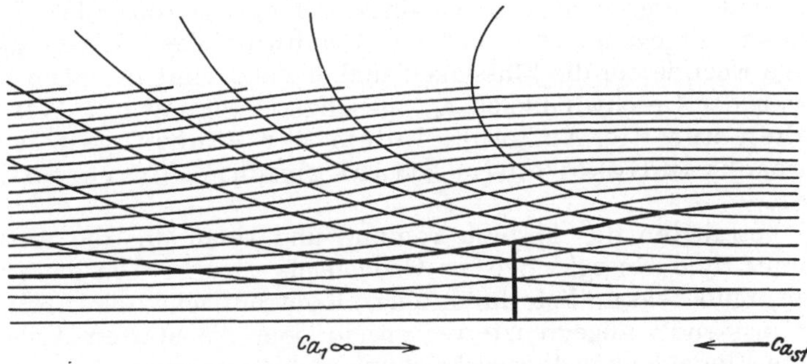

Abb. 154. Strömung durch eine Windturbine und zugehörige Eigenströmung.

Faßt man alles zusammen, so kann man sagen: jedes Kreiselrad im
offenen Strom besitzt eine Eigenströmung; diese wird im wesentlichen
durch einen freien Strahl dargestellt, der vom Rade weggerichtet ist,
wenn dies als Pumpe arbeitet, und auf das Rad zufließt, wenn dies als
Turbine wirkt. Die absoluten Beträge der Strahlgeschwindigkeiten sind
in großer Entfernung vom Rade stets größer als am Rad selbst. Der
Strahlquerschnitt in großer Entfernung ist bei Turbinenwirkung größer
als die Radkreisfläche, bei Pumpenwirkung kleiner. Die in dem Strahl
zusammengefaßte Flüssigkeit wird von einem Pumpenrad aus der
ganzen Umgebung zusammengeholt, während sie von einem Turbinenrad aus in die ganze Umgebung verteilt wird. Es ist nochmals zu be-
tonen, daß man die Eigenströmung der als Pumpe arbeitenden Räder
physikalisch tatsächlich für sich allein verwirklichen kann, während die
Eigenströmung der Turbinenräder nur vorstellungsmäßig als Teilströ-
mung aus einer physikalisch möglichen herausgeschält werden kann.
Die beschriebenen Stromlinienbilder sind auch insofern idealisiert,
als bei ihrem Entwurf keine Rücksicht auf den Einfluß der tragenden
Konstruktionen genommen ist. Diese „stören“ das Geschwindigkeitsfeld sowohl bei den ortsfesten, als auch bei den eigenbewegten
Kreiselradsystemen. Insbesondere bei diesen rufen sie (z. B. das Schiff

oder das Flugzeug) ihrerseits besondere Eigenströmungen hervor, die vom festen Raum aus betrachtet als Verdrängungsströmungen anzusehen sind. Wir werden aber in diesem Bande diese Einflüsse vernachlässigen, also voraussetzen, daß die tragenden Konstruktionen sehr weit vom Radsystem entfernt sind. So reden wir bei der Schiffs- oder Flugzeugschraube vom „freifahrenden Propeller", entsprechend müßten wir die Ausdrücke „freistehende Hubschraube, freistehendes Gebläse oder Stromturbine" einführen. Schließlich wollen wir für unsere Grundzugstheorie auch den Umstand vernachlässigen, daß Schiffspropeller den Grenzen der Flüssigkeit verhältnismäßig nahe liegen.

50. Impuls- und Energiesätze für die offenen Stromräder.

Wir gehen von einem einzelnen Rad (ohne Leiträder) aus, das sich in einer mit vorgegebener Geschwindigkeit c_{a_1} anströmenden Flüssigkeit, dieser entgegengesetzt, mit der Geschwindigkeit V bewegt. Es übertrage Energie auf die Flüssigkeit und erzeuge demnach einen Eigenstrahl von der Geschwindigkeit $c_{a_{st}}$, gleichgerichtet mit c_{a_1}. **Wir vereinfachen uns die Aufgabe, indem wir näherungsweise die Axialgeschwindigkeiten im Strahl gleichmäßig verteilt annehmen.**

Wir betrachten die Absolutströmung und rufen uns die Aussagen der Impuls- und Energiesätze ins Gedächtnis zurück. Um diese anzusprechen, muß bekanntlich durch eine „Kontrollfläche" ein „Kontrollraum" „passend" abgegrenzt werden, in dem die starren Teile, mit denen die Flüssigkeit in Wechselwirkung steht, mit eingeschlossen sind. Als äußere Kräfte werden diejenigen bezeichnet, die an der Kontrollfläche und unmittelbar durch sie hindurch auf die festen oder flüssigen Teile übertragen werden. Denkt man beim Impulssatz sofort an eine bestimmte Richtung, so heißt er:

„Die in einer bestimmten Richtung positiv gerechnete Komponente der Resultierenden aller äußeren Kräfte ist gleich der auf die Zeiteinheit entfallenden Zunahme der in der gleichen Richtung positiv gezählten Komponente des Gesamtimpulses im Kontrollraum."

Für die uns allein interessierende Achsenrichtung des Rades (Index „a") ergibt sich also:

$$\sum P_a = \frac{d}{dt} \sum m \cdot c_a. \tag{404}$$

Denkt man entsprechend beim Impulsmoment an eine passend ausgewählte Bezugsachse, so gilt:

„Das Moment aller äußeren Kräfte ist gleich der auf die Zeiteinheit entfallenden Zunahme des gesamten Impulsmomentes im Kontrollraum."

In unserem Falle ist also, wenn die Umfangskomponenten der Geschwindigkeiten senkrecht zur Radachse auch hier mit c_u bezeichnet werden:

$$\sum (P_u \cdot r) = \frac{d}{dt} \sum m \cdot c_u \cdot r. \tag{405}$$

Beim Energiesatz handelt es sich um richtungslose Größen, er lautet:
„Die in der Zeiteinheit geleistete Arbeit aller äußeren Kräfte ist gleich der auf die Zeiteinheit entfallenden Zunahme der gesamten kinetischen Energie im Kontrollraum."

Also

$$\sum (P \cdot c) = \frac{d}{dt} \sum m \frac{c^2}{2} \, . \tag{406}$$

Bei einer nichtstationären Strömung, um die es sich hier im allgemeinen handelt, setzen sich die im Kontrollraum während eines Zeitelementes dt ablaufenden Änderungen, soweit die Flüssigkeit in Betracht kommt, aus solchen zusammen, die durch die Bewegung der Flüssigkeitsteilchen in dem für einen Augenblick stationär gedachten Felde bedingt sind — stationären oder konvektiven Änderungen — und solchen, die durch die Veränderung des Feldes im Kontrollraum verursacht werden — lokalen Änderungen.

Wir gehen jetzt daran, die Gleichungen (404), (405), (406) ausführlich anzuschreiben. Als Kontrollfläche wählen wir eine sehr große Kugel, deren Mittelpunkt in der Nähe des Rades auf seiner Eintrittsseite liegt. Wir behandeln die freifahrende oder freistehende Maschine. Drehmoment und Schub werden also durch eine lange, in einer unendlich dünnwandigen Hohlstange gelagerte Welle übertragen, die aus der Kontrollfläche hinausführt. In dem Querschnitt, in dem die Kontrollfläche die Welle schneidet, werden der Schub S durch Zug- oder Druckspannungen und das Drehmoment M durch Torsionsspannungen übertragen. Denkt man beispielsweise an den dem Fahrzeug vorausfahrenden Propeller, so handelt es sich um Zugspannungen; die Welle liegt als Kern in dem erzeugten Strahl. Außer diesen Kraftwirkungen bestehen nur noch die der Flüssigkeitsdrücke an der Kontrollkugel. Wenn diese genügend groß genommen wird, so kann man von einer Symmetrie der Druckverteilung sprechen, die bis auf die Verhältnisse im Strahlquerschnitt F_{st} vollkommen ist. Es heben sich also alle Druckkräfte auf bis auf diejenigen, die durch den Unterschied der Flüssigkeitsdrücke im Strahlquerschnitt F_{st} gegenüber denen im gleich großen, auf der Kontrollkugel diametral gegenüberliegenden Querschnitt bedingt sind. Rechnen wir als Nullniveau der Drücke den Druck der ungestörten Flüssigkeit, d. h. den Druck auf der Kontrollkugel außerhalb des Strahles, so ist der absolute Betrag dieses Unterschiedes:

$$\int\limits^{F_{st}} p \cdot dF \, .$$

Wir zählen nun die Richtung von $c_{a_{st}}$ als positiv und führen alle Kräfte positiv ein, die in dieser Richtung von außen auf das System (also auch auf die Flüssigkeitsteilchen) wirken. Als Summe aller äußeren Kräfte haben wir daher:

$$\sum P_a = S - \int\limits^{F_{st}} p \cdot dF \, .$$

Der stationäre Anteil der Impulsänderung berechnet sich als Überschuß des momentan an der Kontrollfläche ausströmenden über den einströmenden Impuls. Um diesen zu bestimmen, setzen wir für einen Augenblick $V = 0$ und denken uns das aus c_{a_1} und der Eigenströmung des Rades zusammengesetzte Geschwindigkeitsfeld konstruiert. In diesem ist ein Strahl ausgesondert, der die sekundliche Masse:

$$F_{st}(c_{a_1} + c_{a_{st}}) \cdot \frac{\gamma}{g}$$

transportiert. Alle Flüssigkeitsteilchen dieses Strahles erfahren eine Beschleunigung von c_{a_1} auf $c_{a_1} + c_{a_{st}}$. Der Strahl liefert also zur Impulsvermehrung im Kontrollraum den stationären Beitrag

$$\varDelta J_{\text{stationär}} = \frac{\gamma}{g} F_{st}(c_{a_1} + c_{a_{st}}) \cdot c_{a_{st}}.$$

Die Teile der Kontrollfläche außerhalb der Durchtrittsfläche des Strahles liefern keinen Beitrag, wenn man nur die Kontrollkugel groß genug annimmt.

Die lokale Änderung des Impulses rührt davon her, daß sich das Geschwindigkeitsfeld gegenüber dem ruhenden Kontrollraum mit der Geschwindigkeit V verschiebt. Im wesentlichen handelt es sich dabei um das Geschwindigkeitsfeld der Eigenströmung, denn das Feld der Grundströmung c_{a_1} ist ja ein stationäres. Durch die Verschiebung der Eigenströmung wird in den Kontrollraum eine Masse

$$F_{st} \cdot V \cdot \frac{\gamma}{g}$$

hineingeschoben, die gegenüber der Grundströmung eine um $c_{a_{st}}$ erhöhte Geschwindigkeit hat, also eine Impulsvermehrung.

$$\varDelta J_{\text{lokal}} = \frac{\gamma}{g} F_{st} \cdot V \cdot c_{a_{st}}$$

mit sich bringt. An den übrigen Teilen der Kontrollfläche wird durch die Verschiebung kein Impuls mehr herein als hinausbefördert, da das Feld der Eigenströmung bis auf die Strahlquerschnittsfläche symmetrisch ist und die dem Strahlquerschnitt auf der Kontrollkugel gegenüberliegende gleich große, also endliche Fläche verschwindend kleine Geschwindigkeiten der Eigenströmung hat.

Der Impulssatz lautet nunmehr:

$$S - \int\limits^{F_{st}} p \cdot dF = \frac{\gamma}{g} F_{st}(c_{a_1} + c_{a_{st}} + V) \cdot c_{a_{st}} \tag{407}$$

oder

$$S = \int\limits^{F_{st}} p \cdot dF + \frac{\gamma}{g} F_{st}(c_{a_1} + c_{a_{st}} + V) \cdot c_{a_{st}}. \tag{408}$$

Für die Berechnung des Drehmomentes nehmen wir eine Verteilung der Umfangskomponenten im Strahl hinter dem Rade nach dem Gesetz:

$$c_u \cdot r = \text{konst.} = k \tag{409}$$

an. Vor dem Durchtritt durch das Rad sind keine Umfangskomponenten vorhanden, also müssen, wenn Energie auf die Flüssigkeit übertragen wird, die Umfangskomponenten hinter dem Rade im Sinne von dessen Drehung gehen; wir zählen k in diesem Falle positiv. Von den äußeren Kräften haben nur die Torsionsspannungen in der Welle ein Moment, das mit M bezeichnet sei. Die Flüssigkeitsdrücke an der Kontrollkugel schneiden mit ihren Richtungen die Achse oder sind ihr parallel, haben also kein Moment. Die Zunahme des Impulsmomentes hat auch wieder einen stationären und einen lokalen Anteil, die beide ganz analog wie die entsprechenden Anteile der Impulssteigerung zu berechnen sind. Man kann daher die Momentgleichung sofort hinschreiben; sie lautet:

$$M = \frac{\gamma}{g}\, F_{st}(c_{a_1} + c_{a_{st}} + V)\cdot k \,. \tag{410}$$

Die Arbeit der äußeren Kräfte ist:

$$M\cdot\omega - S\cdot V - \int\limits^{F_{st}} p(c_{a_1} + c_{a_{st}})\cdot dF\,.$$

Hierin ist $M\cdot\omega = L$ die mechanische Antriebsleistung, $S\cdot V$ die zur Überwindung des dem Schube gleichen Widerstandes verausgabte mechanische Leistung[1]. Das Integral ist die Leistung der Oberflächenkräfte an der Kontrollfläche, die nur im Strahlquerschnitt einen von Null verschiedenen Beitrag liefern.

Die Zunahme der lebendigen Kraft rührt von dem Zuwachs der axialen Geschwindigkeiten sowie von den neu entstehenden Umfangsgeschwindigkeiten her. Jeder dieser Beträge hat einen stationären und einen lokalen Anteil. Man findet durch die gleiche Überlegung wie oben bei der Impulsbetrachtung sofort die Richtigkeit der nachstehenden Formeln.

$$\Delta E_{\text{stationär}} = \frac{\gamma}{g}\, F_{st}(c_{a_1} + c_{a_{st}})\cdot\frac{(c_{a_1}+c_{a_{st}})^2 - c_{a_1}^2}{2} + \frac{\gamma}{g}\,(c_{a_1}+c_{a_{st}})\int\limits^{F_{st}}\frac{c_u^2}{2}\cdot dF,$$

$$\Delta E_{\text{lokal}} = \frac{\gamma}{g}\, F_{st}\cdot V\cdot\frac{(c_{a_1}+c_{a_{st}})^2 - c_{a_1}^2}{2} + \frac{\gamma}{g}\, V\cdot\int\limits^{F_{st}}\frac{c_u^2}{2}\cdot dF\,.$$

Da die Umfangskomponenten über den Querschnitt variieren, müssen für die betreffenden Anteile Integrale geschrieben werden.

Nunmehr kann der **Energiesatz** angeschrieben werden; er lautet

$$\left.\begin{aligned} &M\cdot\omega - S\cdot V - \int\limits^{F_{st}} p\,(c_{a_1} + c_{a_{st}})\cdot dF \\ &= \frac{\gamma}{g}\, F_{st}(c_{a_1} + c_{a_{st}} + V)\cdot\frac{(c_{a_1}+c_{a_{st}})^2 - c_{a_1}^2}{2} \\ &\quad + \frac{\gamma}{g}\,(c_{a_1} + c_{a_{st}} + V)\int\limits^{F_{st}}\frac{c_u^2}{2}\cdot dF\,. \end{aligned}\right\} \tag{411}$$

---

[1] Bei den Propellern, die in der Nähe ihrer Fahrzeuge arbeiten, ist im allgemeinen S nicht dem Fahrzeugwiderstande gleich, da sich Propeller und Fahrzeug gegenseitig beeinflussen. Vgl. hierüber: Fresenius: Das grundsätzliche Wesen der Wechselwirkung zwischen Schiffskörper und Propeller. Schiffbau 1921/22, S. 257 oder auch Betz: Der Wirkungsgradbegriff beim Propeller. ZFM 1928, Heft 8.

Um das Druckintegral in Gleichung (408) auszuwerten, machen wir die Annahme konstanter Strömungsenergie im Strahl hinter dem Rade. Die Änderung des Druckes im Strahlquerschnitt rührt nur von der Änderung der Umfangskomponenten her; sie errechnet sich aus der Gleichung:

$$\frac{p_{st}}{\gamma} + \frac{c_{u_{st}}^2}{2\,g} = \frac{p_{st_a}}{\gamma} + \frac{c_{u_{st_a}}^2}{2\,g} = \frac{c_{u_{st_a}}^2}{2\,g}, \tag{412}$$

in der der Druck p_{st_a} am Strahlrande dem der Umgebung, also der Null gleichgesetzt ist. Es folgt:

$$p_{st} = -\,\frac{\gamma}{g}\,\frac{c_{u_{st}}^2 - c_{u_{st_a}}^2}{2}. \tag{413}$$

Setzt man dies in Gleichung (408) ein und verbindet weiterhin die Gleichungen (408) und (410) mit (411), so folgt, wenn man passend zusammenfaßt:

$$\frac{\gamma}{g}\,F_{st}\,(c_{a_1} + c_{a_{st}} + V)\left\{\omega\,k - \frac{c_{u_{st_a}}^2}{2} + \int^{F_{st}}\frac{c_u^2}{2}\,dF - V\cdot c_{a_{st}}\right\}$$

$$= \frac{\gamma}{g}\,F_{st}\,(c_{a_1} + c_{a_{st}} + V)\left\{\frac{(c_{a_1} + c_{a_{st}})^2 - c_{u_1}^2}{2} + \int^{F_{st}}\frac{c_u^2}{2}\,dF\right\}.$$

Hier heben sich die Integrale gegenseitig auf, von dem Druckintegral in Gleichung (408) bleibt nur noch $\dfrac{\gamma}{g}F_{st}$ multipliziert mit dem konstanten Faktor $c_{u_{st_a}}^2/2$ stehen. Nach Kürzung des gemeinschaftlichen Klammerfaktors verbleibt:

$$\omega\,k = \frac{(c_{a_1} + c_{a_{st}})^2 - c_{u_1}^2}{2} + V\cdot c_{a_{st}} + \frac{c_{u_{st_a}}^2}{2} \tag{414}$$

oder

$$\omega\,k = \frac{c_{a_{st}}\{c_{a_{st}} + 2\,(c_{a_1} + V)\} + c_{u_{st_a}}^2}{2}. \tag{415}$$

Es ist nützlich, einen Augenblick die Relativgeschwindigkeiten gegenüber dem fahrenden Propeller einzuführen, d. h. die Energieveränderungen von einem System aus zu betrachten, in dem der Propeller ruht. Wir bezeichnen auch hier die Relativgeschwindigkeiten mit w und stellen zunächst fest, daß:

$$c_{a_1} + V = w_1; \qquad c_{a_1} + c_{a_{st}} + V = w_2;$$
$$c_{a_{st}} = w_2 - w_1; \qquad c_u = w_u \tag{416}$$

ist. (Bei der Gleichung $c_u = w_u$ ist darauf hinzuweisen, daß es sich hier nicht um Relativität gegen ein rotierendes, sondern gegen ein in Richtung der Achse fortschreitendes System handelt!) Führen wir diese Beziehungen in Gleichung (414) ein, so folgt:

$$\omega\,k = \frac{(w_2 - V)^2 - (w_1 - V)^2 + 2\,V\,(w_2 - w_1) + w_{u_{st_a}}^2}{2},$$

d. h.

$$\omega\,k = \frac{w_2^2 - w_1^2 + w_{u_{st_a}}^2}{2}. \tag{417}$$

Wie es sein muß, ist jede Beziehung, die auf geleistete Schubarbeit hinweist, verschwunden; Gleichung (417) spricht den trivialen Satz aus, daß von einem mit dem Propeller axial bewegten System aus gesehen, die mechanisch aufgewendete Energie zur Erzeugung der relativen Strömungsenergie im Strahl verwendet wird. Daß der Druck in der Gleichung (417) nicht erscheint, hat, wie in Gleichung (414) und (415) seinen Grund darin, daß wir die Geschwindigkeitsenergie am Strahlrand eingeführt haben; dabei brauchen wir nur die Umfangskomponente durch den Index „a" besonders zu kennzeichnen, weil wir die Axialkomponenten von vornherein als konstant im Strahlquerschnitt angenommen haben. Daß die Aussage des Energiesatzes in einem System, in dem der Propeller keine axiale Bewegung hat, trivial wird, hängt wesentlich damit zusammen, daß die Strömung in diesem System stationär ist.

Nunmehr berechnen wir den Schub noch einmal, und zwar aus dem Drucksprung an der Raddurchtrittsfläche F.

Es ist

$$S = \int\limits^{F} \varDelta p \cdot dF \,.$$

Den Drucksprung finden wir aus Energiebilanzen, indem wir einerseits die relative Strömungsenergie unmittelbar vor dem Rade mit der in großer Entfernung vor ihm und andererseits die Energie unmittelbar hinter dem Rade mit der am Rande des Strahlquerschnittes F_{st} vergleichen.

Bezeichnen wir den Druck vor dem Rade mit p_v, den hinter ihm mit p_h, so ist

$$\frac{p_v}{\gamma} + \frac{w^2}{2g} = \frac{w_1^2}{2g} \,,$$

weil der Druck in großer Entfernung gleich Null ist. Andererseits ist

$$\frac{p_h}{\gamma} + \frac{w^2}{2g} - \frac{w_u^2}{2g} = \frac{w_2^2}{2g} + \frac{w_{u_{st_a}}^2}{2g} \,.$$

Hier ist von der Tatsache, daß die axialen Geschwindigkeitsgrößen beim Durchtritt durch das Rad keinen Sprung erleiden und der Druck am Strahlrand auch gleich Null ist, Gebrauch gemacht. Die Geschwindigkeiten in der Radfläche sind ohne Index eingeführt. Wir finden:

$$\frac{\varDelta p}{\gamma} = \frac{p_h - p_v}{\gamma} = \frac{w_2^2 - w_1^2 + w_{u_{st_a}}^2}{2g} - \frac{w_u^2}{2g} \,.$$

Mit Rücksicht auf Gleichung (416) und die Gleichheit von c_u und w_u wird daraus:

$$\varDelta p = \frac{\gamma}{g}\Big(\omega k - \frac{c_u^2}{2}\Big) \,. \tag{418}$$

Damit ergibt sich:

$$S = \frac{\gamma}{g} F \cdot \omega k - \frac{\gamma}{g} \int\limits^{F} \frac{c_u^2}{2} dF \,. \tag{419}$$

Andererseits ist S nach Gleichung (408), wenn dort das Druckintegral, nach Gleichung (413) ausgerechnet, eingesetzt wird.

$$S = \frac{\gamma}{g} F_{st} \cdot \frac{c_{u_{st_a}}^2}{2} - \frac{\gamma}{g} \int\limits^{F_{st}} \frac{c_u^2}{2}\, dF + \frac{\gamma}{g} F_{st}(c_{a_1} + c_{a_{st}} + V)\, c_{a_{st}}\,. \qquad (408\,\text{a})$$

Führen wir jetzt:

$$F = (r_a^2 - r_i^2)\,\pi\,; \qquad F_{st} = (r_{st_a}^2 - r_i^2)\,\pi\,; \qquad c_u \cdot r = c_{u_{st}} \cdot r_{st} = k \qquad (420)$$

ein, so folgt aus dem Vergleich von Gleichung (418) und (408a)

$$\frac{\pi\,\gamma}{g}\,(r_a^2 - r_i^2)\,\omega\,k + \frac{\pi\,\gamma}{g}\,k^2 \left\{ \int\limits_{r_i}^{r_{st_a}} \frac{dr}{r} - \int\limits_{r_i}^{r_a} \frac{dr}{r} \right\}$$

$$= \frac{\pi\,\gamma}{g}\,(r_{st_a}^2 - r_i^2) \left\{ \frac{c_{u_{st_a}}^2}{2} + (c_{a_1} + c_{a_{st}} + V)\cdot c_{a_{st}} \right\}$$

Ersetzt man $c_{u_{st_a}}^2/2$ nach Gleichung (415) durch:

$$\frac{c_{u_{st_a}}^2}{2} = \omega\,k - \frac{c_{a_{st}}\{c_{a_{st}} + 2\,(c_{a_1} + V)\}}{2}\,,$$

faßt die Glieder mit $\omega\,k$ zusammen und führt die Integrationen aus, so ergibt sich schließlich:

$$\omega\,k\,(r_a^2 - r_{st_a}^2) + k^2 \ln \frac{r_{st_a}}{r_a} = (r_{st_a}^2 - r_i^2)\cdot \frac{c_{a_{st}}^2}{2}\,. \qquad (421)$$

Die beiden Gleichungen (415) und (421) sind es, mit denen die Axialräder im offenen Strom zu behandeln sind. Wir schreiben sie noch etwas um. Das Verhältnis des Außenradius im Strahlquerschnitt F_{st} zum Außenradius in der Radfläche F bezeichnen wir mit ϱ, schreiben also:

$$\varrho = \frac{r_{st_a}}{r_a} \qquad (422)$$

entsprechend setzen wir

$$\varrho_i = \frac{r_i}{r_a}\,. \qquad (423)$$

Dabei sei daran erinnert, daß wir im Strahl hinter dem Rade einen festen Kern annehmen, der durch die Welle und eine Hohlstange für ihre Lagerung gebildet wird und der den konstanten Halbmesser r_i besitzt. Wir benutzen die Vorstellung, daß k im ganzen Strahl, also auch über die Radfläche konstant ist, um auszudrücken, daß

$$\omega\,k = \omega \cdot c_u \cdot r = u \cdot c_u = u_a \cdot c_{u_a} \qquad (424)$$

ist, indem wir die äußerste Umfangsgeschwindigkeit des Rades einführen. Genau wie in der Turbinentheorie führen wir nun das Diagrammcharakteristikum m ein, das wir hier nur im Geschwindigkeitsdiagramm des Radumfanges bestimmen, und zwar so, daß

$$m = \frac{c_{u_a}}{u_a} \qquad (425)$$

ist. Damit können wir

$$\omega k = m \cdot u_a^2, \tag{426}$$

andererseits

$$k^2 = c_{u_a}^2 \cdot r_a^2 = m^2 u_a^2 \cdot r_a^2 \tag{427}$$

setzen. Der Betrag $m \cdot u_a^2$ ist das g-fache der durch das Rad auf jedes kg übertragenen relativen Strömungsenergie H.

Aus Gleichung (421) wird nun, wenn durch r_a^2 dividiert, von den Gleichungen (424)—(427) Gebrauch gemacht und $\frac{1}{2}\ln\varrho^2$ statt $\ln\varrho$ geschrieben wird:

$$m \cdot u_a^2\left(1 - \varrho^2 + \frac{m}{2}\ln\varrho^2\right) = (\varrho^2 - \varrho_i^2)\frac{c_{a_{st}}^2}{2}. \tag{428}$$

Gleichung (415) schreiben wir in folgender Form:

$$\omega k = c_{a_{st}}(c_{a_1} + V) + \frac{c_{a_{st}}^2}{2} + \frac{1}{2}\frac{k^2}{r_{st_a}^2}\cdot\frac{r_a^2}{r_a^2}$$

$$= c_{a_{st}}(c_{a_1} + V) + \frac{c_{a_{st}}^2}{2} + \frac{1}{2}\frac{k^2}{r_a^2}\cdot\frac{1}{\varrho^2}$$

oder:

$$m \cdot u_a^2\left(1 - \frac{m}{2\varrho^2}\right) = c_{a_{st}}(c_{a_1} + V) + \frac{c_{a_{st}}^2}{2}. \tag{429}$$

Die Gleichungen (428) und (429) sind so zu verwenden, daß als gegeben c_{a_1} und V, sowie m, r_a und u_a zu betrachten sind. Dann reichen die Gleichungen aus, um $c_{a_{st}}$ und ϱ zu bestimmen, wenn man ϱ_i von vornherein festsetzt. Dazu ist man bei dem freifahrenden bzw. freistehenden Rade, von dem hier durchweg die Rede ist, berechtigt. Die Größe von ϱ_i kann man etwa einer mittleren Naben- oder Wellenstärke entsprechend annehmen. Wir rechnen durchschnittlich mit

$$\varrho_i^2 = 0,1.$$

Wenn aber $c_{a_{st}}$ und ϱ bestimmt sind, folgt aus Gleichung (410) nach Multiplikation mit dem durch u_a und r_a gegebenen ω die aufgewendete Leistung und aus Gleichung (408) oder (418) der Schub. Desgleichen ergibt sich aus einer Kontinuitätsgleichung c_a oder w_a in der Radfläche, so daß man dort auch die Winkelverteilung der absoluten und relativen Strombahnen und damit die der Schaufelflächen — wenigstens angenähert — bestimmen kann.

51. Ideale Grenzfälle mechanisch angetriebener Stromräder (Dralloser Strahl).

Wie in 49 auseinandergesetzt, kann man sich das Rad unendlich rasch laufend denken und hat dann bei endlicher Leistung $M \cdot \omega$ mit einem verschwindend kleinen Moment M bzw. Drall k zu rechnen. Dies bedeutet, daß wir in unseren Formeln mit einem endlichen

$$m \cdot u_a^2 = gH,$$

aber mit

$$m = 0$$

rechnen. In diesem Falle brauchen wir auch keinen Kern im Strahl anzunehmen. Im allgemeinen Falle ist dies notwendig, weil den nach innen zunehmenden Umfangskomponenten c_u sinkende Drücke entsprechen und hier eine Grenze gesetzt sein muß. Mit $m = 0$ und $\varrho_i = 0$ und $m \cdot u_a^2 = gH$ wird aus Gleichung (428) und (429)

$$2\,gH\left(\frac{1}{\varrho^2} - 1\right) = c_{a_{st}}^2 \tag{430}$$

und

$$2\,gH \qquad = 2\,(c_{a_1} + V)\,c_{a_{st}} + c_{a_{st}}^2 . \tag{431}$$

Schreiben wir dies in zwei Gleichungen für die Relativgeschwindigkeiten um, indem wir die Beziehungen (416) benutzen, so folgt

$$2\,gH\,(1 - \varrho^2) = \varrho^2\,(w_2 - w_1)^2 , \tag{430a}$$

$$2\,gH \qquad = w_2^2 - w_1^2 . \tag{431a}$$

Hierin sind w_1 und H als gegeben, w_2 und ϱ als gesucht anzusehen. An Stelle von ϱ führen wir mit Hilfe der Kontinuitätsgleichung

$$F \cdot w = F_{st} \cdot w_2 \qquad \text{oder} \qquad r_a^2 \cdot w = r_{st_a}^2 \cdot w_2 \tag{432}$$

die relative Durchtrittsgeschwindigkeit w in der Radfläche ein und erhalten

$$\varrho^2 = \frac{w}{w_2} ; \qquad \frac{1}{\varrho^2} = \frac{w_2}{w} . \tag{433}$$

Führen wir dies und Gleichung (431a) in Gleichung (430a) ein, so folgt:

$$(w_2^2 - w_1^2)\,\frac{w_2 - w}{w} = (w_2 - w_1)^2 ,$$

und hieraus nach leichter Durchrechnung:

$$w = \frac{w_1 + w_2}{2} . \tag{434}$$

In absoluten Geschwindigkeiten geschrieben, heißt dies:

$$c_a = c_{a_1} + V + \frac{c_{a_{st}}}{2} . \tag{435}$$

In der Radfläche ist also im Falle drallosen Strahles die Hälfte der absoluten Strahlgeschwindigkeit vorhanden; die relative Durchflußgeschwindigkeit ist das Mittel aus den relativen Geschwindigkeiten weit vor und weit hinter dem Rade.

In dem drallosen Strahl ist im zylindrischen Teil der Druck durchweg dem der Umgebung gleich. In Gleichung (408) verschwindet daher das Druckintegral, und es wird:

$$S' = \frac{\gamma}{g}\,F_{st}\,(c_{a_1} + c_{a_{st}} + V)\,c_{a_{st}}$$

oder, wenn die Relativgeschwindigkeiten herangezogen werden:

$$S' = \frac{\gamma}{g}\,F_{st} \cdot w_2\,(w_2 - w_1) = \frac{\gamma}{g}\,F \cdot w\,(w_2 - w_1) . \tag{436}$$

Durch den Akzent soll darauf aufmerksam gemacht werden, daß es sich jetzt um ideale Grenzwerte handelt. Aus Gleichung (410) erhält man ferner:

$$M \cdot \omega = L' = \frac{\gamma}{g} F_{st} (c_{a_1} + c_{a_{st}} + V) \cdot \omega\, k ,$$

$$= \frac{\gamma}{g} F_{st} \cdot w_2 \cdot g H ,$$

$$= \frac{\gamma}{g} F \cdot w \cdot \frac{w_2^2 - w_1^2}{2} . \tag{437}$$

Der ideale Wirkungsgrad ergibt sich aus:

$$\varepsilon' = \frac{S' \cdot V}{L'} \tag{438}$$

zu

$$\varepsilon' = 2 \frac{(w_2 - w_1)\, V}{w_2^2 - w_1^2} = \frac{2\, V}{w_1 + w_2} \tag{439}$$

oder

$$\varepsilon' = \frac{2\, V}{2\, (c_{a_1} + V) + c_{a_{st}}} . \tag{440}$$

Es ist nützlich, die letzten Darlegungen durch eine Betrachtung im relativen Raum zu ergänzen. In einem System, in dem der Propeller ruht, muß unter den hier gemachten Voraussetzungen die Leistung dazu verbraucht werden, um die Strömung gegen einen Druckanstieg, der mit der Radfläche multipliziert den Schub liefert, durch die Radfläche hindurchzupumpen. Es muß also sein

$$S' \cdot w = L' \tag{441}$$

oder

$$\frac{\gamma}{g} \cdot F w^2 (w_2 - w_1) = \frac{\gamma}{g} F w \frac{w_2^2 - w_1^2}{2}$$

oder

$$w = \frac{w_1 + w_2}{2} * ,$$

also das gleiche Resultat wie Gleichung (434).

Wir führen jetzt einen „Schubgrad“ φ_u ein durch die Definition:

$$\varphi_u = \frac{S}{F \cdot \dfrac{\gamma}{g} \dfrac{u_a^2}{2}} \tag{442}$$

Der Index u soll darauf hinweisen, daß dieser Schubgrad auf die Umfangsgeschwindigkeit des Rades bezogen ist. Wir erhalten mit Gleichung (436), wenn wir den Wert für den Idealfall wieder durch einen Akzent kennzeichnen:

$$\varphi_u' = \frac{2\, w (w_2 - w_1)}{u_a^2} = \frac{(w_2 + w_1)(w_2 - w_1)}{u_a^2}$$

$$= \frac{w_2^2 - w_1^2}{u_a^2} . \tag{443}$$

---

* Vgl. B e n d e m a n n a.a. O. 3. Heft, S. 33.

Hieraus kann man bei gegebenem φ_u', u_a und w_1 das erzeugte w_2 ausrechnen; man findet:

$$w_2^2 = \varphi_u' \cdot u_a^2 + w_1^2$$

oder

$$w_2 = u_a \sqrt{\varphi_u' + \left(\frac{w_1}{u_a}\right)^2}. \qquad (444)$$

In den absoluten Größen:

$$c_{a_{st}} = u_a \sqrt{\varphi_u' + \left(\frac{c_{a_1} + V}{u_a}\right)^2} - (c_{a_1} + V). \qquad (445)$$

Wir definieren weiter einen „Fortschrittsgrad" f durch

$$f = f_c + f_V = \frac{c_{a_1} + V}{u_a} = \frac{c_{a_1}}{u_a} + \frac{V}{u_a} \qquad (446)$$

und können damit an Stelle von Gleichung (445) schreiben:

$$c_{a_{st}} = u_a \left\{ \sqrt{\varphi_u' + f^2} - f \right\}. \qquad (447)$$

Setzt man $c_{a_{st}}$ aus Gleichung (445) in Gleichung (440) ein, so folgt

$$\varepsilon' = \frac{2V}{c_{a_1} + V + u_a \sqrt{\varphi_u' + \left(\frac{c_{a_1} + V}{u_a}\right)^2}}$$

$$= \frac{2V}{u_a(f + \sqrt{\varphi_u' + f^2})}$$

oder, wenn man für V seinen Wert aus Gleichung (446) einsetzt:

$$\varepsilon' = \frac{2 f_V}{f + \sqrt{\varphi_u' + f^2}}. \qquad (448)$$

Andererseits kann man einen „Leistungsgrad" ψ_u durch

$$\psi_u = \frac{L}{F \cdot \frac{\gamma}{g} \cdot \frac{u_a^3}{2}} \qquad (449)$$

definieren. Führt man diesen in die Gleichungen für ε' ein, so hat man zunächst

$$\varepsilon' = \frac{S' \cdot V}{L'} = \frac{\varphi_u' F \frac{\gamma}{g} \frac{u_a^2}{2} \cdot V}{\psi_u' F \frac{\gamma}{g} \frac{u_a^3}{2}} = \frac{\varphi_u'}{\psi_u'} \cdot \frac{V}{u_a},$$

$$\varepsilon' = \frac{\varphi_u'}{\psi_u'} \cdot f_V \qquad (450)$$

oder:

$$\varphi_u' = \frac{\varepsilon' \cdot \psi_u'}{f_V}. \qquad (451)$$

Hiermit wird aus Gleichung (448):

$$\varepsilon' \left(f + \sqrt{\frac{\varepsilon' \psi_u'}{f_V} + f^2} \right) = 2 \cdot f_V$$

oder:

$$\varepsilon'^3 + 4 \frac{f \cdot f_V^2}{\psi_u'} \cdot \varepsilon' - 4 \frac{f_V^3}{\psi_u'} = 0. \qquad (452)$$

Es erweist sich als praktisch, das Verhältnis f/f_V als weiteren Parameter einzuführen. Gleichung (42) schreibt sich dann folgendermaßen:

$$\varepsilon' + 4\frac{f}{f_V}\frac{f_V^3}{\psi_u'}\cdot\varepsilon' - 4\frac{f_V^3}{\psi_u'} = 0\,. \tag{452a}$$

Die Abb. 155 zeigt ε' als Funktion von der Größe ψ_u'/f_V^3 als Abszisse und von $\alpha = f/f_V$ als Parameter. ψ_u'/f_V^3 kann ebenfalls als ein **Leistungsgrad** gedeutet werden, der sinngemäß etwa mit ψ_V zu bezeichnen ist, weil er u_a nicht mehr enthält. Es ist nämlich

$$\frac{\psi_u'}{f_V^3} = \psi'_V = \frac{L'}{F\dfrac{\gamma}{g}\cdot\dfrac{u_a^3}{2}\dfrac{V^3}{u_a^3}} = \frac{L'}{F\dfrac{\gamma}{g}\dfrac{V^3}{2}}\,. \tag{453}$$

Wenn also L, F, c_{a_1} und V gegeben sind, so kann man den größtmöglichen Wirkungsgrad und Schub sofort berechnen, indem man annimmt, daß man einen drallosen Strahl erzeugen, d. h. $L = L'$ machen kann.

Für $c_{a_1} = 0$ wird $f_c = 0$ und $f = f_V$, d. h. $\alpha = 1$; dieser Fall ist in Abb. 155 mit enthalten.

Bei der **Schraube am Stand** kann man nicht vom Wirkungsgrad sprechen. Aber

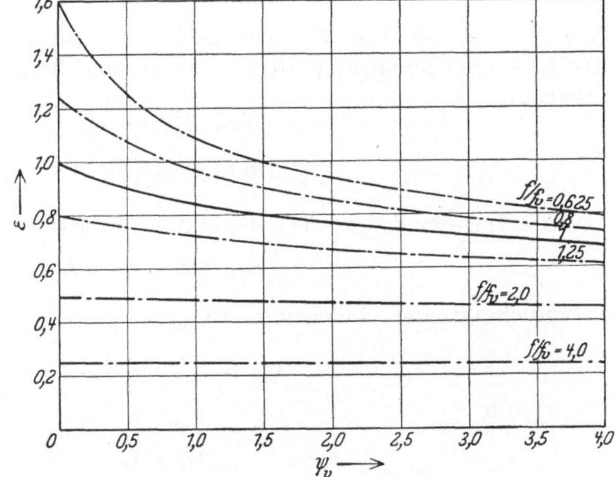

Abb. 155. Wirkungsgrad ε' abhängig vom Leistungsgrad ψ_V und vom Anströmverhältnis $f/f_V = \alpha$.

auch hier kann man den Höchstschub S', der mit einer gegebenen Leistung $L = L'$ zu erzielen ist, ausrechnen. Es ist:

$$S' = \frac{\gamma}{g}F_{st}(c_{a_1} + c_{a_{st}})\cdot c_{a_{st}} = \frac{\gamma}{g}Fc_a\cdot c_{a_{st}}\,.$$

Da aber

$$c_a = c_{a_1} + \frac{c_{a_{st}}}{2}$$

ist [s. Gleichung (435)], so folgt:

$$S' = \frac{\gamma}{g}F\left(c_{a_1} + \frac{c_{a_{st}}}{2}\right)c_{a_{st}}\,. \tag{454}$$

Andererseits ist:

$$L = L' = \frac{\gamma}{g}F_{st}(c_{a_1} + c_{a_{st}})\cdot \omega k$$

$$= \frac{\gamma}{g}F\left(c_{a_1} + \frac{c_{a_{st}}}{2}\right)\frac{c_{a_{st}}(c_{a_{st}} + 2c_{a_1})}{2} \quad \text{(s. 415)}$$

$$L' = \frac{\gamma}{g}F\left(c_{a_1} + \frac{c_{a_{st}}}{2}\right)\left(c_{a_1} + \frac{c_{a_{st}}}{2}\right)\cdot c_{a_{st}}\,. \tag{455}$$

Aus Gleichung (454) und (455) ergibt sich:

$$\frac{S'}{L'} = \frac{1}{c_{a_1} + \dfrac{c_{a_{st}}}{2}} \tag{456}$$

Wir können aber auch die Geschwindigkeiten vollständig eliminieren und S' in Abhängigkeit rein von F und L darstellen. Dazu führen wir außer den bereits definierten φ_u, ψ_u, f und f_c noch die **verhältnismäßige Strahlgeschwindigkeit**

$$\lambda_u = \frac{c_{a_{st}}}{u_a} \tag{457}$$

ein, für die wir für die Schraube am Stand im Idealfalle drallosen Strahles aus Gleichung (445) unter Berücksichtigung von Gleichung (446) erhalten

$$\lambda_u = \sqrt{\varphi'_u + f_c^2} - f_c \tag{458}$$

und

$$\lambda_u + 2 f_c = \sqrt{\varphi'_u + f_c^2} + f_c . \tag{459}$$

Andererseits folgt aus Gleichung (454) nach Definition von φ'_u

$$\varphi'_u = (2 f_c + \lambda_u) \cdot \lambda_u , \tag{460}$$

entsprechend aus Gleichung (455)

$$\psi'_u = \frac{(2 f_c + \lambda_u)^2 \cdot \lambda_u}{2} \tag{461}$$

und damit

$$\varphi'_u = \frac{2 \psi'_u}{2 f_c + \lambda_u} . \tag{462}$$

Mit Gleichung (459) wird hieraus:

$$\varphi'_u = \frac{2 \, \psi'_u}{\sqrt{\varphi'_u + f_c^2} + f_c} .$$

Nach kurzer Umformung ergibt sich für den Zusammenhang zwischen φ'_u und ψ'_u

$$\varphi'^3_u + 4 f_c \cdot \psi'_u \cdot \varphi'_u - 4 \psi'^2_u = 0 . \tag{463}$$

Ist c_{a_1}, also auch $f_c = 0$, so ist einfach:

$$\varphi'_u = \sqrt[3]{4 \psi'^2_u} . \tag{464}$$

Drückt man φ und ψ wieder in S, F und L aus, so erhält man:

$$S' = \sqrt[3]{2 \frac{\gamma}{g} F L'^2} . \tag{465}$$

Dies geht durch Division durch L und Stürzen über in:

$$\frac{L'}{S'} = \sqrt[3]{\frac{g}{2 \gamma} \cdot \frac{L'}{F}} . \tag{466}$$

Im Idealfalle kann man also in ursprünglich ruhender Flüssigkeit einen Schub mit verschwindend geringer Leistung erzeugen, wenn man die

Radfläche über alle Grenzen wachsen läßt. Das Produkt $F c_{a_{st}}^2$ [s. Gleichung (454)] behält seinen endlichen Wert $2\,\dfrac{g}{\gamma} \cdot S'$ bei, während $F \to \infty$ und $c_{a_{st}}^2 \to 0$ geht. Die Leistung aber ist $L' = S'\,\dfrac{c_{a_{st}}}{2}$ [s. Gleichung (454) und (455) und geht mit $c_{a_{st}}$ gegen Null. In der wirklichen Flüssigkeit sind für den Raddurchmesser endliche Grenzen gesteckt — schon wegen der Flüssigkeitsreibung, die hier ungefähr wie die Radseitenreibung der Pumpen und Turbinen zu beurteilen ist.

Drückt man auch in Gleichung (463) φ, f_c und ψ durch ihre Definitionsformeln aus, so folgt:

$$\frac{S'^3}{2\,\dfrac{\gamma}{g} \cdot F} + L'(S' \cdot c_{a_1} - L') = 0 . \qquad (467)$$

Hieraus ergibt sich als Minimalleistung eines ortsfesten Rades zur Erzeugung von Schub im Idealfall $(F \to \infty)$

$$L' = S' \cdot c_{a_1} . \qquad (468)$$

Analog folgt für den freifahrenden Propeller mit $F \to \infty$ aus Gleichung (452a) $\varepsilon' = 1$, wenn $c_{a_1} = 0$ ist und $\varepsilon' = \dfrac{1}{1 + \dfrac{c_{a_1}}{V}}$, also $\varepsilon' \gtrless 1$,

je nach dem Vorzeichen von c_{a_1}, d. h. je nachdem die Fahrt mit oder gegen den Strom geht. Dies sieht man ein, wenn man Gleichung (452a) mit ψ'_u durchmultipliziert und dann entsprechend $F \to \infty$ zur Grenze $\psi'_u = 0$ übergeht.

Wird ein **ortsfestes Radsystem als Pumpe** (Gebläse, Ventilator) angesehen, dessen **Nutzleistung in axialer Flüssigkeitsförderung** besteht, so hat es in idealer Flüssigkeit den Pumpenwirkungsgrad $\eta_a = 1$, wenn es die Flüssigkeit ohne Umfangskomponenten entläßt. Aufgewendete Leistung und Nutzleistung der Pumpe sind dann durch:

$$L' = L'_n = F\,\frac{\gamma}{g}\left(c_{a_1} + \frac{c_{a_{st}}}{2}\right)^2 c_{a_{st}} = S'\left(c_{a_1} + \frac{c_{a_{st}}}{2}\right) \qquad (469)$$

gegeben, also gerade durch diejenige Leistung, die zur Entwicklung des idealen, größtmöglichen Schubes ausreicht.

52. Gütegrade wirklicher Ausführungen.

Bei den Ausführungen ist der Wirkungsgrad des freifahrenden Propellers $\varepsilon < \varepsilon'$ der erzielbare Schub eines ortsfesten Systems $S < S'$ und der Pumpenwirkungsgrad des ortsfesten Systems $\eta_a < 1$. Und zwar ist dies schon in der idealen Flüssigkeit der Fall, wo es seinen Grund darin hat, daß man mehr kinetische Energie in den Strahl hineinstecken muß, als der Idealfall voraussetzt. In der wirklichen Flüssigkeit kommt ein weiteres Mehr an Leistungsaufwand für Reibungs-, Stoß- und Wirbelverluste hinzu. Man kann nun als „Gütegrad" ζ definieren:

Beim fahrenden Propeller

$$\zeta = \frac{\varepsilon}{\varepsilon'}$$

bei der ortsfesten Schraube

$$\zeta = \frac{S}{S'} \, .$$

Bei der ortsfesten Pumpe ist ζ gleichbedeutend mit dem wirklichen $\eta_a < 1$. Beim fahrenden Propeller besitzt ζ nur theoretisches Interesse. Bei der ortsfesten Schraube ist ζ der einzige Bewertungsmaßstab. Dort erhält man

$$\zeta = \frac{S}{\sqrt[3]{2\dfrac{\gamma}{g}\,F \cdot L^2}} \, . \tag{470}$$

Führt man Schub- und Leistungsgrad ein, so wird daraus:

$$\zeta = \frac{\varphi_u}{\sqrt[3]{4\,\psi_u^2}} \, . \tag{471}$$

Zwischen dem Wirkungsgrad η_a eines ortsfesten Rades als Pumpe und dem Gütegrad ζ des gleichen Rades als Schraube besteht eine Beziehung, die sich durch folgende Überlegung ergibt. Die Pumpennutzleistung L_n würde im idealen Falle ausreichen, um den Schub S' zu erzeugen.

Also gilt nach Gleichung (465):

$$S = \sqrt[3]{2\frac{\gamma}{g}\,F \cdot L_n^2} \, .$$

Andererseits könnte man mit der tatsächlich aufgewendeten Leistung L im Idealfalle einen Schub S' erzeugen, der sich wieder nach Gleichung (465) aus:

$$S' = \sqrt[3]{2\frac{\gamma}{g}\,F \cdot L^2}$$

errechnet. Nach Definition ist aber

$$\zeta = \frac{S}{S'} = \left(\frac{L_n}{L}\right)^{2/3} = \eta_a^{2/3} \, * \, . \tag{472}$$

53. Wirkliche Ausführungen freifahrender Propeller (Strahl mit Drall).

Im allgemeinen Falle handelt es sich darum, aus den Gleichungen (428) und (429) $c_{a_{st}}$ und ϱ auszurechnen. Die Gleichungen sind gemischt transzendent und können daher nur durch Tabellenrechnung oder graphisch-rechnerisch gelöst werden. Wir dividieren sie für den vorliegenden Zweck durch u_a^2 und führen die bereits definierten Verhältniswerte

$$\frac{c_{a_1} + V}{u_a} = \frac{c_{a_1}}{u_a} + \frac{V}{u_a} = f_c + f_V = f,$$

$$c_{a_{st}}/u_a = \lambda_u$$

---

* Vgl. Bendemann a. a. O.

in sie ein. Man erhält dann:

$$\lambda_u^2 = 2\,m \cdot \frac{1 - \varrho^2 + \dfrac{m}{2}\ln\varrho^2}{\varrho^2 - \varrho_i^2}\,, \tag{473}$$

$$\lambda_u^2 + 2\,f \cdot \lambda_u = 2\,m\left(1 - \frac{m}{2\,\varrho^2}\right). \tag{474}$$

Das Diagramm Abb. 156 enthält das Ergebnis der Auswertung dieser beiden Gleichungen. Als Abszisse ist m, als Parameter f gewählt. Mit den aus Abb. 156 entnommenen Werten können nun alle interessierenden Größen bestimmt werden.

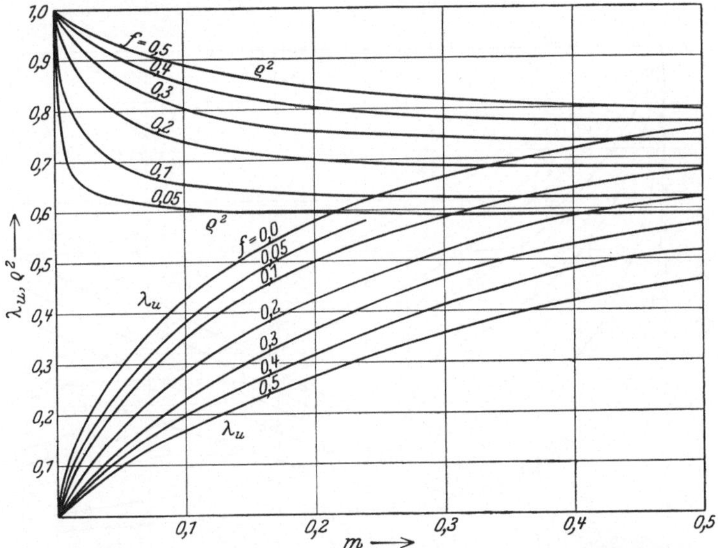

Abb. 156. Verhältnismäßige Strahlgeschwindigkeit λ_u und Strahlquerschnittsverhältnis ϱ^2 in Abhängigkeit von der verhältnismäßigen Umfangskomponente m und verhältnismäßiger, relativer Anströmgeschwindigkeit f.

Den Schub berechnen wir nach Gleichung (419). Es ist:

$$\begin{aligned}
S &= \frac{\gamma}{g}\,F \cdot \omega\,k - \frac{\gamma}{g}\,\pi\,k^2\int_{r_i}^{r_a}\frac{dv}{r} \\
&= \frac{\gamma}{g}\,\pi\left\{(r_a^2 - r_i^2)\,\omega\,k - k^2\ln\frac{r_a}{r_i}\right\} \tag{475} \\
&= \frac{\gamma}{g}\,\pi\,r_a^2\,u_a^2 \cdot m\left\{1 - \varrho_i^2 + \frac{k^2}{\omega\,k\,r_a^2}\ln\varrho_i\right\} \\
&= \frac{\gamma}{g}\,r_a^2\,\pi\,u_a^2 \cdot m\left\{1 - \varrho_i^2 + \frac{m}{2}\ln\varrho_i^2\right\}. \tag{475a}
\end{aligned}$$

Wir definieren den „Schubgrad" φ_u wie oben, indem wir ihn auf die volle Kreisfläche $r_a^2\,\pi$ beziehen, durch:

$$\varphi_u = \frac{S}{r_a^2\,\pi \cdot \dfrac{\gamma}{g}\,\dfrac{u_a^2}{2}} = 2\,m\left(1 - \varrho_i^2 + \frac{m}{2}\ln\varrho_i^2\right). \tag{476}$$

Der Schubgrad ist also vom Parameter f unabhängig. Entsprechend erhalten wir aus Gleichung (410):

$$L = M \cdot \omega = \frac{\gamma}{g}\,\pi\,(r_{st_a}^2 - r_i^2)\,\omega\,k\,(c_{a_1} + V + c_{a_{st}})$$

$$= r_a^2\,\pi\,\frac{\gamma}{g}\cdot u_a^2 \cdot m\,(\varrho^2 - \varrho_i^2)\,(c_{a_1} + V + c_{a_{st}})\,. \tag{477}$$

Für den „Leistungsgrad" ψ_u schreiben wir:

$$\psi_u = \frac{L}{r_a^2\,\pi\,\dfrac{\gamma}{g}\,\dfrac{u_a^3}{2}} = 2m\,(\varrho^2 - \varrho_i^2)\,(f + \lambda_u)\,. \tag{478}$$

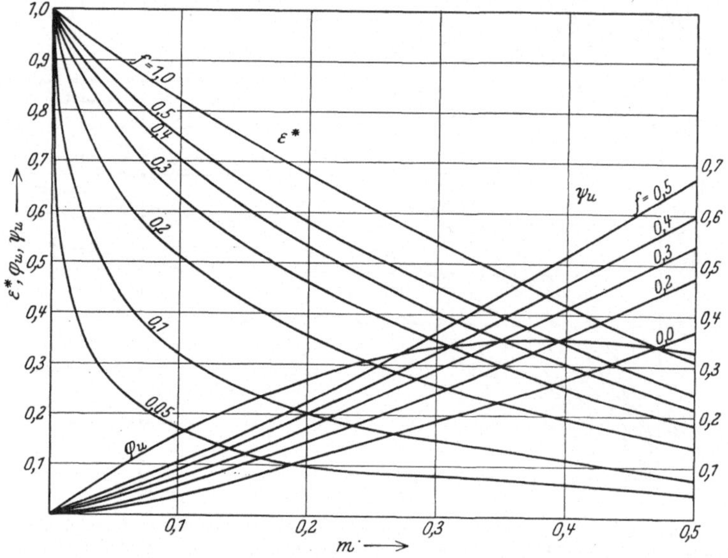

Abb. 157. In idealer Flüssigkeit erreichbarer Wirkungsgrad ε^*, Leistungsgrad ψ_u und Schubgrad φ_u abhängig von m und f.

Für ideale Flüssigkeit erhalten wir den Wirkungsgrad ε^*

$$\varepsilon^* = \frac{S \cdot V}{L} = \frac{\varphi_u \cdot r_a^2\,\pi\,\dfrac{\gamma}{g}\cdot\dfrac{u_a^2}{2}\cdot V}{\psi_u \cdot r_a^2\,\pi\,\dfrac{\gamma}{g}\cdot\dfrac{u_a^3}{2}}\,,$$

$$\varepsilon^* = \frac{\varphi_u}{\psi_u}\cdot f_V\,. \tag{479}$$

Abb. 157 enthält φ_u, ψ_u und ε^*, und zwar den Wirkungsgrad ε^* unter der Annahme $c_{a_1} = 0$, also $f_V = f$.

Für die wirkliche Flüssigkeit wird $\varepsilon < \varepsilon^*$. In Abb. 158 sind solche Wirkungsgrade ε dargestellt, die unter alleiniger Berücksichtigung der Oberflächenreibung an den Schaufeln des Rades errechnet sind, und zwar auf folgende Weise. Eine volle Scheibe vom Halbmesser r_a und der Umfangsgeschwindigkeit u_a würde eine Seitenreibungsleistung L_r verbrauchen vom Betrage:

$$L_r = C \cdot \pi \cdot \frac{\gamma}{g} \, r_a^2 \cdot u_a^3 \, , \qquad (480)$$

wobei C als Funktion der Reynoldsschen Zahl

$$R = \frac{u \cdot r}{\gamma} \, ,$$

und zwar als

$$C \sim \frac{1}{R^{1/5}}$$

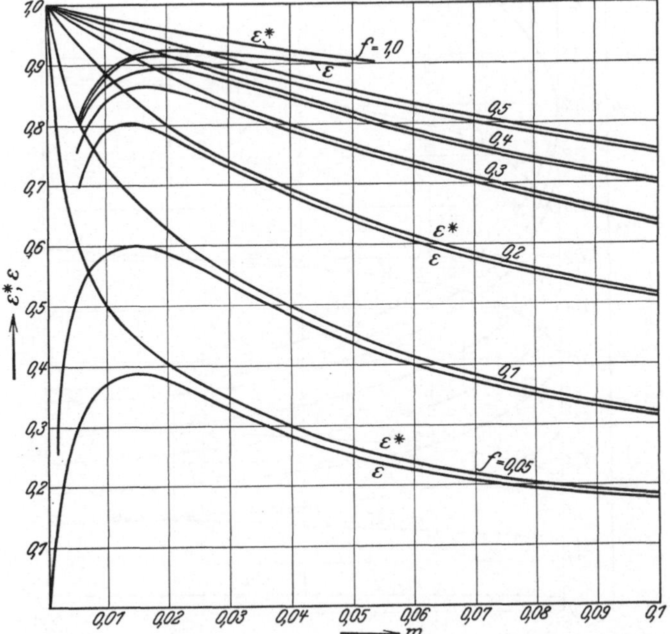

Abb. 158. Propellerwirkungsgrade in idealer und in zäher Flüssigkeit (ε^* bzw. ε).

einzusetzen wäre. Bei einem $R \sim 50 \cdot 10^6$, wie es mittleren Werten der Ausführungen von Wasser- und Luftpropellern entspricht, ergibt sich für die volle Kreisscheibe

$$C_\odot = 0{,}58 \cdot 10^{-3} \, .$$

Hiervon ist für die vorliegenden Räder etwa die Hälfte genommen. Die abgewickelten Flächen ihrer Schaufeln sind zwar häufig kleiner als die halbe Kreisfläche; dafür sind aber die Relativgeschwindigkeiten größer als die Umfangsgeschwindigkeit. Mit dem Werte

$$C = 0{,}25 \cdot 10^{-3}$$

kann man nun einen „Reibungsleistungsgrad"

$$\psi_{u_r} = \frac{L_r}{r_a^2 \, \pi \, \dfrac{\gamma}{g} \, \dfrac{u_a^3}{2}} = 2C \qquad (481)$$

bilden. Die Wirkungsgrade ε der Abb. 158 entsprechen daher der Formel:

$$\varepsilon = \frac{\varphi_u}{\psi_u + \psi_{ur}} \cdot f_V, \qquad (482)$$

$$\varepsilon = \frac{\varphi_u}{\psi_u + 0.5 \cdot 10^{-3}} \cdot f_V. \qquad (483)$$

Zum Vergleich sind die Wirkungsgrade ε^* in Abb. 158 nochmals mit eingetragen. Die Abbildung reicht nur bis $m = 0.1$, weil von da ab

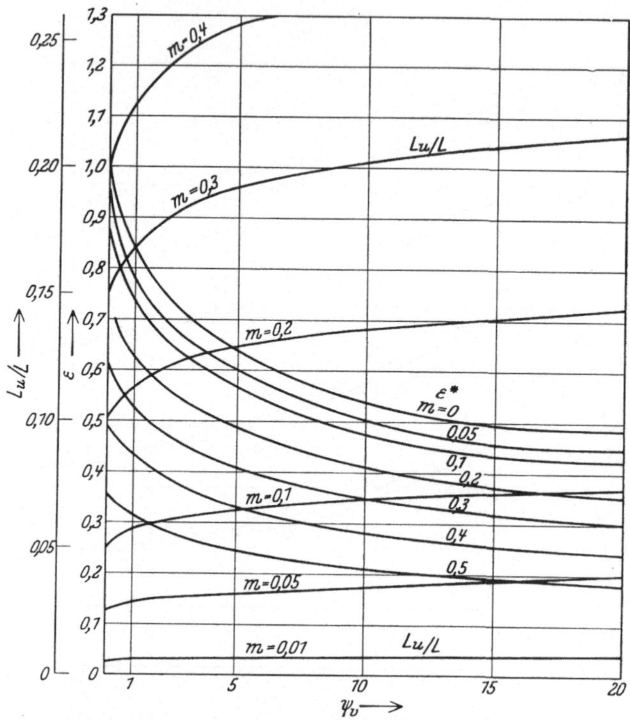

Abb. 159. Wirkungsgrad ε^* und Anteil der Rotationsenergie an der gesamten Strahlenergie abhängig von ψ_V und m.

der Verlust durch Reibung gegenüber der in kinetische Energie umgesetzten Leistung keine Rolle mehr spielt.

Für $m = 0$ ergeben sich die Werte:

$$\varphi_u = 0; \qquad \psi_u = 0; \qquad \varepsilon^* = 1,$$

aber wegen des konstanten ψ_{ur} ist $\varepsilon = 0$.

Der Übergang zu $m = 0$ führt hier nicht auf den unter a) behandelten Idealfall zurück, sondern auf die wirkungslose Schraube oder Pumpe. Dies rührt daher, daß die Reibung unendliche Umdrehungsgeschwindigkeit ausschließt, d. h. daß hier mit $m = 0$ auch $\omega \cdot k = m \cdot u_a^2$ verschwindet, während wir in dem früher behandelten Idealfall ωk trotz verschwindendem m endlich gelassen haben. Um den Einfluß des Dralles auf den Wirkungsgrad noch deutlicher zu zeigen, sind in Abb. 159 die Wirkungsgrade ε^* für $m > 0$ den idealen Wirkungsgraden ε' für drallosen Strahl gegenübergestellt. Dabei ist im Gegensatz zu Abb. 158 die dem Drall proportionale Größe m als Parameter gewählt. Als Abszisse dient der Leistungsgrad ψ_V; um die Abbildung nicht zu überladen, ist auch hier wieder nur der Fall $c_{a_1} = 0$, also $f_c = 0$ dargestellt. Die Kurve für ε' ist die gleiche wie die in Abb. 155 für $f_c = 0$ gezeichnete. Die Kurven für ε^* sind aus denjenigen der Abb. 156 und Abb. 157 durch Einschneiden mit $m = $ konstant gewonnen, wobei die den verschiedenen Parametern f_V zugehörigen ψ_u-Werte nach der Beziehung

$$\psi_V = \psi_u : f_V^\beta \tag{484}$$

in ψ_V-Werte umgerechnet sind. Zu weiterer Erklärung ist in Abb. 159 auch das Verhältnis der für die Erzeugung der Umfangskomponenten aufgewendeten Leistung

$$L_u = \frac{\gamma}{g} F_{st} (c_{a_1} + c_{a_{st}} + V) \cdot \frac{c_{u_{st_a}}^2}{2} \tag{485}$$

zur gesamten aufgewendeten Leistung

$$L = L_a + L_u$$

dargestellt, wobei L_a die für die Steigerung der Axialgeschwindigkeiten aufgewendete Leistung ist und den Wert

$$L_a = \frac{\gamma}{g} F_{st} (c_{a_1} + c_{a_{st}} + V) \cdot c_{a_{st}} \frac{c_{a_{st}} + 2 (c_{a_1} + V)}{2} \tag{486}$$

hat. Entsprechend der Abb. 159 zugrunde liegenden Beschränkung auf den Fall $c_{a_1} = 0$ haben wir:

$$\frac{L_u}{L} = \frac{c_{u_{st_a}}^2}{c_{a_{st}} (c_{a_{st}} + 2 V) + c_{u_{st_a}}^2} = \frac{c_{u_a}^2 \cdot \frac{1}{\varrho^2}}{c_{a_{st}} (c_{a_{st}} + 2 V) + c_{u_a}^2 \cdot \frac{1}{\varrho^2}} \cdot$$

Dividieren wir Zähler und Nenner durch u_a^2, so folgt:

$$\frac{L_u}{L} = \frac{\dfrac{m^2}{\varrho^2}}{\lambda_u (\lambda_u + 2 f_V) + \dfrac{m^2}{\varrho^2}} = \frac{m}{2 \varrho^2} \tag{487}$$

[vgl. Gleichung (474)]. Diese Ziffer genügt aber noch nicht zur Erklärung des Verhältnisses $\varepsilon^* : \varepsilon'$; man muß auch noch bedenken, daß bei gleicher Leistung der Schub im drallbehafteten Strahl kleiner ist als im drallosen. Gleichung (475a) zeigt dies sofort; denn $\ln \varrho_i^2$ ist negativ. Man kann sofort die verhältnismäßige Schubverminderung s durch den Drall anschreiben; es ist:

$$s = \frac{\dfrac{m}{2} \ln \varrho_i^2}{1 - \varrho_i^2} \cdot \tag{488}$$

Dies erscheint durch die willkürliche Wahl von ϱ_i^2 zunächst als willkürlich beherrschbar. Man muß aber bedenken, daß man ϱ_i^2 nicht beliebig klein machen kann, und zwar ganz abgesehen von der notwendigen Größe der „tragenden Konstruktionen" mit Rücksicht auf den Unterdruck im Strahl. Setzt man diesem eine bestimmte, feste Grenze, so muß man mit steigendem m den Kernhalbmesser ϱ_i immer größer machen. Auf die genauere Untersuchung dieser Verhältnisse ist hier verzichtet; weiter unten ist umgekehrt für das konstante $\varrho_i^2 = 0{,}1$ eine Grenze für den Leistungsgrad angegeben, die nicht überschritten werden darf, wenn der Unterdruck im Strahl einen bestimmten Betrag nicht überschreiten soll (s. 56).

s ist in Abb. 159 nicht mit eingetragen, da es von ψ unabhängig ist.

Der Fall $f = 0$, d. h. die ortsfeste Schraube oder Pumpe ohne Zustrom, ist in den Abb. 156 und 157 mit enthalten. Für sie ist natürlich $\varepsilon = 0$; d. h., wie schon in 51 und 52 erwähnt, muß hier der Gütegrad ζ an Stelle des Wirkungsgrades ε eingeführt werden.

54. Wirkliche Ausführungen ortsfester, mechanisch angetriebener Stromräder (Schraube am Stand bzw. Hubschraube und Gebläse; Strahl mit Drall).

Wir setzen der Allgemeinheit wegen ein gegebenes Feld mit $c_\infty = c_{a_1}$ voraus. Die Gleichungen (428) und (429) gelten dann auch hier mit der einzigen Besonderheit, daß

$$f_V = 0, \qquad \text{also} \qquad f = f_c = \frac{c_{a_1}}{u_a} \tag{489}$$

ist. Die Formel (476) für den Schubgrad bleibt unverändert bestehen; in Formel (478) für den Leistungsgrad ist f_c an Stelle von f zu schreiben, so daß also hier

$$\psi_u = 2m(\varrho^2 - \varrho_i^2)(f_c + \lambda_u) \tag{490}$$

ist. Die Werte λ_u und ϱ^2, ferner φ_u und ψ_u aus den Abb. 156 und 157 sind unverändert zu übernehmen, wenn man die dort für f angegebenen Parameterwerte jetzt als Parameterwerte f_c deutet. Wir müssen nur noch den Gütegrad ζ der ortsfesten Schraube und den Wirkungsgrad η_a des ortsfesten Gebläses nach den Gleichungen (471) und (472), d. h.

$$\zeta^* = \frac{\varphi_u}{\sqrt[3]{4\,\psi_u^2}}\,; \qquad \eta_a = \sqrt{(\zeta^*)^3} \tag{491}$$

ausrechnen. Gleichung (491) gibt diese mit ζ^* bezeichneten Werte für den Betrieb mit idealer Flüssigkeit. Für den Betrieb mit wirklicher Flüssigkeit berücksichtigen wir wieder nur die Oberflächenreibung durch ein konstantes additives Glied $\psi_{u_r} = 0{,}5 \cdot 10^{-3}$ im Leistungsgrad und erhalten:

$$\zeta = \frac{\varphi_u}{\sqrt[3]{4\,(\psi_u + 0{,}5 \cdot 10^{-3})^2}}\,. \tag{492}$$

Abb. 160 zeigt den Verlauf aller beim ortsfesten Rad interessierenden Kenngrößen mit Ausnahme von η_a, das nach Gleichung (491) sofort berechnet werden kann.

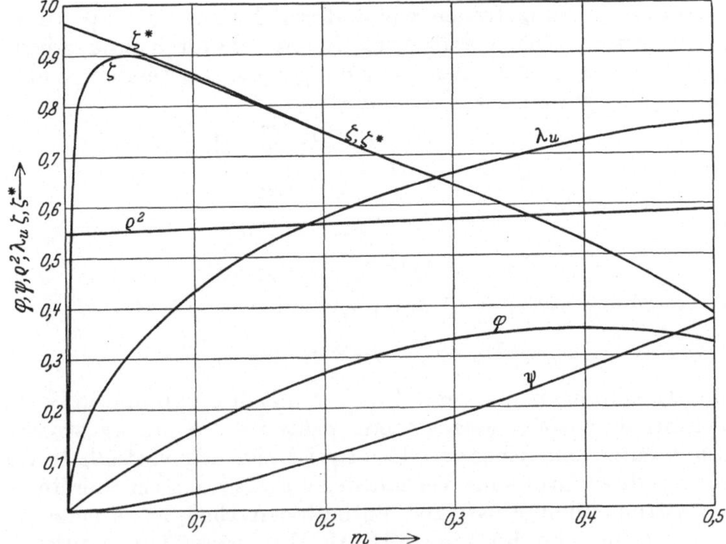

Abb. 160. Kenngrößen für das ortsfeste Rad.

Für alle in 53 und 54 behandelten Fälle gilt Abb. 161, welche die verhältnismäßige relative Durchflußgeschwindigkeit w_a/u_a als Funktion von m und f zeigt.

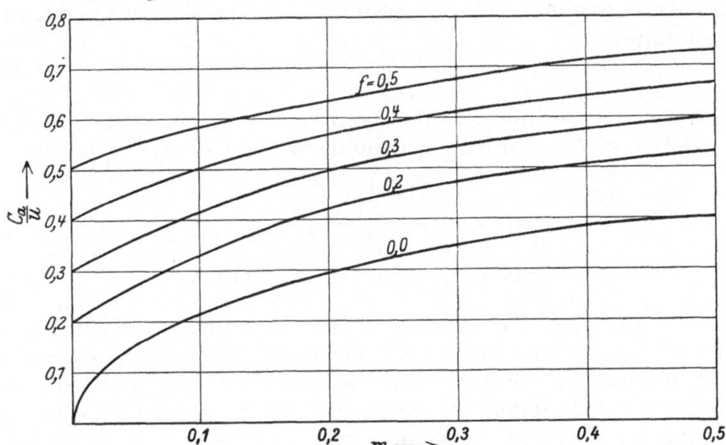

Abb. 161. Verhältnismäßige Durchtrittsgeschwindigkeit in der Radebene eines ortsfesten oder fahrenden Propellers.

55. Die Turbine im offenen Strom.

Für die Behandlung dieser Maschine gehen wir auf die Gleichungen (428) und (429) bzw. (421) und (415) zurück, in denen $V = 0$ zu setzen ist. Der Energieentziehung aus der Flüssigkeit entspricht eine Verzögerung der Flüssigkeitsteilchen. Der Energieentziehung an Stelle der Energievermehrung tragen wir dadurch Rechnung, daß wir k und m negativ setzen. Die Verzögerung kommt dadurch zum Ausdruck, daß nur Werte $\varrho^2 > 1$ in den Gleichungen zu verwenden sind. Aus Gleichung (428) wird $(-m u_a^2 = -\omega \cdot k)$

$$c_{a_{st}}^2 = -2\,\omega\,k \,\frac{1 - \varrho^2 - \dfrac{m}{2}\ln\varrho_i^2}{\varrho^2 - \varrho_i^2}$$

oder:

$$c_{a_{st}}^2 = +2\,\omega\,k \,\frac{\varrho^2 - 1 + \dfrac{m}{2}\ln\varrho_i^2}{\varrho^2 - \varrho_i^2}\,. \tag{493}$$

Aus Gleichung (429) wird entsprechend

$$c_{a_{st}}^2 + 2\,c_{a_1}\cdot c_{a_{st}} = -2\,\omega\,k\left(1 + \frac{m}{2\varrho^2}\right). \tag{494}$$

In beiden Gleichungen sind jetzt k und m mit ihren absoluten Beträgen, d. h. wesentlich positiv, einzusetzen. $\omega k/g$ ist die pro kg strömender Flüssigkeit entzogene Energie. Es erweist sich als vorteilhaft für die Darstellung, diese Größe ins Verhältnis zu $c_{a_1}^2/2g$, d. h. zu der in jedem kg der anströmenden Flüssigkeit enthaltenen Energie zu setzen. Wir führen daher die „verhältnismäßige Energieentziehung"

$$x = \frac{\dfrac{\omega\,k}{g}}{\dfrac{c_{a_1}^2}{2g}} = \frac{2\,\omega\,k}{c_{a_1}^2} \tag{495}$$

ein. Ferner bezeichnen wir als „verhältnismäßige Abbremsung" den Quotienten:

$$\lambda_c = \frac{c_{a_{st}}}{c_{a_1}}\,. \tag{496}$$

Auf diese beiden Verhältniszahlen werden wir geführt, wenn wir Gleichung (493) und (494) durch $c_{a_1}^2$ dividieren; wir erhalten dann:

$$\lambda_c^2 = x \cdot \frac{\varrho^2 - 1 + \dfrac{m}{2}\ln\varrho_i^2}{\varrho^2 - \varrho_i^2}\,, \tag{497}$$

$$\lambda_c^2 + 2\,\lambda_c = -x\left(1 + \frac{m}{2\varrho^2}\right). \tag{498}$$

Ehe wir uns der allgemeinen Behandlung dieser Gleichungen zuwenden, soll zuerst der Fall $m = 0$ bei endlichem und zunächst beliebigem x untersucht werden. Wir machen also den gleichen Grenzübergang wie in 51, indem wir auch hier $m \cdot u_a^2 = gH =$ endlich, aber $m = 0$ setzen. Verwirklicht können wir uns diesen Fall wieder durch ein unendlich rasch laufendes Rad denken.

      a) Die ideale Stromturbine (dralloser Strahl).

Mit $m = 0$ erhalten wir an Stelle von Gleichung (497) und (498)

$$\lambda_c^2 = x \cdot \frac{\varrho^2 - 1}{\varrho^2}\,, \tag{499}$$

$$\lambda_c^2 + 2\,\lambda_c = -x\,. \tag{500}$$

Analog wie früher können wir auch hier $\varrho_i = 0$ setzen.

Aus Gleichung (500) folgt:

$$\lambda_c = \sqrt{1 - x} - 1 \,.$$ (501)

Ein negatives Vorzeichen der Wurzel hat keinen Sinn, das positive liefert bereits negative Werte für λ_c, wie es der Verzögerung wegen sein muß. Jedoch bleiben die absoluten Beträge dabei < 1, wie es allein dem physikalischen Problem entspricht ($c_{a_{st}}$ kann dem Betrag nach nie $> c_{a_1}$ werden). Die Gleichung (411), in der $S \cdot V$ sowie das Druck- und das Geschwindigkeitsintegral verschwinden, liefert:

$$-M\,\omega = \frac{\gamma}{g}\, F_{st} \cdot c_{a_1}(1 + \lambda_c) \cdot \frac{c_{a_1}^2}{2}\{(1 + \lambda_c)^2 - 1\} \,.$$

Der letzte Klammerfaktor und damit die ganze rechte Seite wird negativ; links haben wir, dem negativen Moment entsprechend, bereits $-M\,\omega$ geschrieben. Bezeichnen wir also mit L die **gewonnene** Leistung, so ist

$$L = \frac{\gamma}{g}\, F_{st} \cdot \frac{c_{a_1}^3}{2}(1 + \lambda_c)\{1 - (1 + \lambda_c)^2\} \,.$$ (502)

Da wir hier keinen Kern anzunehmen brauchen, ist

$$F_{st} = \varrho^2 \cdot F \,.$$ (503)

Aus der Verbindung von Gleichung (499) und (500) folgt aber:

$$\varrho^2 = \frac{x}{2\,(x + \lambda_c)} \,.$$ (504)

Setzt man die Gleichungen (501), (503) und (504) in Gleichung (502) ein, so wird

$$L = \frac{\gamma}{g}\, F \cdot \frac{c_{a_1}^3}{2}\, \frac{x^2\sqrt{1 - x}}{2\,(x + \sqrt{1 - x} - 1)} \,.$$ (505)

Wir definieren in diesem Fall den „Leistungsgrad ψ_c'", indem wir auf die Zuströmgeschwindigkeit c_{a_1} beziehen und setzen:

$$\psi_c' = \frac{L}{F\dfrac{\gamma}{g} \cdot \dfrac{c_{a_1}^3}{2}} \,.$$ (506)

Wir erhalten:

$$\psi_c' = \frac{x^2\sqrt{1 - x}}{2\,(x + \sqrt{1 - x} - 1)} = \frac{x^2}{2\,(1 - \sqrt{1 - x})} \,.$$ (507

Dieser Wert hat ein Maximum für

$$x = \frac{8}{9}$$

mit

$$\psi_{c\,\mathrm{max}}' = \frac{16}{27} \,.$$ (508)

Physikalisch erklärt sich das Vorhandensein eines günstigsten x-Wertes auf folgende Weise. Man kann durch irgendwelche Formgebung oder Dimensionierung das Stromrad so einrichten, daß es jedem kg Flüssigkeit mehr oder weniger Energie entzieht. Je mehr es entzieht, desto stärker staut es die Strömung auf, desto mehr Teilchen weichen dem Rade aus. Umgekehrt strömt um so mehr Luft durch das Rad, je weniger Energie jedem kg entzogen wird.

Der Wert $x = \dfrac{8}{9}$ entspricht einem

$$\lambda_{c_{\text{optimum}}} = -\frac{2}{3}, \tag{509}$$

also einem

$$c_{a_2} = c_{a_1} - \frac{2}{3}\, c_{a_1} = \frac{1}{3}\, c_{a_1}. \tag{510}$$

Das zugehörige ϱ^2 wird:

$$\varrho^2 = 2 \tag{511}$$

also:

$$c_a = \frac{2}{3}\, c_{a_1} = \frac{c_{a_1} + c_{a_2}}{2}. \tag{511a}$$

Die Durchströmgeschwindigkeit in der Radfläche ist also auch hier wieder der Mittelwert aus der Geschwindigkeit weit vor und weit hinter dem Rade.

b) Die wirkliche Windturbine (Strahl mit Drall).

Wir untersuchen zunächst den Grenzfall $x = 1$. Wenn wir jedem Flüssigkeitsteilchen seine volle, der rein axialen Geschwindigkeit entsprechende kinetische Energie entziehen, bremsen wir es vollständig ab. Dann muß aber, da alle Teile hinter der Turbine allmählich vollständig zur Ruhe kommen, der Strahl in weiter Entfernung unendlichen großen Querschnitt haben. Hält man nun an der Vorstellung konstanten Dralles im Strahl fest, so enthält er in diesem Grenzfall einen unendlich hohen, den erzeugten Umfangskomponenten entsprechenden Gesamtbetrag an Energie

$$E_u \sim \int\limits_{r_i}^{\infty} \frac{k^2\, dr}{r}.$$

Dieser Grenzfall läßt sich also durch Energieentziehung gar nicht verwirklichen, sondern erfordert zusätzliche Energiezufuhr. Schon bei einem Werte $x < 1$ muß also die gewonnene Leistung Null sein. Die Rechnung zeigt, daß dieser Wert sehr nahe an $x = 1$ liegt.

Nun muß man bedenken, daß jedem x-Werte bei der wirklichen Turbine ein bestimmter m-Wert entspricht, da mit rotierenden Maschinen keine Leistung aufgewendet oder gewonnen werden kann, ohne daß gleichzeitig ein bestehender Drall vergrößert oder verkleinert bzw. beim Anfangsdrall Null ein (im Drehsinn gerechneter) positiver oder negativer Drall erzeugt wird. Der notwendige, mit dem Drall proportionale Wert m hängt mit x in einfacher Weise zusammen. Es ist

$$x = \frac{2\,\omega\,k}{c_{a_1}^2} = \frac{2\,m \cdot u_a^2}{c_{a_1}^2} = \frac{2\,m}{f_c^2}, \tag{512}$$

wenn, wie schon mehrfach geschehen,

$$f_c = \frac{c_{a_1}}{u_a}$$

gesetzt wird. Der reziproke Wert von f_c kann als „Drehgrad" ϑ bezeichnet werden, so daß man

$$\vartheta = \frac{1}{f_c}; \qquad x = 2\,m\,\vartheta^2 \tag{513}$$

zu setzen hat. Liegt also ein gegebener Drehgrad ϑ vor, so wird der Leistungsgrad ψ_c mit steigendem m von Null aus bis zu einem Maximum wachsen, dann wieder fallen und kurz vor dem Werte

$$m = \frac{f_c^2}{2} = \frac{1}{2\,\vartheta^2} \quad \text{(d. h. } x = 1\text{)} \tag{514}$$

wieder Null werden.

Die Rechnung bestätigt die physikalische Überlegung. Zunächst stellen wir fest, daß die Gleichungen (497) und (498) durch die zusammengehörigen Werte

$$x = 1, \qquad \lambda_c = -1, \qquad \varrho^2 = \infty$$

für jedes m befriedigt werden. Für die weitere Rechnung benutzen wir an Stelle von Gleichung (497) und (498) die beiden folgenden Gleichungen, die aus Gleichung (493) und (494) entstehen, wenn durch u_a^2 an Stelle von $c_{a_1}^2$ dividiert wird; wir erhalten dadurch:

$$\lambda_u^2 = 2\,m\,\frac{\varrho^2 - 1 + \dfrac{m}{2}\ln\varrho^2}{\varrho^2 - \varrho_i^2}\,. \tag{515}$$

$$\lambda_u^2 + 2\,f\cdot\lambda_u = -\frac{2\,m}{f^2}\left(1 + \frac{m}{2\,\varrho^2}\right). \tag{516}$$

Nur bis nahe an den schon genannten Wert

$$m = \frac{f_c^2}{2} = \frac{1}{2\,\vartheta^2}$$

heran darf man m von Null aus steigen lassen, wenn man noch Leistung aus der Turbine gewinnen will. Allgemein ist der Leistungsgrad in idealer Flüssigkeit

$$\psi_c^* = \frac{L}{F\,\dfrac{\gamma}{g}\,\dfrac{c_{a_1}^3}{2}} = \frac{L}{\dfrac{\gamma}{g}\,\pi\cdot r_a^2\,\dfrac{u_a^3}{2}\,\dfrac{c_{a_1}^3}{u_a^3}}$$

$$= \left[\frac{(r_{st_a}^2 - r_i^2)\,(c_{a_1} + c_{a_{st}})\cdot\omega\,k}{r_a^2\cdot\dfrac{u_a^3}{2}\cdot f_c^3}\right]$$

$$= \frac{2\,m}{f_c^3}\cdot(\varrho^2 - \varrho_i^2)\,(f_c + \lambda_u)\,. \tag{517}$$

Die Rechnung verläuft nun so, daß man zuerst f_c, λ_u und ψ_c als Funktion von willkürlichen Werten m und ϱ^2 durch eine Tabelle oder durch ein Diagramm mit m als Abszisse und ϱ^2 als Parameter darstellt und dann durch Einschneiden mit verschiedenen Werten $f_c = $ konst. die Größe ϱ^2 eliminiert und f_c als Parameter gewinnt. Man erhält so das Diagramm

Abb. 162, in dem ψ_c abhängig von m und f, mit m als Abszisse und f_c als Parameter dargestellt ist. Mit ϑ als Parameter werden die Kurven

$$x = \frac{2m}{f_c^2} = 2m \cdot \vartheta^2$$

gerade Linien. Mit zunehmendem Drehgrad ϑ (abnehmendem f_c) wird der zulässige Bereich für m immer kleiner; für jeden Drehgrad gibt es ein anderes bestes m. Daß die Verbindungslinie der Scheitelwerte hier nicht für $m = 0$ den früher festgestellten Idealwert $\psi_c' = 16/27$ zeigt, hat seinen Grund darin, daß wir mit konstantem $\varrho_i^2 = 0,1$ gerechnet haben, während wir berechtigt gewesen wären, ϱ_i^2 mit m auf Null abnehmen zu lassen.

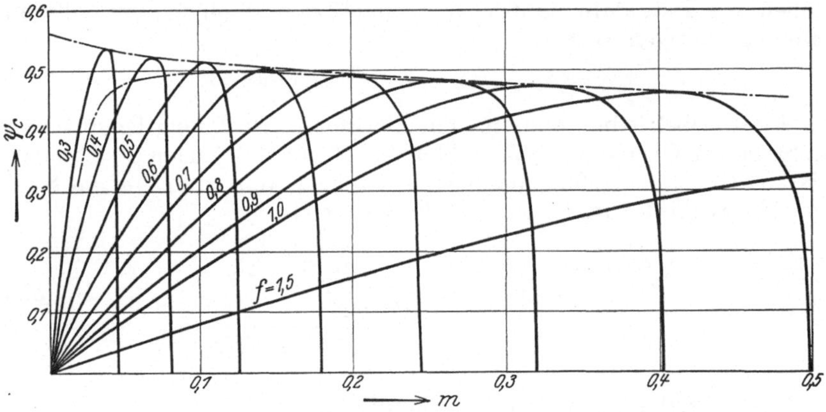

Abb. 162. Leistungsgrade der Windturbine abhängig von m und f.

Wir berücksichtigen jetzt die Oberflächenreibung in der gleichen Weise wie bei den Propellern, setzen also

$$L_r = C \cdot \pi \frac{\gamma}{g} r_a^2 \cdot u_a^3$$

und erhalten für den Reibungsleistungsgrad

$$\psi_{c_r} = \frac{2L_r}{\dfrac{\pi\gamma}{g} r_a^2 \cdot u_a^3 \left(\dfrac{c_{a_1}}{u_a}\right)^3} = \frac{2C}{f_c^3}$$

$$= 2C \cdot \vartheta^3 . \tag{518}$$

Die Reibungsleistung verringert die zu gewinnende Leistung, wir erhalten also endgültig für den Leistungsgrad ψ_c in reibender Flüssigkeit

$$\psi_c = \psi_c^* - \psi_{c_r} .$$

Die hohen Drehgrade werden dadurch ungünstiger, während sie andererseits wegen geringer Rotationsenergie im Strahl günstig sind. Abb. 162 zeigt dies Verhalten unter der Annahme eines Wertes

$$C = 2,0 \cdot 10^{-3},$$

der gegenüber dem früher bei den Propellern angegebenen hoch erscheint, aber gewählt ist, weil das Hauptanwendungsgebiet hier die Windturbinen sind, die mit unverhältnismäßig geringeren Reynoldschen Zahlen $R = \dfrac{u \cdot r}{\nu}$ laufen. Abb. 162 enthält der Übersichtlichkeit wegen statt der tatsächlichen Leistungsgrade nur die Verbindungslinie ihrer Scheitelwerte; diese hat ein sehr flaches Maximum für

$$2{,}0 < \vartheta < 2{,}25\,.$$

Die Ausführungen entsprechen häufig diesen Werten.

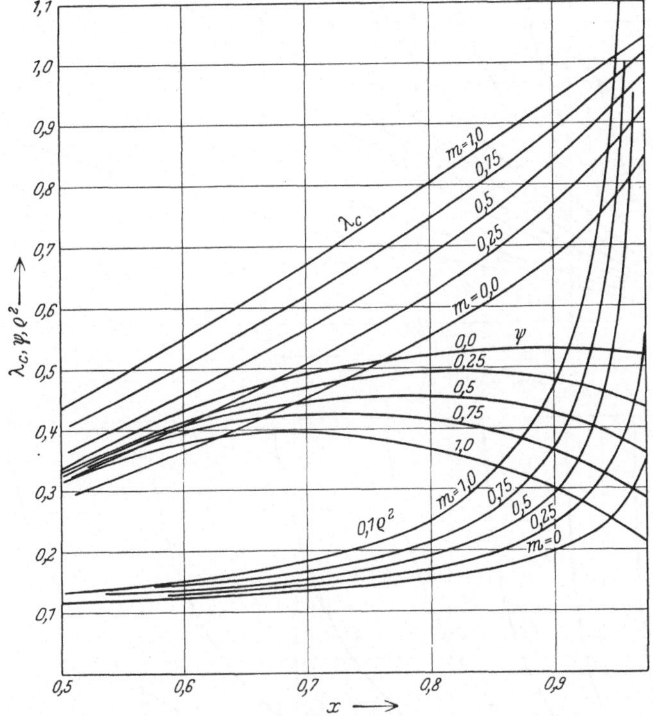

Abb. 163. Kenngrößen einer Windturbine in Abhängigkeit von m und von der verhältnismäßigen Energieentziehung x.

Die Abb. 163 gibt eine andere Darstellung der gegenseitigen Abhängigkeiten. Hier ist $x = 2\,\omega\,k/c_{a_1}^2$ als Abszisse gewählt und m als Parameter, aufgetragen ist ψ_c^*. Der Grenzfall $m = 0$ ist nach der Gleichung (507) berechnet; die übrigen Werte sind unter Benutzung der Gleichungen (499) und (500) und der allgemeinen Formel

$$\psi_c = x(\varrho^2 - \varrho_i^2)(1 + \lambda_c) \tag{519}$$

berechnet. Diese geht aus Gleichung (517) sofort hervor, wenn man $2m/f_c^2 = x$ und $\lambda_u : f_c = \lambda_c$ setzt. Im übrigen kann man die Abb. 163 aus der Abb. 162 durch Einschneiden mit $m = $ konst. und Elimination von f_c bzw. ϑ ohne weiteres erhalten.

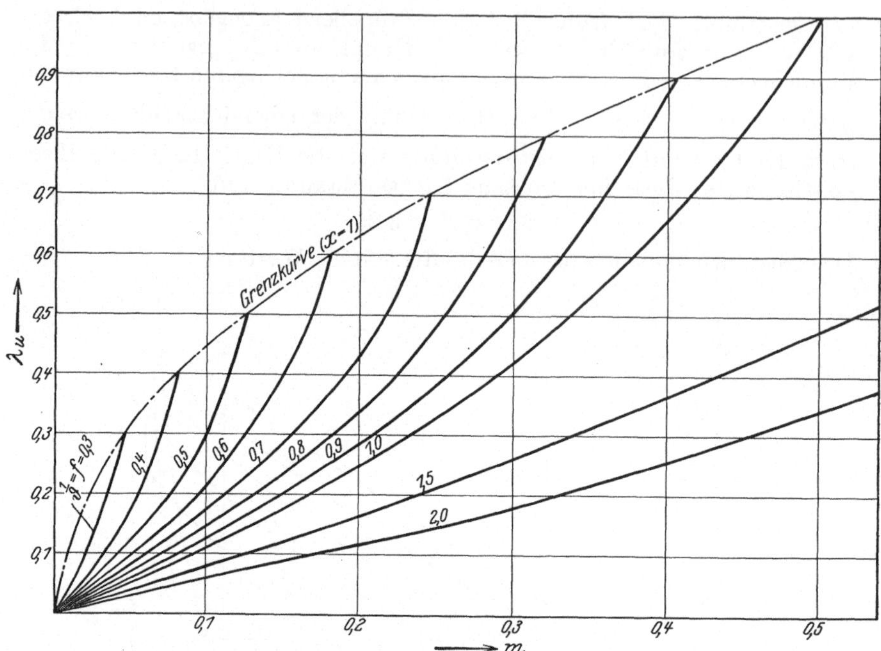

Abb. 164. λ_u für die Windturbine abhängig von m und f_c.

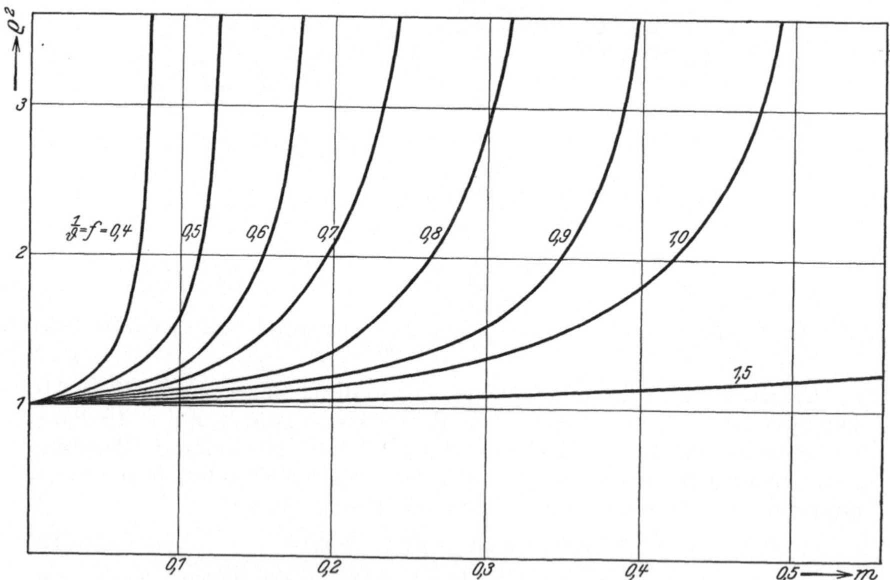

Abb. 165. ϱ^2 für die Windturbine abhängig von m und f_c.

Abb. 164 und 165 enthalten über m mit dem Parameter $f_c = 1/\vartheta$ die für die späteren Dimensionierungsfragen notwendigen Werte λ_u und ϱ^2.

56. Zulässige Belastung und Dimensionierung der Stromräder.

Der Druck in der Strömung, insbesondere der unmittelbar an den Radflächen herrschende, darf sich nirgends der Dampfspannung nähern. Mit dieser Bedingung beschränken wir die Anwendbarkeit unserer Rechnungen auf unzusammendrückbare Flüssigkeiten. Behalten wir uns eine besondere Betrachtung über die Windturbinen und Luftpropeller vor, so haben wir zunächst anzunehmen, daß die Stromräder mit ihrer Achse um eine Höhe h'_s unter der Flüssigkeitsoberfläche, an der atmosphärischer Druck herrschen möge, liegen. Dann ist der Druck der ungestörten Flüssigkeit, den wir in unseren Ableitungen vorläufig willkürlich gleich Null gesetzt hatten, um $\gamma h'_s$ erhöht. Wir müßten nun untersuchen, wie groß der absolut tiefste Druck im ganzen System wird und für diesen eine Grenze festsetzen. Die genauere Untersuchung der Druckverteilung geht über den Rahmen dieses Bandes hinaus, wir helfen uns durch folgende Betrachtung:

Der Drucksprung an der Radfläche ist:

$$\frac{\Delta p}{\gamma} = \frac{\omega k}{g} - \frac{k^2}{2\,g\,r^2}$$

$$= \frac{\omega k}{g}\left(1 - \frac{m}{2}\,\frac{r_a^2}{r^2}\right). \tag{520}$$

Bei Leistung verbrauchenden Rädern (k und m positiv!) ist Δp positiv und außen größer als innen, bei Leistung abgebenden (k und m negativ!) ist es negativ und außen kleiner als innen. Wir wählen als Maß für die „Belastung" den Drucksprung auf dem Kreise mit dem Radius $r = r_a/\sqrt{2}$, also ein

$$\frac{\Delta p_m}{\gamma} = \frac{\omega k}{g}\,(1 - m). \tag{521}$$

Von diesem Drucksprung nehmen wir an, daß er vollständig als Unterdruck gegenüber dem Nullniveau erscheint. Um nun sicher zu gehen, daß nirgends der Unterdruck zu groß wird, darf $\Delta p_m/\gamma$ eine durch genauere Überlegung oder durch Erfahrung festzulegende Grenze nicht überschreiten. Diese kann jedenfalls um so höher liegen, je größer h'_s ist. Statt h'_s führen wir lieber die Strecke ein, um die der Scheitel des Kreises mit dem Radius $r = r_a/\sqrt{2}$ unter dem Flüssigkeitsspiegel liegt. Man kann also sagen: Der durch

$$\frac{p_u}{\gamma} = \frac{\omega k}{g}\,(1 - m) - h_s \tag{522}$$

gegebene Unterdruck darf eine bestimmte Grenze h_0 nicht übersteigen. Also ist ωk auf:

$$\omega k_{\mathrm{zul}} = g\,\frac{h_s + h_0}{1 - m}$$

beschränkt. Da $\omega k = m \cdot u_a^2$ ist, folgt als Grenze für u_a:

$$u_{a_{\mathrm{zul}}} = \sqrt{g\,\frac{h_s + h_0}{m\,(1 - m)}}. \tag{523}$$

Hierin darf, wie aus der Überlegung hervorgeht, h_0 durchaus nicht dem Betrag $1 - h_d$, wo h_d die Dampfspannung ist, nahekommen. Wir setzen vorbehaltlich genauerer Untersuchung und Vergleichen mit der Erfahrung für Propeller, Pumpen und Turbinen unter Wasser:

$$h_{0_W} = 5{,}0 \,. \tag{524}$$

Bei Luftpropellern und Windturbinen ist zunächst $h_s = 0$ zu setzen. Grundsätzlich kann man dort h_0 höher wählen, da bei Annäherung an tiefe Drücke, die bei unzusammendrückbarer Flüssigkeit eintreten würde, eine wesentliche Änderung des spezifischen Volumens eintritt, wodurch die Druckunterschiede teilweise wieder ausgeglichen werden. Allerdings werden dadurch die Voraussetzungen für unsere Gleichungen auch verschoben (z. B. insbesondere für die Berechnung des Drucksprunges); darauf können wir aber mit den bisher angewendeten Hilfsmitteln nicht weiter eingehen. Vorläufig möge bei Luftpropellern und Windturbinen

$$h_{0_L} = 9{,}0 \tag{525}$$

gesetzt werden.

Mit der Festsetzung von u_a ist die Dimensionierung zur Hälfte schon erledigt. Man hat nur noch aus den Abb. 157, 160 und 162, bzw. 163 einen Schubgrad φ oder Leistungsgrad ψ zu wählen und kann dann aus der Gleichung

$$r_a^2 = \frac{2}{\pi \dfrac{\gamma}{g} \cdot \varphi \cdot u^2} \cdot S \tag{526}$$

bei verlangtem Schub oder

$$r_a^2 = \frac{2}{\pi \dfrac{\gamma}{g} \cdot \psi \cdot u^3} \cdot L \tag{527}$$

bei gegebener bzw. verlangter Leistung r_a berechnen. Die Wahl von φ oder ψ ist zunächst willkürlich, man wird als erste Forderung diejenige höchsten Wirkungsgrades stellen. Mit φ oder ψ entscheidet man sich aber gleichzeitig über f und m (und k!). Man erhält dann ein bestimmtes r_a und, da u_a auch festliegt, eine bestimmte Drehzahl. Wenn diese nicht paßt, muß man φ, ψ und m anders wählen und gegebenenfalls auf etwas Wirkungsgrad verzichten.

57. Formgebung der Radschaufeln. Zusammenhang mit anderen Theorien.

Wir haben jetzt noch zu untersuchen, wie der in der bisherigen Entwicklung vorausgesetzte konstante Drall erzeugt wird. Die hierzu gehörigen Überlegungen sind die gleichen wie in der Theorie der Pumpen und Turbinen im geschlossenen Strom. Wir nehmen hier wie dort an, daß sehr viele Schaufeln vorhanden sind, die eine relative Abströmrichtung gegenüber dem Umfang erzwingen, die mit der Richtung der Schaufeltangenten am Radaustritt — bzw. bei Schaufeln von endlicher Dicke mit der mittleren Richtung des sich verzweigenden Schaufelschwanzes — übereinstimmt.

In Abb. 166 ist eine mittlere Stromschicht $m - m$ und der Kegel K, der sie am Austritt aus dem Rade berührt, gezeichnet. Durch den Berührungskreis T ist ein Kreiszylinder C gelegt. Der Kegel schneidet die Schaufeln des Rades nach dem in der Kegelabwicklung dargestellten Profil P, der Zylinder nach dem in der Zylinderabwicklung gezeichneten Profil P'. Die Winkel der Profilmittelrichtung S bzw. S' gegen die positive Umfangsrichtung sind wie früher mit β bzw. β' bezeichnet. Legt man durch den Kreis T noch die Ebene E, so wird der Zusammenhang zwischen β und β' aus Abb. 167 klar, in der alle miteinander zum Schnitt kommenden Flächen durch ihre Tangentialebenen ersetzt sind.

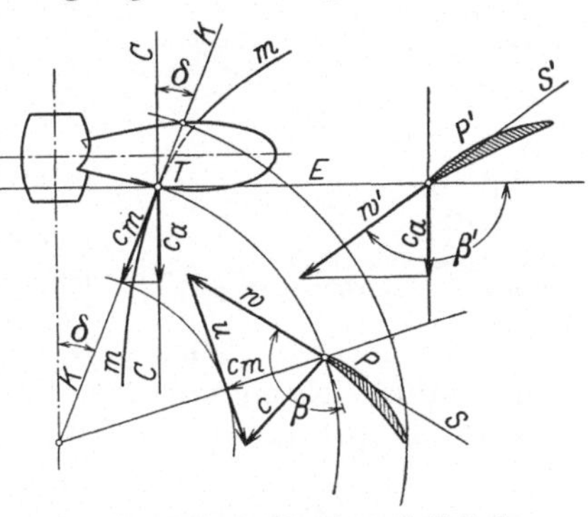

Abb. 166. Mittlerer Kegel- und Zylinderschnitt durch ein Propeller- oder Windturbinenrad.

Aus der Abbildung liest man ab:

$$\operatorname{ctg}\beta = \frac{TH}{GH} = \frac{BG}{GH} = \frac{AD - FG}{GH} = \frac{AD - DF \cdot \operatorname{tg}\gamma}{TB}$$

$$= \left(\frac{AD}{TA} - \frac{AB}{TA} \cdot \operatorname{tg}\gamma\right)\cos\delta = (\operatorname{ctg}\beta' - \operatorname{tg}\delta\,\operatorname{tg}\gamma)\cos\delta$$

$$\operatorname{ctg}\beta = \operatorname{ctg}\beta'\cos\delta - \operatorname{tg}\gamma\cdot\sin\delta . \tag{528}$$

Andererseits besteht zwischen $c_u\,r$ und β auch hier die Beziehung der Gleichung (132)

$$k = c_u \cdot r$$
$$= r^2\omega + w_m \cdot r \cdot \operatorname{ctg}\beta,$$

wo w_m die in der Tangentialebene des Kegels K liegende relative Meridiangeschwindigkeit ist, und der Winkel β ebenso wie in 28 festgesetzt gezählt ist. Aus der letzten Gleichung wird mit Gleichung (528)

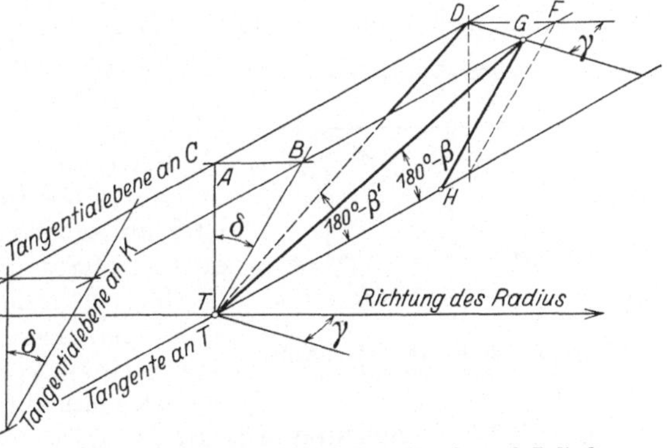

Abb. 167. Zusammenhang zwischen Kegel- und Zylinderschnitt.

$$k = r^2\omega + w_m \cdot \cos\delta \cdot r\operatorname{ctg}\beta' - w_m\sin\delta \cdot r\operatorname{tg}\gamma$$

oder

$$k = r^2\omega + w_a \cdot r \cdot \operatorname{ctg}\beta' - w_r \cdot r \cdot \operatorname{tg}\gamma . \tag{529}$$

Man sieht, daß man im allgemeinen die genaue Strahlform, d. h. die Verteilung von w_r kennen muß, um die Schaufelfläche so zu bestimmen, daß konstantes k herauskommt. Die w_r-Verteilung hängt aber wieder von der Schaufelform ab. Das Problem bleibt mit den hier angewandten elementaren Mitteln unlösbar. Eine angenäherte, für eine Grundzugstheorie aber vollkommen genügende Lösung gewinnt man, wenn man annimmt, daß $c_r \cdot \mathrm{tg}\,\gamma$ gegenüber $c_a \cdot \mathrm{ctg}\,\beta'$ vernachlässigt werden kann. Mit dieser Annahme wird aus Gleichung (529)

$$\mathrm{ctg}\,\beta' = \frac{k}{w_a \cdot r} - \frac{r \cdot \omega}{w_a}. \qquad (530)$$

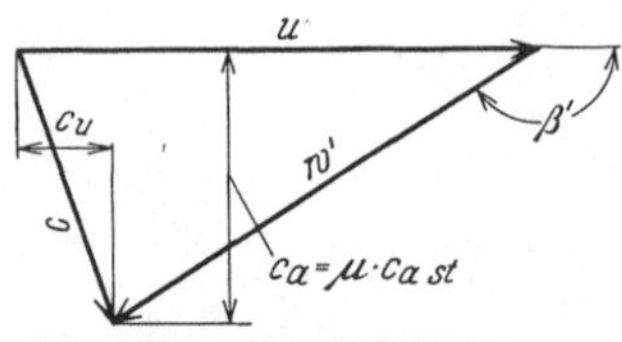

Abb. 168a. Geschwindigkeitsdiagramm eines ortsfesten Propellers.

Der Winkel β' ist immer $> 90°$; es ist also immer $\dfrac{k}{w_a \cdot r} < \dfrac{r \cdot \omega}{w_a}$. Die Fläche hat also mit wachsendem r immer flachere Winkel β', ist also einer Schraubenfläche (bei der $\mathrm{tg}\,\gamma = 0$ ist) nahe verwandt. Da außerdem w_r in den meisten Fällen gegen w_a klein und an sich nur in den äußeren Strahlschichten von Belang ist, so läßt sich die Vernachlässigung des Produktes $c_r \cdot \mathrm{tg}\,\gamma$ rechtfertigen. In Gleichung (530) kann man noch k durch

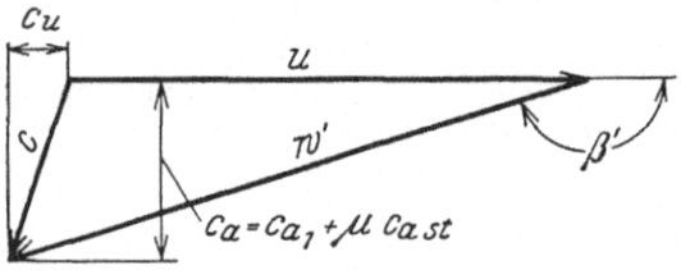

$$m = \frac{c_{u_a}}{u_a} = \frac{k}{r_a^2 \cdot \omega}$$

ersetzen. Damit wird

Abb. 168b.   Geschwindigkeitsdiagramm einer Windturbine.

$$\mathrm{ctg}\,\beta' = \frac{u_a}{w_a}\left(m \cdot \frac{r_a}{r} - \frac{r}{r_a}\right). \qquad (531)$$

Da u_a/w_a für alle Fälle bekannt ist (s. die Abb. 168a, 168b, 169), so kann die Winkelverteilung am Radaustritt berechnet werden. w_a folgt mit u_a und c_a aus den Geschwindigkeitsdiagrammen Abb. 167 und 168. c_a ergibt sich aus $c_{a\,st}$ unter Berücksichtigung der Querschnittsverhältnisse im Strahl. Für den ortsfesten oder fahrenden Propeller ist c_a/u_a in Abb. 161 dargestellt.

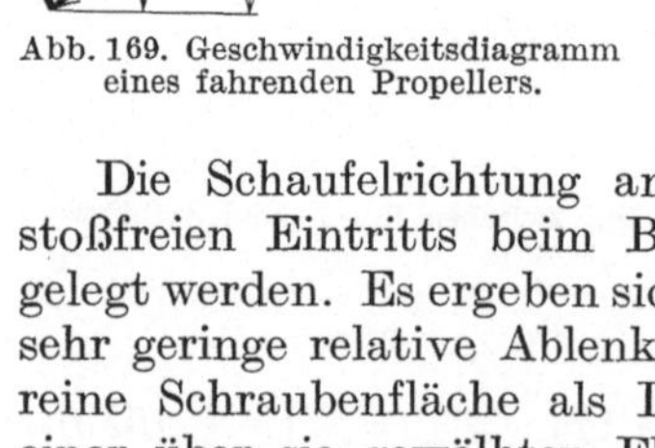

Bei endlicher Schaufelzahl müssen die Winkel „übertrieben" werden. Das Problem ist grundsätzlich das gleiche wie bei irgendeinem Schaufelgitter mit endlicher Teilung (s. 20, d). Nur liegen hier ähnlich wie bei den schaufelarmen Kaplanturbinen extreme Verhältnisse vor. In einer Grundzugstheorie ist man auf Abschätzung angewiesen.

Abb. 169. Geschwindigkeitsdiagramm eines fahrenden Propellers.

Die Schaufelrichtung am Radeintritt muß nach dem Grundsatz stoßfreien Eintritts beim Betriebspunkt besten Wirkungsgrades festgelegt werden. Es ergeben sich dann aus Eintritts- und Austrittsrichtung sehr geringe relative Ablenkungen, und dies ist der Grund, warum die reine Schraubenfläche als Druckseite eines Propellers zusammen mit einer über sie gewölbten Fläche als Saugseite häufig so vollkommen allen Ansprüchen genügt.

In neuerer Zeit wählt man in vielen Fällen für die abgewickelten Profile der Schaufelschnitte sog. Tragflügelprofile. Es muß darauf hingewiesen werden, daß diese zunächst nur für Luft anwendbar sind. Für Wasser haben sie häufig zu starke Verdickungen am Eintritts-

(Kopf-)ende. Diese Verdickungen bedingen lokale Übergeschwindigkeiten und entsprechende Unterdrücke, die besonders früh (bei verhältnismäßig geringen Umfangsgeschwindigkeiten) zu Kavitation führen. Für Betrieb mit Wasser sind keilförmige Eintrittsprofile vorzuziehen.

Die genauere Formgebung kann erst im zweiten Band besprochen werden.

Hier möge nur der Zusammenhang mit der vielfach gebräuchlichen Dimensionierung eines Schraubenpropellers nach Steigung und Durchmesser besprochen werden. Man legt dort Fahrt in stromloser Flüssigkeit zugrunde und wählt nach Erfahrung oder Überlegung einen Flächendruck $p_\odot$, der als Quotient aus dem verlangten Schub S und der Kreisfläche $r_a^2 \pi$, also durch

$$p_\odot = \frac{S}{r_a^2 \pi}$$

definiert ist. $p_\odot$ ist der mittlere Wert des Drucksprunges an der Raddurchtrittsfläche. Für ihn ergibt sich also eine gleiche Überlegung wie sie in Gleichung (522) zum Ausdruck kommt. Es darf

$$\frac{p_u}{\gamma} = \frac{p_\odot}{2\gamma} - h_s \tag{532}$$

eine zulässige Grenze h_0 nicht überschreiten, also muß

$$\frac{p_\odot}{\gamma} < 2\,(h_0 + h_s) \tag{533}$$

sein.

Ferner schätzt man den „Slip" s ab, der in folgender Weise definiert ist. Man denkt zunächst an eine exakte Schraubenfläche, d. h. an eine solche, deren Steigung H vom Radius unabhängig ist. Würde sich eine solche Fläche in einer festen Schraubenmutter bewegen, so würde sie bei der Drehzahl $n/\min$ den Weg:

$$W = \frac{H \cdot n}{60}$$

in der Sekunde zurücklegen. Tatsächlich legt sie in der Flüssigkeit nur die Strecke

$$V = f_V \cdot u = f_V \cdot \frac{D \pi n}{60}$$

zurück. Die verhältnismäßige Differenz:

$$s = \frac{W - V}{W} = 1 - \frac{V}{W} = 1 - \frac{\dfrac{D \pi n}{60} \cdot f_V}{\dfrac{H n}{60}}$$

$$= 1 - \frac{f_V}{\dfrac{H}{D}} \cdot \pi \tag{534}$$

nennt man den „prozentualen Slip", und zwar ist dies ein „tatsächlicher" Slip für den frei fahrenden Propeller und ein „scheinbarer" für einen in unmittelbarer Nähe des Fahrzeuges angeordneten. „Scheinbar" heißt er in diesem Falle deswegen, weil das Fahrzeug besondere Eigenströmungen hervorruft, die „Vor-" bzw. „Nachstrom" genannt werden und die auch die Schraube beeinflussen. Die Voraussetzung, die bei der Berechnung von s nach Gleichung (534) gemacht ist, nämlich, daß sich die Schraube in sonst ungestörter Flüssigkeit bewegt, ist also bei dem am Schiff oder Flugzeug fahrenden Propeller nicht erfüllt.

Wenn man $p_\odot$ wählt, ist r_a bzw. D gegeben, bei festgelegtem n aber auch u_a und damit bei gegebenem V auch f_V. Schätzt man also nach Erfahrungen ein „günstiges" s, so ergibt sich H. Nun ist aber das günstigste s, schon wenn es sich nur um den frei fahrenden Propeller handelt, für jedes Verhältnis H/D ein anderes. Es muß also eine große Summe von Erfahrung vorliegen, um die richtige Wahl zu treffen.

Das „Steigungsverhältnis" $H:D$ hängt mit $\operatorname{ctg}\beta'$ auf einfache Weise zusammen. Bei unendlich vielen und unendlich dünnen Schaufeln ist unmittelbar

$$\operatorname{ctg}\beta'_a = \frac{H}{D\pi},$$

also

$$\frac{H}{D} = \pi \cdot \operatorname{ctg}\beta'_a. \tag{535}$$

Bei den wirklich ausgeführten geringen Schaufelzahlen muß $H:D$, um in dem Strahl ein mittleres β'_a zu erzwingen, größer gemacht werden, als Gleichung (535) angibt. Man kann

$$\frac{H}{D} = \sigma \cdot \operatorname{ctg}\beta'_a \tag{536}$$

setzen, wo

$$\sigma > \pi$$

ist. Der Wert von σ ist vorläufig nur abzuschätzen. Er kann bei 3 Schaufeln etwa 4,5—5,0 betragen. Für $\operatorname{ctg}\beta'_a$ ist nach Gleichung (531)

$$\operatorname{ctg}\beta'_a = \frac{u_a}{w_a}(m-1) \tag{537}$$

einzusetzen.

Die unendlich vielen und unendlich dünnen, exakten Schraubenflächen können natürlich keinen „stoßfreien" Eintritt gewährleisten, sie bewirken vielmehr die ganze, für die Leistungsaufnahme notwendige tangentiale Ablenkung nur durch „Stoß". Die endlich vielen Schaufelflächen können grundsätzlich so verdickt werden und dadurch solche Profile in den Schnitten mit den einzelnen Stromschichten erhalten, daß die Strömung überall tangential zu der mittleren Richtung der Eintrittsenden verläuft.

Setzt man für H/D seinen Wert in Gleichung (534) ein und für $\operatorname{ctg}\beta'_a$ den aus Gleichung (536), so erhält man den Zusammenhang zwischen dem Slipbegriff und unseren Vorstellungen, die wir entwickelt haben, um das ganze Problem auf eine physikalisch möglichst einwandfreie Grundlage zu stellen. Es wird nämlich:

$$s = 1 - \frac{f_V}{\operatorname{ctg}\beta'_a} \cdot \frac{\pi}{\sigma}. \tag{538}$$

Hiermit ist es möglich, den Einfluß von s auf den Wirkungsgrad zu ermitteln und durch Diagramme, die den Abb. 157 und 158 entsprechen würden, darzustellen. Hiervon möge aber hier abgesehen werden.

Eine Frage ist noch aufzuwerfen: Ist die Verteilung $c_u \cdot r = \text{konst}$, die unseren Entwicklungen und damit auch unserer Formgebung der Schaufeln zugrunde liegt, wirklich die günstigste oder ist sie nur die für die Rechnung bequemste? Die günstigste wäre sie an sich, wenn durch sie ein Minimum von kinetischer Energie im Strahl gewährleistet würde. Daß dem so ist, kann man zunächst nicht erwarten, und tatsächlich ist es auch nicht der Fall. Es erschien aber richtig, das obige Gesetz in einer Grundzugstheorie zugrunde zu legen, und zwar aus zwei Gründen. Zunächst wird dadurch überhaupt einmal auf die Bedeutung der Umfangskomponenten im Strahl hingewiesen und ihr Einfluß auf den Wirkungsgrad in rechnerisch einigermaßen einfacher Weise zahlenmäßig festgestellt. Außerdem aber ist der günstigste Propeller nicht allein durch ein Minimum an kinetischer Energie im Strahl, sondern durch ein Minimum der Gesamtverluste, zu denen insbesondere auch die Reibungsverluste gehören, gekennzeichnet. Die Frage nach der günstigsten Verteilung der Umfangskomponenten verliert dadurch etwas an Bedeutung; ein Abweichen von der Minimumsbedingung der Strahlenenergie wird durch die Rücksicht auf andere Verluste sowieso notwendig. Zudem kann die Frage nach der günstigsten Verteilung der Umfangskomponenten mit den Mitteln einer Grundzugstheorie nur schwer und auf umständliche Weise beantwortet werden.

Bei den Windturbinen kommt es noch weniger darauf an, gerade das Minimum an kinetischer Energie zu erreichen, da hier die Frage des Wirkungsgrades hinter der Frage der Baukosten stark zurücktritt. Hier war es also ganz besonders am Platze, den Einfluß der Strahldrehung durch einen einfachen Ansatz zu erfassen.

58. Das Verhalten eines gegebenen Stromrades bei wechselnden Betriebszuständen.

Gleichung (531) liefert die Winkelverteilung zu jedem Betriebszustand und zeigt, daß sie für jeden solchen eine andere ist. Wenn man umgekehrt die Winkelverteilung unverändert läßt, so wird sie wegen des eben festgestellten Zusammenhanges bei den verschiedenen Betriebszuständen, die von dem beim Entwurf zugrunde gelegten abweichen, streng genommen nicht mehr konstante Dralle über der Radfläche erzeugen. Hiervon kann man aber genau wie bei der in 28 vorgenommenen Vereinfachung absehen und den erzeugten, doch als konstant angesehenen Drall näherungsweise demjenigen gleichsetzen, der in einer mittleren Strahlschicht, also etwa auf dem Radaustrittskreis mit dem Radius $r = r_a/\sqrt{2}$, erzeugt wird. Wir denken uns also auch hier die ganze Wirkung in einer mittleren Schicht konzentriert. Heben wir diese durch den Index „m" heraus, so wird nach Gleichung (530):

$$k = r_m^2 \omega + w_a \cdot r_m \cdot \operatorname{ctg} \beta_m'$$

oder

$$m = \frac{k}{r_a^2 \omega} = \left(\frac{r_m}{r_a}\right)^2 + \frac{w_a}{u_a} \cdot \frac{r_m}{r_a} \cdot \operatorname{ctg} \beta_m'. \tag{539}$$

Hierin sind r_m/r_a und $\operatorname{ctg}\beta'_m$ feste Größen; w_a/u_a aber sehen wir im Sinne der hier eingeführten Annäherung als eine aus den früheren Entwicklungen bekannte Funktion von m und dem Betriebszustande (f, f_V, f_c) an. Dann kann m aus Gleichung (539) als Funktion von r_m/r_a,

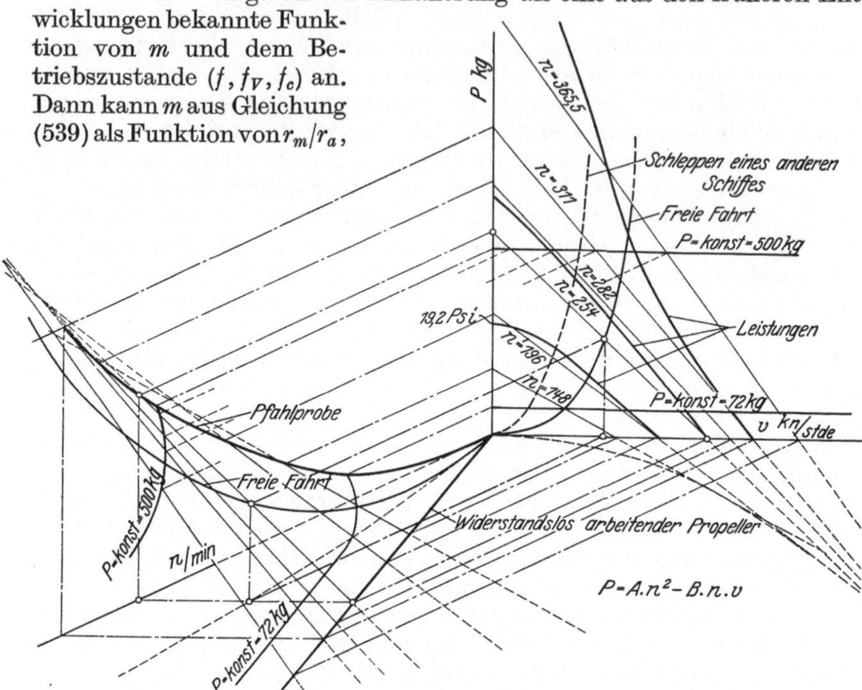

Abb. 170. Verhalten eines Propellers bei wechselnder Fahrgeschwindigkeit und Drehzahl.

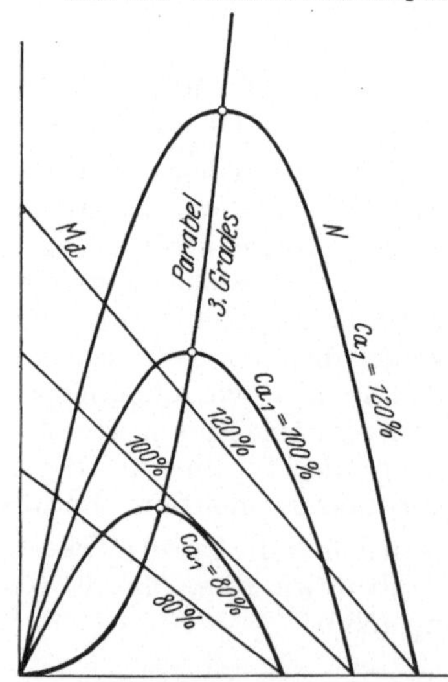

Abb. 171. Verhalten einer Windturbine bei wechselnder Anströmgeschwindigkeit und Drehzahl, aufgetragen über der Drehzahl.

$\operatorname{ctg}\beta'_m$ und f, f_V, f_c berechnet werden, damit aber auch die Schub- und Leistungsgrade. Allerdings werden dabei die Stoßverluste am Eintritt sowie die Variation der Reibungsverluste vernachlässigt. Grundsätzlich wird aber dadurch das Gesamtbild des Verhaltens nicht geändert. Führt man diese Rechnung durch, so erhält man eine verhältnismäßig überraschend gute Übereinstimmung mit dem experimentell ermittelten Verhalten der verschiedenen Gattungen der Stromräder. Dieses kann kurz dadurch gekennzeichnet werden, daß Schub und Drehmoment bei variablem f linear, die Leistung parabelförmig variiert. Die Abb. 170[1]

---

[1] Gezeichnet auf Grund der Abb. 14 in dem Aufsatz von P r ö l l: Seite 787 des Jahrbuchs der Schiffbautechnischen Gesellschaft, Bd. 11 (1910).

zeigt dies für einen Propeller für verschiedene konstante Drehzahlen und variable Fortschreitgeschwindigkeit; die Abb. 171 dagegen für eine Stromturbine bei verschiedenen konstanten Anströmgeschwindigkeiten und variabler Drehzahl. Die Abbildungen sind idealisiert, die Ausführungen zeigen kleine Abweichungen von den geraden Linien und Parabeln. Im übrigen sind die Abbildungen Illustrationen zu den im folgenden besprochenen Ähnlichkeitsbeziehungen.

59. Ähnlichkeitsbeziehungen für die Stromräder.

Die durchgeführte Theorie hat durchweg auf die Bestimmung von Verhältniszahlen geführt. Damit ist schon der Weg zur Aufstellung von Ähnlichkeitscharakteristiken gewiesen. Wir wollen diese aber aus den allgemeinen Ähnlichkeitsbedingungen ableiten.

Ähnliche Betriebszustände erfordern geometrisch ähnliche Körper. Darunter sind zunächst die Räder selbst, dann aber auch die tragenden Konstruktionen (Schiff, Flugzeug, Windmühlenturm) gemeint. Die Geschwindigkeitsfelder können ferner nur dann ähnlich sein, wenn der Abstand der Körper von etwaigen Grenzen der Flüssigkeit, also z. B. die Eintauchtiefe der Propeller, die Höhe einer Windmühle über dem Erdboden, in allen verglichenen Fällen das gleiche Verhältnis zu einer als Vergleichsgröße festgelegten Körperdimension hat.

Als maßgebende kinematische Ähnlichkeitsbedingung erscheint die bereits eingeführte Verhältniszahl f. Diese ist jedenfalls für ähnliche Betriebszustände die gleiche.

Denkt man dann zunächst an Betrieb mit idealer Flüssigkeit, sieht also vom Einfluß der Reynoldsschen Zahl ab, so kann man die in 35 und 36 aufgestellten Beziehungen auch hier anwenden, also schreiben:

$$
\left.
\begin{aligned}
&\text{Alle Strömungsenergien, alle Flüssigkeitsdrücke,} \\
&\qquad \text{sowie alle Beanspruchungen} \ldots \ldots \ldots \propto n^2 D^2, \\
&\text{Alle Kräfte} \ldots \ldots \ldots \ldots \ldots \ldots \propto n^2 D^4, \\
&\text{Alle Momente} \ldots \ldots \ldots \ldots \ldots \propto n^2 D^5, \\
&\text{Alle Leistungen} \ldots \ldots \ldots \ldots \ldots \propto n^3 D^5.
\end{aligned}
\right\} \quad (540)
$$

Dabei sind die jeweiligen Proportionalitätsfaktoren zunächst von der Form des Radsystems (von den Schaufelwinkeln, der Schaufelzahl, den Radien- und den Breitenverhältnissen, der gegenseitigen Anordnung von Leit- und Laufrädern usw.), dann aber vom Verhältnis f abhängig, das den Betriebszustand charakterisiert. Berücksichtigt man die Reibung, so werden sie auch noch von der Reynoldsschen Zahl (und schließlich auch noch von der relativen Rauhigkeit s/D) abhängig. Hiervon werden nur die Verluste und die aufgewendeten Energien, die Nutzkräfte und Nutzenergien dagegen nicht betroffen. Die Wirkungsgrade steigen also, wie bei den Kreiselrädern im geschlossenen Strom, auch hier wieder mit wachsender Reynoldsscher Zahl. Es ist nützlich, sich an zwei Dinge zu erinnern, erstens, daß die statische Druckverteilung dem Reynoldsschen Ähnlichkeitsgesetz nicht folgt, zweitens, daß dieses nur so lange gilt, als die Strömungsverhältnisse keine Kavitation herbeiführen. Die Begriffe „Schubgrad" und „Leistungsgrad", die den

für die Kreiselräder im geschlossenen Strom gebildeten Begriffen
„Schluckfähigkeit" und „Einheitsleistung" entsprechen, sind ebenfalls
Ähnlichkeitskonstanten, die bei ähnlichen Betriebszuständen die gleichen
Werte haben.

Der Wirkungsgrad ist vom Betriebszustand abhängig, im ganzen
also wird er als Funktion von diesem und der Reynoldsschen Zahl erscheinen (von verschiedener Rauhigkeit abgesehen)

$$\varepsilon = F(f, R) \, .$$

Schließlich kann man auch eine spezifische Drehzahl als Ähnlich-
keitskonstante berechnen. Von den verschiedenen möglichen Defini-
tionen betrachten wir zunächst die folgende:

„Die spezifische Drehzahl eines Stromrades soll diejenige sein, die an einem nach dem gleichen Typ ähnlich ver-
kleinerten oder vergrößerten bei ähnlichem Betriebszustand beobachtet wird, wenn es bei der relativen Anströmgeschwindigkeit $w_1 = c_{a_1} + V = 1$ die Leistung Eins verbraucht oder abgibt."

Dann gelten die beiden Proportionen:

$$\frac{N}{1} = \frac{n^3 D^5}{n_s^3 D_s^5} \, ; \qquad \frac{c_{a_1} + V}{u_a} = f = \frac{1}{\dfrac{n_s D_s \pi}{60}} \tag{541}$$

Durch Eliminieren von D_s, das nicht interessiert, ergibt sich

$$n_s = n \sqrt{\frac{N}{(c_a + V)^5}} \, , \tag{542}$$

Führt man hier ψ_u und f ein, so hat man:

$$n^2 N = \frac{30^2}{\pi \cdot 75} \cdot \frac{\gamma}{2g} \cdot \psi_u \cdot u_a^5 \, ,$$

$$n_s^2 = \frac{30^2}{\pi \cdot 75} \cdot \frac{\gamma}{2g} \cdot \psi_u \cdot \left(\frac{u_a}{c_{a_1} + V}\right)^5 .$$

Mit der bekannten Bezeichnung $f = \dfrac{c_{a_1} + V}{u_a}$ wird also

$$n_s = \frac{30}{\sqrt{\pi \cdot 75}} \sqrt{\frac{\gamma}{2g} \frac{\psi_u}{f^5}} \, . \tag{543}$$

Dimensionslos wird dies durch Multiplikation mit $\sqrt{\dfrac{2g}{\gamma}}$; mit unserer
früheren Bezeichnung für den dimensionslosen Betrag der spezifischen
Drehzahl erhalten wir also:

$$n_s^* = n \sqrt{\frac{2g}{\gamma} \frac{N}{(c_{a_1} + V)^5}} = \frac{30}{\sqrt{\pi \cdot 75}} \sqrt{\frac{\psi_u}{f^5}} = 1{,}955 \, \frac{\psi_u^{1/2}}{f^{5/2}} \, . \tag{544}$$

Jedes System, das mit seinem ψ_u und f ein bestimmtes n_s^* liefert, paßt
für einen Betriebsfall, der mit n, N, c_{a_1} und V nach Gleichung (544)
dasselbe n_s^* liefert.

In denjenigen Fällen, wo weder ein V noch ein c_{a_1} existiert, versagt die obige Definition; man kann die Einheitlichkeit dadurch retten, daß man an Stelle von $c_{a_1} + V$ die erzeugte Strahlgeschwindigkeit $c_{a_{st}}$ setzt, wodurch an Stelle von f^5 im Nenner λ_u^5 zu treten hätte.

Eine andere Definition paßt für alle Propeller, auch den am Stand, und bezieht sich auf die Leistung Eins und den Schub Eins. Man erhält aus:

$$\frac{S}{1} = \frac{n^2 D^4}{n_s^2 D_s^4} \qquad \text{und} \qquad \frac{N}{1} = \frac{n^3 D^5}{n_s^3 D_s^5} \qquad (545)$$

als spezifische Drehzahl:

$$n_s = \frac{n \sqrt{S^5}}{N^2} \qquad (546)$$

bzw. dimensionslos:

$$n_s^* = n \frac{\sqrt{\dfrac{2g}{\gamma} S^5}}{N^2} \qquad (547)$$

oder mit φ_u und ψ_u

$$n_s = \frac{30 \cdot 75^2}{\sqrt{\pi}} \cdot \sqrt{\frac{\gamma}{2g}} \frac{\sqrt{\varphi_u^5}}{\psi_u^2} \qquad (548)$$

bzw. dimensionslos

$$n_s^* = \frac{30 \cdot 75^2}{\sqrt{\pi}} \frac{\sqrt{\varphi_u^5}}{\psi_u^2} = 0{,}95 \cdot 10^4 \frac{\varphi_u^{5/2}}{\psi_u^2} \, . \qquad (549)$$

Will man schließlich unmittelbar mit den spezifischen Drehzahlen der Kaplanturbinen vergleichen, so muß man den Gefällsbegriff einführen. Für die Windturbine ist $c_{a_1}^2/2g$ das Bruttogefälle. Bezeichnet man dies mit H, so zeigt der Vergleich mit Gleichung (542), daß wir in dieser tatsächlich unsere bekannte Formel für die spezifische Drehzahl der Turbinen

$$n_s = \frac{n \sqrt{N}}{H \sqrt[4]{H}}$$

vor uns haben. Bei den Propellern kann man als Nutzgefälle den mittleren Drucksprung an der Radfläche in Metern Flüssigkeitssäule ansehen, also die Größe:

$$H = \frac{S}{\gamma \cdot r_a^2 \pi} = \frac{p_\odot}{\gamma} \, , \qquad (550)$$

wobei mit $p_\odot$ der Schub pro Quadratmeter der Radkreisfläche bezeichnet ist. Damit erhalten wir

$$n_s = \frac{n \sqrt{N}}{\dfrac{p_\odot}{\gamma} \sqrt[4]{\dfrac{p_\odot}{\gamma}}} \qquad (551)$$

oder dimensionslos

$$n_s^* = \frac{1}{\gamma^{1/2} (2g)^{3/4}} \cdot \frac{n \sqrt{N}}{\dfrac{p_\odot}{\gamma} \sqrt[4]{\dfrac{p_\odot}{\gamma}}} = 1{,}955 \frac{\psi_u^{1/2}}{\varphi^{5/4}} \, . \qquad (552)$$

Die Abb. 172 und 173 enthalten die spezifischen Drehzahlen abhängig von m und f; aus ihnen kann man sofort, wenn man aus den gegebenen

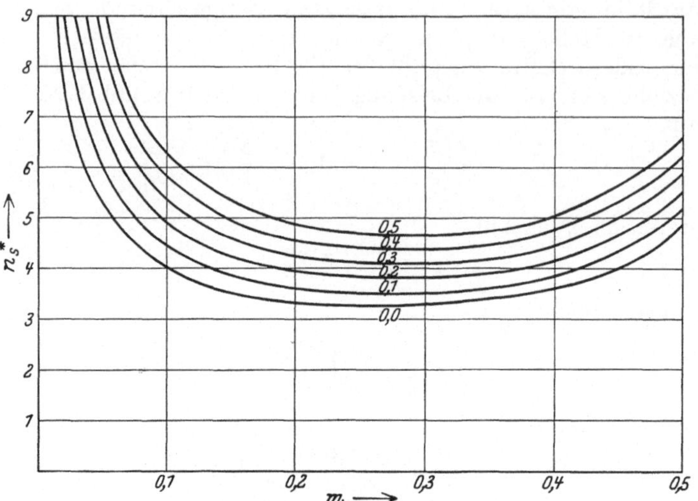

Abb. 172. Spezifische Drehzahl des Propellers abhängig von m und f.

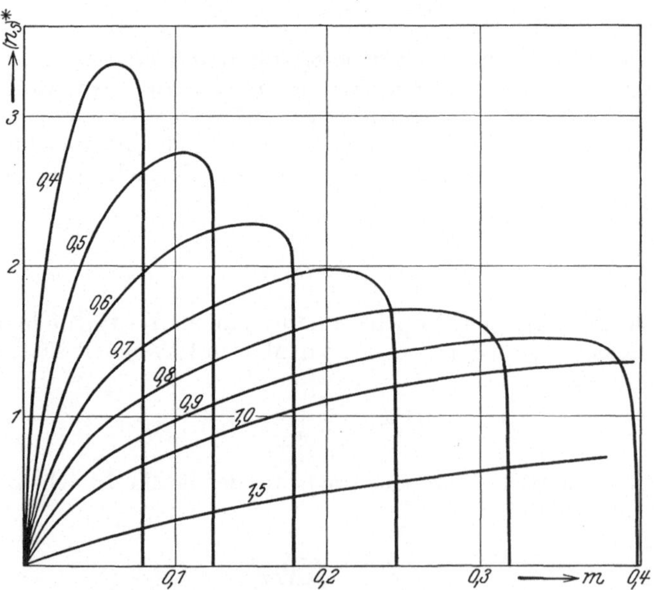

Abb. 173. Spezifische Drehzahlen der Windturbine abhängig von m und f.

Betriebsdaten n_s bestimmt, entnehmen, welcher der in den Abb. 158 und 161 enthaltenen Typen für den vorliegenden Fall paßt.

D. Die moderne Freistrahlturbine.

XI. Eindimensionale Theorie der Peltonturbine (Becherturbine).

60. Ausführungsformen der Becherturbinen.

Abb. 174 zeigt alle wesentlichen Konstruktionselemente der modernen Freistrahlturbine, deren Urform von dem Amerikaner Pelton stammt und daher noch häufig nach ihm benannt wird. Am Umfang eines mehr oder minder scheibenförmigen Rades sind „Becher" angegossen oder angeschraubt von der Form zweier aneinander gehaltenen hohlen

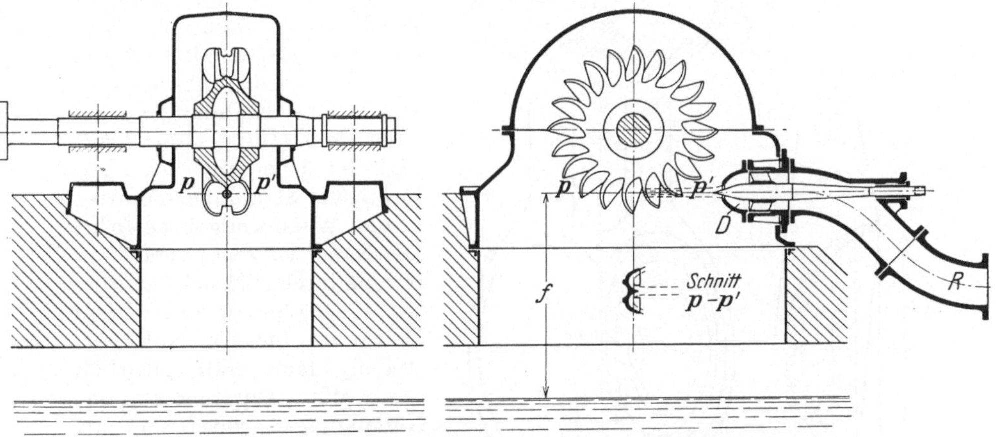

Abb. 174. Schematischer Längs- und Querschnitt durch eine Freistrahlturbine.

Hände. Ihre Form ist symmetrisch zu einer senkrecht zur Radachse stehenden Mittelebene, in der die Becherschneide liegt (in dem Schnitt $p—p'$ besonders deutlich, aber auch in den beiden anderen Rissen der Abb. 174 erkennbar). Beaufschlagt wird das Rad partiell, d. h. nur über einen gewissen Teilbogen des Umfangs hinüber, und zwar durch einen freien Strahl, der in den modernen Ausführungen immer Kreisquerschnitt hat. Er tritt aus einer „Nadeldüse" aus, die so angeordnet wird, daß der Strahl mit seiner senkrecht zur Radachse stehenden Mittelebene genau in der gleichstehenden Mittelebene der Becher liegt, von jeder Becherschneide also in zwei symmetrisch abgelenkte Hälften geteilt wird. Charakteristisch ist dabei, daß die Hauptablenkungsrichtung in einer Ebene parallel zur Radachse liegt, wie dies insbesondere aus dem Schnitt $p—p'$ hervorgeht. Nach unserer früheren, in 25 gewählten Bezeichnungsweise wäre also das Peltonrad unter die Axialturbinen zu rechnen. Allerdings breitet sich jede Strahlhälfte auch noch etwas abweichend von dieser Hauptrichtung über die Hohlform jeder Becherhälfte aus. Dies würde auch eintreten, wenn jede Becherhälfte als Zylinderfläche mit Erzeugenden parallel zur Becherschneide geformt wäre. Die wirkliche Form, die aus den Schnittkurven der Abb. 175 zu erkennen ist, trägt dem Rechnung und ist die Endform einer längeren versuchmäßigen Entwicklung. Sie sorgt dafür, daß jeder Tropfen der Beaufschlagungsflüssigkeit so abgelenkt wird, daß er den Bereich des Rades mit möglichst geringer Energie verläßt.

Das Leitorgan, mittels dessen das Rad beaufschlagt wird, ist, wie bereits gesagt, eine Düse. Diese hat rotationssymmetrische Form und enthält — als Kern — eine Nadel mit einem natürlich ebenfalls als Rotationskörper geformten Kopf. Das vordere, aus der Düsenöffnung mehr oder weniger herausragende Ende ist kegelförmig. Zusammen mit der konvergierenden Form der Düse wird hierdurch eine wesentliche Strahlkontraktion nach dem Austritt ins Freie und der Übergang des ringförmigen Strahlquerschnittes in den kreisförmigen bewirkt. Die Nadel ist axial verschiebbar, dadurch läßt sich der Austrittsquerschnitt von einem Maximum bis auf Null verstellen; dazu muß natürlich der größte Durchmesser des Nadelkopfes größer sein als die kreisförmige Düsenaustrittskante. Verstellt wird die Nadel nur bei kleinsten Ausführungen von Hand, sonst aber durch Servomotoren,

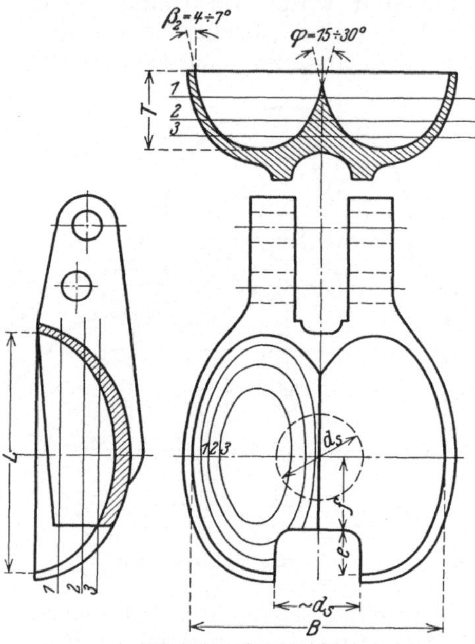

Abb. 175. Peltonbecher.

wobei ein indirekt wirkender Geschwindigkeitsregler ihre Stellung beherrscht. Außer der Nadel haben moderne Freistrahlturbinen noch ein zweites Regulierorgan, den „Strahlablenker". Dieser besteht aus einer schaufelförmigen Ablenkungsfläche, die, an einem Winkelhebel befestigt, zwischen Düse und Rad zwischengeschoben wird und den Strahl teilweise oder ganz von den Bechern ablenkt. Man kann hiermit plötzlichen Entlastungen der Turbine sofort nachfolgen, ohne den Durchfluß durch Düse und Rohrleitung sofort abzubremsen und dabei wegen des damit verbundenen Druckstoßes die Konstruktion zu gefährden. Im Anschluß an diesen ersten Reguliervorgang wird dann mit zulässiger Geschwindigkeit die Nadel verstellt und der Ablenker aus dem Strahl zurückgezogen. Diese Reguliermöglichkeit macht die Freistrahlräder besonders geeignet für Zentralen mit stark schwankenden Belastungen.

Die Düse ragt in ein Gehäuse hinein, innerhalb dessen das Rad läuft. Der freie Strahl und das Abströmen der ausgenutzten Betriebsflüssigkeit verläuft vollständig innerhalb des Gehäuses. Dieses hat aber im Gegensatz zu dem Gehäuse der vollbeaufschlagten Maschinen gar nichts mit dem Arbeitsvorgang zu tun, sondern ist nur ein Schutzgehäuse, das den Abströmvorgang auf einen bestimmten Raum beschränken und die Umgebung der Maschine vor herumspritzender Betriebsflüssigkeit schützen soll. Auch die Abdichtung der Welle an den Stellen, wo sie aus dem Gehäuse heraustritt, hat nur den Zweck zu erfüllen, Spritz- und Schleichwasser an dem Austritt in den Maschinenraum zu verhindern. Das Rad muß so hoch gelagert werden, daß die Becher nicht ins Unterwasser eintauchen und dadurch schädliche Bremswirkungen erleiden. Man spricht von einem „Freihängen" des Rades. Es geht dadurch ein gewisser Bruchteil des Gefälles für die Umsetzung in mechanische Arbeit verloren; dieser ist im Falle der Abb. 174 gleich dem mit f bezeichneten Höhenabstand der Düsenbzw. Strahlachse von dem Unterwasserspiegel. Durch Ejektorwirkung des Strahles und der Strömung durch die Schaufeln wird Luft mitgerissen, der Luftinhalt des Gehäuses also verdünnt. Dadurch wird der Unterwasserspiegel im Gehäuse hochgesaugt. Um zu verhindern, daß auch nicht hierdurch die Radschaufeln zum Eintauchen kommen, werden daher automatische Belüftungsventile am Gehäuse vorgesehen.

Nach den immer wieder sich aufdrängenden Vorstellungen von ähnlichen Maschinen, ähnlichen Strömungen und ähnlichen Betriebszuständen wird man sofort dazu geführt, als Hauptcharakteristikum einer Becherturbine das Verhältnis des Strahldurchmessers d_s zum Raddurchmesser D_r anzusehen. Dabei ist als Strahldurchmesser der des bereits kontrahierten, kreiszylindrischen Strahles gemeint. d_s ist also kleiner als der Düsendurchmesser d_d. Als Raddurchmesser rechnet man den Durchmesser des Kreises, den die Düsen- bzw. Strahlachse berührt, und den man auch als „Strahlkreisdurchmesser" bezeichnet. Natürlich können sich die Räder noch durch Schaufelzahl und Schaufelform unterscheiden. Hier sind aber bei gegebenem d_s/D_r nur geringe Unterschiede möglich. Die Praxis hat im wesentlichen eine Schaufelform herausgebildet, die sich bei den verschiedenen Herstellern nur durch Einzelheiten unterscheidet, die aber so weit festliegt, daß man die Hauptdimensionen eines Bechers, Länge L, Breite B, Tiefe T, im Verhältnis zum Strahldurchmesser d_s im Mittel als feste Größen angeben kann.

Man kann ferner schon voraussagen, daß ein sehr kleines Verhältnis d_s/D_r extreme Langsamläufigkeit bedeutet. Denn bei gegebenem Gefälle liefert ein kleiner Strahldurchmesser kleine Leistungen und ein großer Raddurchmesser dazu kleine Drehzahlen, da bei gegebenem Gefälle nach allem, was wir bisher schon wissen, für einen bestimmten Typus die Umfangsgeschwindigkeit des Rades festliegt. Umgekehrt besitzen weniger langsamläufige Typen dickere Strahlen und kleinere Räder. Dickere Strahlen verlangen größere Becher. Für das Verhältnis d_s/D_r besteht daher eine obere Grenze durch Konstruktions- und Beanspruchungsprobleme. Die Becher werden schließlich im Verhältnis zum Rade zu groß; ihre Befestigung am Rade bzw. die Aufnahme der Zentrifugalkräfte durch die Befestigung und das Rad selbst wird schwierig oder unmöglich. Wenn in solchen Fällen die spezifische Schnelläufigkeit nicht genügt, muß man ebenso wie bei den voll beaufschlagten Rädern zum Mehrstromprinzip übergehen. Dieses kann man hier auf zweierlei Weise ausführen. Entweder läßt man mehrere Strahlen auf die Schaufeln ein und desselben Rades wirken; hiervon wird man, solange es irgend geht, Gebrauch machen. Oder man ordnet auf einer Welle zwei oder mehrere Räder an, deren jedes durch mehrere Düsen beaufschlagt wird. Die Grenze für die Anzahl der Düsen an einem Rad wird durch die Forderung gezogen, die Betriebsflüssigkeit ohne gegenseitige Störungen abzuführen, die Grenze für die Anzahl der Räder durch die gleiche Rücksicht sowie durch die konstruktive Bedingung solider Lagerung der Wellen. Die größtmögliche Anzahl der Düsen an einem Rade ist mit Rücksicht auf diese Verhältnisse bei horizontaler Wellenlage geringer als bei vertikaler (2—3 bei horizontaler Welle).

Zwei extreme Ausführungen von Freistrahlturbinen seien genannt, um das Gebiet ihrer Anwendungsmöglichkeiten darzutun.

Die Anlage Fully (Schweiz) hat Peltonräder mit einem Strahlkreisdurchmesser von 3550 mm. Das Rad wird durch einen einzigen Strahl beaufschlagt, der bei größter Düsenöffnung einen Durchmesser von 38 mm besitzt. Das Verhältnis d_s/D_r ist also 1:93,5. Das an der Düse verfügbare Gefälle beträgt 1600 m; die größte Leistung 3000 PS, die Umlaufzahl 500/min. Die spez. Drehzahl errechnet sich (in technischer Formulierung) zu:

$$n_s = n \frac{\sqrt{N}}{H\sqrt[4]{H}} = 500 \frac{\sqrt{3000}}{1600 \sqrt[4]{1600}} = 2,7\,.$$

Die Strahlgeschwindigkeit ist etwa 170 m/sec.

Das Hochdruckspeicherwerk Schwarzenbach im badischen Nordschwarzwald besitzt zwei Freistrahlturbinen mit je drei Rädern, deren jedes von zwei Strahlen beaufschlagt wird. Die Räder haben einen Strahlkreisdurchmesser von 1350 mm, jeder Strahl bei voller Öffnung einen Durchmesser von 140 mm; d_s/D_r ist also 1:10,35. Das an den Düsen zur Verfügung stehende Gefälle beträgt 360 m; die größte Leistung für jedes Maschinenaggregat rund 30000 PS, die Umlaufzahl 500/min. Die spez. Drehzahl ist

$$n_s = n \frac{\sqrt{N}}{H\sqrt[4]{H}} = 500 \frac{\sqrt{30000}}{360 \sqrt[4]{360}} = 56\,.$$

Man erkennt aus den gegebenen Beispielen, daß die Freistrahlturbinen ausgesprochene Hochdruckturbinen sind. Daß man den Grad dieser Eignung für Hochdruck nicht nach dem absoluten Betrage des Gefälles, sondern nach der spez. Drehzahl, die auch noch Leistung und Drehzahl berücksichtigt, beurteilen muß, ist nach den früheren Darlegungen über die Ähnlichkeitsbeziehungen der Kreiselräder verständlich.

61. Die Strömung durch das Becherrad.

Kinematische Bedingungen für günstigste Arbeitsweise.

In den Einzelheiten ist die Strömung während des Durchganges durch die Schauflung des Freistrahlrades noch schwieriger zu verfolgen als die durch ein voll beaufschlagtes Rad. Die Schaufeln führen die Flüssigkeit nur einseitig; die Form der ganzen Strömung, die absoluten und relativen Stromlinien sowie die Bahnen der Teilchen werden wesentlich durch die Bedingung mit bestimmt, daß die Oberfläche der freien Strahlteile mit Luft von konstantem Druck in Verbindung steht. Eine rechnerische Erfassung ist hoffnungslos, lohnt sich aber auch nicht; die Praxis hat sich durch physikalische Anschauung und durch den systematischen Versuch geholfen[1]. Das Freistrahlprinzip an sich bringt den mit Rücksicht auf ausgesprochene Langsamläufigkeit wichtigen Vorteil mit sich, daß die relative Umlenkung der Betriebsflüssigkeit weit stärker sein kann, als in der vollbeaufschlagten Überdruckturbine (vgl. 41, *d*, *a*). Denn es entfallen alle Rücksichten, die man dort beachten muß. Die Druck- und Geschwindigkeitsverteilung kann im freien Strahl kaum zu extremen Werten führen, da an der freien Oberfläche konstanter Druck herrscht und die Dicke der auf der Schaufel entlang strömenden Schicht verhältnismäßig gering ist, so daß durch die Krümmung nur geringe Druckunterschiede verursacht werden können. Wir finden daher bei den Freistrahlturbinen eine relative Umlenkung um nahezu 180°. Beschränkt wird sie nur durch die Forderung, daß die Flüssigkeit vom Rade abströmen muß, ohne durch die nächste Schaufel daran gehindert zu werden; d. h. ohne daß die Ausbildung eines freien Strahles irgendwo gestört wird. Dies hängt bei gegebenem relativem Abströmwinkel auch von der Schaufelzahl bzw. -teilung ab. Der relative Eintrittswinkel kann nach unserer in 28 festgelegten Zählung grundsätzlich Null sein, die Anfangsrichtung der Schaufelfläche also ganz mit der Umfangsrichtung zusammenfallen. Pelton hat erkannt, daß dies bei einem axialen Durchgang der arbeitenden Flüssigkeit durch die Radschauflung zu wesentlich günstigeren Verhältnissen führt als beim radialen. Der Grund liegt darin, daß beim axialen Durchfluß die Flächenelemente am Eintritt der Schaufeln während der ganzen Beaufschlagung in der gleichen tangentialen Lage zum Strahl bleiben; während bei Radialtypen ihre Stellung zum Strahl wechselt und nur an einer Stelle tangential zur Strahlrichtung sein kann. Der zweite Gedanke, der durch Pelton in die Konstruktion hineingetragen wurde, war die Teilung des Strahles an der Becherschneide und seine symmetrische Ablenkung an zwei Schaufelflächen. Dadurch wurde die materielle Ausführung eines genügend starken, im wesentlichen tangential zum Strahl gerichteten Eintrittsteiles der Schaufel erst praktisch möglich. Die Praxis hat ergeben, daß es möglich ist, die Becherschneide mit einem Winkel von 15° auszuführen und daß dabei das Aufspalten des Strahles und seine erste Ablenkung

---

[1] Siehe Reichel und Wagenbach: Versuche an Becherturbinen. Z. d. V. d. Ing. 1913 und 1918.

aus der Richtung der Bechermittelebene (Umfangsrichtung) sanft genug
(d. h. praktisch ohne Stroßverlust) erfolgt. Die Forderung störungs-
freien Eintauchens in den Strahl macht es ferner notwendig, die Becher
an der Stelle des äußersten Radumfanges mit einem (durchweg recht-
eckig ausgeführten) Ausschnitt zu versehen, durch den der Strahl
noch bis zu dem Augenblick ungehindert durchtreten kann, in dem die
Becherschneide mit ihrem äußersten Punkt in den Strahl eintaucht.
Dieser Ausschnitt ermöglicht es, die Ablenkungsfläche, von der Schneide
ausgehend, nach allen Seiten als Hohlfläche auszubilden und dem Strahl
trotzdem einen praktisch stoßfreien Eintritt in sie zu verschaffen.

Die günstigste Stellung der Schaufel ist nicht etwa durch die radiale
Stellung der Schneide gekennzeichnet; vielmehr muß die Schneide,
deren relative Lage zu den einzelnen Strahlteilen sich während der
Raddrehung ändert, so gestellt sein, daß sie im Durchschnitt zu
den auf sie auftreffenden Strahlteilen relativ senkrecht steht. Die
Schaufelteilung und damit die Schaufelzahl muß so gewählt werden,
daß kein Flüssigkeitsteilchen, ohne Arbeit abzugeben, durch das Rad
fließt. Diese Forderung kommt darauf hinaus, eine größte Teilung zu
bestimmen, die noch unterschritten werden muß, um sicher alle Flüssigkeitsteilchen zur vollen Arbeitsleistung heranzuziehen. Es liegt auf
der Hand, daß es bei wenigen Schaufeln dazu kommen kann, daß
zeitweilig der Strahl unabgelenkt bleibt.

Um diese Fragen zu klären, ist es notwendig, sich zunächst diejenigen relativen Bahnen aller Strahlteilchen durch das Rad hindurch
zu entwerfen, die dann zustande kommen, wenn der Strahl überhaupt
nicht durch die Schaufeln beeinflußt wird. Wir gewinnen dieses Relativbild dadurch, daß wir der absoluten Bewegung des Systems „Rad und
Strahl" eine Drehung um die Radachse mit der Winkelgeschwindigkeit
ω des Rades, jedoch entgegengesetzt der wahren Raddrehung, überlagern. Dadurch kommt das Rad zur Ruhe, die Strahlteilchen erhalten
zu ihrer absoluten Geschwindigkeit c in jedem Augenblick zusätzlich
eine Umfangsgeschwindigkeit u. Diese ist derjenigen entgegengesetzt
gleich, welche der momentane Aufenthaltspunkt des Teilchens hätte,
wenn er mit dem Rade fest verbunden wäre. Für die Konstruktion
der Relativbahn eines unabgelenkten Teilchens nehmen wir noch an,
daß seine Absolutbahn während des Durchganges durch das Rad
geradlinig bleibt. Dies ist bei den in Frage kommenden sehr hohen
Strahlgeschwindigkeiten und den sehr kurzen zurückzulegenden Strecken
erlaubt. Wir bemerken ferner noch, daß die Umfangsgeschwindigkeiten, wie wir noch sehen werden, etwa von der halben Größe der
Absolutgeschwindigkeiten sind.

Abb. 176 zeigt die absolute und relative Bahn eines einzigen unabgelenkten Teilchens. Auf der geradlinigen absoluten Bahn sind die
untereinander gleichen Strecken Δs_a, die das Teilchen in gleichen Zeit-
teilen Δt zurücklegt, abgetragen. Nach unserem eben ausgesprochenen
Grundsatz müssen die Endpunkte jeder Teilstrecke auf dem durch
sie hindurchgehenden Kreise um einen gewissen Bogen zurückgedreht
werden. Dieser Bogen ist gleichlang mit demjenigen, den der mit

dem betreffenden Streckenendpunkt zusammenfallende Radpunkt in
der gleichen Zeit zurücklegt, wie sie für den Absolutweg des Teilchens
vom Eintritt ins Rad bis zum betreffenden Streckenendpunkt notwendig ist. In Abb. 176 entspricht also beispielsweise dem Punkt 4_a
der absoluten Bahn der Punkt 4_r der relativen in der Weise, daß

$$\text{Bogen } 4_a \rightarrow 4_r = (\text{Strecke } E \rightarrow 4_a) \cdot \frac{u}{c} = (E \rightarrow 4_a) \cdot \frac{u_E \frac{r_4}{r_E}}{c}$$

ist. Auf diese Weise ergibt sich die in Abb. 176 gezeichnete gekrümmte
Relativbahn eines unabgelenkten Teilchens. Diese liefert durch den
Eintrittspunkt E und den Austrittspunkt A_r am Radumfang eine
Teilung $t_0 = \text{Bogen } E \rightarrow A_r$. Ist der in Abb. 176 gezeichnete Absolut-

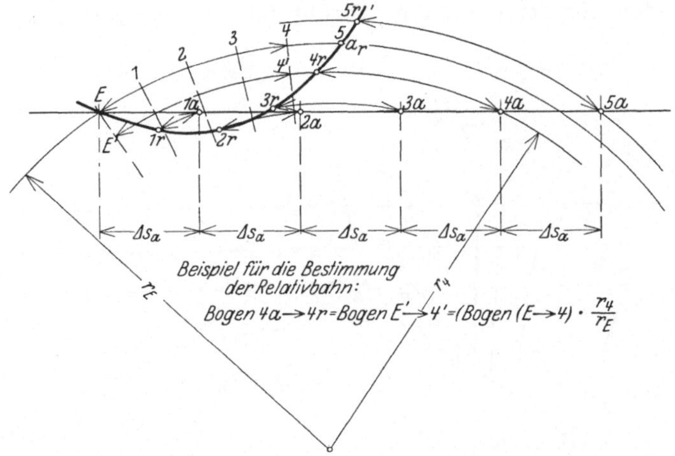

Abb. 176. Absolute und relative Bahn eines unabgelenkten Flüssigkeitsteilchens.

weg gerade eine äußerste Mantellinie des Strahles und ist die Schaufelteilung t auf dem Kreise, der durch den radial äußersten Punkt der
Becherschneide geht, gerade $= t_0$, so tritt folgendes ein. Ein Wasser-
tropfen, der den eben genannten Kreis gerade in dem Augenblick ein-
tretend schneidet, in dem auch der äußerste Punkt einer Becherschneide
dort steht, kommt an diesem Becher nicht mehr zur Ablenkung. Nun
läuft er zwar schneller als die Schaufeln, er kann also noch die nächste
(vorausgelaufene) Schaufel einholen, bevor er aus dem Schaufelbereich
überhaupt wieder austritt. Ist aber die Schaufelteilung $t = t_0 = \text{Bogen}$
$E—A_r$, so tut er dies auch erst im letzten Moment und erleidet auch
an der vorauslaufenden Schaufel keine, also überhaupt niemals eine
Ablenkung. Die wirkliche Schaufelteilung muß also $t < t_0$ sein. Man
findet im Durchschnitt
$$t = 0{,}75\, t_0 .$$

In Abb. 177 sind die relativen Wege des äußersten, mittleren und
innersten Wasserfadens im Strahl für arbeitslosen Durchgang durch
das Rad gezeichnet. Die Bezeichnung „äußerst" und „innerst" bezieht

sich dabei auf den Abstand vom Radmittelpunkt. Die Relativbahnen sind für drei Teilchen dargestellt, die gleichzeitig die durch die Radachse gelegte, auf der Strahlachse senkrecht stehende Ebene passieren. Zwischen den beiden Bahnen $a—a$ und $i—i$ verläuft der „relative unabgelenkte Strahl". Der absolute ist ebenfalls gezeichnet. Von den Schaufeln ist nur die Becherschneide eingetragen. Ihre Stellung gegen die Radiale, um deren Festlegung es sich jetzt handelt, nehmen wir vorläufig — etwa wie gezeichnet — an. Nunmehr wählt man eine Teilung $t < t_0$, und zeichnet zwei um t voneinander abstehende Schaufeln S_1 und S_2 in einer solchen Stellung zum relativen Strahl, daß S_2 gerade mit dem äußersten Punkt die innerste Relativbahn anschneidet. (Stellung S_1 und S_2 ohne weitere Indizes.) Die Relativbahn $i—i$ schneidet dann auf S_1 den Punkt x aus. In diesem Punkt gelangt der innerste Wasserfaden zum erstenmal in Berührung mit S_1; vorher ist er un-

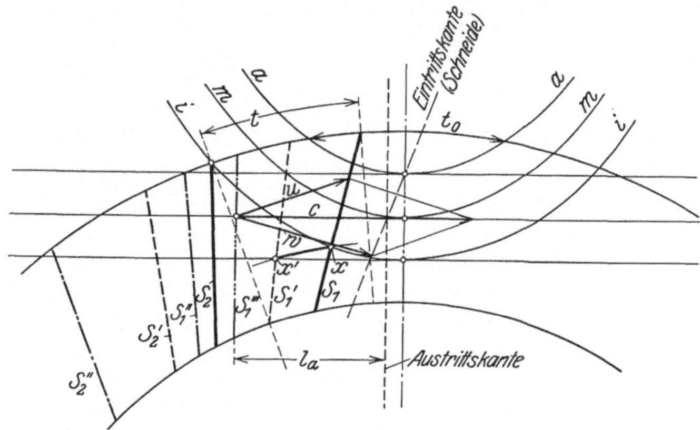

Abb. 177. Kinematische Beziehungen zwischen den Bechern und dem unabgelenkten Strahl.

abgelenkt geblieben. Drehen wir die Schaufeln so weit zurück, daß der Punkt x auf den absoluten innersten, unabgelenkten Faden zu liegen kommt (Stellung x', S_1', S_2'), so haben wir damit diejenige absolute Stellung der Schaufel S_1, in der sie zum letztenmal von einem vollen Strahl getroffen wird. Zum erstenmal ist dies in der ohne weiteres festgelegten Stellung S_1'' der Fall. In der aus den Stellungen S_1' und S_1'' resultierenden mittleren Stellung S_1''' soll die aus u und c zu konstruierende Relativrichtung senkrecht auf der Becherschneide stehen. Ist dies, wie in Abb. 177 absichtlich angenommen, nicht der Fall, so muß die Richtung der Becherschneide geändert und die Kontrolle wiederholt werden. Im Fall der Abb. 177 müßte die Neigung der Schneide gegen den Radius noch stärker gewählt werden.

Abb. 178 zeigt den Hauptschnitt des Bechers mit dem relativen und absoluten Ablenkungsweg eines ungefähr in Strahlmitte ankommenden Teilchens. Die Bewegung des Bechers ist dabei geradlinig, mit der mittleren Umfangsgeschwindigkeit u_m (entsprechend dem Radius $r_m = D_r/2$) erfolgend, angenommen. Die Ermittlung der absoluten Bahn

aus der relativen ist aus Abb. 178 leicht ersichtlich. Die Relativgeschwindigkeit der Flüssigkeit längs des Becherprofils ist nahezu
konstant (nur die Reibung verändert sie ein wenig). Man ermittelt sie
aus dem Eintrittsdreieck, das hier (wegen $\beta = 0$) zu einer Geraden
zusammengeschrumpft ist, zu:

$$w = c - u,$$

und zwar genügt es, $u = c/2$ zugrunde zu legen (s. auch 62). Teilt
man die Relativbahn in bestimmte Strecken Δs_r auf, so hat man in
$\Delta t = \Delta s_r/w$ die Zeiten, die zum Durchlaufen dieser Strecken notwendig
sind. In den gleichen Zeiten verschiebt sich der Becher um absolute
Strecken Δs_u vom Betrage:

$$\Delta s_u = \Delta s_r \cdot \frac{u}{w}.$$

Damit erhält man zu jedem Punkt
der Relativbahn den zugehörigen
der Absolutbahn.

Man findet dabei auch die
in der Strahlrichtung gemessene
Länge l des absoluten Wasser-
weges. Trägt man diese in
Abb. 177 vom Schnittpunkt der
Schaufelstellung S_1''' mit der
Strahlmittellinie in der positiven

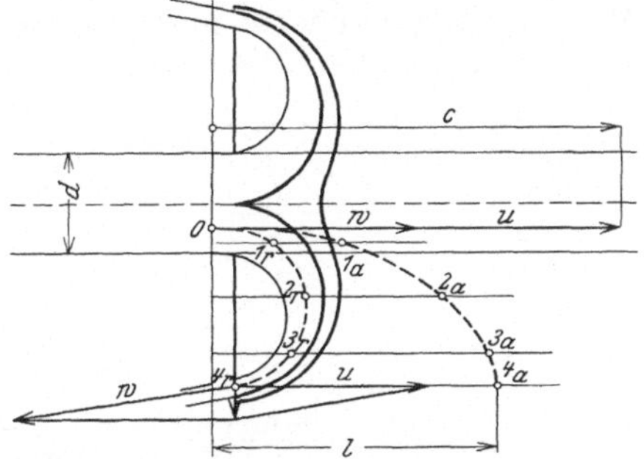

Abb. 178. Relative und absolute Bahn eines
abgelenkten Teilchens.

Strahlrichtung ab, so ergibt sich damit die mittlere Stellung der Becher-
austrittskante zwischen dem ersten und letzten Austreten des vollen
Strahles. In diesem Augenblick soll der Strahl senkrecht auf der Austrittskante stehen. Dementsprechend ist die Richtung der Austrittskante in Abb. 177 eingetragen. In gleicher Stellung ist auch nochmals
die Schneidenrichtung eingezeichnet, um die Verdrehung der Schneide
gegen die Austrittskante zu zeigen.

Die vorstehenden Überlegungen sind bei der versuchsmäßigen Ermittlung der besten Becherform und -stellung, sowie der günstigsten
Schaufelteilung bestätigt worden. Die gebräuchlichsten Verhältnisse
sind für die Becher mit Bezug auf Abb. 175 die folgenden:

$$L = \infty 2{,}1\, d_s; \qquad B = \infty 2{,}5\, d_r; \qquad T = \infty 0{,}85\, d_s; \qquad e = \infty 0{,}35\, d_s;$$

$$f = \infty 0{,}35\, d_s.$$

62. Umfangskraft und Leistung des einstrahligen Peltonrades;
beste Umfangsgeschwindigkeit.

Das wirkliche Strömungsbild der Freistrahlturbine weist jedenfalls
viel stärkere periodische Schwankungen auf als das einer vollbeaufschlagten Turbine. Trotzdem genügt es auch hier, sich ein stationäres
Strömungsbild vorzustellen, um die Leistung zu berechnen. Im Mittel
nämlich kommt eine Strömung zustande, wie sie in Abb. 178 bereits
dargestellt ist; diese betrachten wir als eine stationäre. Wir können dann

sofort Gleichung (90) für die Ablenkungsreaktion in einem Gitter, das parallel zu sich bewegt wird, anwenden und zunächst für die Umfangskraft der Freistrahlturbine setzen:

$$R_u = Q \frac{\gamma}{g} (c_{u_1} - c_{u_2}) . \tag{553}$$

Hier ist nun c_{u_1} mit der Strahlgeschwindigkeit c identisch und ferner:

$$Q = d_s^2 \frac{\pi}{4} \cdot c . \tag{554}$$

Die Relativgeschwindigkeit w_1 am Eintritt ist

$$w_1 = c - u .$$

Wir rechnen zunächst mit der idealen Flüssigkeit und haben dann $w_2 = w_1$ zu setzen. Das Ein- und Austrittsdreieck ist in Abb. 179 gezeichnet, wobei kein spezieller Wert des Verhältnisses $w:u$ bzw. $c:u$ zugrunde gelegt ist.

Man entnimmt aus Abb. 179:

$$\left.\begin{aligned} c_{u_2} &= u + w_2 \cos\beta_2 \\ &= u - w_1 \cdot \cos\beta_2' \\ &= u - (c - u) \cdot \cos\beta_2' . \end{aligned}\right\} \tag{555}$$

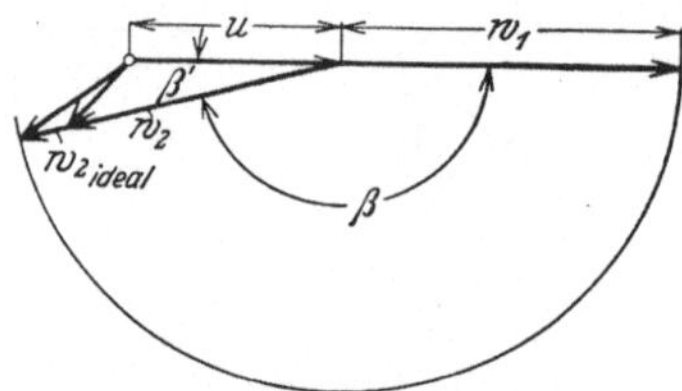

Abb. 179. Mittleres Ein- und Austrittsdiagramm am Peltonbecher.

Damit wird:

$$R_u = d_s^2 \frac{\pi}{4} \cdot \frac{\gamma}{g} \cdot c \{c - u + (c - u) \cos\beta_2'\}$$

$$= d_s^2 \frac{\pi}{4} \cdot \frac{\gamma}{g} \cdot c^2 (1 + \cos\beta_2') \left(1 - \frac{u}{c}\right) . \tag{556}$$

Die Umfangskraft — und damit auch das Drehmoment — ist also für Betrieb mit idealer Flüssigkeit eine lineare Funktion des Verhältnisses u/c. Sie erreicht bei festgebremstem Rade ($u/c = 0$) den Wert

$$R_{u_{\text{fest}}} = d_s^2 \frac{\pi}{4} \cdot \frac{\gamma}{g} \cdot c^2 (1 + \cos\beta_2') . \tag{557}$$

Der Leerlauf tritt ein für $u:c = 1$.

Die ideale Leistung wird:

$$N_i = \frac{R_u \cdot u}{75} = d_s^2 \frac{\pi}{4} \cdot \frac{\gamma}{g} \cdot c^3 (1 + \cos\beta_2') \left(1 - \frac{u}{c}\right) \frac{u}{c} . \tag{558}$$

Sie ist eine im Bereich $0 < u/c < 1$ parabelförmig verlaufende Funktion des Verhältnisses u/c mit einem Maximum für

$$\frac{u}{c} = \frac{1}{2} .$$

Dieses Maximum hat den Wert:

$$N_{i_{\max}} = \frac{1}{4} \cdot d_s^2 \frac{\pi}{4} \cdot \frac{\gamma}{g} \cdot c^3 (1 + \cos\beta_2') . \tag{559}$$

Bei Betrieb mit wirklicher Flüssigkeit verschieben sich die Verhältnisse etwas. Es geht Leistung verloren durch die Reibung des Strahles an den Bechern und durch die Ventilationsarbeit der nicht beaufschlagten Radteile in der Luft. Diese befolgt grundsätzlich das gleiche Gesetz wie die Reibung rotierender Scheiben, sie kann also mit

$$N_r = C \cdot \frac{\gamma}{g} \cdot D_r^2 \frac{\pi}{4} \cdot u^3$$

angesetzt werden. Die Strahlreibung an den Bechern bewirkt eine Verkleinerung von w_2 gegenüber w_1; dieser Einfluß ist verhältnismäßig gering, da er aber mit abnehmendem w, d. h. steigendem u sicher zunimmt, möge er in dem Ansatz für N_r mit einbegriffen sein. Wir erhalten daher für die wahre Leistung

$$N = N_i - N_r = d_s^2 \frac{\pi}{4} \frac{\gamma}{g} c^3 \left\{ (1 + \cos\beta_2') \left(1 - \frac{u}{c}\right) \frac{u}{c} - C \left(\frac{D_r}{d_s}\right)^2 \cdot \left(\frac{u}{c}\right)^3 \right\}.$$

Diese Leistung hat ein Maximum für einen Wert:

$$\frac{u}{c} < \frac{1}{2},$$

dessen genaue Lage und Größe von der Verhältniszahl

$$x = \frac{1 + \cos\beta_2'}{C \left(\dfrac{D_r}{d_s}\right)^2}$$

abhängt, und zwar wird:

$$\left(\frac{u}{c}\right)_{\text{opt.}} = \sqrt{\frac{x}{3} + \frac{x^2}{9}} - \frac{x}{3}.$$

Entsprechend ist auch der Verlauf der Umfangskraft- oder des -moments kein geradliniger mehr.

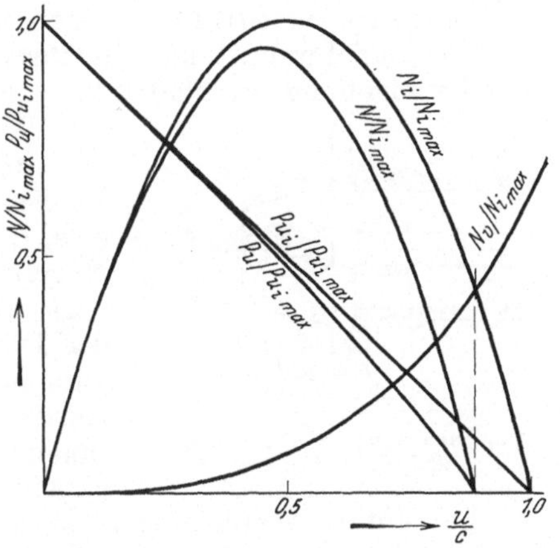

Abb. 180. Umfangskraft und Leistung des Peltonrades.

Abb. 180 zeigt die Resultate unserer Rechnung im Diagramm. Dort ist auch N_r für sich eingetragen und N aus der Differenz $N = N_i - N_r$ gebildet. Man sieht, daß der Leerlauf schon bei einem Werte:

$$\frac{u}{c} < 1$$

eintritt.

Der gemachte Ansatz läßt die größeren Wasserschlucker (D_r/d_s klein) günstiger erscheinen als die Typen mit geringerer Schluckfähigkeit, und liefert für die größere Schluckfähigkeit einen höheren Wert für das günstigste u/c. Neuere Versuche scheinen das Gegenteil zu beweisen. Der Grund dürfte in Beaufschlagungsschwierigkeiten liegen, die sich naturgemäß bei dickeren Strahlen stärker bemerklich machen.

Man findet an modernen Ausführungen:

$$u = (0,485 \text{ bis } 0,42) \cdot c \,*,$$

wobei die kleineren Werte für die größeren Wasserschlucker gelten.

____

* Vgl. Ö s t e r l i n: „Freistrahlturbinen", D u b b e l: „Taschenbuch für den Maschinenbau."

63. Formgebung und Anordnung der Düse.

Die Düse der Becherturbine sitzt fast immer am Ende eines Rohrkrümmers; dies ist schon mit Rücksicht darauf nötig, daß die Reguliernadel aus dem Zuführungsrohr herausgeführt werden muß; s. Abb. 174. Stärkere Krümmungen oder wenigstens Krümmer mit größerem Umlenkungswinkel sind oft durch die Anordnung mehrerer Düsen für ein Rad bedingt. Man hat beim Entwurf darauf zu achten, daß nicht durch Grenzschichtenablösung in den Krümmern schraubenförmige Bewegungen bis in den Strahl hinein erzeugt werden. In der Düse selbst soll bei allen Nadelstellungen eine auf kurzem Wege zusammenzudrängende energische Beschleunigung herrschen. Formen, die für einige Stellungen der Nadel keine monotone Abnahme des Querschnitts haben, sind vollständig zu verwerfen. Um einen klaren und scharf begrenzten Strahl zu erhalten, ist die ganze Konstruktion gegen Vibrationen zu sichern; insbesondere soll die Nadel unmittelbar vor ihrem Kopf sehr solide gelagert sein. Bei der Formgebung des Nadelkopfes legte man früher Wert auf ein Profil mit Wendepunkt auf einem Durchmesser, der größer als der der Düsenöffnung war. Es hat sich aber gezeigt, daß auch ohne dies, d. h. bei geradliniger Profilierung des Nadelkegels, der Strahl an der Nadel anliegt. Offenbar sorgt hierfür die Konizität der Düse selbst schon genügend; andererseits ist der reine kegelförmige Nadelkopf leichter zu bearbeiten und ist gegen Korrosionen dauerhafter. Der Düsenwinkel δ (s. Abb. 181) beträgt 60—80°.

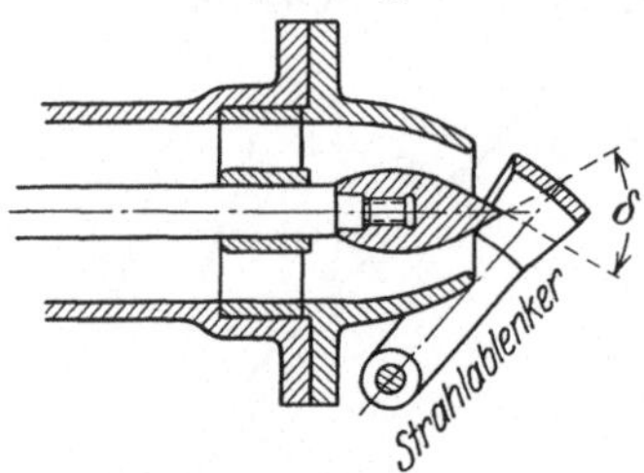

Abb. 181. Peltondüse mit Nadel und Strahlablenker.

Bei guten Ausführungen ist der Verlust in der Düse selbst sehr gering. Man kann für volle Öffnung im Mittel

$$c = 0{,}98 \sqrt{2\,g\,H}$$

setzen, wenn unter H die Summe aus statischer und dynamischer Druckhöhe $\left(H = \dfrac{p}{\gamma} + \dfrac{c^2}{2\,g}\right)$ unmittelbar vor der Düse verstanden wird. Die Umsetzung von Druck in Geschwindigkeit ist im Strahlinnern erst außerhalb der Düse zu Ende; die Geschwindigkeit im ringförmigen, durch die Nadel verengten Düsenaustrittsquerschnitt ist nicht gleichmäßig verteilt, sondern nach innen, der Krümmung der Stromfäden und dem höheren Druck entsprechend, geringer. Die mittlere Geschwindigkeit ist also hier kleiner als im fertigen, kreisförmigen Strahlquerschnitt. Man findet $c_m = (0{,}7$ bis $0{,}9) \sqrt{2\,g\,H}$. Die Geschwindigkeit in den Zuführungskrümmern sollte auch bei schlanker Ausführung derselben möglichst gering sein; die Werte $c_k = (0{,}12$ bis $0{,}14) \sqrt{2\,g\,H}$ entsprechen etwa den Ausführungen.

Die Düse sollte so nahe als möglich am Rade angebracht werden, damit der Strahl auf möglichst kurzem Wege durch die Luft, die ihn aufzurauhen sucht, auf die Schaufeln gelangt. Bei modernen Ausführungen wird dies durch die Anbringung des Strahlablenkers erschwert.

64. Ähnlichkeitsbeziehungen der Freistrahlräder. Verhalten bei verschiedenen Betriebszuständen.

Die spezifische Drehzahl.

Die allgemeinen Ähnlichkeitsbeziehungen gelten auch hier. Ähnlichkeitsbedingungen sind außer der geometrischen Ähnlichkeit der Konstruktion: Gleichheit des Verhältnisses u/c, des Verhältnisses d_s/D_r (also der Nadelstellung) sowie der Reynoldsschen Zahl R, die entsprechend wie bei den vollbeaufbeschlagten Maschinen in der Form

$$R = \frac{D\sqrt{2gH}}{\nu}$$

geschrieben werden kann. Sind die drei Zahlen u/c, d_s/D_r, R gleich, dann gilt wieder als Hauptbeziehung $u, w, c \sim \sqrt{H}$ und ferner alle Beziehungen der Gleichungen (231) bis (235). Der hydraulische Wirkungsgrad wird

$$\varepsilon_h = f\left(\frac{u}{c}, \frac{d_s}{D_r}, R\right),$$

wobei die relative Rauhigkeit vernachlässigt ist. Die Abhängigkeit des Wirkungsgrades von d_s/D_r bei gleichem oder sehr angenähert gleichem u/c und bei gleichem R ist in weiten Grenzen sehr gering. Dies hat seinen Grund darin, daß die Regulierung durch Verstellen von d_s/D_r eine reine Mengenregulierung ist. Die Geschwindigkeitsdiagramme ändern sich dabei in weiten Grenzen fast gar nicht. Wir haben daher hier geradezu

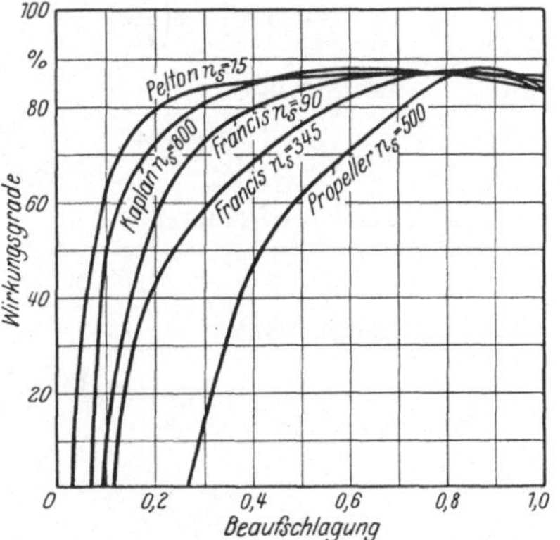

Abb. 182. Wirkungsgrade von Peltonrädern im Vergleich mit denen anderer Turbinentypen (J. M. Voith).

den Idealfall der Regulierung einer Turbomaschine vor uns. Dementsprechend zeigen auch die Kurven der totalen Wirkungsgrade ε moderner Freistrahlturbinen, bei konstanter Drehzahl über der Leistung aufgetragen, einen sehr flachen Verlauf, erst bei starker Annäherung an den Eigenleistungsbedarf der Maschine fallen sie ab, entsprechend dem dann hervortretenden Einfluß der mechanischen und der Ventilationsverluste (s. Abb. 182).

Die Variation von ε mit u/c ist die gleiche wie die in Abb. 180 dargestellte der Leistung N.

Die Begriffe „Schluckfähigkeit", „Stichzahl", „Einheitsleistung" und „spez. Drehzahl" behalten ihre Gültigkeit.

Das Diagrammcharakteristikum m ist hier beim besten Wirkungsgrade im Mittel

$$m = c_u : u = c : u = 2{,}2\,.$$

Als Bezugsdurchmesser wählen wir den Strahlkreisdurchmesser D_r. Es wird dann für die Einheitsmaschine $(D_r = 1;\ H = 1)$

$$u = \frac{\pi}{60} \cdot n_1'\,.$$

Als zweites Charakteristikum bietet sich das Verhältnis

$$\frac{d_s}{D_r}$$

dar; als drittes wollen wir sofort die Anzahl der Düsen i mit einführen, und zwar soll i die Gesamtdüsenzahl an allen zu einem Aggregat vereinigten Rädern sein. Dabei sind die Räder als untereinander gleich angenommen.

Man hat dann $\left(\text{mit } c = 0{,}98\sqrt{2gH}\right)$.

Schluckfähigkeit:

$$Q_1' = \frac{Q}{D_r^2\sqrt{H}} = i \cdot \frac{d_s^2\,\frac{\pi}{4}}{D_r^2}\,\frac{0{,}98\sqrt{2gH}}{\sqrt{H}} = 0{,}98 \cdot \frac{\pi}{4}\sqrt{2g} \cdot i\left(\frac{d_s}{D_r}\right)^2$$

$$= 3{,}47 \cdot i\left(\frac{d_s}{D_r}\right)^2 \tag{560}$$

oder dimensionslos:

$$(Q_1')^* = \frac{Q}{D_r^2\sqrt{2gH}} = 0{,}768 \cdot i\left(\frac{d_s}{D_r}\right)^2. \tag{561}$$

Einheitsleistung:

$$N_1' = \frac{\gamma \cdot \varepsilon}{75} \cdot Q_1' \tag{562}$$

oder dimensionslos:

$$(N_1')^* = \frac{\varepsilon}{75} \cdot (Q_1')^*. \tag{563}$$

Stichzahl:

$$n_1' = \frac{n \cdot D}{\sqrt{H}} = \frac{u \cdot \frac{60}{\pi}}{\sqrt{H}} = \frac{\frac{c}{m} \cdot \frac{60}{\pi}}{\sqrt{H}} = \frac{0{,}98\sqrt{2gH} \cdot \frac{60}{\pi}}{m\sqrt{H}}$$

$$= \frac{0{,}98\sqrt{2g} \cdot \frac{60}{\pi}}{2{,}2} = 38 \tag{564}$$

oder dimensionslos:

$$(n_1')^2 = \frac{nD}{\sqrt{2gH}} = 8{,}5. \tag{565}$$

Spezifische Drehzahl:

$$n_s = \frac{n\sqrt{N}}{H\sqrt[4]{H}} = n_1'\sqrt{N_1'} = 38\sqrt{\frac{\gamma \cdot \varepsilon}{75}\,Q_1'} = 38\sqrt{\frac{\gamma \cdot \varepsilon}{75} \cdot 3{,}47 \cdot i\left(\frac{d_s}{D_r}\right)^2}$$

$$= 8{,}2\,\frac{d_s}{D_r}\sqrt{\gamma \cdot \varepsilon \cdot i}. \tag{566}$$

Mit $\gamma = 1000$ für Wasser und $\varepsilon \backsim 0{,}85$ wird hieraus:

$$n_s = \frac{n\sqrt{N}}{H\sqrt[4]{H}} = \backsim 240\sqrt{i} \cdot \frac{d_s}{D_r}. \tag{567}$$

Dimensionslos erhält man:

$$(n_s)^* = \frac{n\sqrt{N}}{(\gamma H)^{1/2}(2gH)^{3/4}} = \backsim 0{,}82\sqrt{i} \cdot \frac{d_s}{D_r}. \tag{568}$$

Die Verwendung dieser Begriffe beim Vergleich von verschiedenen Typen sowie beim Aussuchen passender Typen für einen vorgegebenen Betriebsfall und beim Dimensionieren der Ausführungen nach gewähltem Typus ist die gleiche wie bei den vollbeaufschlagten Rädern.

Nach unten ist, wie bereits erwähnt, für das Verhältnis d_s/D_r keine Grenze gezogen, nach oben kann man den Wert

$$\frac{d_s}{D_r} = \frac{1}{7}$$

aus den in 60 angegebenen Gründen schwer überschreiten. Damit ergibt sich:

$$n_s = \infty 35$$

als obere Grenze der spez. Drehzahl für ein Rad mit einer Düse.

Das Verhalten der Freistrahlturbine kann — genau wie bei den vollbeaufschlagten Rädern — vollständig durch ein $Q - n$- bzw. $Q_1' - n_1'$-Diagramm, in dem Kurven gleichen Wirkungsgrades, gleicher Einheitsleistung und gleicher spezifischer Drehzahl eingetragen sind, beschrieben werden. Etwas grundsätzlich Neues bringt ein solches Diagramm nicht; es bringt nur den flachen Verlauf des Wirkungsgrades bei veränderlichem Q_1' ebenfalls zum Ausdruck. An Stelle der Linien gleicher Leitradstellung, die z. B. im Diagramm Abb. 91 erscheinen und dort nicht mit den Ordinaten $Q_1' = $ konst. zusammenfallen, treten hier die Linien $ds_1' = d_s/D_r = $ konst., die hier mit den Ordinaten $Q_1' = $ konst. identisch sind.

Einzelkonstruktionen aus dem Maschinenbau

Herausgegeben von

Dipl.-Ing. C. Volk

Direktor der Beuth-Schule, Privatdozent an der Technischen Hochschule zu Berlin

Erstes Heft: Die Zylinder ortfester Dampfmaschinen. Von Ingenieur H. Frey, Berlin-Waidmannslust. Zweite, erweiterte, auch Höchstdruck und Gleichstrom umfassende Auflage. Mit 131 Textabbildungen. IV, 42 Seiten. 1927. RM 3.—

Zweites Heft: Kolben. I. Dampfmaschinen- und Gebläsekolben. Von Dipl.-Ing. C. Volk, Berlin. II. Gasmaschinen- und Pumpenkolben. Von A. Eckardt, Deutz. Zweite, verbesserte Auflage bearbeitet von C. Volk. Mit 252 Textabbildungen. V, 77 Seiten. 1923. RM 3.60

Drittes Heft: Zahnräder. I. Teil: Stirn- und Kegelräder mit geraden Zähnen. Von Professor Dr. A. Schiebel, Prag. Dritte, neubearbeitete Auflage. Mit 159 Textabbildungen. VI, 132 Seiten. 1930. RM 10.—

Viertes Heft: Die Wälzlager, Kugel- und Rollenlager. Unter Mitwirkung des Herausgebers bearbeitet von Ingenieur Hans Behr, Berlin (Berechnung, Konstruktion und Herstellung der Wälzlager) und Oberingenieur Max Gohlke, Schweinfurt (Verwendung der Wälzlager). Zugleich zweite Auflage des von W. Ahrens, Winterthur, verfaßten Buches „Die Kugellager und ihre Verwendung im Maschinenbau". Mit 250 Textabbildungen. V, 126 Seiten. 1925. RM 7.20

Fünftes Heft: Zahnräder. II. Teil: Räder mit schrägen Zähnen (Räder mit Schraubenzähnen und Schneckengetriebe). Von Professor Dr. A. Schiebel, Prag. Zweite, vermehrte Auflage. Mit 137 Textfiguren. VI, 128 Seiten. 1923. Vergriffen

Sechstes Heft: Schubstangen und Kreuzköpfe. Von Ingenieur H. Frey, Berlin-Waidmannslust. Zweite, erweiterte Auflage. Mit 158 Textabbildungen. IV, 48 Seiten. 1929. RM 4.20

Siebentes Heft: Sperrwerke und Bremsen. Von Dipl.-Ing. Richard Hänchen, Berlin. Mit 188 Textabbildungen. V, 94 Seiten. 1930. RM 9.60

Achtes Heft: Zapfen und Gleitlager. Von Professor Dr. A. Schiebel, Prag. In Vorbereitung

Neuntes Heft: Konstruktion und Entwurf von Rohrleitungen. In Vorbereitung

Zehntes Heft: Die Bauteile der Dampfturbinen. Von Dr.-Ing. Georg Karrass, Berlin-Steglitz. Mit 143 Textabbildungen. VI, 99 Seiten. 1927. RM 10.—

Elftes Heft: Kupplungen. Von Dr.-Ing. E. vom Ende, Charlottenburg. In Vorbereitung

Grundlagen der Hydromechanik. Von **Leon Lichtenstein,** o. ö. Professor der Mathematik an der Universität Leipzig. (Die Grundlehren der mathematischen Wissenschaften in Einzeldarstellungen. Herausgegeben von R. C o u r a n t, Göttingen, Band XXX.) Mit 54 Textfiguren. XVI, 507 Seiten. 1929. RM 38.—; gebunden RM 39.60

Mathematische Strömungslehre. Von Privatdozent Dr. **Wilhelm Müller,** Hannover. Mit 137 Textabbildungen. IX, 239 Seiten. 1928. RM 18.—; gebunden RM 19.50

Technische Hydrodynamik. Von Professor Dr. **Franz Prášil,** Zürich. Z w e i t e, umgearbeitete und vermehrte Auflage. Mit 109 Abbildungen im Text. IX, 303 Seiten. 1926. Gebunden RM 24.—

Lehrbuch der Hydraulik für Ingenieure und Physiker. Zum Gebrauche bei Vorlesungen und zum Selbststudium. Von Professor Dr.-Ing. **Theodor Pöschl,** Prag. Mit 148 Abbildungen. VI, 192 Seiten. 1924. Gebunden RM 9.90

Angewandte Hydraulik. Von Dr.-Ing. **F. Bundschu.** Mit 55 Abbildungen im Text. IV, 76 Seiten. 1929. RM 6.90

Strömungsenergie und mechanische Arbeit. Beiträge zur abstrakten Dynamik und ihre Anwendung auf Schiffspropeller, schnellaufende Pumpen und Turbinen, Schiffswiderstand, Schiffssegel, Windturbinen, Trag- und Schlagflügel und Luftwiderstand von Geschossen. Von Oberingenieur **Paul Wagner,** Berlin. Mit 151 Textfiguren. XI, 252 Seiten. 1914. Gebunden RM 10.—

Maschinenuntersuchungen. Ein Leitfaden für Unterricht und Praxis. Von Professor Dr.-Ing. **Anton Staus.**
E r s t e r B a n d: H y d r a u l i k i n i h r e n A n w e n d u n g e n. Z w e i t e, neubearbeitete Auflage. Mit 131 Textabbildungen und 29 Zahlentafeln. X, 196 Seiten. 1926. RM 9.—; gebunden RM 10.50
Z w e i t e r Band: V e r s u c h e a u s d e m G e b i e t d e r T h e r m o d y n a m i k u n d i h r e r A n w e n d u n g e n. In Vorbereitung

Die Berechnung rotierender Scheiben und Ringe nach e i n e m n e u e n V e r f a h r e n. Von **M. Donath,** Ingenieur. Z w e i t e, unveränderte Auflage. Mit 5 Textfiguren und einer lithographierten Tafel. 16 Seiten. 1929. RM 3.—

Kreiselmaschinen. Einführung in Eigenart und Berechnung der rotierenden Kraft- und Arbeitsmaschinen. Von Dipl.-Ing. **Hermann Schaefer.** Mit 150 Textabbildungen und vielen Beispielen. V, 132 Seiten. 1930. RM 7.50

Kreiselpumpen. Eine Einführung in Wesen, Bau und Berechnung von Kreisel- oder Zentrifugalpumpen. Von Dipl.-Ing. **L. Quantz,** Stettin. D r i t t e, umgeänderte und verbesserte Auflage. Mit 149 Textabbildungen. V, 115 Seiten. 1930. RM 5.50

Die Kreiselpumpen. Von Prof. Dr.-Ing. **C. Pfleiderer,** Braunschweig. Mit 355 Abbildungen. VIII, 395 Seiten. 1924. Gebunden RM 22.50

Die Zentrifugalpumpen mit besonderer Berücksichtigung der Schaufelschnitte. Von Dipl.-Ing. **Fritz Neumann.** Z w e i t e, verbesserte und vermehrte Auflage. Mit 221 Textfiguren und 7 lithographischen Tafeln. VIII, 252 Seiten. 1912. Unveränderter Neudruck 1922. Gebunden RM 10.—

Die Kolbenpumpen einschließlich der Flügel- und Rotationspumpen. Von Prof. **H. Berg †,** Stuttgart. D r i t t e, durchgearbeitete und verbesserte Auflage. Mit 556 Textabbildungen und 12 Tafeln. VIII, 442 Seiten. 1926. Gebunden RM 27.90

Die Pumpen. Ein Leitfaden für höhere Maschinenbauschulen und zum Selbstunterricht. Von Prof. Dipl.-Ing. **H. Matthiessen,** Kiel, und Dipl.-Ing. **E. Fuchslocher,** Kiel. Z w e i t e, vermehrte und verbesserte Auflage. Mit 150 Textabbildungen. IV, 91 Seiten. 1928. RM 2.90

Die selbsttätigen Pumpenventile in den letzten 50 Jahren. Ihre Bewegung und Berechnung. Von Oberingenieur Prof. Dipl.-Ing. **R. Stückle,** Stuttgart. Mit 183 Textabbildungen und 8 Tafeln. II, 298 Seiten. 1925. RM 25.80; gebunden RM 27.30

Dynamik der Leistungsregelung von Kolbenkompressoren und -pumpen (einschließlich Selbstregelung und Parallelbetrieb). Von Dr.-Ing. **Leo Walther,** Nürnberg. Mit 44 Textabbildungen, 23 Diagrammen und 85 Zahlenbeispielen. VII, 149 Seiten. 1921. RM 4.60

Wasserkraftmaschinen. Eine Einführung in Wesen, Bau und Berechnung von Wasserkraftmaschinen und Wasserkraftanlagen. Von Dipl.-Ing. **L. Quantz,** Stettin. S i e b e n t e, vollständig umgearbeitete Auflage. Mit 212 Abbildungen im Text. VII, 149 Seiten. 1929. RM 5.25

Die Theorie der Wasserturbinen. Ein kurzes Lehrbuch. Von Professor **Rudolf Escher †**, Zürich. D r i t t e, vermehrte und verbesserte Auflage herausgegeben von Oberingenieur **Robert Dubs,** Zürich. Mit 364 Textabbildungen und einer Tafel. XIV, 356 Seiten. 1924. Gebunden RM 13.50

Berechnung und Konstruktion der Dampfturbinen. Für das Studium und die Praxis. Von **C. Zietemann,** Dipl.-Ing., Professor an der Staatlichen Akademie für Technik in Chemnitz. Mit 468 Textabbildungen. XI, 452 Seiten. 1930. Gebunden RM 33.—

Bau und Berechnung der Dampfturbinen. Eine kurze Einführung von Dipl.-Ing. **Franz Seufert,** Oberingenieur für Wärmewirtschaft. D r i t t e, verbesserte Auflage. Mit 77 Abbildungen im Text und auf 2 Tafeln. IV, 100 Seiten. 1929. RM 3.60

Theorie und Bau der Dampfturbinen. Von Ingenieur Dr. **Herbert Melan,** Privatdozent an der Deutschen Technischen Hochschule in Prag. (Technische Praxis, Bd. XXIX.) Mit 3 Tafeln, 163 Abbildungen und mehreren Zahlentafeln. 288 Seiten. 1922. Gebunden RM 2.50

O. Lasche, Konstruktion und Material im Bau von Dampfturbinen und Turbodynamos. D r i t t e, umgearbeitete Auflage von **W. Kieser,** Abteilungsdirektor der AEG-Turbinenfabrik. Mit 377 Textabbildungen. VIII, 190 Seiten. 1925. Gebunden RM 18.75

Dampfturbinenschaufeln. Profilformen, Werkstoffe, Herstellung und Erfahrungen. Von **Hans Krüger,** Zivilingenieur. Mit 147 Textabbildungen. VI, 132 Seiten. 1930. RM 15.—; gebunden RM 16.50

Die Schaltungsarten der Haus- und Hilfsturbinen. Ein Beitrag zur Wärmewirtschaft der Kraftwerksbetriebe. Von Dr.-Ing. **Herbert Melan.** Mit 33 Textabbildungen. VI, 120 Seiten. 1926. RM 10.50; gebunden RM 12.—

Kolbendampfmaschinen und Dampfturbinen. Ein Lehr- und Handbuch für Studierende und Konstrukteure. Von Prof. **Heinrich Dubbel,** Ingenieur. S e c h s t e, vermehrte und verbesserte Auflage. Mit 566 Textfiguren. VII, 523 Seiten. 1923. Gebunden RM 14.—

Dampf- und Gasturbinen. Mit einem Anhang über die Aussichten der Wärmekraftmaschinen. Von Prof. Dr. phil. Dr.-Ing. **A. Stodola,** Zürich. S e c h s t e Auflage. Unveränderter Abdruck der f ü n f t e n Auflage mit einem Nachtrag nebst Entropie-Tafel für hohe Drücke und B^1T-Tafel zur Ermittelung des Rauminhaltes. Mit 1138 Textabbildungen und 13 Tafeln. XIII, 1141 Seiten. 1924. Gebunden RM 50.—